HANDBUCH FÜR GERBEREICHEMISCHE LABORATORIEN

VON

Dr. PHIL. ING. GEORG GRASSER

UNIVERSITÄTSPROFESSOR, DOZENT DER TECHNISCHEN HOCHSCHULE WIEN
UND MITGLIED DES ÖSTERREICHISCHEN PATENTAMTES

DERZEIT VORSTAND DES INSTITUTES FÜR GERBEREIWISSENSCHAFT AN DER KAISERL.
HOKKAIDO-UNIVERSITÄT SAPPORO (JAPAN)

DRITTE, NEU BEARBEITETE AUFLAGE

MIT 49 ABBILDUNGEN IM TEXT
UND 5 TAFELN

Springer-Verlag Wien GmbH
1929

ISBN 978-3-662-39035-1   ISBN 978-3-662-40009-8 (eBook)
DOI 10.1007/978-3-662-40009-8

Vorwort zur dritten Auflage

Seit dem Erscheinen der zweiten Auflage dieses Handbuches sind zwar nur sechs Jahre verflossen, trotzdem brachte aber diese kurze Zeit einen gewaltigen Aufstieg der Gerbereichemie mit sich. Sowohl die Laboratoriumsbetätigung der rasch zunehmenden Zahl der industriell beschäftigten Lederchemiker als auch vor allem die intensive Forschungstätigkeit, die in den letzten Jahren an Hochschulen und Instituten für Lederforschung betrieben wird, hatten einen solchen Aufschwung dieses Wissensgebietes zur Folge. Daraus ergab sich für die Vorbereitung der dritten Auflage die Notwendigkeit, fast alle Kapitel dieses Buches einer Ergänzung und Verbesserung zu unterziehen, was einer Neubearbeitung nahekam. Derart konnte auch eine teilweise Neugliederung des Stoffes vorgenommen werden, bei welchen unter anderem elementare Abschnitte wegfielen. Auch die theoretischen Erörterungen über Bakteriologie, Histologie der Haut und Chemie der Gerbstoffe konnte nun aus diesem rein analytischen Handbuch entfernt werden, da wir heute mehrere gute Bücher über die allgemeine Gerbereichemie und Gerbereiwissenschaft besitzen und auf diese somit nur hingewiesen zu werden braucht.

Neu aufgenommen wurden im allgemeinen Teil einige anorganische Stoffe, ferner die Pelz- und Deckfarbstoffe, Nitrozellulose und deren Lösungs- und Weichhaltungsmittel, welche in der heutigen Lederzurichtung eine so wichtige Rolle spielen. Die Analyse der einzelnen Stoffe wurde jeweils durch neue Methoden ergänzt bzw. übersichtlich angeordnet, sowie auch das Tabellenmaterial erweitert wurde. Bei den Ölen und Fetten fand die Polenske-Zahl und die Prüfung auf Rizinusöl Neuaufnahme; bei den einzelnen Untersuchungsmethoden wurden sowohl die seither üblichen „Einheitsmethoden" als auch die von der Wizoeff neu herausgegebenen „Einheitlichen Untersuchungsmethoden" berücksichtigt. Ebenso wurden die Normen des Verbandes der Degras- und Lederölfabrikanten für die handelsüblichen Lederöle aufgenommen. Im Anhange des allgemeinen Teiles fand eine kurze Einführung in die Methoden der heute so notwendigen Azid, itätsbestimmung auf kolorimetrischem und elektrochemischem Wege Aufnahme. Eine neu eingeschaltete Atomgewichtstabelle beschließt diesen allgemeinen Teil des Buches.

Im speziellen Teil wurden unter anderem neu aufgenommen: Die Untersuchung der Rohhaut, die provisorische international-offizielle Methode der quantitativen Gerbstoffbestimmung, die Viskosität der Gerbstoffextrakte, einige neuere Säuerbestimmungsmethoden für pflanzliche Gerbbrühen, die Bestimmung der Gerböle in Brühen, die

Ermittlung der Ausflockungszahl in Chrombrühen; bei der Untersuchung des Leders fanden alle neu vorgeschlagenen physikalischen Prüfungsmethoden sowie die Untersuchung des Lederausschlages und der Leder kombinierter Gerbung Aufnahme.

Alle Abschnitte des speziellen Teiles wurden ferner derart den heutigen Bedürfnissen angepaßt, daß veraltete Methoden kürzer gefaßt, neu aufgenommen bzw. auf sie hingewiesen wurde. Auf diese Weise konnte der Charakter des Handbuches gewahrt bleiben, wozu noch die möglichst reichhaltigen Literaturangaben beitragen sollen. Die weitestgehende Änderung und Ergänzung erforderte der Abschnitt über die Methoden der qualitativen und quantitativen Gerbstoffbestimmung und jener der Gerbstoffextrakte und der synthetischen Gerbstoffe; auch die tabellarische Zusammenstellung über die quantitativen Analysenwerte der pflanzlichen und synthetischen Gerbstoffe wurde entsprechend erweitert. Der Abschnitt über die Untersuchungsmethoden der Chromgerbbrühen wurde ganz neu bearbeitet und so dem heutigen Stande der Gerbereichemie angepaßt. Von neuen Apparaten bzw. Methoden der mechanischen Lederanalyse seien hervorgehoben: Sluyters Volumenometer, Studts Dynamometer, die Ermittlung neuer Konstanten, darunter jene der Nahtfestigkeit, Abnutzbarkeit, Härte, Elastizität, Porosität, ventilierenden Eigenschaft, Wasser- und Luftaufnahmsfähigkeit, der wahren Wasserbeständigkeit, der Schrumpfungs- und Gelatinierungstemperatur, Farbe und Lichtechtheit des Leders.

Um den Verkaufspreis des Buches möglichst niedrigzuhalten, mußte die Bogenzahl des Buches eine beschränkte bleiben; daraus möge sich manche kürzere Fassung erklären und entschuldigen. Immerhin wurde versucht, das Buch auf jener Höhe zu halten, die es nach der günstigen Beurteilung aller Fachkreise als erste und zweite Auflage innehatte. Unter Berücksichtigung der Literatur, die knapp an den Zeitpunkt der Herausgabe heranreicht, möge auch diese dritte Auflage wieder das in allen Gerbereilaboratorien eingeführte Handbuch bleiben, für dessen gute Ausstattung dem Verlage hiemit gedankt sei.

Sapporo (Japan), im April 1929

Grasser

Inhaltsverzeichnis

Seite

Inhaltsverzeichnis   IX

I. Allgemeiner Teil

Untersuchung chemisch-technischer Produkte[1]

1. Säuren und Salze

Schwefelsäure H_2SO_4

Molekulargewicht: 98,1

Die Schwefelsäure kommt in den Handel als:

Kammersäure von 50 bis 53° Bé (62- bis 66%ig).
Gewöhnliche 66grädige Säure (93- bis 95%ig).
Extra konzentrierte Säure (96- bis 98%ig).
Technisches Monohydrat (99½%ig).

Die Stärke der Schwefelsäure kann einigermaßen genau aus ihrer Dichte berechnet werden, und enthält folgende Tabelle die entsprechenden Werte bei 15° C, bezogen auf chemisch reine Säure:

Tabelle 1 (nach Lunge, Isler und Naef)

Spezifisches Gewicht	Grade Baumé	Prozent H_2SO_4	Siedepunkt °C
1,840	65,9	95,60	296
1,820	65,0	90,05	262
1,785	63,5	85,10	232
1,735	61,1	80,24	207
1,675	58,2	75,08	185
1,615	55,0	70,00	170
1,560	51,8	65,20	154
1,520	49,4	61,59	143
1,450	44,8	55,03	130
1,400	41,2	50,11	124
1,355	37,8	45,35	119
1,310	34,2	40,35	114
1,265	30,2	35,14	110
1,225	26,4	30,48	108
1,185	22,5	25,40	107
1,145	18,3	20,26	105
1,105	13,6	15,03	103
1,070	9,4	10,19	102
1,035	4,7	5,23	101
1,005	0,7	0,95	—

Die gewöhnliche Schwefelsäure des Handels enthält häufig als Verunreinigungen Sulfate von Na (selten von K), NH_4, Ca, Al, Fe, Pb,

[1] Über ihre Verwendung siehe Grasser: Die Rohmaterialien des Gerbers. Leipzig. 1923.

seltener noch Zn, Cu, As und Se, ferner Sauerstoffverbindungen des N, HCl, H_2SO_3 und HF.

Schweflige Säure entfärbt schwach gebläute Jodstärkelösung.

Prüfung auf Salzsäure: 2 g der Probe auf 30 cm³ verdünnt und einige Tropfen $AgNO_3$ zugegeben, gibt bei technischer Säure stets eine Trübung, herstammend vom Salzgehalt des Natronsalpeters.

Auf Stickstoffoxyde prüft man folgendermaßen: Man löst 1 g Diphenylamin in 100 g chemisch reiner H_2SO_4 auf und überschichtet zirka 2 cm³ dieser Lösung mit der zu prüfenden Schwefelsäure in einer engen Eprouvette. Die kleinsten Spuren von Stickstoffoxyden geben sich durch Auftreten einer prachtvoll blauen Färbung in der Berührungsschicht beider Flüssigkeiten zu erkennen[1]. Die geringsten Spuren lassen sich durch Rotfärbung von Bruzinsulfat nachweisen. Größere Mengen dieser Verunreinigungen erkennt man an der Entfärbung von zugesetzter Indigolösung. Selen gibt dieselbe Reaktion mit Diphenylamin, und kann dieses durch die braunrote Fällung erkannt werden, die durch Zusatz einer konzentrierten Ferrosulfatlösung erfolgt und nicht mit der bloßen Färbung von vorhandenem NO verwechselt werden kann.

Salpetrige Säure läßt sich durch eine Anzahl von Reaktionen nachweisen, z. B. durch die Bläuung der Jodkaliumstärkelösung oder besser der Jodzinkstärkelösung, welche durch eventuell vorhandene Salpetersäure nicht verändert werden. Sehr empfindlich ist die durch salpetrige Säure eintretende Rosafärbung mit Sulfanilsäure und α-Naphthylamin[2], die am besten derart ausgeführt wird, daß man erstens 0,5 g Sulfanilsäure in 150 cm³ verdünnter Essigsäure löst, zweitens 0,1 g festes α-Naphthylamin mit 20 cm³ Wasser kocht, die farblose Lösung vom violetten Rückstand abgießt (der aus dem beim Lagern bereits dunkel gewordenen Naphthylamin herrührt) und mit 150 cm³ Essigsäure versetzt. Zu 20 cm³ der zu prüfenden Lösung setzt man nun etwa 3 cm³ Sulfanilsäurelösung, erwärmt auf 70 bis 80°, und setzt dann die Naphthylaminlösung zu. Bei einem Gehalte von $1:10^9$ salpetrige Säure tritt noch Rotfärbung in zirka einer Minute ein. Bei größeren Mengen salpetriger Säure, z. B. 1:1000, bekommt man nur eine gelbe Lösung, wenn man nicht eine konzentrierte Naphthylaminlösung anwendet.

Salpetersäure läßt sich mit Bruzin nur in konzentrierten Lösungen nachweisen (2 Teile H_2SO_4 + höchstens 1 Teil Wasser), da bei größeren Verdünnungen auch salpetrige Säure darauf reagiert. Nimmt man 1 cm³ Bruzinlösung (0,2 g Bruzin auf 100 cm³ starke H_2SO_4) auf 50 cm³ der zu prüfenden Schwefelsäure, so tritt bei 0,01 mg Nitratstickstoff rote, dann orange und zuletzt goldgelbe Färbung auf[3].

---

[1] Zeitschr. f. angew. Chem., 345. 1894.   [2] Bull. Soc. Chim. (3), 2, 317.
[3] Zeitschr. f. angew. Chem., 170. 1901.

Flußsäure wird durch Erwärmen in einer Platinschale nachgewiesen, die mit einer Glasplatte bedeckt ist, welche mit Wachs überzogen ist und darin eingeritzte Figuren enthält.

Blei zeigt sich durch Trübung beim Vermischen mit dem fünffachen Volumen absoluten Alkohols, während größere Mengen schon durch Verdünnen mit Wasser sich zeigen. Die Trübung kann absitzen gelassen und durch Dekantieren getrennt und hernach qualitativ näher untersucht werden.

Eisen zeigt sich in größeren Mengen durch gelbbraune Fällung mit Soda und Ammoniak, während geringere Mengen durch Oxydation der Probe mit einigen Tropfen Salpetersäure in der Hitze, Erkaltenlassen und Zusatz von Rhodankalium durch die eintretende Rotfärbung sich zeigen.

Arsen kann in der aus Pyrit dargestellten Schwefelsäure von 0,1 bis über 1% als As_2O_3 enthalten sein. Absolut arsenfrei dürfte nur die durch Katalyse erhaltene Säure sein. Die Prüfung auf Arsen kann im Apparat von Marsh-Berzelius[1]) vorgenommen werden, doch verlangt diese Methode eine Anzahl arsenfreier Chemikalien, deren Herstellung etwas umständlich ist. Bequemer ist die Methode von Reinsch, welcher diese Probe folgendermaßen ausführt: Zu 100 cm³ Schwefelsäure setzt man wenig gereinigte Salzsäure (s. u.) und Bromwasser zu, kocht ein paar Minuten, setzt dann ein wenig Kupferchlorür zu, um Arsensäure zu arseniger Säure zu reduzieren, fügt 1 cm² Kupferblech zu und kocht eine halbe Stunde lang unter Ersatz des verdampfenden Wassers. Wenn das Kupfer sich geschwärzt hat, ist Arsen oder Antimon zugegen und um dies zu entscheiden, trocknet man das Blech am Wasserbade, schneidet es in Streifen und weist das Arsen nach, indem man einen solchen Streifen in einem engen Probierrohr erhitzt, wo dann das Sublimat die charakteristischen Oktaeder oder Tetraeder des As_2O_3 zeigt. Erwärmt man den oberen Teil des Sublimationsrohres vorher, so werden die Kristalle größer. Die Salzsäure reinigt man derart, daß man käufliche chemisch reine Säure mit einem kleinen Überschuß von gepulvertem $KMnO_4$ versetzt und destilliert, wobei die Säure absolut arsenfrei übergeht und nur die erste Fraktion wegen des Chlorgehaltes verworfen werden braucht.

Für Handelssäuren gibt oft auch die Probe von Gutzeit gute Resultate, die folgendermaßen ausgeführt wird: In ein kleines Reagensglas kommt ein Körnchen arsenfreies Zink und dann etwas der zu prüfenden vorher verdünnten Schwefelsäure. In den oberen Teil des Glases kommt ein Bausch Watte und darüber eine Kappe von Filtrierpapier mit einem Fleck aus $AgNO_3$ oder dessen Kristall in der Mitte. Durch Erwärmen färbt sich das $AgNO_3$ erst gelb durch Bildung von Arsensilber, dann schwarz durch Ausscheidung

---

[1]) Journ. Soc. Chem. Ind., 94. 1902.

von metallischem Silber. Gestört wird diese Prüfung durch Gegenwart von H_2S, H_3P und H_3Sb.

Sind H_3P und H_3Sb zugegen, so bedient man sich vorteilhaft der Probe nach Bettendorf, die durch diese Verunreinigungen nicht gestört wird.

Zur Ausführung der Prüfung fügt man zu 1 cm^3 konzentrierter Salzsäure einige Tropfen der zu untersuchenden konzentrierten Schwefelsäure und dann ½ cm^3 einer Lösung von Zinnchlorür in der gleichen Gewichtsmenge der konzentrierten Salzsäure. Die Gegenwart von Arsen zeigt sich nun daran, daß die Flüssigkeit beim Erwärmen bald braun wird und allmählich einen schwarzen Niederschlag von metallischem Arsen ausscheidet.

Von den quantitativen Bestimmungen der Verunreinigungen ist für die Gerberei nur jene der salpetrigen Säure und des Eisens von besonderem Interesse, da diese besonders störend wirken können.

Salpetrige Säure kann in größeren Mengen am besten quantitativ durch Titrieren mit $KMnO_4$ folgendermaßen nach Lunge bestimmt werden[1]): Man bringt die zu untersuchende Schwefelsäure in eine Glashahnbürette und läßt sie unter Rühren in eine abgemessene, mit der fünffachen Menge 30 bis 40° warmen Wassers verdünnte Menge $½n$-$KMnO_4$ einfließen, bis die Farbe eben verschwunden ist. Jeder Kubikzentimeter dieser $KMnO_4$-Lösung entspricht 0,0095 g N_2O_3.

Ganz geringe Mengen können nur kolorimetrisch bestimmt werden, und zwar am besten mit dem modifizierten Griesschen Reagens, hergestellt aus α-Naphthylamin und Sulfanilsäure[2]).

Eisen kann in größeren Mengen gewichtsanalytisch bestimmt werden durch Neutralisation der Schwefelsäure mit Soda, Fällen der schwach mineralsauren Lösung als basisch essigsaures Eisen mit Essigsäure und essigsaurem Natrium, Erhitzen zum Kochen bis die Lösung gerade farblos geworden ist und Heiß-Filtrieren bzw. bei geringeren Mengen Absetzenlassen des Niederschlages. Dieser wird mit kochendem Wasser gewaschen, getrocknet und geglüht und als Fe_2O_3 gewogen. Geringe Mengen können entweder kolorimetrisch mittels Rhodankalium oder auch durch Titrieren mit $KMnO_4$ ermittelt werden. Für letztere Methode muß das Eisen erst reduziert werden, indem man die Schwefelsäure im Reduktionskölbchen und Bunsenventil mit eisen- und titanfreiem Zink erwärmt, bis ein Tropfen derselben Rhodankalium nicht mehr rötet. Man läßt dann erkalten, gießt vom unveränderten Zink ab und titriert.

1 cm^3 $^1/_{10}n$-$KMnO_4 = 0{,}0056$ g $Fe = 0{,}0072$ g FeO.

Hat man aber kein reines Zink zur Verfügung, so muß das Eisen und Titan mindestens in 3 g desselben durch einen blinden Ver-

---

[1]) Berl. Ber., 10, 1075.
[2]) Zeitschr. f. angew. Chem., 348. 1894 (vgl. S. 2).

such ermittelt werden und dann eine gewogene Menge davon zur Reduktion angewendet und so lange reduziert werden, bis alles Zink gelöst ist.

Salzsäure HCl

Molekulargewicht: 36,5

Man unterscheidet im Handel je nach der Reinheit rohe und reine Salzsäure. Erstere bildet die technische Säure des Handels und stellt eine gelbliche, an der Luft rauchende Flüssigkeit dar vom spezifischen Gewicht 1,16 bis 1,17 (= 33 bis 35% HCl), welche mit kleinen Mengen H_2SO_4, SO_2, Cl, Fe, Tonerde, As usw. verunreinigt ist. Für die gerberei-technische Praxis fordert man von der technischen Salzsäure haupt-sächlich ihre entsprechende Stärke; ein mäßiger Eisengehalt spielt für die Zwecke der Chromgerbung keine Rolle, dagegen fordert man von der für Bleichzwecke der lohgaren Leder zur Verwendung kommenden Salzsäure die Abwesenheit von Eisensalzen.

Die Stärke der Salzsäure kann entweder maßanalytisch durch Titrieren von 5 cm³ konzentrierter Säure nach Verdünnen auf 100 cm³ mit n-Sodalösung und Methylorange als Indikator oder deren Prozent-gehalt annähernd mit Hilfe des Aräometers ermittelt werden.

Tabelle 2 (nach Lunge und Marchlewski)

Spezifisches Gewicht	Grade Baumé	Prozent HCl	Spezifisches Gewicht	Grade Baumé	Prozent HCl
1,005	0,7	1,15	1,125	16,0	24,78
1,015	2,1	3,12	1,155	19,4	30,55
1,025	3,4	5,15	1,163	20,0	32,10
1,030	4,1	6,15	1,170	20,9	33,46
1,040	5,4	8,16	1,175	21,4	34,42
1,045	6,0	9,16	1,180	22,0	35,39
1,055	7,4	11,18	1,185	22,5	36,31
1,060	8,0	12,19	1,190	23,0	37,23
1,070	9,4	14,17	1,195	23,5	38,16
1,075	10,0	15,16	1,200	24,0	39,11
1,100	13,0	20,01			

Für die Prüfung auf Verunreinigungen kommen folgende Stoffe in Betracht:

Schwefelsäure. Man verdünnt 5 g Salzsäure auf 50 cm³ und fügt etwas $BaCl_2$ zu; nach zwölf Stunden hat sich alle etwa vorhandene Schwefelsäure als $BaSO_4$ ausgeschieden und kann diese eventuell zur quantitativen Bestimmung Verwendung finden.

Arsen kann auf dieselbe Art wie bei der Schwefelsäure ermittelt werden; auch die Probe nach Schlickum[1]) dient als scharfe Reaktion, die wie folgt ausgeführt wird: Man bringt ein winziges Kriställchen (0,01 bis 0,02 g) Na_2SO_3 in eine Lösung von 0,3 bis

---

[1]) Chem. Ind., 92. 1886.

0,4 g $SnCl_2$ und 3 bis 4 g konzentrierter, chemisch reiner und arsenfreier Salzsäure und überschichtet diese Lösung nun vorsichtig mit der zu prüfenden Salzsäure; es entsteht noch bei Gegenwart von $^1/_{20}$ mg As_2O_3 sofort an der Grenzlinie beider Schichten ein gelber Ring von As_2S_3 und bei ½ mg As_2O_3 wird die ganze Säureschicht oben gelb gefärbt.

Eisen wird durch Verdünnen von 5 g Säure auf 25 cm³ und Zusatz von Rhodankalium nachgewiesen. Da die technische Salzsäure meist größere Mengen von Eisen gelöst enthält, wovon ihre gelbe Färbung der Hauptsache nach herrührt, ist dessen quantitative Bestimmung unerläßlich. Zu diesem Zwecke reduziert man mit Zink (wie bei Schwefelsäure), verdünnt stark mit Wasser und titriert mit $^1/_{10}$ n-$KMnO_4$. Sind nur Spuren von Eisen zugegen, so können diese ebenfalls nur kolorimetrisch ermittelt werden.

Schweflige Säure zeigt sich dadurch an, daß eine schwach gebläute Jodstärkelösung durch Zusatz der zu prüfenden Salzsäure entfärbt wird. Bei Abwesenheit von Cl und $FeCl_3$ können größere Mengen von SO_2 auch durch Einleiten von H_2S-Gas daran erkannt werden, daß eine weiße Trübung durch ausgeschiedenen Schwefel entsteht. Um schweflige Säure neben arseniger Säure nachzuweisen, verfährt man nach Hilger[1]) folgendermaßen: Man versetzt die zu prüfende Säure so lange mit Jodlösung, bis diese nicht mehr entfärbt wird und die Flüssigkeit gelb gefärbt erscheint; hierauf fügt man etwas granuliertes Zink hinzu, verschließt das Reagensrohr lose mittels Kork, in dem ein Stückchen $AgNO_3$-Papier eingeklemmt ist; war Arsen zugegen, so schwärzt sich dieses Papier. Trat aber keine Schwärzung ein, so prüft man auf eventuell vorhandenes SO_2 dadurch, daß man die gebildete H_2SO_4 durch $BaCl_2$ fällt und Jodlösung zu der filtrierten Flüssigkeit bis zur Färbung zusetzt. War SO_2 zugegen, so erfolgt durch Zugabe von $BaCl_2$ eine erneute Fällung des durch Jod zu SO_3 oxydierten SO_2. Quantitativ bestimmt man das vorhandene SO_2 dadurch, daß man erst titrimetrisch die Gesamtsäure ermittelt und diese von jener Menge abzieht, die ebenfalls titrimetrisch nach Oxydation mit $KMnO_4$ oder H_2O_2 bestimmt wurde.

Chlor zeigt sich meistens schon dadurch, daß ein Hineinhalten eines Jodkalium-Stärkepapiers in die Dämpfe der erwärmten Salzsäure eine sofortige Bläuung veranlaßt.

Ameisensäure H·COOH
Molekulargewicht: 46,0.

Die Ameisensäure kommt als 80- bis 96%ige Säure in den Handel und wird vielfach statt der Essigsäure wegen des billigeren Preises verwendet.

---

[1]) Jahresb. f. chem. Techn., 445. 1875.

Quantitativ kann sie durch Titrieren mit n-NaOH und Phenolphthalein bestimmt werden und entspricht

$$1 \text{ cm}^3 \ n\text{-NaOH} = 0{,}046 \text{ g Ameisensäure.}$$

Auch durch Erwärmen der wässerigen Lösung mit $HgCl_2$ kann das nach der Gleichung:

$$2 \ HgCl_2 + H \cdot COOH = Hg_2Cl_2 + 2 \ HCl + CO_2$$

entstandene Hg_2Cl_2 auf tariertem Filter gesammelt, getrocknet und gewogen werden.

$$1 \text{ g } Hg_2Cl_2 = 0{,}098 \text{ g Ameisensäure[1]).}$$

Aus dem spezifischen Gewichte kann man nach folgender Tabelle die Stärke der Ameisensäure ermitteln:

Tabelle 3 (nach Richardson und Allaire. [Bei 20⁰ C])

Spezifisches Gewicht	Gewichts-	Volumen-	Spezifisches Gewicht	Gewichts-	Volumen-
	Prozent			Prozent	
1,0020	1	0,82	1,1321	55	51,01
1,0116	5	4,14	1,1425	60	56,13
1,0247	10	8,40	1,1544	65	61,44
1,0371	15	12,80	1,1656	70	66,80
1,0489	20	17,17	1,1770	75	72,27
1,0610	25	21,73	1,1861	80	77,67
1,0730	30	26,37	1,1954	85	83,19
1,0848	35	31,10	1,2045	90	88,74
1,0964	40	35,90	1,2141	95	94,48
1,1084	45	40,82	1,2213	100	100,00
1,1208	50	45,88			

Hat man eine mit Essig- und Buttersäure verunreinigte Säure zu bestimmen, so ermittelt man deren Mengen folgendermaßen quantitativ[2]):

Man oxydiert das Säuregemisch mit 12 g $K_2Cr_2O_7 + 30$ g konzentrierter $H_2SO_4 + 100$ cm³ Wasser während 10 Minuten, wobei Essigsäure und Buttersäure unverändert bleiben, dagegen die Ameisensäure oxydiert. Destilliert man die unveränderten organischen Säuren ab und titriert dieselben, so ergibt sich aus der Differenz der Titration vor und nach der Oxydation die Ameisensäure. Das Gemenge der beiden anderen Säuren neutralisiert man genau mit Barytwasser, dampft zur Trockne ein und behandelt den Rückstand bei 30⁰ C mit absolutem Alkohol, wobei buttersaures Barium in Lösung geht, während essigsaures Barium zurückbleibt. Die vom Alkohol befreiten Salze werden, jedes für sich, mit einer genügenden Menge verdünnter Schwefelsäure zersetzt, die freiwerdende Essigsäure und Buttersäure abdestilliert und mit $^1/_{10}$ n-NaOH titriert, wovon 1 cm³ = 0,0088 g Buttersäure bzw. 0,0060 g Essigsäure.

Qualitativ findet man vorkommende Verunreinigungen wie folgt:
Metalle (Pb, Cu, Fe): Eine 5%ige Lösung gibt nach Sättigung mit $NH_4 \cdot OH$ und H_2S die entsprechenden Sulfide als Fällung.
Salzsäure zeigt sich durch Zusatz von $AgNO_3$.

---

[1]) Porter und Ruyssen: J. anal. Chem., 16, 250.
[2]) Macnair: Zeitschr. f. anal. Chem., 27, 298.

Oxalsäure wird nach Übersättigen mit $NH_4 \cdot OH$ durch $CaCl_2$-Lösung gefällt.

Essigsäure: Erwärmt man 1 cm³ Ameisensäure mit 20 cm³ Wasser und 6 g gelbem HgO unter öfterem Umschütteln so lange im Wasserbade bis keine Gasentwicklung mehr stattfindet und filtriert, so ist das Filtrat sauer bei Gegenwart von Essigsäure.

Essigsäure $CH_3 \cdot COOH$
Molekulargewicht: 60

Die reine Essigsäure bildet eine wasserhelle, stark saure Flüssigkeit vom spezifischen Gewichte 1,0553 bei 15⁰ C, deren Siedepunkt bei 118⁰, deren Erstarrungspunkt bei $+17^0$ C liegt. Das spezifische Gewicht nimmt beim Verdünnen mit Wasser anfangs bis zur 80%igen Säure zu und hat hier ihr Maximum mit 1,075 (15⁰ C), worauf bei weiterer Verdünnung das spezifische Gewicht wieder abnimmt. Als technische Ware unterscheidet man einerseits den sogenannten Eisessig (95- bis 99%ig) und die verdünnte Essigsäure (35- bis 50%ig). Für die Wertbestimmung ist das Titrieren mit n-NaOH und Phenolphthalein die beste Methode. Aus dem Volumengewicht läßt sich mit Hilfe nachstehender Tabelle ebenfalls der Gehalt der Säure annähernd bestimmen.

Da allen spezifischen Gewichten über 1,0533 zwei verschiedenen Stärken entsprechen, kann man erfahren, ob deren Gehalt an Essigsäure über 78% liegt, indem man Wasser zufügt; nimmt das Volumengewicht zu, so ist die Säure stärker als 78%ig, im entgegengesetzten Falle ist sie schwächer.

Tabelle 4 (von Oudemann. [Bei 15⁰ C])

Spezifisches Gewicht	Prozent	Spezifisches Gewicht	Prozent	Spezifisches Gewicht	Prozent
1,0007	1	1,0615	50	1,0744	83
1,0067	5	1,0653	55	1,0742	84
1,0142	10	1,0685	60	1,0739	85
1,0214	15	1,0712	65	1,0713	90
1,0284	20	1,0733	70	1,0660	95
1,0350	25	1,0746	75	1,0644	96
1,0412	30	1,0747	76	1,0625	97
1,0470	35	1,0748	77—80	1,0604	98
1,0523	40	1,0747	81	1,0580	99
1,0571	45	1,0746	82	1,0553	100

Prüfung auf Verunreinigungen:

Schwefelsäure wird durch $BaCl_2 + HNO_3$ aus der verdünnten Säure gefällt.

Salzsäure wird durch $AgNO_3 + HNO_3$ aus der verdünnten Säure gefällt.

Der Gehalt an brenzlichen Stoffen darf nicht so groß sein, daß ein Zusatz von einigen Tropfen schwacher $KMnO_4$-Lösung entfärbt wird.

Schweflige Säure erkennt man an der Entfärbung von Jodstärkelösung.

Milchsäure $CH_3 \cdot CH \cdot OH \cdot COOH$
Molekulargewicht: 90,1

Die Milchsäure stellt eine klare, farblose bis gelbliche sirupdicke Flüssigkeit vor, die mit Wasser, Alkohol und Äther in jedem Verhältnis mischbar ist. Für die quantitative Bestimmung der 80%igen Säure kommt besonders folgende Methode nach Philip[1]) in Betracht: Man wägt zirka 1 g der Säure genau ab, verdünnt mit Wasser und titriert nach Zusatz einiger Tropfen Phenolphthalein mit n-NaOH bis zur eben eintretenden Rotfärbung. Dann gibt man einen Überschuß von 3 cm³ n-NaOH zu, kocht und titriert mit n-H_2SO_4 bis farblos zurück.

Berechnung: Abgewogene Milchsäure: a g.

     Verbrauchte Kubikzentimeter n-NaOH: b.

     Überschuß an n-NaOH: 3 cm³.

     Verbrauchte Kubikzentimeter $n-H_2SO_4$: c.

Folglich $\{[(b+3)-c]\times 0,09\} : a = x : 100$

$$x = \frac{100 \times \{[(b+3)-c]\times 0,09\}}{a} = \mathrm{Gesamtsäure.}$$

$$b \times 0,09 : a = x : 100$$

$$x = \frac{100(b \times 0,09)}{a} = \mathrm{freie\ Säure.}$$

Ist die Säure nur 43½- bis 50%ig, so ändert man das Verfahren folgendermaßen ab: Man ermittelt zuerst das spezifische Gewicht der Säure, nimmt davon 10 cm³ und verdünnt auf 100 cm³. Von dieser Lösung titriert man 10 cm³ mit n-NaOH bis zur eben bleibenden Rotfärbung. Dann fügt man einen Überschuß von 0,6 cm³ n-NaOH zu, kocht auf und titriert mit n-H_2SO_4 zurück. Es gibt dann die Anzahl der nach Abzug der Kubikzentimeter n-H_2SO_4 verbleibenden Kubikzentimeter n-NaOH, multipliziert mit 9 und dividiert durch das spezifische Gewicht der Säure, die Gesamtmilchsäure in Gewichtsprozenten.

Obige titrimetrische Bestimmungen ergeben natürlich nur dann richtige Zahlen, wenn die Milchsäure frei von Mineralsäuren ist, weshalb man vorher auf diese zu prüfen hat.

Prüfung auf Schwefelsäure: Man kocht 5 cm³ Milchsäure mit 2 cm³ einer 35° Bé starken $CaCl_2$-Lösung; entsteht kein Niederschlag, so ist die Probe frei von H_2SO_4. Tritt jedoch Trübung ein, so kann diese sowohl von freier Schwefelsäure als auch von löslichen Sulfaten herrühren und ermittelt man das nach Eberhardt dadurch, daß man einen Teil Milchsäure mit 5 Teilen 95%igem Alkohol vermengt, nach etwa einer Viertelstunde filtriert und zu 5 bis 10 cm³ dieses klaren Filtrats einige Tropfen Salzsäure und 10%ige $CaCl_2$-Lösung zufügt und kocht. Entsteht hier sofort oder nach kurzer Zeit eine Trübung, so ist freie Schwefelsäure bestimmt zugegen.

Prüfung auf Salzsäure: Man versetzt zirka 5 cm³ Milchsäure mit etwa 1 cm³ $AgNO_3$-Lösung; entsteht kein Niederschlag oder

---

[1]) Collegium, Nr. 198. 1906.

nur eine geringe Trübung, so ist Salzsäure nicht zugegen. Ein entsprechender Niederschlag trotz Gegenwart von HNO_3 kann aber auch von gelösten Chloriden herrühren und erkennt man dann die freie Säure dadurch, daß man entweder einen Teil der zu prüfenden Milchsäure für sich oder mittels Wasserdampf destilliert und im Destillat auf Chlor prüft, was positiv nur bei Gegenwart von freier Salzsäure ausfällt, oder daß man einen zweiten Teil verdampft und verkohlt, den Rückstand mit Wasser behandelt und darin das Chlor bestimmt, welches von Salzen herrührt. Nimmt man letztere Bestimmung quantitativ vor und ermittelt außerdem in der ursprünglichen Säure das Gesamtchlor ebenfalls quantitativ, so ergibt deren Differenz den Gehalt an freier Salzsäure.

Prüfung auf Eisen geschieht dadurch, daß man gleiche Teile der Säure und einer 10%igen $K_4Fe(CN)_6$-Lösung vereinigt; tritt Blaufärbung ein, so ist Eisen vorhanden.

Der Gehalt an Butter- oder Essigsäure zeigt sich beim gelinden Erwärmen durch den Geruch von Fettsäuren.

Weinsäure und Oxalsäure erkennt man an der Trübung, die durch Vereinigung von 5 cm³ Milchsäure mit 100 cm³ kaltem Kalkwasser entsteht, während beim Erwärmen die eintretende Trübung Zitronensäure anzeigt.

Auf Zucker prüft man folgendermaßen: Man schichtet in einem Reagensglase vorsichtig 5 cm³ Milchsäure über 5 cm³ Schwefelsäure und achtet darauf, daß die Temperatur nicht über 15° C steigt. Tritt innerhalb einer Viertelstunde Braunfärbung ein, so ist Zucker zugegen.

Mannit, Milchzucker, Rohrzucker und Glyzerin trüben Schwefeläther vorübergehend oder dauernd, wenn man das halbe Volumen Milchsäure zu Äther zutropft.

Um den Gehalt an freier Schwefelsäure quantitativ zu bestimmen, benützt man eine der beiden folgenden Methoden[1]):

a) nach Meunier: Man fällt die in der Probe enthaltenen Sulfate mit 95%igem Alkohol und bestimmt im Filtrat nach Vertreiben des Alkohols die Schwefelsäure gravimetrisch.

b) nach Balland: Man bestimmt die Schwefelsäure in der mit Salzsäure aufgenommenen Asche einer abgewogenen Probe der Milchsäure und zieht sie von dem Gesamtsulfat der Milchsäure ab. Die Bestimmung der freien Salzsäure geschieht folgendermaßen: Eine Probe wird neutralisiert, eingedampft und verbrannt ohne zu kalzinieren. In dem in warmem Wasser aufgenommenen Rückstand wird das Gesamtchlor bestimmt. Weiter wird eine bestimmte Menge Milchsäure eingedampft, verbrannt ohne zu kalzinieren, der Rückstand in warmem Wasser aufgenommen und das gebundene Chlor bestimmt; die Differenz gibt die freie Salzsäure an.

---

[1]) Thuau, U. J. und M. Vidal: J. S. L. T. C., 10, 257. 1926.

Derart konnte in 50%iger Milchsäure 1% SO_3 festgestellt werden (entspricht auf Milchsäure umgerechnet zirka 2,3%).

Beim Vergleiche mehrerer Angebote auf Milchsäure ist stets der Gehalt an Gewichtsprozenten maßgebend, da ja nach dem spezifischen Gewichte Differenzen von zirka 1% in den Gewichtsprozenten bei gleichem Gehalte an Volumenprozenten sich ergeben können und wird der Gehalt an Gewichtsprozenten geringer, je höher das spezifische Gewicht steigt oder je verunreinigter die technische Milchsäure ist. Diese Tatsache erklärt sich daraus, daß z. B. 500 g wasserfreie Milchsäure auf 1 l verdünnt 1125 bis 1150 g Milchsäure mit 50 Volumenprozent oder $\frac{50}{1125}$ bzw. $\frac{50}{1150} = 44{,}4$ bzw. 43,5 Gewichtsprozente ergibt.

Die technische Milchsäure zeigt folgende Dichten:

1,125 .... 43,5%
1,150 .... 50,0%
1,220 .... 80,0%
1,210 .... 90,0%

Buttersäure $CH_3 \cdot (CH_2)_2 \cdot COOH$
Molekulargewicht: 88,1

Die technisch reine Säure hat einen Stich ins Rötliche, riecht nach ranziger Butter, erstarrt bei — 19° zu blättrigen Schuppen und schmilzt wieder bei — 2° bis + 2°. Der Siedepunkt liegt bei 162°.

Beim Verdünnen verhält sich die Buttersäure ähnlich wie die Essigsäure, indem die 40- bis 50%ige Säure die größte Dichte aufweist, während oberhalb und unterhalb liegende Konzentrationen eine mindere Dichte zeigen. Nachstehende Tabelle zeigt einige solcher Werte, bezogen auf technische Säure bei 15° C.

Tabelle 5 (nach Grasser)

Spezifisches Gewicht	Volumenprozent	Spezifisches Gewicht	Volumenprozent
1,0065	80	1,0130	40
1,0105	70	1,0125	30
1,0125	60	1,0105	20
1,0130	50	1,0065	10

Die in den Handel gebrachte technische Säure stellt eine sehr reine Ware vor, die frei von Mineral- und anderen organischen Säuren ist. Auch enthält sie kein Ca, Ba, Sr und Fe, sondern nur Spuren von Mg.

Zur quantitativen Bestimmung verdünne man 10 cm³ Säure auf 100 cm³ Lösung und titriere je 10 cm³ davon mit n-NaOH und Phenolphthalein; jeder Kubikzentimeter n-NaOH $= 0{,}088$ g Buttersäure.

Über die quantitative Trennung von Ameisen- und Essigsäure vergleiche unter „Ameisensäure".

Oxalsäure $C_2H_2O_4 \cdot 2\,H_2O$

Molekulargewicht: 126,1

Reine Oxalsäure stellt monokline Kristalle vor, die in 10 Teilen Wasser von 15^0, in etwa 3 Teilen siedendem Wasser, in 2,5 Teilen Alkohol von 15^0 und 1,8 Teilen siedendem Alkohol löslich sind.

Durch Erhitzen mit Schwefelsäure wird sie vollständig in CO und CO_2 zerlegt. Sie schmilzt etwas über 100^0 im eigenen Kristallwasser; wird die wasserfreie Säure vorsichtig erhitzt (nicht über 150^0), so sublimiert sie unzersetzt, zerfällt aber beim raschen Erhitzen in CO_2, CO, Ameisensäure und Wasser.

Das kristallisierte Handelsprodukt ist ziemlich rein und enthält der Hauptsache nach kleine Mengen von Alkali- und Kalksalzen, die durch Veraschen nachgewiesen und so auch quantitativ bestimmt werden können.

Für die quantitative Bestimmung der Säure ist am besten die Titration mit n-Sodalösung und Methylorange oder noch deutlicher jene mit n-Lauge und Phenolphthalein. Es entspricht

$$1 \text{ cm}^3 \; n\text{-KOH} = 0,063 \text{ g } C_2H_2O_4 \cdot 2\,H_2O.$$

Wässerige Lösungen können aus folgender Tabelle mittels Aräometers bei 15^0 C ziemlich genau ermittelt werden:

Tabelle 6 (nach Franz)

Spezifisches Gewicht	Gehalt an $C_2H_2O_4 \cdot 2\,H_2O$	Spezifisches Gewicht	Gehalt an $C_2H_2O_4 \cdot 2\,H_2O$
1,0032	1 %	1,0204	7 %
1,0064	2 %	1,0226	8 %
1,0096	3 %	1,0248	9 %
1,0128	4 %	1,0271	10 %
1,0160	5 %	1,0289	11 %
1,0182	6 %	1,0309	12 %

Als qualitative Reaktionen auf Verunreinigungen seien genannt:

Eisen: Rotfärbung der mit HNO_3 oxydierten Lösung auf Zusatz von KCNS.

Chloride: Fällung der mit HNO_3 angesäuerten Lösung mit $AgNO_3$.

Schwefelsäure: Fällung der mit HNO_3 angesäuerten Lösung mit $BaCl_2$.

Salpetersäure: Überschichten von konzentrierter H_2SO_4 mit der Probe + konzentrierter $FeSO_4$-Lösung.

Zitronensäure $C_6H_8O_7 + H_2O$

Molekulargewicht: 210,1

Die kristallisierte Säure schwankt manchesmal im Gehalt an Kristallwasser etwas, weshalb die Titration nicht unbedingt ausschlaggebend für die Reinheitsbestimmung der Säure ist. Die Titration erfolgt mit n-NaOH und Phenolphthalein, und entspricht davon 1 cm^3 = 0,07003 g kristallisierter Zitronensäure.

Nach Creuse[1]) bestimmt man die Zitronensäure folgendermaßen quantitativ:

0,5 g der Säure werden mit $^1/_5$ n-KOH genau neutralisiert und dann am Wasserbade zur Trockne verdampft. Der Rückstand wird mit 20 bis 30 cm³ Alkohol (63%ig) aufgenommen und die Kaliumzitratlösung von den ungelösten Salzen abfiltriert und der Rückstand mit 63%igem Alkohol nachgewaschen. Die neutrale Lösung (eventuell durch einen Tropfen verdünnter Essigsäure bzw. Ammoniak neutralisiert) wird nun mit einem geringen Überschuß einer neutralen alkoholischen Lösung von Bariumazetat und dem doppelten Volumen von 95%igem Alkohol versetzt, tüchtig umgerührt und zirka 18 bis 24 Stunden stehen gelassen. Hierauf wird der Bariumzitratniederschlag $Ba_3(C_6H_5O_7)_2$ abfiltriert und mit 63%igem Alkohol ausgewaschen. In dem mit Filter veraschten Niederschlage wird das Barium entweder durch Wägung als Sulfat oder durch Lösen in $^1/_5$ n-HCl und Titrieren mit $^1/_{10}$ n-KOH bestimmt.

Zur Erkennung und Bestimmung von vorhandener Oxalsäure dient die Unlöslichkeit des CaC_2O_4 in kalten Lösungen, aus denen Kalziumzitrat nicht ausfällt.

Kalzium läßt sich nach Übersättigen der 10%igen Säurelösung mit Ammoniak durch Zusatz von Ammoniumoxalat ausfällen.

Schwefelsäure wird durch $BaCl_2$ gefällt.

Zucker, Weinsäure und Oxalsäure zeigen sich dadurch, daß ein Gemisch aus 10 cm³ konzentrierter Schwefelsäure + 1 g gepulverter Zitronensäure beim Erwärmen im Wasserbade innerhalb einer Stunde braun gefärbt wird.

Ätznatron (kaustische Soda) NaOH
Molekulargewicht: 40,0

Für die gerbereitechnische Praxis stellt man an das Ätznatron keine besonderen Ansprüche und verlangt nur seine garantierte Stärke und möglichste Eisenfreiheit.

Es kommt in eisernen Trommeln eingegossen in den Handel, und muß die Probenahme derart durchgeführt werden, daß sowohl von den Randpartien, die schneller erstarren und daher reiner sind, als auch von den inneren Teilen, die am längsten flüssig bleiben und die meisten Verunreinigungen (Chloride und Sulfate) enthalten, entsprechende Anteile entnommen werden. Da die Muster selbst in gut verschlossenen Flaschen leicht an der Oberfläche Feuchtigkeit und Kohlensäure anziehen, muß diese Kruste vor dem Abwägen zur Analyse unbedingt durch Abkratzen entfernt werden. Auch empfiehlt es sich nicht, die Probe zu pulvern, da sonst leicht größere Fehler unterlaufen können.

Der Gesamttiter wird in 50 cm³ Lösung (50 g pro Liter) durch n-HCl und Methylorange bestimmt und als „Grade" angegeben, wobei die

---

[1]) Chem. News, 50. 1872.

erhaltenen Prozente berechnet auf

$$Na_2CO_3 = \text{deutsche Grade}$$
$$Na_2O = \text{englische Grade},$$

oder auf die Menge von H_2SO_4, welche von 100 Teilen der betreffenden Soda neutralisiert werden, das sind Descroizilles-Grade, ergeben.

Die Gradebemessung bezieht sich ursprünglich auf Soda und ist daher gerade für Ätznatron unrationell, indem man seine Stärke durch den Gehalt eines Stoffes angibt, den es gar nicht enthält bzw. der hier als Verunreinigung gelten muß. Eine Folge davon ist auch, daß z. B. Ätznatron den hohen Wert von 132 Graden besitzen kann.

Zum Vergleich dieser Grade diene folgende Tabelle:

Tabelle 7

Englische Grade % Na_2O	Deutsche Grade % Na_2CO_3	Französische Descroizilles-Grade	Englische Grade % Na_2O	Deutsche Grade % Na_2CO_3	Französische Descroizilles-Grade
1	1,81	1,58	45	76,94	71,13
5	8,55	7,90	50	85,48	79,03
10	17,10	15,81	55	94,03	86,93
15	25,65	23,71	60	102,58	94,84
20	34,20	31,61	65	111,14	102,74
25	42,75	39,51	70	119,69	110,64
30	51,29	47,42	75	128,23	118,55
35	59,84	55,32	77,5	132,50	122,50
40	68,39	63,22			

Durch obige Titration auf den Gesamttiter wird aber auch das Karbonat mit in Rechnung gezogen, und muß man das wirklich als NaOH vorhandene Ätznatron auf folgende Art bestimmen:

Man bringt 20 cm³ der Lauge in einen 100 cm³-Kolben, setzt zirka 10 cm³ einer 10%igen Lösung von $BaCl_2$ hinzu, füllt mit kochendem Wasser auf und schüttelt kräftig durch. Nach einigen Minuten kann man 50 cm³ der überstehenden klaren Flüssigkeit mittels Methylorange und n-HCl oder noch einfacher die trübe Flüssigkeit mittels Phenolphthalein titrieren, wobei dann Farbenumschlag eintritt, wenn alles NaOH gesättigt ist. Jeder Kubikzentimeter n-HCl entspricht 0,040 g NaOH.

Das als Verunreinigung vorkommende Silikat und Aluminat ist meist sehr gering und bildet beim Lösen der Probe den unlöslichen Bodensatz.

Chlornatrium wird durch Titrieren der salpetersauren Lösung mit $AgNO_3$ ermittelt.

Sulfat wird gewichtsanalytisch durch Fällen der siedenden, schwach salzsauer gemachten Lösung mit Chlorbariumlösung gefunden.

Wasserbestimmung nach Böckmann:

Man bringt zirka 5 g Ätznatron in einen kleinen Erlenmeyer-Kolben (Höhe 14 bis 15 cm, Inhalt zirka ¼ l) und setzt einen trockenen Trichter auf. Dieses bringt man nun auf ein vorher erwärmtes Sandbad von 20×40 cm, gestellt auf einen Vierfuß mit Brennerkranz, dessen Temperatur zirka 140 bis 150° beträgt. Nach drei bis vier Stunden ist alle Feuchtigkeit verschwunden, und man läßt schließlich den Kolben samt aufgesetztem Trichter an freier Luft auf einer Marmorplatte erkalten und wägt zurück. Der Gehalt an Wasser kann bis zu 30% betragen.

Auf Eisen prüft man die mit HNO_3 oxydierte Lösung durch Zusatz von Rhodankalium und kann es bei größeren Mengen gewichtsanalytisch durch Ausfällen mit Essigsäure als basisches Azetat bestimmen.

Flüssige Natronlauge bestimmt man einfach aräometrisch mit Hilfe folgender Tabelle:

Tabelle 8 (nach Lunge)

Spezifisches Gewicht bei 15⁰ C	Grade Baumé	Prozent NaOH	Spezifisches Gewicht bei 15⁰ C	Grade Baumé	Prozent NaOH
1,007	1	0,61	1,162	20	14,37
1,014	2	1,20	1,210	25	18,58
1,022	3	2,00	1,263	30	23,67
1,029	4	2,71	1,320	35	28,83
1,036	5	3,35	1,383	40	34,96
1,075	10	6,55	1,453	45	41,41
1,116	15	10,06	1,530	50	49,02

Kalzinierte Soda Na_2CO_3
Molekulargewicht: 106,0

Während die aus Kristallsoda durch Entwässern erzeugte kalzinierte Soda die üblichen Verunreinigungen enthält, stellt diejenige aus dem Ammoniaksoda-Verfahren hervorgegangene, ebenfalls wasserfreie sogenannte Ammoniaksoda ein sehr reines Produkt vor. Für die Praxis und insbesondere für die gerbereitechnische Verwendung fragt man aber in der Regel nicht nach Art und Größe der Verunreinigungen, sondern prüft auf den Gehalt der Ware an kohlensaurem Natrium und Ätznatron.

Die Soda besteht im wesentlichen aus kohlensaurem Natrium und enthält nur kleine Mengen von anderen Natronsalzen, Tonerde, Eisen und Wasser als Verunreinigungen.

Da Sodalösungen in der Gerberei vielfach für Bleichbäder Verwendung finden, ist die Anführung einer Aräometertabelle (nach Lunge) von Interesse:

Tabelle 9

Spezifisches Gewicht	Grade Baumé	Gewichtsprozent Na_2CO_3	Spezifisches Gewicht	Grade Baumé	Gewichtsprozent Na_2CO_3
1,007	1	0,67	1,083	11	7,88
1,014	2	1,33	1,091	12	8,62
1,022	3	2,09	1,100	13	9,43
1,029	4	2,76	1,108	14	10,19
1,036	5	3,43	1,116	15	10,95
1,045	6	4,29	1,125	16	11,81
1,052	7	4,94	1,134	17	12,61
1,060	8	5,71	1,142	18	13,16
1,067	9	6,37	1,152	19	14,24
1,075	10	7,12			

Die wichtigste chemische Untersuchung der Soda ist die Ermittlung des Titers. Der alkalimetrische Gehalt wird stets nach dem Glühen bestimmt und für den geglühten (trockenen) Zustand angegeben; zur Analyse werden 2,6502 g abgewogen, aufgelöst und ohne Filtration titriert; jeder Kubikzentimeter n-HCl zeigt 2% Na_2CO_3 an. (Methylorange als Indikator.) Das Ergebnis der Titration wird als Grädigkeit ausgedrückt (vgl. Ätznatron). Der Gehalt an Kochsalz wird durch Lösen der Probe in Salpetersäure zur neutralen (oder schwach alkalischen) Flüssigkeit und Titrieren mit $AgNO_3$ und K_2CrO_4 ermittelt.

Sulfat wird wie bei Pottasche (vgl. S. 27) mittels Chlorbarium bestimmt. Der Gehalt an Ätznatron wird gleich wie jener an Ätzkalk bestimmt durch Aufkochen der Lösung mit Chlorbarium und Titrieren der trüben Flüssigkeit mit n-HCl und Phenolphthalein.

Schwefelnatrium bestimmt man nach Lestelle[1]), indem man die 5%ige Sodalösung mit ammoniakalischer Silberlösung derart titriert, daß man die Sodalösung zum Sieden erhitzt, Ammoniak zusetzt und die Silberlösung aus einer in $^1/_{10}$ cm³ geteilten Bürette so lange tröpfeln läßt, bis kein neuer schwarzer Niederschlag von Ag_2S mehr entsteht. Gegen Ende der Operation filtriert man vorteilhaft und titriert weiter. Jeder Kubikzentimeter $AgNO_3 = 0,1$ Prozent Na_2S der Soda.

Zur Bereitung der ammoniakalischen Silberlösung löst man 13,81 g Feinsilber in reiner Salpetersäure, versetzt die Lösung mit 250 cm³ Ammoniak und verdünnt auf 1 l. Jeder Kubikzentimeter dieser Lösung entspricht 0,005 g Na_2S.

Schwefligsaures Natron bestimmt man in 50 cm³ einer 5%igen Sodalösung, indem man mit Essigsäure ansäuert, Stärkelösung zusetzt und mit $^1/_{10}$ n-Jodlösung bis Blau titriert. Jeder Kubikzentimeter der Jodlösung $= 0,0063$ g Na_2SO_3.

Als Unlösliches kann die Soda Eisenoxyd, Sand, Kohle, Tonerde, Kreide und kohlensaure Magnesia enthalten, und bleiben diese Bestandteile beim Filtrieren der Lösung auf dem Filter zurück. Selbst für genaue technische Analysen genügt es, diesen Rückstand in Salzsäure zu lösen und das Eisenoxyd nach Reduktion mit Zink durch $KMnO_4$ zu bestimmen und den Rest des Unlöslichen als $CaCO_3$ zu berechnen, nach Abzug des in Salzsäure unlöslichen Sandes und der Kohle. Gute Soda soll nicht über 0,4% in Wasser Unlösliches, über 0,1% in Salzsäure Unlösliches und nicht über 0,02% Eisenoxyd enthalten.

Die Feuchtigkeit bestimmt man durch mäßiges Erhitzen im CO_2-Strome oder ohne denselben, wenn 300° nicht überstiegen werden, wobei keine wägbaren Anteile an CO_2 verlorengehen. Die Feuchtigkeit soll bei frischer Soda nicht ¼ bis ½% und bei guter Verpackung selbst nach einiger Zeit nicht viel über 1% betragen. Bei 2% ist die Soda häufig schon klumpig und mißfarbig und kann beim Lagern bis zu 10% Feuchtigkeit aufnehmen.

---

[1]) Compt. rend., 55, 739.

Kristallsoda $Na_2CO_3 \cdot 10\,H_2O$
Molekulargewicht: 286,2

Diese enthält in chemisch reinem Zustande 21,69% Na_2O, 15,37% CO_2 und 62,93% H_2O.

Die Kristallsoda des Handels enthält aber stets um etwa 1% Wasser mehr und kann nur durch Verwitterung etwas unter den genannten Prozentsatz sinken. Die Handelsware enthält stets NaCl und Na_2SO_4, und zwar soll der Gehalt an dem ersteren 0,5% nicht viel übersteigen, während letzterer bis zu 2% steigen kann.

Die chemische Prüfung der Kristallsoda erfolgt auf ganz gleiche Art wie bei der kalzinierten Soda und soll der Titer nicht weniger als 34% Na_2CO_3 ergeben, der bei verwitterter natürlich beträchtlich höher liegt.

Natriumbikarbonat $NaHCO_3$
Molekulargewicht: 84,0

Das Bikarbonat enthält 36,94% Na_2O, 52,34% CO_2 und 10,72% H_2O. Es reagiert in ganz reinem Zustande, das heißt mit dem theoretischen Gehalte an CO_2, gegenüber Lackmus alkalisch, gegenüber Phenolphthalein neutral, rötet es aber in verdünnter Lösung infolge Hydrolyse.

Die quantitative Analyse erstreckt sich nur auf den alkalimetrischen Titer und die Bestimmung an Kohlensäure.

Die Kohlensäure bestimmt man am einfachsten folgendermaßen: Man wägt 5,0 g Soda in einem kleinen Becherglas und löst sie in einem 900 bis 1000 cm^3 fassenden Becherglas in etwa 100 cm^3 vorher ausgekochtem und wieder auf 15 bis 20° abgekühltem destillierten Wasser unter Vermeidung von Schütteln, da sonst leicht CO_2 entweicht. Das Lösen der Soda beschleunigt man durch Zerdrücken derselben mittels Glasstabes. Der Lösung setzt man die doppelte Menge reines Chlornatrium vom Gewichte der Soda zu, kühlt bis nahe auf 0° ab und titriert mit n-HCl und Phenolphthalein bis die Rötung eben verschwunden ist (a cm^3); darauf setzt man Methylorange zu und titriert weiter, bis Farbenumschlag eintritt (b cm^3). 2 a zeigt das vorhandene Na_2CO_3, $b{-}a$ das $NaHCO_3$ an.

Kochsalz NaCl
Molekulargewicht: 58,5

Für die Zwecke des Einsalzens der Häute ist es notwendig, daß das Salz möglichst gips- und eisensalzfrei ist, da letztere Anlaß zur Bildung von Blößenschäden (Rostfleckbildung) geben. Mit Magnesiumsulfat verunreinigtes Salz trägt viel zur Auskristallisation des Magnesiasalzes bei, wobei oft nadelförmige Stiche und Kristalldrusen auf der Narbenfläche auftauchen. Solche Erscheinungen an Häuten, hervorgerufen durch magnesiumsulfathaltiges Kochsalz, ergeben sich häufig bei trocken gesalzenen Kipsen, die, gesalzen, in Fässern zum Versand gelangen. So enthält auch das Salz im Dongebiet neben Kochsalz viel Glaubersalz und Magnesiumsulfat.

Als Konservierungssalz wirkt das Seesalz am besten, doch ist es wegen seines Gehaltes an $MgCl_2$ sehr hygroskopisch und fließt rascher von den Häuten ab. Die zur Denaturierung verwendeten Öle können insofern störend wirken, als sie die Diffusionsfähigkeit der Haut herabsetzen und derart die Konservierung behindern. Ein Gehalt an Kalziumphosphat kann leicht zur Bildung von Salzflecken führen.

Mangelhaftes Einsalzen der Grünhäute oder die Verwendung alten, bereits gebrauchten Salzes oder eines solchen, das viel Sand und Kohlesplitter enthält, bedingt häufig den sogenannten Salzfraß auf der Narbenseite der Häute.

Kochsalz findet in der Gerberei eine ausgedehnte Verwendung, sowohl zum Konservieren der Häute als auch zur Herstellung der Pickelflüssigkeit, und ist für diese Zwecke besonders eine eventuelle Verunreinigung mit Eisen zu befürchten, während die anderen Bestandteile belanglos sind.

Eine absichtliche Verfälschung erfährt dieses billige Material wohl nicht und ist daher nur die Bestimmung von Eisen und Wasser von Interesse; ergibt letzteres größere Werte, so ist die Annahme der Gegenwart von Chlormagnesium und Chlorkalzium berechtigt, welche als stark hygroskopische Salze störend wirken können.

Zur Bestimmung dieser Verunreinigungen wird die filtrierte Lösung des Kochsalzes mit einigen Tropfen Salpetersäure versetzt und gekocht, Ammoniak zugefügt und der eventuell entstandene Niederschlag von Eisenoxyd und Aluminiumhydroxyd durch Filtrieren entfernt und für sich weiter bestimmt. Im Filtrat wird mit Ammoniumoxalat das Kalzium gefällt und nach erneuter Filtration das Magnesium mit Natriumphosphat siedend gefällt und bestimmt.

Der Wassergehalt wird durch Erhitzen von zirka 5 g in einem verdeckten Porzellantiegel während zweier Stunden auf 100 bis 120° C bestimmt.

Technisch verwendet man häufig das denaturierte Kochsalz, zu welchem Zwecke es mit Petroleum, Eisenoxyd, Wermutpulver, Ruß, Eisenvitriol, Kienöl, Alaun, Kupfervitriol, Soda, Glaubersalz, Teeröl versetzt wird. Für gerbereitechnische Zwecke sind Zusätze von Metallsalzen jedenfalls zu verwerfen, während einerseits Petroleum dem Pickelsalz nichts schadet, andererseits Ruß das geeignetste Denaturierungsmittel für Konservierungssalz vorstellt, weil derselbe selbst antiseptisch wirkt. Um ein derartiges Salz auf seinen Zusatz zu prüfen, löst man zirka 50 g in heißem Wasser, filtriert und bestimmt einerseits im unlöslichen Rückstand die Bestandteile, wie Ruß, Eisenoxyd usw., anderseits im Filtrate die löslichen Metallsalze. Ölige Stoffe, z. B. Petroleum, scheiden sich auf der wässerigen Lösung ab und können durch Ausschütteln mit geeigneten Lösungsmitteln extrahiert und durch deren Verdampfen isoliert werden.

Tabelle 10. Spezifisches Gewicht von NaCl-Lösungen (nach Gerlach)

Spezifisches Gewicht	Prozent NaCl	Spezifisches Gewicht	Prozent NaCl	Spezifisches Gewicht	Prozent NaCl
1,00725	1	1,07335	10	1,14315	19
1,01450	2	1,08097	11	1,15107	20
1,02147	3	1,08859	12	1,15931	21
1,02899	4	1,09622	13	1,16755	22
1,03624	5	1,10384	14	1,17580	23
1,04366	6	1,11146	15	1,18404	24
1,05108	7	1,11938	16	1,19228	25
1,05851	8	1,12730	17	1,20098	26
1,06593	9	1,13523	18	1,20433	26,4

Glaubersalz $Na_2SO_4 \cdot 10\,H_2O$
Molekulargewicht: 322,2

Schwefelsaures Natrium ist in 20 Teilen Wasser von 0^0 C und in $2\frac{1}{2}$ Teilen kochendem Wasser löslich und findet manchesmal als Zusatz zu den Gerbbrühen Verwendung, um deren Diffusionskraft zu heben und eine lockere Gerbung zu bewirken. Häufig trifft man es im Handel unter dem Namen „unechtes oder ordinäres Bittersalz".

◀ In der Lederfabrikation wird es viel als Beschwerungsmittel für Leder verwendet.

An Verunreinigungen kommen freie Säure, Kalk, Chlornatrium und Eisen in Betracht, und findet sich letzteres in Mengen von 0,099 bis 0,13%. Um es quantitativ zu bestimmen, titriert man die mit Zink und Schwefelsäure zu Oxydul reduzierte Lösung mit $KMnO_4$ oder bei sehr kleinen Mengen genügt eine annähernde kolorimetrische Ermittlung.

Natriumbisulfat $NaHSO_4$
Molekulargewicht: 120,0

Saures schwefelsaures Natrium kristallisiert mit 1 Mol. Wasser, das es beim Erhitzen auf 50^0 verliert; es kommt als weißes Salz oder in geschmolzenen Stücken unter dem Namen Weinsteinpräparat in den Handel und dient besonders als Beize in der Lederfärberei, wobei 10 Teile des Salzes 4 Teilen Schwefelsäure und 10 Teilen Glaubersalz entsprechen.

Für seine Untersuchung kommen dieselben Bestimmungen in Betracht wie beim Natriumsulfat, und kann der Gehalt an halbfreier Säure durch Titration gefunden werden. Wegen seiner Hygroskopizität ist auch stets eine Wasserbestimmung notwendig, wobei es durch vorsichtiges Erhitzen bei 315^0 schmilzt und zum wasserfreien Salz unzersetzt wieder erstarrt.

Natriumphosphat $Na_2HPO_4 \cdot 12\,H_2O$
Molekulargewicht: 358,2

Das einfachsaure Natriumphosphat bildet monokline, leicht verwitternde Säulen, die sich in 35 Teilen kaltem oder 1 Teil heißem Wasser zur alkalisch reagierenden Flüssigkeit auflösen. Dieses Salz findet ebenfalls als Zusatz zu Färbeflotten Verwendung. Es kommt hinreichend rein in den Handel, und genügt eventuell zur Kontrolle eine maßanalytische Phosphorsäurebestimmung der essigsauren Lösung mit Uranazetat (35 g kristallisiertes Salz $+$ 3,5 g konzentrierte Essigsäure auf 1 l).

1 cm^3 dieser Uranlösung $= 0,005$ g P_2O_5 (Indikator: $K_4Fe(CN)_6$).

Natriumsulfit und -bisulfit

Schweflige Säure spielt sowohl als neutrales Salz Na_2SO_3 wie auch besonders als saures Salz, auch Bisulfit genannt, $NaHSO_3$ eine wichtige Rolle in der Gerberei und Gerbextraktfabrikation, da letzteres als reduzierender Stoff sowohl als Bleichmittel als auch zum Löslichmachen der Extrakte viel verwendet wird.

Das Bisulfit kommt auch als wasserfreies Pulver in den Handel, es stellt in dieser Form das Metabisulfit $Na_2S_2O_5$ vor:

$$2\ NaHSO_3 - H_2O = Na_2S_2O_5$$

Der technische Wert dieser Produkte läßt sich aus deren Gehalt an SO_2 bestimmen, und zwar die als Na_2SO_3 vorhandene neben der Bisulfitsäure (halbfreie Säure) in folgender Weise: Man ermittelt das gesamte SO_2 durch Titrieren mit Jod, das als Bisulfit vorhandene durch Titrieren einer zweiten Probe mit n-NaOH und Phenolphthalein:

$$NaHSO_3 + NaOH = Na_2SO_3 + H_2O$$

Es entspricht also 1 cm^3 n-NaOH $= 0,0320$ g SO_2 als Bisulfitsäure (halbfreie schweflige Säure $= \dfrac{H_2SO_3}{2}$).

Beide Bestandteile (saures und neutrales Sulfit) kann man auch rein azidimetrisch auf folgende Art bestimmen:

Man titriert eine Probe zuerst mit $^n/_{10}$ NaOH und Phenolphthalein und dann das entstandene neutrale Sulfit unter Zusatz von Methylorange mit $^1/_{10}$ n-HCl, bis die Lösung rot wird. Jeder Kubikzentimeter $^1/_{10}$ n-HCl entspricht dann 0,0064 g SO_2 in Form von Na_2SO_3, von deren Menge dann wieder das als $NaHSO_3$ vorhandene SO_2 abzuziehen ist. Jodometrisch kann man die gesamte SO_2-Menge folgendermaßen ermitteln: Die Lösung des Salzes wird aus einer Bürette in angesäuerte 50 cm^3 $^1/_{10}$ n-Jodlösung fließen gelassen, bis Entfärbung eintritt. Die verwendete Jodmenge oxydiert 0,1601 g SO_2, folglich ist so viel SO_2 in der verbrauchten Menge vom SO_2-Salz im freien und gebundenen Zustand zusammen enthalten. Nach der Gleichung:

$$Na_2SO_3 + H_2O + J_2 = Na_2SO_4 + 2\ HJ$$

verläuft diese jodometrische Bestimmung.

Auch kann man zirka 0,5 g gepulvertes SO_2-Salz in 40 cm^3 $^1/_{10}$ n-Jodlösung durch Rühren zur Lösung bringen und dann sofort mit Wasser verdünnen und mit $^1/_{10}$ n-Thiosulfatlösung zurücktitrieren. Jeder Kubikzentimeter $^1/_{10}$ n-Jodlösung entspricht dann

$$0,0032\ g\ SO_2 = 0,0126\ g\ Na_2SO_3 \cdot 7\ H_2O$$

Enthält das Bisulfit aber Bisulfat, so ergibt das azidimetrische Verfahren unrichtige Resultate; nach Kühl[1]) geht man in diesem Falle folgendermaßen vor:

Man bestimmt durch Titration mit $\frac{n}{10}$ NaOH und Phenolphthalein den Alkaliverbrauch a; hierauf fügt man überschüssiges, neutrales Formalin hinzu, das sich mit Na_2SO_3 nach folgender Gleichung umsetzt:

$$Na_2SO_3 + HCHO + H_2O = CH \cdot OH \cdot OSO_2Na + NaOH$$

Die hier abgespaltene NaOH-Menge wird nun mit $\frac{n}{10}$ HCl und Phenolphthalein titriert und man erhält so einen Säureverbrauch b.

Aus diesen beiden Werten a und b läßt sich berechnen:

$a = b$: Ganz reines Bisulfit liegt vor.

$a > b$: Saure Salze ($NaHSO_4$) sind vorhanden; $a—b$ kann auf H_2SO_4 bzw. $NaHSO_4$ umgerechnet werden.

$a < b$: Neben Bisulfit ist noch Monosulfit vorhanden; aus a berechnet man den Gehalt an Bisulfit und aus b die Gesamtmenge an schwefliger Säure. Daraus berechnet sich der Gehalt an Monosulfit.

Nach Harrison und Carroll[2]) bestimmt man das Metabisulfit durch Oxydation mit Wasserstoffsuperoxyd zu $NaHSO_4$ und titriert letzteres gegen Methylorange. Das Na_2SO_3 ergibt sich aus der jodometrisch gefundenen Gesamtmenge an SO_2 abzüglich der obigen Metabisulfitmenge. Na_2SO_4 wird schließlich durch Abkochen der SO_2 mit Salzsäure und nun durch Fällen mit Bariumchlorid bestimmt.

Von Verunreinigungen dieser Salze kommen Soda, Sulfat und Eisen in Betracht. Soda kann durch Titration der Lösung mit Salzsäure und Methylorange ermittelt werden, welches gegen SO_2 sauer, gegen CO_2 aber nicht reagiert.

Sulfate bestimmt man gewichtsanalytisch mit $BaCl_2$.

Eisen kommt meist nur in Spuren vor und genügt dessen Nachweis mit Rhodankalium. Zu diesem Zwecke muß die Sulfitlösung mit einem kleinen Überschuß von Salpetersäure längere Zeit unter Kochen oxydiert werden, um alles reduzierende SO_2 zu entfernen. Aus der Stärke der Rotfärbung kann meist ohne weiteres auf den geringen Gehalt an Eisen geschlossen werden, hingegen vermag die kolorimetrische Prüfung genauere Werte zu ergeben.

Die Sulfitlaugen der Zellulosefabriken stellen eine Lösung von Kalzium- und Magnesiumsulfit in wässeriger SO_2 mit einem gewissen Gehalt von Schwefelsäure vor.

Hat man Sulfitlaugen zu untersuchen, so kann man dieselben wie folgt bestimmen: Man setzt zur Lösung Methylorange und Phenolphthalein zu und titriert mit $^1/_{10}$ n-NaOH so lange, bis die Lösung von Methylorange gelb wird. Es wird dann die gesamte SO_2 in $NaHSO_3$ übergeführt sein, und entspricht somit jeder Kubikzentimeter $^1/_{10}$ n-NaOH = 0,0064 g SO_2. Titriert man nun noch so lange weiter, bis auch das

[1]) Collegium, 624, 97. 1922.
[2]) J. Soc. Chem. Ind., 44, 127 und Collegium, 672, 200. 1926.

Phenolphthalein gefärbt wird, so hat sich alles $NaHSO_3$ in Na_2SO_3 verwandelt, und entspricht wieder jeder Kubikzentimeter $^1/_{10}$ n-NaOH $=$ 0,0064 g SO_2 als Bisulfit. Zieht man nun von der Gesamtmenge diejenige ab, die als freie SO_2 bestimmt worden war, so erhält man die Menge des ursprünglich als Bisulfit vorhandenen SO_2.

Im Handel trifft man das flüssige und das pulverförmige Bisulfit $Na_2S_2O_5$ (BASF); letzteres stellt eine sehr reine und hochkonzentrierte Ware vor, die einen Gehalt von 63,5% SO_2 aufweist.

In der Praxis der Lederfabrikation spielen auch die Hydrosulfite (z. B. $Na_2S_2O_4 \cdot H_2O$) als Bleichmittel eine wichtige Rolle. Sie kommen als Hydrosulfit, Blankit und Rongalit (BASF) in den Handel. Ihre technische Wertbestimmung kann nach Formhals[1]) mit Hilfe von Ferrizyankalium an Hand folgender Gleichung ermittelt werden:

$$Na_2S_2O_4 \cdot H_2O + 2\ K_3Fe(CN)_6 + H_2O = 2\ K_3NaFe(CN)_6 + 2\ H_2SO_3$$

Man benutzt zur Bestimmung eine $^1/_{10}$ n-$K_3Fe(CN)_6$-Lösung, die man durch Auflösen von 32,92 g $K_3Fe(CN)_3$ in Wasser zu 1 l herstellt. Zur Erkennung des Endpunktes der Reaktion verwendet man eine Ferroammonsulfat-Lösung, von der man einige Tropfen der zu untersuchenden Lösung zusetzt. Ist alles Hydrosulfit verbraucht, so tritt Blaufärbung infolge Bildung von Turnbullsblau ein.

$$1\ cm^3\ ^1/_{10}\ n\text{-}K_3Fe(CN)_6 = 0,0096\ g\ Hydrosulfit.$$

Schwefelnatrium $Na_2S \cdot 9\,H_2O$
Molekulargewicht: 240,2

Dieses weist als technisches Produkt gelbe bis dunkelbraune Farbe auf und ist sowohl mit höheren Sulfiden (Polysulfiden) als auch mit Natriumsulfat, Thiosulfat und Kohleteilchen verunreinigt.

Im Handel unterscheidet man das kristallisierte Salz mit 9 Mol. Wasser, das einen Na_2S-Gehalt von 32% aufweist. Die sogenannte konzentrierte Ware enthält weniger Wasser (2 bis 2½ Mol.) und weist daher einen Na_2S-Gehalt von 60% auf. Das geschmolzene Na_2S ist wasserfrei und enthält 95% Na_2S. Ist das technische Schwefelnatrium längere Zeit der Luft ausgesetzt, so zieht es aus dieser Sauerstoff und Kohlendioxyd an und bildet Thiosulfat und Karbonat.

Für eine rasche Untersuchung genügt es, die Gesamtalkalinität und die durch Säuren austreibbaren H_2S-Mengen zu bestimmen.

Die Gesamtalkalinität erfährt man durch Titration einer zirka 1%igen Lösung mit $^1/_{10}$ n-HCl und Methylorange, wobei die durch die hydrolytische Spaltung des Schwefelnatriums in NaOH und NaSH erhaltenen basischen Bestandteile direkt angezeigt werden, da Methylorange gegen H_2S unempfindlich ist.

Der nutzbare H_2S-Gehalt kann rasch folgendermaßen bestimmt werden: Zu einer zirka 1%igen Lösung der Probe läßt man die eingestellte $ZnSO_4$-Lösung unter ständigem Rühren zufließen, indem man

---

[1]) Chem. Ztg., 140, S. 869. 1920.

von Zeit zu Zeit einen Tropfen der Reaktionsflüssigkeit auf ein Filtrierpapier bringt. Die äußeren Ränder (ZnS-freie Zone) dieser Tüpfel-
proben bringt man mit einem Tropfen einer Bleiazetatlösung zusammen,
welche so lange schwarz gefärbt wird, als noch Na_2S-Lösung vorhanden
ist. An Stelle der Bleiazetatlösung kann man auch eine Nitroprussid-
natrium-Lösung verwenden, die mit löslichen Sulfiden eine blauviolette
Färbung gibt. Sobald eine dieser Proben negativ ausfällt, ist alles Na_2S
als unlösliches ZnS gefällt.

$$1 \text{ cm}^3 \; {}^1/_{10} \, n\text{-}ZnSO_4 = 0{,}0039 \text{ g } Na_2S$$

Die $ZnSO_4$-Lösung bereitet man sich derart, daß man 14,38 g $ZnSO_4 \cdot 7H_2O$
auflöst und so viel Ammoniak zufügt, bis der zuerst entstehende Niederschlag wieder in Lösung gegangen ist. Nun setzt man 50 g NH_4Cl zu
und füllt auf 1 l auf.

Um das Sulfid getrennt vom Thiosulfat zu bestimmen, verfährt
man z. B. nach Paeßler folgendermaßen: 10 bis 15 g Schwefelnatrium
werden zu 500 cm³ gelöst und 25 cm³ dieser Lösung mit $^1/_{10}$ n-Jodlösung
und Stärkelösung bis zur bleibenden Blaufärbung titriert. Ferner werden
50 cm³ der Lösung mit 50 cm³ Zinksulfatlösung (50 g pro Liter) versetzt,
wodurch alles Sulfid als ZnS gefällt wird, während das Thiosulfat unverändert bleibt. Nun wird filtriert, und darf ein Tropfen des Filtrats
mit $ZnSO_4$-Lösung keine Trübung mehr geben, worauf 50 cm³ dieses
Filtrats wie früher mit $^1/_{10}$ n-Jodlösung titriert wird. Aus der Differenz
der beiden Titrationen ergibt sich der Verbrauch jener Jodmenge, die
dem Sulfid entspricht, gemäß der Gleichung:

$$Na_2S + J_2 = 2 \, NaJ + S$$
$$1 \text{ cm}^3 \; {}^1/_{10} \, n\text{-}J = 0{,}0039 \text{ g } Na_2S = 0{,}0120 \text{ g } Na_2S \cdot 9 \, H_2O$$

In den meisten Fällen erfordert das vorhandene Thiosulfat nur
0,1 bis 0,2 cm³ Jodlösung, so daß diese Bestimmung für die Fälle der
Praxis auch wegfallen kann.

Nach Simand kann man die Sulfidlösung auch durch Titrieren
mit $^1/_2$ n-HCl und Phenolphthalein bis zum Verschwinden der Rotfärbung
bestimmen und erhält in diesem Falle genau die Hälfte des an Schwefel
als Na_2S gebundenen Natriums:

$$Na_2S + H_2O = NaHS + NaOH$$

Handelt es sich darum, eine genaue Bestimmung aller möglichen
Bestandteile des Schwefelnatriums, und zwar: Na_2SO_3, $Na_2S_2O_3$, Na_2S,
NaOH und Na_2CO_3 durchzuführen, so geht man nach Kalmann und
Spüler wie folgt vor[1]):

a) In einem gemessenen Volumen der Lösung bestimmt man die
Gesamtalkalinität mit n-HCl und Methylorange. Der verbrauchten
Säuremenge entspricht der Gehalt an

$$Na_2CO_3 + Na_2S + NaOH + {}^1/_2 \, Na_2SO_3$$

b) In einem gleichen Volumen der Lösung wird nach vorherge-
gangenem Ansäuern mit verdünnter Essigsäure und Zugabe von Stärke-

---

[1]) Dingl. Journ., **264**, 456.

lösung mit $^1/_{10}$ n-Jodlösung titriert. Der verbrauchten Jodmenge entspricht der Gehalt an

$$Na_2S + Na_2SO_3 + Na_2S_2O_3$$

c) Aus einem doppelt so großen als dem in a) verwendeten Volumen der Lösung fällt man mit alkalischer Zinklösung das Sulfid, bringt auf ein bestimmtes Maß, filtriert die Hälfte ab, säuert mit Essigsäure an und titriert mit $^1/_{10}$ n-Jodlösung und Stärkelösung. Die verbrauchte Jodmenge entspricht dem

$$Na_2SO_3 + Na_2S_2O_3$$

d) Ein drei- bis vierfach so großes Volumen der Lösung, als in a) verwendet wurde, versetzt man mit Chlorbarium-Lösung im Überschuß, füllt mit ausgekochtem Wasser auf ein bestimmtes Volumen auf, filtriert nach dem Absetzen der Fällung:

α) $^1/_3$ bzw. $^1/_4$ ab und titriert mit n-HCl. Die verbrauchte Säuremenge ist gleich dem $NaOH + Na_2S$.

β) Säuert man ein neues Drittel bzw. Viertel des Filtrates mit Essigsäure an und titriert mit $^1/_{10}$ n-Jodlösung. Die verbrauchte Jodmenge entspricht dem Gehalte an

$$Na_2S + Na_2S_2O_3$$

Aus diesen Ergebnissen läßt sich berechnen:

$$
\begin{aligned}
b - \beta &= A \text{ cm}^3 \ ^1/_{10}\,n\text{-Jodlösung, entsprechend dem } Na_2SO_3 \\
b - c &= B \quad ,, \ ^1/_{10}\,n\text{-} \qquad ,, \qquad\qquad ,, \qquad ,, \quad Na_2S \\
\beta - (b - c) &= C \quad ,, \ ^1/_{10}\,n\text{-} \qquad ,, \qquad\qquad ,, \qquad ,, \quad Na_2S_2O_3 \\
a - {}^1/_{10}\,B &= D \quad ,, \ n\text{-HCl,} \qquad\qquad\quad ,, \qquad ,, \quad NaOH \\
1 - (a + {}^1/_{20}\,A) &= E \quad ,, \ n\text{-HCl,} \qquad\qquad\quad ,, \qquad ,, \quad Na_2CO_3
\end{aligned}
$$

Natriumthiosulfat $Na_2S_2O_3 \cdot 5\,H_2O$
Molekulargewicht: 248,2

Unterschwefligsaures Natron oder Antichlor findet sowohl als Zusatz zu Gerbbrühen wie besonders als Reduktionsmittel in der Chromgerbung ausgedehnte Verwendung. Es ist im Wasser gut löslich, und zwar vermögen 100 Gewichtsteile Wasser zu lösen bei:

15^0	20^0	25^0	30^0	35^0	40^0	45^0	47^0	60^0 C
64	69	75	82	89	98	109	114	120 Gewichtsteile Thiosulfat.

Für seine Wertbestimmung kommt nur der Gehalt an SO_2 in Betracht und wird derselbe durch Titration mit $^1/_{10}$ n-Jodlösung und Stärkelösung ermittelt.

Nach der Gleichung:

$$2\,Na_2S_2O_3 + 2\,J = Na_2S_4O_6 + 2\,NaJ$$

entspricht 1 cm^3 $^1/_{10}$ n-J = 0,0158 g $Na_2S_2O_3$ resp. 0,0248 g $Na_2S_2O_3 \cdot 5\,H_2O$.

Die kristalline Handelsware ist meist sehr rein und weist einen Gehalt von 98 bis 99% $Na_2S_2O_3 \cdot 5\,H_2O$ auf.

Bei der Prüfung des Salzes auf Reinheit ist besonders Rücksicht zu nehmen auf einen Gehalt an Schwefelsäure, welcher sich durch Trübung der wässerigen Lösung mit Bariumchlorid verraten würde; ein Gehalt an Schwefelnatrium gibt sich durch die sofortige Schwarzfärbung des Silberniederschlages zu erkennen.

Aus der Dichte der Lösung können folgende Gehalte erkannt werden:

Tabelle 11

Spezif. Gewicht	Prozent $Na_2S_2O_3 \cdot 5\,H_2O$	Spezif. Gewicht	Prozent $Na_2S_2O_3 \cdot 5\,H_2O$	Spezif. Gewicht	Prozent $Na_2S_2O_3 \cdot 5\,H_2O$
1	1,0052	12	1,0639	32	1,1800
2	1,0105	14	1,0751	34	1,1924
3	1,0158	16	1,0863	36	1,2048
4	1,0211	18	1,0975	38	1,2172
5	1,0264	20	1,1087	40	1,2297
6	1,0317	22	1,1204	42	1,2427
7	1,0370	24	1,1322	44	1,2558
8	1,0423	26	1,1440	46	1,2690
9	1,0476	28	1,1558	48	1,2822
10	1,0529	30	1,1676	50	1,2888

Wasserglas

Das feste Handelsprodukt stellt weißliche, glasartige Stücke vor, die häufig durch einen Gehalt an Eisen grünlich bis graugelb gefärbt sind. Als Lösung kommt es in einer Stärke von 30 bis 40° Bé (1,26 bis 1,38 spezifisches Gewicht) mit einem Gehalte von über 70% SiO_2 in den Handel.

In der Gerbereipraxis dient es hauptsächlich als Entsäuerungsmittel für chromgares Leder, wo es als mildes Alkali sehr geschätzt wird. Man verlangt daher von ihm möglichste Freiheit an anderen Alkalien.

Zur Bestimmung der Bestandteile werden 15 bis 20 g der Substanz in destilliertem Wasser zu 500 cm³ gelöst und soll diese Lösung vollständig klar sein und auch bei mehrtägigem Stehen sich nicht setzen.

Das gebundene und freie Alkali wird bestimmt, indem man 100 cm³ obiger Lösung mit ½ n-HCl und Methylorange titriert, wobei 1 cm³ ½ n-HCl = 0,0155 g Na_2O. Das freie Alkali wird bestimmt, indem man 10 g Wasserglas mit 100 cm³ gesättigter (neutraler) Kochsalzlösung vermengt und die breiige Masse mit neutralem Alkohol auf 200 cm³ auffüllt und je 100 cm³ des Filtrates mit $^1/_{10}$ n-HCl und Phenolphthalein titriert. Durch Abzug der hier erhaltenen Menge von der obigen wird das gebundene Alkali erhalten.

Um Kieselsäure zu bestimmen, werden 100 cm³ obiger Lösung mit konzentrierter Salzsäure zersetzt und in einer Platinschale am Wasserbade zur Trockne gebracht, mehrmals mit Salzsäure befeuchtet und wieder eingedampft und zuletzt zirka zwei Stunden im Trockenschrank bei 120° C getrocknet, mit warmer verdünnter Salzsäure aufgenommen, filtriert, gut ausgewaschen, getrocknet, stark geglüht und als SiO_2 gewogen.

Das erhaltene Filtrat wird mit Ammoniak, kohlensaurem Ammon und oxalsaurem Ammon versetzt, auf dem Wasserbade kurze Zeit erwärmt, 24 Stunden stehen gelassen, filtriert, eingedampft, durch schwaches Glühen die Ammonsalze vertrieben, bis zur Gewichtskonstanz geglüht und als NaCl gewogen, in Na_2O umgerechnet und zum freien Alkali addiert und als Gesamtalkali angegeben.

Borax $Na_2B_4O_7 \cdot 10\,H_2O$
Molekulargewicht: 382,2

Der Borax kommt entweder als prismatischer Borax mit 10 Mol. Wasser oder als oktaedrischer Borax mit 5 Mol. Wasser in den Handel und wird entweder aus dem natürlichen Produkt (Tinkal) oder durch Neutralisation der Borsäure mit Soda hergestellt.

Auch dieser Stoff findet ähnlich wie Wasserglas als Entsäuerungsmittel Verwendung und soll er hiefür frei von anderen alkalisch wirkenden Stoffen (Soda) sein; die quantitative Borsäurebestimmung gibt hierüber Aufschluß.

Zur Bestimmung der Borsäure in löslichen Alkaliboraten benutzt man die Methode von Hörig und Spitz[1]). Man löst etwa 30 g des zu untersuchenden Salzes zu 1 l auf und bestimmt in 50 cm³ dieser Lösung mit ½ n-Säure und Methylorange das Alkali. Zu dieser gegen Methylorange neutralen Lösung, welche alle Borsäure im freien Zustande enthält, fügt man einige Tropfen Phenolphthaleinlösung und 50 cm³ Glyzerin zu und titriert mit ½ n-Lauge bis zur Rotfärbung. Man setzt nun so lange je 10 cm³ Glyzerin und ½ n-Lauge zu, bis ein erneuter Glyzerinzusatz die Violettfärbung nicht mehr zum Verschwinden bringt. Jeder verbrauchte Kubikzentimeter ½ n-Lauge $= 0,0175$ g B_2O_3 gemäß:

$$B_2O_3 + 2\,NaOH = 2\,NaBO_2 + H_2O$$

Rohborax enthält beträchtliche Mengen von unlöslichen Bestandteilen, Chloriden und Sulfaten. Erstere können durch Lösen einer gewogenen Menge und Bestimmen des unlöslichen Anteiles, Chloride und Sulfate auf bekannte Weise gewichtsanalytisch bestimmt werden.

Borsäure H_3BO_3
Molekulargewicht: 62

Diese enthält außer Wasser noch Sulfate und Chloride, Alkalien, Eisenoxyd, Tonerde, Kalk, Magnesia, Schwefelsäure, Kieselsäure und organische Stoffe als Verunreinigungen.

In der Lederfabrikation findet Borsäure als Bleichmittel und als mildes Entkalkungsmittel für Blößen Verwendung; in beiden Fällen verlangt man daher Abwesenheit fremder saurer Bestandteile bzw. die volle Azidität der reinen Borsäure.

Um Rohborsäure vollständig zu untersuchen, löst man 2 bis 3 g in warmem Wasser, filtriert den unlöslichen Rückstand ab, versetzt das Filtrat mit Salpetersäure, scheidet in der einen Hälfte desselben

---

[1]) Zeitschr. f. angew. Chem., 549. 1896.

die Kieselsäure ab und fällt in der zweiten Hälfte mit Silbernitrat das Chlor und mit Bariumnitrat die Schwefelsäure.

Ein zweite Probe wird mit Flußsäure und etwas Schwefelsäure zur Trockne eingedampft, der Rückstand in Salzsäure und Wasser gelöst und in dieser Lösung eine Trennung der Bestandteile Fe, Al, Ca, Mg, K und Na vorgenommen.

Eventuell vorhandene Ammonsalze bestimmt man durch Erhitzen einer Probe mit Natronlauge und Einleiten des gebildeten Ammoniaks in titrierte Salzsäure und Zurücktitrieren mit n-NaOH. Durch Trocknen einer weiteren Probe während zweier Stunden bei 50^0 C und durch zwölfstündiges Stehen über Schwefelsäure erfährt man den Wassergehalt. Aus der Differenz aller genannten Bestandteile erfährt man den Gehalt an Borsäure.

Eine rohe Bestimmung der Borsäure kann dadurch erhalten werden, daß man, wie oben angegeben, das Wasser einerseits, die Borsäure durch Lösen in absolutem Alkohol entfernt und den unlöslichen Rückstand als Verunreinigung anderseits bestimmt. Die Differenz aus Gesamtmenge und Wasser + Verunreinigung ergibt die Borsäure.

Genauer erhält man den Gehalt an Borsäure durch Titrieren der Säure bei Gegenwart eines großen Glyzerinüberschusses (neutral!) mit Barytwasser und Phenolphthalein[1]).

Pottasche K_2CO_3
Molekulargewicht: 138,2

Das reine kohlensaure Kalium kommt mit einem Gehalte von 96 bis 98% in den Handel.

Der Gehalt an Gesamtalkalinität wird bestimmt, indem man 5 g Pottasche in 500 cm³ Wasser löst und 25 cm³ dieser Lösung mit $^1/_{10}$ n-H_2SO_4 und Methylorange in der Kälte titriert.

Ein Gehalt an Natriumkarbonat wird derart ermittelt, daß man die Karbonate durch Eindampfen mit Salzsäure in die entsprechenden Chloride überführt und zirka 20 g der Trockensubstanz in einem 125-g-Kolben mit 90%igem Alkohol eine halbe Stunde schüttelt und auf die Marke mit Alkohol auffüllt. Durch diese Behandlung geht nur das Natriumchlorid in Lösung, und dampft man 50 cm³ dieser alkoholischen Lösung ein, so kann aus der erhaltenen Menge Chlornatrium die entsprechende Menge Natriumkarbonat berechnet werden.

Die Gesamtmenge der Kohlensäure wird durch Titrieren einer 4%igen Lösung von Pottasche mit n-HCl und Phenolphthalein gefunden. Bringt man die ermittelte Menge Natriumkarbonat in Abzug, so erhält man dadurch den Wert an Kaliumkarbonat.

Ein Chlorkaliumgehalt wird bestimmt, wenn 2 bis 10 g Pottasche vorsichtig mit Salpetersäure unter Zufügen von Methylorange zur

---

[1]) Chem. Ztg., 67. 1901.

neutralen Flüssigkeit gelöst und hernach mit $^1/_{10}$ n-AgNO$_3$ und K$_2$CrO$_4$ titriert werden.

Kaliumsulfat bestimmt man in 10 g Pottasche durch Lösen in Salzsäure, Filtrieren, Zum-Sieden-Erhitzen und Fällen mit Chlorbarium; der Niederschlag wird gewichtsanalytisch ermittelt.

Die Feuchtigkeit bestimmt man durch Erhitzen von 10 g der Probe in einem Platintiegel bis zur Gewichtskonstanz.

Gebrannter Kalk CaO
Molekulargewicht: 56

Das Unlösliche wird bestimmt, indem man 1 g Kalk mit Salzsäure behandelt, den Rückstand auswäscht, trocknet und glüht. Bei Vorhandensein größerer Mengen von organischer Substanz wägt man das bei 100° getrocknete Filter und glüht erst dann; die Differenz ergibt die organische Substanz.

Um Magnesia zu bestimmen, löst man 2 g der Probe in Salzsäure, fällt den Kalk mit Ammoniak und oxalsaurem Ammon und bestimmt die Magnesia im Filtrat durch Fällen der heißen Lösung mit phosphorsaurem Natrium. Nach dem Erkalten fügt man ein Drittel des Volumens Ammoniak hinzu und filtriert nach drei bis zwölf Stunden ab, wäscht mit 2½%igem Ammoniak, trocknet, entfernt den Niederschlag vom Filter, verascht diesen für sich und glüht schließlich beide Rückstände stark. 100 Teile Mg$_2$P$_2$O$_7$ = 0,3625 g MgO.

Eisen bestimmt man derart, daß man 2 g in Salzsäure löst, die Lösung mit Zink reduziert, verdünnt, etwas eisenfreies Mangansulfat zusetzt und mit Permanganat titriert.

Bestimmung des freien CaO. Man wägt 100 g Ätzkalk ab, löscht sorgfältig und bringt den Brei in einen ½-l-Kolben, füllt zur Marke auf und pipettiert unter Umschütteln 100 cm³ heraus, läßt diese wieder in einen ½-l-Kolben fließen, füllt auf und nimmt vom gut gemischten Inhalt 25 cm³ zur Titration. Zu diesem Zwecke setzt man wenig Phenolphthalein zu und titriert mit n-HCl, bis die Rosafarbe eben verschwunden ist, was eintritt, wenn alles CaO gesättigt, aber CaCO$_3$ noch unangegriffen ist. 1 cm³ n-HCl entspricht 0,02806 g CaO.

Bestimmung von CaCO$_3$. Man titriert CaO und CaCO$_3$ zusammen, indem man die Probe in n-HCl löst und deren Überschuß durch n-NaOH rücktitriert; durch Abziehen des gefundenen CaO von dieser Menge erhält man das CaCO$_3$.

Ätzkalk Ca(OH)$_2$
Molekulargewicht: 74

Der Gehalt an freiem CaO und CaCO$_3$ wird wie beim gebrannten Kalk bestimmt. In Kalkmilch kann der Gehalt an Ätzkalk annähernd auf aräometrischem Wege gefunden werden, indem man bei dünner Kalkmilch schnell abliest, bevor sich der Kalk absetzt, während bei dicker Kalkmilch der Zylinder langsam auf dem Tische herumgedreht wird, bis das Aräometer nicht mehr weiter einsinkt. Aus folgender Tabelle nach Blattner[1]) kann man die entsprechenden Zahlen ablesen:

Tabelle 12

Grade Baumé	Spezifisches Gewicht	Gramm CaO pro Liter	Grade Baumé	Spezifisches Gewicht	Gramm CaO pro Liter
1	1,007	7,5	12	1,091	115
2	1,014	16,5	14	1,108	137
3	1,022	26,0	16	1,125	159
4	1,029	36,0	18	1,142	181
5	1,037	46,0	20	1,162	206
6	1,045	56,0	22	1,180	229
7	1,052	65,0	24	1,200	255
8	1,060	75,0	26	1,220	281
9	1,067	84,0	28	1,241	309
10	1,075	94,0	30	1,263	339

Kalkschwefelleber

Diese stellt ein Gemenge aus Schwefelkalzium, Kalziumpolysulfiden und Gips vor, und erstreckt sich ihre Wertbestimmung auf Ermittlung des unlöslichen Gipses einerseits, des Gehaltes an aktivem Schwefel anderseits, der wie beim Schwefelnatrium ermittelt werden kann.

Der sogenannte Schwefelkalk der Sodafabriken stellt ein ähnliches Produkt vor und enthält neben wenig Ätzkalk, kohlensaurem und unterschwefligsaurem Kalk besonders Schwefelkalzium und Kalziumsulfhydrat.

Unter dem Namen „Calcin" bringt der Verein für chemische und metallurgische Produktion in Aussig ein Polysulfidpräparat in flüssiger Form in den Handel. Dieses bildet eine gelbe Flüssigkeit von 25^0 Bé und enthält lösliche Sulfhydrate, die, laut Analyse auf $Na_2S \cdot 9H_2O$ berechnet, mit 56% ermittelt wurden.

Chlorkalzium $CaCl_2 \cdot 6H_2O$

Molekulargewicht: 219

Die Feuchtigkeit bestimmt man durch leichtes Glühen über 200^0 C, bei welcher Temperatur erst die letzten zwei Moleküle Wasser entweichen.

Das Kalzium bestimmt man durch Fällen mit überschüssiger Schwefelsäure, Zusatz von Alkohol, Absetzenlassen während zwölf bis vierzehn Stunden, Filtrieren, Waschen des Niederschlages mit Alkohol, Trocknen, schwaches Glühen und Wägen als $CaSO_4$.

In der Lederfabrikation findet es vorwiegend als Kalkungsmittel für die mit Schwefelnatrium geäscherten Blößen Anwendung und beansprucht man hiefür eine Ware mit normalem Wassergehalte.

Hypochlorite

Als Bleichflüssigkeiten finden häufig Gemenge aus Hypochloriten, Chloraten, Chloriden und unterchloriger Säure Verwendung.

---

[1]) Dingl. Journ., 250, 464.

Tabelle 13

Französische Grade	Prozent Cl	Französische Grade	Prozent Cl	Französische Grade	Prozent Cl
63	20,02	70	22,24	105	33,36
64	20,34	75	23,83	110	34,95
65	20,65	80	25,42	115	36,54
66	20,97	85	27,01	120	38,13
67	21,29	90	28,60	125	39,40
68	21,61	95	30,19	128	40,67
69	21,91	100	31,78		

Für die technische Wertbestimmung aller Chlorpräparate kommt ausschließlich deren Gehalt an bleichendem Chlor, daß ist die Verbindung $x < \mathrm{Cl \atop OCl}$ in Betracht und drückt denselben in Gewichtsprozenten aus. In Frankreich sind auch noch die Gay-Lussacschen Grade gebräuchlich, welche die von 1 kg Chlorkalk zu entwickelnde Menge von Litern Chlorgas (auf 0^0 und 760 mm reduziert) bedeuten. Vorstehende Tabelle zeigt einige dieser französischen Grade im Vergleich mit den Gewichtsprozenten (englischen Graden).

Um den Gehalt der Chlorkalklösungen an bleichendem Chlor annähernd zu bestimmen, bedient man sich folgender Tabelle von Lunge und Bachofen[1]):

Tabelle 14

Spezifisches Gewicht bei 15^0	Gramm bleichendes Cl pro Liter	Spezifisches Gewicht bei 15^0	Gramm bleichendes Cl pro Liter
1,1155	71,79	1,0650	39,10
1,1105	68,40	1,0550	32,68
1,1060	65,33	1,0450	26,62
1,1000	61,50	1,0350	20,44
1,0950	58,40	1,0250	14,47
1,0900	55,18	1,0150	8,48
1,0850	52,27	1,0050	2,71
1,0750	45,70	1,0025	1,40

Von den zahlreichen Chlorbestimmungsmethoden des Chlorkalks eignet sich am besten die von Penot[2]), welche von Lunge in folgende Form gebracht wurde: Man wägt 7,091 g des Chlorkalkmusters ab, zerreibt dies in einem Porzellanmörser mit wenig Wasser zu gleichmäßigem Brei, verdünnt hernach mit Wasser und spült das Ganze in einen Literkolben und füllt auf. Hierauf nimmt man nach gutem Umschütteln 50 cm³ der Lösung heraus und läßt unter fortwährendem Umschwenken eine $^1/_{10}$ n-Arsenlösung zulaufen, bis ein Tropfen des Gemisches Jodkalium-Stärke-Papier nicht mehr bläut. Jeder Kubikzentimeter der $^1/_{10}$ n-Arsenlösung $= 1\%$ bleichendes Chlor.

Die Arsenlösung wird hergestellt, indem man As_2S_3 freies As_2O_3 pulvert, im Exsikkator über Schwefelsäure trocknet und 4,950 g abwiegt, mit 10 g reinem Natriumbikarbonat und etwa 200 cm³ Wasser zur völligen Auflösung kocht, nochmals mit 10 g Bikarbonat versetzt und nach

---

[1]) Zeitschr. f. angew. Chem., 326. 1893.   [2]) J. f. prakt. Chem., 54, 59.

Erkalten zu 1000 cm³ auffüllt. 1 cm³ dieser Lösung $= 0,00355$ g Cl $=$ $= 0,01269$ g J. Auf Abwesenheit von Arsensulfiden im As_2O_3 prüft man, indem man etwas der Probe aus einem Uhrglas sublimiert und beobachtet, ob nicht anfänglich ein gelbliches Sublimat auftritt.

Eine einfache Methode zur Unterscheidung von unterchloriger Säure und freiem Chlor ist von Lunge[1]) ausgearbeitet worden. Setzt man zur prüfenden Lösung Jodkalium zu, so macht unterchlorige Säure Ätzkali frei, was bei freiem Chlor nicht geschieht:

$$\text{I. } HClO + 2\,KJ = KCl + KOH + J_2$$
$$\text{II. } Cl_2 + 2\,KJ = 2\,KCl + J_2$$

Setzt man nun von vornherein Salzsäure zu, so kann sich das Jod nicht mit dem Ätzkali binden, sondern verwandelt dies in Chlorkalium. Kennt man die Menge der Säure, so kann gemäß folgenden Prozesses eine alkalimetrische Bestimmung vorgenommen werden:

$$\text{I. } HClO + 2\,KJ + HCl = 2\,KCl + J_2 + H_2O$$
$$\text{II. } Cl_2 + 2\,KJ + HCl = 2\,KCl + J_2 + HCl$$

Es wird also nur die unterchlorige Säure die zugesetzte Salzsäure verbrauchen, während freies Chlor diese Salzsäure unverändert läßt. Im Falle I wird also, wenn man zuerst mit $^1/_{10}$ n-Thiosulfat und hierauf mit $^1/_{10}$ n-Natronlauge und Methylorange titriert, von dem ersteren doppelt soviel gebraucht, als dem Unterschiede zwischen dem Titer der zugesetzten Salzsäure und dem später gefundenen alkalimetrischen Titer entspricht. Im Falle II tritt dagegen keine Differenz auf. In den dazwischenliegenden Fällen ist dann das Verhältnis zwischen unterchloriger Säure und freiem Chlor leicht zu berechnen, da für jeden Kubikzentimeter der verschwundenen $^1/_{10}$ n-HCl immer 2 cm³ $^1/_{10}$ n-Thiosulfat auf Hypochlorit kommt.

Ammoniak $NH_4 \cdot OH$

Molekulargewicht: 35

Der Salmiakgeist des Handels zeigt etwa das spezifische Gewicht 0,91 bei 15° und entspricht dies 25% NH_3. Aus dem spezifischen Gewichte der Lösungen kann man mit Hilfe nachfolgender Tabelle von Lunge und Wiernik[2]) deren Gehalt ermitteln:

Tabelle 15

Spezifisches Gewicht (15°)	Prozent NH_3	Spezifisches Gewicht (15°)	Prozent NH_3	Spezifisches Gewicht (15°)	Prozent NH_3
1,000	0,00	0,958	10,47	0,924	20,49
0,996	0,91	0,954	11,60	0,918	22,39
0,990	2,31	0,950	12,74	0,912	24,33
0,986	3,30	0,946	13,88	0,906	26,31
0,982	4,30	0,942	15,04	0,900	28,33
0,978	5,30	0,938	16,22	0,894	30,37
0,974	6,30	0,934	17,42	0,888	32,50
0,970	7,31	0,932	18,03	0,884	34,10
0,966	8,33	0,928	19,25	0,882	34,95
0,962	9,35				

[1]) Chem. Ind., 293. 1881.   [2]) Zeitschr. f. angew. Chem., 181. 1889.

Als Verunreinigungen kommen vor: H_2S, CO_2, Cl, CaO, Cu, Fe. Vom Salmiakgeist des Handels kann verlangt werden, daß er frei von obigen Bestandteilen und somit chemisch rein ist. Auf diese Verunreinigungen prüft man der Reihe nach mit Bleiazetat, Gemisch von Essigsäure und Silbernitrat, Oxalsäure, Schwefelammon und Rhodankalium.

Für die quantitative Bestimmung kommt die Titration der verdünnten Probe mit $^1/_{10}$ n-NaOH und Methylorange als Indikator in Betracht.

Chlorammonium $NH_4 \cdot Cl$

Molekulargewicht: 53,5

Von den Verunreinigungen kommt besonders **Eisen** in Betracht und wird dieses am besten titrimetrisch mittels $^1/_{100}$ n-$KMnO_4$ nach vorausgegangener Reduktion der Probe mit Zink bestimmt.

Der **Feuchtigkeitsgehalt** wird durch Trocknen einer Menge von 5 g bei 100° bis zur Gewichtskonstanz ermittelt.

Der **Ammoniakgehalt** wird dadurch bestimmt, daß eine abgemessene Menge des Chlorammons mit der gleichen Menge Ätzkali und Wasser destilliert und das Destillat in einer abgemessenen Menge n-H_2SO_4 aufgefangen und nach beendeter Destillation die Säure mit n-KOH zurücktitriert wird. Reines Chlorammon enthält 31,87% NH_3.

Der **Chlorgehalt** wird durch Titration mit $^1/_{10}$ n-$AgNO_3$ und K_2CrO_4 ermittelt und entspricht 1 cm³ $^1/_{10}$ n-$AgNO_3 = 0{,}00345$ g Cl. Reines Chlorammon enthält 66,24% Cl.

Für die gerbereitechnische Praxis findet Chlorammonium vereinzelt Verwendung als Entkalkungsmittel und ist hiefür der Gehalt der Ware an NH_4Cl maßgebend. Das technische Chlorammonium enthält häufig noch Verbindungen des Ammoniaks mit CO_2, S, CN, CNS usw., welche für den genannten Zweck nicht schädlich sind, den Wert des Chlorammoniums aber herabsetzen.

Ammoniumkarbonat $(NH_4)_2 \cdot CO_3 \cdot H_2O$

Molekulargewicht: 114,1

Das Hirschhornsalz des Handels stellt ein Salz vor, das zwischen karbaminsaurem Salz $(NH_4) \cdot CO_2 \cdot NH_2$ und dem sauren Salz $(NH_4) \cdot HCO_3$ liegt und etwa 31% NH_3 enthält.

Der **Ammoniakgehalt** wird gleich wie beim Ammonchlorid ermittelt.

Ammoniumzinnchlorid $SnCl_4 \cdot 2\,NH_4Cl$

Molekulargewicht: 367,5

Das sogenannte Pinksalz des Handels wird wegen seiner guten Löslichkeit häufig statt des Zinnsalzes (Zinnchlorür) verwendet und prüft man auf den Gehalt an $SnCl_4$ wie beim Zinnchlorür (siehe u.), da häufig ein Überschuß von $NH_4 \cdot Cl$ das Handelssalz verunreinigt.

Dieses Salz, wie insbesondere das nachgenannte, findet in der Gerberei als Beizmittel für lohgare Leder (Aufhellung in Gelb) Verwendung.

Zinnchlorür $SnCl_2 \cdot 2\,H_2O$
Molekulargewicht: 225,7

Das Zinnsalz des Handels stellt fettglänzende, farblose bis schwach gelblichweiße Kristallnadeln vor. Nur das frisch bereitete Präparat löst sich in wenig Wasser, während die längere Zeit der Luft ausgesetzte Ware das in Wasser unlösliche Oxychlorid enthält. Beim starken Verdünnen der wässerigen Lösung scheidet sich das Oxychlorür $Sn(OH)Cl$ ab, während die mit Salzsäure, Salmiak und Weinsäure versetzten Lösungen klar bleiben.

Die Verunreinigungen des technischen Salzes sind gering und kommt nur selten eine Verfälschung mit Bittersalz oder Zinkvitriol vor.

Der Gehalt an $SnCl_2$ kann bestimmt werden, indem man eine abgewogene Quantität des Salzes in überschüssige heiße, salzsaure Eisenchloridlösung einträgt und in der sehr stark verdünnten, mit Schwefelsäure und Natriumsulfat versetzten Lösung das entstandene Eisenchlorür mit Permanganat titriert.

Nach Lenßen kann man die mit Seignettesalz und einer Lösung von Natriumbikarbonat versetzte Zinnsalzlösung mit Jodlösung und Stärkelösung bis zum Eintritte der Blaufärbung titrieren: 253,7 Teile Jod = 119 Teile Zinn.

Die Prüfung auf Verunreinigungen (Pb, Cu, Zn, Fe) geschieht durch Zusatz von Schwefelammon zur mit Ammoniak übersättigten Lösung, durch welches sie gefällt werden.

Bariumchlorid $BaCl_2 \cdot 2\,H_2O$
Molekulargewicht: 244,3

Findet manchmal zum Imprägnieren der Leder und darauffolgendem Überführen ins unlösliche Sulfat als Beschwerung Verwendung.

Es ist in 3 Teilen kaltem und 2 Teilen heißem Wasser löslich und kommt in rhombischen Tafeln oder Schuppen in den Handel. Für seine Untersuchung kommt nur der Gehalt an Barium in Betracht, das durch Fällung als Sulfat gewichtsanalytisch bestimmt werden kann, indem man die schwach salzsaure Lösung mit heißer Schwefelsäure fällt, aufkocht, vom Niederschlage dekantiert, diesen noch zweimal mit Wasser aufkocht und dekantiert, schließlich filtriert, mit heißem Wasser wäscht, trocknet, glüht und als $BaSO_4$ wägt.

Bariumsulfat $BaSO_4$
Molekulargewicht: 233,4

Kommt unter den Namen Schwerspat, Permanentweiß, Barytweiß und Mineralweiß in den Handel.

Zur Bestimmung der löslichen Verunreinigungen kocht man eine gewogene Probe des Bariumsulfats mehrmals mit Wasser, filtriert und trocknet den unlöslichen Rückstand bei 105° C mehrere Stunden. Im Filtrate bestimmt man die gelösten Bestandteile auf bekannte Weise.

Die Feuchtigkeit wird ermittelt durch Glühen von zirka 5 g feingemahlener Substanz in einem Platin- oder Porzellantiegel über einer kleinen Flamme während einer Viertelstunde.

Die gesamte Schwefelsäure wird gefunden, indem man 5 g Substanz in einem 500 cm³ fassenden Kolben mit 15 cm³ konzentrierter Salzsäure und zirka 400 cm³ Wasser vier bis sechs Stunden im Wasserbade bei zirka 50⁰ C behandelt, abkühlen läßt, zur Marke auffüllt und filtriert. In 100 cm³ des heißen Filtrates bestimmt man die Schwefelsäure durch Fällen mit Chlorbarium, Aufkochen, Absitzenlassen und Dekantieren der klaren Lösung durch ein Filter. Nachdem der Niederschlag noch zweimal mit Wasser ausgekocht und das Waschwasser ebenfalls dekantiert wurde, bringt man den Niederschlag auf das Filter, wäscht mit heißem Wasser aus, trocknet bei 100⁰ C, glüht und wägt.

Beimengungen von Ca und Sr als Sulfate ermittelt man folgendermaßen: Eine mittels Salzsäure erhaltene Lösung der Probe wird eingedampft und die trockenen Chloride mit absolutem Alkohol behandelt, wobei Bariumchlorid ungelöst bleibt, während $CaCl_2$ und $SrCl_2$ in Lösung gehen. Diese Lösung wird eingedampft, mit überschüssiger Salpetersäure versetzt, abermals eingedampft und die trockenen Nitrate mit absolutem Alkohol behandelt, wobei $Sr(NO_3)_2$ ungelöst bleibt, während die alkoholische Lösung, mit Wasser verdünnt, durch Zusatz von Ammoniumoxalat das Ca fällt.

Magnesiumsulfat $MgSO_4 \cdot 7 H_2O$
Molekulargewicht: 246,5.

Bittersalz ist in 4 Teilen kaltem und 1,5 Teilen heißem Wasser löslich und findet in der Lederindustrie besonders als Beschwerungsmittel, meistens gemengt mit Zucker, Verwendung. Als „unechtes oder ordinäres Bittersalz" kommt im Handel das Natriumsulfat (Glaubersalz) häufig vor.

Außer den bekannten gewichtsanalytischen Bestimmungsmethoden des Magnesiums läßt sich als Schnellmethode folgende vom Kalisyndikat benützte Arbeitsweise gut anwenden: 10 g der Probe werden in 300 cm³ heißem Wasser gelöst und nach dem Erkalten mit 50 bis 60 cm³ zweifach n-KOH versetzt und bis zur Marke auf 500 cm³ aufgefüllt. Nach einer Viertelstunde wird filtriert und 50 cm³ des Filtrates mit $^1/_{10}$ n-H_2SO_4 zurücktitriert. Zu dem gefundenen Gehalte an Magnesiumsulfat sind 0,2% zu addieren.

Magnesiumchlorid $MgCl_2 \cdot 6 H_2O$
Molekulargewicht: 203,3.

Dieses kommt in Kristallen und geschmolzen in den Handel und wird wegen seines hygroskopischen Charakters weniger als das Sulfat benutzt. Es findet sich besonders im denaturierten Zuckersirup bis zu 5% zugesetzt vor. Zur Bestimmung kommt außer obiger Methode noch die Titration mit $^1/_{10}$ n-AgNO$_3$ in Betracht; seine konzentrierte wässerige Lösung kommt häufig als „Glyzerinersatz" in den Handel, mit dem es aber nur die Hygroskopizität gemeinsam hat.

Aluminiumsulfat Al$_2$(SO$_4$)$_3$ · 18 H$_2$O
Molekulargewicht: 664,7.

Schwefelsaure Tonerde findet in der Gerberei zum Aufhellen der Leder wie auch zum Klären der Extrakte, ferner als Pickelmittel in der Chromgerbung und vor allem als Gerbstoff in der Weißgerberei Verwendung. Sie löst sich in 10 Teilen kaltem und $^1/_{10}$ Teil heißem Wasser auf. Als Verunreinigungen findet man manchmal einen geringen unlöslichen Rückstand von SiO$_2$, ferner Eisen, Kupfer, Blei, Zink, Chrom, Kalk, Magnesium und freie Schwefelsäure.

Um das Eisen, das nur in Spuren vorzukommen pflegt, kolorimetrisch zu bestimmen, genügt es, die Probe in Salpetersäure zu lösen, mit Rhodankalium zu versetzen und mit Äther auszuschütteln. Gleichzeitig macht man einen Parallelversuch mit einer Eisensalz-Lösung, die 0,001 g Eisen im Liter enthält und nimmt davon 0,1 cm^3, welche Menge den Äther noch deutlich rosa zu färben vermag; man kann somit noch $^1/_{1000}$ mg Eisen auf diese Art nachweisen.

Qualitativ weist man Schwefelsäure durch Ausziehen der scharf getrockneten Probe mit absolutem Alkohol und Zusatz von Lackmuspapier zur Lösung nach. Sie kommt im Handelsprodukt in Mengen von 0,53 bis 1,05% vor und läßt sich nach Beilstein und Grosset[1]) folgendermaßen bestimmen:

2 bis 5 g der Probe werden in zirka 15 cm^3 Wasser gelöst, zur Lösung 15 cm^3 einer kalt gesättigten Ammonsulfatlösung hinzugefügt, eine Viertelstunde unter häufigem Umrühren stehen gelassen und dann mit 50 cm^3 95%igem Alkohol gefällt. Man filtriert, wäscht mit 50 cm^3 95%igem Alkohol nach, verdunstet das Filtrat im Wasserbade und titriert den mit Wasser aufgenommenen Rückstand mit $^1/_{10}$ n-NaOH und Phenolphthalein.

Um Aluminium quantitativ zu bestimmen, geht man nach Kretzschmar[2]) folgendermaßen vor: Man löst 10 g der Probe in Wasser, füllt zu 500 cm^3 auf, versetzt 50 cm^3 dieser Lösung mit Na$_2$HPO$_4$ im Überschuß und etwas Natriumazetat und löst den Niederschlag in verdünnter Salzsäure. Man erhitzt zum Sieden, setzt eine konzentrierte Lösung von Natriumthiosulfat in großem Überschuß hinzu und kocht, bis der Niederschlag nach dem Entfernen der Flamme sich sofort klar absetzt; ein längeres Kochen ist zu vermeiden. Man filtriert, wäscht heiß aus, trocknet, glüht, zuletzt bei gutem Luftzutritt. Das Gewicht des Aluminiumphosphats, mit 0,4185 multipliziert, ergibt die Tonerde.

In Lösungen kann man aus deren spezifischem Gewicht ihren Gehalt an gelöstem Salz nach folgender Tabelle berechnen:

---

[1]) Zeitschr. f. anal. Chem., 73. 1890. [2]) Chem. Ztg., 1223. 1890.

Tabelle 16

Spezifisches Gewicht (15°)	Prozent $Al_2(SO_4)_3$	Spezifisches Gewicht (15°)	Prozent $Al_2(SO_4)_3$	Spezifisches Gewicht (15°)	Prozent $Al_2(SO_4)_3$
1,0170	1	1,0768	7	1,1668	16
1,0270	2	1,0870	8	1,1876	18
1,0370	3	1,0968	9	1,2074	20
1,0470	4	1,1071	10	1,2274	22
1,0569	5	1,1270	12	1,2473	24
1,0670	6	1,1467	14		

Tonerde

Tonerde oder Kaolin ist Al_2O_3, verunreinigt mit Kieselsäure und eventuell mit Eisen, und kommt das reine Produkt als Hydrat mit 64 bis 65% Al_2O_3 und wasserfrei mit fast 99% Al_2O_3 in den Handel.

Gutes Tonerdehydrat enthält im Mittel 63% Al_2O_3, 0,9% SiO_2, 0,003% Fe, 0,9% Na_2CO_3, 0,8% Na_2O und erleidet einen Glühverlust von zirka 34,4%.

In der mit Salzsäure aufgeschlossenen Substanz bestimmt man das Aluminiumoxyd, wie beim Aluminiumsulfat bereits angegeben wurde. Der dabei unlösliche Rückstand wird als SiO_2 in Rechnung gestellt. Das Natron bestimmt man im Filtrate von der Ausfällung der Tonerde durch Ammoniak, indem man es vorsichtig eindampft, nach dem Trocknen gelinde erhitzt, um das Ammonchlorid auszutreiben aber noch kein Natriumchlorid zu verflüchtigen, und dieses letztere wägt. Der Glühverlust (Wasser + Kohlensäure) wird durch Erhitzen der Probe durch fünfzehn Minuten unter Glühen vor dem Gebläse bestimmt.

Als Tonerdesilikat kommt die sogenannte Chinaclay in den Handel, die durch Verwitterung von Feldspaten entstanden ist und deren mittlere chemische Zusammensetzung zirka 47% SiO_2, 40% Al_2O_3 und 13% H_2O aufweist.

In der Lederfabrikation finden die verschiedenen Tonerdepräparate nur als Appreturstoffe Anwendung, und fordert man von ihnen deshalb neben möglichster Reinheit der weißen Farbe einen entsprechenden, sich fettig fühlenden Griff.

Kali-, Natron- und Ammoniakalaun

Von diesen drei Alaunen ist der gewöhnliche Kalialaun $K_2SO_4 \cdot Al_2(SO_4)_3 \cdot 24\,H_2O$ (Molekulargewicht: 949) der wichtigste; derselbe löst sich in 10 Teilen kaltem und $\frac{1}{4}$ Teil heißem Wasser und bildet große, farblose Oktaeder.

Die quantitative Bestimmung von Aluminium geschieht gleich wie beim Aluminiumsulfat und man hat höchstens noch eine kolorimetrische Prüfung auf Eisen, wie bereits angegeben, durchzuführen.

Aus dem Volumengewicht kann man nach folgender Tabelle von Gerlach den Gehalt der Alaunlösung bei 17,5° C bestimmen:

In der Gerberei-
praxis findet fast aus-
schließlich Kalialaun Verwendung, und zwar als
Pickelstoff in der Chrom-
gerbung und als Auf-
hellungsmittel in der
Fabrikation von Gerb-
stoffextrakten. Demgemäß fordert man von dieser Ware insbesondere
einen hohen Gehalt an $K_2Al_2(SO_4)_4$, für den letztgenannten Zweck
aber auch Eisenfreiheit.

Tabelle 17

Spezifisches Gewicht	Prozent $K_2Al_2(SO_4)_4$	Prozent $K_2Al_2(SO_4)_4 \cdot 24\,H_2O$
1,0205	2,1792	4
1,0415	4,3548	8
1,0635	6,5379	12
1,0690	7,0824	13

Chromalaun $K_2Cr_2(SO_4)_4 \cdot 24\,H_2O$
Molekulargewicht: 998,8.

Dieser enthält 15,28% Cr_2O_3, 9,41% K_2O, 32,04% SO_3 und 43,3%
Wasser und bildet große Oktaeder, die sich in 100 Teilen kaltem Wasser
zu 20 Teilen lösen. Als Verunreinigung kommt besonders Kaliumsulfat
in Betracht, das sich bei der SO_3-Bestimmung zu erkennen gibt.

Der Gehalt an Chrom kann hier und bei anderen Chromsalzen gewichtsanalytisch oder maßanalytisch nach den unten beschriebenen
Methoden ermittelt werden.

Aus der Dichte der Lösung kann der Gehalt des gelösten Salzes
ermittelt werden:

Tabelle 18

Prozent Chromalaun	Spezifisches Gewicht	Prozent Chromalaun	Spezifisches Gewicht	Prozent Chromalaun	Spezifisches Gewicht
1	1,0055	8	1,0420	15	1,0730
2	1,0110	9	1,0470	16	1,0775
3	1,0165	10	1,0520	17	1,0820
4	1,0215	11	1,0570	18	1,0870
5	1,0265	12	1,0610	18,3	1,0885
6	1,0320	13	1,0640		
7	1,0370	14	1,0680		

Kaliumchromat K_2CrO_4
Molekulargewicht: 194,2

Das gelbe oder neutrale chromsaure Kali enthält 51,49% CrO_3
im chemisch reinen Zustande und kristallisiert in zitronengelben, rhombischen Pyramiden, deren Lösung auf Lackmus schwach alkalisch, auf
Phenolphthalein neutral reagiert.

Als sehr häufige Verunreinigung tritt das isomorphe Kaliumsulfat auf, das derart bestimmt wird, daß man die Chromatlösung
mit überschüssiger Salzsäure unter Zusatz von Alkohol kocht und die
grüne Flüssigkeit mit Chlorbarium fällt.

Aluminiumsulfat findet man, indem man 10 bis 15 g Chromat
in Wasser löst und unter Zusatz von Salzsäure und Alkohol kocht, bis

gleichmäßig grüne Färbung eingetreten ist. Dann übersättigt man mit Ätznatron, kocht und weist im Filtrate die Tonerde wie gewöhnlich nach.

100 Teile Wasser lösen bei 10^0: 61 Teile, bei 50^0: 71 Teile und bei 100^0: 79 Teile Salz auf. Aus dem spezifischen Gewichte der Lösungen kann man mit Hilfe folgender Tabelle nach Kremers, Schiff und Gerlach deren Gehalt bestimmen bei $19,5^0$ C:

Tabelle 19

Prozent K_2CrO_4	Spezifisches Gewicht	Prozent K_2CrO_4	Spezifisches Gewicht	Prozent K_2CrO_4	Spezifisches Gewicht
1	1,008	10	1,084	28	1,259
2	1,016	12	1,101	30	1,281
3	1,024	14	1,120	32	1,304
4	1,033	16	1,138	34	1,327
5	1,041	18	1,157	36	1,351
6	1,049	20	1,177	38	1,375
7	1,058	22	1,196	40	1,399
8	1,066	24	1,217		
9	1,075	26	1,238		

Natriumchromat $Na_2CrO_4 \cdot 10\,H_2O$

Molekulargewicht: 342,2

Dieses stellt ein in Wasser sehr leicht lösliches Salz vor, das begierig Feuchtigkeit anzieht. Als Verunreinigungen finden sich Alkalisulfate und Karbonate.

Kaliumbichromat $K_2Cr_2O_7$

Molekulargewicht: 294,2

Kommt in schön gelbroten, triklinen Kristallen in den Handel, die gewöhnlich durch Kaliumsulfat verunreinigt sind. Die Handelsware enthält 67,5 bis 68,0% CrO_3.

Der häufig aus der Herstellung stammende Gehalt von Natriumbichromat kann durch quantitative Bestimmung des CrO_3 berechnet und das Natrium für sich quantitativ bestimmt werden. Sein Gehalt ist meistens ein größerer und beeinträchtigt die Ware insofern, als dieses Salz hygroskopisch ist.

100 Teile Wasser lösen bei 10^0: 7,4 Teile, bei 20^0: 12,4 Teile, bei 50^0: 35 Teile und bei 100^0: 94 Teile Salz.

Aus dem spezifischen Gewichte der Lösungen kann man bei $19,5^0$ C nach folgender Tabelle von Kremers und Gerlach deren Gehalt bestimmen:

Tabelle 20

Prozent $K_2Cr_2O_7$	Spezifisches Gewicht	Prozent $K_2Cr_2O_7$	Spezifisches Gewicht	Prozent $K_2Cr_2O_7$	Spezifisches Gewicht
1	1,007	6	1,043	11	1,080
2	1,015	7	1,050	12	1,087
3	1,022	8	1,056	13	1,095
4	1,030	9	1,065	14	1,102
5	1,037	10	1,073	15	1,110

Natriumbichromat $Na_2Cr_2O_7 \cdot 2 H_2O$
Molekulargewicht: 298,0

Kommt in roten, triklinen Prismen in den Handel, die sehr hygroskopisch sind und leicht zerfließen. Bilden häufig die Verunreinigung des Kaliumbichromats und besitzen als Handelsware 73 bis 74% CrO_3.

Als Verunreinigungen trifft man ebenfalls häufig Natriumsulfat an und bestimmt man den Wert der Ware in bezug auf CrO_3 nach den unten genannten Methoden.

Wässerige Lösungen haben bei folgendem Volumengewichte die angegebenen Mengen Salz gelöst:

Tabelle 21

Prozent $Na_2Cr_2O_7$	Spezifisches Gewicht	Prozent $Na_2Cr_2O_7$	Spezifisches Gewicht	Prozent $Na_2Cr_2O_7$	Spezifisches Gewicht
1	1,007	20	1,141	40	1,280
5	1,035	25	1,171	45	1,313
10	1,071	30	1,208	50	1,343
15	1,105	35	1,245		

Chrombestimmungsmethoden

1. Gewichtsanalytisch kann das Chromioxyd (Cr_2O_3) folgendermaßen bestimmt werden: Die Chromsalzlösung versetzt man mit viel Ammoniumchlorid oder Ammoniumnitrat, erhitzt zum Sieden und fügt nun Ammoniak in geringem Überschuß hinzu; größere Mengen von Ammoniak fällen unvollständig und färben das Filtrat rosa. In diesem Falle muß man den Überschuß an Ammoniak durch Kochen verjagen, wodurch das gelöste Chromihydroxyd sich abscheidet. Man ·läßt nun den Niederschlag sich absetzen, gießt die Lösung durch ein Filter, das sich in einem mit Platinkonus versehenen Trichter befindet. Nun dekantiert man den Niederschlag dreimal mit heißem Wasser, dem ein Tropfen Ammoniak und etwas Ammoniumnitrat zugesetzt ist, und bringt ihn schließlich auf das Filter. Man wäscht nun mit heißem Wasser chlorfrei, saugt schließlich den Niederschlag trocken und verbrennt ihn im Platintiegel, glüht und bringt zur Wägung. Besser gelingt die Fällung noch mit frisch dargestelltem Ammoniumsulfid bei Siedehitze. Die Resultate fallen aber stets um einige Zehntel Prozente zu hoch aus, indem nachweisbare Mengen Alkalichromat entstehen.

2. **Volumetrische Bestimmungsmethoden.** Nach Schorlemmer[1]) oxydiert man die Chromsalzlösung mit Wasserstoffsuperoxyd zu Chromat nach folgender Gleichung:

$$Cr_2(SO_4)_3 + 10\,NaOH + 3\,H_2O_2 = 2\,Na_2CrO_4 + 3\,Na_2SO_4 + 8\,H_2O$$

Der Zusatz einer Spur Eisenchlorid vor der Oxydation läßt diese glatt vonstatten gehen. Durch Kochen entfernt man nach beendeter

---

[1]) Collegium, S. 345. 1917.

Oxydation den überschüssigen Sauerstoff. 50 cm³ dieser oxydierten, schwach angesäuerten Lösung werden in einen Erlenmeyer-Kolben von 300 cm³ Inhalt mit eingeschliffenem Glasstopfen gebracht, mit 5 cm³ Salzsäure (1,19 spez. Gewicht mit der gleichen Menge Wasser verdünnt) versetzt und dann 10 cm³ 10%ige Kaliumjodidlösung zugegeben, das Gemisch eine halbe Minute lang umgeschwenkt und acht bis zehn Minuten stehengelassen, ehe man das ausgeschiedene Jod mit $^1/_{10}$ n-Thiosulfat titriert. Gegen Ende der Titration erst setzt man einige Tropfen Stärke-lösung hinzu und titriert, bis die blaue Jodstärke eben verschwindet und die rein hellgrüne Farbe der Chromlösung zum Vorschein kommt. Der ganz geringe Überschuß von Thiosulfat wird durch $^1/_{10}$ n-Jodlösung zurücktitriert, bis die Flüssigkeit wieder die kornblumenblaue Färbung der Jodstärke aufweist.

Bei dieser Arbeitsweise ist zu beachten, daß die Menge Bichromat, die zur Titration kommt, nicht zu groß ist, damit sich kein festes Jod in der Lösung ausscheidet; mehr als 0,15 g Bichromat zu titrieren, ist nicht zu empfehlen.

1 cm³ $^1/_{10}$ n-Thiosulfat = 0,0049 g $K_2Cr_2O_7$ = 0,0025 g Cr_2O_3 = = 0,0017 g Cr.

Diese Oxydation kann auch mittels Natriumsuperoxyd durchgeführt werden, wenn man den Überschuß des letzteren durch längeres Kochen zerstört (bis die Gasentwicklung aufhört und große Dampfblasen ent-stehen), die kalte Flüssigkeit mit Schwefelsäure stark ansäuert und die gebildete Chromsäure volumetrisch bestimmt. Die Oxydation des Chromsalzes zur Chromsäure geht nach folgenden Gleichungen vor sich:

$$Cr_2(SO_4)_3 + 5\,Na_2O_2 = 2\,Na_2CrO_4 + 3\,Na_2SO_4 + 2\,O$$
$$2\,Na_2CrO_4 + 2\,H_2SO_4 = H_2Cr_2O_7 + 2\,Na_2SO_4 + H_2O$$

Die Bichromsäure wird nun dadurch bestimmt, daß man einen genau abgemessenen kleinen Überschuß einer $^1/_{10}$ n-Eisenammoniumsulfat-Lösung zufügt, bis die Flüssigkeit smaragdgrün gefärbt ist und ein Tropfen derselben mit einer frisch bereiteten zirka 1%igen Ferri-zyankalium-Lösung auf einem Porzellanteller zusammengebracht, eine Dunkelblaufärbung gibt. Den Überschuß der Eisenlösung titriert man nun mit einer $^1/_{10}$ n-Kaliumbichromat-Lösung auf gleiche Weise zurück, wobei der Endpunkt der Reaktion erreicht ist, wenn genannte Blau-färbung nicht mehr eintritt. Nach der Gleichung

$$K_2Cr_2O_7 + 6\,FeSO_4 + 8\,H_2SO_4 = Cr_2(SO_4)_3 + 3\,Fe_2(SO_4)_3 + 2\,KHSO_4 + + 7\,H_2O$$

entspricht also 1 cm³ $^1/_{10}$ n-Eisensalzlösung = 0,0166 g Chromalaun krist.

Die erforderliche $^1/_{10}$ n-Kaliumbichromat-Lösung wird erhalten durch Auflösen von $\frac{294,2}{60}$ g $K_2Cr_2O_7$ = 4,9033 g in 1 l Wasser. Die als Indikator benutzte Ferrizyankalium-Lösung muß absolut frei sein von Ferrozyankalium, was man derart erreicht, daß man die Kristalle des Salzes mehrmals mit destilliertem Wasser abspült, bevor man es zur Lösung bringt, um die oberflächlich oxydierten Mengen zu entfernen.

Nach Lauffmann[1]) kann die Oxydation mit Natriumsuperoxyd bei Gegenwart von größeren Mengen von Ferriverbindungen bei der volumetrischen Bestimmung mit Jod zu hohe Resultate ergeben, da diese Eisenverbindungen eine Mehrausscheidung von Jod verursachen. Ebenso kann die Oxydation mit Natriumsuperoxyd bzw. das Ansäuern eine größere Menge von ausgeschiedenen Hydroxyden, Kieselsäure usw. verursachen und diese können merkliche Chrommengen mitreißen und derart das Resultat zu gering erscheinen lassen. Handelt es sich bei diesen Niederschlägen um Basen, die für sich kein Jod abscheiden und in Salzsäure löslich sind, so kann man den Niederschlag beim Ansäuern auflösen und das Chrom mittitrieren. Auch größere Mengen organischer Substanzen führen bei der Oxydation mit Natriumsuperoxyd zu ungenauen Resultaten, da diese Stoffe, soweit sie nicht oxydiert sind, die Jodausscheidung verzögern und den Endpunkt der Titration undeutlich machen.

Sind also neben Chrom wesentliche Mengen von Ferriverbindungen oder von organischen Stoffen zugegen, so empfiehlt sich das oxydierende Schmelzen mit einer Mischung aus 120 g Soda + 40 g Pottasche + 8 g Kaliumchlorat oder bei Abwesenheit organischer Stoffe das Verfahren nach Schorlemmer (vgl. oben). Bei Gegenwart von organischen Stoffen kann man aber auch nach letzterem Verfahren von Schorlemmer die Oxydation des Chroms und Zerstörung der organischen Substanz mit Kaliumpermanganat vornehmen und im Filtrate das Chrom titrieren.

Nach Sacher[2]) kann Bichromat auch mit n-KOH und Phenolphthalein titriert werden nach der Gleichung:

$$K_2Cr_2O_7 + 2\,KOH = 2\,K_2CrO_4 + H_2O.$$

Da beim Neutralisationspunkt ein Farbenumschlag von rotgelb nach grüngelb eintritt, kann man auch ohne Indikator arbeiten.

Bleiazetat $Pb(C_2H_3O_2)_2 \cdot 3\,H_2O$
Molekulargewicht: 379,3

Der reine, weiße Bleizucker kristallisiert in farblosen Tafeln oder Säulen, die in trockener Luft verwittern und allmählich etwas Wasser und Essigsäure unter Aufnahme von Kohlensäure verlieren. 1 Teil Salz löst sich bei 15° in 1,5 Teilen, bei 40° in 1 Teil, bei 100° in 0,5 Teilen Wasser.

Auf eine Verunreinigung mit Eisen prüft man dadurch, daß man alles Blei durch Schwefelwasserstoff fällt und das Filtrat von Bleisulfid eindampft. Ein Rückstand zeigt Eisen an.

Auf Kupfer prüft man, indem man eine wässerige konzentrierte Lösung des Salzes durch Schwefelsäure fällt und das eingedampfte Filtrat vom Bleisulfat mit Ammoniak übersättigt, wobei Blaufärbung bei Gegenwart von Kupfer eintritt.

---

[1]) Ledertechn. Rundschau, S. 10, 37. 1918.
[2]) Farben-Ztg., 22, S. 213.

Der sogenannte **braune Bleizucker** ist aus rohem Holzessig und Bleiglätte hergestellt und kommt im geschmolzenen Zustande in Stücken in den Handel.

Quantitativ bestimmt man den **Bleigehalt** durch Fällen mit Schwefelsäure, Trocknen des Niederschlages und Wägen als Bleisulfat.

Den **Essigsäuregehalt** in Bleizucker bestimmt man nach **Salomon** folgendermaßen: Man versetzt die gelöste Probe mit titrierter Kalilauge, gibt Phenolphthalein hinzu und titriert mit gestellter Essigsäure zurück bis zum Verschwinden der Rotfärbung. Aus der Differenz ergibt sich die an Blei gebundene Essigsäure.

Eisenvitriol $FeSO_4 \cdot 7\,H_2O$
Molekulargewicht: 278,0

Das Ferrosulfat, auch grüner Vitriol genannt, bildet im ganz reinen Zustande bläulichgrüne, monokline Prismen, die in trockener Luft schnell verwittern und dabei weiß und undurchsichtig werden. In feuchter Luft nimmt es Sauerstoff auf und geht allmählich in das gelbbraune basische Ferrisulfat über.

Als Verunreinigungen findet man Kupfer, Mangan, Zink, Nickel und Tonerde. Der Gehalt an **Ferrosalz** wird durch Titration der verdünnten und mit Schwefelsäure angesäuerten Lösung mit Permanganat bestimmt (vgl. „Untersuchung der Eisengerbbrühen").

In der Lederindustrie findet Eisenvitriol häufig zur Darstellung der sogenannten Eisenschwärzen für lohgare Leder Verwendung und ist hiefür keine besondere Reinheit erforderlich, vielmehr sieht man auf gute Löslichkeit des Produktes und Abwesenheit freier Schwefelsäure. Als Gerbstoff für die Eisengerbung verlangt man aber von ihm den richtigen Gehalt an Eisen und SO_4.

Röhmsches Eisensalz $FeSO_4 \cdot Cl \cdot 6\,H_2O$[1])

Dieses Ferrichlorsulfat, das sich durch besondere Gerbfähigkeit auszeichnet, stellt rotbraune, hygroskopische Stücke vor. Von diesem Salze sind in 100 Teilen Wasser von 20^0 C 209 Teile und in 100 Teilen 96%igem Alkohol 163 Teile löslich. Es enthält 18,9% Fe, 31,7% SO_4, 11,9% Cl und 37,5% H_2O.

Die quantitative Eisenbestimmung erfolgt auf dieselbe Art wie beim Ferrosulfat.

Arsenige Säure As_2O_3
Molekulargewicht: 197,9

Der sogenannte weiße Arsenik oder das Giftmehl stellt als Arsenmehl des Handels nahezu reines As_2O_3 vor, das nur wenig durch Flugasche und Spuren von Schwefelarsen verunreinigt ist. Beide erkennt man beim Lösen einer Probe in heißer Salzsäure, wobei Schwefelarsen

---

[1]) Dargestellt nach D. R. P. 341789 von Röhm & Haas, Darmstadt.

sich in gelben Flocken abscheidet, während die Asche als graugefärbte Masse meist suspendiert bleibt.

Zur Bestimmung des Arsentrioxyds nimmt man zirka 0,5 g und löst es im Kolben durch längeres Kochen in Kalilauge, wobei eventuell Flugasche, Sand und Eisenoxyd die Lösung trübt. Nach dem Abkühlen setzt man zirka 100 cm³ Wasser zu und säuert mit Salzsäure schwach an und filtriert. Dann setzt man 50 cm³ einer kaltgesättigten Lösung von Natriumbikarbonat hinzu, verdünnt auf 500 cm³ und titriert je 25 cm³ dieser Lösung nach Mohr, indem man Stärkelösung zusetzt und mit $^1/_{10}$ n-Jodlösung bis zur eintretenden Blaufärbung titriert:

$$As_2O_3 + 2\,H_2O + 4\,J = As_2O_5 + 4\,HJ$$

In Alkalisalzen der arsenigen Säure wird auf gleiche Weise der Gehalt an Arsentrioxyd bestimmt:

$$1\ cm^3\ {}^1/_{10}\ n\text{-Jodlösung} = 0,0049\ g\ As_2O_3$$

Schwefelarsen

In der Gerberei findet sowohl das künstlich hergestellte rote Arsensulfid (Realgar) As_2S_2 wie auch das gelbe Sulfid As_2S_3 (Auripigment) vielfach Verwendung. Als künstliche Stoffe entsprechen sie nur annähernd den beiden genannten Naturprodukten und enthalten sowohl freien Schwefel wie auch freie arsenige Säure, welch letztere sich besonders im gelben Sulfid vorfindet.

Beide genannten Verunreinigungen sind für die Gerbereitechnik nutzlos und kommt für das Haarlockerungsvermögen nur der Gehalt an Sulfiden in Betracht. Diese bestimmt man am einfachsten derart, daß man zirka 1 g des feingepulverten Produktes unter häufigem Umschütteln mehrere Stunden lang mit zirka 50 cm³ einer 10%igen Ätznatronlösung behandelt. Hierauf füllt man mit Wasser auf 100 cm³ auf, filtriert und titriert 50 cm³ des Filtrates mit einer $^1/_{10}$ n-ammoniakalischen-$ZnSO_4$-Lösung (vgl. Analyse des Na_2S, S. 22). Jeder Kubikzentimeter $^1/_{10}$ n-$ZnSO_4$ = 0,0016 g Schwefel; hat man genau 1 g Schwefelarsen eingewogen und wie oben angegeben auf 100 cm³ aufgefüllt und 50 cm³ dieser Lösung titriert, so ergibt sich der Prozentgehalt an Schwefel durch Multiplikation der verbrauchten Kubikzentimeter $^1/_{10}$ n-$ZnSO_4$-Lösung mit 0,32.

Die Verunreinigungen bestimmt man dadurch, daß man die feingepulverte Probe mit Kalilauge und Schwefel kocht, wobei die unlöslichen Teile zurückbleiben. Erdige Verunreinigungen kann man durch Sublimation einer Probe als Rückstand erhalten.

Zur Schwefelbestimmung löst man 0,1 bis 0,2 g Substanz in Königswasser, dampft mit Salzsäure ein und fällt die heiße, verdünnte Lösung mit Bariumchlorid und bestimmt gewichtsanalytisch das ausgeschiedene Bariumsulfat.

Den Gehalt an Arsen bestimmt man, indem man eine kleine Probe mit starker Salpetersäure einkocht, ohne daß der Schwefel schmilzt, den Rückstand in Wasser löst und filtriert. Zum Filtrate setzt man eine genügende Menge Magnesiamischung hinzu (110 Teile kristallisiertes $MgCl_2 \cdot 6\ H_2O + 140$ Teile $NH_4Cl + 1300$ Teile $H_2O + 700$ Teile $NH_4 \cdot OH$), übersättigt stark mit Ammoniak, setzt ein Viertel des Volumens absoluten Alkohol zu, rührt um und läßt bedeckt zwölf Stunden stehen, filtriert und wäscht mit einem Gemenge aus 2 Volumen Ammoniak, 2 Volumen Wasser und 1 Volumen Alkohol. Hernach trocknet man das Filtrat samt Niederschlag, trennt diesen ab und löst die Spuren am Filter für sich mit heißer, verdünnter Salpetersäure, verdampft diese Lösung und fügt den übrigen Niederschlag hinzu. Nun erhitzt man den Rückstand im Tiegel erst weniger, dann bei starker, dunkler Rotglut, ohne den Tiegel zu bedecken. Der noch heiße Tiegel wird im Exsikkator über Schwefelsäure erkalten gelassen und nach einer halben Stunde das $Mg_2As_2O_7$ gewogen, das, mit 0,4828 multipliziert, Arsen ergibt.

Kaliumantimonyltartrat $K(SbO)C_4H_4O_6 \cdot \frac{1}{2}\ H_2O$
Molekulargewicht: 332,4

Unter den Antimonsalzen stellt der sogenannte Brechweinstein das wichtigste Präparat vor. Er ist in 15 Teilen kaltem und 2 Teilen heißem Wasser löslich und enthält 43% Sb_2O_3.

Das Sb_2O_3 wird quantitativ nach Mohr folgendermaßen bestimmt: Die etwa 0,1 g Sb_2O_3 enthaltende, mit Weinsäure und Wasser hergestellte Lösung wird mit Natriumkarbonat neutralisiert, mit 20 cm³ einer kaltgesättigten Lösung von Natriumbikarbonat und Stärkelösung versetzt und mit $^1/_{10}$ n-Jodlösung bis zur Blaufärbung titriert.

1 Gewichtsteil Jod $= 0,5681$ Gewichtsteile Sb_2O_3 oder 1 cm³ $\frac{n}{10} \cdot J =$

$= 0,0288$ g Sb_2O_3 gemäß der Gleichung:

$$Sb_2O_3 + 4\ J + 2\ Na_2O = Sb_2O_5 + 4\ NaJ$$

Titansalze

In der Lederfärberei findet das Titankaliumoxalat $TiO(KC_2O_4)_2 \cdot 2\ H_2O$ und das Titansäurelaktat (Corichrom) $TiO_2(C_3H_5O_3)_4Na_4$ häufig Verwendung. Das erstere bildet farblose trikline Nadeln, die in Wasser gut, in Alkohol unlöslich sind. Das Laktat bildet ein sehr hygroskopisches Produkt, das in Wasser sehr leicht löslich ist.

Der Gehalt an Titan wird durch Fällen der wässerigen Lösung mit Ammoniak in geringem Überschuß als Metatitansäure abgeschieden, die nach dem Filtrieren, Waschen und Glühen als TiO_2 gewogen wird[1]).

Vanadiumsulfat $VOSO_4 \cdot 2\ H_2O$
Molekulargewicht: 197,8

Das Vanadylsulfat wird in der Lederfärberei angewendet; es stellt ein blaues Kristallpulver vor.

---

[1]) Weber: Zeitschr. f. analyt. Chem., S. 40, 799. 1901.

Das Vanadium wird dadurch quantitativ bestimmt, daß man die Lösung des Sulfats bei 60° mit $\frac{n}{10}$-$KMnO_4$ titriert. Liegt ein anderes Vanadinpräparat vor, das z. B. Vanadinsäure enthält, muß es erst durch wiederholtes Abdampfen mit konzentrierter Salzsäure zur vierwertigen Stufe reduziert und die Salzsäure hernach durch Schwefelsäure verdrängt werden, damit das Vanadylsulfat entsteht.

$$1 \text{ cm}^3 \; \frac{n}{10}\text{-}KMnO_4 = 0{,}0912 \text{ g } V_2O_5$$

Wasserstoffsuperoxyd H_2O_2
Molekulargewicht: 34

Dieses kommt meist als 3%ige Lösung in den Handel, die noch Mineralsalze ($NaCl$, $MgCl_2$, Na_2SO_4) und Phosphorsäure gelöst enthält.

Für technische Zwecke werden aber auch 15- und 30%ige Produkte erzeugt.

Als qualitatives Erkennungsmittel spielt die Reaktion mit Titanylsulfat eine wichtige Rolle, da letzteres mit H_2O_2 eine gelbe bis rotgelbe Färbung gibt.

Der Gehalt der Handelsware wird bestimmt, indem 2 g derselben in mit 30 cm³ Schwefelsäure (1 : 3) versetzter Lösung mit $\frac{n}{10}$-$KMnO_4$-Lösung titriert werden.

$$1 \text{ cm}^3 \; \frac{n}{10}\text{-}KMnO_4 = 0{,}0017 \text{ g } H_2O_2 = 0{,}0008 \text{ g } O$$

Enthält die Ware aber Oxalsäure, so wählt man den Weg der jodometrischen Bestimmung, indem 2 g in mit 20 cm³ Schwefelsäure (1 : 3) und überschüssigem KJ versetzter Lösung mit $\frac{n}{10}$-$Na_2S_2O_3$-Lösung nach fünf bis zehn Minuten bis zum Verschwinden des Jods titriert werden.

Die Prozentangabe bezieht sich häufig auf Volumenprozente und versteht man darunter diejenige Menge Sauerstoff, die 1 cm³ Wasserstoffsuperoxyd bei der Zersetzung zu entwickeln vermag (1 cm³ 3%iges $H_2O_2 = 10$ vol. Prozent).

Das Natriumsuperoxyd Na_2O_2 kommt meist als 95%ige Ware auf den Markt; es enthält als Verunreinigungen $NaOH$, Na_2CO_3 und Spuren von Fe, Al, Sulfate, Chloride und Phosphate.

Der Gehalt an Na_2O_2 wird bestimmt, indem 0,2 g in 300 cm³ gekühlte 10%ige Schwefelsäure eingetragen werden und das entstandene H_2O_2 mit $\frac{n}{10}$-$KMnO_4$ wie oben titriert wird.

$$1 \text{ cm}^3 \; \frac{n}{10}\text{-}KMnO_4 = 0{,}0039 \text{ g } Na_2O_2$$

H_2O_2 und Na_2O_2 finden als Bleichmittel für sämischgare Leder und bei der Pelzfärberei Verwendung.

2. Erdfarben

Die im Handel befindlichen Erdfarben stellen entweder chemisch einheitliche Körper oder Gemenge derselben vor. Der Name dieser Erdfarben deckt sich nicht immer mit deren chemischer Zusammensetzung und daher ist es meistens erforderlich, die Farbstoffe qualitativ auf ihr Verhalten zu prüfen. Da für die Zwecke der Herstellung von Lederlacken und Lederappreturen häufig ganz bestimmte Anforderungen an die chemische Zusammensetzung der Erdfarbe gestellt werden, ist eine diesbezügliche Prüfung derselben notwendig. Außer dieser ist es aber auch erforderlich, die quantitative Zusammensetzung der Farbstoffe zu ermitteln, um eine Verfälschung der edleren Erdfarben mit billigeren in Erfahrung zu bringen und deren Mengen festzustellen. Das häufige Vorkommen von sogenannten Pigmentfarben an Stelle reiner Erdfarben sei noch besonders hervorgehoben, und ist auf diese in dem darauffolgenden Abschnitte näher hingewiesen.

Zinkweiß (Zinkoxyd) ist in konzentrierter Salzsäure und starker Natronlauge ohne Rückstand und ohne Gasentwicklung löslich. Schwefelammonium darf keine Schwarzfärbung hervorrufen und muß die Substanz unverändert lassen bzw. nur schwach grau bis braun färben. Beim Erhitzen tritt schwache Gelbfärbung ein, die beim Erkalten wieder verschwindet. In Essigsäure muß es leicht und vollständig löslich sein und kann es in dieser Lösung auf bekannte Art quantitativ bestimmt werden (vgl. Lithopone).

An Verfälschungsmitteln kommen in Betracht: Bleifarben, die sich durch die Schwarzfärbung mit Schwefelammonium zu erkennen geben; Schwerspat und Bariumsulfat, welche die Substanz in Salzsäure unvollkommen löslich machen; Kreide verursacht Gasentwicklung beim Lösen der Substanz in Salzsäure, und gibt das Filtrat hernach mit Ammoniumoxalat kristallinische Fällung. Lithopone wird an dem Geruch nach Schwefelwasserstoff erkannt, der beim Behandeln des Farbstoffes mit Salzsäure auftritt. Der Wassergehalt soll durch Trocknen bei 100° ermittelt werden und 2 bis 3% nicht überschreiten.

Lithopone (Gemenge aus $ZnS + BaSO_4$) ist in Salzsäure teilweise unter Schwefelwasserstoff-Entwicklung löslich. In Natronlauge ist es unlöslich, durch Schwefelammonium wird es nicht verändert. Als Verfälschung kommen Bleifarben und Kreide in Betracht. Die besten Sorten enthalten etwa 70% $BaSO_4$.

Quantitativ kann der ZnS-Gehalt folgendermaßen nach Drawe[1]) bestimmt werden: Zirka 1 g der feinzerriebenen Probe wird in einem etwa 200 cm³ fassenden Becherglase gewogen, mit 10 cm³ Salzsäure (spez. Gewicht: 1,19) angerührt und mit einer Messerspitze Kaliumchlorat versetzt; nun wird auf einem kochenden Wasserbade etwa die Hälfte der Salzsäure abgeraucht, die Lösung mit heißem Wasser verdünnt, mit wenig verdünnter Schwefelsäure versetzt und mittels Dekantierens

---

[1]) Zeitschr. f. angew. Chem., S. 174. 1902.

durch ein Filter vom Rückstande getrennt, der nach dem Trocknen als Bariumsulfat gewogen und berechnet werden kann. Das Filtrat wird in einer Porzellanschale von zirka 500 cm³ Inhalt zum Sieden erhitzt, durch tropfenweisen Zusatz von Sodalösung neutralisiert und das Zink als Karbonat gefällt. Durch Abfiltrieren, Auswaschen und Glühen bestimmt man das Zinkoxyd.

Bleiweiß (basisches Bleikarbonat + Bleihydroxyd) ist in Salzsäure unter Gasentwicklung vollständig löslich, ebenso in Natronlauge. Schwefelammonium gibt rasch Schwarzfärbung, durch Glühen tritt Gelb- bis Rotfärbung ein. Als Verfälschungsmittel kommen vor: $BaSO_4$ ist bei den geringeren Sorten ein handelsüblicher Zusatz, dagegen ist Gips, Ton, Kreide und Knochenasche nur den billigsten Sorten beigemengt. Bleisulfat und Pattinsonweiß (Bleioxychlorid) kommen seltener vor und besitzen geringere Deckkraft und Beständigkeit.

Ähnliche Zusammensetzung weisen auf: Venetianerweiß (gleiche Teile Bleiweiß und Schwerspat), Hamburgerweiß (1 Teil Bleiweiß und 2 Teile Schwerspat), Holländerweiß (1 Teil Bleiweiß und 3 Teile Schwerspat), Kremserweiß (mit Gummi vermengtes Bleiweiß) und Perlweiß (blaugetontes Bleiweiß).

Zur Trennung dieser Bestandteile übergießt man eine Probe mit verdünnter Salpetersäure; der Rückstand enthält dann die Sulfate von Barium, Kalzium und Blei, ferner Ton, während die Lösung das Blei enthält, das aus dem Karbonate stammt. Nach Ausfällung des Bleis mit Schwefelwasserstoff enthält das Filtrat noch Zink, Kalziumphosphat (Knochenasche), Barium und Kalzium.

Die Bestimmung der dem Bleikarbonate entsprechenden Kohlensäure dient zur Wertbestimmung und kann durch Glühen der Probe ermittelt werden. Sie soll zwischen 13 und 16% betragen.

Ein Zusatz von Pattinsonweiß gibt sich durch die Fällbarkeit der salpetersauren Lösung mit Silbernitrat zu erkennen.

Permanentweiß (Bariumsulfat) ist in HCl und NaOH unlöslich und bleibt durch Schwefelammonium und beim Glühen unverändert. Es wird nur selten mit Gips verfälscht (vgl. S. 33).

Als weitere, aber selten vorkommende Farbstoffe seien genannt: Antimonweiß (Antimonoxyd, Algarothpulver), Kreide, Gips, Kalk, weißer Ton, Talk und Speckstein.

Zinkgrau stellt ein Gemenge aus Zinkoxyd mit Zink oder Kohle vor.

Chromgelb ($PbCrO_4$) und Chromzinnober ($Pb(OH)_2CrO_4$) sind in HCl zur grünen, in NaOH zur rotgelben Flüssigkeit löslich. Bei den reinsten Sorten tritt Schmelzen beim Erhitzen ein. Als Verfälschungsmittel kommen in Betracht: $PbSO_4$, Gips, Kreide, Schwerspat und Ton.

Zinkgelb ($ZnCrO_4$) ist in HCl zur grünen, in NaOH zur gelben Flüssigkeit löslich. Verfälscht wird es mit $BaSO_4$, das beim Lösen der Substanz in Ammoniak zurückbleibt. Bleifarben zeigen sich durch die Schwarzfärbung mit Schwefelammonium.

Kasselergelb, Montpelliergelb, Turners Patentgelb sind basische Bleichloride, worunter erstgenanntes der Formel $PbCl_2 + 7\,PbO$ entspricht; es ist häufig mit $BaSO_4$ versetzt.

Zur Bewertung bestimmt man das Bleichlorid, indem man eine Probe vorsichtig unter Vermeidung einer Chlorentwicklung in verdünnter Salpetersäure und viel heißem Wasser löst, mit Silbernitrat fällt und das Chlorsilber in bekannter Weise zur Wägung bringt. Häufig kommt unter Kasselergelb ein Gemenge aus Schwerspat und Chromgelb in den Handel.

Andere gelbe Farbstoffe sind: Neapelgelb (Bleiantimoniat), häufig mit Chromgelb und Kasselergelb verfälscht; Massikot (PbO), Auripigment (As_2S_2), Kadmiumgelb (CdS), meist mit billigen gelben Erdfarben verfälscht; gelber Ocker und Marsgelb (Ton + + $Pb(OH)_2$), Schüttgelb und Indischgelb sind Pigmentfarben, die häufig noch mit Gips, $BaSO_4$ und Chromgelb verfälscht sind. Gummigutt besteht aus einem Gummiharz, das in Alkohol löslich ist und beim Erhitzen erst schmilzt, dann unter Harzgeruch mit rußender Flamme verbrennt. Die rückständige Asche bläut rotes Lackmuspapier.

Zinnober HgS. Dieser löst sich leicht in Königswasser, besser noch in Bromsalzsäure und beim Erhitzen geht seine Farbe ins Bläuliche, Braune und Schwarze über, worauf er mit blauer Farbe verbrennt und sich gänzlich verflüchtigt. Verfälschungen mit Eisenoxyd, Mennige, Chromrot, Ziegelmehl usw. bleiben hierbei zurück, während Drachenblut sich durch brenzlichen Geruch zu erkennen gibt oder, daß es, wenn der Zinnober mit Weingeist erwärmt wird, diesen rot färbt.

Der auf nassem Weg erzeugte Zinnober (Vermillon) enthält häufig Quecksilber und Quecksilbernitrat, welche eine mißliche Farbenänderung zur Folge haben. Zur Erkennung erwärmt man eine Probe mit Salpetersäure vom spezifischen Gewichte 1,20 und leitet in das Filtrat Schwefelwasserstoff ein, welcher HgS fällt und somit Quecksilber anzeigt; das Nitrat zeigt sich durch Dunkelfärbung beim Übergießen einer Probe mit Natriumsulfidlösung.

Freier Schwefel ergibt einen schwarzen Fleck, wenn man eine Probe auf Messingblech befeuchtet.

Schwefelarsen weist man nach durch Kochen einer Probe mit Natronlauge, schwaches Ansäuern mit Salpetersäure und Einleiten von Schwefelwasserstoff, wodurch ein gelber, in Schwefelammon löslicher Niederschlag entsteht.

Zinnoberimitation und Granatrot stellen Gemenge aus Mennige und organischen Farbstoffen vor, während Zinnoberrot mit Methyleosin gefärbter Zinnober ist.

Antimonzinnober besteht aus Antimonoxysulfid, das in konzentrierter Salzsäure unter Schwefelwasserstoff-Entwicklung löslich ist.

Karminzinnober besteht aus Zinnober und etwas feinem Englischrot.

Bleiglätte ist PbO, das etwas unreiner als Massikot ist. Als Verunreinigungen enthält es Ziegelmehl, Ocker und andere erdige Anteile, die beim Lösen einer Probe in verdünnter Salpetersäure zurückbleiben oder in der Lösung nach Ausfällen des Bleis mit Schwefelsäure gelöst bleiben.

Auch Mennige Pb_3O_4 wird mit den gleichen Stoffen verfälscht und soll beim Lösen mit Salzsäure einen schwarzen Rückstand von PbO_2 hinterlassen; ist derselbe rot gefärbt, so deutet dies auf genannte Verfälschungsmittel. Eine Gesamtbestimmung des Pb_3O_4 kann nach Topf[1]) folgendermaßen durchgeführt werden: Etwa 5 g Substanz werden mit zirka 12 g Kaliumjodid, Essigsäure (50%ig) und zirka 100 bis 120 g essigsaurem Natrium versetzt, die Lösung auf 250 cm³ gebracht und das ausgeschiedene Jod mit Thiosulfat zurücktitriert.

Englischrot wird als Nebenprodukt der Pyroschwefelsäure-Erzeugung aus den Eisenvitriolschiefern gewonnen und heißt auch Caput mortuum oder Polierrot. Zur Untersuchung kocht man zirka 2 g der Probe längere Zeit mit konzentrierter Salzsäure, dampft nach erfolgter Lösung zur Trockne ein, nimmt in angesäuertem Wasser auf und filtriert vom unlöslichen Rückstande ab. In einem Teile des Filtrates wird mit Ammoniak das Eisen gefällt, hierauf in der Lösung die Schwefelsäure bestimmt und in einem anderen Teile des Filtrates wird Eisen, Tonerde, Kalk und Magnesia bestimmt.

Scarlett-Zinnober (HgJ_2) ist in HCl und NaOH leicht löslich, beim Erhitzen schmilzt es und verflüchtigt.

Weitere rote Erdfarben bilden: Realgar (As_2S_2) und Eisenoxydfarben, letztere meist mit Lackfarben geschönt. Karminlack und Krapplack sind Lackfarben aus Karmin und Alizarin, Karmin (Karminsäure); diese sind häufig mit Mennige, Zinnober, Tonerde, Kreide, Stärke und Lackfarben verfälscht. Karmin ist in Ammoniak vollständig mit roter Farbe löslich. Lacke sind zu erkennen durch Unlöslichkeit in Ammoniak, durch Färbung des Wassers beim Schütteln und durch den brenzlichen Geruch beim Erhitzen. Krapplack unterscheidet sich vom Karminlack dadurch, daß seine Lösung in NaOH mit HCl versetzt, rote bis gelbe Flocken abscheidet, was bei Karminlack nicht der Fall ist.

Schweinfurtergrün $Cu(C_2H_3O_2)_2 \cdot Cu_3As_2O_6$. Dieses wird häufig mit Gips, Schwerspat, Bleisulfat, Chromgelb und Ton nuanciert. Das reine Doppelsalz ist in Ammoniak löslich, während genannte Zusätze darin unlöslich sind. Auch durch Lösen mit Salzsäure bleiben diese Bestandteile als ungelöst zurück.

Zur Bestimmung des Kupfergehaltes löst man eine Probe in Salzsäure, versetzt mit überschüssigem $NH_4 \cdot OH$, filtriert vom eventuellen Niederschlag ab (Al, Ca, Mg) und fällt im kochenden Filtrate das Kupferoxyd mit Natronlauge.

Der Gesamtgehalt an As_2O_3 wird nach Haywood[2]) folgendermaßen ermittelt: 2 g der Probe werden feingepulvert, 0,3 bis 0,4 g davon in einem Becherglase mit 25 cm³ Wasser und tropfenweise mit

---

[1]) Zeitschr. f. anal. Chem., S. 296. 1887.
[2]) J. Am. Chem. Soc., 25, p. 963.

konzentrierter Salzsäure versetzt, bis aller Farbstoff in Lösung gegangen ist. Das freie As_2O_3 bleibt ungelöst zurück, wird abfiltriert und gewaschen. Man neutralisiert das Filtrat mit Natriumbikarbonat, füllt im Maßkolben zur Marke auf und titriert einen Teil mit Jodlösung und Stärke.

Grüne Chromfarben heißen die Gemische aus Chromgelb und blauen Farben (Berlinerblau, Ultramarin, Kupferfarben). Beim Übergießen einer Farbprobe mit kalter Salzsäure bleibt die Farbe unverändert bei Gegenwart von Berlinerblau; sie wird schwarz, wenn Ultramarin zugegen ist; scheidet sich gelbes Bleichromat und grüne Lösung ab, so zeigt dies eine Kupferfarbe an.

Grünspan (basisch essigsaures Kupferoxyd) ist in HCl zur grünen Flüssigkeit löslich, in der sich das Kupfer auf übliche Art nachweisen läßt. Als Verfälschungsmittel kommen insbesondere in Betracht: Kreide, Bimssteinpulver, essigsaurer Kalk; letzterer läßt sich in der essigsauren Lösung durch Ammoniumoxalat nachweisen. Der Kupfergehalt wird quantitativ bestimmt, indem man die salzsaure Lösung mit überschüssiger Natronlauge kocht, bis die Fällung schwarz geworden ist. Letztere wird filtriert, gewaschen und geglüht und als CuO gewogen.

Grünes Ultramarin, in seiner chemischen Zusammensetzung dem blauen Ultramarin ähnlich, entwickelt, mit Salzsäure behandelt, Schwefelwasserstoff. Beim Erhitzen wird es braungefärbt.

Grüner Zinnober stellt ein Gemenge aus Chromgelb und Berlinerblau vor, die aber, jedes für sich, durch andere Gelb bzw. Blau ersetzt sein können. Es ist daher für seine Bestimmung eine genauere qualitative Untersuchung notwendig.

Bremergrün ist Kupferoxydhydrat, das in überschüssigem Ammoniak zur blauen Flüssigkeit löslich ist. Als Verfälschungsmittel kommen Gips, Schwerspat, Zinkweiß, Ton und Magnesia in Betracht. Der Kupfergehalt wird wie bei Grünspan bestimmt.

Berggrün stellt basisches Kupferkarbonat vor, das ähnlich wie Bremergrün verfälscht und quantitativ bestimmt wird.

Rinmanns Grün (Zinkgrün) ist eine Verbindung aus Kobaltoxydul mit Zinkoxyd. Es löst sich in sehr verdünnter Salzsäure mit schwach rosenroter Farbe, die bei Zusatz von konzentrierter Salzsäure blau wird. Ferner seien kurz genannt: Mangangrün (Mangansaures Baryt), Chromoxydgrün (Chromoxyd), Guignets-Grün und Smaragdgrün ($CrO(OH)_2$), Grünerde (Gemisch aus kieselsaurem Eisen mit MgO); Saftgrün ist ein Tonerdelack des Kreuzbeerenextrakts.

Berlinerblau $[Fe(CN)_6]_3Fe_4$, auch Pariser-, Preußisch-, Sächsisch-, Milori- oder Stahlblau genannt, ist Eisenzyanürzyanid. Die Güte dieses Farbstoffes wird nach seinem Gehalte an Eisen am einfachsten nach M. Dittrich und C. Hassel[1]) folgendermaßen ermittelt:

Man führt den Farbstoff durch Kochen mit Kalilauge in Eisenhydroxyd und Ferrozyankalium über:

$$[Fe(CN)_6]_3Fe_4 + 12\ KOH = 3\ Fe(CN)_6K_4 + 4\ Fe(OH)_3$$

---

[1]) Berl. Ber., 1932. 1903.

Sobald diese Umwandlung stattgefunden hat, filtriert man vom Fe(OH)$_3$ ab, wäscht gut aus, fügt zum Filtrate zirka 30 bis 40 cm³ 10%ige Ammoniumpersulfatlösung, säuert mit verdünnter Schwefelsäure an und erwärmt, bis alles Ferrozyankalium zerstört ist. Beide Eisenniederschläge werden vereinigt, in verdünnter Essigsäure gelöst, nochmals als basisch essigsaures Salz durch Kochen gefällt, heiß filtriert, gewaschen, geglüht und als Fe$_2$O$_3$ gewogen.

Als Verfälschungsmittel dienen Tonerde, Bleiweiß, Zinkweiß, Gips, Schwerspat, Magnesia, Permanentweiß, Pfeifenerde, Stärke. Feine Sorten zeigen auf den Bruchflächen Kupferglanz.

Turnbullsblau [Fe(CN)$_6$]$_2$Fe$_3$. Seine Wertbestimmung kann gleich wie beim Pariserblau gemäß der Gleichung erfolgen:

$$[\text{Fe(CN)}_6]_2\text{Fe}_3 + 8\,\text{KOH} = 2\,\text{Fe(CN)}_6\text{K}_4 + \text{Fe}_3\text{O}_4 + 4\,\text{H}_2\text{O}$$

Besonders schönes Blau ergibt dieser Farbstoff in Verbindung mit Metallsalzen, unter denen das Zinnsalz das bekannteste ist. Sein Nachweis geschieht durch Schmelzen einer Probe mit Soda und Salpeter, Auflösen der Schmelze in Salzsäure, Filtrieren und Fällen mit Schwefelwasserstoff, wodurch Schwefelzinn langsam zur Abscheidung kommt.

Nach F. Enna[1]) kann in diesen Eisenfarbstoffen der Gehalt an Ferro-Ferrizyanid als Gesamteisen folgendermaßen bestimmt werden: 0,25 g des feinpulverisierten Blaus werden in der Kälte fünfzehn Minuten in einer Porzellanschale mit konzentrierter Schwefelsäure behandelt, dann eine halbe Stunde über kleiner Flamme erhitzt, so daß die Säure gerade raucht. Die reinweiße Masse wird mit kaltem Wasser in einen 400 cm³ Erlenmeyer-Kolben übergeführt und erhitzt, bis die Lösung klar ist. Eventuell vorhandenes Unlösliches wird abfiltriert, gewaschen und gewogen. Das Filtrat wird mit konzentrierter Schwefelsäure stark angesäuert, das Eisen mit Zink reduziert und mit Permanganat titriert.

Bergblau ist entweder basisches Kupferkarbonat oder Kupferoxydhydrat und beide sind in Salzsäure leicht löslich und geben mit überschüssigem Ammoniak tiefblaue Färbung. Ist häufig mit Kreide vermengt.

Andere blaue Erdfarben sind: Ultramarin, Smalte (Kobaltglas), Cölinblau (zinnsaures Kobalt), Kobaltblau (Kobaltaluminat); letzteres ist häufig durch Ultramarin verfälscht. Blaulack stellt den Aluminiumlack des Indigos vor.

Violettes Ultramarin wird durch HCl unter Schwefelwasserstoff-Entwicklung zerstört.

Kobaltviolett ist phosphorsaures Kobalt, Manganviolett phosphorsaures Mangan. Die meisten sattgefärbten Violett stellen Lackfarben vor, die beim Verglühen eine weiße Asche hinterlassen.

Umbra, eine braune Erdfarbe, besteht aus Ton, Eisenoxydhydrat und Manganoxydhydrat. Kölnische Umbra oder Kasselerbraun sind erdige Braunkohlen.

---

[1]) J. S. L. T. C., S. 10, 172. 1926 und Collegium, S. 122, 682, 1927.

Manganbraun ist MnO, Bleibraun PbO_2, Chrombraun chromsaures Kupfer. Als schwarze Farbstoffe kommen nur Graphit, Ruß und Beinschwarz (Knochenkohle) in Betracht. Ersteres bleibt beim Glühen unverändert, Ruß verbrennt ohne Rückstand, Beinschwarz hinterläßt viel weiße Asche.

3. Pigment- oder Lackfarben

Diese stellen Mischungen aus Erdfarben und organischen Farbstoffen vor, die derart erhalten werden, daß basische, saure oder substantive Teerfarbstoffe mit löslichen Metallsalzen gefällt werden und diesem Produkte gleichzeitig zur Verlängerung ein sogenanntes Substrat zugesetzt wird.

Als Lackbildner spielen besonders folgende Stoffe eine Rolle: Schwefelsaure Tonerde, Soda, Chlorbarium, Bleinitrat, Brechweinstein, Natriumphosphat, Alaun, Zinksulfat, Zinnchlorür, Gerbsäure, Harz- und Fettsäuren.

Als Substrate verwendet man vornehmlich weiße Stoffe, wie: Tonerde, Schwerspat, Blanc fix, Bleisulfat, Zinkweiß, Lithopone, Kreide, Chinaclay; ferner die gefärbten Ocker, Umbra, Grünerde, Mennige, Ultramarin und Lampenruß.

Natürliche bunte Erdfarben werden besonders dann verwendet, wenn sie als Grundfarbe dienen sollen und der Farblack nur ein Schönen des Farbstoffes bezwecken soll.

Zur Prüfung, ob solche Lacke zugegen sind, übergießt man die Probe mit Salzsäure oder Essigsäure, wobei der organische Farbstoff meist in Lösung geht. Auch durch Ausschütteln mit Alkohol gelingt häufig die Abscheidung des Teerfarbstoffes. Beim Erhitzen einer solchen Farbe tritt brenzliger Geruch und Verkohlung in dem Maß auf, als solche Teerfarbstoffe zugesetzt sind. Im Glührückstande lassen sich dann qualitativ und quantitativ die anorganischen Bestandteile auf bekannte Art finden.

Bezüglich der wichtigsten Lackfarben wurden bereits bei den Erdfarben nähere Angaben gemacht (vgl. oben).

Auch Holzfarbstoffe werden häufig mit Metallsalzen zu Lackfarben umgesetzt, und sind davon die gebräuchlichsten:

Blaulack: Aluminiumlack des Indigos,
Saftgrün: Aluminiumlack der Kreuzbeere,
Karminlack: Aluminiumlack des Karmins,
Indischgelb: Magnesiumsalz der Euxanthinsäure,
Schüttgelb: Aluminiumlack des Xanthorhamnins,

ferner Metallsalze des Blauholzes, Rotholzes, Sandelholzes, Querzitron und Gelbholzes.

Für die gerbereitechnische Praxis bzw. die Lackledererzeugung, hat der Nachweis, ob reine oder mit Lacken geschönte Erdfarben vorliegen, insofern ein besonderes Interesse, als erstere bedeutend mehr licht- und hitzebeständig sind und daher bei der Herstellung von Appreturen, insbesondere aber bei der Herstellung von Grund und Strich für buntgefärbte Lackleder den Vorzug verdienen.

4. Teerfarbstoffe[1])

Für die Beurteilung eines Farbstoffes kommen besonders dessen Nuance, Affinität zu den verschiedenen Fasern, Farbstärke, Reinheit und Echtheit in Betracht. Nuance und qualitative Affinität zur Faser werden durch die qualitative Ausfärbung bzw. Spektroskopie, Farbstärke und quantitative Affinität durch die quantitative Ausfärbung bzw. Kolorimetrie und die Reinheit und Einheitlichkeit eines Farbstoffes durch bestimmte chemische und physikalische Methoden ermittelt.

Die als technische Produkte in den Handel kommenden Teerfarbstoffe stellen stets mehr oder weniger verdünnte Farbkörper vor, die durch absichtliche Stellung des reinen Farbstoffes mit Dextrin, Salz, Glaubersalz usw. hergestellt sind. In einzelnen Fällen bildet der Farbstoff selbst ein Metallsalz und gehört somit der anorganische Bestandteil zum eigentlichen Farbkörper.

Da nun einerseits der chemische Stoff der Farbe meist eine sehr komplizierte Verbindung vorstellt, anderseits der technische Farbstoff sowohl Gemenge eines dieser chemischen Farbstoffe mit Abschwächungsmitteln als auch Gemenge verschiedener chemischer Stoffe vorstellt, ergibt sich ohne weiteres die Schwierigkeit, die eine Untersuchung eines solchen Farbstoffes bietet. Selbst einheitliche Farbstoffe enthalten aber die aus der Fabrikation stammenden Verunreinigungen und Nebenprodukte, welche ebenfalls eine Untersuchung von Farbstoffen erschweren. Eine weitere Schwierigkeit liegt darin, daß die von den Farbwerken erzeugten Farbstoffe beliebig gewählte Namen führen und somit einerseits ein und dasselbe Produkt verschiedene Namen besitzen kann als auch anderseits der Namen keinesfalls die chemische Abstammung des Produktes oder Farbstoffgemenges erkennen läßt.

Die für die Technik wichtigen Untersuchungen eines Farbstoffes beschränken sich daher auf die Ermittlung, ob zwei von verschiedenen Farbwerken stammende Farbstoffe identisch sind oder nicht, ferner auf die Ermittlung der Ausgiebigkeit, Farbstärke und Farbtonreinheit eines Produkts.

Nach Ganswindt teilt man die Teerfarbstoffe nach ihrem färberischen Verhalten in folgende Gruppen ein:

I. Homochrome Farbstoffe, welche ohne Beize direkt färben, und zwar: a) basische Farbstoffe,
        b) saure Farbstoffe,
        c) substantive Farbstoffe.

II. Heterochrome Farbstoffe, welche mit Hilfe von Beizen gefärbt werden.

---

[1]) Heermann: Färberei- und textilchemische Untersuchungen. Springer. 1923. — Ruggli: Praktikum der Färberei und Farbstoffanalyse. 1925.

III. Pigmentfarbstoffe, welche erst auf der Faser erzeugt werden.

Bezüglich der Anwendbarkeit dieser Farbstoffe sei erwähnt, daß die basischen Farbstoffe Wolle direkt, Baumwolle auf Tannin-Metall-Beize, Leder nach erfolgter Tannierung färben;

saure Farbstoffe färben Wolle und Leder in saurem Bade, Baumwolle auf Ton- oder Zinnbeize; ·

substantive Farbstoffe färben Wolle, Baumwolle und Leder direkt;

heterochrome Farbstoffe färben Wolle, Baumwolle und Seide auf Beizen oder mit Beizen;

die Pigmentfarbstoffe lassen sich auf jeder Faser erzeugen.

Für die Lederfärberei kommen heute nur die unter I genannten Farbstoffe zur Verwendung, da die mittels Beizen erzeugten Farbstoffe stets höhere Färbetemperaturen (Siedehitze) verlangen, die vom Leder nicht vertragen werden[1]).

Die basischen Farbstoffe stellen organische Basen gebunden an Mineralsäuren vor und geben sich dadurch zu erkennen, daß sie durch Tanninlösung gefällt werden. Sie lösen sich im weichen Wasser gut auf, werden aber durch den Kalkgehalt des Wassers gefällt, weshalb man für basische Farbstoffe stets mit schwachen organischen Säuren (Essigsäure, Milchsäure) das Färbebad korrigiert.

Die sauren Farbstoffe stellen Farbstoffsäuren gebunden an anorganischen Basen vor und deren Färbekraft kommt erst dann vollständig zur Wirkung, wenn diese Farbsäuren durch Zusatz einer starken Säure zum Farbbade freigemacht werden.

Substantive Farbstoffe lassen sich im allgemeinen nicht scharf nachweisen.

Zur Unterscheidung, ob ein basischer, saurer oder substantiver Farbstoff vorliegt, nimmt man folgende Probefärbungen vor: Fünf Reagensgläser beschickt man der Reihe nach mit einigen cm³ der zu prüfenden 1%igen Farbstofflösung und mit

a) 0,5 g Wolle chromiert,
b) 0,5 g Wolle $+ 4\% \text{ H}_2\text{SO}_4 + 10\% \text{ Na}_2\text{SO}_4$,
c) 0,5 g Wolle $+ 10\% \text{ Na}_2\text{SO}_4$,
d) 0,5 g Baumwolle $+ 40\% \text{ Na}_2\text{SO}_4$,
e) 0,5 g Baumwolle tanniert

und bringt sie in ein kaltes Wasserbad und erwärmt letzteres zum Kochen; nach viertelstündigem Kochen wird die Wolle mit kaltem Wasser gespült und das Ergebnis der Färbung (+ bzw. —) an Hand folgender Tabelle betrachtet:

	Basischer Farbstoff	Saurer Farbstoff	Substantiver Farbstoff
a	+	+	(?)
b	—	+	(?)
c	+	(?)	(?)
d	—	—	+
e	+	—	+

[1]) Vgl. Tabelle S. 68 und 69.

Die für diese Versuche erforderliche Wolle bereitet man folgendermaßen:

1. Wolle chromiert. 5 g Wolle werden in 200 cm³ einer 3%igen $K_2Cr_2O_7$ und 2%igen Ameisensäure gebracht, zum Kochen erhitzt und dieses mindestens eine Stunde lang fortgesetzt, bis die Wolle die graugrüne Farbe des $Cr(OH)_3$ angenommen hat. Man preßt dann aus, spült mit Wasser nach und trocknet; kann auf Vorrat gehalten werden.

2. Baumwolle tanniert. 4 g Tannin werden in etwa 1 l gewöhnlichem Wasser von 80 bis 90⁰ gelöst und darin 10 g Baumwolle solange bewegt, bis die Temperatur der Lösung bis auf lauwarm sinkt. Man läßt nun die Baumwolle innerhalb der erkaltenden Lösung über Nacht liegen und preßt am nächsten Morgen die Baumwolle sorgfältig ab, ohne zu waschen. Nun trocknet man die Baumwolle und behandelt sie zur Fixierung des Tannins ¼ bis ½ Stunde lang mit 1 l lauwarmem gewöhnlichen Wasser, in welchem zirka 2 g Brechweinstein gelöst worden sind. Schließlich spült man die Baumwolle gründlich mit Wasser, trocknet sie und hält sie auf Vorrat.

Zu dieser färberischen Analyse sei bemerkt, daß hierbei zahlreiche Farbstoffe Übergänge von der einen in die andere Gruppe anzeigen, was der Fall ist, wenn z. B. ein saurer Farbstoff neben der Sulfogruppe noch eine basische Gruppe (z. B. Dimethylamingruppe) enthält; auch Beimengungen andersartiger Farbstoffe vermögen den Charakter eines Farbstoffes täuschen. Im allgemeinen genügt die Durchführung der Ausfärbungen a, d und e, um diese drei Farbstoffgruppen unterscheiden zu können.

Für die Ermittlung eines Farbstoffes leistet die von Green ausgearbeitete Tabelle einige Dienste, doch ist zu berücksichtigen, daß täglich neue Farbstoffe hergestellt und in den Handel gebracht werden und daher solche Tabellen stets mangelhaft sein müssen. Für die Prüfung eines Farbstoffes auf der Faser gibt es sehr ausführliche Tabellen, die von Knecht, Rawson, Löwenthal, Gnehm und auch von Heermann aufgestellt wurden und besonders für Gewebe gelten und daher für Leder weniger gut anwendbar sind, zudem diese häufig mit oxydierenden Salzen (Bichromat, Eisensalzen) grundiert respektive nuanciert sind und dadurch der Farbstoff infolge von Oxydation oder Farblackbildung wesentlich verändert ist.

Zur ersten Orientierung über einen Farbstoff prüft man auf dessen Wesen in bezug auf Einheitlichkeit respektive Mischung mehrerer Farbstoffe. Während helle Farbstoffe, wie Gelb und Orange, meist einheitlich sind, stellen braune und schwarze Farbstoffe stets Gemenge aus mehreren Farbstoffen vor und die schwarzen Farbstoffe enthalten fast immer Gelb und Blau zur Erzielung einer satten Färbung[1]). Diese

---

[1]) Einheitliche Farbstoffe sind z. B.: Auramin, Säuregelb, Metanilgelb, Naphtholgelb S, Vesuvin, Biebricher Scharlach, Echtrot A und B, Crocein, Eosin, Fuchsin, Orange I, III und G, Methylenrot, Neutralrot, Rhodamin, Phloxin, Ponceau, Methylviolett, Kristallviolett, Naphthyl-

Gemenge prüft man derart auf ihre Bestandteile, daß man über ein feuchtes Filterpapier vorsichtig ganz wenig des Farbstoffes verstäubt, wodurch jedes auffallende Farbstoffkörnchen eine kreisförmige Lösezone bildet und deutlich die verschiedenen Farbstoffe erkennen läßt.

Diese Prüfung gestatten am besten die pulverförmigen Farbstoffe, während die körnigen erst fein verteilt werden müssen. Viele solcher Farbkörper werden aber fabrikatorisch derart hergestellt, daß die einzelnen Bestandteile im feuchten Zustande innigst vermengt oder gemeinsam gelöst und ausgesalzen werden; solche Farbstoffe enthalten natürlich keine groben Farbpartikelchen, die verschiedene Lösungszonen ergeben würden. In solchen Fällen verfährt man derart, daß man einen Tropfen der Farbstofflösung auf Filtrierpapier bringt; sind in der Lösung mehrere Farbstoffe vorhanden, so werden sich meist konzentrische Ringe von verschiedener Farbe bilden. Noch bessere Resultate erzielt man nach Goppelsroeder, wenn man den gelösten Farbstoff in ein Becherglas bringt und einen Filterpapierstreifen einhängt, auf welchen sich die verschiedenen Farbstoffe entsprechend ihrer verschiedenen chemischen Zusammensetzung ebenfalls verschieden schnell aufsaugen und somit verschieden gefärbte Zonen ergeben werden.

Allerdings darf bei allen diesen Untersuchungen nicht vergessen werden, daß selbst einheitliche, das heißt absichtlich nicht vermischte Farbstoffe stets verschiedenfarbige Bestandteile in geringen Mengen enthalten werden, indem Spuren von sekundären Reaktionsprodukten durch die Fabrikation gebildet werden.

Auch Probeausfärbungen lassen Farbstoffgemische häufig dadurch erkennen, daß verschiedene aus einem Bade ausgefärbte Stücke verschiedene Nuancen zeigen.

Äußerlich gleich aussehende Farbstoffe verschiedener Abstammung lassen sich häufig auch dadurch als verschiedenartig erkennen, daß man eine kleine Menge des Farbstoffes auf konzentrierte Schwefelsäure streut, welche viele Farbstoffe mit ganz anderer Farbe als Wasser auflöst.

Hat man nur den Färbewert eines Farbstoffes zu bestimmen, so ist es am zweckmäßigsten, Färbeversuche auszuführen. Für die Beurteilung eines Lederfarbstoffes ist natürlich das Leder das geeignetste Material. Da Leder selten durchgefärbt wird, so spielt die Größe der

violett, Neublau R, Methylenblau, Naphthylblau, Indulin, Nigrosin, Diamantschwarz, Naphtholschwarz 6 B, Säuregrün.

Gestellte Farbstoffe werden z. B. erhalten:

| Hellbraun | 50 T. Gelb
30 T. Rot
1 T. Blau
19 T. Orange | Grün | 30 T. Blau
60 T. Gelb
10 T. Rot | Grau | 55 T. Rot
10 T. Orange
10 T. Gelb
25 T. Dextrin |
| Blauschwarz | 80 T. Nigrosin
14 T. Braun
5 T. Blau
1 T. Gelb | | Tiefschwarz | | 50 T. Braun
30 T. Grün
10 T. Rot
4 T. Violett
6 T. Orange |

Oberfläche eine wichtigere Rolle als das Gewicht, und man nimmt daher am besten dünne Leder respektive Spaltstücke. Um die Eigenfarbe des Leders möglichst ohne Einfluß auf die Ausfärbung zu gestalten, nimmt man sumachgare Leder, welche die hellste Färbung unter allen Naturledern aufweisen.

Vor der Ausfärbung wird das Leder sorgfältig mit warmem Wasser ausgewaschen, mit einem Schlicker ausgestoßen und leicht durch Pressen in einem reinen Tuche getrocknet. Hernach schneidet man sich quadratische Stücke von der Seitenlänge 10 cm heraus und hängt diese in ein Batterieglas von etwa 500 cm³ Fassungsraum, das in einem Wasserbade auf 40 bis 50⁰ erwärmt wird. Der zu prüfende Farbstoff wird genau abgewogen, und zwar genügen für vorstehende Mengen 0,15 bis 0,25 g, welche erst in wenig warmem destillierten Wasser verrührt und hernach in 400 cm³ destilliertem Wasser zur Lösung gebracht werden, wobei genau darauf zu achten ist, daß der Farbstoff vollständig in Lösung gegangen ist. Die zugerichteten Lederstücke hängt man entweder mit Hilfe von Aluminium- oder Kupferdrahthaken in das Bad ein oder legt sie auf zweimal rechtwinkling gebogene Glasstäbe ⌐⌐⌐⌐, welche vollständig in die Farblösung eintauchen. Man beläßt nun das zu färbende Lederstück unter öfterem Durchmischen der Farblösung z. B. während 30 Minuten im Bade, nimmt hierauf heraus, spült mit Wasser das Leder gut ab, legt es vor Licht geschützt etwa zehn Minuten beiseite und streicht hernach das Lederstück von der Narbenseite aus mittels Messing- oder Glasschlickers auf einer glatten Unterlage gut aus, nagelt es auf ein Brett und läßt ohne direkte Belichtung bei mäßiger Zimmertemperatur trocknen. Das einmal benützte Bad kann auf dieselbe Weise noch mehrmals mit neuen Lederstücken beschickt werden, die alle der Reihe nach numeriert und gleich zugerichtet und getrocknet werden, um als Vergleichsobjekte zu dienen. Prüft man alle zu untersuchenden Farbstoffe nach genau derselben Norm und bewahrt die Ausfärbungen mit genauer Bezeichnung auf, so gelangt man zu einer wertvollen Typensammlung von Farbstoffen, die eine relative Beurteilung bekannter respektive neuer Farbmarken erlaubt.

Ausfärbungen von Teerfarbstoffen auf Chromleder geben auch folgendermaßen gute Resultate: Die abgewogenen Farbstoffmengen (0,3 g) werden in 100 cm³ destilliertem Wasser gelöst, in eine flache Schale gebracht und ein Lederstück von 15 g eingelegt. Man behandelt nun dieses Leder 30 Minuten lang am Wasserbade bei 60⁰ unter Bewegung, nimmt es dann aus dem Bade und behandelt es mit 5 % wasserlöslichem Fett (z. B. Türkischrotöl) bzw. einer Fettemulsion in der Wärme, am besten durch Schütteln mit der Hand in einer Schüttelflasche. Nun wäscht man das Leder mit warmem Wasser, reckt es aus und trocknet es durch Aufnageln auf ein Brett.

Wünscht man einen numerischen Ausdruck für das Färbevermögen von Farbstoffen zu erhalten, so behandelt man ein und dasselbe Farbbad so lange mit Lederstücken, bis das Farbbad vollständig erschöpft ist. Zu diesem Zwecke muß man natürlich alle zu färbenden Lederstücke auf gleiche, nach Wahl bestimmte Farbenintensität ausfärben, und man erreicht dieses Ziel dadurch, daß man die späteren Ausfärbungen immer länger im Bade beläßt. Die Anzahl der ausgefärbten Lederstücke ist hernach direkt proportional der Farbstärke, und der so erhaltene Wert dient zum zahlenmäßigen Vergleich mehrerer Farbstofftypen. Bemerkt sei noch, daß Farbstoffe, die aus mehreren Einzelfarbstoffen bestehen, mehrere Lederstücke nicht ganz mit der gleichen Farbennuance ausfärben, indem jene Farbstoffe zuerst aufziehen, die eine größere Affinität zur Lederfaser haben, während die anderen der Hauptsache nach erst die letzteren Lederstücke anfärben.

Für quantitative Ausfärbungen, wo es sich um vollständige Erschöpfung des Farbbades handelt, ist es am günstigsten, hohe Temperatur des Bades und eine große Oberfläche des zu färbenden Materials in Verwendung zu bringen. Da nun gerade diese beiden Forderungen bei Leder am wenigsten erfüllt werden können, nimmt man für solche Bestimmungen häufig Wolle respektive Baumwolle. Da es jedoch für die Beurteilung von Lederfarbstoffen zu genaueren Resultaten führt, wenn eben Leder als zu färbende Faser Verwendung findet, hat Grasser[1]) eine Methode mit chromgaren Lederspänen ausgearbeitet, mit welchen ein schnelles Erschöpfen des Farbbades ermöglicht wird. Zu diesem Zwecke nimmt man gut entsäuerte und getrocknete Chromlederfalzspäne für saure und substantive Farbstoffe respektive nach Behandlung mit Sumach oder Gambir für basische Farbstoffe. Für schwarze Ausfärbungen eignen sich besonders mit Blauholzextrakt vorbehandelte Späne. Der Vorteil in der Verwendung solcher Lederspäne liegt darin, daß einerseits stets ein gleichmäßiges Rohmaterial mit gleichgestellter Grundierung (Sumach respektive Blauholz) zur Untersuchung vorliegt, anderseits, daß das fein zerteilte Material mit seiner großen Oberfläche ein rasches Anfärben erlaubt, zudem die Späne selbst 100^0 vertragen und daher die Ausfärbung im siedenden Wasserbade vorgenommen werden kann.

Die quantitativen Ausfärbungen lassen sich ohne weiteres zu sogenannten Preisfärbungen modifizieren. Diese können einerseits derart ausgeführt werden, daß man die zu untersuchende Farbtype nach der obenerwähnten Methode so lange mit Lederstücken ausfärbt, als diese noch gleiche Nuance zeigen und die Anzahl dieser gleichgefärbten Lederstücke im Verhältnis zum Farbstoffpreise bringt. Anderseits kann man auch zwei Farbtypen derart vergleichen, daß man z. B. vom Farbstoffe A, der M 2,00 kostet, 0,2 g in Lösung bringt, vom Farbstoff B, der M 4,00 kostet, 0,1 g in Lösung bringt und beide auf gleiche Art zur quantitativen Ausfärbung benutzt. Ist nun der Farbstoff B tatsächlich entsprechend seinem Preise doppelt so stark, so müssen die Ausfärbungen gleich stark ausfallen, ist dies aber nicht der Fall, so ist bei einem weiteren Versuch z. B. 0,12 g zu nehmen und abermals damit auszufärben, um zu sehen, ob diese Färbung den 0,2 g des anderen Farbstoffes gleichkommt. Man wird für solche Ermittlungen meist

---

[1]) Collegium, S. 379. 1911.

mehrere Versuche anzustellen haben, bis man das richtige Verhältnis ermittelt hat, worauf man dieses zahlenmäßig zum Preise des Farbstoffes ausdrückt und dessen relativen Wert berechnen kann respektive jenen Preis ermitteln kann, der dem Farbstoff gemäß seiner Stärke im Verhältnis zu einer anderen Type zukommen soll.

Häufig kommt es vor, daß ein Farbbad nach erfolgter quantitativer Ausfärbung noch gewisse Mengen gefärbte Substanz in Lösung hat, die man ohne weiteres nicht vernachlässigen kann. Vor allem hat man nun darauf zu prüfen, ob dieser färbende Bestandteil noch ein echter Farbstoff ist oder nur aus gefärbten Verunreinigungen besteht. Dieses ermittelt man dadurch, daß man das nahezu erschöpfte Bad qualitativ mit weiteren Mengen Faserstoffen respektive Leder behandelt und sieht, ob diese noch angefärbt werden respektive ob sie noch mit gleicher Nuance angefärbt werden, da manche Farbstoffe weniger gut rektifiziert sind und häufig noch eine ganze Reihe verschiedenfarbiger Nebenbestandteile enthalten. Tritt nun eine wesentlich andere Färbung der Faser ein, so hat man es wohl wahrscheinlich mit den genannten Verunreinigungen zu tun und man kann diesen Farbstoffrest als wertlos außer acht lassen. Färbt dagegen das erschöpfte Bad noch mit der nahezu gleichen Nuance die Faser an, als es der ursprüngliche Farbstoff getan hat, so liegt wahrscheinlich eine geringe Menge des echten Farbstoffes vor und man ermittelt diese kleinen Mengen am besten kolorimetrisch. Nach Berechnung der rückständigen Farbstoffmengen bringt man diese von der Ausgangsmenge in Abzug und erhält so die ausnutzbare Menge eines Farbstoffes, die man am besten in Prozenten zum Ausdruck bringt.

Für den Farbwert eines Farbstoffes spielt die Kolorimetrie eine wichtige Rolle, worunter man die Farbmessung bzw. Feststellung der Farbstärke eines Farbstoffes durch Vergleichung der Farbtiefe der Lösung versteht. Allerdings ist zu bemerken, daß einerseits nur ein gut geschultes Auge verläßliche Resultate erzielen kann, anderseits die Anwendung der Kolorimetrie eine sehr beschränkte ist, indem satter gefärbte Lösungen nicht immer mehr Farbstoff enthalten müssen. So erscheint z. B. ein Gelb mit zunehmendem Grünstich immer lichter, während es bei wachsendem Rotstich immer satter zu werden scheint, und würde deshalb bei Vergleich zweier solcher Gelb stets das grünstichige Gelb zuungunsten beurteilt werden. Ferner ist zu bedenken, daß die Färbekraft und die Farbe von Lösungen durchaus nicht identisch sind, indem tiefgefärbte Lösungen unter Umständen gar keine Färbekraft aufzuweisen haben, dagegen z. B. eine konzentrierte Lösung von Hellgelb große Mengen von Fasern gelb zu färben vermag.

Die Kolorimetrie wird daher besonders dort von Wert sein, wo es sich darum handelt, eine schnelle Ausführung der Untersuchung bei leichter Handhabung zu ermöglichen, und sie wird daher besonders verwendet:

1. Zur annähernden Konzentrationsbestimmung,

2. zur Prüfung auf völlige Typenkonformität nach erfolgter Farbstoffuntersuchung,

3. zur Bestimmung und zum Vergleich sehr geringer Farbstoffmengen, z. B. in ausgenutzten Bädern.

Die Ausführung einer kolorimetrischen Bestimmung ist im allgemeinen sehr einfach, und gibt diese mit den einfachsten Apparaten unter Umständen dieselben guten Resultate wie das komplizierteste Kolorimeter, da es vor allem auf Farbensinn und Übung ankommt.

Die einfachste Vorrichtung stellt zwei graduierte Glaszylinder von etwa 100 cm³ Fassungsraum vor, die möglichst gleiche Höhe, gleichen Durchmesser und gleiche Glasfärbung besitzen. Diese Zylinder füllt man mit den quantitativ gelösten und verdünnten Farbstofflösungen T (Typ) und M (Muster) zu gleichen Volumen. Die Zylinder werden dann derart nebeneinander auf eine weiße Unterlage gestellt, daß sie zu der vorhandenen Lichtquelle genau dieselbe Lage einnehmen. Man betrachtet nunmehr diese beiden Lösungen von oben und sucht durch Vergleich den bestehenden Unterschied festzustellen. Alsdann verdünnt man die intensiver gefärbt erscheinende Lösung mit einem gemessenen Volumen und bringt in den zu untersuchenden Zylinder aber stets wieder die ursprüngliche Flüssigkeitsmenge hinein und fährt mit dieser Manipulation so lange fort, bis die Farbtiefen beider Lösungen genau gleich sind. Man berechnet nun das Lösungsvolumen und daraus die relative Färbstärke nach dem Prinzip, daß die Stärke des Farbstoffes im Verhältnis zu den erhaltenen Volumina steht. Muß z. B. eine Lösung T von 100 auf 110 verdünnt werden, damit 100 cm³ dieser neuen T-Verdünnung in der Farbtiefe mit derjenigen der M-Lösung zusammenfällt, so verhält sich $T:M = 110:100$, das heißt der Typ T ist um 10% stärker als das Muster M, oder $110:10 = 100:x$; $x = 9,09$, das Muster ist um 9,09% schwächer als der Typ T.

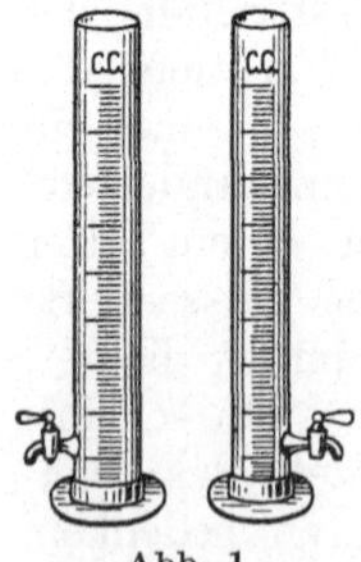

Abb. 1

Das einfachste Kolorimeter ist das von Hehner (Abb. 1), welches aus zwei graduierten Glaszylindern mit Hähnen nahe dem Boden zusammengesetzt ist. Diese Rohre werden ebenfalls mit den beiden Farbstofflösungen beschickt und hernach von dem einen Rohr so viel der Lösung abgelassen, bis die beiden Lösungen gleich stark gefärbt erscheinen. Man liest nun die Höhe der Lösungen ab und berechnet daraus die Stärke des Farbstoffes, welche im umgekehrten Verhältnis zu den gefundenen Volumina steht.

Außer dieser Vorrichtung gibt es eine Anzahl mehr oder weniger komplizierter Apparate, die jedoch hier nicht besprochen zu werden brauchen.

Kurz beschrieben sei nur noch das Tintometer[1]) von Lovibond das nicht nur zum Messen, sondern auch zum Aufzeichnen von Färbungen dient. Das Instrument besteht aus einem Rohr, welches durch ein Mittel-

---

[1]) J. Soc. Dyers and Col., p. 186. 1887.

stück in zwei Teile geteilt ist. Der vom Auge abgewendete Teil enthält zwei Räume, wovon einer die zu untersuchende Farblösung, der andere farbige Glasplatten aufnehmen kann. Schließlich ist der Apparat derart eingerichtet, daß nur solches Licht in das Auge des Beobachters gelangen kann, welches in gleichen Mengen durch die zu prüfende Lösung oder durch die Glasplatten gegangen ist. Diese Glasplatten bilden eine Anzahl Sätze, wovon die Platten jedes Satzes die gleiche Farbe haben und regelmäßig nach Farbtiefe abgestuft sind. Jeder Satz trägt zur Bezeichnung eine bestimmte „Farbnummer" und darunter befindet sich auf jeder einzelnen Platte eine „Stärkenummer". Werden nun mehrere Gläser desselben Satzes hintereinander gestellt, so ergibt die Summe der „Stärkenummern" die Farbtiefe der Gläser, während Gläser verschiedener Sätze Mischtöne liefern, bei denen das Zahlenverhältnis jeder einzelnen Farbe abzulesen ist.

Die Gefäße für die Flüssigkeiten sind derart geformt, daß die Schichten 1 ½ mm bis 63 mm Dicke betragen und somit die hellsten und dunkelsten Flüssigkeiten gemessen werden können.

Zur Prüfung eines Farbstoffes wird derselbe in Wasser, Alkohol usw. gelöst und das eine Gefäß damit gefüllt. Die andere Hälfte des Rohres wird mit den Glasplatten beschickt. Bei der Zusammenstellung eines bestimmten Farbtons muß stets auf die Hauptfarbe Rücksicht genommen werden und auch diese zuerst durch die entsprechende Glasplatte in Vergleich gebracht werden, um dann erst die feinere Nuance durch passendes Hinzufügen weiterer Platten zu stellen. Entspricht aber bereits die Hauptfarbe einem Mischton, so muß auch seine Farbe mit mischfarbigen Glasplatten begonnen und durch Zufügen der fehlenden Nuance abgetönt werden.

Obgleich die quantitative Ausfärbung eines Farbstoffes die wichtigste Untersuchung für die Beurteilung desselben ist, kommt auch manches Mal seine nähere chemische und physikalische Beschaffenheit in Betracht.

Von den Verunreinigungen ist besonders zu erwähnen, daß kein Farbstoff ein chemisch einheitliches Individuum vorstellt, sondern stets Zwischenprodukte neben den erforderlichen Verdünnungsmitteln enthält. Von diesen indifferenten Zusätzen sind vor allem Glaubersalz für saure, Kochsalz und Dextrin für basische Farbstoffe zu erwähnen. Aber auch Stärke, Zucker, Natriumphosphat, Schwefelnatrium für Schwefelfarben und Metalldoppelsalze finden für diese Zwecke weitgehende Anwendung.

Sulfate, besonders Glaubersalz, werden nachgewiesen durch Fällung mit Chlorbarium der mit Salzsäure angesäuerten Farbstofflösung. In jenen Fällen, wo aber der Farbstoff selbst durch Chlorbarium gefällt wird, bedarf es dessen Beseitigung entweder durch Fällung mit Kochsalz oder durch Zerstörung desselben mit Chlor, Salpetersäure usw. und Prüfung des farblosen Filtrates mit Chlorbarium und Salzsäure. Durch Veraschen kann dagegen keinesfalls auf Sulfate geprüft werden, da viele Farbstoffe sulfosaure Alkalisalze vorstellen, die beim Verbrennen Sulfate bilden. Eine weitere Folge letztgenannten

Umstandes ist aber, daß das Vorhandensein von Sulfat in der Asche bei gleichzeitigem Fehlen im Farbstoff auf Sulfogruppen schließen läßt und weiter ein Fehlen des Sulfats in der Asche sowohl dessen Zusatz wie auch eine Sulfogruppe ausschließt.

Kochsalz bzw. Chloride können auf ähnliche Weise wie Sulfate entweder durch Fällen des Farbstoffes mit chloridfreiem Glaubersalz oder durch direktes Fällen der Lösung mit Salpetersäure und Silbernitrat bzw. nach Zerstörung des Farbstoffes ermittelt werden. Auch durch Weglösen des Farbstoffes mittels Alkohols kann sowohl Kochsalz als auch Glaubersalz im Rückstand unverändert isoliert werden.

Dextrin, Zucker u. dgl. können besonders durch ihre Alkoholunlöslichkeit nach Weglösen des Farbstoffes mit Alkohol isoliert und weiter untersucht werden.

Für die Prüfung der Einheitlichkeit eines Farbstoffes wurde bereits eingangs die Blasmethode auf feuchtem Filterpapier und die Methode Goppelsroeder erwähnt.

Die chemische Analyse eines Teerfarbstoffes gehört zu jenen Untersuchungen, die wohl nur ein Farbstoffchemiker auszuführen haben wird, und die auch wegen der großen Schwierigkeit der Methoden nur dem geübten, mit der Farbstoffchemie eng vertrauten Chemiker gelingen wird, weshalb hier nicht näher darauf eingegangen zu werden braucht.

Zum Schlusse sei noch einiges über die Echtheitprüfung der Farbstoffe gesagt, die sich natürlich nur auf gefärbte Fasern bezieht. Die Echtheit eines Farbstoffes wird nicht nur gegen Licht, sondern häufig auch gegen Reiben, Waschen, Walken, ferner gegen chemische Stoffe, wie Säure, Lauge usw., wie auch gegen Bügeln, Regen, Staub, Kot, Schweiß geprüft. Für Leder kommt wohl hauptsächlich nur Säure- respektive Lauge-, Wetter- und Reibechtheit in Betracht.

Diese Prüfungsmethoden stützen sich alle auf experimentelle Untersuchungen, indem es keine physikalischen Meßinstrumente für solche Ermittlungen gibt.

Für die Beurteilung der Echtheit eines Farbstoffes kommt in Betracht, ob derselbe irgendeine Farbänderungen erleidet oder ob eine Färbung Farbstoff abgibt.

Die Alkaliechtheit wird geprüft, indem die fragliche Ausfärbung zwei Minuten lang in 10%iger Ammoniak- und in 10%iger Sodalösung eingelegt und ohne zu spülen getrocknet und gemustert wird.

Die Säureechtheit wird geprüft, indem man die Ausfärbung mit 12,5%iger Salzsäurelösung betupft und die Wirkung nach zirka zwei Stunden beobachtet.

Geschieht die Belichtung einer Ausfärbung während einer bis vier Wochen unter Glas, so nennt man das Resultat Lichtechtheit; geschieht sie an freier Luft, vor Regen und Staub geschützt, so nennt man es Luftechtheit, und geschieht sie im Freien unter Aussetzung aller Wetterunbilden, so nennt man es Wetterechtheit.

Zur Prüfung der Lichtechtheit eignet sich besonders der Apparat von Kallab[1]).

Die Reibechtheit wird schließlich beurteilt nach dem Effekt, der durch zehn- bis zwanzigmaliges kräftiges Hin- und Herreiben der trockenen Ausfärbung auf weißem Baumwollstoff entsteht.

In der Lederfabrikation finden vielfach auch die sogenannten **spritlöslichen** und **fettlöslichen Teerfarbstoffe** Verwendung. Diese stellen die Basen der entsprechenden Farbstoffe vor, die einerseits ohne Stellungsmittel restlos in Alkohol löslich, in Wasser unlöslich sind und daher spritlösliche Farbstoffe genannt werden. Sie dienen zur Herstellung wasserunlöslicher Appreturen wie auch zum Färben gewisser Schuhausputzpräparate. Anderseits werden diese Basen in Fettsäuren gelöst und kommen als solche Gemische unter den Namen „fettlösliche Teerfarbstoffe" in den Handel. Sie stellen entsprechend ihres Färbevermögens gefärbte Stücke vor, die leicht unter 100^0 C schmelzen und sich mit festen oder flüssigen Fetten zu homogen gefärbten Massen vermischen lassen. Den Reinheitsgrad dieser beiden Farbstofftypen bestimmt die Unlöslichkeit in Wasser und die vollständige Löslichkeit in Alkohol, da nur die diesen Basen anhaftenden Nebenprodukte wasserlöslich sein können und ihr Maß also die Reinheit bekundet. Eine Anzahl dieser Basen ist auch in anderen organischen Lösungsmitteln löslich und dienen dann zum Färben solcher Appreturen, z. B. von Kollodiumlacken (Essigäther- oder Amylazetat-Kollodium).

Unter **Pelzfarbstoffen** versteht man schließlich eine Gruppe von Entwicklungsfarbstoffen, das sind solche farblose oder wenig gefärbte chemische Substanzen, die erst auf den Haaren der Pelzfelle sich in färbende Stoffe verwandeln. Hierfür kommen insbesondere m-Toluilendiamin, p- oder m-Phenylendiamin, Naphthylendiamin und Aminophenol in Betracht. Diese Stoffe kommen unter anderen als Ursole oder Nako-Farbstoffe durch die chemische Großindustrie Deutschlands in den Handel. Sie werden auf die mit Alkalien oder Metallsalzen vorgebeizten Haarfelle aufgetragen und dort der Luftoxydation oder besser der Oxydation mit Wasserstoffsuperoxyd ausgesetzt, wodurch die mannigfaltigsten Farbtöne erzielt werden können.

Deckfarben. Während beim gewöhnlichen Färben der gelöste Farbstoff aus der Lösung auf die Faser übergeht und sich mit letzterer verbindet, bilden die sogenannten Deckfarben unlösliche Farbstoffe, die auf dem zu färbenden Gegenstand aufgetragen werden. Diese Masse haftet auf der Oberfläche und erhärtet zu einer zusammenhängenden, farbigen Schicht. Um ein gutes Decken und Anhaften zu ermöglichen, muß die Deckfarbe neben dem unlöslichen Farbstoff (Pigment) noch ein Bindemittel und ein Lösungsmittel für diesen Farbstoffträger enthalten. Man unterscheidet die in der Lederindustrie benutzten Deckfarben nach folgenden zwei Hauptklassen:

---

[1]) Zeitschr. f. angew. Chem., 22, S. 1637. 1908; 27, S. 632. 1914; 29, S. 40. 1916.

1. Eiweißhaltige Mischungen,
2. nitrozellulosehaltige Mischungen.

Die erste, ältere Klasse (amerikanische Farbfinishe) stellt wässerige Suspensionen von anorganischen Farbstoffen, versetzt mit Eiweißstoffen als Glanz- und Bindemittel, vor, die mit sauren Anilinfarbstoffen geschönt sind; meist liegen diese einzelnen Bestandteile in gesonderten Lösungen vor, die erst vor Gebrauch gemischt werden.

Die zweite, wesentlich wertvollere Klasse der Deckfarben, vornehmlich Fabrikate der deutschen Farbstoffindustrie[1]), besteht aus einer fertigen Mischung aus Kollodium und organischen, unlöslichen Farbstoffbasen (z. B. Autol, Lithol), der noch trocknende Öle oder kleine Mengen von nichttrocknenden Ölen (Rizinusöl) bzw. Weichhaltungsmitteln zur Erhaltung der Elastizität beigemischt sind.

Während die Albumindeckfarben nur eine geringe Wasserechtheit aufweisen, zeigen die Kollodiumfarben eine volle Wasserechtheit.

Als Verdünnungsmittel der letztgenannten Deckfarben finden insbesondere die verschiedenen Lösungsmittel Verwendung, die von der deutschen Farbstoffindustrie hergestellt werden. Solche Lösungs- und Weichhaltungsmittel kommen z. B. unter den Namen Hexalinazetat, Butanol, Anon, Palatinol, Lösungsmittel E_{13} (Mischung aus Methyl- und Äthylazetat), Mannol, Mollit in den Handel.

5. Pflanzenfarbstoffe

Obgleich die Pflanzenfarbstoffe auf die gleiche Art geprüft werden können wie die Teerfarbstoffe, spielt bei ersteren doch der Umstand eine wichtige Rolle, daß bei ihnen die Provenienz, Reife und Alter von großem Einfluß sind und sie ferner meist als Drogen bzw. rohe Extrakte in den Handel kommen, die häufig eine variierende Menge von pflanzlichen und mineralischen Beimengungen mit sich führen.

Die Naturfarbstoffe gehören mit Ausnahme der Cochenille und Lacdye der Pflanzenwelt an und entstammen den Wurzeln, dem Holz, den Rinden, Blättern, Blüten und Früchten wie auch den Pflanzensäften.

Die wichtigsten derselben sind das Blauholz, Gelbholz, Waid und Indigo, wovon aber das letzte wie auch Krapp durch ihre synthetische Darstellung nahezu verdrängt worden sind.

Das Blauholz steht an der Spitze der Naturfarbstoffe und hat auch für die Lederfärberei die größte Bedeutung gegenüber den minimalen Mengen der anderen Naturfarbstoffe, die nur untergeordnete Bedeutung für das Färben der alaun- und glacégaren Leder besitzen. Das Blauholz kommt in Blöcken, geraspelt und als Extrakt in den Handel. Gutes Holz soll an den frischen Schnittflächen möglichst lebhaft rot gefärbt sein, da grau und leblos erscheinendes Holz abgestorben ist und wenig oder keinen Farbstoff enthält. Der Saft des Blauholzes ent-

---

[1]) Echtdeckfarben, Eukesolfarben, Egalonfarben, Kasarafarben der J. G. Farbenindustrie A. G.

hält einen glykosiden Stoff, der durch Gärung erst in das Hämatoxylin $C_{16}H_{14}O_6$ und eine Zuckerart gespalten wird. Durch Oxydation geht das Hämatoxylin in Hämatein $C_{16}H_{12}O_6$ über, das durch weitere Oxydation jedoch in humusartige Produkte verwandelt wird, die wertlos sind.

Die Untersuchung von Blauholz und Blauholzextrakt erstreckt sich vorwiegend auf nachfolgende Ermittlungen:

Der Wassergehalt wird durch Trocknen einer gewogenen Probe bei 105 bis 110° bis zur Gewichtskonstanz erfahren. Durch Verbrennen der so getrockneten Probe im Porzellantiegel erhält man den Aschegehalt, der nicht wesentlich über 2% liegen soll. Größere Aschemengen zeigen meist Alkali- oder Kochsalzzusatz an, die zur schnelleren Oxydation des Holzes zugesetzt werden. Durch Lösen der Asche in verdünnter Salpetersäure kann im Filtrate Chlornatrium, im unlöslichen Rückstande Sand, Erde usw. nachgewiesen werden.

Melasse und Dextrin werden nach Schweißinger[1]) folgendermaßen bestimmt: Man löst 3 bis 5 g Extrakt in 50 cm³ Wasser, setzt 10 cm³ Bleiessig zu, schüttelt kräftig durch und filtriert nach kurzem Stehen durch ein trockenes Filter. Das Filtrat wird zur Fällung des Bleis mit Salzsäure versetzt, so daß diese im Überschuß bleibt, dann erhitzt man eine halbe Stunde am Rückflußkühler und läßt erkalten. Hierauf wird mit Soda neutralisiert, filtriert und der Zucker qualitativ und quantitativ mittels Fehlingscher Lösung bestimmt.

Schreiner[2]) behandelt die Farbstofflösung mit Hautpulver und verfährt im übrigen ganz gleich wie bei der Gerbstoffbestimmung (vgl. dort), wodurch im Filtrate nach der Behandlung mit Hautpulver Zucker, Stärke und Salze sich vorfinden, während vom Hautpulver der Farbstoff wie auch eventuell vorhandene Gerbstoffe aufgenommen werden. Letzterer Umstand macht diese Methode ungenau, zumal Extrakte häufig mit Gerbstoffauszügen verfälscht werden.

Gerbstoffextrakte sind im allgemeinen schwierig nachzuweisen und zeigen sich nach Donath[3]) dadurch, daß einerseits die wässerige Farbstofflösung durch Knochenkohle schwierig zu entfärben ist, anderseits die mit Knochenkohle behandelte Flüssigkeit mit Fehlingscher Lösung einen bedeutenden Niederschlag gibt.

Gehalt an Hämatoxylin und Hämatein. Für die Bestimmung des Farbstoffgehaltes im Holz oder Extrakte ist vor allem die quantitative Ausfärbung maßgebend. Da nun aber das Hämatoxylin mit Oxydsalzen, z. B. Chromsäure, lackartige Verbindungen bildet, während Hämatein diese auch mit Oxydulsalzen, z. B. Chromoxyd, gibt, so ersieht man daraus, daß es sehr darauf ankommt, welchen der beiden Farbstoffe das Produkt in größeren Mengen enthält, indem z. B. für die Chromlederfärbung vorwiegend das Hämatein von Bedeutung sein wird, während das Hämatoxylin sozusagen wertlos ist und un-

---

[1]) Pharm. Zentrh., Nr. 4. 1899.   [2]) Chem. Ztg., S. 961. 1890.
[3]) Chem. Ztg., S. 277. 1894.

ausgenutzt im Färbebad zurückbleibt. Eine weitere Folge dieser Tatsachen ist, daß gewisse Blauholzpräparate unansehnliche braunstichige statt blauschwarze Töne liefern.

Hat man ein bereits fermentiertes Holz zu prüfen, so nimmt man 10 bis 20 g einer Durchschnittsprobe und extrahiert es durch mehrmaliges Auskochen oder macht die Extraktion in einem geeigneten Apparate, z. B. wie bei der Gerbmaterialienextraktion.

Extrakte löst man in warmem Wasser auf und bringt die erhaltene Lösung in einen Maßkolben auf ein bestimmtes Volumen, z. B. 500 cm³.

Für die gleichzeitige Bestimmung von Hämatoxylin und Hämatein stellt man sich mittels Baumwolle durch Sieden in 1%iger Kaliumbichromatlösung und 2%iger Weinsteinlösung ein gebeiztes Anfärbematerial her, das ein Gemisch aus Chromsäure und Chromoxyd auf der Faser niedergeschlagen hat und daher für Hämatoxylin und Hämatein aufnahmefähig ist. Die Ausfärbung erfolgt hernach auf bekannte Weise.

Zur alleinigen Bestimmung des Hämateins stellt man sich das Ausfärbematerial durch Kochen von Baumwolle mit 6%iger Chromalaun- und 4%iger Weinsteinlösung her, wodurch man eine nur mit Chromoxyd imprägnierte Faser erhält, die nur für Hämatein aufnahmefähig ist. Die quantitative Ausfärbung wird nun abermals durchgeführt und aus der Differenz der beiden Färbungen kann man auf die Farbtiefe bzw. auf den Gehalt an Hämatoxylin schließen.

Zur qualitativen Prüfung auf fermentierte und unfermentierte bzw. mit Gerbstoff versetzte Extrakte kann man eine 0,5° Bé starke Extraktlösung mit Zinnchlorid versetzen, welche

a) in stark fermentierten reinen Extrakten einen dunkelbraunen,
b) in schwach fermentierten reinen Extrakten einen hellvioletten,
c) in gerbstoffhaltigen Extrakten einen schmutzigen bis gelben

Niederschlag gibt.

Auf Fermentierungsmittel kann man durch die Farbe der Farbstofflösung schließen, indem schwach fermentierte Produkte eine hellgelbe, stark fermentierte eine orangegelbe, alkalische eine blaurote, neutrale eine tiefrote Lösung geben.

Bezüglich der gereinigten Blauholzextrakte sei noch erwähnt, daß unter dem Namen Hämatein besonders mittels Äther hergestellte französische Produkte in den Handel kommen und einen körnigen, rotbraunen, gut wasserlöslichen Extrakt vorstellen.

Eine rasche kolorimetrische Wertbestimmung des Hämatins kann folgendermaßen ausgeführt werden:

2,5 g Hämatin werden in heißem Wasser aufgelöst und auf 500 cm³ aufgefüllt. Zu der zu untersuchenden Lösung sowie zu der Standardlösung von bekanntem Farbstoffgehalt werden 10 cm³ $\frac{n}{2}$-NaOH zugegeben; man läßt die Lösung eine halbe Stunde unter Luftabschluß stehen und führt dann die kolorimetrische Bestimmung aus[1]).

---

[1]) Westnik, 73, H. 5/6. 1924 u. Collegium, S. 332, 675. 1926.

Zur schnellen Ermittlung des Gesamtgehaltes an Farbstoff in Blauholz und Extrakt hat Grasser[1]) folgende Methode ausgearbeitet: 4 bis 6 g Blauholz werden wie üblich extrahiert und die Lösung auf 200 cm³ aufgefüllt, 50 cm³ derselben mit 20 cm³ Bleiazetatlösung (1 : 20) versetzt, gut durchgemischt und schnell 10 cm³ der Aufschlämmung zwei bis drei Minuten zentrifugiert. Aus dem Volumen des Niederschlages kann man auf die Güte der Ware schließen. Zum Vergleich einer Anzahl von Mustern bzw. zur laufenden Kontrolle ist es jedoch notwendig, stets gleich konzentrierte Lösungen herzustellen und gleich lang und gleich schnell zu zentrifugieren. Zu konzentrierte Lösungen geben zu hohe, zu verdünnte Lösungen zu niedrige Resultate, weshalb obige Normen streng einzuhalten sind. Bei der Untersuchung von Extrakten nimmt man 0,20 bis 0,25 g pro 200 cm³ Lösung.

Gelbholz (Fisettholz) wie auch seine Ersatzprodukte Waid, Querzitron, Kreuzbeeren bestimmt man durch quantitative Ausfärbung dadurch, daß man die Baumwolle mit 1% Chromkali und 2% Weinstein absiedet und mit der Farbstofflösung, hergestellt aus 15 bis 25% Holz bzw. 1 bis 5% Extrakt, behandelt.

Besonders das Gelbholz wird zu Extrakt verarbeitet, der häufig mit Dextrin, Melasse, Glyzerin, Alaun, Zinksulfat, Kurkuma, Gerbstoffen und Teerfarbstoffen verfälscht wird; man ermittelt die Beimischungen ähnlich, wie unter Blauholz besprochen wurde. Bezüglich der Ausgiebigkeit steht Querzitron obenan, Gelbholz ist zirka dreimal, Wau zehnmal schwächer. Je klarer und grünstichiger ein Produkt färbt, desto wertvoller ist es bei sonst gleichen Bedingungen.

Zur Unterscheidung von Gelbholzextrakt (Morin) und Querzitronextrakt (Querzitrin) kann man nach Justin-Mueller[2]) folgendermaßen vorgehen:

Wenn man die Lösung des Extrakts in Schwefelsäure (66° Bé) mit Wasser verdünnt, so bleibt die gelbe Farbe bei Gelbholz bestehen, während sie bei Querzitron fast völlig entfärbt wird. Unter dem Mikroskope zeigt Querzitron gehäufte Granulationen und nur wenige, schlecht ausgebildete tafelförmige Kristalle, Gelbholz dagegen wohlausgebildete rhomboedrische Prismen und Nadeln, die bisweilen zu Rosetten vereinigt sind.

Zur qualitativen Erkennung von Farbholzfärbungen auf der Faser sei hervorgehoben, daß folgende Reaktionen zur Erkennung von Gelbholz und Blauholz führen:

Gelbholz: Beim Abkochen mit essigsaurer Tonerde entsteht eine gelbe Lösung mit intensiver bläulichgrüner Fluoreszenz, die durch schweflige Säure nicht zerstört wird. Mit Eisenchlorid erwärmt, färbt sich die mit Gelbholz behandelte Faser olivenfarbig.

Blauholz: Die gefärbte Faser wird, mit gelbem Blutlaugensalz und Ammoniak gekocht, bedeutend heller. Boraxlösung extrahiert

---

¹) Collegium, S. 461. 1910.
²) Bull. Soc. Chim. de France, 4, 27, 844.

Tabelle 22. Die wichtigsten Teer-
(b) = basischer Farbstoff   (s) = saurer

J. G. Farbenindustrie Aktiengesellschaft

Fabrik	Gelb	Grün	Blau	Violett
Werk: Aktien-Gesell-schaft f. Anilin-Fabr., Berlin	Aurophosphin (b) Auramin (b) Chinolingelb (s) Kurkumein (s) Kurkumin S (sb)	Malachitgrün (b) Laubgrün (b) Guineagrün (s) Kolumbiagrün (sb)	Methylenblau (b) Baumwollblau (b) Wasserblau (s) Echtblau (s) Kolumbiablau (sb)	Methylviolett (b) Guineaviolett (s) Kolumbiaviolett (sb)
Werk: Badische Anilin- & Sodafabrik, Ludwigshafen a. Rhein	Auramin (b) Chinolingelb (s) Azoflavin (s) Rheonin (b) Euchrysin (b) Pyramingelb (sb) Stilbengelb (sb)	Diamantgrün (b) Lichtgrün (s) Neptungrün (s) Agalmagrün (s) Oxaminreingrün (sb)	Baumwollblau (b) Methylenblau (b) Reinblau (s) Methylen-wasserblau (s) Echtblau (s) Indulin (s) Oxaminreinblau (sb)	Methylviolett (b) Säureviolett (s) Oxaminviolett (sb)
Werk: F. Bayer & Co., Elberfeld	Auramin (b) Ledergelb (b) Rhodulingelb (b) Chinolingelb (s) Tartrazin (s) Indischgelb (s)	Chinagrün (b) Methylengrün (b) Säuregrün (s) Ledergrün (s)	Lederblau (b) Neublau (b) Rhodulinblau (b) Baumwollblau (s)	Rhodulinviolett (b) Säureviolett (s)
Werk: L. Cassella & Co., Frankfurt a. M.	Naphtholgelb (s) Indischgelb (s) Säuregelb (s)	Solidgrün (b) Malachitgrün (b) Brillantgrün (b) Säuregrün (s)	Methylenblau (b) Neublau (b) Echtblau (s) Wasserblau (s)	Methylviolett (b) Formylviolett (s) Säureviolett (s)
Werk: Griesheim-Elektron, Frankfurt a. M.	Ledergelb (b) Xantine (b) Corioflavine (b)	Benzalgrün (b) Brillantgrün (b) Säuregrün (s)	Methylenblau (b) Baumwollblau (s)	Methylviolett (b) Oxysäureviolett (s)
Werk: Kalle & Co., Biebrich a. Rh.	Auramin (b) Chrysoidin (b) Ledergelb (b) Azogelb (s) Zitron (s) Naphthamingelb (sb)	Brillantgrün (b) Dunkelgrün (b) Malachitgrün (b) Säuregrün (s) Naphthamin-grün (sb)	Echtmarineblau (b) Methylenblau (b) Brillanttuch-blau (s) Indulin (s) Wasserblau (s) Naphthamin-blau (sb)	Heliotrop (b) Methylviolett (b) Säureviolett (s) Naphthamin-heliotrop (sb)
Werk: Meister Lucius & Brüning, Höchst a. M.	Dianildirektgelb S (sb) Neugelb H (s) Auramin (b) Ledergelb (b) Janusgelb (b) Azogelb (s) Azophosphin (b)	Malachitgrün (b) Janusgrün (b) Säuregrün (s)	Methylenblau (b) Janusblau (b) Reinblau (s) Echt-Baumwoll-blau (b)	Methylenviolett (b) Methylviolett (b) Säureviolett (s)
Werk: Weiler-ter Meer, Ürdingen a. Rh.	Auramin (b) Vitolingelb (b) Naphtholgelb (s) Azogelb (s) Metanilgelb (s) Renolgelb (sb) Chromlederdirekt-gelb (sb)	Basilenoliv (b) Phenylenbraun (b) Nachtgrün (s) Lichtgrün (s) Renoldunkel-grün (sb)	Renolblau (sb) Methylenblau (b)	Renolviolett (sb) Methylviolett (b)

farbstoffe für die Lederfärberei

Farbstoff (sb) = substantiver Farbstoff

Braun	Rot	Orange	Grau und Schwarz
Havannabraun (b) Bismarckbraun (b) Resorzinbraun (s) Kolumbiabraun (sb)	Rubin (b) Juchtenrot (b) Scharlach (s) Ponceau (s) Eosamin (s) Kolumbia-Echtrot (sb)	Phosphin (b) Mandarin (s) Kolumbia-Orange (sb)	Silbergrau (s) Lederschwarz (b) Nigrosin (s) Säureschwarz (s) Chromlederschwarz (sb)
Vesuvin (b) Nußbraun (s) Havannabraun (s) Naphthylaminbraun (s) Säurebraun (s) Oxaminbraun (sb)	Lederrot (b) Juchtenrot (b) Fuchsinscharlach (b) Cerise (b) Safranin (b) Echtrot (s) Baumwollscharlach (s) Oxaminechtrot (sb)	Phosphin (b) Orange (s) Chrysoidin (b) Euchrysin (b) Pyraminorange (sb)	Corvolin (b) Nigrosin (s) Lederschwarz (sb) Chromlederschwarz (sb) Agalmaschwarz (s)
Bismarckbraun (b) Modebraun (b) Lederbraun (b) Echtbraun (s) Azosäurebraun (s)	Juchtenrot (b) Neufuchsin (b) Säureanthrazenrot (s) Brillantkrocein (s) Scharlach (s) Echtrot (s) Bordeaux (s)	Coriphosphin (b)	Lederschwarz (b) Naphthylamin- schwarz (s) Alizarinblauschwarz (s) Nigrosin (s) Indulin (s)
Manchesterbraun (b) Nußbraun (b) Lederbraun (b) Echtbraun (s)	Fuchsin (b) Cerise (b) Juchtenrot (b) Lanafuchsin (s) Naphtholrot (s)	Phosphin (b) Diamantphosphin (b) Orange (s)	Silbergrau (s) Lederschwarz (b) Velvetschwarz (b) Tanninlederschwarz (b) Nigrosin (s) Nerazin (s) Neutralschwarz (s) Säureschwarz (s)
Lederbraun (b) Bismarckbraun (b)	Fuchsin (b) Lederrot (b) Juchtenrot (b) Azowalkrot (s) Säurefuchsin (s)	Phosphin (b) Orange (s)	Lederschwarz (b) Nigrosin (s)
Bismarckbraun (b) Lederbraun (s) Lederbraun (b) Resorzinbraun (s) Chromlederbraun (sb) Naphthaminbraun (sb)	Bordeaux (b) Juchtenrot (b) Safranin (b) Azocerise (s) Biebricher Scharlach (s) Brillantkrocein (s) Neurot (s) Naphthaminscharlach (sb)	Phosphin (b) Orange (s) Naphthamin- orange (sb)	Nigrosin (s) Lederschwarz (b) Blauschwarz (s) Biebricher Patent- schwarz (s) Naphthaminschwarz (sb) Naphthamindirekt- schwarz (sb) Chromlederschwarz (sb)
Resorzinbraun (s) Vesuvin (b) Lederbraun (b) Janusbraun (b) Säurelederbraun (s) Chromlederbraun (sb)	Echtrot (s) Ponceau (s) Lederrot (b) Janusrot (b) Säurefuchsin (s) Säurealizarinrot (s)	Orange (s) Phosphin (b) Säurephosphin (s) Flavophosphin (b)	Säurealizaringrau (s) Janusschwarz (b) Lederschwarz (b) Nigrosin (s) Brillantchromleder- schwarz (sb)
Nußbraun (b) Grundierbraun (s) Modebraun (s) Acidoltiefbraun (s) Renolbraun (sb)	Juchtenrot (b) Cerise (b) Azorubin (s) Renolbordeaux (sb)	Phosphin (b) Orange (s)	Vitolinschwarz (b) Azidolschwarz (s) Renolschwarz (sb) Renolaminschwarz (sb)

eine rotgelbe Lösung, die, mit Essigsäure neutralisiert und mit Eisen-vitriollösung versetzt, allmählich schwarz gefärbt wird oder einen Nieder-schlag gibt. Durch Abkochen der Faser mit verdünnter Essigsäure erhält man eine gelbrote Lösung, die nach Erkalten und Zusatz von Zinnsalz und Salzsäure rosarot gefärbt wird.

6. Organische Präparate

Formaldehyd H·CHO

Dieser kommt als technisches Produkt meist in 40%iger Lösung in den Handel. Als Verunreinigungen sind besonders freie Säuren und Metallsalze zu nennen und weist man Salzsäure mit Silbernitrat, Schwefelsäure mit Bariumchlorid, Metallsalze mit Schwefelwasserstoff und andere anorganische Salze durch Verdampfen einer Probe als Rück-stand nach. Besonders häufig findet man Ameisensäure (bis zu 0,2%) und Kupferoxyd (bis zu 0,01%).

Als empfindliches Reagens auf Aldehyde empfiehlt Feder[1]) folgendes: 20 g Merkurichlorid werden in 1 l Wasser gelöst und anderseits werden 100 g Natriumsulfit und 80 g Ätznatron ebenfalls zu 1 l in Wasser gelöst. Beim Gebrauche werden gleiche Volumen beider Lösungen gemischt, und zwar wird die alkalische Sulfitlösung unter Umschwenken schnell zu der Quecksilberchloridlösung hinzugefügt. Es resultiert eine völlig klare Lösung, in der einigermaßen beträchtliche Mengen Aldehyd augenblicklich eine Abscheidung von metallischem Quecksilber her-vorrufen, welches als grauer Niederschlag deutlich von dem weißen durch eventuell vorhandene Ammonsalze zu unterscheiden ist. Trauben-zucker gibt dieselbe Reaktion.

Von den zahlreichen Methoden zur quantitativen Bestimmung des Formaldehyds seien folgende erwähnt:

1. Methode Blank-Finkenbeiner[2]): Man bringt 50 cm³ n-NaOH und 3 g des zu untersuchenden Formaldehyds in einen Erlenmeyer-Kolben, setzt innerhalb dreier Minuten 50 cm³ eines zirka 3%igen, säure-freien Wasserstoffsuperoxyds hinzu und läßt etwa 30 Minuten lang stehen. Nach der Gleichung:

$$2\,HCHO + NaOH + H_2O_2 = 2\,HCOOH + 2\,H_2O + H_2$$

wird NaOH gebunden und kann der Überschuß desselben mit n-Schwefel-säure und Lackmus als Indikator rücktitriert werden. Die verbrauchten Kubikzentimeter n-NaOH mit zwei multipliziert, ergeben direkt den Prozentgehalt an Formaldehyd.

2. Methode Vanino[3]): Man löst 2 g Silbernitrat in Wasser, gibt reine chlorfreie Natronlauge bis zur stark alkalischen Reaktion hinzu, läßt dann sofort unter Umrühren in die Mischung 5 cm³ einer Formal-dehydlösung (aus 10 cm³ der Probe + 100 cm³ Wasser hergestellt) zu-fließen und stellt das Gemisch im Dunkeln beiseite. Nach zirka einer

---

[1]) Pharm. Zentrh. Jahrg. 49, Nr. 35.
[2]) B. B., S. 2979. 1898.   [3]) Zeitschr. f. analyt. Chem., S. 40, 720.

Viertelstunde gießt man die klare, überstehende Flüssigkeit auf ein zuvor gewogenes Filter, digeriert den Niederschlag drei- bis viermal mit ungefähr 5%iger Essigsäure, bringt denselben aufs Filter, wäscht mit durch Essigsäure schwach angesäuertem Wasser bis zur Entfernung des Silberoxyds, trocknet bei 150° und wägt. Gemäß der Gleichung:

$$2\,Ag_2O + 2\,NaOH + 2\,H\cdot CHO = 4\,Ag + 2\,H\cdot COONa + 2\,H_2O$$

berechnet sich aus dem Silber der Formaldehydgehalt, indem 215,8 mg Ag = 30 mg HCHO.

3. Methode Ripper[1]): Man versetzt eine wässerige Aldehydlösung (zirka ½%ig) mit einer überschüssigen Menge Natriumbisulfit (zirka 12 g im Liter), deren Gehalt an SO_2 vorher durch Jod ermittelt worden ist; nach kurzer Zeit ist aller Aldehyd an das Bisulfit gebunden, das in dieser Form durch Jod nicht oxydiert wird, und man kann daher das freie SO_2 zurücktitrieren und aus der Differenz den Formaldehydgehalt berechnen, gemäß der Tatsache, daß ein Molekül Formaldehyd ein Molekül Bisulfit bindet.

4. Eine verbesserte Bestimmungsmethode mittels Ammoniak beschreibt Herrmann[2]) folgendermaßen: Von der zu untersuchenden Formaldehydlösung werden 4 cm³ in ein gut verschließbares Gefäß von zirka 150 bis 200 cm³ Fassungsraum genau abgewogen. Nun gibt man 3 g (auf Zehntelgramm genau) zerriebenes, reines Chlorammon und 50 cm³ n-NaOH zu und schließt das Gefäß. Nach der Gleichung:

$$6\,H\cdot CHO + 4\,NH_4Cl + 4\,NaOH = (CH_2)_6N_4 + 4\,NaCl + 10\,H_2O$$

entsteht Hexamethylentetramin unter merklicher Wärmeentwicklung. Nach erfolgter Abkühlung auf Zimmertemperatur werden 50 cm³ Wasser, dem man vier Tropfen einer 1%igen Lösung von Methylorange zugefügt hat, hinzugegeben und mit n-Schwefelsäure titriert, bis die gelbe Färbung der Flüssigkeit eben in Rot umschlägt. Die Anzahl der verbrauchten Kubikzentimeter Säure wird von den 50 cm³ Lauge abgezogen, und die erhaltene Differenz entspricht der Anzahl von Kubikzentimetern Lauge, deren Alkalinität durch die Bildung von Hexamethylentetramin verlorengegangen ist. Diese Zahl, mit 0,06 multipliziert, ergibt die Menge des Formaldehyds in Grammen der Lösung. Da technische Lösungen noch stets freie Säure enthalten, erfordert das Resultat eine Korrektur, die durch Titration einer gemessenen Menge Formaldehyd mit $^1/_{10}$ n-Lauge und Phenolphthalein erhalten wird.

Nach F. Kühl[3]) sind alle vorgenannten quantitativen Bestimmungen ungenau, wenn verdünnte oder eiweißhaltige Lösungen (Blößenangerb- oder Fixierbäder) von Formaldehyd vorliegen. Durch die Oxydation proteinstoffhaltiger Lösungen mit Wasserstoffsuperoxyd wirkt letzteres auf die vorhandenen Aminosäuren unter Bildung von Säuren, Aldehyden, CO_2 und NH_4OH ein[4]). Dagegen vermag in diesem Falle die Romijns-

[1]) M. f. Ch., 21, 1079.   [2]) Chem. Ztg., Nr. 4. 1911.
[3]) Collegium, S. 331, 625. 1922.
[4]) Moeller: Collegium, S. 161, 612. 1921.

Zyankaliummethode[1]) gute Resultate zu ergeben; letztere wird folgendermaßen ausgeführt:

$10\ cm^3\ \frac{n}{10}$ - $AgNO_3 + 2$ Tropfen HNO_3 (50 %ig) werden in einen 50 cm³-Meßkolben gebracht und 10 cm³ KCN-Lösung (3,1 g KCN in 500 cm³ H_2O) zugesetzt. Es wird mit Wasser aufgefüllt und nach Umschütteln vom Bodensatz in einen trockenen Kolben abfiltriert. In 25 cm³ des Filtrates wird nun der Silberüberschuß mit $\frac{n}{10}$ - KCNS-Lösung bestimmt.

In einem anderen Kolben setzt man zu 10 cm³ obiger Zyankaliumlösung eine abgemessene Menge Formalinlösung hinzu und nach einigem Stehenlassen $10\ cm^3\ \frac{n}{10}$ - $AgNO_3 + 3$ Tropfen HNO_3 (50 %ig), hierauf füllt man auf zu 50 cm³. In 25 cm³ Filtrat wird der Silberüberschuß wie vorher bestimmt. Die Differenz zwischen den Bestimmungen $\times 2 =$ Formaldehyd.

Nach der Gleichung:

$$CH_2O + KCN = N : C \cdot C : OH_2K$$

entspricht $1\ cm^3\ \frac{n}{10}$ - $AgNO_3 = 0,003$ g HCHO.

Die Silberbestimmung mit Rhodankalium wird derart durchgeführt, daß man unter gutem Schütteln zur verdünnten Silberlösung eine kalt gesättigte Lösung von Eisenammoniumalaun zusetzt, so daß auf zirka 200 cm³ der ersteren etwa 5 cm³ der letzteren kommen. Nun läßt man aus der Bürette die $\frac{n}{10}$ - KCNS-Lösung zufließen, bis sich der weiße Silberniederschlag völlig abgesetzt hat und das bleibende Auftreten eines schwachen lichtbräunlichen Farbentons die Bildung des blutroten Eisenrhodanats, also einen kleinen Überschuß der Maßflüssigkeit, anzeigt:

$$AgNO_3 + KCNS = AgCNS + KNO_3$$

Aus der Dichte der Formaldehydlösungen kann man folgende Gehalte ermitteln:

Tabelle 23 (nach Lüttke)

Spezifisches Gewicht	Prozent HCHO	Spezifisches Gewicht	Prozent HCHO	Spezifisches Gewicht	Prozent HCHO
1,002	1	1,036	15	1,073	29
1,004	2	1,039	16	1,075	30
1,007	3	1,041	17	1,076	31
1,008	4	1,043	18	1,077	32
1,015	5	1,045	19	1,078	33
1,017	6	1,049	20	1,079	34
1,019	7	1,052	21	1,081	35
1,020	8	1,055	22	1,082	36
1,023	9	1,058	23	1,083	37
1,025	10	1,061	24	1,085	38
1,027	11	1,064	25	1,086	39
1,029	12	1,067	26	1,087	40
1,031	13	1,069	27		
1,033	14	1,071	28		

[1]) Zeitschr. f. analyt. Chem., 36, S. 18 bis 24.

Glyzerin $C_3H_5(OH)_3$
Molekulargewicht: 92,1

Im Handel unterscheidet man: Rohglyzerin, destilliertes Glyzerin und chemisch reines Glyzerin. Das Rohglyzerin besitzt meist eine Stärke von 28^0 Bé, hat hellgelbe bis braune Farbe und süßen Geschmack und riecht beim Verreiben auf der Handfläche unangenehm. Der Glyzeringehalt schwankt von 84 bis 90%; Bleiessig gibt nur einen schwachen Niederschlag, und umfaßt die Bewertung dieser Ware eine Bestimmung der Asche (0,5% maximal), des reinen Glyzerins und der organischen Verunreinigungen.

Die destillierten Glyzerine haben gelbe bis weiße Farbe und ihr Glyzeringehalt kann annähernd aus dem spezifischen Gewichte bestimmt werden (vgl. Tabelle). Kalk, Magnesium und Tonerde müssen abwesend sein, Chloride dürfen nur in Spuren vorhanden sein. Organische Fremdstoffe dürfen nur in so geringen Spuren zugegen sein, daß 1 cm³ der Probe, verdünnt auf 3 cm³, mit einigen Tropfen einer 10%igen Silbernitratlösung innerhalb zehn Minuten weder braun noch schwarz wird. Freie Säuren zeigen sich durch die Reaktion auf Lackmus, während flüchtige Fettsäuren beim Erhitzen der Probe mit Alkohol und konzentrierter Schwefelsäure einen deutlichen Fruchtäthergeruch geben.

Organische Verunreinigungen werden quantitativ bestimmt, indem man einige Gramm Glyzerin in einer Platinschale im Trockenofen langsam auf 160^0 erhitzt, um durch Bildung von Polyglyzerin den Rückstand nicht zu erhöhen. Am schnellsten führt dies zum Resultate, wenn man von Zeit zu Zeit das Glyzerin in der Schale mit einigen Tropfen Wasser befeuchtet, wodurch das Glyzerin mit den Wasserdämpfen verflüchtigt. Man trocknet hernach bis zur Gewichtskonstanz, dann ergibt das Gewicht die Summe aus Asche und organischen Verunreinigungen. Durch Verglühen bringt man die Asche zur Wägung und zieht deren Gehalt von dem gefundenen Wert ab, womit die organischen Verunreinigungen ermittelt sind.

Tabelle 24. Spezifische Gewichtstabelle nach Gerlach
(bei 15^0, für Wasser $= 1$ bei 15^0)

Prozent Glyzerin	Spezifisches Gewicht	Prozent Glyzerin	Spezifisches Gewicht	Prozent Glyzerin	Spezifisches Gewicht
82	1,2184	89	1,2373	96	1,2552
83	1,2211	90	1,2400	97	1,2577
84	1,2238	91	1,2425	98	1,2602
85	1,2265	92	1,2451	99	1,2628
86	1,2292	93	1,2476	100	1,2653
87	1,2319	94	1,2501		
88	1,2346	95	1,2526		

Zur quantitativen Bestimmung von Glyzerin in allen Verdünnungen ist folgende Methode am geeignetsten: 20 g der Probe, die nicht mehr als 2 g Reinglyzerin enthalten darf, werden in einen 200 cm³

Maßkolben gebracht, auf 50 cm³ verdünnt, nach und nach Bleiessig zugesetzt, bis schließlich nach einigem Stehenlassen der Flüssigkeit ein weiterer Tropfen des Bleiessigs keinen Niederschlag mehr erzeugt. Man läßt hernach etwa eine halbe Stunde stehen und füllt auf 200 cm³ auf. Von der gut durchmischten Flüssigkeit filtriert man genau 20 cm³ durch ein trockenes Filter, verdünnt sie in einem Erlenmeyer-Kolben von zirka 300 cm³ Inhalt mit 30 cm³ destilliertem Wasser und fügt 30 cm³ verdünnte Schwefelsäure (1:1) und 25 cm³ Kaliumbichromat-Lösung (73,6 g $K_2Cr_2O_7$ + 150 cm³ konzentrierter H_2SO_4 pro Liter) hinzu. Dieses Gemisch verbleibt nun zwei Stunden lang auf einem siedenden Wasserbade, indem man den Kolben mittels kleinen Trichters abdeckt. Nach dem Erkalten titriert man mit eingestellter Eisenoxydulammon-sulfat-Lösung (240 g Salz + 100 cm³ konzentrierte H_2SO_4 pro Liter), bis ein Tropfen der Flüssigkeit mit einem Tropfen roter Blutlaugensalz-lösung deutliche Bläuung gibt.

Es berechnet sich nun der Glyzeringehalt G aus:

$$G = [25 - (0{,}4 \cdot a)] \cdot 0{,}01,$$

wobei 25 die angewandte Menge Bichromat, a die verbrauchte Menge Eisenlösung vorstellt, während 1 cm³ Bichromat = 0,01 g Glyzerin. Die Eisenlösung stellt man ein, indem man 10 cm³ derselben mit der zehnfach verdünnten Bichromatlösung (also 7,36 g Salz) unter gutem Umrühren so lange versetzt, bis ein Tropfen der Mischung mit einem Tropfen roter Blutlaugensalzlösung keine Blaufärbung mehr gibt. Meist entsprechen 10 cm³ der Eisenlösung 40 cm³ der verdünnten bzw. 4 cm³ der starken Bichromatlösung. Diese Einstellung ist vor jeder Analyse von neuem vorzunehmen.

Azetinmethode[1]): In einen Azetylierungskolben von zirka 150 bis 200 cm³ mit eingeschliffenem Kühlrohr werden 1,25 bis 1,50 g Roh-glyzerin eingewogen. Man gibt 3 g absolut trockenes (geschmolzenes, rasch gepulvertes) Na-Azetat und etwa 10 cm³ Essigsäureanhydrid hinzu und erhitzt eine Stunde lang zum gelinden Sieden. Nach dem Abkühlen gießt man 50 cm³ ausgekochtes, etwa 80° warmes Wasser in das Kühl-rohr und bringt den Kolbeninhalt durch Erwärmen auf höchstens 80° zum Lösen. Nach dem Erkalten wird das Innere des Kühlrohres nochmals mit Wasser abgespült, das Kühlrohr aus dem Kolben genommen und sein Schliff ebenfalls abgespült. Der Kolbeninhalt wird durch ein mit Säure und Wasser gewaschenes Filter in einen Jenaer Literkolben filtriert, das Filter mit kaltem, vorher ausgekochtem Wasser gründlich gewaschen und die Lösung mit 2 cm³ Phenolphthalein-Lösung versetzt. Man neu-tralisiert sorgfältig und vorsichtig mit $\frac{n}{2}$-NaOH auf schwach rötlich-gelbe Farbe. Nach dem Zusatz von 50 cm³ oder einem größeren, genau gemessenen Überschuß n-NaOH wird die Lösung unter Rückfluß 15 Mi-nuten lang schwach im Sieden gehalten, dann möglichst schnell ab-

---

[1]) Analysenmethode aus: J. S. M. (International Standard Methods, London 1911) auf Grund der British Standard Specifications.

gekühlt und mit n-Säure bis zum Farbenumschlag nach rötlichgelb zurücktitriert.

Mit denselben Reagenzienmengen und unter denselben Bedingungen wie beim Hauptversuch wird ein Blindversuch ausgeführt.

Berechnung:

$e =$ Einwaage

$a =$ verbrauchte Kubikzentimeter n-NaOH beim Hauptversuch,

$b =$,,   ,, n-NaOH ,,   Blindversuch.

$$\text{Glyzeringehalt} = \frac{3{,}069 \cdot (a-b)}{e} \%.$$

Von den sogenannten Glyzerinersatzmitteln seien besonders die konzentrierten Lösungen von $MgCl_2$, $CaCl_2$ und von Karragheen genannt; unter dem Namen Perglyzerin oder Pergaglyzerin werden konzentrierte Lösungen von Kalium- und Natriumlaktat vertrieben, die dem Glyzerin in seinen Eigenschaften sehr nahekommen. Aethylenglykol kommt unter dem Namen Tegoglykol, das durch Gärung aus Zucker erhaltene Glyzerin unter dem Namen Fermentolglyzerin in den Handel.

Traubenzucker $C_6H_{12}O_6 \cdot H_2O$
Molekulargewicht: 198,1

Das wasserfreie Produkt stellt weiße, geruchlose, zu Warzen vereinigte Prismen vor und zeigt einen Schmelzpunkt von 146^0. Das wasserhaltige kristallisierte Produkt (zirka 62 bis 67 H_2O) bildet eine weiße, körnig-kristallinische Masse und schmilzt bei zirka 85^0. Der sogenannte wasserfreie Traubenzucker des Handels enthält meist noch Wasser, welches den Schmelzpunkt herabdrückt.

Traubenzucker ist in kaltem Wasser leicht, in kaltem Alkohol schwer, leichter in siedendem Alkohol löslich.

Auf Verunreinigungen prüft man folgendermaßen:

Anorganische Salze: 5 g der Probe dürfen beim Verbrennen keinen Rückstand hinterlassen.

Schwefelsäure: Bariumchlorid darf keine Fällung geben.

Salzsäure: Silbernitrat darf nur schwache Opaleszenz hervorrufen.

Dextrin: 1 g der Probe muß sich ohne Rückstand in 20 cm³ siedendem 90%igem Alkohol lösen. Eine wässerige Lösung der Probe darf mit verdünnter Sodalösung keine rötliche Färbung geben.

Zur quantitativen Bestimmung ermittelt man den Wassergehalt durch Trocknen bei 100^0 bis zur Gewichtskonstanz.

Der Dextringehalt ergibt sich aus der Differenz durch Bestimmung von Wasser, Asche und Traubenzucker.

Der Gehalt an Traubenzucker kann mittels Fehlingscher Lösung titrimetrisch oder gewichtsanalytisch bestimmt werden (vgl. Lederanalyse) oder einfacher nach dem Verfahren Rieglers[1] auf folgende Art:

---

[1] Zeitschr. f. analyt. Chem., 37, S. 22.

Man bringt in ein etwa 200 cm³ fassendes Becherglas 10 cm³ Kupferlösung (69,28 g kristallisiertes $CuSO_4$ pro Liter), 10 cm³ Seignettesalzlösung (346 g Salz + 100 g NaOH pro Liter) und 30 cm³ Wasser, erhitzt zum Sieden und läßt 10 cm³ einer höchstens 1%igen Traubenzuckerlösung zufließen. Man erhält die Mischung einige Zeit im Sieden, läßt absetzen und filtriert mittels Saugpumpe durch ein Asbestfilter und wäscht mit etwa 80 cm³ Wasser nach. Das Filtrat gibt man in einen 200 cm³ fassenden Kolben, fügt 2 cm³ Schwefelsäure zu, alsdann 10 cm³ Jodkaliumlösung und nach zehn Minuten etwas Stärkelösung, worauf man mit $^1/_{10}$ n-Thiosulfatlösung titriert bis zum Verschwinden der Blaufärbung, bis diese in etwa fünf Minuten nicht wiederkehrt. Ist n die Anzahl der verbrauchten Kubikzentimeter Thiosulfat, so ist die Kupfermenge, welche durch den Zucker reduziert wurde:

$$Cu = (27,8 - n) \cdot 0,00635.$$

Aus der Tabelle von Allihn entnimmt man die der gefundenen Kupfermenge entsprechende Zuckermenge.

Tabelle 25 (zur Bestimmung der Dextrose nach Allihn)

mg Cu	mg Dextrose	mg Cu	mg Dextrose	mg Cu	mg Dextrose	mg Cu	mg Dextrose
10	6,1	125	63,7	240	123,9	355	187,2
15	8,6	130	66,2	245	126,6	360	190,0
20	11,0	135	68,8	250	129,2	365	192,9
25	13,5	140	71,3	255	131,9	370	195,7
30	16,0	145	73,9	260	134,6	375	198,6
35	18,5	150	76,5	265	137,3	380	201,4
40	20,9	155	79,1	270	140,0	385	204,3
45	23,4	160	81,7	275	142,8	390	207,1
50	25,9	165	84,3	280	145,5	395	210,0
55	28,4	170	86,9	285	148,3	400	212,9
60	30,8	175	89,5	290	151,0	405	215,8
65	33,3	180	92,1	295	153,8	410	218,7
70	35,8	185	94,7	300	156,5	415	221,6
75	38,3	190	97,3	305	159,3	420	224,5
80	40,8	195	100,0	310	162,0	425	227,5
85	43,4	200	102,6	315	164,8	430	230,4
90	45,9	205	105,3	320	167,5	435	233,4
95	48,4	210	107,9	325	170,3	440	236,3
100	50,9	215	110,6	330	173,1	445	239,3
105	53,5	220	113,2	335	175,9	450	242,2
110	56,0	225	115,9	340	178,7	455	245,2
115	58,6	230	118,5	345	181,5	460	248,1
120	61,1	235	121,2	350	184,3		

Den Kontrollversuch führt man folgendermaßen aus:

In einen 200 cm³ fassenden Kolben bringt man 10 cm³ Kupferlösung, 10 cm³ Seignettesalzlösung, 100 cm³ Wasser und 2 cm³ konzentrierte Schwefelsäure, schüttelt gut um, fügt 10 cm³ einer 10%igen Kaliumjodidlösung zu und mischt gut. Nach etwa 10 Minuten fügt man etwas Stärkelösung zu und titriert das freie Jod mit $^1/_{10}$ n-Thiosulfatlösung wie oben beschrieben.

1 cm³ Thiosulfatlösung $= 0,00635$ g Cu

Sind die Lösungen richtig hergestellt, so werden 10 cm³ Kupferlösung 27,8 cm³ Thiosulfat verbrauchen = 0,1765 g Cu. Wenn mehr oder weniger als 27,8 cm³ verbraucht werden, so ist das entsprechende Volumen an Stelle von 27,8 als Faktor zu setzen.

Der als technisches Produkt in den Handel kommende Traubenzucker, auch Kartoffelzucker, Stärkesirup und Sirup genannt, enthält meist schwankende Mengen an reinem Traubenzucker und Zwischenprodukten, wie sie bei der Darstellung desselben aus Stärke und Schwefelsäure gewonnen werden. Zur quantitativen Bestimmung dient obengenannte Methode.

Als Denaturierungsmittel kommen besonders Magnesiumsulfat und -chlorid in Betracht und soll deren Gehalt nur 3 bis 4% betragen. Für die Lederindustrie soll stets nur das Sulfat als Denaturierungsmittel Verwendung finden, da das Chlorid zu hygroskopisch ist und das mit diesem Sirup behandelte Leder weich wird und leicht ausschlägt.

Zur qualitativen Ermittlung des Sulfats bzw. Chlorids dienen die Reaktionen mit Bariumchlorid und Silbernitrat in der mit Wasser gelösten Probe. Auf gleiche Weise kann deren Menge quantitativ ermittelt werden, allerdings muß man dabei auf eventuelle Gegenwart freier Säuren bedacht sein und deren Mengen für sich bestimmen. Auch die Veraschung ergibt verläßliche Resultate und kann im Rückstande das Magnesium durch Lösen. und Fällen mit Natriumammoniumphosphat auf bekannte Art quantitativ ermittelt werden.

Pikrinsäure $C_6H_2(NO_2)_3 \cdot OH$
Molekulargewicht: 229,2

Diese stellt blaßgelbe, in kaltem Wasser ziemlich schwierig, in heißem Wasser, Alkohol und Äther leicht lösliche Kristalle vor, deren Schmelzpunkt bei 122,5° liegt. Sie zeichnet sich durch ihren intensiv bitteren Geschmack aus. In saurer Lösung färbt sie animalische Fasern echt mit grünstichigem Gelb und findet daher noch vereinzelt zum Färben von Lederappreturen Verwendung.

Karbolsäure $C_6H_5 \cdot OH$
Molekulargewicht: 94,2

Ganz reines Phenol bildet eine farblose, bei 42° schmelzende Kristallmasse, siedet bei 181,5°, hat ein spezifisches Gewicht von 1,066 und löst sich in etwa 15 Teilen Wasser. Phenol vermag Wasser aufzunehmen und verliert dadurch die Eigenschaft zu kristallisieren. Die wässerige Lösung wird durch Eisenchlorid violett gefärbt und gibt mit Bromwasser einen gelblichweißen Niederschlag von Tribromphenol[1]) noch in der Verdünnung von 1:44 000. Mit Oxalsäure und Schwefelsäure erhitzt, bildet es einen roten Farbstoff (Rosolsäure).

In der Technik kommt gewöhnlich die sogenannte weiße kristallisierte Karbolsäure zur Verwendung, die gegen 30° schmilzt und zwischen

---

[1]) Landolt: Berl. Ber., 4, S. 770.

183 und 186⁰ siedet. Die flüssige, chemisch reine Karbolsäure des Handels enthält zirka 10% Wasser, ist von hellgelber Farbe, die jedoch durch Licht und Luft stark nachdunkelt.

Um den Wassergehalt annähernd zu bestimmen, verfährt man nach Vulpius[1]) auf folgende Art: Man fügt zu 10 cm³, in einem verschließbaren Mischzylinder befindlichen Schwefelkohlenstoff so lange bei genau 20⁰ die flüssige Probe zu, bis beim Umschütteln die Trübung völlig verschwunden ist. Es bedürfen dann diese 10 cm³ Schwefelkohlenstoff von einer Karbolsäure mit:

$$
\begin{array}{lll}
5\% \text{ Wasser} & 1,8 \text{ cm}^3 & \text{der Probe.} \\
10\% \quad\quad,, & 7,0 \quad,, & ,, \quad\quad ,, \\
12\% \quad\quad,, & 10,0 \quad,, & ,, \quad\quad ,, \\
14\% \quad\quad,, & 15,0 \quad,, & ,, \quad\quad ,, \\
16\% \quad\quad,, & 22,5 \quad,, & ,, \quad\quad ,, \\
18\% \quad\quad,, & 37,5 \quad,, & ,, \quad\quad ,, \\
20\% \quad\quad,, & 53,0 \quad,, & ,, \quad\quad ,, \\
25\% \quad\quad,, & 90,0 \quad,, & ,, \quad\quad ,,
\end{array}
$$

Ein etwaiger Gehalt an Naphthalin kann durch Extraktion mit verdünnter Natronlauge nachgewiesen werden, der mittels Äther alles Naphthalin entzogen, das durch Verflüchtigung des Lösungsmittels zur Wägung gebracht werden kann.

Die als Verunreinigung vorhandenen neutralen Öle bestimmt man dadurch, daß man 20 cm³ Karbolsäure mit dem doppelten Volumen einer reinen, 9%igen Natronlösung schüttelt, worin sich Phenol und die Kresole lösen, die neutralen Öle aber am Boden oder auf der Oberfläche schwimmend absondern und aus dem Volumen berechnet werden können. Zugabe von 10 cm³ Petroläther beschleunigt die Abscheidung und bringt alle Öle an die Oberfläche, von deren Volumen man das des Petroläthers in Abzug bringen muß.

Quantitativ bestimmt man das Phenol unter anderem nach der von Beckurts[2]) modifizierten Methode Koppeschaars[3]), wofür folgende Lösungen gebraucht werden: Eine $^1/_{20}$ n-KBr-Lösung (5,954 g KBr im Liter), eine $^1/_{100}$ n-KBrO$_3$-Lösung (1,6702 g im Liter), eine $^1/_{10}$ n-Thiosulfatlösung und eine Jodkaliumlösung von 125 g im Liter.

In eine mit gut eingeschliffenem Stöpsel versehene Flasche bringt man 25 bis 30 cm³ Phenollösung (zirka 1:1000), je 50 cm³ der Bromid- und Bromatlösung, 5 cm³ konzentrierte Schwefelsäure und schüttelt kräftig durch. Nach zehn bis fünfzehn Minuten fügt man 10 cm³ Jodkaliumlösung hinzu und titriert das Jod mit $^1/_{10}$ n-Thiosulfatlösung zurück.

1 cm³ KJ-Lösung = 0,008 g Br = 0,00156 g Phenol.

Die rohe Karbolsäure kommt mit einem Gehalte von 15 bis 90% an roher Säure in den Handel und stellen die schwächeren Präparate meist Destillate des Steinkohlenteers, die stärkeren meist den Rückstand von der Destillation des Rohphenols vor. Für gerbereitechnische Zwecke

1) Pharm. Ztg., 29, S. 727. 2) Arch. Pharm., 24, S. 561.
3) Zeitschr. f. anal. Chem., S. 233. 1876.

kommen nur reinere Phenolpräparate in Betracht, da die rohen Karbolsäuren stets unlösliche ölige Anteile enthalten, die zur Fleckenbildung Anlaß geben und die Haut unempfindlich gegenüber Gerbstoff machen.

Auch für die Zwecke des Konservierens der Blutappreturen in der Chromlederzurichtung ist die rohe Karbolsäure nicht verwendbar.

Das Teerkresol stellt ein Gemisch der drei isomeren Kresole vor, welches zirka 40% m-, 35% o- und 25% p-Kresol enthält. Die Kresole sind viel schwerer im Wasser löslich als Phenol, und diese Eigenschaft bietet die einzige Unterscheidung der beiden Stoffe.

Weinstein $KHC_4H_4O_6$
Molekulargewicht: 188,2

Dieser kommt als Cremor tartari mit wechselnden Mengen von weinsaurem Kalk zusammenkristallisiert oder auch gepulvert in den Handel.

Für die Bewertung dient die handelsübliche Bitartratbestimmungsmethode nach Oulman, eine annähernde Bestimmung des Weinsteingehaltes kann jedoch durch Titration durchgeführt werden. Zusätze anderer saurer Salze werden auf diese Art mitbestimmt und muß daher vorher eine qualitative Prüfung auf saure Salze (z. B. Alaun, $KHSO_4$) vorgenommen werden.

Bei der englischen Glühmethode wird die Probe verascht, die Asche mit Wasser ausgezogen und das in Lösung gebrachte Kaliumkarbonat wie üblich bestimmt und daraus der Weinsteingehalt berechnet.

Salizylsäure $C_6H_4 \cdot OH \cdot COOH$
Molekulargewicht: 138,1

Stellt als reines Produkt weiße, geruchlose Nadeln vor, die bei 156,5 bis 157° schmelzen; sie löst sich in 445 Teilen kaltem, in fünfzehn Teilen siedendem Wasser und zwei Teilen Alkohol oder Äther auf. Die wässerige Lösung der Salizylsäure wird durch Eisenchlorid violett gefärbt, während freie Mineralsäuren oder Alkalien diese Reaktion behindern. Beim Erhitzen muß sie sich vollständig verflüchtigen und soll der Glührückstand nicht mehr als 0,6% betragen, der meist aus anorganischen Salzen besteht. Fremde organische Stoffe zeigen sich durch Auflösen von 1 g der Probe in 5 cm³ Schwefelsäure, worin reine Salizylsäure klar löslich ist.

Quantitativ bestimmt man die Salizylsäure, indem man 1 g der bei 50 bis 60° getrockneten Probe in 90%igem Alkohol zu 100 cm³ löst und 10 cm³ davon mit $^1/_{10}$ n-Lauge und Phenolphthalein titriert. 1 cm³ $^1/_{10}$ n-KOH = 0,0138 g Salizylsäure.

Kasein[1])

Dieses stellt ein feines, weißes oder gelblichweißes Pulver vor, das in Wasser und Alkohol unlöslich ist und blaues Lackmuspapier rötet. In Alkalien löst es sich zu Albuminaten, die wasserlöslich sind (Laktarin).

---

[1]) Chem. Ztg., S. 1053. 1912.

In der Lederfabrikation findet hauptsächlich das wasserlösliche Laktarin als Appreturmittel für buntfarbige Feinleder Verwendung; für diese Zwecke soll es möglichst trocken, fettfrei und unvermengt (leimfrei) sein.

Für die Untersuchung kommen folgende Bestimmungen in Betracht: **Wassergehalt.** 5 g Kasein werden in einer Nickelschale bei 100 bis 105° getrocknet; nach je einstündigem Trocknen wird eine Wägung vorgenommen, um ein zu langes Erhitzen zu vermeiden. Meistens wird nach zwei Stunden Gewichtskonstanz erlangt.

Asche. Die Bestimmung des Aschegehaltes ist in den meisten Fällen schwierig, da einerseits schwer verbrennbare Kohle entsteht, anderseits die Verwendung von Platinschalen wegen des Phosphorsäuregehaltes nicht zu empfehlen ist. Man verwendet daher mit Vorteil Quarzschalen, bringt 2 bis 3 g der Probe hinein, verkohlt vorsichtig, befeuchtet den Rückstand mit Ammonnitratlösung, brennt ihn weiß und wägt. Die Aschebestimmung gibt Aufschluß über die Art des Kaseins, indem technische Säurekaseine im Maximum 6%, Labkaseine 5 bis 8,5% Asche enthalten.

Die **Stickstoffbestimmung** geschieht nach **Kjeldahl**, indem man 0,5 g des feingepulverten Kaseins unter Hinzufügen von 25 cm³ konzentrierter Schwefelsäure, 5 g wasserfreiem Kaliumsulfat und einem Kügelchen Quecksilber wie üblich aufschließt und darauf das überdestillierende Ammoniak in 25 cm³ $^1/_2$ n-Schwefelsäure auffängt und die nicht verbrauchte Säure mit $^1/_2$ n-Natronlauge und Kongorot zurücktitriert. Der Kaseingehalt berechnet sich, wenn man den gefundenen Stickstoffgehalt mit dem Faktor 6,99 multipliziert.

Bestimmung der Löslichkeit in Ammoniak bzw. Borax: 10 g des lufttrockenen Materials werden in einem Becherglase abgewogen, mit 50 cm³ Wasser übergossen und mit 1 bis 2 cm³ 33%igem Ammoniak versetzt. Nachdem die Mischung einige Stunden sich selbst überlassen ist, erwärmt man sie, falls noch keine Lösung eingetreten sein sollte, auf 60°. Reine Kaseine quellen auf und geben eine zähe, viskose Lösung von durchsichtiger Beschaffenheit. Langgelagertes Kasein löst sich trübe auf, ebenso eine bei zu hoher Temperatur getrocknete Ware. Sand und sonstige Verunreinigungen setzen sich am Boden ab. Um diese quantitativ zu bestimmen, wird 1 g Kasein mit zehn Tropfen Ammoniak und 25 cm³ Wasser gelöst, der Niederschlag absitzen gelassen und durch Dekantieren ausgewaschen. Durch Aufkochen des Rückstandes mit verdünnter Salzsäure trennt man einen etwa vorhandenen Sandgehalt von organischen Beimengungen, sammelt den Rückstand auf einem gewogenen Filter oder verascht ihn in einer Platinschale. Organische Beimengungen werden unter dem Mikroskop charakterisiert.

Nach **Marcusson** und **Picard**[1]) bestimmt man **Säure** und **Fett** folgendermaßen:

---

[1]) Chem. Ztg., S. 104. 1927.

5 g Kasein werden mit 5 cm³ Wasser zu einer Paste verrieben und eine Viertelstunde behufs Quellung stehengelassen. Dann wird mit Quarzsand verrieben und das Ganze in einem Extraktionsapparat erschöpfend mit Äther ausgezogen. Den Ätherausgang schüttelt man nun drei- bis viermal mit Wasser aus und titriert in den vereinigten wässerigen Auszügen die Milchsäure. Hierauf wird der Ätherauszug bei Gegenwart von Phenolphthalein mit alkoholischer Lauge titriert und die Fettsäure unter Zugrundelegung des mittleren Molekulargewichtes 280 bestimmt.

Man schüttelt nun die Ätherlösung zweimal mit Wasser zur Entfernung der Seife aus, destilliert dann den Äther ab und wägt den Rückstand als Neutralfett; addiert man hierzu die Fettsäure, so ergibt sich der Gesamtfettgehalt.

Nach Baum[1]) ergibt derart das Kasein folgende mittlere Gehalte:

Milchsäure	1,6 bis	3,9%
Freie Fettsäure	0,8 ,,	4,0%
Neutralfett	0,8 ,,	4,2%
Asche	3,1 ,,	3,7%
Wasser	8,8 ,,	10,0%
Stickstoff	12,5 ,,	12,9%

Albumine

Im Handel findet man reine gelbe, hellbraune bis fast schwarze Blutalbumine, die in ihren Eigenschaften voneinander sehr abweichen. In der Gerbereipraxis finden meist die helleren Sorten als Appreturmittel Verwendung, während als Klärmittel für Gerbextrakte auch die dunkleren Sorten, sofern sie gut löslich sind, benutzt werden können.

Für Feinlederappreturen verwendet man nur die hellgelben Eieralbumine, welche meist vollkommen löslich sind; ihre Untersuchung wird auf die gleiche Weise wie jene der Blutalbumine vorgenommen, die man nach Jedlička[2]) folgendermaßen durchführt:

Wasserbestimmung. Etwa 2 g feinst zerriebenes Blutalbumin werden in einem breiten Wägegläschen von etwa 5 cm Durchmesser vier Stunden bei 100° getrocknet. Ein Trocknen über zwölf Stunden führt zur Gewichtszunahme der bereits getrockneten Ware.

In einer halben Stunde kann die Wasserbestimmung ausgeführt werden, wenn man 20 bis 25 g der Probe mit 50 cm³ Petroleum destilliert und die überdestillierte Wassermenge als Maß für den Wassergehalt nimmt (vgl. Wasserbestimmung in Gerbmaterialien)[3]).

Aschebestimmung. Man verascht die gepulverte Substanz bei möglichst niedriger Temperatur, um die Alkalichloride nicht zu verflüchtigen.

Löslichkeit. 5 g Blutalbumin werden durch Zerreiben mit einem Glasstab in einer Schale aufgelöst, indem die erhaltene Lösung dekantiert

---

[1]) Chem. Ztg., S. 517. 1928.   [2]) Jedlička, Collegium, S. 349. 1909.
[3]) Jedlička, Collegium, S. 162, 1909.

und der Rückstand von neuem so behandelt wird, bis eine Probe mit Tanninlösung keinen Niederschlag mehr gibt. Nun wird der unlösliche Satz gut ausgewaschen, auf trockenen Papierfilter gebracht und getrocknet. Um eine Oxydation zu vermeiden, kann man das Unlösliche im Filter in Äther oder Azeton über Nacht einhängen, wodurch die Probe bis auf 95% austrocknet und hernach ohne Gefahr der Oxydation bei 100° zum konstanten Gewicht nachgetrocknet werden kann.

Entfärbungsvermögen. Um das Blutalbumin in bezug auf Entfärbungsvermögen gegen ungereinigte Gerbstofflösungen zu prüfen, löst man 5 g der Probe in 500 cm³ Wasser; davon werden 150 cm³ zu 1 l ungereinigten Eichenholzdiffusionssaft bei 48° zugesetzt, nun auf 70° erwärmt und rasch auf 30° abgekühlt. Man sieht nun, ob sich die innerhalb des Satzes befindliche Flüssigkeit vollkommen klärt oder trübe bleibt, ferner die Geschwindigkeit des Absetzens wie die Höhe der Schlammschicht.

Um die Entfärbungskraft des Unlöslichen zu bestimmen, bereitet man: a) eine Lösung von 5 g Blutalbumin in 500 cm³ Wasser und entfernt das Unlösliche, b) 2 bis 3 g vollkommen ausgewaschenes Unlösliches.

1 l des Saftes wird in der obenangegebenen Weise entfärbt mit dem auf ein bestimmtes Volumen gebrachten Unlöslichen. Daneben werden zwei Proben des Saftes mit der Lösung a) entfärbt, z. B. mit 50 cm³ und 100 cm³ auf 1 l; es wird nun so viel Wasser zugegeben, daß das Volumen in allen Fällen gleich ist. Dann werden alle Proben filtriert, die ersten 250 cm³ des Filtrates entfernt und das klare Filtrat mittels eines Kolorimeters beobachtet. Stimmt der Ton des durch Unlösliches entfärbten Saftes mit keinem der beiden anderen, so werden noch ein oder zwei Entfärbungen ausgeführt.

Stickstoffbestimmung. 1 g der Probe wird nach Kjeldahl aufgeschlossen und hernach, wie üblich, der Destillation unterworfen.

Tabelle 26 (Analysenresultate des dunklen Blutalbumins)

Probe aus	Wasser	Asche	Unlös-liches	Gesamt-stick-stoff	Ent-färbungsver-mögen des Unlöslichen	Nütz-liches Albumin [1]
				Prozent		
1. Österreich-Ungarn	9,8	2,7	7,9	13,8	42	83,0
2. „ „	8,7	3,2	6,1	14,1	51	85,2
3. Ungarn	11,8	5,4	14,3	12,7	28	73,1
4. Österreich	12,6	3,5	5,6	14,0	63	81,9
5. Deutschland	13,2	6,1	21,4	12,5	22	65,0

[1]) Berechnet aus: 100-Wasser-Asche-Unlösl.-entfärbend. Unlösl.

Leim

Nach der Herkunft unterscheidet man hauptsächlich Haut-, Knochen- und Fischleim. Chemisch besteht der Leim aus dem Glutin und Chondrin.

Guter Leim soll im Wasser stark quellen und an dasselbe möglichst wenig Lösliches abgeben, dasselbe weder stark färben noch demselben einen unangenehmen Geruch erteilen. Selbst nach 24- bis 48stündiger Digestion mit kaltem Wasser soll guter Leim nicht zerfließen. Dagegen soll er beim Erwärmen auf 48° sich zu lösen beginnen und bei 50° völlig löslich sein. Der Knochenleim ist häufig infolge seines Gehaltes an phosphorsaurem Kalk etwas gefärbt. Auch absichtlich fügt man dem Leim weiße pulverförmige Körper zu, um ihn weißer erscheinen zu lassen. Besonders ist dies beim weißen oder russischen Leim der Fall, der größere Mengen von Blei- oder Zinkweiß u. dgl. enthält.

Der Glutingehalt wird roh ermittelt, wenn man eine Leimlösung mit Gerbstofflösung vollständig ausfällt, den Niederschlag wäscht, trocknet und wägt und 100 Teile dieses gerbsauren Leimes gleich 42,7 Teilen Glutin setzt. Der Gehalt an Glutin schwankt zwischen 68 und 82%.

Den Gehalt an Wasser bestimmt man durch Raspeln einer Probe, schnelles Abwägen und Trocknen bei 110 bis 115° auf Gewichtskonstanz.

Zur Ermittlung des Aschegehaltes verbrennt und verascht man die vorher aus der Wasserbestimmung stammende trockene Probe. Durch qualitative Untersuchung der Asche kann man auch einige Schlüsse auf die Herkunft des Leimes ziehen, indem die Asche des Knochenleimes in der Hitze des Bunsenbrenners schmilzt; die Lösung der Asche reagiert meist neutral und in der salpetersauren Lösung läßt sich Phosphorsäure und Chlor nachweisen.

Dagegen enthält die Asche von Lederleim viel Ätzkalk und schmilzt daher nicht, während ihre Lösung stark alkalisch reagiert und frei von Phosphorsäure und Chlor ist.

Bestimmung des Säuregehaltes. 30 g Leim werden in einem Kolben mit 80 g Wasser übergossen und zum Aufquellen mehrere Stunden stehen gelassen. Nach erfolgter Quellung treibt man die flüchtigen Säuren, meist schweflige Säuren, mit Wasserdampfstrom ab und bestimmt entweder in 200 cm³ Destillat durch Titrieren oder durch Vorlegen einer titrierten Alkalilösung und Rücktitrieren derselben mit n-Säure die flüchtigen Säuren.

Fremde Stoffe werden annähernd dadurch bestimmt, daß man eine gewogene Leimmenge quellen läßt, in Lösung bringt und in einem graduierten Standglas während 24 Stunden absitzen läßt. Aus dem Volumen des Niederschlages kann man einen Anhalt über das Maß der Fremdstoffe gewinnen.

Tragantgummi

Aschegehalt: 2 bis 3%.   Wassergehalt: 11 bis 17%.

Der hornartig aufgetrocknete Schleim kleinasiatischer Astragalusarten kommt unter obigem Namen als stärkehaltiges Binde- und Appreturmittel in den Handel; er soll geruch- und geschmacklos, durchscheinend, hornartig und zähe sein.

In Wasser quillt er hauptsächlich nur auf und läßt sich mit genügend Wasser zum nicht klebenden, aber leimend wirkenden Schleim verteilen. Charakteristisch ist das Auftreten von Stärkekörnchen, die im Blättertragant eingebettet sind und unter dem Mikroskop im Längsschnitt der Blätter deutlich konstatiert werden können. Diese Stärke verwandelt sich scheinbar allmählich in Gummi und ist daher jene Sorte die beste, welche die geringste Jodreaktion gibt. Er wird des öfteren mit arabischem Gummi verfälscht; nach Emery[1]) kann diese Verfälschung dadurch nachgewiesen werden, daß eine Probe mit Phosphorsäure, der Destillation unterworfen, bis zu 8% flüchtige Säure (als Essigsäure berechnet) ergibt, während reiner Tragant hierbei nur ungefähr 2% Säure im Destillat aufweist. Nach Payet[2]) zeigt sich die Gegenwart von arabischem Gummi dadurch, daß eine zirka 3%ige Tragantlösung in Wasser, mit der gleichen Menge einer 1%igen wässerigen Guajakollösung vermengt, nach Zusatz eines Tropfens Wasserstoffsuperoxyd eine Braunfärbung gibt, während reiner Tragant farblos bleibt. Auch die Löslichkeit des arabischen Gummis und die Unlöslichkeit des Tragants in Kupferoxydammoniak-Lösung dient zur Unterscheidung dieser beiden Gummiarten bzw. zum Nachweis des einen im anderen[3]).

Irländisches Moos (Karragheen)

Dieses Appreturmittel ist wegen seines schleimigen Charakters sehr geschätzt. Eine gute Handelsware enthält etwa 21% Wasser, 18% Aschenbestandteile und weist einen N-Gehalt von 1,6% auf[4]). Der Hauptbestandteil der Asche ist NaCl, und sein Gehalt im wässerigen Extrakt kann mit Hilfe von $AgNO_3$ durch Titration (K_2CrO_4 als Indikator) festgestellt werden; bestimmt man das Gesamtchlor durch Verglühen der organischen Substanz, so erhält man etwas niedrigere Werte.

Stärke[5])

Für die Untersuchung der Stärkearten kommt besonders die Wasserbestimmung und die Ermittlung der Verunreinigungen und Verfälschungen in Betracht.

Gute Handelsstärke soll nicht über 20% Wasser enthalten. Man ermittelt den Wassergehalt, indem man 10 g der Probe in einem Wägeglas abwägt, erst eine Stunde auf 40 bis 50°, dann vier Stunden bei genau 120° trocknet, im Exsikkator erkalten läßt und wägt.

Zur Bestimmung der Säure rührt man nach Saare 25 g Stärke mit 25 bis 30 cm³ Wasser zu einem dicken Brei und titriert unter starkem Umrühren mit $^1/_{10}$ n-Lauge. Die Endreaktion ist erreicht, wenn ein

---

[1]) J. Ind. Eng. Chem., S. 374. 1912.
[2]) Ann. Chim., Analyt., S. 63. 1905.
[3]) J. S. C. J., S. 1080. 1913.
[4]) Lamb and Harvey: J. Soc. Dyers Col., Nr. 2. 1917.
[5]) Vgl. Wiesner, J.: Technische Mikroskopie.

Tropfen der Stärkemilch, auf mehrfach gefaltetes Filterpapier aufgetragen, durch Lackmuslösung nicht mehr rotgefärbt wird.

Gepulverte Mineralien bleiben ungelöst in der aufgelösten Stärke zurück und können auf bekannte Weise ermittelt und quantitativ bestimmt werden.

Verunreinigungen mit Gewebselementen oder Verfälschung mit fremden Stärkesorten erkennt man am einfachsten durch die mikroskopische Untersuchung.

Für die Appretur und andere technische Zwecke verwendet man fast ausschließlich das Stärkemehl aus Weizen, Mais, Reis, Kartoffeln, der Hülsenfrüchte, des Buchweizens und Sago.

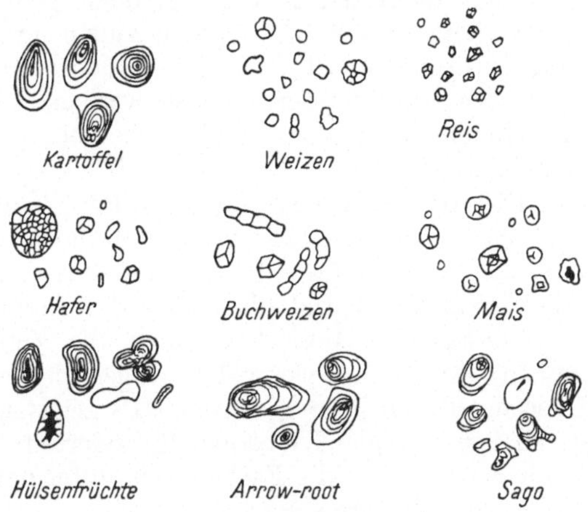

Für die mikroskopische Untersuchung mögen nachfolgende Abbildungen der wichtigsten Arten der Stärkekörner dienen (Abb. 2).

Bezüglich der Größenverhältnisse der Stärkekörner gibt Wiesner folgende Zusammenstellung:

	Kleine Körner	Große Körner	
Gerste	0,0016 bis 0,0064	0,0108 bis 0,0328	
Weizen	0,0022 „ 0,0082	0,0111 „ 0,0410	Grenzwerte
Roggen	0,0022 „ 0,0090	0,0144 „ 0,0475	

	Einzelkörner	Zusammengesetzte Körner
Kartoffel	0,060 bis 0,100	—
Hafer	0,003 „ 0,011	0,014 bis 0,054
Reis	0,003 „ 0,007	0,018 „ 0,036
Mais	0,007 „ 0,032	0,047

Mehl

Unter Mehl versteht man das pulverige Produkt der Körner von Weizen, Roggen, Gerste, Hafer und Buchweizen. Als verschiedene Bestandteile enthält jedes Mehl Kleie, Stärkekörner und Gewebstücke. Für die Untersuchung eines Mehles kommt besonders die mikroskopische Ermittlung der Stärkekörnerart in Betracht, die zugleich einigen Anhalt bezüglich der Reinheit des Mehles gibt. Besonders werden die teuren Getreidemehle mit jenen der Hülsenfrüchte verfälscht, was mikroskopisch leicht nachgewiesen werden kann.

Auch die Veraschung eines Mehles kann jenes aus Hülsenfrüchten erkennen lassen, indem Weizen- und Roggenmehl unter 1%, Hülsenfrüchtemehl unter 3% Asche liefert. Größere Aschemengen werden natürlich auf eine absichtliche Verfälschung mit Schwerspat, Gips, Federweiß usw. schließen lassen.

Den Gehalt an Kleber erfährt man annähernd dadurch, daß man eine Mehlprobe in ein sehr dicht gewebtes Leinensäckchen bringt und so lange durch Kneten von außen unter Darauffließenlassen eines Wasserstrahles wäscht, bis keine sichtbaren Mengen von Stärkemehl durch das Waschwasser beseitigt werden. Es bleibt dadurch der Kleber als gelbliche, zähe Masse zurück, die getrocknet, gewogen und berechnet werden kann.

Die Bestimmung des Stickstoffgehaltes eines Mehles läßt sich nach der Kjeldahlschen Methode durchführen; durch Multiplikation des festgestellten Stickstoffquantums mit dem Faktor 6,25 erhält man annähernd die Menge der Albuminstoffe.

Verdorbenes Mehl hat durch die Zersetzung des Klebers einen großen Teil seiner wertvollen Eigenschaften eingebüßt und ist dem Stärkemehl ähnlicher geworden. Es zeigt sich solch ein Mehl einerseits durch den geringen Klebergehalt, anderseits aber auch durch den eigentümlichen Geruch, die Farbe sowie unter dem Mikroskop durch die vorhandenen Pilzsporen.

Unter dem Namen Protamol kommt ein Reismehl in den Handel, das neben Reisstärke 9% Pflanzeneiweißstoffe, 1% Fett und 9% Wasser enthält.

Peligot, Stocks und White[1]) geben aus der Untersuchung verschiedener Mehle als Mittel folgende Zahlen an:

Stärke	59,70 bis	70,45%
Stickstoffhaltige Bestandteile:		
a) löslich in Wasser	1,80 ,,	2,50%
b) unlöslich in Wasser	7,81 ,,	12,80%
Fett	1,20 ,,	1,40%
Dextrin und Zucker	1,02 ,,	7,20%
Zellulose	0,20 ,,	1,70%
Wasser	14,00 ,.	14,62%
Mineralstoffe	0,35 ,,	1,60%

Dextrin

Dieses stellt das Zwischenprodukt von Stärke und Traubenzucker vor und besteht somit aus einer Anzahl verschiedener Körper.

Reines Dextrin soll weiß bis gelblich und in Wasser leicht löslich sein. Jodlösung färbt Dextrin weinrot, alkalische Kupferoxydlösung fällt in der Kälte nicht, wohl aber etwas in der Hitze.

Der Gehalt an Stärkezucker wird qualitativ und quantitativ mittels Fehlingscher Lösung auf bekannte Weise ermittelt.

Der Wassergehalt wird durch Trocknen einer Probe bei 110° bis zur Gewichtskonstanz gefunden.

Die unlöslichen Anteile werden ermittelt, indem man 50 g Dextrin in 550 cm³ Wasser löst, durch ein bei 100° getrocknetes und

---

[1]) Leipziger Färber-Ztg., 53, S. 389.

gewogenes aschefreies Filter filtriert, wäscht, abermals bei 100° trocknet und als Gesamtunlösliches wägt. Durch Verbrennen und Glühen des Rückstandes erhält man dann die unlöslichen anorganischen Bestandteile.

Pflanzenleime

Unter Pflanzenleime kommen aufgeschlossene Stärkepräparate in den Handel, die unter anderen folgende Bezeichnungen führen: Arabil, Tragantine, Neuleim, Alligin, Universalleim, Gloriagummi, Brillantkleister, Japanleim, deutsches Gummi, Gommeline usw.

Diese Präparate dienen als Ersatzprodukte für Gummi und Leim und charakterisieren sich alle durch einen hohen Wassergehalt. Das Aufschließen der Stärke geschieht durch Kochen mit Wasser, Säuren, Alkalien, Chlormagnesium, Wasserglas usw. und daher wird sich die Untersuchung dieser Präparate stets auch auf die Ermittlung des Säuregehaltes und der mineralischen Bestandteile zu erstrecken haben.

Kollodiumwolle[1])

Läßt man Salpetersäure bei Gegenwart von Schwefelsäure auf zellulosehaltige Substanzen, z. B. Baumwolle, Holzstoff, einwirken, so erhält man die sogenannte Nitrozellulose; schwächere Nitrierung ergibt die sogenannte Kollodiumwolle (Pyrokollodium), eine stärkere Nitrierung ergibt Schießbaumwolle (Pyroxylin). Beide Produkte unterscheiden sich demnach in ihrem N-Gehalte, der bei der ersteren 10 bis 12%, bei der letzteren 12,5 bis 13,4% beträgt. Ein anderer Unterschied liegt in der verschiedenen Löslichkeit dieser beiden Produkte in einem Gemisch von 2 Teilen Äthyläther und 1 Teil Äthylalkohol. Darin ist Schießbaumwolle unlöslich, Kollodiumwolle löslich; diese Auflösung stellt das sogenannte Kollodium des Handels vor.

Die aus Baumwolle gewonnene Kollodiumwolle ist dem Aussehen nach kaum von der ersteren zu unterscheiden, sie fühlt sich nur etwas härter an, zerbröckelt leicht und ist hygroskopisch. Angezündet, verbrennt sie äußerst rasch mit gelber Flamme. Plötzliches Erhitzen oder heftiges Stoßen kann sie zur Explosion bringen. Besitzt sie aber einen Wassergehalt von 25% und darüber, so verliert sie alle explosiven Eigenschaften und erfolgt daher ihr Versand in einem solchen feuchten Zustande.

Kollodiumwolle ist in kaltem und heißem Wasser vollständig unlöslich, leicht löslich dagegen in Azeton, Essigäther, Amylazetat und in einer Reihe anderer organischer Lösungsmittel (vgl. unten). In der Lederindustrie findet sie heute ausgedehnte Verwendung zur Herstellung von Lederlacken, Spaltappreturen und Deckfarben.

Den Gehalt an Nitrozellulose in Lackbasen bestimmt Lorenz[2]) folgendermaßen: 5 bis 8 g der Probe werden in 30 cm³ Amylazetat gelöst

---

[1]) Vgl. Vogel, W.: 38. Jahresber. d. deutschen Gerberschule. 1927.
[2]) J. A. L. C. A., S. 548. 1919 u. Collegium, S. 398. 1920.

und 50 cm³ Chloroform allmählich und in kleinen Anteilen unter kräftigem und beständigem Schütteln zugesetzt. Nach kurzem Stehenlassen wird die Flüssigkeit filtriert, der Hauptteil des Niederschlages auf das Filter gebracht, das Gefäß mit Chloroform nachgespült und der Niederschlag drei- bis viermal mit Chloroform ausgewaschen. Das erste Filtrat muß durch Zusatz von etwas Chloroform geprüft werden, ob dabei noch eine Fällung entsteht. Ist dies der Fall, so muß dieser Niederschlag zu dem übrigen gegeben und wie oben verfahren werden. Der auf dem Filter befindliche Niederschlag wird in einem Gemisch gleicher Teile von frisch destilliertem Amylazetat und Azeton in einer gewöhnlichen Schale gelöst, das Lösungsmittel verdunstet und der Rückstand gewogen.

Lösungs- und Weichhaltungsmittel für Kollodiumwolle[1])

Als Lösungsmittel für Kollodiumwolle kommen insbesondere Ester und Ketone in Betracht, die in der neueren Zeit von der deutschen Farbstoffindustrie hergestellt werden.

Der gewöhnliche Äthylalkohol ist kein Lösungsmittel für Kollodiumwolle, sie wird aber darin löslich bei Gegenwart geringer Mengen Lösungsmittel; er ist daher ein Verdünnungsmittel für Kollodiumlösungen. Auch Benzin, Benzol, Toluol, Xylol usw. kommen als Verdünnungsmittel für diese Zwecke in Betracht.

Man teilt die gebräuchlichen Lösungsmittel nach ihrer Flüchtigkeit in folgende drei Gruppen ein:

1. Leichtflüchtige (Siedepunkt unter 100°)

Lösungsmittel E_{13}	55 bis 65°
Azeton	56°
Metanol	65°
Äthylalkohol	78°
Methylazetat	57°
Essigester	77°

2. Mittelschwerflüchtige (Siedepunkt um 130°)

Butanol	117°
Amylalkohol	130°
Butylazetat	121 bis 126°
Amylazetat	139°

3. Schwerflüchtige (Siedepunkt 150° und darüber)

Anon	157°
Adronolazetat	169°
Methyloxalat	163°
Benzylalkohol	207°

[1]) Vgl. Vogel, W.: 38. Jahresber. d. deutschen Gerberschule. 1927 und J. G. Farbenindustrie A. G.: Nitrozelluloselacke mit Weichhaltungsmitteln.

Als Weichhaltungsmittel finden besonders Verwendung:

Tabelle 27. Palatinole (Phtalsäureester)

	Spez. Gewicht bei 20° C	Siedepunkt (20 mm)	Flammpunkt
Palatinol M	1,1904	158—169	132
„ A	1,1179	147—180	140
„ JC	1,0387	191—200	161
„ C	1,0458	200—216	160

ferner:

Mannol (Äthylazetanilid) bildet weiße Kristalle vom Schmelzpunkt 52° und Siedepunkt 250°.

Elaol: Spezifisches Gewicht 1,045 (22° C), Siedepunkt 315°.

Plastole sind weiße, kampferartige Körper.

Mollite: Mollit J bildet weiße Kristalle. Mollit A, 40, 41, B und BR extra sind ölige Flüssigkeiten.

Die Bewertung älterer Lösungsmittel für Nitrozellulose beschreibt Lorenz[1]).

7. Mineralöle

Unter Mineralölen und deren Nebenprodukten versteht man vorwiegend die in nachstehender Tabelle angeführten technischen Produkte:

Rohpetroleum: Flammpunkt liegt unter 70°
Masut (Petroleumrückstand): Flammpunkt liegt über 70° bis 300°; spezifisches Gewicht 0,895 bis 0,935

Petroleumäther
(Rigolen) ..Spez. Gew.   unter 0,700; destilliert bis 80°
Leicht-Benzin „   „ 0,700 bis 0,717;   „   unter 100° bis auf 5%
Schwer-Benzin „   „ 0,717 „ 0,730;   „   bis 100°
Ligroin ..... „   „ 0,730 „ 0,750;
Putzöl ...... „   „ 0,750 „ 0,770;
Lampenöl ... „   „ 0,806 „ 0,865; Flammpunkt 28 bis 98°
Gasöl .... „   „ 0,865 „ 0,885;   „   98°
Vaselinöl .... „   „ 0,885 „ 0,895;   „   130°
Spindelöl .... „   „ 0,895 „ 0,900;   „   150 bis 180°; Visk. 2,4
                                                    bis 2,9 (+50°)

Maschinen-
schmieröl .. „   „ 0,905 „ 0,910;   „   185 bis 215°; Visk. 6
                                                    bis 7,5 (+50°)

Zylinder-
schmieröl .. „   „ 0,911 „ 0,920;   „   210 bis 245°; Visk. 12,5
                                                    (+50°)

Viskosin
(Valvolin) . „   „ 0,925 „ 0,935;   „   290 bis 310°; Visk. 5
                                                    (+100°)

---

[1]) J. A. L. C. A., S. 548. 1919 u. Collegium, S. 398. 1920.

A. Allgemeine Untersuchung der Mineralöle

Die Ermittlung des spezifischen Gewichtes mittels Normal-Ölaräometers und Pyknometers, die Bestimmung des Ausdehnungskoeffizienten und Entflammbarkeit stellen Untersuchungen vor, die nur Wert für Öllaboratorien besitzen und daher für den Gerbereichemiker, der nur in die Lage kommt, die im Betriebe verwendeten Maschinen- und Zylinderöle zu prüfen bzw. zu vergleichen, weniger wichtig sind. Wichtiger ist dagegen außer den später angeführten rein chemischen Untersuchungen noch das Verhalten der Öle in der Kälte, indem zum Abölen der Leder vielfach leichte Mineralöle (Vaselin- und Spindelöle) Verwendung finden und diese bei einem größeren Paraffingehalte letzteres in der Kälte ausscheiden und zum sogenannten Ausschlagen der Leder Veranlassung geben.

Kältebeständigkeit. Die Prüfung auf Kältebeständigkeit kann entweder derart durchgeführt werden, daß man eine Probe des zu untersuchenden Öles in einem Reagensrohre so lange in einer Kältemischung beläßt, bis man durch zeitweiliges rasches Herausnehmen des Rohres aus der Mischung und Umschwenken bzw. Neigen desselben eine Zunahme der Konsistenz beobachtet. Manche Öle bleiben ganz klar, trotzdem sie schon salbenartige Beschaffenheit angenommen haben, während andere Öle wieder ziemlich rasch die Paraffinanteile unter milchiger Trübung zur Abscheidung bringen. An dem gleichzeitig im Reagensrohre befindlichen Thermometer liest man dann die Temperatur ab, sobald genannte Veränderungen sich eingestellt haben. Wird ein Öl mehrmals erstarren gelassen und wieder durch Wärme verflüssigt, so kann bei jedem Versuch eine ganz verschiedene Erstarrungstemperatur gefunden werden, weshalb bei der Bestimmung auf diese Eigentümlichkeit geachtet werden muß.

Häufig beschränkt sich die Ermittlung des Erstarrungspunktes darauf, ein Öl auf jene Temperatur abzukühlen, welche es ohne Veränderung vertragen muß. Zu diesem Zwecke versenkt man die im Reagensrohre befindliche Probe des Öles mit Beigabe eines Thermometers in eine Kältemischung[1]) von bekannter Temperatur (z. B. — 5, — 10,

---

[1]) 100 Teile Wasser gemischt mit:

100 Teilen	NH_4Cl	erniedrigen die Temperatur	von	$+13^0$	auf —	5^0
100 „	$NH_4 \cdot NO_3$	„ „ „		„	$+13^0$ „ —	13^0
100 „	$NH_4 \cdot CNS$	„ „ „		„	$+13^0$ „ —	18^0
100 „	$K \cdot CNS$	„ „ „		„	$+13^0$ „ —	20^0
29 „	$NH_4 \cdot Cl + 18$ Teilen KNO_3	erniedr. die Temp. v.		$+15^0$	auf —	10^0
28 „	$NH_4 \cdot Cl + 17$ „ KNO_3	„ „ „		„	$+10^0$ „ —	14^0
60 „	$NaNO_3 + 72$ „ $NH_4 \cdot NO_3$ „	„ „		„	$+15^0$ „ —	17^0

100 Teile Schnee gemischt mit:

13 Teilen	KNO_3	ergibt —	3^0
30 „	KCl	„ —	11^0
25 „	$NH_4 \cdot Cl$	„ —	15^0
45 „	$NH_4 \cdot NO_3$	„ —	17^0
33 „	$NaCl$	„ —	21^0
143 „	$CaCl_2 \cdot 2$ aq.	„ —	50^0

—15° C) und beläßt sie eine halbe bis dreiviertel Stunde darin, während welcher Zeit die Ölprobe weder dickflüssiger noch milchig getrübt werden darf.

Die Ermittlung der Viskosität vgl. Seite 99.

Die chemische Prüfung erstreckt sich auf die Ermittlung von nachfolgend angeführten Verfälschungsmitteln und Verunreinigungen:

1. Säure- und Alkaligehalt: Helle, raffinierte Mineralöle enthalten höchstens Spuren freier Säure (bis zu 0,03% SO_3), während dunkle Öle bis zu 0,3 und 0,5% davon enthalten können, doch soll auch ein dunkles Öl mittlerer Güte nicht mehr als 0,15% SO_3 enthalten. Zur qualitativen Prüfung werden etwa 100 cm³ Öl heiß mit der gleichen bis doppelten Menge destillierten Wassers im Kolben stark geschüttelt, dann die Flüssigkeit der Ruhe überlassen und 20 bis 30 cm³ Wasser abpipettiert und unter Zusatz eines Tropfens Methylorange auf seine Reaktion geprüft. Enthält das Mineralöl als Verdickungsmittel Seife zugesetzt, so erhält man beim Schütteln mit Wasser bleibende Emulsionen, wie auch infolge der Zersetzung der Seife in saures Salz und freies Alkali mit Phenolphthalein alkalische Reaktion eintritt und daher freie Mineralsäure ausschließt.

Zur quantitativen Bestimmung verfährt man folgendermaßen: 10 cm³ Öl werden mit etwa 150 cm³ eines genau neutralen Gemisches von 2 Teilen absolutem Alkohol und 1 Teil Äther in einen Kolben gespült, 1 cm³ 1%ige alkoholische Phenolphthaleinlösung zugefügt und mit alkoholischer Natronlauge bis zur eintretenden Rotfärbung nach dem Durchschütteln titriert.

Dunkelfarbiges Öl muß man wie folgt behandeln: 20 cm³ Öl werden in einem mit Glasstopfen verschlossenen Meßzylinder mit 40 cm³ neutralem absoluten Alkohol eventuell unter Erwärmen durchgeschüttelt, über Nacht stehen gelassen und nach erfolgter Abpipettierung von 20 cm³ Alkohol mit $^1/_{10}$ n-Lauge und Phenolphthalein titriert. Beträgt der gefundene Säuregehalt über 0,03%, so muß mehrfach nach Abgießen des in dem Zylinder verbliebenen Alkoholrestes mit 40 cm³ Alkohol geschüttelt, von neuem titriert und die Summe der Titrierungen berechnet werden.

2. Harzgehalt: Zur Abscheidung des Harzes schüttelt man das Öl wiederholt mit verdünnter Natronlauge unter Zusatz von Petroläther und fällt aus dem alkalischen Auszuge das Harz durch Mineralsäure. Löst man die Fällung in 1 cm³ Essigsäureanhydrid und setzt einen Tropfen Schwefelsäure (spez. Gewicht 1,530) hinzu, so tritt bei Gegenwart von Kolophonium deutliche Violettfärbung auf.

Vorhandene Harze erhöhen die Säurezahl in hellen Ölen bis über 0,3, in dunklen Ölen über 4 und entspricht die Säurezahl 14 (=1% SO_3) etwa 9% Kolophonium.

3. Gehalt an Asche wird durch vorsichtiges Abbrennen und Einäschern von 10 bis 20 g Öl bestimmt.

4. Gehalt an Seife: Alkaliseifen machen sich durch Bildung weißer Emulsionen beim Schütteln des Öles mit Wasser bemerkbar

neben schwacher Rötung des Phenolphthaleins, wie auch ein Säurezusatz die Emulsion sofort durch Abscheidung der Fettsäuren zerstört. Rührt dagegen eine schwache Emulsion von schleimigen Bestandteilen des Öles her, so wird die Emulsion weder durch Säure zerstört, noch rötet sie Phenolphthalein.

Zur quantitativen Ermittlung der Seife verfährt man folgendermaßen: Man spült 10 cm³ Öl mit 40 bis 60 cm³ Äther in einen Scheidetrichter und schüttelt mit so viel verdünnter Salzsäure, bis die sich abscheidende wässerige Schicht sauer reagiert. Hierauf entfernt man die salzsaure Schicht, wäscht die ätherische Lösung mit Wasser bis zum Verschwinden der sauren Reaktion und titriert unter Zusatz von etwas Alkohol wie bei der üblichen Säurebestimmung in Ölen. Zur Vermeidung etwaiger Emulsionen gibt man Alkohol oder etwas mehr Äther oder eine konzentrierte Chlornatriumlösung zur Flüssigkeit im Scheidetrichter. Bei dunklen Ölen entfernt man nach Zersetzung desselben mit Salzsäure den Äther durch Destillation und gibt zum Rückstand 20 cm³ heißen Alkohol hinzu und titriert die alkoholische Lösung nach erfolgter Abscheidung wie üblich.

5. Gehalt an fetten Ölen: Durch Erhitzen von 3 bis 4 cm³ Öl mit Lauge auf dem Paraffinbade auf 230 bis 250° tritt bei Gegenwart von fetten Ölen Seifenschaum bzw. Gelatinieren nach dem Erkalten ein und zeigen sich diese Erscheinungen in hellen Ölen bei Gegenwart von mindestens ½%, in dunklen Ölen bei mindestens 2% fetten Ölen.

Quantitativ ermittelt man die Menge des fetten Öles durch Verseifen von zirka 10 g Öl mit 25 cm³ alkoholischer n-Lauge und Ausziehen des Mineralöles mit Petroläther, wobei die Menge des fetten Öles durch Differenzbestimmung unter Abzug der gefundenen Menge von freier Fettsäure und Mineralöl ermittelt wird.

Zur Ermittlung der Art des fetten Öles bringt man die Seifenlauge der Fettsäuren des verseiften Fettes mit Petroläther in einen Scheidetrichter, zersetzt die Seifen mittels Mineralsäure und bringt die abgeschiedenen Fettsäuren in Petroläther durch Ausschütteln zur Lösung. Nach Verdunsten des Petroläthers bleiben die fetten Öle rein zurück und können nach den Methoden der „Untersuchung von Ölen, Fetten und Wachsen" gefunden werden.

6. Gehalt an Harzölen zeigt sich bei Gegenwart bis zu 1% beim Schütteln gleicher Volumina Öl und Schwefelsäure (spez. Gewicht 1,60) durch Rotfärbung der Säure; sorgfältig raffinierte Harzöle zeigen jedoch diese Reaktion nur schwach oder gar nicht.

Storch-Liebermannsche Reaktion: Je 1 cm³ Öl und Essigsäureanhydrid vermengt und ein Tropfen Schwefelsäure (spez. Gewicht 1,53) zugefügt, gibt bei Gegenwart von Harzöl Violettfärbung, die jedoch auch durch Harze veranlaßt werden kann, sonst aber schärfer als die Schwefelsäureprobe ist. Zur Unterscheidung von Harz benutzt man die gute Löslichkeit der Harze in absolutem Alkohol und besonders Azeton, worin Mineralöle nur weniger gut löslich sind und die Harzöle durch ihren Geruch in diesen Ausschüttelungen nachgewiesen werden können.

7. **Steinkohlenteeröle und Buchenholzteeröle** geben sich besonders durch ihren durchdringenden Geruch zu erkennen und lösen sich diese Öle auch in kalter konzentrierter Schwefelsäure zu wasserlöslichen Verbindungen auf; durch Ausschütteln der letzteren mit Wasser und die dadurch hervorgerufene Verminderung des ursprünglichen Ölvolumens können sie sowohl qualitativ wie auch annähernd quantitativ bestimmt werden.

8. Der **Gehalt an Kautschuk** läßt sich qualitativ und annähernd quantitativ durch Fällen der ätherischen Öllösung mit absolutem Alkohol ermitteln.

9. **Entscheinungmittel**, speziell Nitronaphthalin und gelbe Anilinfarben, die zum Verdecken der Fluoreszenz benutzt werden, lassen sich meist durch Ausschütteln des Öles mit absolutem Alkohol in Lösung bringen und an der gelben Farbe derselben erkennen.

10. Ein **Gehalt an Zeresin** zeigt sich in nicht zu dunklen Ölen durch Auftreten eines weißlichen Niederschlages nach Zusatz von 3 Teilen Alkohol zu 4 Teilen der ätherischen Öllösung; der erhaltene Niederschlag kann abfiltriert, mit Äther-Alkohol gewaschen und bestimmt werden und schmilzt meist zwischen 66 und 71°.

11. Der **Gehalt an Beschwerungsmitteln** kann bestimmt werden durch Erwärmen des Fettes mit einem Gemisch von 90 Volumenteilen Benzol und 10 Volumenteilen 96%igem Alkohol. In diesem Gemisch lösen sich alle in Betracht kommenden Fette, Öle und deren Kalk- und Aluminiumseifen leicht auf, dagegen bleiben die Beschwerungsmittel ungelöst zurück und können qualitativ und quantitativ im Rückstand bestimmt werden.

Konsistente Maschinenfette sind meist Aufquellungen von Kalk- und Alkaliseifen in Mineralölen unter Beimischung kleiner Mengen Wasser.

Die Ermittlung dieser Bestandteile geschieht auf gleiche Art wie bei Mineralölen.

Zur Bestimmung des **freien Kalkes** erwärmt man 10 g Fett mit 50 cm³ Benzol und 5 cm³ Alkohol eine viertel Stunde lang mit Rückflußkühler, filtriert das Ungelöste und wäscht mit heißem Benzol-Alkohol nach und bestimmt im Rückstand den Kalk auf bekannte Weise.

Wasserlösliche oder emulgierbare Mineralöle stellen meist Auflösungen der Ammoniak-, Kali- oder Natronseifen von Ölsäuren, Fettschwefelsäuren, Harzsäuren und Naphthensäuren in Mineralölen vor, häufig unter Zusatz von Ammoniak, Alkohol oder Benzin.

Der **Gehalt an flüchtigen Stoffen** wird durch Abdestillieren von zirka 100 g des Öles ermittelt, eventuell unter Zusatz einer gemessenen Menge von Salzsäure, um die vorhandenen Seifen zu zerlegen und damit das Schäumen zu vermindern. Das Destillat wird gemessen und unter Abzug des Salzsäurevolumens in Rechnung gebracht. Etwa vorhandenes Benzin wird sich auf dem wässerigen Destillat abscheiden und so zu erkennen geben, während Alkohol durch fraktionierte Destillation abgeschieden und z. B. mittels der Jodoformreaktion nachgewiesen wird.

Der Seifengehalt kann bei Abwesenheit von oxydierten Harzsäuren und Fettschwefelsäuren auf gleiche Weise wie bei Mineralölen ermittelt werden. Sind jedoch auch solche Harz- und Fettschwefelsäuren zugegen, so muß man einerseits die ursprünglich vorhanden gewesenen freien Fettsäuren f_1, ferner die, wie vorher bestimmt, als Seifen vorhandenen Fettsäuren f_2 bestimmen und schließlich durch Veraschen einer Probe und Umrechnung der erhaltenen Karbonate auf das Metall das gesamte an Fettsäure gebundene Alkali A berechnen. Man erfährt die Seifenmenge durch Addition von A und der Differenz aus $(f_2 - f_1)$.

Unverseifte Neutralstoffe werden aus dem mit Benzin und alkoholischer Lauge geschüttelten Öl (vgl. quantitative Bestimmung des fetten Öles in Mineralölen) ausgezogen und das in der Benzinlösung verbleibende Neutralöl wie üblich auf fettes Öl, Mineralöl, Harzöl usw. geprüft.

Die aus fettsaurem Kalk und Mineralöl bestehenden Schmierfette sollen z. B. folgende Werte aufweisen:

Konsistentes Fett:
  Tropfpunkt .... 90° C
  Seifengehalt .... 22 bis 25%
  Wassergehalt .... 1 bis 4%
Achsenlagerfett:
  Tropfpunkt .... 85° C
  Seifengehalt .... 18 bis 20%
  Wassergehalt .... 1 bis 4%
Zahnradfett:
  Tropfpunkt .... 60 bis 65° C
  Seifengehalt .... 5 bis 15%
  Wassergehalt 0%

B. Spezielle Methoden der Mineralöluntersuchung

Benzin

Dieses soll möglichst fettfrei sein und daher weder auf Papier einen Fettfleck erzeugen noch beim Verdunsten auf dem schwach erhitzten Wasserbade im Uhrglas eine Rückstand hinterlassen.

Aromatische Kohlenwasserstoffe (Benzol, Toluol) weist man nach, indem man eine kleine Messerspitze feinzerstoßenen Asphalt, der durch längeres Auswaschen mit Petroleumbenzin (spez. Gewicht 0,70 bis 0,71) von seinen leicht löslichen Anteilen befreit ist, auf einem kleinen Filter mit dem zu prüfenden Benzin übergießt und das ablaufende Filtrat auffängt; ist dasselbe gelb- bis braungefärbt, so ist die Anwesenheit genannter Kohlenwasserstoffe anzunehmen, die Asphalt lösen.

Terpentinöl und Kienöl verraten sich durch ihre absorbierende Wirkung auf Brom und Jod. Reines Benzin wird durch Schütteln mit Bromdampf im Reagensglase rotgelb-, durch Jodlösung rosagefärbt und hält diese Färbung mindestens zwanzig Minuten an, während die

Öle durch Schütteln nach fünf Minuten bereits alles Brom und Jod zur Absorption bringen. Auch kleine Mengen von ungesättigten Fettsäuren lassen sich auf gleiche Art nachweisen.

In der Ledertechnik findet Benzin vorwiegend als Fettlösemittel zum Entfetten von Ledern vor dem Lackieren, vereinzelt auch als Streckungsmittel für Amylazetat-Nitrozellulose-Appreturen Verwendung. Für beide Zwecke ist Fettfreiheit und niedriger Siedepunkt erforderlich.

Erdwachs und Zeresin

Das rohe Erdwachs (Ozokerit) stellt eine schwarze, wachsartige Masse mit schwach bituminösem Geruche vor und schmilzt je nach Reinheit bei 60 bis 85⁰. Chemisch besteht es aus hochmolekularen gesättigten und ungesättigten Kohlenwasserstoffen und gefärbten oxydierten Stoffen. Durch Reinigung mit Schwefelsäure und Filtration erhält man das gereinigte weiße Produkt, das sogenannte Zeresin, das bei 71 bis 75⁰ schmilzt.

Die Prüfung auf Verfälschungen und Verunreinigungen wird folgendermaßen durchgeführt:

Paraffin läßt sich nicht eindeutig ermitteln und nur durch Schmelzpunktbestimmung erkennen, indem größere Paraffinmengen den Schmelzpunkt wesentlich herabdrücken.

Kolophonium weist man durch erschöpfendes Auskochen der Probe mit 70%igem Alkohol nach; die Auszüge werden nach dem Erkalten filtriert, aus dem klaren Filtrate der Alkohol abdestilliert, der Rückstand bei 110 bis 115⁰ getrocknet und gewogen. Fettsäuren, die auf gleiche Art herausgelöst werden und sich demnach mit Kolophonium vereinigt vorfinden, werden wegen ihres höheren Preises seltener zur Verfälschung verwendet. Qualitativ prüft man auf Kolophonium mit der Liebermann-Storchschen Reaktion, indem eine Probe, in 1 cm³ Essigsäureanhydrid gelöst, auf Zusatz von einem Tropfen Schwefelsäure (spez. Gewicht 1,53) violett gefärbt wird.

Erdölrückstände färben das Erdwachs dunkel und lassen sich durch Benzin als darin unlöslichen Asphalt niederschlagen, der aber in Benzol löslich ist und durch Verdampfen der Benzollösung als fester schwarzer Asphaltlack zurückbleibt.

Mineralische Zusätze (Gips, Talk, Kaolin usw.) bleiben beim Lösen einer Probe in Benzin als unlöslicher Rückstand und werden darin qualitativ und quantitativ bestimmt.

Freie Schwefelsäure findet sich in unverfälschten Handelswaren von der Raffination herrührend und zeigt sich durch kleine Säurezahlen bis vier, die weit höher sind, wenn Kolophonium als Verfälschungsmittel untergemengt ist.

Paraffin

Man unterscheidet das Weichparaffin mit zirka 30⁰ und das Hartparaffin mit zirka 54 bis 58⁰ Schmelzpunkt. Die Durchschnittkonstanten besitzen folgende Werte:

Spezifisches Gewicht (98 bis 100°) 0,752
Verseifungszahl 0
Jodzahl 4

Außer Farbe, Durchsichtigkeit und Geruch stellt die Schmelz-punktbestimmung die wichtigste Ermittlung für die Beurteilung von Paraffin vor. Dieser wird nach deutscher Methode wie folgt gefunden: Ein kleines mit Wasser gefülltes Becherglas von ungefähr 100 cm³ Inhalt wird auf 70° C erwärmt und ein Stückchen des zu untersuchenden Paraffins hineingeworfen, so daß sich nach dem Schmelzen ein runder Fleck von zirka 6 mm Durchmesser bildet. Sobald die Probe verflüssigt ist, taucht man ein Thermometer ein und liest in dem Augenblick ab, indem sich auf der Paraffinmasse ein Häutchen bildet, womit der Erstarrungspunkt festgestellt ist, der beim Paraffin mit dem Schmelzpunkt zusammenfällt. Während des Versuches ist genau darauf zu achten, daß weder Zugluft noch der Hauch des Mundes die flüssige Paraffinmasse bzw. das Becherglas trifft.

Vaselin und Vaselinöl

Vaselin stellt ein aus Mineralölen gewonnenes schmalzartiges Produkt vor, das entweder durch langsames Verdunstenlassen der leichtflüchtigen Anteile und Raffination des Rückstandes aus amerikanischen Rohölen erzeugt wird oder auch durch Auflösen von Paraffin und Zeresin in farblosen Paraffinölen als sogenanntes künstliches oder deutsches Paraffin gewonnen wird. Das spezifische Gewicht liegt von 0,827 bis 0,845 bei 100° und soll das Produkt säurefrei sein.

Im Handel finden sich die kältebeständigen Mineralöle mit tiefem Stockpunkte (bis — 20° C) z. B. unter den Namen Neptunöl bzw. Transformatorenöl, wobei letztere Bezeichnung identisch mit seiner Verwendungsart ist, da für genannte Zwecke ebenfalls tiefer Stockpunkt und Säurefreiheit erforderlich ist.

Für die gerbereitechnische Praxis kommen verschiedene Mineralöle in Betracht; dort, wo sie als Streckungsmittel für tierische und pflanzliche Fette Verwendung finden, wird von ihnen größere Viskosität verlangt, als Abölungsmittel für chromgare Leder verlangt man dagegen von ihnen Dünnflüssigkeit und möglichst hohe Kältebeständigkeit (— 10 bis — 15° C). Absolute Säurefreiheit wird für jene Mineralöle verlangt, die für lohgare Leder benutzt werden sollen, den für Chromleder in Verwendung kommenden Ölen schadet dagegen eine geringe Azidität nichts. Die Färbung der Mineralöle spielt nur bei deren Verwendung für lohgare braune Leder eine Rolle, für schwarze Chromleder ist sie dagegen belanglos. Stets wünscht man aber die Abwesenheit von Harz und Harzölen, da diese Stoffe das Ausschlagen der Öle begünstigen.

Verfälschungen mit Harzöl zeigen sich durch die höhere Dichte, während Vaselinöle bei 15° ihr spezifisches Gewicht nie unter 0,900 haben sollen.

8. Öle, Fette und Wachse[1])

A. Physikalische und chemische Untersuchungsmethoden

Die tierischen Fette stellen hauptsächlich Triglyzeride der Stearin-, Palmitin- und Ölsäure vor, die zuweilen auch Cholesterin enthalten. Dagegen finden sich in pflanzlichen Fetten neben genannten Glyzeriden noch jene der Leinölsäure, ferner auch vereinzelt die der Laurinsäure, Myristinsäure und Arachinsäure. Das sogenannte Phytosterin findet sich besonders in vegetabilischen Ölen, während Cholesterin vorwiegend im Wollfett und in den Lebertranen enthalten ist. Phytosterin und Cholesterin stellen keine Glyzeride, sondern Äther vor und ähneln daher den Wachsarten, die ebenfalls Äther einwertiger Alkohole vorstellen, und zwar besteht das Bienenwachs der Hauptsache nach aus Palmitinsäure-Myricyläther, das Karnaubawachs aus Cerotinsäure-Myricyläther und der Walrat aus Palmitinsäure-Cetyläther.

Die Prüfung und Unterscheidung der Fette und Wachse bietet häufig Schwierigkeiten und müssen meist eine größere Anzahl von chemischen und physikalischen Untersuchungen vorgenommen werden, von denen im nachstehenden das Wesentlichste niedergelegt ist.

1. Das spezifische Gewicht flüssiger Fette läßt sich nur annähernd mittels Aräometers, genauer mit der Mohr-Westphalschen Waage, am besten jedoch mittels des Sprengelschen Pyknometers (Abb. 3) bestimmen. Dieses besteht aus einem U-Rohre mit kapillaren Enden, von welchen der eine Ansatz eine größere lichte Weite als der andere Ansatz hat und der mit einer Marke versehen ist. Das zu untersuchende Öl wird durch Eintauchen des einen Ansatzes in das Öl und Saugen am anderen mittels Gummischlauches ins Pyknometer gebracht

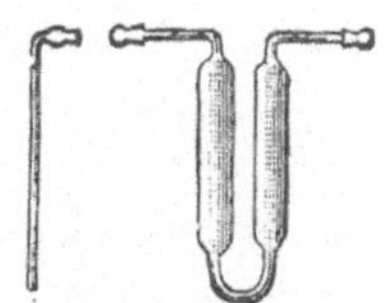

Abb. 3
Arthur Meissner,
Freiberg i. Sa.

und hierauf in siedendem Wasser so lange belassen, bis das Öl den einen Ansatz ganz, den anderen Ansatz bis zur Marke gefüllt hat. Hierauf läßt man erkalten und bringt das Rohr zur Wägung. Der gleiche Versuch mit Wasser, ebenfalls auf dem siedenden Wasserbade eingestellt und nach dem Erkalten zur Wägung gebracht, läßt das spezifische Gewicht des Öles berechnen.

Feste Fette und Wachse lassen sich auf gleiche Art bestimmen, doch führt hier auch folgende Methode zu guten Resultaten. Man schmilzt eine kleine Fettmasse auf einem Uhrglase auf dem Wasserbade, läßt allmählich erstarren und achtet darauf, daß keine Luftblasen in der Masse eingeschlossen bleiben. Man nimmt dann ein Stück dieser Masse

---

[1]) Die hier angegebenen Methoden halten sich sowohl an die „Einheitsmethoden zur Untersuchung von Fetten, Ölen, Seifen und Glyzerinen", herausgegeben vom Verband der Seifenfabrikanten Deutschlands, Springer, 1910, als auch insbesondere an: „Einheitliche Untersuchungsmethoden für die Fettindustrie", herausgegeben von der Wissenschaftl. Zentralstelle für Öl- und Fettforschung E. V., Berlin: Wizöff, Stuttgart, 1927.

mittels Messers heraus und bringt sie mittels Pinzette in verdünnten Alkohol, der durch Zusatz von Wasser oder Alkohol auf jene Dichte gebracht wird, daß das Fett gerade schwebend erhalten wird. Durch Bestimmung des spezifischen Gewichtes der Mischung mit Aräometer erhält man das gleichwertige spezifische Gewicht des Fettes.

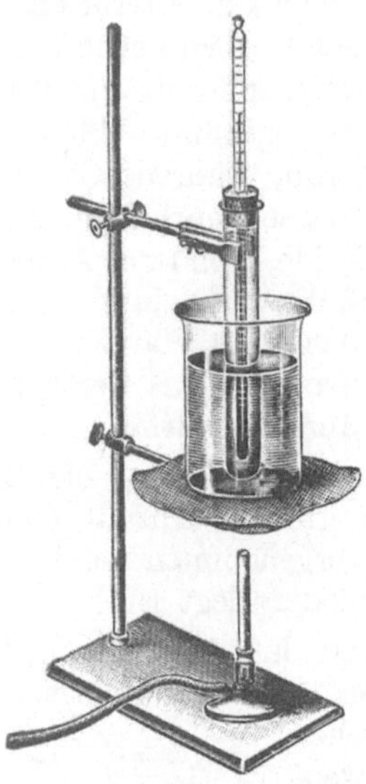

Abb. 4
Arthur Meissner, Freiberg i. Sa.

2. Schmelzpunktbestimmung. Von dem geschmolzenen und filtrierten Fett werden je nach der Länge des Quecksilberbehälters des Thermometers 1 bis 2 cm in ein Kapillarröhrchen eingesaugt. Hierauf wird das Ende des Röhrchens zugeschmolzen und 24 Stunden liegen gelassen, da ein Fett nach dem Umschmelzen seinen normalen Schmelzpunkt erst nach längerer Zeit wieder erhält. Nun wird das Röhrchen an einem Thermometer derart befestigt, daß sich die Substanz in gleicher Höhe mit dem langgezogenen Quecksilbergefäß befindet und dann bringt man das Thermometer in ein zirka 3 cm weites Reagenzglas, in welchem sich das zur Erwärmung dienende Glyzerin befindet. Der Moment, in dem das Fettsäulchen vollkommen klar und durchsichtig geworden ist, gilt als Schmelzpunkt (Abb. 4).

Vorschrift Wizöff: Möglichst etwa 15 cm³ Fett werden in ein Reagenzglas (18×200 mm) gefüllt und in einem Becherglas mit Schwefelsäure, die gerührt wird, langsam erwärmt, wobei die Temperatur der Badflüssigkeit nicht mehr als 0,3° über der Fettemperatur liegen darf. Das Fett wird mit einem in Zehntelgrade geteilten Thermometer langsam bis zum Klarschmelzen gerührt. Vor der Prüfung sind die Proben mindestens 24 Stunden lang in Eis oder in einer Kältemischung zu lagern.

3. Bestimmung des Erstarrungspunktes (Titer). Da der Schmelzpunkt der Fette stets einige Unregelmäßigkeiten zeigt, zieht man es vor, den genaueren Erstarrungspunkt, und zwar der abgeschiedenen Fettsäuren, nach folgender Methode zu bestimmen:

Man verseift zunächst 150 g der Probe mit 120 cm³ Kalilauge (spez. Gewicht 1,4) und 120 cm³ starkem Alkohol in einer Porzellanschale auf dem Wasserbade unter beständigem Umrühren, bis die Seife dick geworden ist. Diese wird nun in 1000 cm³ Wasser aufgelöst und die Lösung über freier Flamme gekocht, um den Alkohol zu verjagen, indem man zeitweise das verdampfte Wasser ersetzt. Man zerlegt hierauf die Seife durch Kochen mit 250 cm³ verdünnter Schwefelsäure (spez. Gewicht 1,14), bis sich die abgeschiedene Fettsäure als vollkommen klare Flüssigkeit von dem Wasser getrennt hat, hebt letzteres ab und kocht die Fettsäure mit schwach angesäuertem Wasser (5 cm³ konzentrierte Schwefelsäure auf 100 cm³ Wasser) bei bedeckter Schale eine viertel Stunde lang aus. Man wäscht dann nach dem Abziehen

des Wassers durch Kochen mit reinem Wasser die Fettsäuren aus und
zieht hierauf das Wasser vollständig ab. Nun erhitzt man die Fettsäure
etwa zehn Minuten auf dem siedenden Wasserbade, bis die Masse eine
klare Flüssigkeit bildet, und filtriert durch ein Filter im Heißwassertrichter. Die so erhaltene Fettsäure darf keinesfalls unter Benutzung
einer freien Flamme wasserfrei gemacht werden, weil dadurch der
Erstarrungspunkt sehr leicht bedeutend erhöht wird.

Die Bestimmung des Erstarrungspunktes wird in einem Reagenzglase vorgenommen, das 3½ cm weit und 15 cm hoch ist und bis zirka
1 bis 1½ cm unter den Rand mit der flüssigen Fettsäure
gefüllt wird. Das Reagenzglas wird hierauf in einem Pulver-
glase befestigt und in die Fettsäure durch einen Kork ein
in Fünftelgrade geteiltes Thermometer eingeführt (Abb. 5).
Mit dem Thermometer wird die noch klare Masse so lange
gerührt, bis sie eben ganz undurchsichtig geworden ist. In
diesem Augenblicke sinkt das Thermometer nicht mehr, selbst
wenn man noch weiter umrühren würde, und die ange-
zeigte Temperatur gilt als Erstarrungspunkt der Fettsäure.
Nach Erreichung dieses Punktes steigt das Thermometer
wieder etwas infolge der freiwerdenden Schmelzwärme der erstarren-
den Fettsäure.

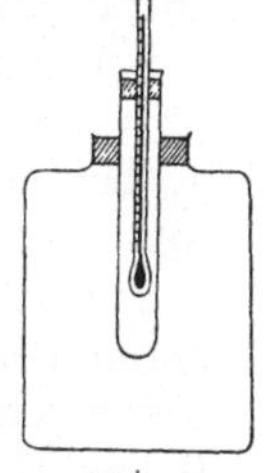

Abb. 5

Vorschrift Wizöff: Unter Titertest versteht man den nach
Shukoff bestimmten Erstarrungspunkt der folgendermaßen abgeschiedenen wasserunlöslichen Fettsäuren: 50 bis 100 g Fett werden
durch einstündiges Kochen mit etwa 40 bis 80 cm³ 50%iger Kalilauge
unter Zusatz von 25 cm³ Alkohol in einer Porzellanschale verseift. Nach
Verjagen des Alkohols wird die Seife in Wasser aufgenommen, allmählich
unter Rühren mit verdünnter Salzsäure versetzt und das Gemisch
erhitzt, bis die Fettsäuren klar oben schwimmen. Man zieht die wässerige
Schicht mit einem Heber ab und wäscht die Fettsäuren mit heißem
Wasser mineralsäurefrei, filtriert sie durch ein doppeltes, trockenes
Filter im Heißwassertrichter oder Trockenschrank in ein Shukoff-
Kölbchen, bis dies fast voll gefüllt ist. Mit einem fest schließenden
Kork wird das Thermometer so befestigt, daß die Kugel in die Mitte
des Gefäßes kommt. Man läßt das geschmolzene Fett auf etwa 5⁰ über
dem erwarteten Erstarrungspunkt abkühlen und schüttelt es dann
bis zur deutlichen Trübung, wobei man den Kork fest andrückt. Darauf
stellt man das Gefäß ruhig hin und beobachtet das meist sofortige Ansteigen der Temperatur. Das Maximum, bei dem die Temperatur gewöhnlich einige Minuten anhält, ist der Erstarrungspunkt.

4. Die Bestimmung des Brechungsindex mit Hilfe eines
Refraktometers kann selbst bei geringen Mengen eines Öles durchgeführt
werden, die Art der Bestimmung weicht aber bei den verschiedenen
Apparaten ab.

5. Viskosität (Zähflüssigkeit) der Öle. Der Flüssigkeitsgrad
von Ölen dient praktisch zur Beurteilung von Schmierölen, deren Güte
mit der Größe der Viskosität Hand in Hand geht. Zur Bestimmung

der Zähflüssigkeit dienen die sogenannten Viskosimeter, von denen das Englersche das gebräuchlichste ist. Es besteht aus einem inneren, vergoldeten Messinggefäß, das zur Aufnahme des zu prüfenden Öles dient. Es ist mit einem Holzstift versehen, der das dünne Ausflußröhrchen verschließt. Dieses Gefäß ist von einem zweiten umgeben, das mit Wasser oder Öl gefüllt ist und die Erwärmung reguliert, die das zu untersuchende Öl zu erleiden hat. Die Erwärmung erfolgt mittels Kranzbrenners, der Grad der Erwärmung des Öles wird mittels eingesenkten Thermometers festgestellt. Die Viskosität wird als Verhältniszahl zu jener Geschwindigkeit angegeben, bei der ein gleiches Volumen destillierten Wassers von 20° C ausfließt. Die Menge des ausgeflossenen Öles wird mit Hilfe eines Maßkolbens bestimmt, der für diese Prüfung eine besondere Form, nämlich einen mit zwei Marken versehenen Hals, besitzt.

Die Viskosität wird folgendermaßen bestimmt: Man füllt den inneren Teil des Viskosimeters mit dem zu prüfenden Öl bis zu den drei Markenspitzen, den äußeren Teil z. B. mit Wasser, und bringt nun durch gelindes Heizen das Öl auf die erforderliche Temperatur, z. B. 20° C. Nun öffnet man die Ausflußöffnung mittels des Holzstiftes und notiert den genauen Zeitpunkt des beginnenden Ausfließens. Man läßt nun 200 cm³ ausfließen, ohne daß man das Öl rührt, und achtet darauf, daß die eingestellte Temperatur konstant bleibt (Rühren des Erwärmungsbades). Nach beendetem Ausfluß der genannten Menge notiert man die hierfür erforderlich gewesene Zeit. Zur Abkürzung des Versuches kann auch die Ausflußzeit für 100 oder 50 cm³ Öl gemessen werden, und dann ist nur die gefundene Zahl mit dem Faktor 2,35 bzw. 5,03 zu multiplizieren, um die Ausflußzeit für 200 cm³ zu erhalten.

Es beträgt z. B. die Viskosität von:

Klauenöl	13		Olivenöl	21,6		Olivenöl	31,5	
Cottonöl	10		Ripsöl	15,8		Ripsöl	22,2	
Leinöl	7,5	bei 20° C	Leinöl	9,7	bei 12° C	Leinöl	11,5	bei 6° C
Spermazetöl	6,3		Rizinusöl	203		Rizinusöl	377	
Rizinusöl	140							

6. Wasserbestimmung. Liegen neutrale oder annähernd neutrale Fette vor, so genügt in der Regel ein zweistündiges Trocknen im Schranke bei 95 bis 100°, um bei Anwendung von 1 bis 2 g Substanz Gewichtskonstanz zu erhalten. In Fettsäuren und fettsäurereichen Gemischen ergibt sich der Wassergehalt als Differenz der ermittelten übrigen Bestandteile, und zwar: Fett, Unverseifbares, organischer Schmutz und Asche.

Eine exakte, direkte Bestimmung des Wassergehaltes kann nach Vorschrift der Wizöff nur durch Destillation mit wasserfreiem Xylol oder Benzol durchgeführt werden, mit dem man aus 5 bis 50 g Fett (je nach dem erwarteten Wassergehalt) das Wasser in eine graduierte Vorlage übertreibt und volumetrisch bestimmt.

7. Bestimmung des Aschegehaltes. In einem gewogenen Porzellan- oder Platintiegel bringt man etwa 5 g der Probe mittels gelinder Erhitzung zum Verdampfen. Ist das Fett bis auf einen teerigen

Rückstand verbrannt, so erhitzt man stärker, bis eine kohlenstofffreie Asche zurückbleibt, in der auf bekannte Art eine qualitative und quantitative Bestimmung der Bestandteile vorgenommen wird.

8. **Bestimmung der Trübstoffe.** 20 g Fett werden in einem Erlenmeyer-Kolben abgewogen und in zirka 100 cm³ Petroläther eventuell unter Erwärmen gelöst. Nun wird durch ein kleines, vorher bei 100° C getrocknetes und gewogenes aschefreies Filter filtriert und so lange mit Petroläther nachgewaschen, bis ein Tropfen des Filtrates, auf Papier verdunstet, keinen Fettfleck mehr hinterläßt. Dann trocknet man das Filter bei 100° C und wägt wieder, wodurch man das **Gesamt-Petrolätherunlösliche** erhält. Wird davon der Aschegehalt abgezogen, so verbleibt die gesamte **petrolätherunlösliche organische Substanz.** Ist der Aschegehalt ein erheblicher, so kann dies auf an Basen gebundene Fettsäuren hinweisen und man hat in diesem Fall auf Seifen zu prüfen, die ebenfalls durch diese Abscheidungsmethode in den Rückstand kommen.

9. **Bestimmung der Kalkseifen.** Man löst 20 g der Probe in Petroläther (Siedepunkt nicht über 65°), filtriert vom unlöslichen Rückstand ab und wäscht so lange mit Petroläther nach, bis eine Probe des Filtrats nach dem Verdunsten keinen Fettrückstand hinterläßt. Nach dem Durchstoßen des Filters mit einem Glasstabe spült man die unlösliche Masse in einen Kolben, versetzt mit wenig Salzsäure und löst die abgeschiedene freie Fettsäure in Äther, verdunstet die Lösung und bringt den Rückstand zur Wägung. Die gefundene Menge der an Kalk gebundenen Fettsäuren ist dem Gesamtfettgehalt zuzurechnen.

10. **Bestimmung freier Mineralsäure.** Einige Gramm der Probe werden mit warmem Wasser wiederholt durchgeschüttelt und das abgesetzte Wasser nach Zusatz von Methylorange mit $^1/_{10}$ n-Lauge titriert. Durch Prüfung eines kleinen Anteiles mit Silbernitrat und Bariumchlorid ermittelt man die Art der Säure.

Nach Vorschrift der Wizöff ist diese Bestimmung zuverlässiger, wenn sie gravimetrisch (als $BaSO_4$ bzw. AgCl) im wässerigen Auszug sowie in Rücksicht auf die Gegenwart von Salzen der betreffenden Säuren auch in der Asche des Fettes ausgeführt wird. Die Differenz beider Mengen entspricht dem Gehalt an Mineralsäure.

11. **Bestimmung des Unverseifbaren.** Man wägt genau 10 g Fett in einem zirka 150 cm³ fassenden Kolben ab und verseift es mit 5 g Ätzkali (in wenig Wasser gelöst) unter Zusatz von etwa 50 cm³ Alkohol. Den Kolben erhitzt man auf dem Wasserbade zirka eine halbe Stunde unter Rückflußkühlung, verdünnt dann mit 50 cm³ Wasser und läßt erkalten. Man füllt nun die Seifenlösung in einen Schütteltrichter, ohne mit Wasser nachzuspülen, und schüttelt hernach kräftig mit 100 cm³ Petroläther von höchstens 65° Siedepunkt aus und dann noch zweimal mit je 50 cm³ Petroläther, wodurch alles Unverseifbare in Lösung geht. Die vereinigten Petrolätherauszüge sind dreimal mit je 10 bis 20 cm³ 50%igem Alkohol von etwa gelösten Seifenresten durch Ausschütteln zu befreien. Ein Zusatz von Phenolphthalein zum Waschalkohol zeigt

durch Rötung eine eventuelle alkalische Verunreinigung an. Die vereinigten Petrolätherschichten werden in einen trockenen, gewogenen Erlenmeyer-Kolben umgeleert, wobei zu vermeiden ist, daß abgesetzte Wassertropfen mitgefüllt werden. Durch Abdampfen der Lösung am Wasserbade und Trocknen bei 95 bis 100° auf Gewichtskonstanz und Wägung erfährt man das Unverseifbare.

Nach den Vorschriften der Wizöff verfährt man folgendermaßen:

a) Nach Spitz-Hönig (für gewöhnliche Fette). 5 g Fett oder Ätherextrakt werden mit 12 bis 15 cm³ alkoholischer 2 n-Kalilauge etwa zwanzig Minuten unter Rückfluß verseift, mit ebensoviel Wasser versetzt und, falls dabei Ausscheidungen auftreten, nochmals aufgekocht. Die abgekühlte Seifenlösung wird mit etwa 50%igem Alkohol in einen Scheidetrichter gespült und mindestens zweimal mit je 50 cm³ Petroläther (Kp. 30 bis 50°, frei von ungesättigten und aromatischen Kohlenwasserstoffen) ausgeschüttelt. Etwaige Emulsionen werden durch Zusatz kleiner Mengen Alkohol oder konzentrierter Kalilauge beseitigt. Die vereinigten Petrolätherauszüge sind zunächst mit 50%igem Alkohol, dem etwas Alkali zugefügt ist, und dann zur Entfernung mitgerissener Seifenreste wiederholt mit je 25 cm³ 50%igem Alkohol zu waschen, bis diesem zugesetztes Phenolphthalein nicht mehr gerötet wird. Die petrolätherische Lösung wird auf dem Wasserbade abgetrieben, einigemale, am besten mit einem Handgebläse, der Rückstand abgeblasen und nun bei 100° bis zur Gewichtskonstanz getrocknet, das ist maximal 0,1% Gewichtsänderung in je viertelstündiger Trockendauer.

b) nach Fahrion (für Trane und Wollfett). 5 g Fett oder Ätherextrakt werden mit 12 bis 15 cm³ alkoholischer 2 n-Kalilauge in einer Schale auf dem Sandbade verseift, wobei das Gemisch unter vorsichtigem Erwärmen bis zur Trockne gerührt wird. Die Seife wird mit etwa 50 cm³ warmem Wasser unter Nachspülen mit 10 cm³ Alkohol in einen Scheidetrichter gebracht. Die abgekühlte Seifenlösung wird mit 50 cm³ Äther ausgeschüttelt und dies ein- bis zweimal mit je 25 cm³ wiederholt. Sollten die Schichten sich nicht glatt absetzen, so läßt man einige Kubikzentimeter Alkohol am Rande des Scheidetrichters herabfließen. Die vereinigten Ätherauszüge schüttelt man mit 2 cm³ $\frac{n}{2}$-HCl und 8 cm³ Wasser (wenn nötig mit mehr HCl) unter Zusatz von Methylorange und entsäuert sie nach dem Abziehen des Sauerwassers mit 3 cm³ alkoholischer $\frac{n}{2}$-KOH und 7 cm³ Wasser. Nach einigem Stehen wird die alkoholische Schicht abgezogen und die ätherische Lösung wie oben unter a) weiterbehandelt.

12. Bestimmung des Gesamtfettes (Ätherextrakt). Zirka 5 g der Probe werden mit der vier- bis sechsfachen Menge reinem, feingemahlenem Gips gemischt, bei 100° getrocknet und in einem Extraktionsapparate mit Äther oder Petroläther extrahiert und das durch Abdestillieren erhaltene Fett nach erfolgtem Trocknen zur Wägung gebracht. Enthält das Fett größere Mengen fremder Substanzen, so kann auch ohne Beimengung von Gips eine direkte Fettbestimmung

vorgenommen werden, wobei die erhaltenen unlöslichen Beimengungen gewogen und als Nichtfette berechnet werden können. Die ermittelte Menge Unverseifbares vom Gesamtfett in Abzug gebracht, ergibt die Menge des verseifbaren Fettes. Genauer wird das Gesamtfett aus den Werten der Verseifungszahl, Säurezahl und dem mittleren Molekulargewichte der reinen Fettsäuren berechnet.

13. **Bestimmung der Verseifungszahl (Köttstorfer-Zahl).** Man wägt in einem kleinen Wägeglase 2,5 bis 4 g des reinen filtrierten Fettes ab, bringt das Glas in einen Kolben von zirka 200 cm³ Fassungsraum und fügt aus einer Bürette 50 cm³ einer gestellten alkoholischen Kalilauge (zirka 30 g KOH pro Liter Alkohol) zu und behandelt auf dem kochenden Wasserbade unter Rückflußkühlung zirka eine halbe Stunde unter häufigem Umschwenken, bis die Lösung völlig homogen ist. Zu der noch warmen Lösung wird dann 1 cm³ einer 1%igen Phenolphthalein-Lösung zugesetzt und der Überschuß von Kalilauge mit einer ½ n-Salzsäure rücktitriert. Stets ist ein blinder Versuch derart auszuführen, daß ebenfalls 50 cm³ alkoholischer Lauge zur gleichen Zeit gleich lang für sich ohne Fett erhitzt und hernach titriert werden.

Die Differenz der Anzahl von Kubikzentimetern Salzsäure, die in den beiden Versuchen gebraucht wurden, entspricht der zur Verseifung erforderlichen Menge KOH. Diese Anzahl Kubikzentimeter Salzsäure auf Normalsalzsäure umgerechnet und mit 0,056 (das ist KOH-Gehalt in 1 cm³ n-KOH) multipliziert, gibt den Verbrauch an KOH für die angewandte Fettmenge; diese in Milligramm ausgedrückt und durch die Menge des Fettes (in Gramm ausgedrückt) dividiert, ergibt die Verseifungszahl, welche also die Anzahl von Milligrammen KOH angibt, welche für die Verseifung von 1 g Fett erforderlich ist.

14. **Bestimmung der Jodzahl nach Hübl.** Die Jodzahl drückt die von einem Fett absorbierte Jodmenge in Prozenten des angewandten Fettes aus, und diese Eigenschaft der Jodabsorption beruht auf der Addition von Jod durch die ungesättigten Fettsäuren. Diese Methode erfordert ein peinlich genaues Arbeiten, da die geringsten Ablesefehler schon die Jodzahlen um 1% verändern können. Zur Ausführung der Methode benötigt man nachfolgende, genau hergestellte Lösungen:

a) Jodlösung: 25 g Jod in 500 cm³ 95%igem Alkohol gelöst.

b) Quecksilberlösung: 30 g Merkurichlorid in 500 cm³ 95%igem Alkohol gelöst und eventuell filtriert.

Diese beiden Lösungen dürfen erst 24 Stunden vor Gebrauch zu gleichen Teilen gemischt werden.

c) Thiosulfatlösung: 25 g Natriumthiosulfat in 1 l Wasser gelöst.

d) Jodkaliumlösung: 10 g Jodkalium in 100 g Wasser gelöst.

e) Stärkelösung: Eine Messerspitze voll löslicher Stärke wird mit wenig destilliertem Wasser erhitzt, und genügen einige Tropfen der unfiltrierten Lösung für jeden Versuch.

Titerstellung der Thiosulfatlösung: Man löst 3,8740 g wiederholt umkristallisiertes und nach Volhard geschmolzenes Kaliumbichromat im Liter auf. Man gibt 15 cm³ Jodkaliumlösung in ein Stöpselglas, säuert mit 5 cm³ konzentrierter Salzsäure an und verdünnt mit 100 cm³ Wasser. Unter tüchtigem Umschütteln bringt man hierauf 20 cm³ der Bichromatlösung hinzu und läßt nun unter Umschütteln von der Thiosulfatlösung zufließen, wodurch die anfangs stark braune Lösung immer heller wird, bis man zur weingelben Lösung etwas Stärkelösung und so viel Thiosulfat unter Schütteln zufügt, bis der letzte Tropfen die Blaufärbung der Stärke eben zum Verschwinden bringt.

Berechnung: 20 cm³ Bichromatlösung = 0,20 g Jod, diese benötigen a Kubikzentimeter Thiosulfatlösung zur Bindung.

$$1 \text{ cm}^3 \text{ Thiosulfatlösung} = \frac{0{,}20}{a} \text{ Jod (Koeffizient für J)}.$$

Die Bichromatlösung hält sich lange unverändert und kann stets zur Kontrolle der Thiosulfatlösung dienen.

Ausführung der Methode: Man bringt von trocknenden Ölen 0,15 bis 0,18 g, von nicht trocknenden 0,3 bis 0,4 g, von festen Fetten 0,8 bis 1,0 g nach vorherigem Filtrieren in ein Stöpselglas, löst in 15 cm³ reinstem Chloroform und läßt 30 cm³ Jodlösung zufließen. Sollte die so erhaltene Flüssigkeit nicht ganz klar sein, so ist noch ein Chloroformzusatz nötig. Tritt hingegen binnen kurzer Zeit eine fast vollständige Entfärbung der Flüssigkeit ein, so muß man noch Jodlösung zugeben, damit die Flüssigkeit noch nach zirka zwei Stunden stark braungefärbt bleibt. Man läßt somit die Probe zirka zwei Stunden stehen, bei trocknenden Ölen jedoch achtzehn Stunden bei einer Temperatur von zirka 18° ohne direktes Sonnenlicht. Nun versetzt man mit 15 cm³ Jodkaliumlösung, schwenkt um und fügt 100 cm³ Wasser zu. Scheidet sich hiebei ein roter Niederschlag aus, so muß abermals etwas Jodkaliumlösung zugefügt werden. Man läßt dann unter oftmaligem Schütteln so lange Thiosulfatlösung zufließen, bis die wässerige Lösung und die Chloroformschicht nur mehr schwach gefärbt sind. Nun fügt man Stärkelösung zu und titriert zu Ende. Auch hier ist mit jeder Versuchsreihe ein blinder Versuch ohne Fett vorzunehmen, um die Reinheit der Reagenzien, besonders die des Chloroforms und den Titer der Jodlösung zu konstatieren. Bei Untersuchung der trocknenden Öle ist sowohl bei Beginn des Versuches als auch am Ende der Einwirkung nach achtzehn Stunden eine Bestimmung des Jodgehaltes der Hüblschen Lösung auszuführen. Die Differenz der beiden verbrauchten Thiosulfatmengen entspricht der vom Fett absorbierten Jodmenge. Die Jodzahl wird erhalten, indem man diese Jodmenge mit 100 multipliziert und durch das Gewicht des angewandten Fettes dividiert.

Bei trocknenden Ölen erfolgt die Berechnung des wirklich vom Fett absorbierten Jods durch Abzug des Mittelwertes der beiden blinden Versuche vor und nach der Einwirkung der Jodlösung.

Die Wizöff schreibt die Methode nach Hanuš vor:

Die Substanzeinwaage richtet sich nach der voraussichtlichen Höhe der Jodzahl, und zwar:

$$0,1 \text{ bis } 0,2 \text{ g bei J. Z. über } 120$$
$$0,2 \quad,, \quad 0,4 \text{ g } \quad,, \quad \text{J. Z. } 60 \text{ bis } 120$$
$$0,4 \quad,, \quad 0,8 \text{ g } \quad,, \quad \text{J. Z. unter } 60$$

Die im Jodzahlkolben von 200 bis 300 cm³ Inhalt eingewogene Substanz wird in etwa 10 cm³ Chloroform oder, wenn möglich, in Eisessig gelöst, mit 25 cm³ Jodmonobromidlösung (10 g käufliches Jodmonobromid in 500 g Eisessig) versetzt und im verschlossenen Kolben etwa fünfzehn Minuten stehengelassen. Bei Produkten mit höherer Jodzahl als 120 läßt man etwa dreiviertel Stunde einwirken. Ein Blindversuch ist in gleicher Weise anzusetzen. Nach Zusatz von 15 cm³ 10%iger möglichst farbloser KJ-Lösung und 50 cm³ Wasser wird der Halogenüberschuß unter stetem Umschwenken mit $\frac{n}{10}$-Thiosulfatlösung zunächst bis zur Gelbfärbung und auf Zusatz von Stärkelösung (Blaufärbung) bis zur Farblosigkeit zurücktitriert.

Berechnung:

e = Einwaage,

a = verbrauchte Kubikzentimeter $\frac{n}{10}$-Thiosulfat für die Blindprobe,

b = verbrauchte Kubikzentimeter $\frac{n}{10}$-Thiosulfat für die Hauptprobe;

$$\text{J. Z. } = \frac{1,269 \times (a-b)}{e}.$$

15. Bestimmung der Reichert-Meißl- und Polenske-Zahl (Vorschriften nach Wizöff.)

a) Die **Reichert-Meißl-Zahl** (R.-M.-Z.) gibt an, wieviel Kubikzentimeter $\frac{n}{10}$-Alkalilauge zur Neutralisation der aus genau 5 g Fett erhältlichen, mit Wasserdampf flüchtigen, wasserlöslichen Fettsäuren nötig sind.

b) Die **Polenske-Zahl** (P.-Z.) gibt an, wieviel Kubikzentimeter $\frac{n}{10}$-Alkalilauge zur Neutralisation der aus genau 5 g Fett erhältlichen, mit Wasserdampf flüchtigen wasserunlöslichen Fettsäuren nötig sind.

a) R.-M.-Z.: Genau 5 g Fett werden mit 20 g Glyzerin und 2 cm³ 50%iger Natronlauge in einem Jenaer Rundkolben (300 cm³) über freier Flamme verseift, bis die Flüssigkeit unter ständigem Umschwenken klar wird. Dann läßt man das Verseifungsgemisch auf etwa 80° abkühlen, setzt 90 cm³ frisch ausgekochtes Wasser von etwa gleicher Temperatur hinzu und zu der klaren Seifenlösung sofort 50 cm³ verdünnte Schwefelsäure (25 cm³ konzentrierte H_2SO_4 in 1 l) sowie 0,6 bis 0,7 g Bimssteinpulver oder Kieselgur. Nach sofortigem Verschluß des Kolbens wird derart abdestilliert, daß ein 130 mm hoher und 37 mm weiter Destillationskugelaufsatz zu einem 520 mm langen Kühler führt.

Der Kolben steht auf einem flachen Asbestteller mit 6,5 cm breitem Ausschnitt und wird mit der wenig abgestumpften Spitze der voll brennenden, freien Flamme erhitzt, so daß in 19 bis 21 Minuten 110 cm³ Destillat übergehen. Sobald genau 110 cm³ überdestilliert sind, wird die Flamme entfernt und die Vorlage durch ein anderes Gefäß ersetzt. Die Vorlage wird zehn Minuten lang so tief wie möglich in Wasser von 15⁰ eingetaucht.

Durch vier- bis fünfmaliges Umkehren des verschlossenen Kolbens wird das Destillat unter Vermeiden starken Schüttelns gemischt und hierauf durch ein trockenes glattes Filter (Durchmesser 8 cm) filtriert. Eine Trübung des Filtrats durch emulgierte feste Säuren läßt sich durch Schütteln mit wenig Kieselgur beseitigen.

100 cm³ des Filtrates werden nach Zusatz von 3 bis 4 Tropfen neutralisierter alkoholischer 1%iger Phenolphthaleinlösung mit $\frac{n}{10}$-Alkalilauge titriert.

In gleicher Weise wird ein Blindversuch vorgenommen.

Berechnung:

$$a = \text{verbrauchte Kubikzentimeter } \frac{n}{10}\text{-Lauge beim Hauptversuch,}$$

$$b = \text{verbrauchte Kubikzentimeter } \frac{n}{10}\text{-Lauge beim Blindversuch;}$$

$$\text{R.-M.-Z.} = 1,1 \cdot (a - b).$$

b) P.-Z.: Zur völligen Entfernung der wasserlöslichen flüchtigen Fettsäuren wäscht man nacheinander das Kühlrohr, die zweite und erste Vorlage und das Filter dreimal mit je 50 cm³ Wasser aus und darauf, zum Herauslösen der wasserunlöslichen flüchtigen Fettsäuren, in gleicher Weise mit je 15 cm³ neutralisiertem 90%igem Alkohol. Das Filtrat darf jedesmal erst nach völligem Ablaufen der Flüssigkeit wieder aufgefüllt werden. Die gesondert aufgefangenen, vereinigten alkoholischen Filtrate werden wie oben titriert.

Berechnung:

$$c \text{ Kubikzentimeter } \frac{n}{10}\text{-Lauge verbraucht;}$$

$$\text{P.-Z.} = c.$$

Die Abweichungen zwischen zwei Parallelbestimmungen sollen für P.-Z. bis 2,5 bzw. 10 nicht mehr als 10 bzw. 4% betragen.

16. Bestimmung der Hehner-Zahl. Diese gibt die Prozente der aus einem Fett erhältlichen Menge von unlöslichen Fettsäuren und Unverseifbarem an und wird folgendermaßen ermittelt: Zirka 3 bis 4 g des filtrierten Fettes werden aus einem mit Glasstab versehenen Becherglas in eine Porzellanschale von etwa 13 cm Durchmesser eingewogen. Dann werden 50 cm³ starker Alkohol und 1 bis 2 g festes Ätzkali hinzugefügt und die Masse unter beständigem Umrühren auf dem Wasserbade erhitzt, bis eine klare Lösung entstanden ist. Auf Zusatz eines Tropfens destillierten Wassers darf keine Trübung entstehen; tritt diese ein, so muß noch länger erhitzt werden, um völlige Verseifung herbeizuführen. Die klare Lösung wird dann eingedampft, bis der Alkohol sich verflüchtigt hat, der Rückstand in 100 bis 150 cm³ Wasser gelöst und mit verdünnter Schwefelsäure versetzt, bis die Lösung deutlich sauer ist. Man erhitzt dann die Flüssigkeit, bis die Fettsäuren als klares

Öl auf der Oberfläche schwimmen. Diese werden auf ein Filter von 10 bis 13 cm Durchmesser, das zuvor bei 100^0 getrocknet und in einem mit einem Uhrglase bedeckten kleinen Becherglase genau abgewogen wurde, gebracht. Es ist vorteilhaft, das Papier mit heißem Wasser zu füllen und bis zur Beendigung der Filtration stets voll zu halten. Die Fettsäuren werden auf dem Filter mit siedendem Wasser ausgewaschen, bis einige Kubikzentimeter des Waschwassers Methylorange nicht mehr röten. Zum Entfernen der Laurinsäure sind manchmal 2 bis 3 l Waschwasser notwendig. Nach beendetem Auswaschen wird der Trichter samt dem Filter in ein mit kaltem Wasser gefülltes Gefäß gebracht, wodurch die Fettsäuren meistens erstarren und die Flüssigkeit ablaufen kann. Bleiben jedoch die Fettsäuren flüssig, so läßt man das Wasser vorsichtig ablaufen, bringt das Filter samt Inhalt in das zum Abwiegen des trockenen Filters benutzte Becherglas und trocknet bei 100^0 etwa zwei Stunden. Hernach wägt man, trocknet abermals etwa eineinhalb Stunden und wägt wieder, wobei jedoch meist eine Differenz von 1 mg zwischen den Wägungen liegt, indem einerseits durch längeres Trocknen ein Teil der Fettsäuren sich verflüchtigt, ein Teil dagegen oxydiert. Genauer wird daher diese Trocknung nur unter Anwendung einer Kohlensäureatmosphäre.

17. **Bestimmung der freien Fettsäuren (Säurezahl).** Man löst in einem säurefreien Gemisch von gleichen Teilen Äther und Alkohol eine genau gewogene Menge von zirka 5 g Fett eventuell unter gelindem Erwärmen und titriert mit $^1/_{10}$ n-Kalilauge und Phenolphthalein. Die verbrauchten Kubikzentimeter Lauge drückt man aus:

a) Als Säurezahl, das ist die Menge KOH in Milligrammen, welche zur Sättigung von 1 g Fett erforderlich ist,

b) als freie Säure in Prozenten des Fettes, 1 cm³ Lauge $= 0{,}282$ g Ölsäure,

c) als Säuregrad $=$ Anzahl der Kubikzentimeter n-Lauge für 100 g Fett.

18. **Bestimmung der Äther- (Ester-) Zahl.** Diese gibt die Anzahl Milligramm KOH an, welche zur Verseifung der neutralen Ester in 1 g des Fettes nötig sind. Diese Zahl berechnet sich aus der Differenz von Verseifungszahl und Säurezahl.

19. **Bestimmung des Glyzeringehaltes.** Gemäß der Gleichung

$$\underset{\text{(Fett)}}{C_3H_5(OR)_3} + 3\,KOH = C_3H_8O_3 + \underset{\text{(Kaliseife)}}{3\,R\cdot OK}$$

spaltet jedes Fett durch Verseifung mit Lauge eine äquivalente Menge Glyzerin ab und ist somit die Esterzahl ein Maßstab für den Glyzeringehalt. 1 g KOH entspricht also $0{,}5476$ g Glyzerin.

20. **Berechnung des Molekulargewichtes der Fettsäuren.** Aus der ermittelten Säurezahl berechnet sich das Molekulargewicht w nach der Formel: $w = \dfrac{56\,140}{s}$.

21. **Berechnung der freien Fettsäuren, des Neutralfettes und des gesamtunverseifbaren Fettes.** Der prozentuale Gehalt

an freien Fettsäuren berechnet sich aus der Säurezahl s der Fettsäuren eines Fettes mit Hilfe der gefundenen Säurezahl a gemäß der Gleichung:

$$x = \frac{100 \cdot a}{s}.$$

Aus der gefundenen Verseifungszahl b berechnet sich der prozentuale Gehalt an Gesamtfettsäure vermittels der Gleichung: $x = \dfrac{100 \cdot b}{s}$.

Die Differenz von Gesamtfettsäure und freier Fettsäure stellt den prozentualen Gehalt an als Neutralfett c vorhandener gebundener Fettsäure vor oder gemäß der Verseifungsgleichung:

$$c \text{ Prozent Fettsäure} = c \frac{(3\,w + 38)}{3\,w} \text{ Prozent Neutralfett.}$$

Ferner ist aber: freie Fettsäure + Neutralfett = verseifbares Gesamtfett eines Fettes.

22. Bestimmung der Azetylzahl. Die Azetylzahl gibt die Anzahl der Milligramme KOH an, welche zur Neutralisation derjenigen Essigsäuremenge erforderlich ist, die aus 1 g azetyliertem Fette bei der Verseifung abgespalten wird. Wird nämlich ein Alkohol oder eine Oxyfettsäure mit Essigsäureanhydrid gekocht, so tritt das Azetylradikal C_2H_3O an die Stelle des Wasserstoffes im Alkoholhydroxyl bzw. an die Stelle des Wasserstoffes im Hydroxyl der Oxyfettsäure. Wird dann ein solches azetyliertes Fett verseift, so wird die Essigsäure wieder frei und sättigt einen Teil des Alkalis, das zur Verseifung angewandt wurde.

Lewkowitsch gibt folgende Methode der Azetylierung an[1]:

10 g des Fettes werden mit dem gleichen Volumen Essigsäureanhydrid in einem Rundkolben am Rückflußkühler zwei Stunden lang gekocht. Der Kolbeninhalt wird hernach in ein großes Becherglas gebracht, mit mehreren 100 cm³ Wasser gemischt und dann eine halbe Stunde gekocht; zur Vermeidung des Stoßens leitet man durch ein fast bis auf den Boden des Becherglases reichendes Kapillarrohr einen schwachen Kohlensäurestrom ein. Man läßt die Flüssigkeit dann sich in zwei Schichten trennen, hebt die wässerige Schicht ab und kocht die ölige Schicht in der beschriebenen Weise zur Entfernung der letzten Spuren Essigsäure noch mehrmals aus und prüft mit Lackmus auf Säurefreiheit. Das azetylierte Fett wird vom Wasser getrennt und durch Filtrierpapier filtriert.

Die Verseifung dieses azetylierten Fettes wird folgendermaßen vorgenommen: 2 bis 4 g des azetylierten Fettes werden mit genau 25 cm³ einer alkoholischen n-Lauge in üblicher Weise am Wasserbade verseift und hernach mit Säure rücktitriert; gleichzeitig wird ein blinder Versuch mit der alkoholischen n-Lauge gemacht. Nach erfolgter Neutralisation erwärmt man die Lösung vorsichtig, bis sich die Fettsäuren als ölige Schicht abgeschieden haben und filtriert durch ein feuchtes Filter. Man wäscht hernach die Fettsäuren mit kochendem Wasser am Filter gründlich aus und vereinigt diese Waschwässer mit dem Filtrate und

---

[1] Journ. Soc. Chem. Ind., S. 503. 1897.

titriert mit $^1/_{10}$ n-Lauge und Phenolphthalein. Die verbrauchten Kubikzentimeter $^1/_{10}$ n-Kalilauge mit 5,61 multipliziert und durch die angewandte Fettmenge, in Grammen ausgedrückt, dividiert, ergibt die Azetylzahl.

In nachstehender Tabelle finden sich die Azetylzahlen einiger Fette:

Rizinusöl	146,7 bis 149,6
Cottonöl	21,9 ,, 25,1
Maisöl	7,9 ,, 8,3
Olivenöl	13,5 ,, 13,6
Leinöl	6,9 ,, 7,0
Haifischlebertran	17,8
Klauenöl	14,4
Rindertalg	9,8

Die Azetylzahl ist also bei den meisten Fetten und Ölen sehr klein und macht nur beim Rizinusöl eine Ausnahme, bei dem sie bis zu 150 beträgt. Sie ist keine Konstante, sondern variabel wie die Säurezahl; sie nimmt beim Altern und Ranzigwerden der Öle zu. Die Bestimmung der Azetylzahl dient hauptsächlich zum Nachweis von Rizinusöl und zur Bestimmung des Oxydationsgrades unter Luftzutritt erhitzter oder geblasener Öle.

23. Löslichkeit der Öle und Fette. Die Löslichkeit der Öle und Fette in verschiedenen Lösungsmitteln kann manchmal zu ihrer Erkennung und Unterscheidung beitragen. So hat Girard folgende Löslichkeit in 1000 g Alkohol bei 15° C ermittelt:

Rapsöl .... 15 g		Cottonöl ...... 64 g
Nußöl .... 44 g		Erdnußöl ..... 66 g
Mohnöl ...... 47 g		Leinöl .... 70 g

Dubois und Padé[1]) haben die Alkohollöslichkeit der Fettsäuren verschiedener Fette bei 10° C in 1000 g absolutem Alkohol folgendermaßen festgestellt:

Hammeltalg 5,02 g, Ochsentalg 6,05 g, Kälberfett 13,78 g.

Valenta[2]) unterscheidet die Fette durch ihre verschiedene Löslichkeit in Eisessig, indem gleiche Volumina Öl und Eisessig (1,056 Dichte) vermengt und eventuell erwärmt werden und die Temperatur, bei der eine Trübung eintritt, festgestellt wird:

Erdnußöl .... 87 bis 112° C	Ochsenklauenöl	102° C
Haifischtran ..... 105° C	Preßtalg	114° C
Knochenfett ..... 90 ,, 95° C	Rindertalg	95° C
Lebertran .... 79 ,, 101° C	Robbentran	72° C
Leinöl .... 57 ,, 74° C	Walfischtran	38 bis 86° C

Bei gewöhnlicher Temperatur (14 bis 20° C) lösen sich vollkommen: Olivenöl, Rizinusöl. Bei 23° C bis zum Siedepunkt des Eisessigs lösen sich vollkommen oder fast vollkommen: Kürbiskernöl, Rindertalg, Knochenfett, Lebertran, Preßtalg. Bei der Siedetemperatur des Eisessigs lösen sich vollkommen: Rüböl und Rapsöl.

---

[1]) Bull. Soc. Chim., S. 44, 189. 1885.
[2]) Dingl. Pol. Journ., S. 252, 297. 1884.

24. Bestimmung der oxydierten Fettsäuren. Die Bestimmung der oxydierten Fettsäuren in Leinölfirnissen und Tranen gibt Aufschluß über den erreichten Grad der Oxydation, und können diese Fettsäuren als Degrasbildner bezeichnet werden. In einem Öle werden sie dadurch ermittelt, daß man dasselbe verseift und das Unverseifte durch Extraktion entfernt (vgl. 11. Bestimmung des Unverseifbaren, S. 101). Man kocht hernach den Alkohol weg, löst die Seife in heißem Wasser und bringt diese Lösung ohne Verlust in einen großen Scheidetrichter, wo sie mit einem geringen Überschuß verdünnter Schwefelsäure oder Salzsäure zerlegt wird; die Menge der Säure soll der zur Verseifung verwandten Kalilösung etwa äquivalent sein. Nach dem Erkalten wird das Gemisch zirka fünf Minuten kräftig mit 100 cm³ Petroläther ausgeschüttelt. Bei Gegenwart von Wollfetten ist statt Petroläther Äthyläther zu nehmen. Nach erfolgtem Durchschütteln läßt man im Scheidetrichter mehrere Stunden ruhig stehen, bis sich die beiden Schichten getrennt haben. Man läßt nun die wässerige Schicht ablaufen, indem die Oxyfettsäuren sich an die Gefäßwandungen anlegen. Nachher kann der Petroläther ohne Mitreißen der Oxyfettsäuren durch die obere Mündung des Scheidetrichters abgegossen werden und man wäscht die zurückgebliebenen Oxyfettsäuren mehrmals mit Petroläther nach, löst sie in heißem Alkohol und verdampft die filtrierte Lösung in einer gewogenen Schale vorsichtig am Wasserbade zur Trockne, trocknet mehrere Stunden bei 100 bis 105° und wägt. Die Lösung der Fettsäuren in Petroläther kann durch Destillation in ihre Bestandteile getrennt, und die abgeschiedenen Fettsäuren weiter geprüft werden.

25. Bestimmung der Neutralisationszahl und des mittleren Molekulargewichtes. Die Neutralisationszahl gibt die Anzahl von Milligrammen KOH an, die zur Sättigung von 1 g der Fettsäuren erforderlich sind.

Zur Bestimmung derselben nimmt man zirka 5 g der gereinigten abgeschiedenen Fettsäuren und löst sie in einem säurefreien Gemisch von gleichen Teilen Äther und Alkohol eventuell unter gelindem Erwärmen auf und titriert mit $^1/_{10}$ n-Kalilauge und Phenolphthalein. Aus der Tabelle 28 läßt sich ein Schluß auf die ungefähre Zusammensetzung des Fettsäuregemisches ziehen.

Aus der gefundenen Neutralisationszahl berechnet man das mittlere Molekulargewicht folgendermaßen: Ist M das mittlere Grammolekulargewicht der Fettsäuren, so müssen M Gramm theoretisch durch 56,1 g KOH neutralisiert werden. Ist nun n die Anzahl Gramme KOH, die im Versuche 1 g Fettsäuren neutralisiert haben, so ist gemäß der Proportion:

$$M : 56{,}1 = 1 : n; \qquad M = \frac{56{,}1}{n}$$

n findet man durch Multiplikation der verbrauchten Anzahl Kubikzentimeter n-Kalilauge (a) mit 0,0561. Es ist also:

$$n = a \times 0{,}0561$$

oder durch Einsetzen dieses Wertes in obige Gleichung

$$M = \frac{56,1}{a \times 0,0561} = \frac{1000}{a}$$

Tabelle 28

Säure	Formel	Molekular-gewicht	Neutralisations-zahl
Essigsäure	$C_2H_4O_2$	60	935,0
Buttersäure	$C_4H_8O_2$	88	637,5
Capronsäure	$C_6H_{12}O_2$	116	483,6
Caprylsäure	$C_8H_{16}O_2$	144	389,6
Kaprinsäure	$C_{10}H_{20}O_2$	172	326,2
Laurinsäure	$C_{12}H_{24}O_2$	200	280,5
Myristinsäure	$C_{14}H_{28}O_2$	228	246,1
Palmitinsäure	$C_{16}H_{32}O_2$	256	219,1
Stearinsäure	$C_{18}H_{36}O_2$	284	197,5
Ölsäure	$C_{18}H_{34}O_2$	282	198,9
Linolsäure	$C_{18}H_{32}O_2$	280	200,4
Linolensäure	$C_{18}H_{30}O_2$	278	198,2
Rizinolsäure	$C_{18}H_{34}O_3$	298	188,3
Arachinsäure	$C_{20}H_{40}O_2$	312	179,8
Erukasäure	$C_{22}H_{42}O_2$	338	166,0
Cerotinsäure	$C_{27}H_{54}O_2$	411	141,7
Melissinsäure	$C_{30}H_{60}O_2$	453	124,1
Hydrooxystearinsäure	$C_{18}H_{36}O_3$	300	187,0
Dihydrooxystearinsäure	$C_{18}H_{36}O_4$	316	177,6
Trihydrooxystearinsäure	$C_{18}H_{36}O_5$	332	169,0

26. Bestimmung der Ölsäure, Linolsäure und Linolensäure.
Erhält man als Jodzahl etwa 90, so ist reine Ölsäure vorhanden; liegt
diese Zahl jedoch viel höher, so können eventuell Linolsäure und Linolensäure vorhanden sein und kann letztere durch die Hexabromidprobe
folgendermaßen ermittelt und annähernd quantitativ bestimmt werden:
0,3 g der Fettsäuren werden in Eisessig gelöst und die Lösung in einem
verkorkten Kolben auf 5° abgekühlt. Man fügt nun tropfenweise Brom
hinzu, bis die braune Farbe nicht mehr verschwindet, läßt drei Stunden
lang stehen, filtriert durch ein Asbestfilter und wäscht den Niederschlag
nacheinander mit je 5 cm³ abgekühltem Eisessig, Alkohol und Äther.
Der Rückstand wird in einem Wassertrockenschrank bis zum konstanten
Gewicht getrocknet, und soll der Schmelzpunkt zwischen 175 bis 180°
liegen.

Im Filtrate kann man die Linolsäure annähernd als Tetrabromid
bestimmen, indem man durch Verdampfen das Lösungsmittel entfernt
und den eventuellen Rückstand mit heißem Petroläther (spez. Gewicht
unter 0,700) behandelt. Beim Erkalten scheidet sich das Linolsäure-
tetrabromid größtenteils ab, während das Ölsäuredibromid in Lösung
bleibt. Die abfiltrierten Kristalle sollen einen Schmelzpunkt von zirka
112° zeigen.

27. Untersuchung des Unverseifbaren. Unverfälschte Öle
enthalten zumeist nur maximal 1% unverseifbare Substanzen, die jedoch
bei Wachsen bis zu 50% ansteigen können. Dagegen erhöhen absichtliche

Verfälschungen mit Mineral-, Harz- und Teeröl diese unverseifbaren Substanzen wesentlich.

a) Das Unverseifbare in natürlichen Ölen besteht außer geringen Mengen von Farbstoffen, harzartigen Substanzen oder Eiweißkörpern, besonders aus Cholesterin in animalischen und aus Phytosterin in vegetabilischen Ölen und Fetten und kann daher die Untersuchung des Unverseifbaren ein Merkmal zur Unterscheidung vegetabilischer und animalischer Öle geben. Zu diesem Zwecke löst man das Unverseifbare in einer möglichst geringen Menge absolutem Alkohol auf und läßt ihn verdunsten. Sind nur geringe Mengen von Farbstoffen und harzartigen Substanzen zugegen, so erhält man meist schöne Kristalle. Ist dies nicht der Fall, so löst man das Unverseifbare in 95%igem Alkohol auf und entfernt die Farbstoffe durch Behandeln mit Tierkohle in der Wärme. Hierauf dunstet man das Filtrat zur Trockne ein, nimmt den Rückstand in absolutem Alkohol auf und läßt kristallisieren. Die

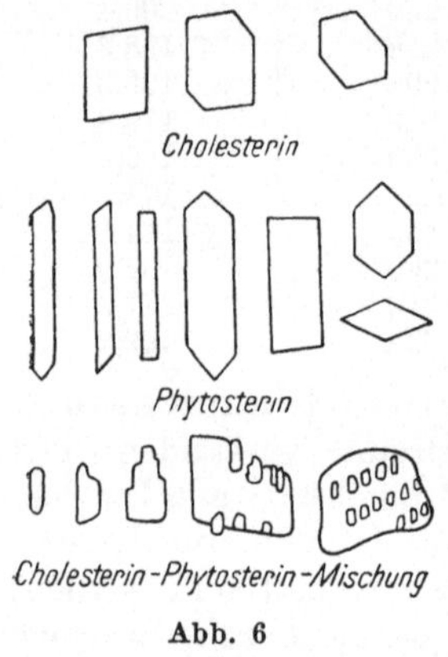

Abb. 6

aus der Mutterlauge genommenen Kristalle geben bei alleiniger Gegenwart von Cholesterin oder Phytosterin meist charakteristische Kristallformen. Sind dagegen beide Körper zugleich vorhanden, so erhält man unsichere Resultate bzw. Mischformen (vgl. Abb. 6). Zur einwandfreien Bestimmung eignet sich daher besonders die von Winter und Bömer[1]) ausgearbeitete Phytosterinazetat-Probe, die folgendermaßen ausgeführt wird: Man dampft die Mutterlauge nach Abscheidung der Kristalle auf dem Wasserbade zur Trockne und erhitzt in einer kleinen Schale kurze Zeit mit 2 bis 3 cm³ Essigsäureanhydrid über einer kleinen Flamme, indem man die Schale mit einem Uhrglase bedeckt

hält. Das Uhrglas wird dann abgenommen und der Überschuß des Essigsäureanhydrids auf dem Wasserbade verdampft. Der Rückstand wird nun mit einer möglichst geringen Menge absolutem Alkohol erwärmt und die Masse zum Kristallisieren hingestellt. Ein sofortiges Erstarren wird durch Zufügen einiger Kubikzentimeter Alkohol verhindert. Die auskristallisierten Azetate werden auf einem kleinen Filter gesammelt und mit wenig 95%igem Alkohol gewaschen. Hierauf bringt man die Azetate in die Schale zurück, löst in 5 bis 10 cm³ absolutem Alkohol und läßt wieder kristallisieren. Die Kristalle werden abfiltriert und der Schmelzpunkt bestimmt. Cholesterinazetat schmilzt bei 114,3 bis 114,8°, während das Phytosterinazetat zwischen 125,6 und 137° schmilzt. In zweifelhaften Fällen muß mehrmals umkristallisiert werden, und zeigt ein nach fünfmaligem Umkristallisieren gefundener Schmelzpunkt unter 116° unbedingt die Abwesenheit von Phytosterin an.

---

[1]) Zeitschr. f. Unters. d. Nahrungs- u. Genußmittel, 4, S. 865. 1901.

b) Hat man Wachse zu untersuchen, die beträchtliche Mengen von höheren, in Wasser unlöslichen Alkoholen enthalten und die eine rasche Verseifung verhindern, so ist die Verseifung mit doppeltnormaler Lauge unter Druck oder mittels Natriumalkoholats durchzuführen. Außer der Schmelzpunktbestimmung des Unverseifbaren vermag noch das Verhalten gegen Essigsäureanhydrid eine Unterscheidung zwischen Alkoholen und Kohlenwasserstoffen herbeiführen. Zu diesem Zwecke kocht man das Gemisch der unverseifbaren Substanzen mit der doppelten Menge von Essigsäureanhydrid kurze Zeit unter Rückflußkühlung. Hat sich in der heißen Lösung alles gelöst, so sind aliphatische Alkohole, Cholesterin oder Phytosterin vorhanden, die lösliche Azetate geliefert haben. Schwimmt jedoch auf der heißen Anhydridlösung ein ungelöstes Öl, so deutet dies auf Paraffin bzw. Zeresin.

c) Sehr niedrige Verseifungszahlen deuten in Ölen und Fetten auf die Gegenwart beigemischter unverseifbarer Substanzen. Paraffin und Zeresin charakterisieren sich in Wachsen durch ihren Aggregatzustand und Schmelzpunkt. Mineralöle, Harzöle und Teeröle finden sich dagegen hauptsächlich in flüssigen Fetten und Ölen und man hat in letzteren nie auf alle drei Bestandteile zugleich, sondern meist nur auf das Vorhandensein von Mineralöl und Harzöl oder Teeröl und Harzöl zu prüfen. Zur Untersuchung isoliert man vorerst eine genügende Menge des unverseifbaren Öles und prüft das spezifische Gewicht. Sollte nur ein Öl vorliegen, so läßt schon das spezifische Gewicht eine Identifizierung zu, indem Mineralöle 0,84 bis 0,92, Harzöle 0,96 bis 1,01 und Teeröle über 1,01 liegende spezifische Gewichte haben.

Tabelle 29

| Alkohol | Formel | Schmelz-punkt | Azetate | | Gewichts-zunahme beim Kochen mit Essigsäure-anhydrid in Prozenten |
			Ver-seifungs-zahl	Schmelz-punkt Grade	
Cetylalkohol	$C_{16}H_{34}O$	50	197,5	22—23	17,2
Oktadecylalkohol	$C_{18}H_{38}O$	59	180,0	31	15,5
Cerylalkohol	$C_{27}H_{56}O$	79	128,1	65	10,6
Myricylalkohol	$C_{30}H_{62}O$	85	116,7	70	9,6
Cholesterin	$C_{26}H_{44}O$	148,5	135,5	114	11,3
Isocholesterin	$C_{26}H_{44}O$	137—138	135,5	unter 100	11,3
Phytosterin	$C_{26}H_{44}O$	137—138	135,5	126—137	11,3
Sitosterin	$C_{27}H_{44}O \cdot H_2O$	137,5	—	127,5	—
Walratölalkohol	—	25,5—27,5	161—190	—	—
Wollwachsalkohol	—	—	161	—	—
Bienenwachsalkohol	—	75—76	99—103	—	6,6—7,7
Karnaubawachs-alkohol	—	85	123	—	10,2

28. **Spezialreaktionen.** Hexabromidprobe (nach Hehner und Mitchell). 1 bis 2 g des Öles werden in 40 cm³ Äther unter Zusatz einiger Kubikzentimeter Eisessig aufgelöst und in einem verkorkten Kolben auf 5⁰ abgekühlt. Hierauf wird Brom tropfenweise zugesetzt,

bis die braune Färbung nicht mehr verschwindet. Man läßt drei Stunden lang stehen, filtriert die Flüssigkeit durch ein Asbestfilterrohr und wäscht viermal nacheinander mit je 10 cm³ Äther von 0°. Der Rückstand wird zum konstanten Gewicht getrocknet. Mohnöl, Maisöl, Baumwollsamenöl, Paranußöl, Mandelöl, Olivenöl und Tungöl geben kein Hexabromid, während die unten angegebenen Öle die namhaft gemachte Ausbeute geben:

Tabelle 30

Öl	Hexabromid-ausbeute in Prozenten	Öl	Hexabromid-ausbeute in Prozenten
Leinöl	23—37	Haifischleberöl	12—21
Candlenußöl	7—8	Robbentran	27,5—27,9
Walnußöl	1,4—1,9	Walfischtran	15—25
Japanfischöl	21—23	Walratöl	2,4—3,7
Desodor. Fischöl	49—52	Stillingiaöl	25,8
Dorschleberöl	29—43	Safloröl	0,7—1,7

Reaktion auf Sesamöl (nach Villavecchia und Fabris)

Man setzt zu 0,1 cm³ einer alkoholischen Furfurollösung (1:100) 10 cm³ des zu untersuchenden Öles und 10 cm³ Salzsäure (spez. Gewicht 1,19) und schüttelt kräftig durch. Enthält die Ölprobe selbst etwas unter 1% Sesamöl, so zeigt die untere wässerige Schicht eine deutlich karmoisinrote Färbung. Sollten im Fette Farbstoffe vorhanden sein, die allein mit Salzsäure diese Färbung geben, so sind sie vorher durch Schütteln der Probe mit konzentrierter Salzsäure zu entfernen.

Reaktionen auf Baumwollsamenöl

1. **Halphensche Reaktion:** Man erwärmt gleiche Volumina Öl, Amylalkohol und Schwefelkohlenstoff, der 1% Schwefel in Lösung enthält, in einem Reagenzglas im Wasserbade 15 bis 30 Minuten lang. Bei Gegenwart von Baumwollsamenöl tritt Rotfärbung ein.

2. **Bechische Reaktion:** Aus 5 g des zu untersuchenden Öles macht man die Fettsäuren frei, löst in 10 cm³ 95%igem Alkohol, setzt 1 cm³ einer 5%igen Silbernitratlösung zu und erwärmt im Wasserbade auf 70 bis 80°. Bei Gegenwart von Baumwollsamenöl wird das Silbernitrat sofort reduziert, während andere Öle lange Zeit unverändert bleiben.

3. **Salpetersäure-Reaktion:** Man schüttelt einige Kubikzentimeter der Ölprobe mit dem gleichen Volumen Salpetersäure (spez. Gewicht 1,375) durch und läßt bis zu 24 Stunden stehen. Bei Anwesenheit von Baumwollsamenöl bemerkt man eine kaffeebraune Färbung, die auch bei Baumwollsamenöl auftritt, welches bereits auf 180 bis 250° erhitzt worden war und welches die Reaktion unter 1. nicht gibt.

Bemerkt sei jedoch, daß sämtliche drei Farbenreaktionen nur als Vorprobe verwertbar sind und mit Vorsicht gedeutet werden müssen.

Schwefelsäurereaktion auf Leberöle

Man löst 1 Tropfen Öl in 20 Tropfen Schwefelkohlenstoff und setzt einen Tropfen konzentrierte Schwefelsäure zu. Sind Leberöle zugegen, so entsteht violettblaue Färbung, die bald in Rot und Braun übergeht.

Nachweis fetter Öle in festen Fetten (nach P. Welmans)

1 g des geschmolzenen und klarfiltrierten Fettes löst man in einem dickwandigen, mit Stöpsel verschließbaren Reagenzglas in 5 cm³ Chloroform, setzt 2 cm³ frisch bereitete Phosphormolybdänsäure oder phosphormolybdänsaures Natron und einige Tropfen Salpetersäure zu und schüttelt möglichst kräftig durch. Bei Abwesenheit von fetten Ölen bleibt das Gemisch gelb, bei deren Anwesenheit jedoch tritt Reduktion ein unter Bildung einer grünlichen bis smaragdgrünen Färbung. Wird die saure Mischung mit Ammoniak alkalisch gemacht, so geht das Grün in Blau über, dessen Intensität dem Grün entspricht, doch ist ein schwachblauer Schimmer nicht zu berücksichtigen.

Nachweis von Erdnußöl
(nach A. Rénard, modifiziert von de Negri und Fabris)

Die Fettprobe wird verseift, aus der Seife werden wie üblich die Fettsäuren abgeschieden, und durch fraktionierte Kristallisation derselben aus heißem Alkohol scheidet sich zuerst die Arachinsäure ab, die den hohen Schmelzpunkt von 75° besitzt und charakteristisch für Erdnußöl ist.

Ein Gemisch aus Mineralöl und Harzöl verrät die Liebermann-Storch-Reaktion, welche Harzöl qualitativ folgendermaßen anzeigt: Man schüttelt unter Erwärmen 1 bis 2 cm³ des unverseifbaren Öles in einer Probierröhre mit Essigsäureanhydrid, zieht nach dem Abkühlen die untere Schicht mittels einer fein ausgezogenen Pipette ab und fügt zur Lösung einen Tropfen Schwefelsäure (spez. Gewicht 1,53) zu. Bei Anwesenheit von Harzsäuren tritt eine schöne violettrote, bald wieder verschwindende Farbe auf. Zu beachten ist aber, daß Cholesterin eine ähnliche Färbung gibt.

Ein Gemisch von Mineralöl und Teeröl zeigt sich dadurch, daß Teeröle beim Vermischen der Probe mit Salpetersäure (spez. Gewicht 1,45) eine beträchtliche Temperaturerhöhung geben, während reine Mineralöle sich nur leicht erwärmen.

Prüfung auf Rizinusöl

Eine Probe Öl wird mit einem erbsengroßen Stückchen KOH in einer Nickelschale allmählich erhitzt und durchgeschmolzen. Ein charakteristischer Geruch (Octylalkohol) läßt schon Rizinusöl erkennen.

Die Schmelze wird in Wasser gelöst und die Lösung direkt mit überschüssiger $MgCl_2$-Lösung zur Fällung der Fettsäuren versetzt. Aus dem Filtrat scheidet sich beim Ansäuern mit verdünnter Salzsäure die für Rizinusöl charakteristische Sebazinsäure kristallinisch aus.

8*

B. Spezielle Methoden der Öl- und Fettuntersuchung

Leinöl und Firnisse

Die wichtigsten physikalischen und chemischen Eigenschaften eines guten technischen Leinöles zeigt die nachstehende Tabelle. Für die Güte spricht eine möglichst hohe Jodzahl (min. 170); ferner muß das Öl frei von Verfälschungsmitteln sein, wie Fischölen (Hexabromidprobe), Harzölen, Harzsäuren und Mineralölen.

Tabelle 31 (nach Lewkowitsch)

	Spezifisches Gewicht 60° F	Verseifungszahl	Jodzahl	Prozent Hexabromid	Hehner-Zahl	Prozent oxydierte Fettsäuren	Prozent Unverseifbares	Prozent Glyzerinausbeute	Säurezahl	Azetylzahl	Jodzahl der Fettsäuren	Prozent flüssig. Fettsäuren
Leinöl roh	0,9308	—	186,4	24,17	—	—	—	—	—	—	—	—
Leinöl auf 310° erhitzt	0,9354	—	176,3	8,44	—	—	—	—	—	—	—	—
Firnis dünn	0,9676— 0,9691	198— 193	107— 125	0,17— 2,0	94,8	0,34— 4,17	0,13— 1,76	9,7	6,1	6,5	114,7	39,3
Firnis mittel	0,9693— 0,9703	190— 194	122— 126,5	—	93,8	1,50	0,6— 1,8	—	—	—	—	—
Firnis dick	0,9720— 0,9740	190— 193	109— 118	—	95,0	0,36— 6,36	0,25— 1,45	—	—	—	—	—
Firnis gebrannt	0,9912	178,6	102,7	—	93,5	9,12	1,14	—	—	—	—	—

Der Erstarrungspunkt liegt zum Unterschied von dem der meisten anderen Öle sehr tief (— 16 bis — 20° C). Durch viel freie Säure tritt schon bei 0° C kristallinische Abscheidung ein. Nach van Itallic[1]) spricht für die Reinheit eines Leinöles die Eigenschaft, sich in Chloroform mit grüner Farbe zu lösen, und die Fähigkeit, mit gleichem Volumen Kalkwasser eine vollständige Emulsion zu bilden. Die Elaidinprobe liefert bei reinem Leinöl kein festes Produkt, sondern eine braune, zähflüssige Masse.

Für die Wertbestimmung eines Leinöles ist auch die Ermittlung der Zeitdauer von großer Wichtigkeit, innerhalb welcher es vollständig eintrocknet. Zu diesem Zwecke trägt man auf mehrere reine Glasplatten mittels Spatels eine dünne Schicht des zu prüfenden Öles auf und womöglich gleichzeitig auf einer Platte ein als rein und gut trocknend bekanntes Öl als Vergleichsobjekt. In dem Maße nun, wie die Proben trocknen, so daß sie beim Betupfen mit den Fingern nicht klebrig erscheinen, kann man auf die Schnelligkeit und damit auf die Güte der Ölproben schließen. Ein gutes Öl soll in weniger als drei Tagen trocknen. Enthält es größere Mengen von Unverseifbarem oder fremden Ölen, so verhindern sie die Bildung einer gut elastischen Haut bei genannter Glasplattenprobe.

---

[1]) Pharm. Weekblad, 40, S. 106. 1903,

Wichtig ist auch das Verhalten des Leinöles beim Erhitzen. Ein junges, frischgeschlagenes Leinöl schäumt beim Erhitzen, während alte, gelagerte Öle, aus denen sich Wasser und Schleimstoffe abgesetzt haben, nicht schäumen. Diese Schleimstoffe bestehen zur Hälfte aus Phosphaten und Sulfaten des Kalziums und Magnesiums, die auch organische Verunreinigungen mitgerissen haben. Gutes Öl bleibt daher beim Erhitzen klar, während schleimstoffreiche Öle beim Erhitzen eine schleimartige Masse am Boden des Probierrohres abscheiden (sogenanntes „Brechen" des Öles).

Durch Erhitzen polymerisieren sich die Leinöle und gehen allmählich in Firnisse über. Inwieweit dieses Stadium bereits vorgeschritten ist, läßt weniger die Jodzahl, wohl aber die Ermittlung der Hexabromidausbeute erkennen, indem rohe Öle 24 bis 30%, stark polymerisierte Öle bis zu 0% Hexabromid ergeben. Die chemische Untersuchung der Firnisse erstreckt sich auf den Nachweis von Verfälschungsmitteln, wie Fischölen, fremden vegetabilischen Ölen, Mineralölen, Harzölen und Kolophonium, ferner Terpentinöl, Kienöl, Pinolin, Kohlenwasserstoffen und Benzolhomologen. Beim Einäschern der Firnisse bleibt stets ein anorganischer Ascherückstand, der von den Sikkativen (Oxyde des Bleies und Mangans) herrührt.

Auf Verfälschungen prüft man folgendermaßen: 6 bis 8 Tropfen Firnis werden in einem Reagenzglase mit etwa 5 cm³ alkoholischer Kalilauge gekocht und dann mit Wasser aufgefüllt. Ist Mineralöl oder Harzöl zugegen, so entsteht eine leichtere oder stärkere Trübung. Vorhandene Sikkative (Pb- und Mn-Verbindungen) scheiden erst bei längerem Stehen Flocken ab. Firnisse, welche bei dieser Probe klarbleiben, heißen „Waterproof-Firnisse".

Das spezifische Gewicht der Firnisse schwankt zwischen 0,935 und 0,948, und wird durch Mineralöl, Tran und andere fette Öle erniedrigt, durch Harzöle erhöht.

Die Jodzahl eines Firnisses ist um so niedriger, je länger und je höher das Öl erhitzt worden ist.

Die Verseifungszahl schwankt zwischen 190 und 195; unter 190 liegende Werte weisen eventuell auf Rübölzusätze hin, falls nicht die Gegenwart unverseifbarer Öle diese Erniedrigung bewirkt.

Die Ermittlung eines Sikkativgehaltes geschieht derart, daß man die Ätherlösung des Firnisses mit verdünnter Salpetersäure ausschüttelt und die saure Lösung auf Blei und Mangan prüft.

Die Gegenwart von Harzen kann angenommen werden, wenn der mit 70%igem Alkohol erhaltene Auszug erhebliche Mengen von Harz aufweist und gleichzeitig die Säurezahl des Firnisses über 12 liegt, da harzfreie Firnisse Werte unter 7 aufweisen. Kleinere Harzmengen deuten auf die Gegenwart harzsaurer Salze als Sikkative.

Leinölfarben

Diese werden zur Untersuchung mit Äther ausgeschüttelt, eine Mineralsäure zugesetzt, um die Metallseifen zu ersetzen und das Metall in wässerige Lösung zu bringen, falls es in Säuren löslich ist. Hernach trennt man die ätherische Lösung von der wässerigen Lösung bzw. vom ungelösten Niederschlage, worauf man einerseits nach Verdunsten des Äthers das zurückbleibende Öl, anderseits die anorganischen Bestandteile untersuchen kann.

Öllacke

Sie bestehen meist aus einem Gemische von Leinölfirnis, Lackharzen und Terpentinöl. Eine vollständige chemische Untersuchung dieser Lacke stellt eine sehr schwierige Aufgabe vor, und läßt sich darüber kein genaues allgemeines Schema angeben. Der Hauptsache nach trennt man aus einer abgewogenen Lackölmenge mittels Dampfstrom die flüchtigen Lösungsmittel, welche hernach durch ihre Konstanten ziemlich leicht zu bestimmen sind. Der Rückstand wird dann vom Wasser befreit, durch Verseifen der Glyzeringehalt ermittelt, wodurch man annähernd die Menge des fetten Öles erfährt.

Noch schwieriger gestaltet sich im allgemeinen die Trennung der Harze vom Firnisöl, zudem die Harze beim Darstellen der Lacke meist auf höhere Temperaturen gebracht werden, wodurch sämtliche Konstanten ganz andere Werte annehmen.

Durch die Untersuchung der Asche erhält man Aufschluß über die Art des als Sikkativ verwendeten Metallsalzes. Große Mengen von Kalzium weisen auf Kalk hin, der häufig zur Erlangung größerer Härte und höheren Glanzes dem Lack zugesetzt wird.

Chinesisches Holzöl (Tungöl)

Dieses stellt ein hellgelbes bis orangefarbiges Öl vor, das meist einen eigentümlichen Geruch aufweist (Holzölgeruch), der besonders an der Luft auftritt. Es ist gut löslich in Äther, Petroläther und Chloroform, nahezu unlöslich in kaltem, absolutem Alkohol. In kochendem Alkohol ist es aber löslich, scheidet sich jedoch beim Erkalten aus. Auch in kochendem Eisessig ist es gut löslich, trübt sich aber bereits bei 95^0 C. Die Elaidinprobe liefert eine braunrote Färbung. Die Trockenfähigkeit ist viel größer als jene des Leinöles und liefert in dünner Schicht auf einer Glasplatte eine Viertelstunde lang auf dem Wasserbade erwärmt, bereits eine Haut, nach zwei Stunden fließt es nicht mehr.

Wird es für sich erhitzt, so beginnt es bei 180^0 C Dämpfe zu entwickeln und bei 250^0 C verwandelt es sich plötzlich in eine klare, feste, elastische Masse.

Holzöl ist ein gesuchtes Öl zur Lackbereitung.

Prüfung auf Holzöl: 5 g Öl werden unter Umrühren mit 5 cm^3 einer kaltgesättigten Lösung von Jod in Chloroform übergossen. Reines Holzöl erstarrt nach einigen Minuten zu einer festen Masse; alle anderen fetten Öle bleiben ölig.

Bleibt eine Probe auch nach längerem Stehen ölig, so erwärmt man sie eine Stunde auf dem Wasserbad; nach dem Erkalten tritt dann Gelatinieren ein, wenn mindestens etwa 15% Holzöl zugegen sind.

Unterscheidung trocknender und nichttrocknender Öle

Die praktische Erprobung, ob eine dünne Ölschicht rasch oder langsamer trocknet, erfordert meist eine zu lange Versuchsdauer, doch kann sie durch entsprechendes Erhitzen des Probeaufstriches verkürzt werden. Einfacher und rascher ist diese Ermittlung durch folgende chemische Methoden:

Elaidinprobe: 10 g Öl, 5 g Salpetersäure (40 bis 43° Bé) und 1 g Hg werden in ein Reagenzrohr gebracht und das Quecksilber durch drei Minuten andauerndes starkes Schütteln gelöst, dann wird es stehengelassen und nach zwanzig Minuten wieder eine Minute lang geschüttelt. Auf diese Art behandelte Öle zeigten z. B.:

> Olivenöl wird nach einer Stunde fest;
> Hammelfußöl wird nach zwei Stunden fest;
> Leinöl bildet einen roten, teigigen Schaum.

Bei Abwesenheit von Tranen, die auch eine hohe Jodzahl haben, bildet die Ermittlung derselben eine sichere Methode zur Feststellung eines trocknenden Öles, indem dieselben durchwegs hohe Jodzahlen aufweisen.

Auch die Maumenésche Probe, bei der die Öle mit konzentrierter Schwefelsäure vermischt werden, gibt für trocknende Öle höhere Werte als für nichttrocknende.

Kurz erwähnt sei noch das Verhalten der Öle gegen Chlorschwefel und das Aufnahmsvermögen für Sauerstoff, welche beide für die trocknenden Öle charakteristische Werte ergeben.

Türkischrotöl

Wird durch Sulfonierung von Rizinusöl mit Schwefelsäure erhalten und enthält vorwiegend Rizinolschwefelsäure, die durch Kochen mit verdünnten Säuren leicht in Schwefelsäure und wasserunlösliche Rizinolsäure gespalten wird. Häufig kommt unter dem Namen Türkischrotöl verseiftes Rizinusöl oder durch Ammoniak bzw. Alkali besser löslich gemachtes Türkischrotöl in den Handel, das durch seinen Aschegehalt bzw. Seifencharakter leicht erkannt werden kann.

Das reine Türkischrotöl muß mit 10 Volumen Wasser eine vollkommene Emulsion geben, aus der sich erst nach längerem Stehen Öltropfen ausscheiden dürfen. Mit wenig Wasser vermengt, muß das Türkischrotöl völlig klar bleiben. Die Emulsion muß gegen Lackmus schwach sauer sein und darf kein freies Alkali oder Ammoniak zugegen sein. Im Ammoniak muß sich ein gutes Türkischrotöl in jeder Konzentration nahezu klar lösen und höchstens bei starker Verdünnung eine leichte Trübung geben. Der wasserunlösliche Teil des Türkischrotöles enthält Rizinolsäure und Anhydride derselben, wie auch unverändertes freies Öl (Neutralfett).

Der Wert eines Türkischrotöles ist vor allem von dem Gehalt an Gesamtfett abhängig, das folgendermaßen ermittelt wird: Man tariert eine kleine, tiefe Porzellanschale von 100 bis 150 cm³ Inhalt mit Glasstab, wiegt dann 3 bis 4 g Türkischrotöl ein und rührt mit 20 cm³ Wasser, das allmählich zugefügt wird, an. Sollte hierbei Trübung auftreten, so versetzt man die Flüssigkeit mit einem Tropfen Phenolphthalein und soviel Ammoniak, bis bleibende Rotfärbung eintritt. Nun setzt man 30 cm³ verdünnte Schwefelsäure (1:4) und 5 bis 8 g Hartparaffin hinzu und erhitzt so lange zum schwachen Sieden, bis sich die Ölschicht klar abgeschieden hat. Dann läßt man erkalten, hebt den erstarrten Fettkuchen samt dem Glasstabe ab, spült mit Wasser ab, trocknet leicht mittels Filtrierpapier und läßt im Exsikkator kurz trocknen und wägt, worauf man die angewandte Paraffinmenge in Abzug bringt und die restlichen Fettsäuren auf das Gesamtfett berechnet.

Ein genaueres Trocknen des Fettkuchens erfolgt dadurch, daß man die Flüssigkeit abgießt, den Fettkuchen in der Schale vorsichtig mit einer kleinen Flamme unter beständigem Umrühren derart erhitzt, daß die Flamme den Boden der Schale nicht berührt, bis kein knatterndes Geräusch mehr auftritt und eben weiße Dämpfe zu entweichen beginnen. Nach dem Erkalten wird gewogen und Schale, Glasstab und Paraffin vom Gesamtgewicht abgezogen, worauf der Unterschied dem Gesamtfett entspricht.

Das Gesamtfett wird durch Spaltung des Öles mittels verdünnter Salzsäure und Extraktion durch Äther bestimmt. Bei Verwendung von Petroläther bleiben die Oxyfettsäuren zurück und man kann sie für sich ermitteln. Für 4 g Öl sollen 150 bis 200 cm³ Petroläther verwendet werden, da sich Oxyfettsäuren in starken Lösungen von nicht oxydierten Fettsäuren lösen. In der ausgeätherten Flüssigkeit wird die Gesamtschwefelsäure mit Chlorbarium festgestellt. Die von anorganischen Sulfaten herrührende gebundene Schwefelsäure wird gefunden, indem man 10 cm³ des Öles in 20 cm³ konzentrierter Kochsalzlösung löst und mit 100 cm³ Äther durchschüttelt; der Äther wird dann noch mit weiteren kleinen Mengen Salzlösung ausgeschüttelt. Aus der Differenz ergibt sich die Schwefelsäure, welche in Form von Sulfofettsäuren vorhanden ist. Nach Fahrion[1]) wird durch einviertelstündiges Kochen der Türkischrotöle mit überschüssiger verdünnter Salzsäure die organisch gebundene Schwefelsäure quantitativ abgespalten und kann derart mit Chlorbarium gefällt werden.

Für die Wasserbestimmung wird die Destillation mit Xylol empfohlen.

Der „Verband Deutscher Türkischrotöl-Fabrikanten" hat folgende Bewertung der Türkischrotöle als offiziell festgelegt[2]):

Die Angebote in Türkischrotölen erfolgen in Zukunft nur noch unter der Bezeichnung „Türkischrotöl (Appreturöl) x-%ig handelsüblich". Ein 50%iges handelsübliches Türkischrotöl ist demnach ein Produkt, zu dessen Herstellung auf 100 kg fertiges Türkischrotöl 50 kg „Sulfonat" (sulfuriertes und gewaschenes Rizinusöl) verwendet wurden. Der Fett-

---

[1]) Zeitschr. f. angew. Chem., 63, S. 596. 1914.
[2]) Collegium, S. 279. 1921.

gehalt des „Sulfonates" kann zwischen 72 und 76% Fettsäurehydrat schwanken und soll im Durchschnitt 75% betragen, so daß z. B. ein 50%iges handelsübliches Türkischrotöl einen Fettsäurehydrat-Gehalt von 36 bis 38% aufweist.

Volumetrische Bestimmung. Man wiegt in einem zirka 100 cm³ fassenden Becherglas genau 10000 g von hochprozentigen oder 20000 g von niedrigprozentigen Türkischrotölen ab, verdünnt mit zirka 25 cm³ Wasser unter Erwärmen bis Lösung eingetreten ist und spült dann unter mehrmaligem Nachwaschen quantitativ in den Fettsäurebestimmungskolben[1]) über. Dann gibt man 30 cm³ konzentrierte Salzsäure zu und erhitzt zirka zwanzig Minuten auf freier Flamme (Siedesteinchen!). Hierauf füllt man mit konzentrierter Kochsalzlösung von zirka 100° C auf, bis die Fettsäureschicht innerhalb der kubizierten Röhre steht, bringt in ein lebhaft siedendes Wasserbad und liest nach einer Viertelstunde das Volumen der Fettsäure ab. Nach weiteren zehn Minuten überprüft man durch nochmaliges Ablesen das erste Ergebnis. Die Anzahl der gefundenen Kubikzentimeter Fettsäure, multipliziert mit dem spezifischen Gewicht der Fettsäure bei 99° C, gibt das Gewicht der im Türkischrotöl enthaltenen Fettsäuren an. Dieses mit 10 bzw. 5 multipliziert ergibt den Prozentgehalt des Türkischrotöles an Fettsäure.

Gravimetrische Bestimmung. Zirka 10 g Türkischrotöl werden auf vier Dezimalen ganz genau abgewogen, im Porzellantiegel mit 50 cm³ Wasser versetzt und auf dem Wasserbad zur Lösung gebracht. Dann fügt man 15 cm³ konzentrierte Salzsäure zu und läßt diese eine halbe Stunde auf das Türkischrotöl einwirken. Zweckmäßig bringt man die Fettschicht zwei- bis dreimal durch leichtes Blasen mit dem darunterstehenden Säurewasser in Berührung. Sobald die Fettsäure klar auf dem Wasserbad schwimmt, gibt man 10 g Wachs zu und läßt wieder eine halbe Stunde auf dem Wasser stehen, wobei man die beiden Schichten gut miteinander mischt. Nach einer weiteren halben Stunde wird der Tiegel vom Wasserbad genommen und der Wachskuchen zum Erkalten gebracht. Nach dem vollständigen Erkalten nimmt man den Wachskuchen vorsichtig heraus, gießt das Säurewasser ab, spült den Wachskuchen mit destilliertem Wasser ab und schmilzt nochmal mit destilliertem Wasser um. Zum Schluß werden die Luftblasen an der Wandung des Tiegels mit einem heißen Glasstab vorsichtig entfernt. Nach dem Erkalten tupft man den Wachskuchen mit Filtrierpapier ab, trocknet auf gleiche Weise den Porzellantiegel, bringt den Wachskuchen in den Porzellantiegel und trocknet zirka eine halbe Stunde bei 105 bis 110°. Die Differenz zwischen Tiegelgewicht + Wachs + Fett und Tiegelgewicht + + Wachs gibt das Gewicht der Fettsäure.

Sulfate von Ammonium und Natrium ermittelt man dadurch, daß man zirka 10 g der Probe in Äther auflöst und mit einigen Kubik-

---

[1]) Verbesserter Büchnerscher Fettsäurebestimmungskolben, Inhalt zirka 200 cm³ (Bezugsquelle: Ströhlein & Co., Düsseldorf, Adersstraße 93).

zentimeter konzentrierter Kochsalzlösung (frei von Sulfaten!) mehrmals ausschüttelt, diese Waschwässer vereinigt, filtriert und nach deren Verdünnung mit Bariumchlorid fällt.

Basen, besonders Ammoniak und Ätznatron, bestimmt man in 10 g der Probe, indem man sie in wenig Äther löst und viermal mit je 5 cm³ verdünnter Schwefelsäure (1:6) ausschüttelt. Ammoniak bestimmt man in der einen Hälfte der sauren Flüssigkeit durch Destillation mit Kalilauge und Auffangen des freigewordenen Ammoniaks in einer abgemessenen Menge Normalsäure.

Ätznatron ermittelt man in der anderen Hälfte der sauren Flüssigkeit durch Eindampfen derselben auf dem Wasserbade in einer Platinschale, Abrauchen der überschüssigen Schwefelsäure durch Erhitzen auf dem Sandbade, Glühen des Rückstandes mit Ammoniumsulfat und Wägen derselben als Natriumsulfat.

Ein häufiges Verfälschungsmittel stellt Mineralöl vor und kann dieses durch Verseifen einer Probe qualitativ und quantitativ ermittelt werden.

Ob reines Rizinusöl zur Darstellung des Türkischrotöles benutzt wurde, ergibt die Ermittlung der Azetylzahl, die bei 125 und darüber liegt.

Über die Eigenschaften **sulfurierter Trane** und **sulfuriertem Klauenöl** gibt die Untersuchung von Stiasny und Rieß[1]) nähere Auskunft.

Klauenöl

Pflanzliche Öle enthalten meist ungesättigte Säuren, weshalb ihre Gegenwart die Jodzahl des Klauenöles (70) erhöht.

Im allgemeinen kann die Jodzahl von 70 bis 82, die Verseifungszahl von 190 bis 200 variieren und soll das spezifische Gewicht bei 15° zwischen 0,913 und 0,017 liegen. Eine Stunde lang auf — 10° abgekühlt, muß es flüssig bleiben. Der Säuregehalt darf höchstens 0,3% SO_3 betragen.

Rohöle können 68 bis 79 als Jodzahl aufweisen, und kann durch kalte Pressung, wodurch alles Stearin abgeschieden wird, eine Jodzahl von 86 erhalten werden, während dadurch die Verseifungszahl auf 185 sinkt.

Wird ein Tropfen Öl auf einer Glasplatte in sehr dünner Schicht ausgebreitet und ungefähr 24 Stunden lang der Einwirkung der Luft bei 50° ausgesetzt, so darf das Öl in erkaltetem Zustande nicht harzig oder eingetrocknet erscheinen.

Die Verfälschungen mit Mineralölen, Wollöl, Spermazetöl und Döglingstran geben sich dadurch zu erkennen, daß sie das spezifische Gewicht herabmindern und unverseifbare Substanzen enthalten. Eine Vermengung mit Rapsöl erniedrigt die Verseifungszahl und erhöht die Jodzahl, Baumwollsamenöl erhöht ebenfalls die Jodzahl, beeinflußt aber die Verseifungszahl nicht.

―――――――

[1]) Collegium, 666, S. 498. 1925.

Ochsenklauenöl stellt ein hellgelbes, geruchloses Öl von angenehmem Geschmack vor, das beim Aufbewahren sich wenig verändert, aber selbst in verschlossenen Flaschen vom Lichte gebleicht wird. Es wird vielfach mit dem Klauenöl von Schafen, Pferden und Schweinen gemischt; Pflanzenöle werden durch Untersuchung des unverseifbaren Anteiles erkannt, der bei Klauenölen aus Cholesterin, bei Pflanzenölen aus Phytosterin besteht.

Trane

Man unterscheidet nach der Herkunft:
1. Specktrane aus dem Speck der Robben und Wale,
2. Lebertrane aus den Lebern der Dorsche und Eishaie,
3. Fischtrane, durch Pressen ganzer Heringe, Sardellen und Sardinen gewonnen,
4. Trane aus Abfällen.

Für die Farbe sind folgende Bezeichnungen handelsüblich: dunkel, braun, braunblank, blank, gelbblank.

An Farbenreaktionen kommen nur folgende wegen ihrer ziemlichen Sicherheit in Betracht: Bringt man einen Tropfen konzentrierte Schwefelsäure vom Rand aus auf ein Uhrglas mit wenig Tran und verrührt schnell, so färben sich die Specktrane gelbbraun bis braun, Lebertrane rotbraun und Eishailebertran intensiv methylviolett, doch geht diese Färbung in allen Fällen bald ins Mißfärbige über. Löst man Trane in der achtfachen Menge Schwefelkohlenstoff auf und fügt einige Tropfen 90%ige Schwefelsäure zu, so treten ähnliche Färbungen auf und verleiht Dorschlebertran durch Schütteln und Stehenlassen über Nacht dem Schwefelkohlenstoff eine kirschrote Färbung, während Robbentrane nur eine gelbliche Färbung geben. Dunkle und alte Trane geben nur in Schwefelkohlenstoff eine solche Färbung, die aber stets ins Bräunliche geht. Fischtrane und Abfalltrane verfärben sich mit Schwefelsäure tiefbraun.

Eine spezifische Farbenreaktion für Trane von Seetieren geben Tortelli und Jaffe[1] an. Man bringt in einen graduierten Glaszylinder mit Fuß und eingeschliffenem Stöpsel von etwa 1,6 cm Durchmesser und 15 cm³ Inhalt 1 cm³ Tran, 6 cm³ Chloroform und 1 cm³ eiskalte Essigsäure und fügt zur homogenen Mischung 40 Tropfen 10%ige Bromlösung in Chloroform hinzu, mischt gut durch und stellt das Glas auf ein Blatt Papier. Ist ein Tran der Seetiere vorhanden, so geht die Farbe innerhalb einer Minute durch einen rosigen Schein in Grün über, das nach und nach klarer und intensiver wird und länger als eine Stunde intensiv grün bleibt.

Hydrierte (gehärtete) Trane geben diese Reaktion ebenfalls, wenn man zu 5 cm³ Öl 10 cm³ Chloroform und 1 cm³ Essigsäure zufügt, durchschüttelt und 2,5 cm³ einer 10%igen Bromlösung in Chloroform hinzufügt und nochmals durchschüttelt. Durch diese Reaktion lassen

---

[1] Seifens.-Ztg., 42, S. 141. 1915.

sich noch Zusätze von Tran bis zu 5% herab in anderen Fetten nachweisen.

Nach den Untersuchungen Eitners[1]) ist besonders der Tran des Eishais infolge eines höheren Gehaltes an Eiweißstoffen zur Tranausharzung geneigt; sein Nachweis mittels der Schwefelsäurereaktion gelingt nur gut, wenn er rein oder in großen Mengen anderen Tranen untermengt ist. Nach einer Untersuchung von Boegh und Thorsen[2]) gelingt es aber, einen Zusatz bis zu 25% herab durch folgende Methode zu ermitteln:

10 g des vorliegenden Tranes werden in einem Kolben mit 50 cm³ Alkohol und 10 cm³ einer Lösung von Ätznatron mit dem Titer 0,362 g NaOH pro Kubikzentimeter auf dem Wasserbade mittels Rückflußkühlung verseift, und nach vollendeter Verseifung wird die Lösung ganz zur Trockne eingedampft. Hierauf wird siedend heißes destilliertes Wasser in abgemessenen Portionen zugesetzt, und zwar zuerst 50 cm³, dann jedesmal 5 cm³, während der Kolben auf dem Wasserbade erwärmt gehalten und häufig geschüttelt wird, und zwar so lange, bis man sieht, daß sich nichts mehr löst. Wenn sich die Seife ganz zu einer klaren Flüssigkeit gelöst hat, wird das verbrauchte Quantum Wasser notiert; beträgt dies mehr als 70 cm³, so darf man annehmen, daß der Tran mit Eishaitran gemischt ist. Bei Verbrauch von zirka 90 bis 100 cm³ Wasser kann man auf 25%, bei Verbrauch von 140 bis 250 cm³ Wasser auf 50% Eishaitran als Zusatz schließen.

Verfälschungen mit Harzöl und Mineralöl werden häufig im großen Maßstabe durchgeführt, und erhöht ersteres das spezifische Gewicht bedeutend, während letzteres es erniedrigt. Genauere Aufschlüsse gibt eine Verseifungsprobe. Man verseift für diese qualitative Probe 10 g Tran mit 3 g Ätznatron, gelöst in 5 cm³ Wasser und 40 cm³ Alkohol, am Rückflußkühler. Sind größere Mengen von Verfälschungsmitteln vorhanden, so löst sich die gebildete Seife nicht vollständig, während z. B. wenig Vaselinöl eine ziemlich klare Lösung gibt. Zersetzt man diese Seife mit Mineralsäure, wäscht die Fettsäuren auf dem Filter mit heißem Wasser aus, löst einen Teil davon in der drei- bis vierfachen Menge Alkohol, so löst sich alles klar auf, falls nicht große Mengen Verfälschungsmittel zugegen sind. Man versetzt diese klare alkoholische Lösung hernach bis zur schwach alkalischen Reaktion mit Ammoniak; entsteht hierbei eine deutliche Trübung, so deutet dies wenigstens auf einige Prozent Unverseifbares, während nur wenige Flocken oder eine klare Lösung auf Reinheit zeigen. Durch Verdünnen der getrübten Seifenlösung mit der gleichen Menge Wasser scheidet sich das unverseifte Öl nach einiger Zeit an der Oberfläche ab.

Der Gehalt an Oxyfettsäuren schwankt von 0,1 bis 6%, und enthalten ältere Trane stets mehr davon, weshalb diese hohe Verseifungszahlen aufweisen.

---

¹) Gerber, 1. Dezember 1886.
²) Collegium, S. 73. 1904.

Auf Baumwollsamenöl kann nur dann geschlossen werden, wenn bei niedrigem Oxyfettsäuregehalt ein hoher Schmelzpunkt der Fettsäuren konstatiert wird.

Wollöl, das häufig wegen seiner Billigkeit zur Verfälschung dient, zeigt sich durch hohen Gehalt an Unverseifbarem neben hoher Säurezahl.

Die grönländischen und schwedischen Dreikronentrane stellen stets Gemische von Robben- und Haifischtran bzw. Fischtranen vor, doch lassen sich diese Bestandteile nicht nachweisen.

Seelöwentrane sind Gemische ordinärer Harzöle mit 10 bis 30% eines intensiv riechenden Tranes. Harz und Harzöle geben mit Schwefelsäure eine Rotfärbung; während ein Gehalt von Mineral- oder Harzöl sehr schädlich für die Sämischgerbung ist, ist er dem lohgaren Leder nicht nachteilig.

Bei geruchlos gemachten Tranen vermag die Hexabromidbestimmung keinen Nachweis dieser Trane zu ergeben.

Die Eignung eines Tranes für die Sämischgerbung ersieht man insbesondere aus der Höhe der Jodzahl desselben; Jodzahlen unter 120 weisen Trane mit sehr langsamer Gerbwirkung, Jodzahlen über 160 weisen dagegen jene Trane auf, die sehr stürmisch gerbend wirken. Die Salze von Kupfer, Mangan und Kobalt haben auf die Gerbwirkung der Trane einen katalytischen Einfluß.

Degras, Moellon

Unter diesen Ölen versteht man die durch Oxydation meist als Nebenprodukt der Sämischgerbung erhaltenen Trane, die 8 bis 20% Wasser und 5 bis 10% eines harzigen Stoffes, die sogenannten Degrasbildner (Oxyfettsäuren), enthalten. Die letzteren als Glyzeride befähigen die Trane vorwiegend sich mit Wasser so gut zu emulgieren. Durch die bereits stattgefundene Oxydation der Trane ist diesen die Neigung genommen, sich nachträglich im Leder zu oxydieren und Ausharzungen zu veranlassen. Zufolge dieser Oxydation und teilweise auch der stattgefundenen Polymerisation der ungesättigten Fettsäuren liegt die Jodzahl bedeutend niedriger als bei Tranen und soll 100 nicht überschreiten.

Während das durch Oxydation des Tranes und Auspressen derselben aus den Ledern erhaltene Produkt als Moellon bezeichnet wird, nennt man das mittels einer Lösung von kohlensauren Alkalien aus dem Leder ausgewaschene Produkt, das hernach mit Schwefelsäure zerlegt wird, Degras. Eine Folge davon ist, daß der Moellon mehr flüssig, der Degras wegen des Gehaltes an Seifen mehr konsistent ist.

Die heute im Handel befindlichen Produkte stellen künstlich oxydierte Trane (durch Einblasen von Dampf) vor, die zirka 98% verseifbare Fette als konzentrierte Chrom- und Lackmoellons, 60 bis 75% Gesamtfett (5 bis 15% Mineralöl und Unverseifbares) als Degras aufweisen.

Die Untersuchung dieser Produkte erstreckt sich auf folgende Ermittlungen[1]):

Wasserbestimmung. 2 bis 3 g der Probe werden in einem Platintiegel ohne Deckel abgewogen und durch vorsichtiges Erhitzen mit der Bunsenflamme das Wasser weggekocht. Sobald dies der Fall ist, tritt ein leises Knistern und ein kleines Rauchwölkchen auf. Moellon soll höchstens 17%, Degras höchstens 20% Wasser enthalten.

Aschebestimmung. Die vorher wasserfrei gemachte Substanz verbrennt und verascht man im Platintiegel, und beträgt die Asche normal im Moellon 0,2 bis 0,3%, im Degras bis zu 3%.

Die Bestimmung des **Unverseifbaren** und der **Oxyfettsäuren** wird nach den üblichen Methoden ausgeführt. Als Durchschnittswerte kann man 6 bis 10% Oxyfettsäuren und 6 bis 12% Unverseifbares annehmen; letzterer hoher Wert, der bei Tranen nur 1 bis 2% beträgt, erklärt sich daraus, daß dem Handelsprodukt absichtlich Wollfett oder Mineralöl in diesen Mengen als vorteilhaftes Verdünnungsmittel zugesetzt wird. Ein wesentlich größerer Anteil derselben wäre allerdings als Verfälschung zu betrachten.

Mineralsäuren bestimmt man dadurch, daß man 25 g der Probe mit 200 cm³ Wasser kocht, erkalten und absetzen läßt und in einer abgemessenen Menge der wässerigen Schicht die freie Säure qualitativ und quantitativ bestimmt.

Der **Gehalt an freien Fettsäuren** ergibt die Säurezahl nach Abzug der gefundenen Menge Mineralsäure und berechnet man ihn als Ölsäure.

Im Handel findet man häufig mit Tran, Talg, Palmkernfett, Wollfett, Vaselin, Mineralölen, Harzölen und Kolophonium verfälschte Produkte.

Lackmoellon muß stets lanolin- (wollfett-) frei sein, um das Ausschlagen der Lackleder (Cholesterin) zu vermeiden.

Ein Zusatz von **Talg** erhöht den Schmelzpunkt der Fettsäuren, ein solcher von **Palmkernfett** die Verseifungszahl, welche im wasserfreien Degras gleich oder höher als bei Tranen ist (über 193).

Vaselin, Mineral- und Harzöle verhalten sich gleich wie in Tranen (vgl. dort) und verraten sich durch einen Gehalt von über 3% Unverseifbarem.

Zur annähernden Bestimmung eines **Wollfettgehaltes** verfährt man folgendermaßen: 6 g der Probe werden wie üblich verseift, die Fettsäure aus der Seifenlösung abgeschieden und mit Äther behandelt. Die Ätherlösung wird in einem gewogenen Kolben verdampft, der Rückstand mit der eineinhalbfachen Menge Essigsäureanhydrid ein bis zwei Stunden mit Rückflußkühler gekocht, mit Wasser versetzt und zwecks Abtreibung der Essigsäure mehrmals mit Wasser gekocht. Die azety-

---

[1]) Vgl. **Fahrion:** Collegium, S. 53. 1911; S. 304. 1906.
Collegium, S. 21. 1908; S. 24 u. 61. 1909.
Collegium, S. 119 u. 144. 1910.

lierten Fettsäuren werden hernach getrocknet, in der fünfzehnfachen Menge Alkohol (75 bis 150 cm³) bei Kochhitze gelöst und abgekühlt. Dadurch scheidet sich in der Kälte der sehr schwer lösliche Ester beinahe vollständig ab; er wird nach zweimaliger Umkristallisation zum Schluß in Äther gelöst, die Lösung verdampft und der Rückstand gewogen. Multipliziert man diese Menge mit 7, so erhält man roh das Gewicht des Wollfettes.

Harz kann qualitativ durch die Storch-Liebermannsche Reaktion nachgewiesen werden.

Als Analysenwerte für Degras seien genannt[1]):

Wassergehalt .... 22,6 bis 24,2%
Aschegehalt .... 0,7 ,, 0,8%
Unverseifbares .... 0,7 ,, 1,8%
Fettsäuren .... 49,2 ,, 53,1%
Oxysäuren .... 13,0 ,, 14,4%
Säurezahl .... 50,6 ,, 54,7%
Verseifungszahl .... 159,4 ,, 164,7
Jodzahl (Hübl) .... 37,1 ,, 52,3

Der Verband der Degras- und Lederölfabrikanten hat für die Zusammensetzung der handelsüblichen Moellonmarken folgende Normen aufgestellt[2]):

Tabelle 32

	Gesamt-fett	Flüchtige Bestand-teile	Verseif-bares	Unver-seifbares	Oxyfett-säuren	Asche
Moellon Marke M	80	20	70	10	6—8	maxi-mal 1%
Moellon - Degras Marke MD....	78	22	63	15	5—7	
Degras Marke D	75	25	55	20	4—6	

Wollfett

Wollfett wird von den Hautdrüsen des Schafes abgeschieden und auf der Wolle angesammelt; es wird daraus durch Extraktion mit flüchtigen Lösungsmitteln oder durch Waschen mit alkalischer Flüssigkeit (Soda-, Seifenlösung) gewonnen. Aus letzterer wird es durch Zerlegen mit Säure oder Salzlösungen ($CaCl_2$, $MgSO_4$) abgeschieden.

Die Zusammensetzung des Wollfettes hängt von seiner Gewinnungsart ab, indem das extrahierte Wollfett Kalisalze der natürlichen Fettsäuren, das mittels Seifen gewonnene Wollfett Fettsäuren aus genannten Seifen enthält; letztere können 20 bis 28% ausmachen.

Das gereinigte Wollfett bildet eine lichtgelbe, durchscheinende Masse mit salbenartiger Konsistenz und schwachem Geruch. Es ist in Alkohol wenig, in Chloroform und Äther gut löslich. Wollfett vermag bis über 100% Wasser aufzunehmen und bildet damit eine weiße Farbe; das käufliche gereinigte Wollfett mit einem Wassergehalte von 20 bis

---

[1]) Collegium, 532, S. 609. 1914.
[2]) Collegium, 673, S. 248. 1926.

25% heißt Lanolin, und dieses läßt sich mit weiteren Mengen Wasser zur salbenartigen Masse verkneten.

Wasserbestimmung: 10 g Wollfett werden bei 100 bis 110° C bis zum konstanten Gewichte getrocknet; wird auf diese Art nicht mehr als 30% festgestellt, so wird die zu untersuchende Probe erst unter mehrmaligem Zusatz kleiner Mengen Alkohol auf dem Wasserbade und dann bei 100 bis 110° C im Trockenschranke getrocknet.

Aschebestimmung: Verbrennen und Veraschen von 10 g Wollfett ergibt 0,05 bis 0,08% Asche bei gereinigtem, bis zu 0,30% bei rohem Wollfett.

Die Säurezahl schwankt, je nachdem ob das Wollfett durch Extraktion oder durch Waschen mit Seife gewonnen wurde, und ist sie im letzteren Falle durch die anwesenden Fettsäuren der Seife bedeutend höher.

Die freie Säure wird durch Titration einer Auflösung von 10 g Fett in Äther mit alkoholischer $^1/_{10}$ n-Lauge bestimmt; sie schwankt von 0,28 bis 2,8 und soll letztere Zahl nicht übersteigen.

Die Verseifungszahl gibt häufig Unregelmäßigkeiten, da das Wollfett schwer verseifbar ist; wird es aber nach Herbig in Petroläther gelöst und mit alkoholischer Kalilauge behandelt, so ist es bereits nach fünf Minuten vollständig verseift.

Die unverseifbaren Bestandteile werden folgendermaßen ermittelt: Eine Probe des Wollfettes wird mit alkoholischer Kalilauge verseift, mit geringem Überschuß einer $CaCl_2$-Lösung versetzt, verdünnt, filtriert, der Niederschlag mit sehr verdünntem Alkohol gewaschen und dieser schließlich bei möglichst niedriger Temperatur im Vakuum getrocknet und mit Azeton extrahiert. Nach Abdestillieren des letzteren wird der Rückstand bei 105° getrocknet und gewogen. Derart wird der Gehalt an Unverseifbarem (feste Alkohole) mit 42 bis 53,7% gefunden.

Wird Wollfett der Destillation mit überhitztem Wasserdampf unterworfen, so wird dadurch das sogenannte destillierte Wollfett erhalten; dieses enthält größere Mengen freie Säuren und Kohlenwasserstoffe, die durch Spaltung der Ester entstanden sind. Durch Abkühlen und Kristallisieren kann das destillierte Wollfett in einen flüssigen und in einen festen Anteil geschieden werden. Ersteres heißt Wollöl, Wollolein oder Wollfettolein, letzteres Wollstearin oder Wollfettstearin.

In Wollöl und Wollstearin bestimmt man die freien Fettsäuren und das Unverseifbare; das Stearin zeigt starke Cholesterinreaktion und besitzt eine ziemlich hohe Jodzahl (36), es schmilzt bei 42° C und hat eine Verseifungszahl von 170. Das Wollöl enthält 41 bis 51% Fettsäuren, die eine Jodzahl von 35 bis 46 aufweisen. Als Verfälschungsmittel kommen Mineralöl und Harzöl in Betracht; letzteres ist schwierig nachzuweisen, da weder die Jodzahl, noch die Farbenreaktion maßgebend ist. Mineralöle weist man in dem Unverseifbaren dadurch nach, daß man dieses mit Essigsäureanhydrid auskocht und die darin unlöslichen Kohlenwasserstoffe untersucht. Jene des Wollfettes haben hohe Jodzahlen, diese der Mineralöle ganz kleine, meist unter 6 liegende Jodzahlen.

Talg

Man unterscheidet einerseits den Talg nach seiner Herkunft in Rinder-, Ziegen- und Hammeltalg, anderseits in Rohtalg, wenn er aus sämtlichen Körperteilen gewonnen ist, und Preßtalg, wenn er nur Anteile mit höherem Schmelzpunkt (53 bis 56°) enthält und das sogenannte Talgöl durch Benzinextraktion entfernt wurde.

Reiner Talg soll weiß bis schwach gelblich sein und nur einen schwachen charakteristischen Geruch besitzen; dagegen weisen Ziegen- und Hammeltalg einen etwas ausgeprägteren Geruch auf. Hammeltalg besitzt einen höheren Schmelzpunkt (über 47°) als Rindertalg (unter 47°). Der Erstarrungspunkt liegt einige Grade tiefer als der Schmelzpunkt, und erstarren die freien Fettsäuren bei 40 bis 50° C.

Beim Schmelzen soll der Talg eine klare, farblose bis gelbliche Flüssigkeit geben. Spuren von Wasser verursachen Trübung, während Kalkzusatz zu besserer Bindung von Wasser und zufällige Verunreinigungen (Gewebereste und Kalkphosphate) sich absetzen und durch Waschen mit Äther oder Petroläther abgesondert und bestimmt werden können. Spuren von Mineralsäuren gehen beim Kochen mit Wasser in dieses über und geben sich durch die saure Reaktion gegenüber Methylorange zu erkennen.

Harz verrät sich durch höheres spezifisches Gewicht wie durch die Liebermann-Storchsche Reaktion.

Baumwollstearin, Fischtalg, trocknende und halbtrocknende Öle sowie Harz, erhöhen die Jodzahl, Paraffin und Wollfett erniedrigen diese wie auch die Verseifungszahl.

Stearin und Wollfettstearin lassen sich ferner durch die Gegenwart von Cholesterin und Isocholesterin in dem Unverseifbaren nachweisen.

Guter Talg soll niedrige Säurezahlen aufweisen (0,5 bis 5,0), während bei ranziger Ware diese bis zu 15 steigen.

Eine Verfälschung mit Kammfett (Halsfett des Pferdes) läßt sich schwieriger feststellen, da seine chemischen und physikalischen Konstanten ziemlich denen des Talgs ähnlich sind. Da aber dieses Fett als Lederschmiere sehr geeignet ist und durch Abpressen der öligen Anteile sogar ein Klauenölersatz gewonnen werden kann, der ebenfalls chemisch dem echten Klauenöl sehr nahe ist, so wird man seine Gegenwart nicht beanstanden.

Hydriertes (gehärtetes) Sojabohnenöl mit einer Jodzahl von 60 bis 69 stellt nach einer japanischen Untersuchung den besten Ersatz für Rindertalg vor.

Stearin

Dieses stellt das Gemenge der festen Palmitin- und Stearinsäure vor, während die flüssige Ölsäure durch Pressen des Fettes entfernt wird und zur Seifenfabrikation Verwendung findet; Stearin wird vor allem aus Talg, Schweineschmalz, Kokosfett und Palmöl gewonnen.

Charakteristisch für seine Reinheit sind eine hohe Säurezahl und niedere Jodzahl, da die beiden festen Fettsäuren keine Jodzahl, Ölsäure dagegen 90 aufweist und daher Spuren derselben wie von Isoölsäure dem Stearin ebenfalls eine Jodzahl verleihen. Der Schmelzpunkt soll bei 70^0 liegen.

Zur schnellen Bewertung dient folgende Methode: Man verseift zirka 2 g der Probe in üblicher Weise mit alkoholischer Lauge und titriert mit n-Säure zurück. Multipliziert man jeden Kubikzentimeter verbrauchter n-Lauge mit 0,284 g[1]), so erhält man die als Stearinsäure vorhandene Menge in Grammen.

Neutralfett kann im Stearin infolge einer unvollständigen Verseifung oder als absichtlicher Zusatz enthalten sein. Bei geringer Menge gibt die Bestimmung der Ätherzahl (vgl. S. 107) nur ungenauen Aufschluß; dagegen vermag eine Glyzerinbestimmung (nach S. 107), von 20 bis 50 g der Substanz ausgeführt und die Ausbeute mit 10 multipliziert, hinreichende Genauigkeit zu bieten.

Paraffin und Zeresin, als Zusatz oder bei fehlerhafter Destillation der Fettsäuren entstanden, wird durch Ermittlung des Unverseifbaren bestimmt.

Unverseifte Wachse, die mit den Fettsäuren zurückbleiben, zeigen sich dadurch an, daß das aus der Säurezahl abgeleitete Molekulargewicht sehr hoch ausfällt.

Unter Baumwollstearin versteht man ein dem Baumwollsamenöl ähnliches Produkt, das Olein, Palmitin und Stearin enthält und somit eine höhere Jodzahl aufweist.

Fischstearin, richtiger Fischtalg genannt, stellt den aus den Tranen abgeschiedenen festeren Anteil vor, der hauptsächlich aus Glyzeriden der Stearin- und Palmitinsäure neben Tran besteht und eine Jodzahl von zirka 104 aufweist. Er soll nicht viel bzw. keine leimartigen Stoffe enthalten, die aus den Fischen stammen. Zur Bestimmung derselben erwärmt man 20 g der Probe mit zirka 150 cm³ Petroläther, filtriert durch ein gewogenes Asbestfilterröhrchen, wäscht den Rückstand mehrmals nach, trocknet und wägt.

Rüböl

Unter der Bezeichnung Rüböl kommen Rapsöl, Rübsenöl und Kohlsaatöl in den Handel. Die Elaidinprobe liefert eine weiche, butterartige Masse; in Schwefelsäure oder Schwefelsäure-Essigsäureanhydrid gelöst, gibt es eine gelbe bzw. schmutziggrüne bis braune Färbung. Charakteristisch ist seine Schwerlöslichkeit in Eisessig. Als Verfälschungsmittel kommen in Betracht: Leinöl, Hanföl, Mohnöl, Leindotteröl, Baumwollsamenöl, Trane, Harzöl und Paraffinöl. Durch diese Verfälschungsmittel (mit Ausnahme von Mineralöl) wird das spezifische

---

[1]) Molekulargewicht von Stearinsäure = 284.

Gewicht erhöht, das bei reinem Öl 0,911 bis 0,917 beträgt, ferner seine Viskosität herabdrückt. Ein Zusatz von Mineralöl oder Harzöl ergibt unverseifbare Anteile, Leinöl, Hanföl und Mohnöl geben höhere Verseifungs- und Jodzahlen.

Baumwollsamenöl (Cottonöl)

In rohem Zustand ist es hellrot bis rotbraun, im gereinigten Zustande stark gelb gefärbt. Als qualitative Reaktionen kommen die bereits auf Seite 114 genannten in Betracht.

Genannte Reaktionen sind insofern wichtig, als dieses Öl vielfach zur Verfälschung des Olivenöles und Schweinefettes benutzt wird. Eine Verfälschung mit Leinöl erweist sich durch eine erhöhte Jodzahl; ist Maisöl beigemengt, so kann dies im Unverseifbaren durch Azetylierung ermittelt werden, indem das im Maisöl vorhandene Sitosterin einen höheren Schmelzpunkt als das Phytosterin besitzt (Sitosterinazetat schmilzt bei 126 bis 127° C).

Rizinusöl

Rizinusöl ist äußerst dickflüssig und verdickt sich beim Stehen an der Luft noch mehr, trocknet aber selbst in dünner Schicht nicht vollständig ein. Die Elaidinprobe gibt eine ziemlich weiße, feste Masse. Besonders charakteristisch ist seine hohe Azetylzahl, die von keinem anderen Öl erreicht wird (mit Ausnahme des Traubenkernöles), und die niedrige Verseifungszahl; ferner fallen sein hohes spezifisches Gewicht und die große Viskosität auf, die von keinem pflanzlichen Öl erreicht werden.

Mit absolutem Alkohol und mit Eisessig ist es in jedem Verhältnisse mischbar, es löst sich ferner bei 15° C in 2 Teilen 90%igem und in 4 Teilen 84%igem Alkohol. In Petroläther und Petroleum ist es dagegen nur sehr wenig löslich.

Als Verfälschungsmittel tritt hauptsächlich Harzöl auf, das sich durch Schütteln des Öles mit dem gleichen Volumen Salpetersäure (1,31 spez. Gewicht) durch Schwarzfärbung zu erkennen gibt. Als schwach trocknendes Öl findet es vorwiegend für Zusätze zu Kollodiumlacken Verwendung.

Knochenfett

Knochenfett wird durch Auskochen von Knochen gewonnen und bildet im reinen Zustand ein weißes bis gelbliches Fett von weicher Konsistenz; es besitzt nur schwachen Geruch und wird nicht leicht ranzig. Das meist im Handel befindliche Knochenfett ist durch Extraktion aus alten, häufig in Fäulnis übergegangenen Knochen gewonnen und ist dunkelbraun und von unangenehmem Geruch, enthält große Mengen freie Fettsäuren, ferner Kalkseifen, Cholesterin und Kalziumsalze.

Der Wassergehalt wird durch Trocknen einer Probe in einer flachen Glasschale bei 105° C bis zum konstanten Gewicht (sechs Stunden) bestimmt.

Das Reinfett und die fremden Beimischungen werden folgendermaßen ermittelt: 10 g Fett werden in einem kleinen Erlenmeyer-Kolben mit 3 bis 5 Tropfen starker Salzsäure gemischt und auf dem Wasserbade ungefähr eine Stunde bei öfterem Umschütteln gelinde erwärmt. Hierauf wird die Mischung mit 40 cm³ leichtflüchtigem Petroläther geschüttelt, bis das Fett gelöst und der Säuretropfen am Boden abgesetzt ist. Die petrolätherische Lösung wird nun durch ein gewogenes Filter in ein zweites Kölbchen filtriert und einigemal nachgewaschen. Aus dem Filtrate wird dann der Petroläther abdestilliert und das zurückgebliebene Fett unter Durchblasen eines Kohlensäurestromes bei 100 bis 110° C bis zum konstanten Gewicht getrocknet. Der im ersten Kölbchen zurückgebliebene Säuretropfen wird mittels Wassers auf das früher benützte Filter gespült, dieses mit Wasser gewaschen und bei 100° C getrocknet und der darauf befindliche Rückstand als organische und anorganische fremde Beimengung in Rechnung gebracht.

Als fremde Fette werden häufig Tran, Degras, Talg, Klauenöl und Pferdefett zugesetzt, und diese lassen sich durch die Bestimmung der Jodzahl erkennen.

Gerböle

Als solche finden sich im Handel verschiedene Gemische tierischer und pflanzlicher Öle mit Mineralölen, und dieselben werden derart bewertet, daß man einerseits den Gehalt an verseifbaren Bestandteilen bestimmt, anderseits auf die Gegenwart der die Lederqualität günstig beeinflussenden Öle (Trane, Klauenöl) prüft. Solche Mischungen sind z. B. das Kidöl und das Gerböl, welche aus Klauenöl und Mineralöl bestehen. Ihre Untersuchung ergab folgende Werte:

Dichte 0,9135
Aschegehalt 0,006%
Verseifungszahl 47,2
Jodzahl 22,2
Unverseifbares 72,7%
Fettsäuren 15,3%
Jodzahl der Fettsäuren 64,6
Oxyfettsäuren 6,1%

Ähnlich wirkende Spezialöle sind z. B.:

Kid Finishing Oil = reines Mineralöl.

(Dichte bei 15° C = 0,8541, Säurezahl = 0, Verseifungszahl = 0, Jodzahl = 1,7.)

Taurol = alkalische Mischung von Klauenöl und Mineralöl.

(Dichte bei 15° C = 1,0038, Asche = 7,29%, SO_4-Gehalt = 4,93%, Wassergehalt = 14,3%, Verseifungszahl = 130,8, Jodzahl = 46,1, Unverseifbares = 0,54%, Fettsäuren = 58,4%, Oxyfettsäuren = 2,1%.)

Novol = Mischung aus Mineralöl, Tran und Natronseife einer niedrig schmelzenden Fettsäure.

(Verseifungszahl = 19,9, Unverseifbares = 21,25%, Fettsäuren = = 21,41%, Oxyfettsäuren = 1,54%, Wassergehalt = 55,2%, Aschegehalt 2,4%.)

Karbidöl und Liquidol = Mischungen aus Mineralöl und verseifbaren Ölen.

Der Verband der Degras- und Lederölfabrikanten hat für die handelsüblichen Öle folgende Normen aufgestellt[1]):

1. **Harzgehalt.** Ein Harzgehalt kann nicht unbedingt und in allen Fällen als schädlich angesehen werden; wenn ein Harzgehalt vorhanden ist, muß derselbe aber unbedingt angegeben werden.

2. **Mineralölgehalt.** Die Mineralöle haben sich für die Zwecke der Lederfettung in vielen Fällen als wichtig und unerläßlich erwiesen. Zu leicht flüchtige Mineralöle sollten zur Herstellung von Lederölen aber nicht verwendet werden. Es dürfen nur solche Mineralöle verwendet werden, die folgende Kennzahlen als äußerste niedrigste Grenzzahlen aufweisen.

Spezifisches Gewicht nicht unter 0,875.

Viskosität 3 bis 4⁰ (bei 20⁰ C) oder 1 bis 3⁰ (bei 50⁰ C) nach **Engler**. Sind bei einem Gerböle leichter flüchtige Mineralöle zugegen, dann ist deren Verwendung besonders anzugeben.

3. **Naphtensäuren und Sulfatharze** sind für die Zwecke der Lederfettung nicht in jedem Fall als schädlich zu bezeichnen. Sind sie in einem Lederöl enthalten, dann muß jedoch deren Gehalt angegeben werden.

Gehärtete Öle

Die gehärteten Öle stellen schmalzartige bis feste Massen vor, die in Aussehen, Geruch und Geschmack nicht von den natürlichen Fetten zu unterscheiden sind. Sie sind in Alkohol sehr wenig, in Chloroform und besonders in Schwefelkohlenstoff sehr gut löslich.

Die **Farbenreaktionen** der gehärteten Öle unterscheiden sich von denen der ursprünglichen Öle.

Die **Säurezahl** ist bei den gehärteten Fetten meist sehr niedrig, da stark saure Öle gewöhnlich keiner Härtung unterzogen werden, letztere aber die Säurezahl kaum ändert; auch wird die **Verseifungszahl** nur wenig erniedrigt.

Die **Jodzahl** sinkt mit fortschreitender Hydrierung eines Öles; quantitativ hydrierte Öle weisen sehr niedrige Jodzahlen (0 bis 3) auf, doch sind die technisch gehärteten Öle nie quantitativ hydriert.

Die **Azetylzahl,** nach der gewöhnlichen Methode bestimmt, gibt sehr ungenaue Resultate, weil die azetylierten Fettsäuren in kaltem Alkohol unlöslich sind und beim Auflösen in warmem Alkohol sich leicht verestern. **Normann**[2]) hat diese Methode für gehärtete Öle derart abgeändert, daß die Glyzeride direkt azetyliert werden, und man erhält dadurch übereinstimmende Zahlen.

Die Menge des **Unverseifbaren** wird durch die Härtung nicht wesentlich geändert.

Der **Wassergehalt** gehärteter Öle ist sehr gering, ähnlich wie bei den nicht behandelten Ölen; dasselbe ist vom Aschegehalt zu

---

[1]) Collegium, 673, S. 248. 1926.   [2]) Chem. Revue 19, S. 205. 1912.

sagen, und es gelingt nur mit Hilfe feinster Methoden, Spuren von Nickel nachzuweisen.

Da es für gute Lederfette Bedingung ist, daß möglichst wenig freie Fettsäuren vorhanden sind und daß sie keine hohen Jodzahlen aufweisen, bilden die gehärteten Fette bei den genannten Bedingungen recht geeignete Produkte. Insofern sie aus Tranen erzeugt sind, kommt ihnen noch die spezifisch günstige Wirkung derselben auf Leder zugute.

Tabelle 33

Öl	Schmelz-punkt ⁰C	Er-starrungs-punkt ⁰C	Säure-zahl	Verseifungs-zahl	Jodzahl	Azetyl-zahl
Geh. Erdnußöl..	51—53	36,5—38,8	1—1,2	188,7—189	42,2—47,4	—
Geh. Tran	48	45,5	0,83	173,5	7,8	0,95
Geh. Rizinusöl..	68	—	3,5	183,5	4,8	153,5
Geh. Sonnen-blumenöl	45	38,9	0,36	189	9,8	—
Geh. Waltran ..	38,5—48	32,8—42	2,2—8,5	188,7—189,8	23,2—56,7	—
Geh. Tran (Talgol)	42—45	—	3,5	190,2	61,3	14
Kandelite	48—52	—	3,8	191	4	—
Geh. Kokosfett (Durutol)	46	43,5	0,57	161	4,2	1,2

Bienenwachs

Dieses enthält keine Glyzeride, sondern neben viel Cerotin- und wenig Melissinsäure hauptsächlich Myricin (Palmitinsäure-Myricylester), Myricyl- und Cerylalkohol, wie auch kleine Mengen von Kohlenwasserstoffen und ungesättigten Säuren. Das rohe Wachs ist in der Regel gelb- bis bräunlichrot gefärbt. Durch mehrfaches Umschmelzen mit heißem Wasser und natürlicher bzw. künstlicher Bleichung erhält man das gereinigte weiße Wachs.

Die Reinheit eines Wachses bekunden der Schmelzpunkt, das spezifische Gewicht und die Löslichkeit in Chloroform, wie auch die niedere Jodzahl von 9 bis 11 bei gelbem und 4 bei weißem Wachse charakteristisch ist. Besondere Wichtigkeit besitzt die Ermittlung der Säure- und Verseifungszahl (18 bis 22 bzw. 88 bis 99) in gelben Wachsen. Die daraus berechnete „Hüblsche Verhältniszahl", das ist

$$\frac{\text{Verseifungszahl} - \text{Säurezahl}}{\text{Säurezahl}},$$

liegt in engen Grenzen (3,6 bis 3,8), während weißes Wachs infolge der Säurezahl 19,7 bis 24 und Verseifungszahl 93,5 bis 107 eine Hüblsche Verhältniszahl von 2,96 bis 3,97 ergibt.

Diese Verhältniszahl beträgt z. B. bei Karnaubawachs 9,5 bis 15,5, Japanwachs 9,75, Talg 0,13 bis 0,20, Harz 0,13 bis 0,26, bei Paraffin, Zeresin und Stearinsäure 0. Es gibt aber auch gewisse ausländische reine Wachse, die abnorme Zahlen (9,9 bis 14,9) aufweisen; anderseits gelingt es, Mischungen herzustellen, die normale Verhältniszahlen aufweisen (vgl. später).

Die Säurezahl bestimmt man in 5 g Wachs, indem man es mit 25 cm³ 95%igem Alkohol kurz erwärmt und dann die freie Säure mit ½ n-Lauge und Phenolphthalein titriert.

Bei der Bestimmung der Verseifungszahl ist darauf zu achten, daß die Ester des reinen Wachses wie auch die üblichen Verfälschungsmittel (Paraffin, Zeresin) in Alkohol fast unlöslich sind und diese daher die löslichen Teile umhüllen und schwieriger der Verseifung zugänglich sind. Man muß daher das Kochen während der Verseifung mindestens eine Stunde lang unterhalten. Das Verseifen von 1,5 bis 2 g der Wachsprobe nimmt man mit 25 cm³ einer alkoholischen ½ n-Lauge vor, die möglichst wenig Wasser enthält (zirka 96% Alkohol).

Die Reinheit eines Wachses kann man annehmen, wenn Säure- und Verseifungszahl stimmen und qualitativ sich kein Paraffin und Zeresin nachweisen lassen.

Verfälschungen mit Talg, Japanwachs, Stearin, Harz, Paraffin, Zeresin und Karnaubawachs müssen besonders durch eigene Prüfungsmethoden festgestellt werden, da gewisse Gemische, z. B. 37 ½ % Japanwachs, 6 ½ % Stearin und 56% Zeresin, normale Konstante geben können, trotzdem sie kein Bienenwachs enthalten.

Nachweis von Fetten (Talg, Japanwachs). Werden 20 g der Probe verseift und fällt die Prüfung auf Glyzerin positiv aus, so ist auf diese Verfälschungen zu schließen.

Nachweis von Stearinsäure. Man kocht 1 g Wachs mit 10 cm³ 80%igem Alkohol und läßt erkalten, filtriert und setzt zum Filtrate Wasser. Trübt sich diese Lösung nur wenig, so ist das Wachs rein, während vorhandene Stearinsäure in Alkohol leicht löslich ist und sich bei Wasserzusatz in Flocken abscheidet. Eventuell vorhandenes Harz gibt die gleiche Trübung, und man muß sich von dessen Gegenwart durch die Liebermann-Storchsche Reaktion überzeugen.

Karnaubawachs läßt sich nur durch eine genaue Untersuchung der freien und gebundenen Fettsäuren nachweisen. Seine Gegenwart erhöht das spezifische Gewicht und den Schmelzpunkt der Probe und kann annähernd dadurch bewiesen werden, daß reines Wachs in Chloroform vollständig, mit Karnaubawachs gefälschtes unvollständig darin löslich ist.

Zeresin und Paraffin weist man dadurch nach, daß man 5 g der Probe wie üblich verseift, den Alkohol abdunstet und mit 20 cm³ Glyzerin zur vollständigen Lösung erwärmt und hernach 100 cm³ kochendes Wasser zufügt. Ist das Wachs rein, so erhält man eine ziemlich klare Lösung, während 5% Zeresin oder Paraffin bereits eine trübe Lösung bis Niederschlag, 8% dieser Verfälschungen unbedingt einen Niederschlag geben.

Japanwachs

Das Japanwachs ist ein aus den Früchten einiger Sumacharten gewonnenes Fett; es ist blaßgelb, hart und von muscheligem Bruch. Es ist in Äther, Benzin, Petroläther und in siedendem Alkohol leicht

löslich. Es ist bis auf einen geringen Rest leicht verseifbar (1,3% Unverseifbares). Eine Verfälschung mit Talg erniedrigt den Schmelzpunkt
und erhöht die Jodzahl; Verfälschungen mit 15 bis 30% Wasser oder
Stärke kommen häufig vor und bleibt letztere beim Lösen des Wachses
in Chloroform zurück.

Karnaubawachs

Dieses stammt aus den Blättern der brasilianischen Wachspalme
und ist im rohen Zustande schmutzig grünlich oder gelblich, sehr hart
und brüchig. Es besteht aus hochmolekularen Estern und Alkoholen
der Fettreihe. In Äther und kochendem Alkohol ist es vollständig löslich
und scheidet sich aus diesen Lösungen beim Erkalten als kristallinische
Masse ab. Der Schmelzpunkt des rohen Produkts liegt durchweg unter
83° C, das spezifische Gewicht des gereinigten Wachses liegt bei 0,992.
Beim Verbrennen hinterläßt es 0,43% Asche; die Verseifung mit alkoholischer Kalilauge geht nur schwer vor sich und bleiben etwa 55%
unverseift. Die Verseifungszahl liegt daher bei 70 bis 86, die Säurezahl
bei 6 bis 10. Verfälschungen mit Paraffin, Zeresin, Montanwachs zeigen
sich durch ihren niedrigen Schmelzpunkt und ihre Nichtverseifbarkeit
an. Der Schmutzgehalt kann durch Lösen des Wachses in Benzol, Xylol,
Tetrachlorkohlenstoff, Epichlorhydrin und Wägen des unlöslichen Rückstandes ermittelt werden. Größere Zusätze von Kolophonium, Stearinsäure, Paraffin und Montanwachs beeinflussen die genannten Konstanten.

Eigelb[1])

Diese kommt als mit Kochsalz, Borax und Salizylsäure konservierte
Ware in den Handel, und eine Durchschnittsprobe zeigt folgende Zusammensetzung:

Wassergehalt 50%
Chlornatrium 15%
Andere Aschebestandteile 2%
Eieröl 20%
Eiweißkörper 13%

Bestimmung des Wassergehaltes. Etwa 30 g mit Salzsäure
gereinigter und geglühter Sand werden in eine Glasschale von zirka
8 cm Durchmesser und 1½ cm Höhe gebracht, ein kleiner Glasstab
zugefügt und bei 110° auf Gewichtskonstanz getrocknet. Man läßt
nun abkühlen, mischt zirka 5 g Eidotter unter, wägt und trocknet abermals bei 105 bis 110° zur Gewichtskonstanz, wofür etwa 14 bis 16 Stunden
erforderlich sind.

Bestimmung des Fettes (Eieröl). Die wie beschrieben getrocknete
Masse wird in einem Mörser feinverrieben, mittels Extraktionshülse
(Schleicher & Schüll, Düren) in den Soxhletschen Apparat gebracht
und mit Petroläther oder Schwefelkohlenstoff auf dem Wasserbade

---

[1]) Vgl. Collegium Nr. 48, 51, 59. 1903; S. 90 u. 242. 1906; S. 56. 1908;
S. 53. 1911.

Tabelle 34 über die physikalischen und chemischen Konstanten der Öle, Fette und Wachse

	Spezifisches Gewicht 15° C	Schmelzpunkt		Erstarrungspunkt		Verseifungszahl	Reichert-Meißlsche Zahl	Jodzahl		Azetylzahl	Unverseifbares	Hehner-Zahl
		des Fettes	der Fettsäuren	des Fettes	der Fettsäuren			des Fettes	der Fettsäuren			
Cottonöl	0,922—0,930	3—4	34—43	0— —1	30,5—40	191—198	0,4—1,0	102—111	112—115,7	16,6	0,73—1,64	95—96
Chines. Talg	0,918—0,921	36,4—52,5	39—57	27—37,7	34—53	196—205,8	0,7	19—53	30,3—54,8	—	—	93,5
Holzol	0,934—0,943	—	30—49,4	>—17	31,3—37,2	190,7—197	—	149,7—165,7	144,1—169,5	—	0,44	92—96,7
Japanwachs	0,963—0,993	50,0—54,5	56—57	45,5—53	53—57	206,6—232	—	4,2—12,8	—	27—31,2	1,1—1,63	90,6
Leinöl	0,922—0,947	—16	13—24	—16— —27	13,3—20,6	187,6—195,2	0	164—205,4	159,8—192	8,5	0,42—1,1	95,5
Rizinusöl	0,961—0,973	—	13	—10— —18	3	176—186	1,1—2,8	82—84,5	86,6—93,9	153,4—156	—	—
Rüböl	0,911—0,917	—	17—22	0— —10	12,2—18,5	169,4—179	0,25—0,40	94,3—118,1	96,3—105,6	6,3	0,58—1,0	95,1
Eieröl	0,914	22—25	36—39	8—10	—	181,4—191,2	0,40—0,70	64—77	72,6—74,6	11,9	1,7	95,2
Hammelklauenöl	0,917	—	—	0—1,5	21,1	194,7	—	74,2	—	—	—	—
Hammeltalg	0,937—0,961	44—51	45—54	32—41	41—49,8	195,2—196,5	—	31—46,2	34,8	—	—	95,5
Hirschtalg	0,961—0,967	49—53	49,5—53	39—48	46—48	195,6—199,9	1,66	20,5—26,4	23,2—28,2	16,4—18,4	—	86,5—89,8
Knochenfett	0,914—0,916	21—22	30	15—17	36,1—44,5	172,0—198,6	—	46,3—62,7	48—55,8	11,3	0,5—1,8	—
Ochsenklauenol	0,914—0,919	21—34	28,5—30,8	0—10	16—26,5	189—199	0	65,2—77,6	62—77	22,0	—	94,7—95,7
Pferdefußöl	0,913—0,927	—	—	—	28,6	195,9	—	90,3	—	13,0	—	—
Rindertalg	0,925—0,952	42—49	43—47	27—38	39,3—46,6	190,6—200	0,25—0,50	32,7—45,2	25,9—41,3	2,7—8,6	—	95—96
Talgöl	0,916	—	—	—	—	—	—	—	—	—	—	—
Eishailebertran	0,910—0,913	—	20—20,9	—	—	146,1—164,7	—	111,9—131,4	—	—	—	—
Haifischlebertran	0,915—0,917	—	—	—	—	157,2—163,5	—	90—136,5	—	11,9	10,2	86,9
Heringstran	0,917—0,939	—	30,5—31,5	—	—	170,9—193,7	—	103,1—142	—	—	0,99—10,7	95,6
Robbentran	0,925—0,927	—	22—23	—2— —3	—	178—196,2	0,14—0,44	127—159,4	—	16,5	0,38—1,4	93—95,5
Walfischtran	0,916—0,931	—	14—27	—	—	160—224,4	0,7—2,4	89—136	130,3—132	—	0,92—3,72	93,5
Karnaubawachs	0,990—0,999	82—91	—	80—87	—	33—95	—	101—13,17	—	55,24	—	—
Palmwachs	0,992—0,995	102—105	—	—	—	—	—	—	—	—	—	—
Bienenwachs	0,956—0,975	61,5—70	—	59,5—63,4	—	87,5—107	0,34—0,54	4—11	—	15,2	—	—
Spermazetöl	0,875—0,890	—	13,3	—	—	117—147	2,6	81,3—84	88,1	15,24	—	—
Walrat	0,892—0,960	42—49	—	43,4—48	—	108,1—134,6	—	5,9	—	2,63	—	—
Wollfett	0,932—0,973	35,5—42,5	—	37,5—40,0	—	77,8—146	8	15—23,7	—	23,3	—	—
Stearin	0,865	69—71,6	—	70	—	200	—	Spur	—	—	—	—
Harzöl	0,960—0,990	—	—	niedrig	—	—	—	„	—	—	—	—
Mineralöl	0,850—0,920	—	—	„	—	0	—	„	—	—	—	—
Vaselin	0,855	—	—	„	—	0	—	14—26	—	—	—	—

extrahiert. Der hiefür verwendete Petroläther muß von allen über 75⁰ siedenden Bestandteilen befreit werden, während der Schwefelkohlenstoff vor der Benutzung destilliert und im Dunkeln aufbewahrt werden soll. Nach beendeter Extraktion kann man entweder den extrahierten Rückstand oder nach Abdestillieren des Lösungsmittels das erhaltene Fett zur Gewichtskonstanz trocknen bzw. durch direktes Erwärmen des Fettes (wie bei Degras beschrieben) wasserfrei machen, zur Wägung bringen und so den Fettgehalt ermitteln; er kann 20 bis 55% betragen.

Nach Kühl[1]) kann das Gesamtfett auch folgendermaßen bestimmt werden: In einem Zylinder nach Gottlieb-Röse wird zirka 2,5 g Eigelb genau abgewogen und 10 cm³ lauwarmes Wasser zugegossen und die ganze Mischung gut durchgeschüttelt; dann wird 1 cm³ Ammoniak und 10 cm³ Alkohol zugefügt und nach jedem Zusatz die Mischung gut durchgeschüttelt; nach weiterem Zusatz von 25 cm³ Petroläther und 25 cm³ Äther wird das Ganze nochmals durchmischt. Nach einigen Stunden wird die obere ätherische Schicht abgehoben, der Rest mit 25 cm³ Äther und 25 cm³ Petroläther von neuem durchgeschüttelt und diese Schicht mit der ersten vereinigt. Die Äthermischung wird abdestilliert und der Rückstand getrocknet und gewogen.

Das nach dieser Methode erhaltene Fett ist frei von Borsäure, die von der ammoniakalischen Schicht aufgenommen wird.

Bestimmung der Asche. Man trocknet zirka 3 g der Probe vorsichtig mit direkter Flamme im Platintiegel und erhitzt hierauf stärker zum vollständigen Verbrennen und Verglühen, wobei man auf eventuell vorhandene Borsäure achten muß, um diese nicht zu verflüchtigen.

Der Gehalt an **organischer Substanz** ergibt sich durch Subtraktion des Wasser- und Aschegehaltes vom Gesamttrockenrückstand, jener der **Eiweißstoffe** durch weiteren Abzug des Eieröles.

Der Gehalt an **Kochsalz** kann in der Asche durch Auslaugen und Titrieren mit $^1/_{10}$ n-Silbernitratlösung bestimmt werden.

Zum Nachweis der Gegenwart **fremder Öle** statt des Eieröles bestimmt man die Jodzahl, den Phosphorsäuregehalt und den Gehalt des Unverseifbaren.

Die Jodzahl des mit Chloroform extrahierten Eieröles ist bei Hühnereiern 52, bei Enteneiern 37. Der Gehalt an Phosphorsäure beträgt bei Öl aus Hühnereiern 2,3%, bei Öl aus Enteneiern 1,9%. Das Unverseifbare beträgt im Hühnereieröl 6,2%, im Enteneieröl 2,7%.

Um die **Phosphorsäure** zu bestimmen, wägt man 2 g des Öles in einem Platintiegel ab, fügt 6 g eines Gemisches von 1,5 Teilen Natriumkarbonat, 1,5 Teilen Kaliumkarbonat und 3 Teilen Kaliumnitrat hinzu und ·erhitzt langsam über einem Bunsenbrenner, bis sämtliche Kohle verschwunden ist, und bestimmt in der Asche die Phosphorsäure mit Hilfe von Urannitrat.

---

[1]) Collegium, 634, S. 56. 1923.

9. Seifen[1]

Die **Probenahme** aus einem Muster hat stets derart zu erfolgen, daß man Teile aus dem Inneren der Seife entnimmt, da die äußeren Partien stark dem Austrocknen unterliegen. Es hat deshalb auch das Abwägen der Proben möglichst rasch und nötigenfalls mittels Wägeglas zu geschehen. Die chemische Untersuchung von Seifen richtet sich nach den Erfordernissen des vorliegenden Falles, und im nachstehenden mögen die wichtigsten derselben angegeben sein.

Ermittlung des Wassergehaltes (Schnellmethode nach Fahrion)[2]: In einem offenen Platintiegel wägt man 2 bis 4 g Seife ab und übergießt mit der dreifachen Menge Olein und wägt wieder. Das Olein muß frei von flüchtigen Bestandteilen sein und wird zu diesem Zwecke vor Gebrauch einige Zeit auf 120° erhitzt. Der Tiegel wird hernach mit einer kleinen Flamme vorsichtig erwärmt, bis das Wasser vollständig entwichen und eine klare Lösung vorhanden ist, doch darf hierbei kein brenzlicher Geruch auftreten. Die Gewichtsdifferenz wird als Wasser berechnet.

Die Wizöff schreibt das Destillieren von 10 bis 20 g Seife im Rundkolben mit 50 bis 80 cm³ Benzol (oder Xylol) vor.

Bestimmung der Gesamtfettsäuren. 10 bis 20 g Seife werden in warmem Wasser gelöst und im Scheidetrichter mit einer genügenden Menge verdünnter Schwefelsäure (1:3) zersetzt. Die abgeschiedenen Fettsäuren schüttelt man mit 100 cm³ eines nicht über 65° siedenden Petroläthers kräftig aus. Man läßt nach erfolgter Trennung der beiden Schichten die wässerige Lösung in einen anderen Schütteltrichter abfließen und behandelt diese abermals mit 100 cm³ Petroläther. Die vereinigten Petroläther-Fettlösungen werden mit Wasser zur Entfernung der Säure gewaschen, bei niederer Temperatur (nicht über 70°) im gewogenen Kölbchen auf dem Wasserbade eingedunstet und bis zur Gewichts- konstanz im Wassertrockenschrank getrocknet. Liegen Kokos- und Palmkernfettsäuren vor, so darf die Trocknungstemperatur 55° nicht überschreiten, bei Gegenwart von Leinölfettsäuren ist die Trocknung im Kohlensäurestrom vorzunehmen.

Eine sehr einfache Bestimmungsmethode für Fettsäuren, daran gebundenen Alkalien und Füllmitteln gestattet die **Huggenberg**sche Scheidebürette (P. Altmann, Berlin), der eine Gebrauchsanweisung beigegeben ist.

Bestimmung des Gesamtalkalis: Die an Kohlensäure, Kieselsäure, Borsäure und Fettsäure gebundenen sowie freien Alkalien bestimmt man folgendermaßen: Man löst 10 bis 20 g Seife in heißem Wasser und

---

[1] Vgl. Einheitsmethoden zur Untersuchung von Fetten, Ölen, Seifen und Glyzerinen. Springer. 1910 und Einheitliche Untersuchungsmethoden für die Fettindustrie der Wissenschaftl. Zentralstelle für Öl- und Fettforschung E. V. Berlin: Wizöff. Stuttgart. 1927.

[2] Zeitschr. f. angew. Chem., S. 385. 1906.

zersetzt diese Lösung mit 50 bis 100 cm³ einer n-Säure. Sollte die Abscheidung der Fettsäuren nicht gut vonstatten gehen, so erwärmt man die Flüssigkeit einige Zeit oder fügt 15 g Stearinsäure oder Wachs zu, erwärmt abermals und läßt erkalten, wodurch die Fettsäuren zur festen Masse erstarren. Man bringt hernach die saure Flüssigkeit quantitativ in ein Becherglas, spült den Fettsäurekuchen mit Wasser nach und titriert die Flüssigkeit mit n-Lauge und Methylorange. Jeder verbrauchte Kubikzentimeter $n\text{-}H_2SO_4 = 0{,}03105$ g Na_2O bzw. $0{,}04715$ g K_2O.

Bestimmung des freien Ätzalkalis: Qualitativ ergibt sich ein Überschuß an Alkali durch Auflösen von 1 Teil Seife in 50 Teilen 96- bis 98%igem Alkohol bei Zusatz von Phenolphthalein. Größere Mengen von freiem Ätzalkali bestimmt man quantitativ durch Auflösen von 10 g Seife in 100 cm³ absolutem Alkohol auf dem Wasserbade, Abfiltrieren vom Unlöslichen mittels Heißwassertrichters und Titrieren des Filtrates mit n-Säure und Phenolphthalein.

Nach Newington[1]) fällt man die wässerige Seifenlösung mit Glaubersalz und titriert nun das freie Alkali mittels $^1/_{10}$ n-Schwefelsäure unter Verwendung einer 5%igen Silbernitratlösung als Tüpfelindikator. Derart lassen sich noch 0,01% NaOH nachweisen.

Bestimmung des kohlensauren Alkalis: 10 g Seife werden feingeschabt, getrocknet und in absolutem Alkohol gelöst. Man leitet hierauf Kohlensäure in die Lösung ein, bis alles freie Ätzkali ins Karbonat übergeführt ist. Man filtriert, wäscht das Unlösliche mit heißem absoluten Alkohol nach und löst hierauf den Filterinhalt in heißem Wasser und titriert die erkaltete Lösung nach Zusatz von Methylorange mit $^1/_{10}$ n-Säure. Es entspricht 1 cm³ $^1/_{10}$ $n\text{-}HCl = 0{,}006915$ g K_2CO_3 bzw. $0{,}005305$ g Na_2CO_3. Von diesem Wert ist das früher gefundene freie Ätzkali in Abzug zu bringen.

Bestimmung der freien Fettsäuren: Auf diese ist natürlich nur dann zu prüfen, wenn die Prüfung auf freies Ätzalkali negativ ausfällt. 20 g Seife werden in vorher neutralisiertem Alkohol (60%ig) gelöst und mit $^1/_{10}$ n-Lauge und Phenolphthalein titriert. 1 cm³ $^1/_{10}$ n-Lauge $= 0{,}0282$ g Ölsäure.

Bestimmung des unverseifbaren Neutralfettes: 6 bis 8 g des nach „Bestimmung des Gesamtfettgehaltes" isolierten Gesamtfettes werden in 96%igem Alkohol aufgenommen und mit $^1/_{10}$ n-Lauge und Phenolphthalein schwach alkalisch gemacht. Hierauf behandelt man wie üblich mit Petroläther (vgl. Bestimmung des Unverseifbaren, Seite 101: Untersuchung von Ölen, Fetten, Wachsen) und verdampft diesen Auszug, der aus unverseiftem Neutralfett und unverseifbaren fettartigen Stoffen besteht. Dieser gewogene Rückstand wird mit genügend alkoholischer Lauge verseift, abermals mit Petroläther behandelt und das Unverseifbare durch Verdunsten und Wägen erhalten. Die Menge des unverseiften Neutralfettes ergibt sich nun aus der Differenz von Neutralfett + Unverseifbarem und dem Unverseifbaren.

---

[1]) Seifens.-Ztg., S. 192. 1916.

Bestimmung des Harzgehaltes: Die Liebermann-Storchsche Reaktion ist in diesem Falle nicht eindeutig, da eventuell vorhandenes Cholesterin aus Wollfett dieselbe Reaktion gibt. Genauen Nachweis erlaubt aber folgende Methode von Twitchell: 2 bis 3 g des isolierten Gemisches aus Fettsäuren und Harzsäuren werden in einem 150 cm³ fassenden Kölbchen genau abgewogen und mit der zehnfachen Menge absoluten Alkohols versetzt. Man kühlt nun den Kolben durch Einsetzen in ein fließendes Wasserbad und leitet durch die Lösung einen Strom trockenes Salzsäuregas, bis etwa in drei Viertelstunden keine weitere Absorption desselben von den aliphatischen Säuren mehr erfolgt. Der Kolben wird nun aus dem Kühlbade genommen, das Einleitungsrohr mit wenig absolutem Alkohol nachgespült und verschlossen mindestens eine Stunde beiseitegestellt. Hernach verdünnt man den Kolbeninhalt mit dem fünffachen Volumen Wasser und erhitzt, bis die Lösung klargeworden ist. Der Inhalt des Kolbens wird nun in einen Scheidetrichter gebracht und mit 75 cm³ Äther, der zum Nachspülen des Kolbens diente, innig geschüttelt. Die saure wässerige Lösung wird nun abgelassen und die ätherische Lösung, welche neben den Fettsäure-Äthylestern noch freie Harzsäuren enthält, mit Wasser bis zum Verschwinden der sauren Reaktion gegen Lackmus gewaschen. Hierauf fügt man dieser ätherischen Lösung 50 cm³ Alkohol zu und titriert mit ½ n-alkoholischer Lauge und Phenolphthalein, wobei sich nur die freien Harzsäuren, nicht aber die Fettsäureester mit dem Alkali zu Harzseifen verbinden. Jeder verbrauchte Kubikzentimeter ½ n-Lauge $= 0{,}175$ g Harzsäure.

Die Wizöff empfiehlt eine ähnliche gravimetrische und eine titrimetrische Methode.

Bestimmung der Füllstoffe: Für diese Zwecke kommen besonders in Betracht: Borax, Natriumphosphat, Chlorkalium, Talk, Schwerspat, Kieselgur, Wasserglas, Sand, Bimsstein, Kartoffelmehl, Stärke, Dextrin, Zucker, Pflanzenschleim, Eiweiß, Kasein und Terpentinöl.

Die Gesamtmenge dieser Stoffe ermittelt man folgendermaßen nach Späth: Eine gewogene Seifenmenge wird einige Zeit bei 105⁰ getrocknet und hernach im Soxhlet-Apparate mit 98%igem Alkohol während sechs Stunden heiß extrahiert. Der nach beendeter Extraktion getrocknete Rückstand ergibt die alkoholunlöslichen anorganischen und organischen Füllstoffe. Durch Abzug der besonders bestimmten alkoholunlöslichen Alkalikarbonate ergibt sich der Gehalt aller übrigen anorganischen und organischen Stoffe.

Für die Ermittlung der gesamten anorganischen Zusatzstoffe genügt eine Aschebestimmung, doch muß diese wegen der vorhandenen flüchtigen Salze (z. B. KCl) vorsichtig durchgeführt werden. Durch qualitative Untersuchung der Asche kann man annähernd auf die anorganischen Stoffe schließen.

Die organischen Bestandteile können häufig durch mikroskopische Untersuchung ermittelt werden, und kann z. B. Stärke und Dextrin durch die Jodprobe, Zucker mittels Fehlingscher Lösung bestätigt werden.

10. Harze[1])

Bezüglich der Untersuchung von Harzen sei besonders hervorgehoben, daß die später angegebenen quantitativen Methoden, die vorwiegend aus der Fettchemie entnommen sind, nur annähernde Resultate ergeben können und beiweitem nicht jene Verläßlichkeit aufweisen, die man bei der Ermittlung in Fetten gewohnt ist. Der maßgebendste Grund hiefür ist vor allem jener, daß die in unsere Hände kommenden Produkte fast immer stark verändert gegenüber den ursprünglichen Produkten sind. Eine Folge davon ist, daß man bei der Beurteilung von Harzen an Hand der Konstanten ziemlich weite Grenzen ziehen muß, und daher sind die diesbezüglichen Untersuchungen nur ganz allgemein orientierende und beiläufige. Im nachfolgenden mögen die wichtigsten Methoden und anschließend die Untersuchungsergebnisse der für die Leder bzw. Lackleder verwendeten Harze angeführt sein.

Die Säurezahl gibt die Anzahl Milligramme KOH an, welche die freie Säure von 1 g Harz bei der Titration zu binden vermag. Diese Titration kann a) direkt, b) indirekt durch Rücktitration durchgeführt werden.

a) Für die direkte Titration löst man 1 g der Harzprobe in Alkohol, Chloroform oder erschöpft das Produkt mit 30 cm³ Wasser durch Erhitzen mit Rückflußkühler während fünfzehn Minuten und fügt hernach 50 cm³ Alkohol (96%ig) zu und kocht abermals mit Rückflußkühler fünfzehn Minuten lang, läßt erkalten und titriert mit alkoholischer ½ n-Lauge und Phenophthalein.

b) Durch Rücktitration ermittelt man die Säurezahl, indem man 1 g der Probe mit 25 cm³ alkoholischer ½ n-Lauge und 50 cm³ Benzin übergießt und in einer Glasstöpselflasche 24 Stunden bis zur vollständigen Lösung stehen läßt und mit ½ n-Schwefelsäure und Phenolphthalein zurücktitriert.

Die Verseifungszahl gibt die Anzahl Milligramme KOH an, welche 1 g Harz bei der Verseifung zu binden vermag.

Man löst 1 g der Probe in Benzin, fügt 25 bis 30 cm³ ½ n-alkoholische Lauge hinzu und kocht mit Rückflußkühler eine halbe Stunde am Wasserbade, verdünnt hernach mit Alkohol und titriert mit ½ n-Säure und Phenolphthalein zurück.

Die Esterzahl wird durch Subtraktion der Verseifungszahl von der Säurezahl gefunden.

Der Wassergehalt wird ermittelt, indem man 2 bis 3 g der Probe bei 100⁰ im Trockenschranke bis zur Gewichtskonstanz erhitzt. Da hierbei außer Wasser auch eventuell ätherische Öle sich verflüchtigen, bezeichnet man diesen Wert besser als „Verlust bei 100⁰".

Der Aschegehalt wird durch vorsichtiges Verbrennen und Veraschen der zur Wasserbestimmung benutzten Probe ermittelt.

---

[1]) Vgl. Dietrich, K.: Analyse der Harze. Springer. 1900.

Bestimmung des alkohollöslichen und -unlöslichen Anteiles. Man verreibt 10 g der Probe mit gereinigtem Sand innig, bringt das Gemisch in eine Extraktionshülse[1]) und extrahiert mit 90- bis 96%igem Alkohol im Soxhlet. Man kann nun einerseits das extrahierte Material nach erfolgter Trocknung zur Wägung bringen und erhält somit den alkoholunlöslichen Teil, oder man verdampft die alkoholische Lösung auf dem Wasserbade und wägt den Rückstand, wodurch der alkohollösliche Anteil direkt erhalten wird.

Bestimmung des spezifischen Gewichtes. Man formt aus der Probe unter schwachem Erwärmen und Kneten einen Kegel und ermittelt einerseits dessen Auftrieb im Wasser (v), anderseits dessen absolutes Gewicht (p) mit der Mohrschen Waage. Das spezifische Gewicht (s) ergibt sich aus der Gleichung

$$s = \frac{p}{v}$$

Bestimmung der Azetylzahl. Man azetyliert das Harz durch Kochen unter Rückflußkühlung mit einem Überschuß von Essigsäureanhydrid und etwas wasserfreiem Natriumazetat bis völlige Lösung eingetreten ist. Die Lösung wird hernach in Wasser eingegossen, das abgeschiedene Produkt gesammelt und so lange mit heißem Wasser gekocht, bis alle freie Essigsäure entfernt ist. Das azetylierte Harz wird nun in Alkohol gelöst und durch direkte Titration die Azetylsäurezahl bestimmt. Eine zweite Probe des azetylierten Harzes wird mit $\frac{1}{2}n$-alkoholischer Lauge durch Kochen verseift und dadurch die Azetylverseifungszahl erhalten. Durch Subtraktion dieser Azetylsäurezahl von der Azetylverseifungszahl wird die eigentliche Azetylzahl erhalten.

Grenzwerte und Löslichkeit der Harze

Abkürzungen: S. Z. d. u. ind. = Säurezahl direkt und indirekt.
E. Z. = Esterzahl.
V. Z. = Verseifungszahl.
A. Z. = Azetylzahl.

Bernstein

S. Z. d.: 15 bis 35.   Wassergehalt: 1%.
E. Z.: 71 „ 91.   Aschegehalt: 0,2 bis 0,3%
V. Z.: 86 „ 145.

In Alkohol, Methylalkohol, Petroläther: fast unlöslich.
In Äther, Amylalkohol, Eisessig: teilweise löslich.
In Benzol, Schwefelkohlenstoff: fast ganz löslich.

Verfälschungen mit Kolophonium usw. zeigen sich durch die Löslichkeit in Alkohol und die hohen Säurezahlen. Beim Verbrennen schwärzt der Bernstein feuchtes Bleiazetatpapier, während z. B. Kopal nicht einwirkt.

---

[1]) Beziehbar von C. Schleicher & Schüll, Düren.

Siam-Benzoe

S. Z. d.: 120 bis 170.   Aschegehalt: 0,2 bis 1,5%.
S. Z. ind.: 140 „ 170.
    E. Z.: 35 „ 75.
    V. Z.: 170 „ 210.

Soll sich bis auf höchstens 5% pflanzlicher Verunreinigungen in Alkohol lösen.

Sumatra-Benzoe

S. Z. d.: 95 bis 190.   Wassergehalt: 4 bis 9%.
S. Z. ind.: 100 „ 130.   Aschegehalt: 0,2 „ 1,5%.
    E. Z.: 30 „ 175.
    V. Z.: 155 „ 270.

Soll mindestens 70 bis 80% in Alkohol lösliche Anteile enthalten.

Kolophonium

S. Z. d.: 145 bis 180.   Spezifisches Gewicht bei 15°:
S. Z. ind.: 145 „ 185.   1,0710 bis 1,0790.
Azetyl-S. Z.: 155,82 „ 155,84.   Asche: 0 bis 0,25%.
Azetyl-E. Z.: 92,12 „ 95,37.   In Petroläther unlöslicher Rück-
Azetyl-V. Z.: 247,94 „ 251,21.   stand: 0,10 bis 3,40%.

In Alkohol, Terpentinöl, Azeton, Äther, Chloroform, Methylalkohol, Amylalkohol, Essigäther, Benzol, Schwefelkohlenstoff: vollständig löslich.
In Benzin, Petroleum, Petroläther: teilweise löslich.

Kopal

S. Z. d.: 35 bis 95.   Wassergehalt: 0,5 bis 2,5%.
S. Z. ind.: 60 „ 65.   Aschegehalt: 0,25 „ 2,0%.
A. Z. des
    löslichen Anteiles: 125,6,
unlöslichen Anteiles: 84,8 bis 111,2.

In Alkohol, Methylalkohol, Petroläther, Schwefelkohlenstoff: unlöslich.
In Äther, Amylalkohol, Benzol, Eisessig, Terpentinöl: teilweise löslich.

Elemi

S. Z. d.: 18 bis 24.
    E. Z.: 6 „ 46.
    V. Z.: 25 „ 68.

In Alkohol, Äther, Petroläther, Azeton und Terpentinöl löslich.

Dammar (geschmolzen)

S. Z. d.: 20 bis 35.   Wassergehalt: 0,1 bis 1,0%.
S. Z. ind.: 20 „ 30.   Aschegehalt: 0,01 „ 0,10%.
    A. Z.: 81 „ 83.

In Benzol, Benzin, Terpentinöl, Äther, Chloroform, Schwefelkohlenstoff: vollständig löslich.

In Petroläther, Alkohol, Azeton, Amylalkohol, Methylalkohol: ziemlich vollständig löslich.

Mastix

S. Z. d.: 50 bis 70.   Wassergehalt: 0,9 bis 1,5%.
S. Z. ind.: 44 „ 66.   Aschegehalt: 0,1 „ 0,2%.

In Äther, Amylalkohol, Benzol: löslich.

In Alkohol, Methylalkohol, Azeton, Chloroform, Terpentinöl: teilweise löslich.

In Petroläther: unlöslich.

Sandarak

S. Z. d.: 95 bis 155.   Wassergehalt: 0,04 bis 0,2%.
S. Z. ind.: 130 „ 160.   Aschegehalt: 0,01 „ 2,0%.
A. Z.: 74 „ 82.

In Alkohol, Äther, Amylalkohol, Azeton: vollständig löslich.

In Methylalkohol, Chloroform, Eisessig: teilweise löslich.

In Benzol, Schwefelkohlenstoff: fast unlöslich.

Schellack

S. Z. d.: 56,0 bis 58,8.   Aschegehalt: 0,50%.
E. Z.: 126,6 „ 151.2.
V. Z.: 184,6 „ 210,0.

Künstlicher Schellack in Knopfform und Tränen

S. Z. d.: 128,8.   Aschegehalt: 0,10%.
E. Z.: 50.4.
V. Z.: 179,2.

Tabelle 35. Vergleich der Löslichkeit von echtem und künstlichem Schellack und Kolophonium

Künstlicher Schellack	Echter Schellack	Kolophonium
In Alkohol nicht klar löslich;	Mit Alkohol geringe Ausscheidung.	In Alkohol klar löslich.
Zusatz von Lauge bewirkt starke Trübung bzw. Ausscheidung.	Auf Zusatz von Lauge bleibt Lösung völlig klar.	Auf Zusatz von Lauge bleibt Lösung völlig klar.
In Petroläther sind etwa 13% löslich.	In Petroläther völlig löslich.	In Petroläther völlig löslich.
Mit Essigsäureanhydrid und Schwefelsäure erhält man: bräunliche Färbung.	Mit Essigsäureanhydrid und Schwefelsäure erhält man: rote Färbung.	Mit Essigsäureanhydrid und Schwefelsäure erhält man: violette Färbung.

Terpentine

Die Terpentine enthalten ein ätherisches Öl ($C_{10}H_{16}$) bis zu 20%. Abietinsäure, Kaffeesäure, Vanillin, Bitterstoffe, Ameisensäure und Wasser. Man unterscheidet folgende Sorten:

1. Der gewöhnliche Terpentin ist dünn- bis dickflüssig und erhärtet, mit zirka 20% Kalk gemischt, sofort.

2. Der venezianische oder Lärchenterpentin ist fast klar, wird nicht kristallinisch und erstarrt mit Kalk nicht sofort.

3. Der Straßburger Terpentin ist dünnflüssig, klar gelb und von schwacher Fluoreszenz.

4. Der russische Terpentin enthält zirka 30% einer kristallisierten Harzsäure.

Als handelsübliche Produkte kommen heute nur noch die unter 1. und 2. genannten in Betracht; der gewöhnliche Terpentin ist in Petroläther bis auf geringe Rückstände vollständig löslich, ohne Rückstand löslich in Alkohol, Äther, Chloroform, Essigäther, Benzol und Schwefelkohlenstoff. Der venezianische unterscheidet sich von dem gewöhnlichen Terpentin hauptsächlich durch die hohe S. Z. d. und ist in Petroläther fast vollständig löslich, in Schwefelkohlenstoff teilweise löslich, in den anderen Lösungsmitteln vollständig löslich. Als Verfälschungsmittel des venezianischen Terpentins kommen insbesondere fremde Harze in Betracht; auch Lösungen von Harzen in Harzöl werden als venezianischer Terpentin in den Handel gebracht.

Den gewöhnlichen Terpentin unterscheidet man vom venezianischen z. B. durch Behandeln mit 80%igem Alkohol; wird 1 Teil Terpentin mit 3 Teilen Alkohol übergossen und geschüttelt, so entsteht beim Lärchenterpentin eine fast klare Lösung, während vom gewöhnlichen Terpentin sich über die Hälfte des angewandten Quantums nach kurzer Zeit abscheidet. Bei Mischungen von venezianischem mit gewöhnlichem Terpentin gibt diese Methode Aufschluß, wenn nicht weniger als 30% des gewöhnlichen Terpentins zugegen sind.

Petrolderivate (Mineralöle) kann man nach **Grimaldi** und **Prussia**[1]) auf Grund der **Balbianoschen Reaktion** (Bildung von Dioxypinen aus Pinen und Quecksilberazetat) folgendermaßen bestimmen:

In einen 500 cm³ fassenden Kolben, der am Halse eine 10-cm³-Teilung (in 0,5 cm³) besitzt, werden 75 g Quecksilberazetat, 200 cm³ Wasser, 100 cm³ Eisessig und 10 cm³ des zu untersuchenden Öles eingebracht. Man setzt nun dem Kolben einen Rückflußkühler auf und erhitzt ihn auf dem Wasserbade bei 80° C unter häufigem Umschwenken zwei Stunden lang. Hernach· kühlt man ab und fügt schließlich tropfenweise verdünnte Salpetersäure (2 Teile Säure von 1,4 Dichte $+1$ Teil Wasser) bis zum Nullpunkt zu. Es scheiden sich hierdurch Öltropfen an der Oberfläche der Flüssigkeit ab. Man liest ihr Volumen ab und multipliziert es mit 10, wodurch der Prozentgehalt des zuge-

---

[1]) Chem. Ztg., 1001. 1914.

setzten Verfälschungsmittels erhalten wird. Reine Terpentinöle geben homogene Flüssigkeiten, die kein Öl abscheiden. Die kleinste Menge an nachweisbarem Benzin schwankt zwischen 6 bis 12%, bei Mineralölen zwischen 8 bis 10%, bei Petroleum zirka 10%. Benzole, Xylole und Toluole lassen sich derart nur ungenau nachweisen.

Mineralöle kann man auch nach einer der beiden nachgenannten Methoden quantitativ bestimmen.

Nach Burton bringt man 100 cm³ der Probe in einen geräumigen Kolben und versieht ihn mit Rückflußkühler und Tropftrichter. Durch letzteren läßt man langsam unter guter Kühlung 300 cm³ rauchende Salpetersäure eintropfen und wäscht nach erfolgter Reaktion mit heißem Wasser gründlich aus und bringt das unverändert gebliebene Petroleum zur Wägung.

Nach Herzfeld läßt man zu 10 cm³ der Probe langsam unter Kühlung 40 cm³ konzentrierte Schwefelsäure eintropfen. Nach zehn bis zwölf Stunden entfernt man die untere dunkelbraune Schicht und schüttelt das zurückgebliebene Öl nochmals mit 3 bis 4 cm³ rauchender Schwefelsäure, worauf sich nach mehrstündigem Stehen nur noch 0,1 bis 0,2 cm³ unveränderter Terpentin abscheidet, während die Verfälschung mit Mineralöl dieses Volumen vergrößert und nach Messung berechnet werden kann.

Eine Zusammenstellung aller gebräuchlichen Untersuchungsmethoden für Terpentinöl bringt H. Salvaterra[1]).

Gewöhnlicher Terpentin

S. Z. d.: 110 bis 145.	Azetyl-S. Z.: 123,3 bis 125,5.
E. Z.: 2 „ 10.	Azetyl-E. Z.: 62,3 „ 93,8.
V. Z.: 108 „ 127.	Azetyl-V. Z.: 187,9 „ 217,0.

In Alkohol, Äther, Chloroform, Essigäther, Benzol: vollständig löslich.

Venezianischer oder Lärchenterpentin

S. Z. d.: 65 bis 72,9.	Azetyl-S. Z.: 69,8 bis 72,2.
E. Z.: 40 „ 59.	Azetyl-E. Z.: 109 „ 118,7.
V. Z.: 107,7 „ 128,9.	Azetyl-V. Z.: 178,9 „ 190,9.

Harzöle

Die durch Destillation des Harzes erhaltenen Öle charakterisieren sich durch ihr hohes spezifisches Gewicht (0,96 bis 0,99), welches über jenem der Mineralöle und verseifbaren Öle steht. Chemisch bestehen sie aus aromatischen Kohlenwasserstoffen neben geringen Mengen unveränderten Harzsäuren, die eine kleine Verseifungszahl und Jodzahl bedingen.

---

[1]) Chem. Ztg., S. 17, 133. 1921.

Kunstharze[1])

Die synthetischen harzartigen Produkte entstehen durch Kondensation von Phenolen und höheren Kohlenwasserstoffen mit Aldehyden der Fettreihe vorwiegend in Gegenwart von Säuren und Alkalien. Sie sind insgesamt wasserunlöslich und bilden in jenen Fällen Verwandte zu den wasserlöslichen synthetischen Gerbstoffen, in denen Schwefelsäure mit verwendet wurde. Durch diese Kondensation entstehen verschiedene Produkte, von denen die einen in organischen Lösungsmitteln teilweise oder gut löslich, die andern darin unlöslich sind. Als Kunstharze im engeren Sinne versteht man aber vorwiegend jene Kondensationsprodukte, die in organischen Lösungsmitteln ähnlich den Naturharzen gut löslich sind. Die andere Klasse der Kunstharze, die unlöslich sind, finden dagegen hauptsächlich zur Darstellung plastischer Massen, die z. B. auf der Drehbank verarbeitet werden können, Verwendung (Elfenbein-, Bernsteinersatz). Die löslichen, durch Hitze härtbaren oder auch unverändert bleibenden Kunstharze dienen vorwiegend als Ersatz für Schellack, Elemi und Kopale.

Die Herstellung von synthetischen Harzen aus Phenolen oder Kohlenwasserstoffen unter Mitverwendung natürlicher Harze führt zu den sogenannten gefüllten Kunstharzen, die den Naturharzen in bezug auf Löslichkeit noch näher kommen.

Solche Kunstharze finden sich im Handel z. B. unter den Namen Lakkain, Novolak, Bakelit, Abalak, Säureharz, Kresolharz, Metakalin, Isolin, Schellackersatz, Resinit, Juvelith.

Der qualitative Nachweis, ob Kunstharze vorliegen, ist im allgemeinen nicht ganz eindeutig zu erbringen, doch kann vielfach die Löslichkeit hier Auskunft erteilen. Sehr charakteristisch für die Kunstharze ist auch das Auftreten der brenzlichen Gerüche beim Verbrennen derselben gegenüber den aromatischen bei den Naturharzen. Jene Kunstharze, die von den Phenolen abstammen, enthalten stets noch Spuren derselben, und können diese durch ihren Geruch bzw. in ihrer alkoholischen Lösung durch die Eisenreaktion (Blaufärbung) nachgewiesen werden.

Die Ermittlung jener Konstanten, die bei den Naturharzen beschrieben wurden, ergeben durchwegs ganz andere Werte, so daß es auf diesem Wege leicht gelingt, Kunstharze eindeutig festzustellen.

Der größere Gehalt an Säuren bzw. an Asche ist häufig auch für die Kunstharze sehr charakteristisch; qualitativ gelingt es vielfach, Salzsäure oder Schwefelsäure nachzuweisen.

Anhang

1. Ermittlung des spezifischen Gewichtes

Das spezifische Gewicht eines Körpers ist das Verhältnis seines Gewichtes zu dem Gewichte eines gleich großen Volumen chemisch reinen

---

[1]) Kunststoffe, S. 84. 1913; S. 298. 1914; S. 196. 1915; S. 177. 1916; S. 215. 1918; Chem. Ztg., 1233. 1913.

Wassers bei 4^0 C. Um das spezifische Gewicht eines Körpers festzulegen, bedient man sich der sogenannten hydrostatischen Waage nach Mohr (Abb. 7) oder der nach Westphal (Abb. 8), welche derart eingerichtet sind, daß der eine Waagebalken verkürzt und mit einer Anhängevorrichtung versehen ist, an der entweder ein Senkkörper zur Bestimmung des spezifischen Gewichtes von Flüssigkeiten oder der zu untersuchende feste Körper befestigt werden kann. Gemäß des archimedischen Gesetzes verliert jeder in eine Flüssigkeit getauchte Körper so viel von seinem Gewicht, als das von ihm verdrängte Flüssigkeitsvolumen wiegt. Hängt man also den zu untersuchenden Körper mittels eines feinen Drahtes an dem kürzeren Waagebalken auf und wägt ihn erst in der Luft, dann im Wasser, indem man den Körper in ein mit Wasser gefülltes Becherglas eintauchen läßt, so erhält man durch Subtraktion der beiden Gewichte das vom Körper verdrängte Wasserquantum und somit sein Volumen. Absolutes Gewicht durch Volumen dividiert ergibt das spezifische Gewicht des Körpers.

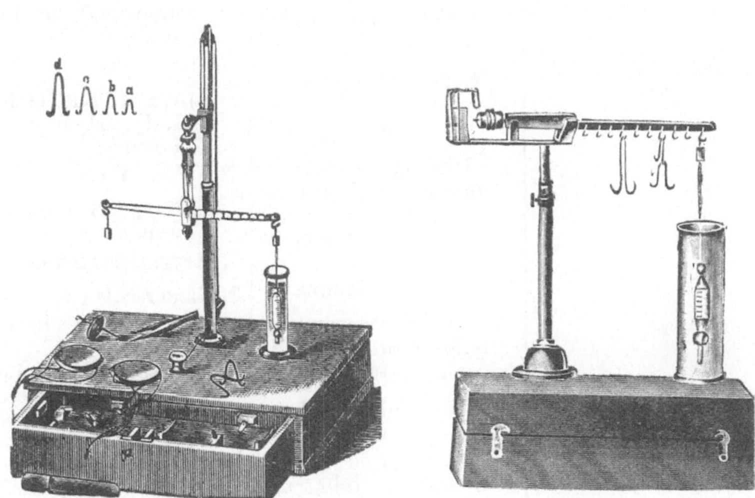

Abb. 7   Abb. 8

Arthur Meissner, Freiberg i. Sa.

Für wasserlösliche Körper wählt man entsprechende andere Eintauchflüssigkeiten von bekanntem spezifischen Gewicht, in denen eben der zu untersuchende Körper unlöslich ist. Zur Bestimmung des spezifischen Gewichtes von Flüssigkeiten nimmt man einen Senkkörper aus Glas, dessen absolutes Gewicht ein für allemal bekannt ist; man findet dann das spezifische Gewicht aus der Gleichung:

$$\text{Spezifisches Gewicht} = \frac{a-m}{a-n}, \text{ wobei}$$

$a =$ Gewicht des Körpers oder des Senkkörpers an der Luft gewogen,
$m =$,,   ,,   ,,   ,,   ,,   ,,   in irgendeiner Flüssigkeit
                                                    gewogen,
$n =$,,   ,,   ,,   ,,   ,,   ,,   in Wasser gewogen.

2. Einfacher Gang zur Auffindung

Tabelle

A. Probe +

	B. HCl-saure Lösung	
Weißer Niederschlag in überschüssiger HCl unlöslich:	Abfiltrierten Niederschlag mit $(NH_4)_2 \cdot S$ behandeln:	
	Derselbe ist löslich	Derselbe ist unlöslich
1. löslich in siedendem Wasser: **Pb**	1. Niederschlag war schwarz: a) ursprüngliche Lösung wird durch $FeSO_4$ gefällt: **Au** b) $FeSO_4$ fällt nicht: **Pt**	1. Der Niederschlag ist gelb: **Cd** 2. Der Niederschlag ist schwarz: a) Wasser fällt die ursprüngliche Lösung: **Bi**
2. löslich in $NH_4 \cdot OH$: **Ag**	2. Niederschlag war orange: **Sb**	b) Wasser fällt nicht, $NH_4 \cdot OH$ gibt blaue Lösung: **Cu**
3. durch $NH_4 \cdot OH$ geschwärzt: **Merkuroverbindung**	3. Niederschlag war braun; KOH fällt die ursprüngliche Lösung, im Überschuß löslich: **Stannoverbindung**	c) $NH_4 \cdot OH$ fällt weiß: **Merkuriverbindung**
4. durch $HN_4 \cdot OH$ unverändert: **Tl**	4. Niederschlag war gelb, unlöslich in $NH_4 \cdot OH$: **Stanniverbindung**	3. Niederschlag ist weiß von ausgeschiedenem S; a) ursprüngliche Lösung war gelb, $K_4Fe(CN)_6$ färbt blau: **Ferriverbindung**
	5. Niederschlag war hellgelb, löslich in $NH_4 \cdot OH$; a) $AgNO_3$ fällt ursprüngliche Lösung ziegelrot: **Arseniate** b) $AgNO_3$ fällt gelb: **Arsenite**	b) ursprüngliche Lösung $+ Pb(C_2H_3O_2)_2$ gibt gelbe Fällung: **CrO_3** c) ursprüngliche Lösung war violett: **HMnO_4**

des Metalles eines gelösten Salzes
36

verdünnte HCl: ·

mit H_2S sättigen:

C. Lösung mit $NH_4 \cdot OH$ neutralisieren und mit $(NH_4)_2 \cdot S$ versetzen:

Es entsteht	D. Kein Niederschlag; Lösung mit $NH_4 \cdot Cl + NH_4 \cdot OH + (NH_4)_2 \cdot CO_3$ versetzen:	
1. ein schwarzer Niederschlag;	Weißer Niederschl.	Kein Niederschlag.
a) ursprüngliche Lösung war gelb, NaOH fällt rotbraun: **Ferriverbindung**	1. ursprüngliche Lösung fällt $K_2Cr_2O_7$ gelb: **Ba**	Lösung mit Na_2HPO_4 versetzt:
b) ursprüngliche Lösung war grünlich oder farblos, NaOH fällt schmutzig grün: **Ferroverbindung**	2. ursprüngliche Lösung fällt $CaSO_4$ nicht, $(NH_4)_2 \cdot C_2O_4$ sofort weiß: **Ca**	1. fällt weiß, allmählich kristallinisch werdend: **Mg**
c) ursprüngliche Lösung war rötlich oder grünlich und gibt mit Na_2CO_3 rote Fällung: Co hellgrüne „. : Ni	3. ursprüngliche Lösung fällt $CaSO_4$ nach einiger Zeit: **Sr**	2. fällt nicht. a) ursprüngliche Lösung, mit NaOH gekocht, entwickelt NH_3: **NH_4**
2. ein fleischroter Niederschlag; NaOH fällt ursprüngliche Lösung weiß, rasch braun werdend: **Mn**		b) ursprüngliche Lösung $+ PtCl_4 + Al$kohol fällt gelb: **K**
3. ein weißer Niederschlag; derselbe ist in NaOH löslich und fällt a) H_2S daraus wieder weiß: **Zn**		c) ursprüngliche Lösung $+ K_2H_2Sb_2O_7$ fällt weiß: **Na**
b) H_2S nicht wieder, dagegen fällt durch Kochen der alkalischen Lösung mit $NH_4 \cdot Cl$ wieder weiß: **Al**		
c) weißer Niederschlag war in NaOH unlöslich: Verbindungen von Mg, Ba, Sr, Ca mit H_3PO_4, $C_2H_2O_4$, HBO_3		
4. ein grüner Niederschlag; ursprüngliche Lösung war grün oder violett, durch Zusatz von NaOH schmutzig grüne Fällung, im Überschuß löslich: **Cr**		
5. ein brauner Niederschlag; ursprüngliche Lösung $+ K_4Fe(CN)_6$ braune Fällung: **U**		

Einfacher läßt sich das spezifische Gewicht von Flüssigkeiten mittels Aräometers bestimmen, die durch ihr Eintauchen in den Flüssigkeiten ebenfalls von ihrem Gewicht so viel verlieren, als ihr verdrängtes Volumen ergibt. Durch empirische Teilung der Aräometer kann man denselben sofort die entsprechenden spezifischen Gewichte als Skala auftragen. Die sogenannten Barkometergrade stellen das spezifische Gewicht minus 1,000 und multipliziert mit 1000 vor, z. B.: 12^0 Bark. = 1,012 spezifisches Gewicht, während die Twaddell-Grade ebenfalls durch Subtraktion von 1,000 und Multiplikation mit 200 aus dem spezifischen Gewicht erhalten werden, z. B.:

1,005 spezifisches Gewicht = 1^0 Twaddell.

Beide letztgenannten Gradearten sind besonders für die Messung von Gerbbrühen wichtig, während für Extrakte und auch sonst in der Technik die sogenannten Baumé-Grade allgemein verwendet werden, die jedoch ganz willkürlich gewählt sind und zur Umrechnung folgender Tabelle bedürfen:

Tabelle 37

Baumé	Spez. Gew.	Baumé	Spez. Gew.	Baumé	Spez. Gew.
0^0	1,0000	8^0	1,0587	40^0	1,3834
1^0	1,0069	9^0	1,0665	45^0	1,4531
2^0	1,0140	10^0	1,0745	50^0	1,5301
3^0	1,0212	15^0	1,1160	55^0	1,6158
4^0	1,0285	20^0	1,1608	60^0	1,7116
5^0	1,0358	25^0	1,2095	65^0	1,8195
6^0	1,0434	30^0	1,2624	70^0	1,9090
7^0	1,0509	35^0	1,3202	75^0	2,0450

Schließlich seien noch die Pyknometer erwähnt, die zur Bestimmung des spezifischen Gewichtes von Flüssigkeiten, Ölen, Extrakten und festen Körpern dienen. Die Pyknometer stellen Fläschchen mit in eine Kapillare auslaufendem Glasstopfen vor, die ein genaues Füllen mit Flüssigkeiten erlauben. Zur Ermittlung des spezifischen Gewichtes wird ein solches Pyknometer erst leer, dann gefüllt mit Wasser gewogen und schließlich mit der zu untersuchenden Flüssigkeit gefüllt und abermals gewogen. Subtrahiert man beiderseits vom Gesamtgewicht jenes des leeren Pyknometers und dividiert das Gewicht der Flüssigkeit durch jenes des Wassers, so erhält man das spezifische Gewicht. Feste Körper oder sehr dickflüssige Extrakte füllt man ebenfalls ins Pyknometer und wägt, füllt dann mit Wasser und wägt es wieder. Zieht man nun das Gewicht des zugefügten Wassers von dem Gewichte des Wassers, welches das leere Pyknometer faßt, ab, so erhält man das Gewicht der durch die Substanz verdrängten Wassermenge, das ist das Volumen der Substanz; dividiert man schließlich das absolute Gewicht der verwendeten Substanz durch dieses Volumen, so erhält man das spezifische Gewicht.

3. Einfacher Gang zur Auffindung der Säure eines gelösten Salzes

(Nach Grasser)

(Freie Säuren sind mit NaOH genau anzuneutralisieren!)

1. $BaCl_2$ fällt:
    a) in HNO_3 löslichen   { $AgNO_3$ fällt weiß, in HNO_3 löslich (I)
       Niederschlag   { $AgNO_3$ fällt farbig, in HNO_3 löslich (II)

b) in HNO_3 unlöslichen $\quad\begin{cases} AgNO_3 \text{ fällt weiß (III)} \\ AgNO_3 \text{ fällt nicht (IV).} \end{cases}$
Niederschlag

2. $BaCl_2$ fällt nicht:

a) $AgNO_3$ fällt $\begin{cases} \text{in } HNO_3 \text{ löslichen Niederschlag (V)} \\ \text{in } HNO_3 \text{ unlöslichen Niederschlag (VI),} \end{cases}$

b) $AgNO_3$ fällt nicht (VII).

Gruppe I

H_2SO_3, H_2CO_3, H_3BO_3, HJO_3, HPO_3, $H_4P_2O_7$, HNO_2, Oxalsäure, Weinsäure, Zitronensäure.

1. $BaCl_2$-Fällung löst sich in HCl unter SO_2-Entwicklung .... H_2SO_3

2. Ursprüngliche Lösung entwickelt mit HCl $\begin{cases} CO_2 \dots\dots\dots\dots\dots H_2CO_3 \\ NO_2\text{; essigsaure Lösung gibt} \\ \text{mit KJ-Stärke Blaufärbung} \\ \qquad\qquad\qquad\quad HNO_2 \end{cases}$

3. Ursprüngliche Lösung wird durch Ammoniummolydat gelb gefällt:
Eiweiß wird durch ursprüngliche $\begin{cases} \text{nicht verändert} \;\dots\dots\dots H_4P_2O_7 \\ \text{koaguliert} \;\dots\dots\dots\dots HPO_3 \end{cases}$
Lösung

4. Ursprüngliche Lösung + HCl bräunt Kurkuma, die weiße Ag-Fällung wird beim Erhitzen braun .... H_3BO_3
(konz. Lösung)

5. Ursprüngliche Lösung färbt sich mit SO_2 braun, durch Stärkezusatz blau .... HJO_3

6. $CaCl_2$ gibt mit der ursprünglichen Lösung:
    a) dichten weißen, feinkristallinischen Niederschlag (eventuell erst allmählich bei Weinsäure!)
       Ursprüngliche Probe + K_2SO_4 + Essigsäure gibt beim Reiben:
       kristallinische Fällung .... Weinsäure
                                   (konz. Lösung)
       keine Fällung .... Oxalsäure
    b) ganz schwache Fällung, die erst auf Zusatz von Alkohol stärker wird ....Zitronensäure

Gruppe II

$H_2S_2O_3$, H_3PO_4, H_3AsO_3, H_3AsO_4, H_2CrO_4, $H_2Cr_2O_7$, $HMnO_4$.

1. $AgNO_3$ fällt gelb:
    Ursprüngliche Lösung wird durch H_2S gelb gefärbt........ H_3AsO_3
    „   „   „   „ H_2S entfärbt .... $HMnO_4$
    Ursprüngl. Lösung wird durch Magnesiamischung weiß gefällt: H_3PO_4

2. $AgNO_3$ fällt ziegelrot:

$Pb(C_2H_3O_2)_2$ fällt gelb, in Essigsäure unlöslich $\begin{cases} \text{ursprüngliche Lösung} \\ \text{ist rot: } H_2Cr_2O_7 \\ \text{ursprüngliche Lösung} \\ \text{ist gelb: } H_2CrO_4 \end{cases}$

$Pb(C_2H_3O_2)$ fällt weiß ....H_3AsO_4

3. $AgNO_3$ fällt erst weiß, rasch gelb und braun werdend und im Überschuß der Probe löslich; ursprüngliche Lösung + HCl: $S + SO_2$ ..... $H_2S_2O_3$

4. $AgNO_3$ fällt braun .... H_3BO_3
(verdünnte Lösung)

Gruppe III

H_4SiO_4, H_2SO_3.

BaCl$_2$-Fällung ist gallertig .... H_4SiO_4

BaCl$_2$-Fällung ist kristallinisch; ursprüngliche Lösung + HCl: SO_2: H_2SO_3
(fällt in diese Gruppe, wenn Spuren von SO_4 zugegen sind!)

Gruppe IV

H_2SO_4, HF, H_2SiF_6, Milchsäure.

1. $HgCl_2$ wird beim Kochen zu Hg_2Cl_2 reduziert .... Milchsäure
2. BaCl$_2$-Fällung ist voluminös, in sehr viel Mineralsäure löslich .. HF
3. BaCl$_2$-Fällung ist kristallinisch und kommt erst durch Reiben:

Ursprüngliche Lösung + $NH_4 \cdot OH$ + NH_4Cl $\left\{ \begin{array}{l} \text{(fällt gallertig} \ldots H_4Si_6F_6 \\ \quad\text{,, nicht} \ldots\ldots H_2SO_4{}^1) \end{array} \right.$

Gruppe V

H_3PO_2, HCNO, Buttersäure, Weinsäure verdünnt, Essigsäure konzentriert,
Ameisensäure konzentriert.

1. $AgNO_3$ fällt schwarz; konzentrierte KOH reduziert beim Kochen unter
H-Entwicklung zu K_3PO_4, das Mg-Mischung fällt: H_3PO_2
2. $AgNO_3$ fällt weiß; der Niederschlag ist käsig und in $NH_4 \cdot OH$ leicht löslich.
Ursprüngliche Lösung + verdünnte H_2SO_4 gibt $CO_2 + NH_3$: HCNO
3. $FeCl_3$ gibt beim Kochen rotbraune Fällung:

$HgCl_2$ wird beim Kochen $\left\{ \begin{array}{l} \text{reduziert} \ldots\ldots\ldots\ldots \text{Ameisensäure} \\ \text{nicht reduziert} \ldots\ldots\ldots \text{Essigsäure} \end{array} \right.$

4. $FeCl_3$ gibt beim Kochen keine Fällung:

K_2SO_4 + Essigsäure fällt beim Reiben $\left\{ \begin{array}{l} \text{kristallinisch:} \quad \text{Weinsäure} \\ \text{nicht kristallin.:} \quad \text{Buttersäure} \end{array} \right.$

Gruppe VI

H_2S, HCl, HBr, HJ, HCN, HCNS, HClO, $H_3Fe(CN)_6$, $H_4Fe(CN)_6$.

1. Der Ag-Niederschlag ist weiß:

    a) $FeCl_3$ färbt ursprüngliche Lösung $\left\{ \begin{array}{l} \text{blutrot} \ldots\ldots\ldots\ldots \text{HCNS} \\ \text{nicht, aber nach Kochen mit} \\ (NH_4)_2S_2 \text{ blutrot} \ldots\ldots \text{HCN} \end{array} \right.$

    b) Ursprüngliche Lösung + MnO_2 + H_2SO_4 erwärmt gibt Chlor: HCl
    c)   ,,   ,, (alkal.) bläut KJ-Stärke .... HClO

2. Der Ag-Niederschlag ist gelb:

Ursprüngliche Lösung + Chlorwasser + Stärke $\left\{ \begin{array}{l} \text{färbt sich blau:} \quad \text{HJ} \\ \text{,, \quad ,, \quad nicht:} \quad \text{HBr} \end{array} \right.$

3. Der Ag-Niederschlag ist:

    a) rotbraun, ursprüngliche Lösung färbt $FeCl_3$ braun: $H_3Fe(CN)_6$
    b) rotgelb, ursprüngliche Lösung färbt $FeCl_3$ blau: $H_4Fe(CN)_6$

4. Der Ag-Niederschlag ist schwarz .... H_2S

Gruppe VII

HNO_3, $HClO_3$, $HClO_4$, Ameisensäure, Essigsäure.

Ursprüngliche Lösung + $FeSO_4$ + H_2SO_4 gibt braunen Ring: HNO_3
   ,,   ,,   + verdünnte H_2SO_4 entfärbt Indigo beim Kochen
                                        $HClO_3$

---

[1] Keine Fällung tritt nur dann ein, wenn K-, Na- oder NH_4-Salze vorliegen.

Ursprüngliche Lösung fällt KCl weiß kristallinisch .... $HClO_4$
$FeCl_3$ färbt ursprüngliche Lösung in der Kälte rot, in der Hitze braun:

$HgCl_2$ wird beim Kochen $\begin{cases} \text{rasch reduziert} \dots \text{Ameisensäure} \\ \text{nicht reduziert} \dots \text{Essigsäure} \end{cases}$

4. Tabelle der analytischen Reagenzien

Tabelle 38

Reagens		Stärke der Lösung für analytische Zwecke
Name	Formel	
Schwefelsäure	H_2SO_4	kon-zentriert $\begin{cases} D=1{,}840 \\ 100\,g=95{,}6\,g\ H_2SO_4 \end{cases}$ ver-dünnt $\begin{cases} D=1{,}139 \\ 100\,g=15{,}9\,g\ H_2SO_4 \end{cases}$
Salpetersäure	HNO_3	kon-zentriert $\begin{cases} D=1{,}40 \\ 100\,g=65\,g\ HNO_3 \end{cases}$ ver-dünnt $\begin{cases} D=1{,}20 \\ 100\,g=32{,}5\,g \end{cases}$
Salzsäure	HCl	kon-zentriert $\begin{cases} D=1{,}24 \\ 100\,g=24\,g\ HCl \end{cases}$ ver-dünnt $\begin{cases} D=1{,}06 \\ 100\,g=12\,g\ HCl \end{cases}$
Königswasser		3 Teile $HCl+1$ T $\cdot HNO_3$
Essigsäure	$CH_3 \cdot COOH$	$100\,g=50\,g\ C_2H_4O_2$
Oxalsäure	$C_2H_2O_4$	$100\,g=10\,g\ C_2H_2O_4$
Weinsäure	$C_4H_6O_6$	$100\,g=30\,g\ C_4H_6O_6$
Wasserstoffsuperoxyd	H_2O_2	$100\,g=2{,}5\,g\ H_2O_2$
Natriumhydroxyd ...	$NaOH$	$100\,g=15\,g\ NaOH$
Ammoniak	$NH_4 \cdot OH$	Vol.-Gew. 0,958 $100\,g=10{,}5\,g\ NH_3$
Bariumhydroxyd ...	$Ba(OH)_2$	$100\,g=5\,g\ Ba(OH)_2$
Natriumkarbonat....	Na_2CO_3	$100\,g=20\,g\ Na_2CO_3+10$ aq.
Natriumphosphat ...	Na_2HPO_4	$100\,g=5\,g\ Na_2HPO_4+12$ aq.
Natriumbisulfit	$NaHSO_3$	$100\,g=10\,g\ NaHSO_3$
Natriumthiosulfat ...	$Na_2S_2O_3$	$100\,g=10\,g\ Na_2S_2O_3$
Ammoniumchlorid ..	$NH_4 \cdot Cl$	$100\,g=10\,g\ NH_4 \cdot Cl$
Ammoniumoxalat ...	$(NH_4)_2 \cdot C_2O_4$	$100\,g=5\,g\ (NH_4)_2 \cdot C_2O_4+$aq.
Ammoniumkarbonat	$(NH_4)_2 \cdot CO_3$	$100\,g=20\,g\ (NH_4)_2 \cdot CO_3$
Ammoniummolybdat	$(NH_4)_2 \cdot MoO_4$	$100\,g=2\,g\ (NH_4)_2 \cdot MoO_4+15\,g$ $HNO_3(1 \cdot 4)$
Ammoniumsulfid (farblos)	$(NH_4)_2 \cdot S$	3 Teile $NH_4 \cdot OH$ mit H_2S sättigen und 2 Teile $NH_4 \cdot OH$ zufügen
Ammoniumsulfid (gelb)	$(NH_4)_2 \cdot S_2$	$(NH_4)_2 \cdot S$ mit Schwefelblumen digerieren
Natriumazetat	$Na \cdot C_2H_3O_2$	$100\,g=10\,g\ Na \cdot C_2H_3O_2+3$ aq.
Kaliumbichromat ...	$K_2Cr_2O_7$	$100\,g=5\,g\ K_2Cr_2O_7$
Kaliumchromat	K_2CrO_4	$100\,g=5\,g\ K_2CrO_4$
Kaliumnitrit	KNO_2	$100\,g=20\,g\ KNO_2$
Ferrozyankalium	$K_4Fe(CN)_6$	$100\,g=5\,g\ K_4Fe(CN)_6$
Ferrizyankalium	$K_3Fe(CN)_6$	$100\,g=5\,g\ K_3Fe(CN)_6$
Kaliumsulfozyanat ..	$KCNS$	$100\,g=10\,g\ KCNS$
Bariumchlorid	$BaCl_2$	$100\,g=10\,g\ BaCl_2+2$ aq.
Kalziumchlorid	$CaCl_2$	$100\,g=5\,g\ CaCl_2+6$ aq.
Kalziumsulfat.......	$CaSO_4$	$100\,g=0{,}15\,g\ CaSO_4$
Magnesiumsulfat	$MgSO_4$	$100\,g=10\,g\ MgSO_4+7$ aq.

Reagens		Stärke der Lösung für analytische Zwecke
Name	Formel	
Eisenchlorid	$FeCl_3$	$100\,g = 10\,g$ $FeCl_3$
Eisensulfat	$FeSO_4$	$100\,g = 10\,g$ $FeSO_4$
Bleiazetat	$Pb(C_2H_3O_2)_2$	$100\,g = 10\,g$ $Pb(C_2H_3O_2)_2$
Kupfersulfat	$CuSO_4$	$100\,g = 10\,g$ $CuSO_4$
Quecksilberchlorid...	$HgCl_2$	$100\,g = 5\,g$ $HgCl_2$
Quecksilbernitrat....	$Hg_2(NO_3)_2$	$100\,g = 10\,g$ $Hg_2(NO_3)_2$ mit HNO_3 ansäuern und 1 Tropfen Hg zusetzen
Silbernitrat	$AgNO_3$	$100\,g = 5\,g$ $AgNO_3$
Zinnchlorür	$SnCl_2$	Lösung mit $HCl + Sn$ versetzen
Platinchlorid........	$PtCl_4$	$100\,g = 10\,g$ $PtCl_4$
Goldchlorid	$AuCl_3$	$100\,g = 3\,g$ $AuCl_3$
Nesslers Reagens ...		$7\,g$ $KJ + 3\,g$ $HgCl_2$ in $100\,g$ H_2O lösen und $120\,cm^3$ KOH zugeben
Indigolösung		1 Teil gepulvertes Indigo in 6 Teile rauchender H_2SO_4 kalt lösen, dann zwanzigfache Menge Wasser zusetzen

5. Indikatoren[1])

Von den zahlreichen Indikatoren für Azidimetrie und Alkalimetrie haben sich im allgemeinen nur Lackmus, Methylorange und Phenolphthalein bewährt und zeigt untenstehende Tabelle deren Verwendbarkeit:

Tabelle 39

Indikator	Säuren	Basen	Anmerkung
Lackmus sauer: rot neutral: violett alkalisch: blau	Reagiert auf freie starke Säuren und Kohlensäure	Reagiert auf starke Basen Unempfindlich gegen schwache organische Basen	Kohlensäure: zwiebel-rot H_2S: zerstört den Indikator H_3BO_3, H_3PO_4, SO_2: unsicher
Methylorange sauer: rot neutral: braun alkalisch: gelb	Empfindlich gegen starke Mineralsäuren Unempfindlich gegen CO_2, SiO_2, H_3BO_3, H_3AsO_3, H_2S, Fettsäuren und organische Säuren	Empfindlich gegen starke anorganische und organische Basen (Anilin, Chinolin, Toluidin) und gegen Karbonate und Bikarbonate von K, Na, NH_4, Ca, Mg, gegen Silikate, Borate, Arsenite, Sulfide, Seifen	Al-, Ferri-, Chromi-, Zn-Salze: neutral $Na_2S_2O_3$: neutral Na_2SO_3: alkalisch $NaHSO_3$: neutral NaH_2PO_4: neutral NaH_2AsO_4: neutral
Phenolphthalein sauer: farblos neutral: farblos alkalisch: rot	Empfindlich gegen schwächere Sauren: H_3BO_3, H_3AsO_3, $H_2Cr_2O_7$, $C_2H_2O_4$, H_2S, organische Säuren	Empfindlich gegen alle Alkalien und alkalische Erden bei Abwesenheit von CO_2	Bei Gegenwart von $NH_4.OH$ und NH_4-Salzen nicht verwendbar Na_2HPO_4: neutral Na_2HAsO_4: neutral Na_2SO_3: neutral

<hr>

[1]) **Böckmann-Lunge**: Chemisch-technische Untersuchungsmethoden, Bd. I, S. 65ff. 5. Aufl.

Einteilung der Indikatoren

Klasse 1: Methylorange, Koschenille, Lackmoid, Tropäolin OO.
„   2: Phenolphthalein, Rosolsäure, Kurkuma.
„   3: Lackmus, Alizarin, Hämatoxylin.

Man verwendet also für:

starke Säuren .... Klasse 1 (2 und 3 nur bei Abwesenheit
                                        von CO_2),

mittelstarke organische Säuren...   „   2, besser 3 (Oxalsäure, Milch-
                                           säure, Weinsäure usw.),

mittelstarke anorganische Säuren .   „   1 oder 3 (Phosphorsäure,
                                           schweflige Säure),

schwache und organische Säuren .   „   3,
starke Basen ....   „   1, 2, 3 (KOH, NaOH, $Ba(OH)_2$,
                                           $Ca(OH)_2$),

mittelstarke Basen.............   „   1 eventuell 2 ($NH_4 \cdot OH$, Amin-
                                           basen),

schwache und organische Basen..   „   1 (Anilin, Pyridin).

Darstellung der Indikatoren

1. Methylorange (Benzolazodimethylanilin). Man löst 0,02 g Methylorange
   in 100 cm³ heißem, destilliertem Wasser, läßt vollständig erkalten
   und filtriert die Lösung.

2. Methylrot (Paradimethylamidoazobenzol-o-Karbonsäure) wird in derselben Konzentration und auf dieselbe Weise wie Methylorange hergestellt.

3. Phenolphthalein: 1 g reines Ph. wird in 100 cm³ 96%igem Alkohol
   gelöst.

4. Lackmus: Das Handelsprodukt stellt die mit viel Kreide versetzten
   wasserlöslichen Kalisalze des Azolithmins, des Lackmusfarbstoffes
   vor. Der wässerige Auszug dieses Produktes ist wenig empfindlich
   und gibt beim Ansäuern ein Zwiebelrot, das beim Alkalischmachen
   eine rotviolette Färbung liefert und hiezu überschüssiges Alkali braucht.
   Dieses Verhalten ist auf die im Lackmus vorhandenen fremden Farbstoffe zurückzuführen, die in Alkohol mit roter Farbe löslich sind.
   Nach Mohr entfernt man diese folgendermaßen: Die nicht zerkleinerten Lackmuswürfel übergießt man mit 85%igem Alkohol,
   erwärmt auf dem Wasserbade, gießt die Lösung ab und wiederholt
   dieses Digerieren noch zwei- bis dreimal. Die so behandelten Würfel
   werden nun mit heißem Wasser ausgezogen und die Lösung in hohen
   Standzylindern ein bis zwei Tage zum Absetzen der Kreide stehen gelassen. Die klargewordene Flüssigkeit hebert man nun ab, dampft sie auf
   etwa ein Drittel ein, übersättigt sie mit Essigsäure und dampft sie
   hierauf zur Sirupdicke ein. Diese Masse übergießt man nun mit einer
   größeren Menge 90%igem Alkohol, wodurch der blaue Farbstoff
   gefällt wird, der rote und das Kaliumazetat in Lösung bleiben. Man
   filtriert, wäscht mit Alkohol nach und löst den Rückstand in wenig
   warmem Wasser, so daß drei Tropfen dieser Lösung genügen, um
   50 cm³ Wasser deutlich blau zu färben.

6. Wert von Normalsäuren und Alkalien

Die Zahlen bezeichnen die in Gramm ausgedrückten Mengen des zu bestimmenden Körpers, welche je 1 cm³ $^1/_1$, $^1/_2$, $^1/_5$, $^1/_{10}$ n-Säure bzw. Lauge entsprechen:

Tabelle 40

Base	$^1/_1\,n$	$^1/_2\,n$	$^1/_5\,n$	$^1/_{10}\,n$	Säure	$^1/_1\,n$	$^1/_2\,n$	$^1/_5\,n$	$^1/_{10}\,n$
KOH	0,0560	0,0280	0,0112	0,0056	HCl	0,0365	0,0183	0,0073	0,0037
K_2CO_3	0,0690	0,0345	0,0138	0,0069	HNO_3	0,0630	0,0315	0,0126	0,0063
NaOH	0,0400	0,0200	0,0080	0,0040	H_2SO_4	0,0490	0,0245	0,0098	0,0049
Na_2CO_3	0,0530	0,0265	0,0106	0,0053	N_3PO_4 {Methylorange	0,0710	0,0355	0,0142	0,0071
$Ba(OH)_2$	0,0855	0,0427	0,0171	0,0086	Phenolphthalein	0,0355	0,0178	0,0071	0,0036
$BaCO_3$	0,0985	0,0492	0,0197	0,0099	$CH_3\cdot COOH$	0,0600	0,0300	0,0120	0,0060
$Sr(OH)_2$	0,0608	0,0304	0,0121	0,0061	$C_2H_2O_4\cdot 2\,H_2O$ [1]	0,0630	0,0315	0,0126	0,0063
$SrCO_3$	0,0738	0,0369	0,0148	0,0074	$C_4H_6O_6$	0,0750	0,0375	0,0150	0,0075
$Ca(OH)_2$	0,0370	0,0185	0,0074	0,0037	$C_6H_8O_7\cdot H_2O$	0,0698	0,0349	0,0140	0,0070
$CaCO_3$	0,0500	0,0250	0,0100	0,0050					
$MgCO_3$	0,0422	0,0211	0,0084	0,0042	[1] mit Lackmus oder Phenolphthalein.				

7. Aziditätsbestimmung[1]

Will man den Grad der Azidität bzw. Alkalinität zahlenmäßig feststellen, so bedient man sich der sogenannten p_h-Bestimmung (das ist Wasserstoffionen-Konzentration).

Neutral ist eine Flüssigkeit (z. B. H_2O) dann, wenn seine Ionisation, das heißt die Zahl der H- und OH-Ionen, gering ist, also:

$$H_2O \rightleftharpoons H\cdot + OH'.$$

In reinem Wasser beträgt sowohl die H-Ionenkonzentration als auch die OH-Ionenkonzentration je 10^{-7}; einfacher drückt man diese Zahl als negativen Logarithmus aus und schreibt sie in diesem Falle 7. Wasser besitzt also eine H-Ionenkonzentration (p_h) von 7, dasselbe gilt für jede andere neutrale wässerige Lösung. In allen neutralen, sauren oder alkalischen Flüssigkeiten muß das Produkt aus $[H\cdot]\times[OH']$ gleich 10^{-14} sein; für verdünnte starke Säuren oder Alkalien, die in wässeriger Lösung vollständig in Ionen gespalten sind, betragen diese p_h-Werte also: siehe Tabelle 41.

Tabelle 41

	Säure	Alkali
n	0	14
$\frac{1}{10}n$	1	13
$\frac{1}{100}n$	2	12
$\frac{1}{1000}n$	3	11
$\frac{1}{10\,000}n$	4	10
$\frac{1}{100\,000}n$	5	9
$\frac{1}{1\,000\,000}n$	6	8

[1] Michaelis: Praktikum d. phys. Chemie, 2. Aufl. Berlin. 1922. — Michaelis: Die Wasserstoffionen-Konzentration. 1924. — Wilson-Kern: Ind. Eng. Chem., 14, 1128. 1922. — Thomas und Foster: Ind. Eng. Chem., 14, 191. 1922. — Wolf: Collegium, 675, S. 308. 1926; 688, S. 370. 1927. — Kubelka und Wagner: Collegium, 674, S. 266. 1926. — Kubelka und Belavsky: Collegium, 661, S. 247. 1925. — Ackermann: Collegium, 661, S. 232. 1925; 673, S. 208. 1926. — Stiasny: Der Gerber, 1200, 10. 1925. — Procter: I. A. L. C. A., 6, 270. 1911. — Wilson: I. Chem. Soc., 307. 1916. — Wilson: Ind. Eng. Chem., 13, 1137. 1921 u. 15, 71. 1923. — Meunier: Le Cuir, 314. 1924.

Bei mittelstarken oder schwachen Säuren bzw. Alkalien ist die Beziehung zwischen Konzentration (Normalität der Lösung) und p_h-Wert weniger einfach, wie z. B. folgende Tabelle zeigt:

Tabelle 42

	Ameisensäure	Essigsäure	Milchsäure	Buttersäure	Gallussäure	Borsäure
$n/1000$	3,44	3,89	3,51	3,96	3,72	6,10
$n/100$	2,87	3,38	2,96	3,42	3,23	5,59
$n/50$	2,72	3,22	2,80	3,27	3,09	5,45
$n/10$	2,35	2,89	2,43	2,92	2,70	5,10
$n/5$	2,19	2,74	2,27	2,76	2,55	—
$n/2$	1,98	2,55	2,10	2,57	2,35	—
n	1,82	2,43	1,96	2,40	2,20	—

Die Stärke der Säuren und Alkalien hängt also mit der Dissoziationskonstante K zusammen; letztere ergibt sich aus der Gleichung:

$$K \cdot [Hx] = [H \cdot] \times [x'].$$

Der p_h-Wert berechnet sich aus dieser Gleichung durch folgende Formel:

$$p_h = - \log \sqrt{K \cdot n},$$

worin n die Normalität der Lösung vorstellt.

Für die oben genannten Beispiele beträgt das K (bei 18° C):

$$\text{Ameisensäure} \dots\dots\dots 2,1 \times 10^{-4}$$
$$\text{Essigsäure} \dots\dots\dots\dots 1,82 \times 10^{-5}$$
$$\text{Milchsäure} \dots\dots\dots\dots 1,4 \times 10^{-4}$$
$$\text{Buttersäure} \dots\dots\dots\dots 1,5 \times 10^{-5}$$
$$\text{Gallussäure} \dots\dots\dots\dots 3,8 \times 10^{-5}$$
$$\text{Borsäure} \dots\dots\dots\dots\dots 6,4 \times 10^{-10}$$

Bei der Titration z. B. von Säure werden aber nicht nur die ursprünglich vorhandenen Wasserstoffionen, sondern auch die während der Titration sich abspaltenden Ionen bestimmt; man ermittelt somit die Gesamtsäure. Dort aber, wo die Wirkung ohne Verbrauch von Wasserstoffionen erfolgt (z. B. Katalyse, Quellung), ist die Menge der aktuellen Wasserstoffionen, das heißt die Wasserstoffionen-Konzentration p_h von Wichtigkeit; sie kann mit Hilfe von Indikatoren oder elektrometrisch bestimmt werden.

Die einfache Indikatorenmethode beruht darauf, daß gewisse Indikatoren einen Farbenumschlag nur bei verschiedenen p_h-Werten zeigen; folgende Tabelle gibt hierüber Aufschluß:

Tabelle 43

Indikator	Konzentration der Indikatorenlösung	Farbenumschlag alkalisch — sauer	innerhalb p_h-Wert
Tropäolin OO	0,01%ige Lösung	gelb—rot	1,4—2,6
Rotkohlauszug	500 g Rotkohl in 500 g C_2H_5OH	blau—rot	2,0—4,5
Methylorange	—	gelb—rot	3,1—4,4
Methylrot...........	0,1g in 300 C_2H_5OH + 200 H_2O	gelb—rot	4,2—6,3
p-Nitrophenol	0,1g in 15 C_2H_5OH + 235 H_2O	gelb—farblos	4,0—6,4
Neutralrot	0,1g in 500 C_2H_5OH + 500 H_2O	gelb—rot	6,5—8,0
α-Naphtholphthalein .	0,1g in 150 C_2H_5OH + 100 H_2O	blaugrün—graugelb	7,3—8,7
Phenolphthalein	0,1g in 100 C_2H_5OH + 100 H_2O	rot—farblos	8,3—10,0
Thymolphthalein	0,1g in 125 C_2H_5OH + 125 H_2O	blau—farblos	9,3—10,5
Alizaringelb R	0,01%ige Lösung in H_2O	rot—gelb	10,1—12,1

Das einfache Versetzen einer zu untersuchenden Flüssigkeit mit diesen Indikatoren genügt aber nicht, man muß die Färbung vielmehr mit jener vergleichen, die derselbe Indikator mit einer Lösung von bekanntem p_h-Wert gibt. Mit Hilfe geeigneter Stammlösungen obiger oder ähnlicher Indikatorreihen und eines einfachen Apparates, welcher z. B. die störende Eigenfarbe der Flüssigkeit ausschaltet, kann man den p_h-Wert innerhalb genannter Grenzen sehr rasch annähernd bestimmen. Die Indikatorenmethode kann auch an Stelle der Testlösungen gefärbte Scheiben verwenden. Geeigneter scheinen aber Reagenzpapiere zu sein, besonders dann, wenn es sich um sehr geringe Mengen Versuchslösung handelt. Während für farblose Flüssigkeiten geleimte Papiere besser verwendbar sind, eignet sich Filterpapier für gefärbte Flüssigkeiten besser, da infolge der durch ihre Kapillarwirkung erzielten Trennung die Eigenfarbe der Flüssigkeit ausgeschaltet werden kann. Diese Methode läßt eine Genauigkeit bis ungefähr $0{,}2\ p_h$ zu.

Besondere Vorteile, z. B. für die Betriebskontrolle, bieten die Indikatorfolien, die mit Hilfe des Wulffschen Kolorimeters angewandt werden. Nach dieser Methode legt man eine der Folien, welche die Bereiche p_h 2 bis 5, 5 bis 7 und 7 bis 9 umfassen, eine Minute lang in die zu untersuchende Flüssigkeit ein und bringt sie nun auf den Skalenschieber, der auf eine der drei Skalen (mit $p_h = 2{,}6$ bis $5{,}0$, $5{,}0$ bis $7{,}2$ und $7{,}0$ bis $9{,}0$) durch Verschieben auf den übereinstimmenden Farbton der Skala einstellbar ist. Die Standardfärbungen der drei Skalen sind genau geeicht, so daß man auf $0{,}2\ p_h$-Einheiten messen und auf $0{,}1\ p_h$-Einheiten abschätzen kann. Eine größere Genauigkeit erreicht man durch die Herstellung von Pufferlösungen, und bringt man in diesem Falle die Folien außer in die zu untersuchende Lösung auch noch in die Pufferlösungen und vergleicht dann die Farben unter Fortlassung der Vergleichsskalen; derart kann bis zu $0{,}05\ p_h$-Einheiten abgeschätzt werden.

Diese Methode ist sowohl für kolloide Lösungen und trübe Aufschlämmungen als auch für solche Lösungen verwendbar, die reduzierende oder oxydierende Stoffe enthalten.

Ein allgemeiner Fehler haftet den Indikatorenmethoden insofern an, als sie alle die sogenannten Salz- und Eiweißfehler aufweisen; letztere werden durch vorhandene Neutralsalze, Proteine, Aminosäuren usw. hervorgerufen. Der zugesetzte Indikator verursacht ferner noch dadurch einen Fehler, daß seine eigene Azidität den p_h-Wert der Lösung verändert; letzteres kann nun aber durch sogenannte Puffersubstanzen behoben werden. Unter Puffer versteht man eine Lösung solcher Stoffe oder Gemische, welche mäßige Zusätze starker Alkalien oder Säuren vertragen, ohne eine besondere p_h-Wertänderung zu erleiden.

Die häufigsten Pufferlösungen sind Gemische von Essigsäure und Natriumazetat, von primären und sekundären Phosphaten oder von Ammoniumhydroxyd·und Chlorid.

Das Prinzip der elektrometrischen Methode besteht darin, daß man eine Normalelektrode von bekanntem Potential mit dem zu untersuchenden Potential zu einem Element zusammenschaltet und die Spannung mißt, woraus man nun die Spannung des unbekannten Potentials feststellen kann. Wird ein Metall in eine wässerige Salzlösung gebracht, welche Ionen dieses Metalles enthält, so entsteht eine Potential, und dieses ist wieder von der Ionenkonzentration der Lösung abhängig.

Zur Ausführung solcher elektrometrischer Messungen gibt es verschiedene Vorrichtungen, die z. B. folgender Anordnung entsprechen:

Eine mit der zu messenden Flüssigkeit versehene Elektrode steht einerseits mit einer Kalomelelektrode, anderseits mit dem Schalter in Verbindung; letzterer führt über ein Kapillarelektrometer zu einer Meßbrücke mi Hilfe eines Schleifkontaktes. Diese Brücke steht wieder einerseits mit dem Normalelement, anderseits mit dem Akkumulator in Verbindung, und zwar mit Hilfe eines Widerstandes.

Die Meßbrücke ist vorteilhaft in 1020 Teile geteilt, so daß jeder Teil einem Millivolt entspricht.

Als Elektroden finden besonders die Wasserstoff- und die Chinhydronelektrode Verwendung; erstere stellt eine platinierte Elektrode vor, die von Wasserstoffgas umspült wird. Dieser gasförmige Wasserstoff verhält sich dann genau so wie ein Metall. Bei der Chinhydronelektrode wird nur dieser Stoff mit Hilfe eines Platindrahtes ohne Wasserstoffeinleitung benutzt.

Mit Hilfe der ermittelten Werte berechnet man nun die Wasserstoffionen-Konzentration, wofür folgende Formel Verwendung finden kann:

$$V - 0{,}2497 = \frac{RT}{nF} \cdot ln\,\frac{c_1}{c_2}$$

worin $R = 8{,}313$, $T =$ absolute Temperatur (z. B. bei 15^0 C $= 288$), $F = 96\,540$ Coulomb, $n =$ Wertigkeit (z. B. für $H : n = 1$), $c_1 =$ Wasserstoffionen-Konzentration der Normal-Wasserstoffelektrode, $c_2 =$ Wasserstoffionen-Konzentration der zu untersuchenden Lösung.

Setzt man z. B. für 18^0 C die Werte ein, so erhält man:

$$p_h = \frac{V - 0{,}2497}{0{,}0577}.$$

Die Zahl 0,0577 ändert sich mit der Temperatur, und kann man die richtigen Werte z. B. aus den Tabellen von Yllpö[1]) entnehmen.

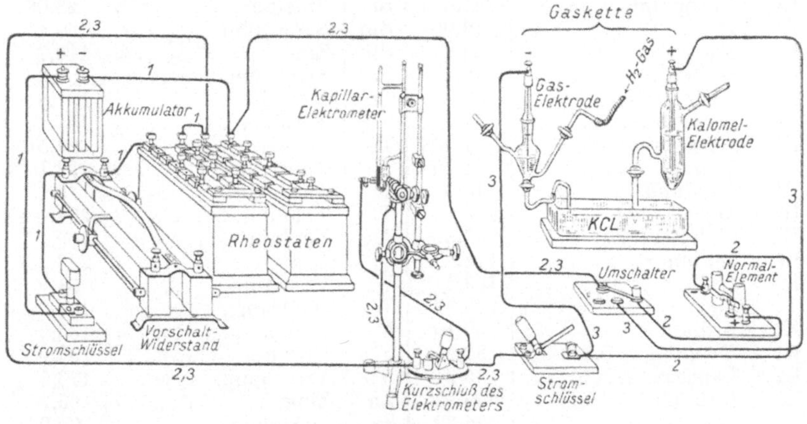

Abb. 9

Über die genaue Durchführung solcher Messungen gibt die einschlägige Literatur Auskunft; folgendes Schema (Abb. 9) zeigt die Anordnung einer Apparatur für die Bestimmung der p_h-Werte[2]).

[1]) Berlin: Julius Springer.
[2]) Solche Apparate bringen in den Handel: Vereinigte Fabriken für Laboratoriumsbedarf, Berlin N 39; F. und M. Lautenschläger, München SW 6.

8. Atomgewichtstabelle[1])

Tabelle 44

Chemisches Zeichen		Atomgewicht	Chemisches Zeichen		Atomgewicht
Ag	Silber	107,88	Mn	Mangan	54,93
Al	Aluminium	26,97	Mo	Molybdän	96,0
Ar	Argon	39,88	N	Stickstoff	14,008
As	Arsen	74,96	Na	Natrium	23,00
Au	Gold	197,2	Nb	Niobium	93,5
B	Bor	10,82	Nd	Neodym	144,3
Ba	Barium	137,4	Ne	Neon	20,2
Be	Beryllium	9,02	Ni	Nickel	58,68
Bi	Wismut	209,0	O	Sauerstoff	16,000
Br	Brom	79,92	Os	Osmium	190,9
C	Kohlenstoff	12,00	P	Phosphor	31,0
Ca	Kalzium	40,07	Pb	Blei	207,24
Cd	Kadmium	112,4	Pd	Palladium	106,7
Ce	Zerium	140,2	Pr	Praseodym	140,9
Cl	Chlor	35,46	Pt	Platin	195,2
Co	Kobalt	58,97	Ra	Radium	226,0
Cp	Kassiopeium	175,0	Rb	Rubidium	85,5
Cr	Chrom	52,01	Rh	Rhodium	102,9
Cs	Cäsium	132,8	Ru	Ruthenium	101,7
Cu	Kupfer	63,57	S	Schwefel	32,07
Dy	Dysprosium	162,5	Sb	Antimon	121,8
Em	Emanation	222	Sc	Skandium	45,10
Er	Erbium	167,7	Se	Selen	79,2
Eu	Europium	152,0	Si	Silizium	28,06
F	Fluor	19,00	Sm	Samarium	150,4
Fe	Eisen	55,84	Sn	Zinn	118,7
Ga	Gallium	69,72	Sr	Strontium	87,6
Gd	Gadolinium	157,3	Ta	Tantal	181,5
Ge	Germanium	72,60	Tb	Terbium	159,2
H	Wasserstoff	1,008	Te	Tellur	127,5
He	Helium	4,00	Th	Thorium	232,1
Hf	Hafnium	178,6	Ti	Titan	48,1
Hg	Quecksilber	200,6	Tl	Thallium	204,4
Ho	Holmium	163,5	Tu	Thulium	169,4
In	Indium	114,8	U	Uran	238,2
Ir	Iridium	193,1	V	Vanadium	51,0
J	Jod	126,92	W	Wolfram	184,0
K	Kalium	39,10	X	Xenon	130,2
Kr	Krypton	82,9	Y	Yttrium	89,0
La	Lanthan	138,9	Yb	Ytterbium	173,5
Li	Lithium	6,94	Zn	Zink	65,37
Mg	Magnesium	24,32	Zr	Zirkonium	91,2

[1]) Deutsche Atomgewichts-Kommission: M. Bodenstein, O. Hahn, O. Hönigschmied und R. J. Meyer.

II. Spezieller Teil

1. Untersuchung des Wassers und der Abwässer[1])

A. Nutzwasser

Die Untersuchung des Wassers für technische Zwecke bezweckt hauptsächlich die Ermittlung der Härte und eventuell einiger anderer Bestandteile und daher kann im allgemeinen von einer genauen quantitativen und bakteriologischen Untersuchung abgesehen werden.

Die wichtigste Bestimmung ist jene der in Wasser gelösten Bestandteile, welche als Kalzium- und Magnesiumsalze die „Härte" des Wassers bedingen. Man bezeichnet als „Härte" im engeren Sinne den Gehalt des Wassers an Erdalkalien, die besonders als Bikarbonate und Sulfate vorhanden sind. Ausgedrückt wird die Härte in Einheiten von CaO auf 100000 Teile Wasser, indem man die Kalzium- und Magnesiumsalze äquivalent, und zwar als CaO, berechnet. Je 1 Teil CaO in 100000 Teilen Wasser bedeutet einen deutschen Grad, während je 1 Teil $CaCO_3$ in 100000 Teilen Wasser einen französischen Grad und je 1 Teil $CaCO_3$ in 70000 Teilen Wasser einen englischen Grad vorstellt. Es ist also:

1 deutscher = 1,79 französische = 1,25 englische Härtegrade.

Beträgt die Härte eines Wassers weniger als zehn deutsche Grade, so ist es als weich, von 10 bis 20⁰ ist es als mittelhart, über 20⁰ dagegen ist es als hart zu bezeichnen.

Die Gesamthärte eines Wassers zerfällt wieder in die sogenannte „bleibende" oder „permanente" und in die „vorübergehende" oder „temporäre" Härte.

Unter bleibender Härte versteht man jene, welche nach anhaltendem Kochen des Wassers, Filtration und Ergänzung auf das ursprüngliche Volumen durch destilliertes Wasser zurückbleibt. Die Differenz aus Gesamthärte und bleibender Härte ist die vorübergehende Härte, die durch die Ausscheidung des unlöslichen $CaCO_3$ und $MgCO_3$ verursacht wird, welche ursprünglich als Bikarbonate in Lösung waren und erst durch das Kochen in die einfachen Karbonate verwandelt wurden. Da sich die Bikarbonate durch Titration mit Säuren wie Alkalien ermitteln lassen, bezeichnet man die vorübergehende Härte auch als „Alkalinität" des Wassers.

---

[1]) Vgl. Böckmann-Lunge: Chemisch-technische Untersuchungsmethoden, I. Bd.

Die älteste Methode der Härtebestimmung ist das Clarksche Seifenverfahren, das jedoch nur eine rohe, empirische Probe vorstellt, die jeder wissenschaftlichen Begründung entbehrt; dagegen stellen die maßanalytischen Methoden Verfahren vor, die heute allgemein üblich sind und wegen ihrer schnellen Ausführbarkeit und Genauigkeit die anderen Methoden verdrängt haben.

Die vorübergehende Härte ermittelt man nach Hehner folgendermaßen: Man titriert 200 cm³ des Wassers in der Kälte mit $^1/_{10}$ n-HCl und Methylorange bis zur schwach rötlichen Färbung; die verbrauchten Kubikzentimeter $^1/_{10}$ n-HCl, multipliziert mit 1,4, gibt die deutschen, mit 2,5 multipliziert die französischen und mit 1,75 multipliziert die englischen Grade vorübergehende Härte.

Ermittlung der bleibenden Härte: Zu 100 cm³ des Wassers fügt man 20 cm³ einer $^1/_{10}$ n-Sodalösung zu und verdampft das Ganze in einer Platin- bzw. Porzellanschale zur Trockne. Dadurch verwandeln sich die vorhandenen Bikarbonate bzw. Sulfate in einfache Karbonate gemäß den Gleichungen:

$$Ca(HCO_3)_2 + Na_2CO_3 = CaCO_3 + 2\ NaHCO_3.$$
$$CaSO_4 + Na_2CO_3 = CaCO_3 + Na_2SO_4.$$

Man löst also den Rückstand in wenig kochendem destillierten Wasser auf, wodurch die Karbonate ungelöst bleiben, filtriert, wäscht die unlöslichen Anteile auf dem Filter aus und titriert das Filtrat mit $^1/_{10}$ n-HCl und Methylorange. Die verbrauchten Kubikzentimeter $^1/_{10}$ n-HCl, von den angewandten 20 cm³ $^1/_{10}$ n-Sodalösung in Abzug gebracht, geben die zur Neutralisation der an Kalk und Magnesia gebundenen Säuren verbrauchten Kubikzentimeter Sodalösung an. Jedem Kubikzentimeter Sodalösung entsprechen dann 2,8 deutsche, 3,5 englische oder 5 französische Härtegrade.

Für genaue Analysen ermittelt man die Mengen der Sulfate und das Magnesium gesondert, indem man die Sulfate in 200 cm³ der Probe mit $BaCl_2$ fällt und auf bekannte Weise gewichtsanalytisch bestimmt. Den Gehalt an Magnesium ermittelt man durch Fällen des Kalziums als Oxalat und Bestimmung des Magnesiums durch Ausfällung als Ammonium-Magnesium-Phosphat, das ebenfalls auf bekannte Art gewichtsanalytisch bestimmt wird.

Freie Kohlensäure bestimmt man, indem man 100 cm³ der mit Phenolphthalein versetzten Probe so lange mit einer $^1/_{10}$ n-Sodalösung aus einer Bürette versetzt, bis bleibende Rotfärbung eintritt. Jeder Kubikzentimeter $^1/_{10}$ n-Sodalösung = 2,2 mg CO_2. Diese Reaktion beruht auf dem Verhalten des Phenolphthaleins gegenüber Bikarbonat, gegen das es indifferent ist.

Der Chlorgehalt wird durch Titration von 100 cm³ Wasser mit $^1/_{10}$ n-AgNO_3 unter Zusatz von Kaliumchromat ermittelt und entspricht jedem Kubikzentimeter $AgNO_3$ = 3,55 mg Cl bzw. 5,85 mg NaCl.

Die Bestimmung des Eisens in Wasser kann wegen seiner geringen Mengen kaum durch Titration mit Permanganat ermittelt werden, und man greift deshalb zur kolorimetrischen Prüfung. Zu diesem Zwecke verdampft man 100 cm³ der Probe in einer Porzellanschale zur Trockne, glüht den Rückstand gelinde, befeuchtet ihn mit konzentrierter Salpetersäure und verdampft auf dem Wasserbade abermals zur Trockne. Den Rückstand bringt man durch wenig Wasser in Lösung, säuert eventuell mit einigen Tropfen Salpetersäure an, füllt in einen Meßzylinder ein, fügt 1 cm³ konzentrierte Salpetersäure und 5 cm³ einer 5%igen KCNS-Lösung hinzu und füllt zu 30 cm³ mit destilliertem Wasser auf. In einen zweiten gleichen Zylinder gibt man die gleichen Mengen Salpetersäure und KCNS-Lösung und füllt ebenfalls zu 30 cm³ auf und läßt nun aus einer Bürette unter Rühren so viel von einer Eisenlösung (hergestellt durch Lösen von 0,496 g kristallisiertem $FeSO_4$ in wenig kochender Salpetersäure und Auffüllen zu 1000 cm³) zufließen, bis diese Flüssigkeit dieselbe Rotfärbung aufweist, als es beim anderen Zylinder der Fall ist. Aus den verbrauchten Kubikzentimetern Eisenlösung berechnet man den Eisengehalt des untersuchten Wassers.

Von den zahlreichen anderen vorgeschlagenen Methoden zur Wasseruntersuchung seien kurz genannt: Die von Fleischer[1]) empfohlene Härtebestimmung mittels der elektrischen Leitfähigkeit wurde von Bereschansky und Schustowa[2]) erweitert. Atkin und Burton[3]) erörtern die Indikatoreigenschaften von Bromphenolblau bei verschiedenen p_h-Werten in der Bestimmung der Härte.

Verbesserte Sulfatbestimmungen empfehlen Hamus[4]), Haase[5]) und Bahrdt[6]). Van Urk[7]) untersucht die titrimetrische Chlorbestimmung mit $AgNO_3$ näher, Haase[8]) empfiehlt eine kolorimetrische Nitratbestimmung mit einem neuen Bruzinreagens. Kröhnke[9]) gibt eine Methode an, die sehr kleine Eisenmengen nachzuweisen gestattet, Winkler[10]) führt die Ammoniakbestimmung mit einem KJ-freien Nesslerschen Reagens aus. Über weitere Literatur macht Hofer[11]) Angaben.

Hat man diejenigen Mengen von Kalk und Soda zu ermitteln, die zur Wasserreinigung[12]) mit Hilfe dieser Stoffe verwendet werden

---

1) Zeitschr. f. Hyg. u. Infekt.-Krankh., 104. Bd. S. 157.
2) Zeitschr. f. Hyg. u. Infekt.-Krankh., 106. Bd., S. 515.
3) Journ. Soc. Leath. Trad. Chem., 11. Bd., S. 294.
4) Zeitschr. f. allgem. Chem., 130. Bd., S. 253.
5) Chem. Ztg., S. 637. 1927.
6) Zeitschr. f. analyt. Chem., 70. Bd., S. 109.
7) Zeitschr. f. analyt. Chem., 67. Bd., S. 281.
8) Klein. Mittlg. Ver. Wasserversorg., 2. Bd., S. 149.
9) Gas- u. Wasserfach, 70. Bd., S. 510.
10) Zeitschr. f. Unters. d. Nahrungs- u. Genußmittel, 49. Bd., S. 163.
11) Chem. Ztg., Nr. 11. 1928. Fortschrittsbericht, Nr. 1, S. 10.
12) Die Wasserreinigung mit Kalk und Soda beruht auf folgenden Gleichungen:

$$\text{I.} \begin{cases} 1: \ Ca(HCO_3)_2 + CaO = 2\,CaCO_3 + H_2O, \\ 2a: \ Mg(HCO_3)_2 + CaO = MgCO_3 + CaCO_3 + H_2O, \\ 2b: \ MgCO_3 + CaO = MgO + CaCO_3. \end{cases}$$

sollen, so verfährt man nach Vignon und Meunier[1]) folgendermaßen: Man mischt 50 cm³ des Wassers mit 50 cm³ frisch destilliertem Alkohol und setzt 10 Tropfen einer 5%igen alkoholischen Phenolphthaleinlösung und aus einer Bürette so lange Kalkwasser (1,8 g $Ca(OH)_2$ pro Liter) unter Schütteln zu, bis bleibende Rotfärbung eintritt. Hat man n Kubikzentimeter Kalkwasser verbraucht, so berechnet sich das Volumen V der freien und halbgebundenen CO_2 pro Liter:

$$V = 10,8\, n,$$

für 1 l CO_2 braucht man aber je 2,51 g CaO zur Reinigung des Wassers.

Die zur Umwandlung der Chloride und Sulfate von Kalzium und Magnesium in unlösliche Karbonate erforderliche Menge Soda ermittelt man folgendermaßen: Man kocht 50 cm³ des Wassers während fünf Minuten in einer Nickelschale, füllt hernach mit destilliertem Wasser bis 50 cm³ auf, setzt 50 cm³ Alkohol und 10 Tropfen einer 5%igen alkoholischen Phenolphthaleinlösung hinzu und nun so lange von einer Sodalösung (1 g Na_2CO_3 in 1 l Wasser), bis Rötung eintritt. Verbraucht man n Kubikzentimeter Sodalösung, so erfordert je 1 l Wasser 0,02 n g Soda zur Reinigung.

Will man Wasser nur durch Vermengen mit Soda und Aufkochen weicher machen, so fügt man außer der ermittelten Menge von 0,02 n g Soda noch 4,76 g pro Liter CO_2 zur Bindung desselben bei; wird diese Reinigung im Dampfkessel durchgeführt, so kommt die Menge von 4,76 g pro Liter CO_2 nur einmalig für den Inhalt des Kessels in Anwendung, da dieser Teil der Soda sich beständig regeneriert.

Zur Beurteilung, ob ein Wasser für Gerbereizwecke geeignet ist, kommen folgende Umstände in Betracht:

Eine größere bleibende Härte ist im allgemeinen wenig schädlich, sie verursacht bei der Verwendung eines solchen Wassers für die Extraktion von Gerbmaterialien, zum Auflösen von Gerbstoffextrakten und Teerfarbstoffen kleinere Verluste an genannten Stoffen. Nachteiliger ist ihre Wirkung bei der Herstellung von Seifenlösungen, wie sie auch für die Zwecke der Kesselspeisung sehr schädlich ist.

Eine größere vorübergehende Härte übt auf Kalk und Äscheranschärfungsmittel keinen Einfluß aus, vermag daher die Äscherung nicht zu schädigen; dagegen hindert sie die Wirkung des Schwefelnatriums, wenn dieses allein als Haarlockerungsmittel verwendet wird.

Wasser mit größerer vorübergehender Härte ist auch wenig geeignet für die Herstellung von Entkälkungsbrühen, da einerseits ein erhöhter Säurezusatz notwendig ist, anderseits die Gefahr besteht, daß Kalziumkarbonat sich im Narben bildet.

Für die Extraktion von Gerbmaterialien, zum Lösen von Gerbstoffextrakten und von Teerfarbstoffen ist ein solches Wasser schlecht

$$\text{II.} \begin{cases} 1:\ CaSO_4 + Na_2CO_3 = CaCO_3 + Na_2SO_4, \\ 2a:\ MgCl_2 + CaO = MgO + CaCl_2, \\ 2b:\ CaCl_2 + Na_2CO_3 = CaCO_3 + 2\,NaCl. \end{cases}$$

[1]) Compt. rend. 128, 683.

geeignet, da es einerseits zur Phlobaphenebildung veranlaßt und auch Dunkelfärbung der Gerbbrühen und der Leder verursacht, anderseits die Teerfarbstoffflotten teilweise entwertet und auf gefärbten Ledern Fleckenbildung hervorruft.

Als Kesselspeisewasser ist es ebenfalls wegen erhöhter Bildung von Kesselstein schlecht verwendbar.

Das Auflösen von Seifen in solchem Wasser führt zur Bildung unlöslicher Kalk- und Magnesiaseifen, die wieder zur Fleckenbildung Anlaß geben.

Von anderen anorganischen Salzen stört insbesondere die Gegenwart von Chlornatrium, welches die Kalkäscherung beeinträchtigt, die Schwellkraft der Sauerfarben verringert; größere Mengen stören die Gerbstoffextraktion.

Die Gegenwart von Eisensalzen macht die Gerbbrühen mißfarbig, auch gibt sie Veranlassung zur Fleckenbildung bei dem Färben mit Teerfarbstoffen.

Organische Stoffe sind an und für sich unschädlich, bilden aber häufig einen guten Nährboden für verschiedene, der Gerberei gefährliche Bakterien und Fäulniserreger; diese verursachen vor allem in der Weiche und im Äscher größere Verluste an Hautsubstanz und können auch bei dem Beizen mit Kleie oder Kot Gefahr bringen.

B. Abwässer

Die Abwässer teilt man vor allem ein in solche, die vorwiegend mineralische Bestandteile gelöst enthalten, und in solche, die vorwiegend stickstoffhaltige organische Stoffe gelöst enthalten. Sowohl für die gerbereichemischen Untersuchungen als auch wegen der erhöhten Schädlichkeit haben die Abwässer mit organischen Verunreinigungen besonderes Interesse für den Chemiker, und daher möge in kurzen Umrissen das Wichtigste über die Prüfungsmethoden dieser Abwässer gesagt sein.

In jenen seltenen Fällen, wo das Abwasser ohne Reinigung den Kanälen bzw. Flußläufen übergeben wird, hat man kaum auf die Verunreinigungen derselben zu prüfen, dagegen verlangt jede Abwasserreinigungsanlage eine ständige Kontrolle auf ihre verläßliche Arbeitsweise.

Nachdem nun alle solche Reinigungsanlagen größere Abwässermengen aufzunehmen vermögen und diese für gewöhnlich nur einmal des Tages entleert werden, so vereinfacht sich auch die Probenahme des Durchschnittsabwassers, das in den meisten Fabriken zu verschiedenen Stunden eine ganz verschiedene chemische Zusammensetzung besitzt. Es möge daher in der nachfolgenden kurzen Erläuterung auf solche Gesamtabwässer Rücksicht genommen werden, die sowohl Chromsalze, Säuren, Alkalien wie auch Eiweißstoffe, Gerb- und Farbstoffe usw. enthalten und somit eine Durchschnittsprobe aus Lederfabriken vorstellen, die mineralisch und vegetabilisch gerben.

Bei der Probenahme hat man besonders darauf zu achten, daß am Boden der Abwässerspeicheranlagen die Hauptmengen der suspendierten Stoffe sich befinden und es daher nicht genügt, von den oberen Teilen des Wassers allein eine Probe zu ziehen. Zum Schöpfen von Wasserproben aus beliebigen Tiefen eignet sich unter anderem der von F. Müller konstruierte Apparat, der im wesentlichen aus einer beschwerten Flasche besteht, die erst, an die verlangte Stelle unter Wasser gebracht, ihren Verschluß durch Ziehen an einer Leine öffnet und sich mit dem betreffenden Wasser füllt. Beim Herausziehen der so gefüllten Flasche wird kaum eine Entmischung der Flüssigkeit möglich sein und diese daher dem Bodenwasser so ziemlich entsprechen.

Wichtig ist es nun, die gezogene Probe sofort der Untersuchung zu unterziehen, um weitere chemische Veränderungen zu verhindern.

Vor allem wird man auf äußerliche Erscheinungen, wie Farbe, Reaktion, Geruch (H_2S, SO_2, NH_3 usw.) und Temperatur zu achten haben und diese genau aufzeichnen.

Die nunmehr zu erfolgende chemische Untersuchung hat nachstehende Bestimmungen vorzunehmen:

1. **Abdampfrückstand und Glühverlust:** 200 cm³ Wasser werden in einer ausgeglühten und gewogenen Platinschale am Wasserbade zur Trockne verdampft und hernach bei 105 bis 110⁰ C zur Gewichtskonstanz getrocknet und gewogen und als Abdampfrückstand berechnet. Hierauf wird dieser Rückstand geglüht, mit Ammoniumkarbonat befeuchtet und nochmals geglüht und gewogen, wodurch als Glührückstand die Menge der wasserfreien Mineralstoffe und durch Abzug von Abdampfrückstand die Menge der organischen Substanzen erhalten wird.

2. **Suspendierte und gelöste Stoffe:** Je nach dem Gehalte an suspendierten Stoffen filtriert man 200 bis 1000 cm³ der Probe durch ein ausgewaschenes, bei 100 bis 105⁰ C getrocknetes und gewogenes Filter, wäscht mit destilliertem Wasser nach und trocknet nun das Filter wieder, wägt es und berechnet die Zunahme als suspendierte anorganische und organische Stoffe, die nun. mit verdünnter Säure behandelt, abermals in einen löslichen Anteil der anorganischen Stoffe und einen unlöslichen Anteil der organischen Stoffe geteilt und untersucht werden kann. Das Filtrat und die Waschwässer des Filters werden nun vereinigt und für sich, wie unter 1. angegeben, untersucht.

3. **Oxydierbarkeit:** Man verdünnt das Abwasser derart stark, daß 100 cm³ der Lösung mit 20 cm³ einer $^1/_{10}$ n-$KMnO_4$-Lösung beim kurzen Kochen noch gerötet bleibt. Hierauf bestimmt man die Anzahl der verbrauchten Kubikzentimeter $KMnO_4$ entweder in saurer oder alkalischer Lösung und erhält so ein Maß für die Beurteilung von Wässern gleicher oder ähnlicher Zusammensetzung.

4. **Freie Alkalien und Säuren** bestimmt man durch Titration mit $^1/_{10}$ n-Säure bzw. -Lauge und Methylorange als Indikator und berechnet auf jenes Alkali bzw. jene Säure, die durch qualitative

Analyse ermittelt wurde. Sind mehrere Basen bzw. Säuren vorhanden, so berechnet man den gefundenen Wert auf den Hauptbestandteil.

5. **Stickstoffbestimmung:** Vor allem wird man qualitativ prüfen, ob der Stickstoff als Eiweißsubstanz bzw. als $NH_4 \cdot OH$, HNO_2 oder HNO_3 vorhanden ist. Zur Bestimmung des $NH_4 \cdot OH$ prüft man mittels **Nesslers Reagens** derart, daß man zu 100 cm³ der Probe ½ cm³ Natronlauge und 1 cm³ Sodalösung zufügt und nach eventuellem Absetzen eines Niederschlages mit **Nesslers Reagens** versetzt und auf die Menge von $NH_4 \cdot OH$, je nach Auftreten einer gelben bis rotbraunen Färbung bzw. Fällung, beurteilt.

HNO_2 weist man qualitativ nach, indem man 100 cm³ der Wasserprobe mit 3 cm³ Sodalösung (1:3), 0,5 cm³ Natronlauge (1:2) und einem Tropfen Alaunlösung (1:10) klärt, 50 cm³ dieses geklärten Wassers mit ½ cm³ Zinkjodidstärkelösung mischt, 5 bis 6 Tropfen verdünnte H_2SO_4 zufügt und aus der auftretenden Blaufärbung innerhalb zwei bis drei Minuten auf die Menge der HNO_2 schließt. Eine nach fünf Minuten auftretende Blaufärbung kann auch durch organische Stoffe oder Ferrisalze veranlaßt werden.

HNO_3 weist man nach, indem man 3 cm³ konzentrierte H_2SO_4 tropfenweise mit 1 cm³ der zu untersuchenden Wasserprobe mischt und nach vollständigem Abkühlen einige Milligramme Bruzin zufügt. Ist nun der HNO_3-Gehalt pro Liter:

100 mg und darüber N_2O_5, so tritt kirschrote   Färbung,
 10 ,, N_2O_5, ,,   ,,   rosenrote   ,,
  1 ,, N_2O_5, ,,   ,,   blaßrosenrote   ,,   auf.

Quantitativ ermittelt man den **Gesamtstickstoff**, indem man 250 bis 500 cm³ Abwasser mit 25 cm³ Phenolschwefelsäure (in 1 l konzentrierte H_2SO_4 200 g P_2O_5 und 40 g Phenol gelöst) in einem Rundkolben von Jenaer Glas von etwa 700 cm³ Inhalt auf freier Flamme einkocht, nach dem Abkühlen vorsichtig 2 bis 3 g reinen Zinkstaub und 1 g Quecksilber zusetzt, einige Zeit stehen läßt und dann erhitzt, bis die Flüssigkeit farblos erscheint. Hierauf wird, wie üblich, mit NaOH destilliert und das Destillat in titrierter H_2SO_4 aufgefangen.

Zur **quantitativen** Bestimmung des **Ammoniaks** kann man mit gebrannter Magnesia destillieren und das freiwerdende NH_3 wie üblich auffangen und titrieren oder besser noch das NH_3 in Abwasser direkt kolorimetrisch bestimmen, da im ersteren Falle leicht Zersetzung der organischen Substanzen eintreten und das Resultat zu hoch ausfallen kann.

6. **Schwefelwasserstoff und Sulfide** bestimmt man ebenfalls am besten kolorimetrisch mit Nitroprussidnatrium, welches violett gefärbt wird.

7. **Mineralstoffe** ermittelt man durch Eindampfen einer größeren Menge von Abwasser auf bekannte Weise qualitativ und quantitativ.

8. **Eiweißstoffe**, die noch ziemlich unverändert sind, z. B. Gelatine, weist man am besten mit der Biuretreaktion[1]) folgendermaßen nach: Man versetzt eine Wasserprobe mit sehr viel konzentrierter Lauge und einigen Tropfen einer 1%igen Lösung von Kupfersulfat; bei Gegenwart von Eiweißstoffen tritt eine rotviolette Färbung ein.

9. **Zucker** weist man entweder mit Fehlingscher Lösung oder mit α-Naphthol und konzentrierter H_2SO_4 nach. (Violettfärbung.)

10. **Suspendierte Stoffe**, wie Stärke, Hautteile, Pflanzenreste, weist man am besten mikroskopisch nach.

2. Untersuchung der Rohhaut

Die in die Lederfabrik gelangenden Häute können, abgesehen von der Verschiedenheit ihrer Provenienz, vor allem dahin unterschieden werden, ob es sich um frische, grün- bzw. trockengesalzene, konservierte oder gepickelte Häute handelt. Es kommt nun häufig vor, daß die Art der Konservierung bei Trockenhäuten durch eine chemische Untersuchung festgestellt werden muß. Letztere beschränkt sich stets auf eine qualitativ-chemische Untersuchung, da die Mengen der ursprünglich angewandten Konservierungsmittel einerseits nur ungenau bestimmbar, anderseits aber auch belanglos sind. Die Menge der angewandten Konservierungsmittel ist zwar im allgemeinen wohl wesentlich bei Beginn der Konservierung, sollte diese aber unbefriedigend ausgefallen sein, so wäre es gänzlich irrig, aus einer nachträglich festgestellten zu geringen Menge allein auf eine fehlerhafte Konservierung zu schließen. Letztere läßt sich vielmehr sehr häufig durch die Art der Fehler ziemlich eindeutig aufklären.

Quantitativ führt man meist nur die Bestimmung der Asche bei den Trockenhäuten der Überseeländer aus, da letztere häufig außerordentlich stark belegt sind und dadurch der Gehalt an Hautsubstanz sehr herabgedrückt wird.

Die qualitative Untersuchung des Konservierungsmittels besitzt insofern häufig ein besonderes Interesse, als die Bezeichnung der Konservierung nicht immer identisch mit der letzteren ist.

Bereits **Eitner** hat darauf hingewiesen, daß bei manchen Arsenikkipsen Arsen gefunden wurde, bei anderen wiederum nicht. Nach **Kopecky** soll bei diesen Kipsen überhaupt noch nie Arsenik gefunden worden sein. Dasselbe konnte auch **Paessler** feststellen[2]).

Immerhin empfiehlt **Huc**[3]) folgende Untersuchung auf Arsen: Die in Streifen geschnittene Haut wird 24 Stunden lang mit Wasser ausgezogen und das Filtrat mit $NaHSO_3$ und HCl versetzt. Ein in diese Flüssigkeit nun eingelegtes blankes Kupferblech überzieht sich bei Gegenwart von Arsen mit einer grauen Schicht.

---

[1]) Schiff, H.: Ber. deutsch. chem. Ges. 29, I. S. 298. 1896. — Liebigs Ann. 299, S. 236. 1897 u. 319, S. 300. 1901.

[2]) Collegium, S. 179. 1918.   [3]) Halle aux Cuirs, S. 97. 1926.

Bezüglich des Aschegehaltes unterscheidet man jene Häute, die keine oder nur eine mäßige Behandlung mit mineralischen Stoffen erfahren haben und solche, die einen Belag erhalten haben bzw. gesalzen wurden. Zu den ersteren gehören die sogenannten Arsenikkipse und die nichtbehandelten trockenen Wildhäute, zu den letzteren die belegten Kipse und die trocken gesalzenen Wildhäute.

Bei den durch Eintauchen in Natriumchloridlösung hergestellten Arsenikkipsen wurde ein maximaler Aschegehalt von 8,7% festgestellt. Bei den einzelnen Sorten konnten folgende Gehalte ermittelt werden:

Daissies .... 4,1 bis 8,7% Aschegehalt ⎫
North Western .... 2,9 ,, 8,5% ,, ⎪ insbesondere
Agras........................ 2,5 ,, 5,8% ,, ⎬ $NaCl$
North Western Kipse .... 2,5 ,, 5,2% ,, ⎭

Hohe Mineralstoffgehalte weisen ferner auf: Eine Sorte North Western Häute (trocken gesalzen), ferner die Daccakipse, eine Sorte Chinahäute (best selected dry arsenicated cow hides) und die Sallaveryhäute. Bei den trocken gesalzenen North Western Kipsen bestehen die Mineralstoffe aus Na_2SO_4, $MgSO_4$ und $NaCl$, Spuren erdiger Stoffe[1]) und $CaSO_4$.

Bei den übrigen Häutesorten wurde gefunden:

Transparent-Chinahäute .... 1,0 bis 1,5% Mineralstoffe
Chinabüffel .... 3,1 ,, 3.3% ,,
Dakarhäute .... 2,3 ,, 2,7% ,,
Daressalam .... 1,4 ,, 4,1% ,,
Mombassa .... 1,7 ,, 4,8% ,,
Abessinierhäute...................... 3,5 ,, 6,1% ,,
Goldküstehäute...................... 5,5 ,, 6,1% ,,

Qualitativ besteht der Belag der Daccakipse aus Na_2SO_4 neben geringen Mengen $MgSO_4$, $CaSO_4$, $NaCl$ und erdiger Stoffe, jener der Chinahäute aus erdigen Stoffen, $NaCl$ und geringen Mengen $CaSO_4$ und jener der Sallaveryhäuten aus $NaCl$ neben wenig Na_2SO_4, $CaSO_4$ und erdiger Stoffe. Nach Procter und Towse[2]) besteht der Belag von Dacca- und Mehaporekipsen zu etwa $^2/_3$ aus Na_2SO_4 und $^1/_3$ aus $CaSO_4$, Sand und unlöslichen Stoffen. Von anderer Seite wurde ein Gemisch aus Na_2SO_4 und Na_2CO_3 festgestellt. Bei belegten Kipsen konnte außer den üblichen Mineralbestandteilen noch 9,3 bis 10,5% $MgSO_4$ gefunden werden.

Die Asche der verschiedenen Häute ergab im Durchschnitt folgende Werte für die einzelnen Bestandteile:

$CaSO_4$ .... 0,2 bis 3,9%
$MgSO_4$ .... 0 ,, 6,6%
Na_2SO_4 .... 0 ,, 16,6%
$NaCl$ .... 1,1 ,, 20,5%
SiO_2 .... 0,3 ,, 7,7%
$Fe_2O_3+Al_2O_3$............. 0,2 ,, 4,1%

---

[1]) SiO_2, Fe_2O_3, Al_2O_3.
[2]) Journ. Soc. Chem. Ind., S. 1025. 1895.

Die Gesamtasche schwankt somit zwischen den Werten 1,7 bis 37%, worunter zirka 2% auf den natürlichen Gehalt der Häute an Mineralstoffen zurückzuführen sind.

Der natürliche Fettgehalt beträgt von 0,5 bis 2% auf die Trockenhaut berechnet; bei Chinahäuten konnte aber ein Belag aus Fettstoffen nachgewiesen werden, der 13 bis 20% ausmachte.

Der Wassergehalt schwankt bei den Trockenhäuten zwischen 13 und 20%.

Derart berechnet sich der Gehalt an Hautsubstanz mit 49 bis 84%, je nach Menge der Mineralstoffe und der Feuchtigkeit.

Bei der Desinfektion der Häute kommen die mannigfaltigsten Stoffe zur Anwendung, unter denen besonders der Nachweis von Formaldehyd, Quecksilberchlorid, Salzsäure und Ameisensäure wichtig ist, und welcher mit Hilfe der bekannten Spezialreaktionen erbracht wird.

Im allgemeinen beschränkt sich also die chemische Untersuchung von Trockenhäuten auf die qualitative und quantitative Bestimmung der Mineralsubstanz. Eine bakteriologische Untersuchung zwecks Auffindung solcher Bakterien, die z. B. Salz- und Eisenflecken verursachen, ist derzeit kaum üblich, da wir nach dem heutigen Stande unserer Wissenschaft die spezifischen Salz- und Eisenfleckenerreger noch nicht kennen.

3. Untersuchung der Weichwässer

Die Untersuchung der Weichwässer richtet sich nach deren Zusammensetzung, je nachdem sie nur aus reinem Wasser oder mit Hilfe von Anschärfungsmitteln, wie Kochsalz, Borax, Schwefelnatrium, Ätznatron, schweflige Säure usw., hergestellt werden. Da nun ferner auch die Häute mit Kochsalz, Schwefelsäure und Arsenik konserviert sind, muß also die Ermittlung aller genannten Stoffe in Betracht gezogen werden.

Viel wichtiger ist jedoch die Bestimmung jener Stoffe, die zur Zersetzung der Häute beitragen und aus denselben hervorgegangen sind. Im ersteren Falle wird es sich besonders um die mikroskopische Ermittlung der Bakterien, im zweiten Falle um Bestimmung des gebildeten Ammoniaks bzw. abgebauten und in Lösung gegangenen Eiweißes handeln.

Die Bestimmung des Kochsalzes kann durch Ansäuern einer Probe mit verdünnter HNO_3, Filtrieren und Titrieren mit $^1/_{10}$ n-$AgNO_3$ und K_2CrO_4 als Indikator vorgenommen werden.

Für die Betriebskontrolle ist es wichtig, die Menge an alkalischen Stoffen, wie Borax, Schwefelnatrium und Ätznatron, im Weichwasser zu bestimmen, und wird dies durch Titration der filtrierten Probe mit $^1/_{10}$ n-Säure und Methylorange vorgenommen. Sind größere Mengen von $NH_4 \cdot OH$ zugegen, die bei dieser Titration mitbestimmt werden, so entfernt man diese durch vorhergehendes Kochen der Probe während längerer Zeit, bis kein NH_3-Geruch mehr wahrgenommen wird. Die

Alkalinität eines Weichwassers soll nicht 0,1% überschreiten, was etwa 1 kg NaOH bzw. 2 bis 3 kg $Na_2S \cdot 9\,H_2O$ pro Kubikmeter und somit den normalen Mengen an Anschärfungsmitteln entspricht.

Handelt es sich darum, das freie $NH_4 \cdot OH$ allein zu bestimmen, so kann dies entweder durch Titration der ursprünglichen filtrierten Probe und darauffolgender Titration der durch Kochen von $NH_4 \cdot OH$ befreiten Probe und Subtraktion der beiden Mengen geschehen oder mit Hilfe des Schlössingschen Apparates (Abb. 10).

Dieser besteht aus einem zylindrischen Glasgefäß, auf dem eine flache Glasschale mittels eines Dreieckes gestellt werden kann. Beide Gefäße sind mit einer Glasglocke überdeckt, die luftdicht mittels Glasplatte am Boden abschließt. 50 cm^3 der zu untersuchenden Flüssigkeit werden schnell in die untere Schale gebracht, während die obere mit 20 cm^3 $^1/_{10}$ n-HCl beschickt wird,

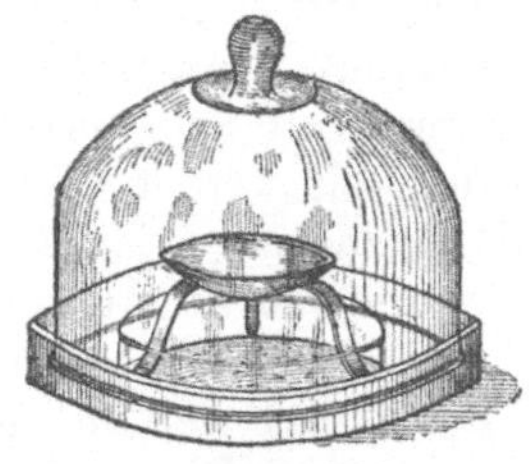

Abb. 10
Arthur Meissner, Freiberg i. Sa.

worauf das Ganze 48 bis 72 Stunden bedeckt sich überlassen wird. Es geht hiebei das ganze freie NH_3 in die Säure über und durch Rücktitration mit Lauge und Methylorange kann die Menge des $NH_4 \cdot OH$ ermittelt werden.

Genauer kann man freies Ammoniak im Weichwasser dadurch ermitteln, daß man es mit einer zirka 10%igen Magnesiumsulfatlösung versetzt und unter Vakuum (mittels Wasserstrahlpumpe) etwa eine halbe Stunde destilliert. Das Destillat fängt man mit einer 3%igen gegen Methylorange neutralen Borsäurelösung auf und titriert in derselben schließlich das übergegangene Ammoniak mit Hilfe von $\frac{n}{10}$ HCl und Methylorange.

Natriumsulfid kann außer durch vorgenannte alkalimetrische Methode noch genauer durch Titration mit $^1/_{10}$ n-Zinklösung ermittelt werden (vgl. Die Untersuchung der Äscherbrühen).

Freie Säuren (SO_2, H_2SO_4), die übrigens seltener für Weichzwecke Anwendung finden, werden auf bekannte Art qualitativ und quantitativ ermittelt.

Die wichtigste Ermittlung in allen Flüssigkeiten, die mit der Blöße in Berührung kommen, ist jene des in Lösung gegangenen Eiweißes. Für seine Bestimmung ist es maßgebend, ob das Eiweiß noch mehr oder weniger unverändert in der Flüssigkeit vorhanden ist, das heißt noch die dem Eiweiß charakteristischen Reaktionen aufweist, oder ob bereits weitgehende Zersetzung und teilweise Bildung von Ammonsalzen und freiem Ammoniak stattgefunden hat. Im ersteren Falle ist man in der Lage, das gelöste Eiweiß durch seine fällenden Agenzien auszuscheiden und so annähernd schnell zu ermitteln, während man im zweiten Falle nur jene Bestimmungsmethode anwenden kann, die sich auf den Gehalt des Eiweißes an Stickstoff begründet und somit noch das tiefste Glied des Abbaues, das NH_3, zu bestimmen erlaubt. Eine solche Methode ist die Kjeldahlsche Stickstoffbestimmung.

Die Kjeldahlsche Methode beruht auf der Tatsache, daß in allen eiweißartigen Stoffen bei der Zersetzung mit konzentrierter Schwefelsäure der gesamte vorhandene Stickstoff zu Ammoniak oxydiert und dieses in Ammonsulfat übergeführt wird. Ammonsalze lassen sich wieder durch Kochen mit Laugen in ihre Komponenten Säure und Ammoniak zerlegen, das durch Destillation abgetrieben und in einer gemessenen Menge titrierter Säure aufgefangen und durch Rücktitrierung derselben bestimmt werden kann. Nur Nitrate und einige Nitroverbindungen müssen mit Salzsäure und Ferrosulfat zerstört und entsprechend weiter behandelt werden, doch kommen diese Stoffe für unsere Zwecke nicht in Betracht.

Die Kjeldahlsche Methode wird folgendermaßen ausgeführt: 0,5 g der festen Substanz oder 35 bis 50 cm³ der zu untersuchenden Flüssigkeit werden in einen birnenförmigen Aufschließungskolben aus Jenaer Glas gebracht. Bei Untersuchung einer Flüssigkeit muß diese unter Zusatz von zirka 3 cm³ konzentrierter Schwefelsäure eingedampft werden, um eventuell freies Ammoniak zu binden und die wässerige Flüssigkeit abzutreiben. Der Rückstand bzw. die ursprünglich zu untersuchende feste Substanz wird nun mit 20 cm³ konzentrierter Schwefelsäure und 1 Tropfen metallischen Quecksilbers oder 0,5 g Kupferoxyd in Stäbchenform versetzt und der so beschickte Kolben auf dem Aufschließungsapparat (Abb. 11), der für mehrere gleichzeitige

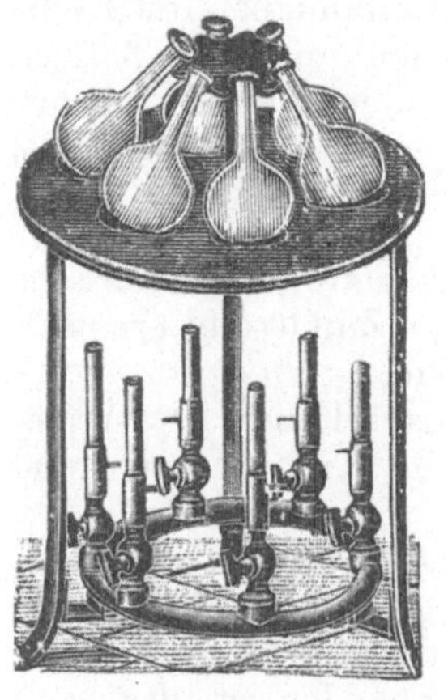 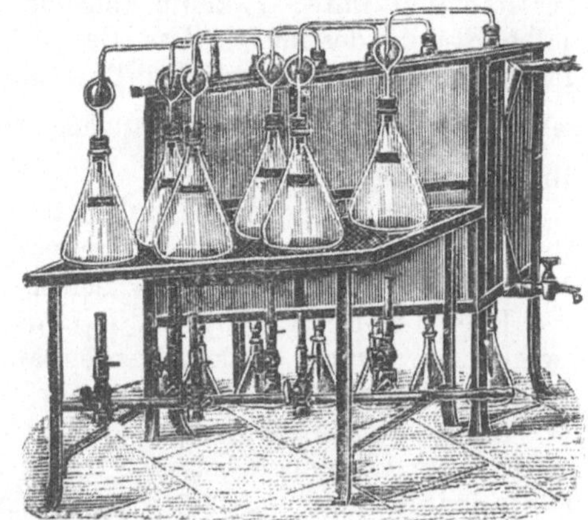

Abb. 11   Abb. 12

Arthur Meissner, Freiberg i. Sa.

Bestimmungen dient, in schräge Stellung gebracht. Der Kolben wird ganz lose mit einem kegelförmigen, hohlen Glasstopfen (z. B. einer abgeschmolzenen weiten Eprouvette) versehen und unter dem Abzuge erst mit kleiner Flamme vorsichtig erhitzt. Es tritt alsbald reichliches Schäumen unter Kohlenstoffabspaltung ein. Erst wenn die Reaktion etwas an Heftigkeit nachläßt, steigert man die Hitze allmählich, so daß der Kolbeninhalt zu kochen beginnt. Jetzt fügt man zwecks Siedepunkterhöhung zirka 10 g trockenes, stickstofffreies Kaliumsulfat hinzu und setzt das Erhitzen so lange fort, bis die Flüssigkeit vollständig klar und nahezu farblos geworden ist, was im allgemeinen in genannten Fällen eine Stunde Zeit beansprucht. Sobald diese Aufschließung beendet ist, läßt man den Kolbeninhalt erkalten, fügt langsam unter Wasserkühlung zirka 50 cm³ Wasser zu und bringt so den Kristallbrei in Lösung. Man versieht nun den Kolben mit einem durchbohrten Gummistopfen, der das Destillationsrohr trägt, und bringt vor Verschluß des Kolbens rasch noch unter Kühlen 100 cm³ einer 50%igen Natronlauge und 10 cm³ einer konzentrierten Schwefelnatriumlösung sowie einige Zinkspäne hinzu. Die Natronlauge dient zur Neutralisation der freien Schwefelsäure und zum Austreiben des NH_3 aus den vorhandenen Ammonsalzen, während das Schwefelnatrium eine eventuell gebildete Quecksilberammon-Verbindung zerlegen soll. Die Zinkspäne vermindern etwas das Stoßen der Flüssigkeit.

Das andere Ende des Destillationsrohres taucht in einen Kolben ein, der 50 cm³ n-H_2SO_4 enthält. Das Destillationsrohr wird entweder nur durch Luft oder durch Wasser (Abb. 12) gekühlt, und ist der hiefür konstruierte Apparat zweckmäßig für mehrere gleichzeitige Bestimmungen geeignet.

Man kocht den Kolbeninhalt mindestens 30 Minuten, um alles NH_3 zu entbinden und in die Säurevorlage überzuführen. Nach beendeter Destillation titriert man den Säureüberschuß mit Lauge und Methylorange zurück und berechnet die freigemachte NH_3-Menge aus der Differenz, und entspricht jeder Kubikzentimeter 0,017 g $NH_3 =$ $= 0,014$ g N. Da nach den Untersuchungen Schroeders und Paesslers[1] der Durchschnittswert für trockene, asche- und fettfreie Haut an Stickstoff bei 17,4% liegt, so läßt sich aus der gefundenen Stickstoffmenge ziemlich genau die zugrunde liegende Eiweißmenge berechnen.

Für die genaue Durchführung der Bestimmung ist es unerläßlich, absolut stickstofffreie Reagenzien zu benützen. Trotzdem ist es ratsam, einen blinden Versuch auf die ganz gleiche Art ohne Zusatz der zu untersuchenden Substanz auszuführen und den hiebei gefundenen Wert als Korrektur bei der eigentlichen Untersuchung in Abzug zu bringen.

Meistens führt man die Destillation der mit H_2SO_4 aufgeschlossenen Masse derart aus, daß man dieselbe quantitativ durch Lösen im Wasser und Nachspülen aus dem Aufschließungskolben in den größeren Destillationskolben bringt. Von den zahlreichen Modifikationen der Methode in bezug auf die zur Verwendung gelangenden Materialien als auch Apparaturen möge nur folgende mittels einfachster Apparatur kurz beschrieben sein, die nach Erfahrung hervorragender Fachleute die besten Resultate ergibt[2]; erforderlich sind folgende Bestandteile und Chemikalien:

---

[1] Dingl. Journ., 287, S. 258, 283, 300.

[2] Simonis-Dennstedt: Anleitung zur Elementaranalyse und Bestimmung des Molekulargewichtes.

1. Ein Wägegläschen.

2. Ein 500 cm³-Rundkolben aus schwer schmelzbarem Glase.

3. Ein 2-l-Rundkolben *(R)* mit Gummistopfen und Destillationsaufsatz *(D)*.

4. Eine zweifach tubulierte Kugelvorlage *(K)*.

5. Eine Péligotsche Röhre *(A)*.

6. Rauchende Schwefelsäure nach Kjeldahl (Kahlbaum), Quecksilber, Phosphorpentoxyd, 30%ige Kalilauge, Schwefelnatrium, $^1/_{10}$ *n*-H_2SO_4 und $^1/_{10}$ *n*-KOH.

Ausführung: Die zu untersuchende Substanz wird mittels Wägegläschen gewogen, ein Teil derselben (0,2 bis 2,0 g) in den Rundkolben gebracht und durch abermaliges Wägen des Gläschens die entnommene Substanzenmenge ermittelt. Nun bringt man in den Kolben eine Spatelspitze voll Phosphorpentoxyd, 1 Tropfen Quecksilber und 20 cm³ Kjeldahlsche Schwefelsäure. Man erhitzt dann über der ganz kleinen freien Flamme eines Schornsteinbrenners, indem man den Kolben schräg in ein Stativ einklemmt, unter einem gut ziehenden Abzug. Sobald die Flüssigkeit dünnflüssiger und heller wird, vergrößert man die Flamme so weit, daß sie an den Kolben anschlägt, und erhitzt bis zur völligen Farblosigkeit der Flüssigkeit, was meist in ein bis zwei Stunden der Fall ist.

Das Aufschließen wird erheblich beschleunigt durch Zusatz von 10 g K_2SO_4 und kann dieses bei nicht schäumenden Substanzen gleich anfangs zugesetzt werden, während dies sonst erst nach kurzem Aufkochen erfolgt.

Die aufgeschlossene und erkaltete Lösung wird unter Kühlung mit fließendem Wasser etwas verdünnt und mit etwa 400 cm³ Wasser in den großen Rundkolben R übergespült. In diesen bringt man noch ein Stückchen Ton zur Vermeidung des Stoßens, übersättigt mit etwa 200 cm³ 30%iger Kalilauge, gibt schnell noch etwas Schwefelnatrium zu, schließt sofort den Kolben und beginnt die Destillation mittels des abgebildeten Apparates (Abb. 13). Die kugelförmige Vorlage und die Péligotsche Röhre beschickt man mit zusammen 25 cm³ $^1/_{10}$ *n*-H_2SO_4 und fügt in die Röhre noch so viel destilliertes Wasser zu, daß die Gasblasen durch die Säure streichen müssen. Man destilliert hernach so lange, bis der Vorlage-Rundkolben K nahezu gefüllt ist, vereinigt seinen Inhalt mit jenem der Péligotschen Röhre durch quantitatives Überspülen in ein Becherglas und titriert mit $^1/_{10}$ *n*-KOH und Methylorange.

Die verbrauchten Kubikzentimeter Säure entsprechen 1 Atom Stickstoff und berechnen sich die Prozente Stickstoff aus:

$$\% \text{ N} = \frac{\text{verbrauchte cm}^3 \times 14{,}01}{100 \times \text{Substanz}}.$$

Einen handlichen Apparat zur Stickstoffbestimmung nach Kjeldahl beschreibt Bennett[1]).

---

[1]) Collegium, S. 482. 1914.

Mikromethoden der Kjeldahl-Bestimmung beschreiben Rehbein[1]) und Gerngroß-Schaefer[2]); letztere empfehlen hierfür den in Abb. 14 abgebildeten Apparat.

Rowland Earp[3]) hat eine Methode zur Bestimmung gelöster Hautsubstanz vorgeschlagen, nach welcher man mit Chromalaun die Weichwässer bzw. Äscherbrühen fällt. Durch die Bildung des kolloidalen Chromniederschlages soll sämtliches gelöste Eiweiß mitgerissen werden, insofern es noch nicht durch weitere Spaltung, z. B. zu Aminosäuren und noch niederen Produkten geführt hat. Der gewaschene Niederschlag wird darauf nach der Methode Kjeldahl wieder untersucht.

Parker und Casaburi[4]) haben eine Methode zur Bestimmung gelöster Hautsubstanz vorwiegend für vegetabilische Gerbbrühen ausgearbeitet, wonach man mit Natriumazetat und Eisenchlorid fällt und die gewaschene Gerbstoff-Eisen-Fällung, die das gelöste Eiweiß mitgerissen hat, nach Kjeldahl weiter untersucht. Natürlich bleiben auch hier die Ammonsalze unberücksichtigt. Für Weichwässer wäre diese Methode dadurch anwendbar, daß man eine eiweißfreie Gerbstofflösung denselben zufügt und hernach, wie beschrieben, mit Eisenchlorid ausfällt.

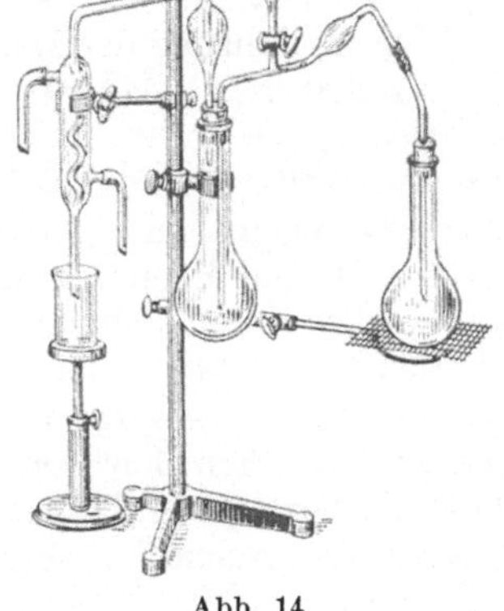

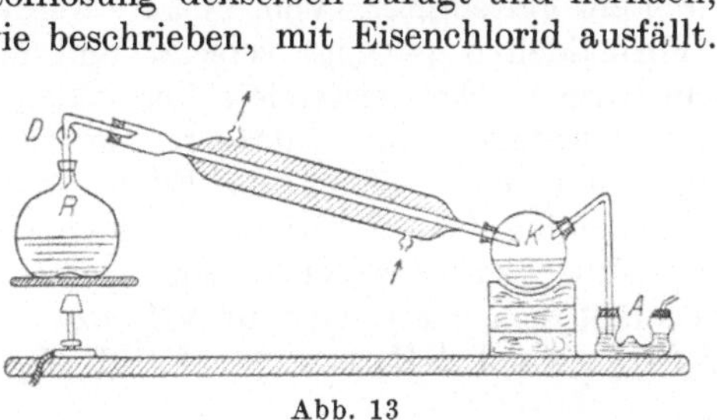

Abb. 13 Abb. 14

Eine andere Methode von R. Earp[5]) beruht auf Fällung der Eiweißstoffe mit essigsaurer Bleizuckerlösung, Waschen des Niederschlages während zweier Tage und Bestimmung des Stickstoffes nach Kjeldahl.

Kopečky[6]) titriert das Weichwasser vor und nach Gebrauch mit n-HCl und Methylorange und berechnet aus deren Differenz die Menge der alkalisch reagierenden Stoffe, die vorerst durch Hydrolyse der Eiweißstoffe entstanden sind. Da aber diese Abbauprodukte ebenfalls sauer reagieren, dürfte diese Bestimmung nicht ganz einwandfrei sein.

Stiasny[7]) hat nun eine Methode ausgearbeitet, die darauf beruht, daß Aminosäuren durch Formaldehyd einen erhöht sauren Charakter erhalten:

$$R\big\langle{}^{NH_2}_{COOH} + HCHO = R\big\langle{}^{N:CH_2}_{COOH} + H_2O.$$

<hr>

[1]) Collegium, S. 256. 1923.
[3]) Collegium, S. 412. 1907.
[5]) Collegium, S. 412. 1907.
[7]) Collegium, S. 371. 1908.

[2]) Collegium, S. 187. 1923.
[4]) Collegium, S. 211. 1905.
[6]) Collegium, S. 241. 1907.

Das Prinzip der Methode beruht darauf, daß man gleiche Mengen der zu prüfenden Flüssigkeit mit und ohne Formalinzusatz titriert und die Differenz der verbrauchten Mengen als Maß für die vorhandenen Spaltungsprodukte ansieht. Da nun aber eventuell vorhandene Sulfide mit Formaldehyd unter Zunahme der Alkalinität reagieren gemäß den Gleichungen:

$$Na_2S + H_2O = NaOH + NaSH,$$

$$NaSH + HC\diagdown_{O}^{H} + H_2O = HC\diagup_{\diagdown SH}^{H} - OH + NaOH,$$

so muß man diese durch Zusatz von überschüssigem $ZnSO_4$ unschädlich machen, wodurch gleichzeitig freies NH_3 in Ammonsulfat verwandelt wird:

$$Na_2S + 2 NH_4 \cdot OH + 2 ZnSO_4 = ZnS + Na_2SO_4 + Zn(OH)_2 + (NH_4)_2SO_4.$$

Letzteres wird nun durch Formaldehyd in freie Schwefelsäure und Hexamethylentetramin übergeführt:

$$2 (NH_4)_2 \cdot SO_4 + 6 H \cdot CHO = (CH_2)_6N_4 + 2 H_2SO_4 + 6 H_2O.$$

Zur Ausführung der Methode bringt man in einen 250 cm³ fassenden Kolben 200 cm³ Weichwasser, setzt 20 cm³ einer zirka 5%igen Zinksulfatlösung zu, füllt bis zur Marke auf, schüttelt durch, läßt einige Minuten absitzen und gießt durch ein Faltenfilter. Vom Filtrate werden einerseits 50 cm³ mit 10 cm³ Formaldehyd (40%ig) versetzt und mit $^1/_5$ n-Lauge und Phenolphthalein titriert. Der verwendete Formaldehyd muß vorher durch Schütteln mit Bariumkarbonat entsäuert oder seine Azidität bestimmt werden. Anderseits werden 50 cm³ des Filtrats ohne weiteres mit $^1/_5$ n-Lauge und Phenolphthalein titriert, wobei man den gleichen rötlichen Farbton als vorher zu erreichen strebt. Aus der Differenz der beiden Titrationen läßt sich der Gehalt an NH_4 bzw. an N berechnen, indem $^1/_2$ mol. $H_2SO_4 = 1$ mol NH_4 bzw. 1 cm³ n-$H_2SO_4 =$ $= 0,028$ g N.

G. Bennett[1]) hat obige Methode auch für Leder und Äscherbrühen benutzt, indem er die feste Probe bzw. den Abdampfrückstand auf gleiche Weise mit H_2SO_4 aufschließt, wie Kjeldahl vorschreibt, die Flüssigkeit mit Lauge und Phenolphthalein genau neutralisiert, Formaldehyd zusetzt und die freigewordene H_2SO_4 durch Titration bestimmt.

Außer diesen Stickstoffbestimmungen mögen noch im folgenden einige andere Methoden zur Ermittlung gelöster Hautsubstanz beschrieben sein:

G. Bennett[2]) bestimmt die Basizität von Weichwässern und Äscherbrühen dadurch, daß er Methylorange und Phenolphthalein gleichzeitig als Indikatoren verwendet, indem Phenolphthalein nur gegen starke Basen (Kalk), Methylorange auch gegen Ammoniak, Aminosäuren, Peptone usw. empfindlich ist. Die Differenz der mit Methylorange und Phenolphthalein verbrauchten Menge n-Säure gibt somit ein Maß für die gelöste Hautsubstanz an. Störend wirkt besonders ein Gehalt von Schwefelnatrium ein.

---

[1]) Collegium, S. 194. 1909.   [2]) Collegium, S. 194. 1909.

J. T. Wood und S. R. Trotman[1]) versetzen 50 cm³ der zu untersuchenden und filtrierten Probe in einem 100 cm³ fassenden Zylinder mit 10 cm³ Eisessig und 40 cm³ konzentrierter Kochsalzlösung und bestimmen den Niederschlag aus dem Volumen.

G. Grasser[2]) versetzt eine filtrierte Menge der Probe mit einer konzentrierten Eisessig-Tanninlösung, schüttelt kräftig durch und bringt einen aliquoten Teil dieser Aufschlämmung in ein Zentrifugenröhrchen, läßt eine Stunde stehen und zentrifugiert, wodurch der gebildete Niederschlag an seinem Volumen abgemessen werden kann. Für solche volumetrische Bestimmungen eignet sich besonders eine unten röhrenförmig verengte Zentrifugeneprouvette, deren enger Teil zirka $1^1/_2$ cm³ faßt und in $^1/_{10}$ cm³ geteilt ist. Für vergleichende Untersuchungen hat man stets die gleiche Zeit und gleich schnell zu zentrifugieren, was z. B. am besten mittels Motorantriebes während zweier Minuten erreicht wird.

Bei normaler Arbeitsweise zeigen die Weichwässer etwa folgende chemische Zusammensetzung[3]):

Eiweißstoffe: 0,5 g pro 1 l (0,09 g N), das ist zirka 0,4% Verlust an Hautsubstanz.

$NH_4 \cdot OH$: weniger als 0,03 g pro 1 l.

Na_2S: 0,3 g pro 1 l (bei angeschärfter Weiche).

4. Untersuchung der Äscherbrühen und Blößen

A. Äscherbrühen

Die Untersuchung der Äscherbrühen richtet sich danach, ob a) ein reiner Kalkäscher, b) ein angeschärfter Äscher oder c) eine Na_2S-Lösung vorliegt.

a) In einem reinen Kalkäscher bestimmt man den Gehalt an Ätzkalk, Ammoniak und an gelöster Hautsubstanz und verwendet hiefür folgende Methoden:

Der Ätzkalk kann durch direkte Titration der filtrierten Äscherbrühe mit $^1/_{10}$ n-HCl und Phenolphthalein bestimmt werden. Allerdings muß von dieser Zahl die Menge des eventuell vorhandenen Ammoniaks subtrahiert werden, das für sich bestimmt worden ist (vgl. „Untersuchung der Weichwässer").

Grasser[4]) bestimmt den Kalk in filtrierter Äscherbrühe durch Fällung der mit Essigsäure angesäuerten Brühe mit Ammoniumoxalat und Zentrifugieren des erhaltenen Niederschlages, wodurch der freie Ätzkalk als auch der an organische Substanzen gebundene Kalk ermittelt wird.

Das freie Ammoniak kann auch durch Destillation mittels des Kjeldahl-Apparates ermittelt werden, indem man die Vorlage mit

---

[1]) Journ. Soc. Chem. Ind., 28, S. 1304. 1909.
[2]) Technikum, S. 65. 1912.   [3]) Collegium, S. 10. 1926.
[4]) Technikum, S. 65. 1912.

einer abgemessenen Menge n-Säure beschickt und nach beendeter Destillation die restliche Säure durch Rücktitration bestimmt. Aus der Menge der verbrauchten Säure berechnet man die vorhanden gewesene Ammoniakmenge. Nach dem Austreiben des Ammoniaks kann man durch Titration der rückständigen Flüssigkeit den Kalkgehalt ermitteln.

Übrigens ist auch diese Destillation nicht einwandfrei, indem beim Kochen teilweise Zersetzung der organischen Substanzen unter Ammoniakabspaltung erfolgen kann. Dieser Fehler wird vermieden, wenn man vor der Destillation zu 100 cm³ der Probe zirka 10 cm³ einer 2%igen Lösung von Magnesiumsulfat zufügt, welche allen Kalk als Sulfat fällt unter gleichzeitiger Bildung von MgO, wodurch die Titration des Kalkgehaltes in dieser Probe leicht ausführbar ist.

Genauere Resultate erhält man, wenn man die durch Titration bestimmte Menge an alkalischen Stoffen als „Alkalinität" bezeichnet, die Menge des Ammoniaks separat angibt und den Kalk als Oxalat fällt und maß- bzw. gewichtsanalytisch bestimmt.

R. Procter und D. Candlish[1]) beschreiben eine Ammoniakbestimmung, indem in einem Apparate durch die Brühe reine Luft gesaugt wird, die gleichzeitig die heiße Brühe einer Zirkulation unterwirft und das Ammoniak mitreißt, welches in einer gemessenen Menge n-H_2SO_4 aufgenommen und durch Rücktitration bestimmt wird.

Für die Bestimmung der Hautsubstanz im Äscher sind die im vorausgehenden Kapitel angeführten Eiweißbestimmungen maßgebend und sei auf diese verwiesen. Im besonderen mögen noch folgende Methoden als Ergänzung beschrieben sein.

Die in der Äscherbrühe enthaltene gelöste Hautsubstanz ergibt sich als Unterschied in Kubikzentimetern zwischen der Titration des Ätzkalkes und Gesamtalkalis weniger der Hälfte der bei der Titration der Sulfide verbrauchten Kubikzentimeter.

Nach Stiasny pipettiert man 50 cm³ der filtrierten Brühe in ein Becherglas und neutralisiert nach Zusatz von Phenolphthalein mit Essigsäure. Nun gibt man einen geringen Überschuß von $^1/_{10}$ n-Jodlösung hinzu, titriert mit $^1/_{10}$ n-NaOH bis zur Rotfärbung, fügt 40%igen Formaldehyd hinzu und titriert mit $^1/_{10}$ n-NaOH weiter, bis der Endpunkt gegenüber Phenolphthalein wieder erreicht ist. Die bei der letzten Titration verbrauchte Anzahl Kubikzentimeter $^1/_{10}$ n-NaOH entspricht den neutralisierten Aminosäuren.

Man ermittelt vorerst den Gesamtrückstand der Äscherflüssigkeit dadurch, daß man 50 cm³ der filtrierten Probe mit CO_2 vollständig sättigt, am Wasserbade eindampft, den Rückstand bei 100° zur Gewichtskonstanz trocknet und wiegt und das gefundene $CaCO_3$ als CaO berechnet.

Zur Bestimmung der organischen Substanz verascht man den Gesamtrückstand, befeuchtet die Asche mit Ammoniumkarbonatlösung, glüht schwach zur Vertreibung der Ammonsalze und wägt nach dem Erkalten. Durch Subtraktion dieser Menge von dem Gesamt-

---

[1]) Collegium, S. 270. 1906.

rückstand erhält man die organische Substanz, deren Anteil an Hautsubstanz durch die besondere Bestimmung nach Kjeldahl ermittelt wird.

Nach Eitner[1]) ermittelt man die organischen Substanzen als an
Kalk gebundene und nichtgebundene Substanz folgendermaßen:

Man sättigt eine abgemessene Menge der Probe mit CO_2, erwärmt
hernach zur Austreibung des überschüssigen CO_2 und bringt den Niederschlag auf ein gewogenes Filter, sammelt das Filtrat A, wäscht der Reihe
nach den Niederschlag mit Wasser, verdünnter Salzsäure und Wasser
zur Entfernung des Kalkes, trocknet den Rückstand bei 100^0 C und
wägt als gelöste, an Kalk gebundene organische Substanz. Das zuerst
erhaltene Filtrat A nach der Behandlung mit CO_2 säuert man schwach
mit Salzsäure an, bringt den Niederschlag auf ein gewogenes Filter,
wägt und berechnet als nicht an Kalk gebundene organische Substanz.
In diesem Filtrat A können auch mit Natriumhypochlorit (nach Eitner)
oder besser mit Quecksilbernitratlösung (nach Hallopeau[2]) die Peptone
gefällt worden. Im letzteren Falle säuert man ganz schwach mit Essigsäure an, setzt das gleiche Volumen Quecksilbernitratlösung hinzu
und läßt 18 bis 24 Stunden stehen. Der Niederschlag wird auf einem
gewogenen Filter gesammelt, mit Wasser gründlich bis zum Verschwinden
der Hg-Reaktion gewaschen und bei 106 bis 108^0 C getrocknet, gewogen
und zwei Drittel des Gewichtes als Peptone berechnet. Die zur Fällung
benutzte Quecksilberlösung stellt man aus 150 g Quecksilbernitrat
her, das man in 1 l Wasser löst, filtriert, einmal aufsieden läßt und hierauf
vorsichtig mit Sodalösung neutralisiert, bis eben ein nicht wieder in
Lösung gehender Niederschlag entsteht, worauf man die Flüssigkeit
filtriert.

Als weitere Methoden seien genannt: 1. Fällung mit Essigsäure
und Kochsalz; 2. Stiasnys Methode[3]) mittels Formalin und eventuelle
Fällung der vorhandenen Sulfide durch Zinksulfat; 3. eine später von
Stiasny angegebene Methode[4]) arbeitet folgendermaßen:

50 cm³ der filtrierten Brühe werden mit 10%iger Essigsäure und
Phenolphthalein als Indikator neutralisiert, verdünntes Jodwasser
in kleinem Überschuß zugefügt, mit $^1/_5$ n-Lauge titriert, bis Rötung
eintritt, 10 cm³ einer neutralen 40%igen Formalinlösung zugefügt und
abermals mit Lauge titriert. Durch diese Methode werden nur jene
Aminogruppen nach Zugabe von Formalin bestimmt, die Karboxyl-
gruppen enthalten, und man erhält so ein Maß der Hydrolyse der aufgelösten Hautsubstanz.

Unter den Fällungsmethoden seien erwähnt: 1. Methode Eitner
mit CO_2-Fällung; 2. Methode Trotman und Hackford, nach welcher
die Albumine mit Zinksulfat, die Peptone hierauf im Filtrat mit Tannin
gefällt werden und der Niederschlag kjedahlisiert wird; 3. Wood und
Trotman fällen erst mit Zinksulfat, hierauf im Filtrat die Peptone
mit Bromwasser und bestimmen beiderseits den Stickstoff in den Nieder-

---

[1]) Der Gerber, S. 157 u. 169. 1895. [2]) Compt. rend., S. 356. 1892.
[3]) Collegium, S. 373. 1908. [4]) Collegium, S. 181. 1910.

schlägen; 4. Procter[1]) säuert 25 cm³ der filtrierten Brühe mit Essigsäure an, fügt einen Überschuß von Tanninlösung hinzu, filtriert den Niederschlag und bestimmt im letzteren den Stickstoff nach Kjeldahl.

Bezüglich des in gebrauchten Äscherbrühen ermittelten Stickstoffgehaltes weist Bennett[2]) darauf hin, daß der bei weitem größte Teil des Stickstoffes von den Keratinen der Epidermis und der Haare stammt und nur wenig von der lederbildenden Hautsubstanz. Es sei daher nicht richtig, den gesamten ermittelten Stickstoffgehalt der Äscherbrühe ohne weiteres als Maß für den Verlust an lederbildender Eiweißsubstanz anzunehmen. Stiasny[3]) ist dagegen der Ansicht, daß der Stickstoffgehalt des sulfidfreien Äschers zum größten Teil aus den muzinartigen Stoffen der Schleimschicht und aus Abbauprodukten des Koriums und nur zum geringen Teil aus den Keratinen der Haare und der Hornschicht stammt. Nach Grasser sind die Haare, die aus reinen Kalkäschern kommen, gar nicht, jene aus angeschärften Äschern aber nur derart wenig verändert, daß ein größerer Stoffverlust ausgeschlossen scheint; daher kann der Stickstoffgehalt der Äscherbrühe ohne praktischen Fehler auf den Verlust an lederbildender Eiweißsubstanz berechnet werden.

Zum Schlusse sei noch auf die Untersuchungsmethode Stiasnys der Äscherbrühe verwiesen[4]). Derselbe hebt hervor, daß in Äscherbrühen die Mannigfaltigkeit der aus der Haut gebildeten löslichen Substanzen viel größer ist als in Weichwässern und somit eine direkte Proportionalität zwischen Titrationsdifferenz und Stickstoffgehalt nicht zu erwarten sei, indem bei zunehmendem Ammoniakgehalt die gleiche Titrationsdifferenz einem viel höheren Stickstoffgehalt entspricht als bei einer Aminosäure oder einem noch komplizierter zusammengesetzten Eiweißspaltungsprodukt. Einigermaßen verringert man diesen Fehler, wenn man vorher den Ammoniakgehalt bestimmt und diesen Wert vom Gesamtstickstoff der Kjeldahl- bzw. Stiasny-Methode in Abzug bringt.

Die gelöste Hautsubstanz kann als Gesamtstickstoff durch Eindampfen von 20 bis 50 cm³ Äscherbrühe mit verdünnter Schwefelsäure zur Trockne, Aufschließen des Rückstandes mit 15 g konzentrierter Schwefelsäure und etwas Kaliumsulfat als gewöhnliche Kjeldahl-Bestimmung ermittelt werden. Die Brühe vor der Untersuchung zentrifugiert, ergibt höhere Werte als durch Titration.

Die Bestimmung des Ammoniaks nach den Methoden Procter-Candlish[5]) und Schloessing ergeben zwar bessere Werte als die Destillationsmethode, sind jedoch wegen der längeren Ausführungszeit für Betriebskontrollen weniger geeignet. Die Destillationsmethode nach Procter[6]) unter Zusatz von kalziniertem Magnesiumoxyd gibt

---

[1]) Leather Industries Laboratory Book, S. 89.
[2]) La Halle aux Cuirs, S. 63. 1918.
[3]) Collegium, S. 187 (Referat). 1919.   [4]) Collegium, S. 375. 1908.
[5]) Collegium, S. 270. 1906.
[6]) Leather Industries Laboratory Book, S. 63.

die besten Resultate, da nur freies Ammoniak bei der Destillation übergeht und keine Zersetzung von Eiweißstoffen erfolgt. Zu diesem Zwecke bringt man 100 cm³ der filtrierten Probe in ein Kölbchen, fügt Methylorange und so viel verdünnte Salzsäure zu, bis schwache Rötung eintritt. Hernach fügt man einen Überschuß von MgO hinzu, destilliert das Ammoniak wie üblich und fängt es in titrierter Säure auf. Diese Methode ergibt nicht absolut richtige Werte, doch genügen sie für die Betriebskontrolle vollständig.

b) Enthält der Äscher Kalk und Schwefelnatrium, so verfährt man zu deren Bestimmung folgendermaßen:

Bestimmung des nutzbaren Kalkes. Eine gut durchmischte Äscherprobe wird durch ein Tuch geseiht und davon werden rasch 25 cm³ in einen Literkolben gebracht, dieser mit destilliertem Wasser bis zur Marke aufgefüllt und eine Stunde stehen gelassen. Dann titriert man 50 cm³ der verdünnten Flüssigkeit mit $^1/_{10}$ n-Schwefelsäure, und zwar erst unter Zusatz von Phenolphthalein als Indikator, dann mit Hilfe von Methylrot. Der Unterschied in Kubikzentimetern zwischen der in beiden Fällen verbrauchten Anzahl Kubikzentimeter $^1/_{10}$ n-Schwefelsäure entspricht der Hälfte des vorhandenen Schwefelnatriums. Wenn man von dem mit Phenolphthalein erhaltenen Titrationsergebnis eine dem Unterschied zwischen Titrationsergebnissen mit den beiden Indikatoren entsprechende Anzahl Kubikzentimeter abzieht, so wird das in der Lösung befindliche Ätznatron berücksichtigt und die noch verbleibende Alkalinität in Kubikzentimetern entspricht dem nutzbaren Kalk.

$$1 \text{ cm}^3 \ ^1/_{10} \ n\text{-Schwefelsäure} = 0{,}0028 \text{ g CaO.}$$

Bestimmung des Ätzkalkes und Gesamtalkalis. Man filtriert die Äscherbrühe durch ein Faltenfilter, pipettiert 25 cm³ davon in ein Becherglas, fügt 100 cm³ destilliertes Wasser hinzu und titriert mit $^1/_{10}$ n-Schwefelsäure unter Verwendung von Phenolphthalein als Indikator.

Bestimmung des Schwefelnatriums. Man titriert 25 cm³ der filtrierten Äscherbrühe mit $^1/_{10}$ n-Zinksulfatlösung unter Verwendung von Bleiazetat oder Nitroprussidnatrium als Tüpfelindikator.

$$1 \text{ cm}^3 \ ^1/_{10} \ n\text{-Zinksulfat} = 0{,}00391 \text{ g Na}_2\text{S.}$$

Die Menge der löslichen Sulfide kann man durch Titration der filtrierten Probe mit $^1/_{10}$ n-Zinklösung ermitteln.

J. R. Blockley und P. B. Mehd[1]) versetzen die Brühe mit überschüssigem NH_4Cl, welches eine Ausfällung von Zinkhydroxyd verhindert, und titrieren mit $^1/_{10}$ n-Zinksulfatlösung die Sulfide.

Einfacher gestaltet sich diese Titration noch dadurch, daß man eine NH_4Cl-haltige Zinksulfatlösung benützt; letztere stellt man durch Auflösen von 14,350 g $ZnSO_4 \cdot 7 H_2O$ und 50 g NH_4Cl in 500 cm³ Wasser, Zugabe von 25 cm³ NH_4OH ($s = 0{,}880$) und Verdünnen auf 1 l her; die Titration wird als Tüpfelanalyse mit Hilfe von Nitroprussidnatrium durchgeführt.

---

[1]) Journ. Soc. Chem. Ind., Nr. 8. 1912 und Collegium, S. 300. 1912.

Nach Körner[1]) erweist sich die maßanalytische Zinkbestimmung als ungenau, während die Titration mit Jod auch einen Teil des Kalkes mit einbezieht und daher keinen scharf erkennbaren Endpunkt ergibt. Gute Resultate ergibt dagegen folgendes Verfahren:

Einerseits wird die filtrierte Mischung von Kalk und Schwefelnatrium mit n-HCl und Phenolphthalein titriert, wobei der Farbenumschlag eintritt, sobald der Kalk und die Hälfte des im Na_2S enthaltenen Natriums abgesättigt ist. Eine zweite Probe wird in einem Kölbchen mit Natriumkarbonat übersättigt und rasch, ohne zu filtrieren, mit Jodlösung titriert, wobei nur das Schwefelnatrium in Reaktion tritt. Aus diesen Bestimmungen läßt sich das Na_2S berechnen. Eine Verunreinigung des Na_2S mit Thiosulfat wird durch diese Methode allerdings nicht bestimmt, doch ist diese in den meisten Fällen unbedeutend. Falls Ammoniak und organische Basen vorhanden sind, ist die Methode nicht genau und sie eignet sich daher besonders für frische Äscher.

Nach Fini G. A. Enna[2]) bestimmt man die Alkalisulfide im Kalkäscher durch Austreiben des H_2S mit Hilfe von CO_2:

$$Ca\,(SH)_2 + CaS + Na_2S + 3\,H_2O + 3\,CO_2 = 4\,H_2S + 2\,CaCO_3 + Na_2CO_3$$

und Leiten des entbundenen H_2S in eine essigsaure Kupferazetatlösung, deren Kupfergehalt vor und nachher jodometrisch bestimmt wird.

Arsen kann vermittels der üblichen quantitativen Methoden bestimmt werden, doch wird in einem normalen Äscher kaum ein lösliches Arsensalz vorhanden sein, da sich durch Zersetzung des als Anschärfungsmittel zugefügten Schwefelarsens arsenige Säure bildet, welche an Kalk als unlösliches Salz gebunden wird. Man hat daher nach einem Arsengehalt im unlöslichen Schlamme des Äschers zu suchen.

J. T. Wood und D. J. Law[3]) führen an, daß eine gesättigte Kalklösung bei 15° C 1,211 g CaO im Liter enthält, wofür 433 cm³ $^1/_{10}$ n-HCl zur Neutralisation erforderlich sind. Eine größere Säuremenge wird zur Titration gebraucht, wenn unlösliche Kalkteilchen, Ammoniak und Sulfide zugegen sind. Wichtig ist die Art der Filtration und ergibt die Filtration durch Wolle einen höheren Gehalt an Alkalinität als durch S. & S. Nr. 605[4]), welches Filter ein klares Filtrat ergibt. Filterkerzen sind nicht anwendbar. Eine zentrifugierte Lösung braucht mehr Säure als ein S. & S. Nr. 605-Filtrat[4]), weniger als ein Wollefiltrat, und scheint das Zentrifugieren die besten Resultate zu ergeben.

Als Indikator für die Titration ist Methylrot besser geeignet als Methylviolett und Phenolphthalein, da letzteres nicht die ganze Alkalinität angibt und keine scharfe Endreaktion zeigt, besonders bei Gegenwart von Ammoniak. Folgende Tabelle zeigt die verschiedenen Säuremengen,

[1]) Collegium, S. 31. 1906.
[2]) J. S. L. T. C., S. 131. 1921 und Collegium, S. 446. 1921.
[3]) Collegium, S. 121. 1912.
[4]) Filter von Schleicher & Schüll in Düren.

die einerseits mit Methylrot, anderseits mit Phenolphthalein als Indikator für 10 cm³ filtrierte Brühe verbraucht wurden:

c) Die Äscherung mit reinem Schwefelnatrium wird vielfach derart durchgeführt, daß nach dem Schwefelnatriumbad ein solches aus Natriumbikarbonat folgt, um das in die Blöße eingedrungene Ätznatron

Tabelle 45

Methylrot	Phenolphthalein
5,5 cm³ $\frac{1}{10}$ n-HCl	4,2 cm³ $\frac{1}{10}$ n-HCl
6,3 ,, ,, ,,	4,5 ,, ,, ,,
4,3 ,, ,, ,,	3,2 ,, ,, ,,
4,2 ,, ,, ,,	3,0 ,, ,, ,,
4,5 ,, ,, ,,	3,3 ,, ,, ,,
8,9 ,, ,, ,,	6,5 ,, ,, ,,

(durch hydrolytische Spaltung des Schwefelnatriums) in das für die Blöße unschädliche Natriumkarbonat überzuführen. Dieses ist vollständig eingetreten, wenn nach einer einstündigen Haspelbehandlung der Blößen mit Natriumbikarbonat ein Überschuß an diesem gefunden wird. Zu seiner Ermittlung bringt man 25 cm³ der Lösung in ein Becherglas und setzt 25 cm³ $\frac{1}{10}$ n-NaOH und 25 cm³ einer 5%igen Lösung von Chlorbarium hinzu. Das zugefügte Ätznatron setzt sich nur mit dem nicht vorhandenen Bikarbonat zum Karbonat um und wird letzteres durch das Chlorbarium ausgefällt; der nun in der Flüssigkeit gebliebene Überschuß an Ätznatron wird mit $\frac{1}{10}$ n-Schwefelsäure und Phenolphthalein als Indikator zurücktitriert. Wird diese Säuremenge von den angewandten 25 cm³ $\frac{1}{10}$ n-NaOH in Abzug gebracht, so zeigt dies die Menge des vorhandenen Bikarbonats in Gramm an, wenn die restliche Anzahl Kubikzentimeter mit 0,0084 multipliziert wird.

Der Gehalt an Na_2S wird am einfachsten auf jodometrischem Wege festgestellt (vgl. Untersuchung des Schwefelnatriums).

Auf dem Kongresse 1912 des I. V. L. I. C. brachte Wood folgende Vorschläge für die Kontrolle der Äscher, die bis auf weiteres als offiziell gelten:

1. Zur Analyse sollen die Brühen durch S. & S. 605 filtriert werden.

2. Durch Titration der filtrierten Brühe mit $\frac{1}{10}$ n-Säure und Methylrot als Indikator soll die Gesamtalkalinität bestimmt werden.

3. Ammoniakbestimmung: Durch Ansäuren von 100 cm³ der nicht filtrierten Brühe mit Salzsäure bis zur sauren Reaktion gegen Methylorange, Zugabe eines Überschusses von Magnesia und Destillation des Ammoniaks in vorgelegte Säure.

4. Bestimmung der Sulfide: Titration der filtrierten Brühe mit $\frac{1}{10}$ n-ZnSO/ in Gegenwart von Ammoniumchlorid, wobei auf Nitroprussidnatrium getüpfelt wird[1]).

5. Stickstoffbestimmung: Nach der Methode Kjeldahl mit 25 bis 50 cm³ filtrierter Brühe.

6. Grad der Hydrolyse: Durch Berechnung aus Kjeldahls Stickstoffbestimmung und Stiasnys Formaldehydzahl[2]).

---

[1]) Collegium, S. 300. 1912.   [2]) Collegium, S. 181. 1910.

Über die chemische Kontrolle der Wasserwerkstätte macht J. Helfrich[1]) Angaben.

Äscherbrühen-Untersuchung

100 cm³ Brühe enthielten z. B.:

Tabelle 46

Tag	Gesamt-eiweiß g	Gelöstes Eiweiß g	Freies NH_3 g	Tag	Gesamt-eiweiß g	Gelöstes Eiweiß g	Freies NH_3 g
3.	0,042	—	0,009	14.	0,554	0,347	0,037
5.	0,138	—	0,017	16.	0,598	0,356	0,038
7.	0,292	0,157	0,025	18.	0,620	0,405	0,039
9.	0,375	0,214	0,029	21.	0,770	0,528	0,044
11.	0,450	0,272	0,033	31.	0,790	0,504	0,052

Als Durchschnittsgehalte für Äscherbrühen wurden angeführt[2]):

Eiweißstoffe $\begin{cases} 7\,g \text{ pro } 1\,1 \text{ bei Oberlederäscher,} \\ 5\,g \quad,, \quad 1\,1 \quad,, \quad \text{Unterlederäscher.} \end{cases}$

$NH_4 \cdot OH$ $\begin{cases} 0,1\,g \quad,, \quad 1\,1 \quad,, \quad \text{reinem Kalkäscher,} \\ 1\,g \quad,, \quad 1\,1 \quad,, \quad \text{angeschärftem Äscher.} \end{cases}$

Gesamtalkalinität: 3,5 g (als NaOH) pro 1 l.

B. Blößen

Der Gehalt an Wasser, Hautsubstanz, Fett und Asche ist im Durchschnitte bei den einzelnen Blößen verschieden; bei Rinds-, Kalb-, Kips- und Pferdeblößen pflegt der Fettgehalt zirka 0,6%, der Aschegehalt zirka 1% zu betragen. Natürlich enthalten geschwitzte Blößen weniger Mineralsubstanz als gekälkte.

Die mittlere chemische Zusammensetzung der für die Gerberei wichtigen Blößen (Rind, Kalb, Roß und Kips), bezogen auf die fett- und aschefreie Hautsubstanz, ist folgende:

$$
\begin{aligned}
&\text{C} \quad \dots\dots\dots\dots \quad 50,20\% \\
&\text{H} \quad \dots\dots\dots\dots \quad 6,40\% \\
&\text{N} \quad \dots\dots\dots\dots \quad 17,80\% \\
&\text{S} \quad \dots\dots\dots\dots \quad 0,20\% \\
&\text{O} \quad \dots\dots\dots\dots \quad 25,40\%
\end{aligned}
$$

Der Wassergehalt der nassen Blöße liegt zwischen 70 und 83%; stärkere und festere Blößen sind wasserärmer als die dünneren und lockeren Blößen, geschwitzte Blößen sind wasserärmer als gekälkte Blößen.

Für die Untersuchung der Blößen sind die Kjeldahlsche Stickstoffbestimmung wie die üblichen Asche- und Wasserbestimmungen anwendbar.

Eine neue Methode zur Stickstoffbestimmung in Blößen und in Leder haben J. Thuau und P. de Korsak ausgearbeitet[3]), die sich

---

[1]) Journ. A. Chem. Ass., S. 397. 1915 und Collegium, S. 78. 1916.
[2]) Collegium, S. 10. 1926.   [3]) Collegium, S. 364. 1910.

auf die volumetrische Messung des abgeschiedenen elementaren Stickstoffes stützt, indem man die Probe wie bei der Kjeldahl-Bestimmung mit konzentrierter Schwefelsäure aufschließt und das gebildete Ammoniumsulfat mit Natriumhypobromit unter Abscheidung des gesamten Stickstoffes zerlegt, welcher in geeigneten, durch Wasser gekühlten Pipetten gemessen wird. Die Übereinstimmung mit der Kjeldahl-Methode ist eine sehr gute.

Für die Bestimmung der freien Schwefelsäure in den Blößen, die durch Entkälken in diese gelangen kann, hat B. Kohnstein[1]) eine Methode ausgearbeitet, die auch zur Schwefelsäurebestimmung im Leder dient; im Kapitel „Die Untersuchung des Leders" wird näher darauf eingegangen werden.

Bennett[2]) empfiehlt die Untersuchung der geäscherten Blöße folgendermaßen durchzuführen:

1. Die Gesamtalkalinität (Hydroxyde und Sulfide von Ca, Na, NH_4 und organischen Basen) wird ermittelt, indem etwa 10 g der in Stücke geschnittenen Haut mit 50 cm³ einer 3%igen Borsäurelösung in eine Schüttelflasche gebracht und über Nacht stehen gelassen werden. Hierauf titriert man den Inhalt mit $^1/_{10}$ n-Salzsäure und Methylorange, läßt eine Stunde stehen, titriert wiederum und wiederholt diese Titration von Stunde zu Stunde, bis die Rötung des Methyloranges bestehen bleibt.

2. Für die Bestimmung der Sulfide gibt man 50 g Haut zusammen mit 300 cm³ 10%iger Salzsäure in einen Destillationskolben, verbindet sofort mit der Vorlage, die eine überschüssige Menge von $^1/_{10}$ n-Natriumarsenitlösung enthält. Das Ganze läßt man über Nacht stehen, erwärmt hierauf eine halbe Stunde bis nahe zum Sieden und kocht schließlich 20 Minuten lang heftig. Das dann in der Vorlage befindliche überschüssige Natriumarsenit wird durch Zurücktitrieren mit Jodlösung bestimmt.

$$2\ Na_3AsO_3 + 3\ H_2S + 6\ HCl = As_2S_3 + 6\ NaCl + 6\ H_2O$$
$$Na_3AsO_3 + 2\ J + H_2O = Na_3AsO_4 + 2\ HJ.$$

3. Der in der Haut befindliche Kalk kann a) in freier Form, b) an Aminosäuren und c) an stärkere Säuren gebunden vorhanden sein und wird folgendermaßen bestimmt:

a) Man verascht die Haut, löst die Asche in Salzsäure, fällt den Kalk als Oxalat, löst den Niederschlag nach dem Auswaschen in verdünnter Schwefelsäure und titriert die Lösung mit $^1/_{10}$ n-Kaliumpermanganat. Man erhält dadurch die Menge des Gesamtkalkes.

b) Man bestimmt erst die Summe von Kalk und Soda, indem man 5 bis 8 g Haut verascht, die Asche in 20 cm³ $^1/_{10}$ n-Salzsäure unter Erwärmen löst und den Überschuß der Säure mit $^1/_{10}$ n-Natriumkarbonat und Methylorange zurücktitriert. Auch kann man die Asche in 50 cm³ kochender Borsäurelösung lösen und Kalk und Soda direkt mit Salzsäure titrieren.

---

[1]) Collegium, S. 314. 1911.
[2]) Journ. Amer. Leath. Chem. Ass., S. 85. 1917. Collegium, S. 254. 1917.

Durch eine weitere Bestimmung ermittelt man den Sodagehalt der Blöße (vgl. 4) und bringt diesen Wert in Abzug von der Kalk- und Sodamenge. Dadurch wird der freie und der an schwache Säuren gebundene Kalk gefunden.

c) Die Ermittlung des ungebundenen Kalkes für sich gibt kein befriedigendes Resultat; nur bei frisch geäscherter Haut und Abwesenheit von Ätznatron und Sulfiden erhält man einigermaßen befriedigende Werte, wenn dabei die Titration unter Schütteln möglichst beschleunigt wird.

4. Die Soda in der Blöße bestimmt man derart, daß 10 bis 15 g Haut verascht und die Asche mit einer starken Lösung von Ammoniumkarbonat befeuchtet wird, die Asche leicht erhitzt und dieses bis zur Gewichtskonstanz wiederholt wird. Dann löst man in Wasser, filtriert, wäscht aus und titriert das Filtrat mit $^1/_{10}$ n-Salzsäure und Methylorange.

5. Bestimmung des Kochsalzes. Man gibt 10 bis 20 g Haut zusammen mit 100 cm³ 10%iger Salpetersäure in ein Becherglas, läßt über Nacht stehen, erhitzt 1 bis 2 Stunden auf dem Wasserbad bis zur Zerstörung der Haut, spült in einen 200 cm³-Kolben, erwärmt unter gleichzeitiger Zugabe von 25 cm³ $^1/_{10}$ n-Silbernitratlösung noch einige Zeit, kühlt ab, füllt auf 200 cm³ auf, filtriert und titriert in 100 cm³ des Filtrates mit $^1/_{10}$ n-Rhodankaliumlösung und Ferrisalz als Indikator das überschüssige Silbernitrat zurück. Nach Abzug der verbrauchten Kubikzentimeter Rhodankaliumlösung von 25 ergibt sich die zur Ausfällung der Chloride verbrauchte Menge Silbernitrat und daraus der Gehalt an Kochsalz.

Eine rasche Kalkbestimmung in den Blößen führt man nach Grasser[1]) folgendermaßen aus: Die zu untersuchende Blöße wird zwischen zwei Lagen eines weichen Wolltuches leicht abgepreßt, in kleine Streifchen von etwa 1 bis 2 mm Breite und 5 bis 10 mm Länge zerschnitten und davon etwa 5 g in ein etwa 800 cm³ fassendes Becherglas eingewogen. Man fügt nun 50 cm³ destilliertes Wasser und etwa 3 cm³ konzentrierte Salpetersäure hinzu, bedeckt das Becherglas mit einem Uhrglas und erhitzt über einer freien Flamme derart, daß ein mäßiges Sieden eintritt. Die Hydrolyse setzt rasch ein und in etwa zehn Minuten ist die ganze Haut aufgeschlossen bis auf Spuren gelbgefärbter Fäden, welche die nitrierte hornige Narbenschicht der Blöße vorstellen. Die resultierende hellgelbe Flüssigkeit kühlt man nun, neutralisiert sie mit Ammoniak und säuert sie mit Essigsäure schwach an. Nun filtriert man, wäscht mit destilliertem Wasser nach, erhitzt das Filtrat zum Sieden und fügt etwa 20 cm³ einer gesättigten Ammoniumoxalat-Lösung hinzu. Nach etwa 30 Minuten ist alles Kalziumoxalat abgeschieden; man dekantiert die klare Flüssigkeit durch ein aschefreies Filter unter Absaugen und bringt schließlich den Niederschlag darauf. Man wäscht diesen mit Hilfe von ammoniumoxalathaltigem Wasser, saugt trocken, schlägt den Niederschlag ins Filter ein und verascht

---

[1]) Collegium, S. 80. 1920.

letzteres im Platintiegel. Durch Erhitzen mittels Teclubrenners und schließlich vor dem Gebläse führt man das Oxalat ins Oxyd über und bringt letzteres zur Wägung.

Das abgeschiedene Kalziumoxolat kann auch durch Auflösen in verdünnter Schwefelsäure mittels Kaliumpermanganat titrimetrisch bestimmt werden.

Eine etwas raschere aber ungenaue Kalkbestimmung kann folgendermaßen durchgeführt werden: Man bringt die Blößenschnitzel in eine verstöpselte Flasche mit kohlensäurefreiem destillierten Wasser zur Wägung, setzt Phenolphthalein hinzu und titriert mit $^1/_{10}$ n-Salzsäure, bis die Rotfärbung verschwindet, schüttelt dann die Flasche durch, titriert wieder und setzt dies so lange fort, bis nach längerem Stehen keine Rotfärbung mehr eintritt. Jeder Kubikzentimeter verbrauchte $^1/_{10}$ n-Salzsäure zeigt 0,0028 g CaO an.

Leimleder wird häufig mit Formaldehyd konserviert und kann dieses nach Hehner und Fillinger[1]) folgendermaßen darin nachgewiesen werden: Die Probe wird fein zerhackt und mit derselben Gewichtsmenge 20%iger Phosphorsäure gemischt und die Mischung etwa bis zur Hälfte abdestilliert. Etwa 35 cm^3 des Destillats versetzt man mit 0,1 g Pepton (Witte), und zu 10 cm^3 dieser Lösung gibt man einen Tropfen 5%iger Eisenchloridlösung und unterschichtet vorsichtig mit 10 cm^3 konzentrierter Schwefelsäure. Beim Vorhandensein von Formaldehyd entsteht an der Berührungsstelle ein violettblauer Ring, der allmählich stärker wird. Sehr geringe Formaldehydmengen bewirken beim Durchschütteln eine rötlichviolette Färbung.

5. Untersuchung der Entkälkungsbrühen

Die aus dem Äscher kommenden Blößen sind durch und durch mit Kalk·geschwängert und dieser muß erst durch Wasserspülung, dann durch Säurebehandlung entfernt werden. Für dieses Entkälken mit Säure sind eine Anzahl von Säuren in Verwendung, insbesondere Salzsäure, Schwefelsäure, Ameisensäure, Essigsäure, Milchsäure, Buttersäure, ferner buttersaures Ammon, Salmiak, Melasse und Natriumbisulfit mit oder ohne Salzsäure.

Über die Wirkung dieser Säuren sind verschiedene experimentelle Arbeiten erschienen, unter anderen von U. Thuau[2]), R. E. Drake[3]), W. H. Lauchlan[4]) und E. Giusiana[5]).

Eine interessante vergleichende Bewertung der gebräuchlichen Entkälkungsmittel veröffentlicht J. Hildebrand[6]), nach welcher Salmiak, buttersaures Ammon, Buttersäure, Milchsäure, Ameisensäure

[1]) Pharm. Zentrh., Jahrg. 49, Nr. 50.
[2]) Collegium, S. 347. 1910.   [3]) J. Am. L. Chem. Ass., S. 99. 1909.
[4]) J. Am. L. Chem. Ass., S. 236. 1909.   [5]) Collegium, S. 14. 1910
[6]) Der Gerber, Nr. 905/6. 1912.

und Salzsäure auf gekälkte Hautblößen einwirken gelassen und hernach einerseits der Kalkgehalt in der Blöße bestimmt wurde, anderseits in der Entkälkungsbrühe die Menge des in Lösung gegangenen Eiweißes ermittelt wurde. Die Bestimmung des gelösten Eiweißes wurde nach Kjeldahl und nach Eitners Fällungsmethode mit großer Übereinstimmung durchgeführt.

Für die Fällung nach Eitner wurden 100 cm³ des Entkälkungswassers in ein Becherglas abpipettiert, mit 10 cm³ einer zirka 12%igen Lösung von unterchlorigsaurem Natron und mit 5 cm³ einer 35%igen Salzsäure versetzt. In den mit Säuren entkälkten Proben fiel die Hautsubstanz sofort flockig aus, bei den mit den Ammonsalzen vorgenommenen Entkälkungen erst nach einigem Stehen und Erwärmen. Die Niederschläge wurden durch doppelte, tarierte Filter gegossen, kalt bis zum Verschwinden der Chlorreaktion gewaschen, bei 100° C getrocknet, gewogen und berechnet.

Der Kalk wurde bestimmt, indem eine Probe gewogen, in feine Späne zerschnitten, bei 100° C zur Gewichtskonstanz getrocknet, mit Chloroform erschöpfend extrahiert, verascht, in der Asche mit Ammoniumoxalat gefällt und als CaO gewogen wurde. Diese Untersuchung ergab, daß Salmiak 58,2%, buttersaures Ammon 57,6%, Salzsäure 46,5%, Milchsäure 44,9%, Ameisensäure 40,9% und Buttersäure 36,5% Kalk aus der Blöße herauslöste, während anderseits Salmiak 0,24%, buttersaures Ammon 0,25%, Salzsäure 0,42%, Ameisensäure 0,44%, Buttersäure 0,74% und Milchsäure 0,86% Hautsubstanz in Lösung nimmt.

Für die Untersuchung der Entkälkungswässer auf Säure bzw. Alkalinität, Kalk und Eiweiß gelten dieselben Normen wie für Äscherbrühen, und sei auf diese verwiesen.

Eine kleine Zusammenstellung von Betriebsanalysen veröffentlicht Grasser[1]) über Entkälkungswässer, die mit Salzsäure- bzw. Buttersäurezusatz einerseits, ohne deren Zusatz anderseits Verwendung fanden; es wurde ermittelt, daß Wasser 0,0165, Buttersäure 0,0387 und Salzsäure 0,0370% $Ca(OH)_2$, während anderseits Salzsäure 0,0022, Buttersäure 0,0093 und Wasser 0,0105% Gelatine in Lösung nehmen.

Die Säuremenge, welche zum völligen Entkälken der Blößen nötig ist, bestimmt man durch Ermittlung des Gesamtkalkgehaltes der Blöße (vgl. S. 188).

Den Grad der Blößenschwellung, den eine Entkälkungsbrühe bewirkt, muß ebenfalls analytisch bestimmt werden. Werden schwache organische Säuren durch Zusatz von deren Salzen ihrer Schwellwirkung beraubt, so ist dies erreicht, wenn die Mischung dieser Stoffe gegen Methylorange oder Kongorot nicht sauer reagiert.

Enthält die Entkälkungsbrühe flüchtige organische Säuren, so kann deren Schwellungsvermögen derart bestimmt werden, daß man das Verhältnis der freien zu den gebundenen Säuren ermittelt; es soll

---

[1]) Technikum, Nr. 9. 1912.

dem Verhältnis 1 : > 1 entsprechen. Die einfachste Bestimmung dieser Säuren und Salze gelingt derart, daß man die freie Säure überdestilliert, bis der Rückstand stark (zirka ein Drittel) eingeengt ist, hierauf wieder Wasser zusetzt und derart mehrmals abdestilliert. Die übergegangene Säure fängt man in einer Vorlage mit titrierter Lauge auf und titriert deren Überschuß zurück. Hierauf macht man die gebundenen Säuren durch eine Zugabe von Oxalsäure oder Phosphorsäure und erneute Destillation frei und bestimmt diese wie das erstemal.

Genauer ist für diese Ermittlung die elektrometrische Methode von Sand und Law[1]), nach der die Konzentration der aktuellen Wasserstoffionen bestimmt wird; sie soll geringer als 10^{-5} sein, wenn die Entkälkungsflüssigkeit, selbst im Überschuß angewandt, keinerlei Schwellung hervorzurufen vermag.

Jene Ansatzmenge von Salzen (besonders NaCl) und Säuren für frische Entkälkungsbrühen, welche keine Schwellung hervorrufen, können experimentell nach Grasser[2]) derart festgestellt werden, daß man in Bechergläser je 20 cm³ Wasser und die für die vollständige Entkälkung notwendigen Säuremengen (vgl. oben) einfüllt, in den einzelnen Gläsern steigende Mengen von Salz, z. B. 0,2, 0,3, 0,4 g usw., zusetzt und dann je 2 g nichtentkälkte Blößenschnitzel zugibt. Man läßt diese Gläser nun bei gewöhnlicher Temperatur zwei bis drei Stunden stehen und bestimmt dann einerseits titrimetrisch die noch vorhandene Säure, anderseits nach leichtem Abpressen der Schnitzel in einem Tuche deren Gewicht. Eine Gewichtszunahme zeigt eine Schwellwirkung der Mischung und damit ihre Nichtverwendbarkeit an; gleichbleibende Gewichte bzw. Gewichtsabnahmen der behandelten Blößenschnitzel bekunden die mangelnde Schwellkraft und damit die Eignung der Brühe als Entkälkungsmittel.

Durch das Streichen der Blößen wird ebenfalls eine größere Menge von Kalk entfernt; die derart erhaltene weiße Flüssigkeit besteht nicht aus Kalk allein, sondern aus Fett und Eiweißstoffen, wie G. Eberle und L. Krall[3]) in einer Untersuchung ermittelten; deren Analyse ergab folgende Werte:

Wasser	29,7%
ätherlösliches Fett	42,0%
an Kalk gebundene Fettsäuren	6,6%
Asche	3,5%
wasserlösliche Eiweißkörper	3,8%
unlösliche Eiweißkörper und Haare	14,4%

Das vorhandene Fett wurde von Fahrion als Wollfett konstatiert.

Wichtig ist die qualitative Ermittlung der eventuell vorhandenen Säure bzw. des Kalkes in der Blöße nach der Entkälkung. Zu diesem Zwecke nimmt man ein Stück Blöße aus dem Bade, spült es rasch mit reinem Wasser ab, trocknet leicht zwischen einer Lage Filterpapier

---

[1]) Collegium, S. 150. 1911.   [2]) Collegium, S. 224. 1921.
[3]) Collegium, S. 445. 1911.

und schneidet mittels scharfen Messers aus der Blöße eine zur Narbenseite parallele Schicht ab und preßt ein Stück Lackmuspapier darauf, welches alkalisch bzw. sauer bei Gegenwart von Kalk bzw. Säure reagiert. Normal entkälkte Blöße soll aber neutral sein und zum mindesten keine freie Säure enthalten.

6. Untersuchung der Beizen

Da die eigentlichen Beizen stets auch eine Entkälkung bewirken, wird im Sprachgebrauche häufig zwischen Entkälkungs- und Beizmittel kein Unterschied gemacht, obgleich dies bei den Säuren als Entkälkungsmittel unbedingt notwendig ist, weil Säuren unter Kalkentziehung die Blößen anschwellen lassen, während das Prinzipielle der Beize gerade im Verfallen der Blößen liegt. Man muß daher die reinen Entkälkungsmittel stets vor der eigentlichen Beize in Anwendung bringen.

Als reine Entkälkungsmittel dienen bekanntermaßen Salz-, Ameisen-, Essig-, Milch- und Buttersäure, ferner Kresotin- und Oxytoluylsäure, Kresolsulfonsäure (Antikalzium), Ammoniumchlorid und Zucker. Auch ein Gemenge aus $NaHSO_4$ und Borsäure (Borol), das sogenannte Purgatol[1]), das aus Anhydriden, Laktonen und Laktiden schwacher organischer Säuren (Milch- und Buttersäure) neben freien Säuren (Essig- und Propionsäure) besteht, und das sogenannte Beizol (NH_4Cl, $NaHSO_4$, HCl) gehören in diese Klasse.

Als Beizmittel kommen vor allem der Hunde-, Tauben- und Hühnermist, ferner die Streckfleisch-, Haferstroh-, Bakterien- und Kleienbeize in Betracht. Von den künstlichen Beizmitteln sind zu nennen: Oropon[2]) (enthält die Fermente der Bauchspeicheldrüse, Trypsin oder Steapsin, Ammoniumhydrosulfid, Chlornatrium und Milchsäure), Sukkanin[3]) (Hefezellenkultur des Hundemistes) und Erodin.

Diese Zusammenstellung zeigt bereits, daß es sich bei den echten Beizmitteln durchwegs um eiweißähnliche Körper handelt und daher die für die Gerberei wichtige Stickstoffbestimmung zur Eiweißkontrolle haltlos wird. Auch die mikroskopisch-bakteriologische Untersuchung ist für Betriebskontrollen meist weniger wichtig, zumindest sind aber unsere Kenntnisse über diese Vorgänge zu gering, um ein stichhaltiges Resultat zwecks praktischer Verwertung daraus zu erhalten.

Zur quantitativen Bestimmung des Verfallenseins einer Blöße im Beizprozesse haben Sand, Wood und Law[4]) einen Apparat konstruiert, der ein genaues Einstellen der Blößendicke mittels Balancewaage und Angabe der Dicke mittels Mikrometer-Kreisteilung erlaubt.

Auch aus dem Volumen der Blöße läßt sich der Grad des Verfallenseins ermitteln und kann hierfür das Volumenometer von Grasser[5])

---

[1]) D. R. P. 222670 vom 1. September 1908.
[2]) D. R. P. 200519 vom 7. Juni 1907.   [3]) Ö. P. 40662.
[4]) Collegium, S. 158. 1912.   [5]) Collegium, S. 69. 1911.

(vgl. Die Untersuchung des Leders) oder der auf dessen Prinzip beruhende Volumenometer von Wood und Law[1]) benutzt werden. Letztgenannter Apparat (Abb. 15) besteht aus der Flasche A, die mit dem Meßrohr C und eventuell mit der Vorratsflasche B verbunden ist. Durch Füllen der Flasche A mit Wasser und durch teilweises Füllen von C kann in letzterem das Gesamtwasservolumen V_1 gemessen bzw. durch die Teilung auf C notiert werden. Bringt man nachher die Blöße in die Flasche A, so wird das Blößenvolumen V_2 eine entsprechende Wassermenge verdrängen und dieses Wasser kann vorerst nach B abfließen. Nach Verschließen des Gefäßes A läßt man aus B wieder so viel Wasser ausfließen, daß A, wie ursprünglich, gänzlich gefüllt ist, und bringt hernach den Wasserrest von B in C. Die Volumenzunahme in C kann abgelesen werden und entspricht dem Volumen V_2 der Blöße.

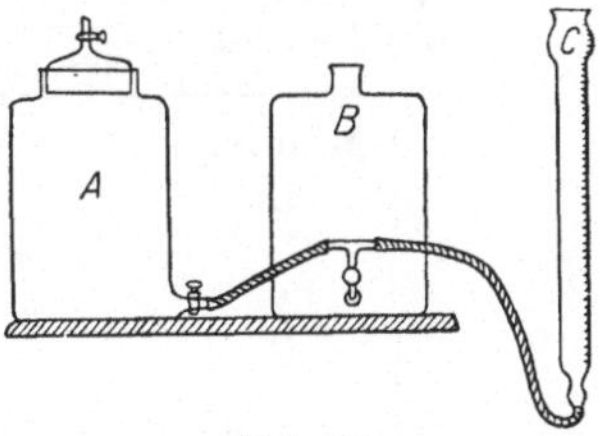

Eine frische Kotbeize zeigt gegen Lackmus schwach saure Reaktion, sobald aber Blößen in diese Beize kommen, wird die Säure neutralisiert, und nun verläuft der Beizprozeß bei neutraler oder schwach alkalischer Reaktion.

Abb. 15

Der Säuregehalt einer frischen Beize kann z. B. durch Titration mit $^1/_5$ n-Natriumkarbonat unter Verwendung von Phenolphthalein als Indikator ermittelt werden; der Säuregehalt beträgt durchschnittlich 8 bis 14 cm³ n-Säure in 1 l Brühe.

Nimmt man an Stelle von Phenolphthalein Methylorange oder Lackmus, so werden andere Resultate erhalten; ebenso, wenn man einen Überschuß an Alkali zusetzt und mit Säuren rücktitriert.

Genauere Resultate als die volumetrischen Methoden ergibt die elektrochemische Methode von Wood[2]). Diese Methode ist auf die Nernstsche Theorie begründet, nach welcher die Potentialdifferenz zwischen einer Metallplatte und einer Salzlösung desselben Metalls, in der das Metall eintaucht, von dem osmotischen Druck der freien Ionen dieses Metalls in der Lösung abhängt. Es wird also das elektrische Potential zwischen einer H-Elektrode in der Beizbrühe und einer normalen Kalomel-Elektrode zur Bestimmung des neutralen Punktes ermittelt.

100 cm³ filtrierte Beizbrühe, in dieser Weise mit $^1/_{10}$ n-Soda- oder Salzsäurelösung bis zur Erreichung eines Potentials von 0,69 Volt behandelt, wobei das Phenolphthalein von Farblos zu Rosa übergeht, ergaben z. B.:

frische	Beize,	vor	der	Verwendung	sauer,	7,4	cm³	$^1/_{10}$	n-NaOH
dieselbe	,,	nach	,,	,,	alkal.,	0,57	,,	$^1/_{10}$	n-HCl
frische	,,	vor	,,	,,	sauer,	8,1	,,	$^1/_{10}$	n-NaOH
dieselbe	,,	nach	,,	,,	alkal.,	3,25	,,	$^1/_{10}$	n-HCl
gebrauchte	,,	,,	,,	,,	,,	5,00	,,	$^1/_{10}$	n-HCl
erschöpfte	,,				,,	6,60	,,	$^1/_{10}$	n-HCl

---

[1]) Collegium, S. 230. 1911.
[2]) Wood: Das Entkälken und Beizen der Felle und Häute, S. 58.

Es konnte ferner festgestellt werden, daß die H-Ionenkonzentration in der Brühe während des Beizens sich von 5,2 auf 7,4 ändert.

Die neueren vorgeschlagenen Meß- und Titriermethoden zur Bewertung enzymatischer Beizen sind noch nicht derart erprobt und verläßlich, als daß sie allgemein zur Anwendung empfohlen werden können[1]).

Der Kalkgehalt der Blöße wird durch den Beizprozeß in neutrale Salze verwandelt, und es scheinen größere Mengen dieser gebildeten Salze während des Beizens wieder von der Blöße aufgenommen zu werden; nach Wood (vgl. oben) ergab eine Serie von Blößen während des Beizens folgende Aschegehalte:

Tabelle 47

Zeitdauer des Beizens	Asche im Trockengehalt	
	des gewasch. Spaltes	des geäscherten Felles
0 Minuten	2,88%	7,03%
5 „	2,91%	—
10 „	3,20%	3,54%
15 „	4,80%	—
20 „	4,08%	4,24%
25 „	4,29%	—
30 „	4,85%	5,19%
35 „	4,59%	—
40 „	4,70%	5,45%
45 „	4,60%	—
50 „	4,45%	5,67%
55 „	4,42%	—
60 „	—	5,00%

Ammoniak wurde in 1 l frischer Beize 0,060 g, nach deren einmaligem Gebrauch 0,086 g, nach zweimaligem Gebrauch 0,135 g ermittelt.

7. Untersuchung der Gerbstoffe

A. Qualitative Untersuchung der Gerbstoffe

Für die Beurteilung eines Gerbstoffes oder Gerbstoffextraktes kommen zwei wesentliche Faktoren in Betracht, und zwar erstens der Gesamtgehalt an gerbenden Stoffen und zweitens die Art des Gerbstoffes. Der Gehalt an Gerbstoff ist für den Wert des Produkts vor allem maßgebend, während die Art des Gerbstoffes wohl nur in Extrakten zu ermitteln sein wird, deren Aussehen keinen Schluß auf ihre Abstammung zuläßt.

Während die Ermittlung des Gerbstoffgehaltes die quantitative Analyse erlaubt, kann die Art eines Gerbstoffes durch die qualitativen Reaktionen ermittelt werden. Von diesen Reaktionen kennen wir eine sehr große Zahl, doch geben oft Gerbstoffe naher Verwandtschaft ganz

---

[1]) Wilson, J. A. und H. B. Merrill: I.A.L.C.A., 21, 2. 1926, und Collegium, 671, S. 139. 1926. — Kubelka und Wagner: Der Gerber, 53, S. 1252. 1927. — Schneider und Vlček: Collegium, 687, S. 342. 1927.

verschiedene Reaktionen, während Gerbstoffe der entferntesten Gruppen wieder oft ähnliche Reaktionen aufweisen. Diese Tatsache erschwert schon eine genaue qualitative Unterscheidung der einzelnen Gerbstoffe. Noch schwieriger wird die Erkennung dadurch, daß das Holz, die Rinde, die Früchte und Blätter eines Baumes meist Gerbstoffe von ausgesprochen verschiedenem Charakter enthalten und somit diese auch ganz verschiedene Reaktionen aufweisen.

Die Abscheidung und Erkennung von Zersetzungsprodukten der einzelnen Gerbstoffe scheint zwar theoretisch gut möglich, doch vereitelt deren Anwendung in der qualitativen Analyse der Umstand, daß diese Abbauprodukte meist umständlich zu isolieren sind, keine Beständigkeit aufweisen und die kleinsten Versuchsfehler zu weiteren Zersetzungen und Umlagerungen führen können. Zudem lassen sich auch durch diese Spaltungsprodukte nahe verwandte Gerbstoffe nicht eindeutig unterscheiden. Man ist daher gezwungen, Fällungs- und Farbenreaktionen zu benutzen, deren wir eine große Anzahl besitzen und die wichtigsten derselben im nachstehenden kennenlernen wollen.

Nach Procter[1]) kann man die Gerbstoffe in folgende Gruppen bringen:

A. Pyrokatechingerbstoffe

Bromwasser gibt Niederschlag, Eisenalaun gibt grünschwarze Fällung.
$CuSO_4 +$ überschüssiges $NH_4 \cdot OH$ gibt

a) einen Niederschlag, der sich wieder löst. (Gruppe I)	b) einen Niederschlag, der sich nicht wieder löst. (Gruppe II)

B. Gemischte Gerbstoffe

Bromwasser gibt Niederschlag, Eisenalaun gibt blaugrün-blauschwarze Fällung
$NaNO_2 + HCl$ gibt

a) keine Reaktion, höchstens Dunkelfärbung (Gruppe III)	b) Farbenänderung von Rot nach Blau und Grün. (Gruppe IV)

C. Pyrogallolgerbstoffe

Bromwasser gibt keinen Niederschlag, Eisenalaun gibt blauschwarze Fällung
$NaNO_2 + HCl$ gibt

a) Farbenänderung von Rot nach Blau. (Gruppe V)	b) keine Reaktion. (Gruppe VI)

Die Einteilung der Gerbstoffe in Pyrokatechin- und Pyrogallolgerbstoffe beruht unter anderem auf dem Verhalten der Gerbstoffe

---

[1]) Procter: Leather Industries Laboratory Book. 1908.

beim Erhitzen. Wird z. B. 1 g Gerbmaterial mit 3 cm³ Glyzerin 20 Minuten lang auf 200° C erhitzt, das Gemisch hernach mit Wasser verdünnt und mit Äther ausgeschüttelt, so enthält der letztere Pyrokatechin oder Pyrogallol und können diese Stoffe qualitativ im Rückstand des Ätherextraktes nachgewiesen werden.

Gruppe I

Fichtenrinde (Abies excelsa)
Gambir (Nauclea gambir)
Grüneichenrinde (Quercus Ilex)
Katechu (Acacia catechu)
Korkeichenrinde (Quercus suber)
Lärchenrinde (Laryx europaea)
Querzitronrinde (Quercus tinctoria)
Thannblätterextrakt (Terminalia Oliveri)

Gruppe II

Acacia catechu-Rinde
Hemlockrinde (Abies canadensis)
Kastanieneichenrinde (Quercus Prinus)
Mangrovenrinde (Rhizophora mangle)
Quebrachoholz (Quebracho oder Loxopterygium Lorentzii)
Urundayholz (Astronium Balansae)
Weidenrinde, russisch

Gruppe III

Canaigre (Rumex hymenosepalus)
Mimosenrinde (verschiedene Acacia-Arten)
Rinde von Algaroba blanca

Gruppe IV

Eichenrinde (Quercus robur)

Gruppe V

Aleppo-Gallen (Quercus infectoria)
Algarobilla (Caesalpinia brevifolia)
Dividivi (Caesalpinia coriaria)
Eichenholz
Ellagsäure
Granatbaumrinde (Punica granatum)
Myrobalanen (Terminalia chebula)
Sumach (Rhus coriaria)
Valonea (Quercus Graeca)

Gruppe VI

Gallusgerbsäure
Gallussäure
Phlorogluzin
Protokatechusäure
Pyrokatechin
Pyrogallol

Für diese Gruppeneinteilung sowie für die nachfolgenden Tabellen der qualitativen Gerbstoffreaktionen (S. 202ff.) werden die **Reaktionen** nach Grasser folgendermaßen ausgeführt (Tabelle 48):

a) Eisenreaktion: Man setzt zu 2 bis 3 cm³ einer Gerbstofflösung von zirka 0,4% 3 bis 5 Tropfen einer 1%igen Eisenalaunlösung zu. Diese Reaktion muß mit neutralen Gerbstofflösungen ausgeführt werden, weil schwache organische Säuren eine grünliche Färbung verursachen, starke Mineralsäuren die Reaktion aber überhaupt verhindern; es ist daher die Verwendung des hydrolytisch gespaltenen Ferrichlorids nicht zu empfehlen. Schwache Alkalien verursachen meist eine blauviolette Färbung. Ein Überschuß an Eisenalaun bewirkt leicht Oxydation unter Bildung olivenfarbiger oder brauner Färbungen. Bemerkt sei noch, daß die Eisenreaktion auch durch phenolartige Nichtgerbstoffe hervorgerufen wird.

b) Bromreaktion: Zu 2 bis 3 cm³ Gerbstofflösung von zirka 0,4% fügt man tropfenweise Bromwasser (4 bis 5 g Brom auf 1 l), bis die Flüssigkeit stark nach Brom riecht. Die Gerbstofflösung soll schwach sauer sein bzw. mit Essigsäure leicht angesäuert werden. Zu beachten ist, daß Pyrokatechingerbstoffe sofort Niederschläge geben, während Pyrogallolgerbstoffe erst lösliche Bromderivate geben, die aber öfter erst nach und nach durch überschüssiges Brom unlösliche Oxydationsprodukte liefern. Es ist daher auf solche Niederschläge, die erst nach längerem Stehen gebildet werden, nicht zu achten. Auch kann bei Pyrokatechingerbstoffen die Bromfällung undeutlich ausfallen, wenn eine Sulfitierung vorliegt oder Zusätze von Sulfitzelluloseextrakten vorhanden sind. Ein Überschuß an Brom verhindert fast immer die Fällung, da lösliche Verbindungen entstehen[1]); nur bei Mimosa bleibt die Trübung erhalten. Wird die mit Bromwasser versetzte Gerbstofflösung mit Ätznatron alkalisch gemacht, tritt stets die Bildung einer klaren gelben bis tiefrotbraunen Flüssigkeit ein, nur Valonea bleibt leicht getrübt.

c) Kupferreaktion: $CuSO_4$-Lösung gibt in einzelnen Fällen mit Gerbstoffen Niederschläge; fügt man zur eventuell klar bleibenden Lösung noch $NH_4 \cdot OH$ hinzu, so entsteht stets ein Niederschlag von gerbsaurem Kupfer und $Cu(OH)_2$ und wiederum wird in manchen Fällen durch weiteren $NH_4 \cdot OH$-Zusatz der ursprüngliche bzw. der mit wenig $NH_4 \cdot OH$ gebildete Niederschlag in Lösung gehen. Nach Grasser

---

[1]) Grasser: Collegium, S. 224. 1921.

vereinfacht sich diese Reaktion dadurch, daß man zur klaren, tief-
blauen Kupferoxydammoniaklösung die Gerbstofflösung hinzufügt und
darauf achtet, ob eine Fällung entsteht. Die Kupfersalzlösung bereitet
man sich dadurch, daß man zur Kupfersulfatlösung so lange Ammoniak
hinzufügt, bis die anfängliche Fällung wieder in Lösung gegangen ist.

d) **Salpetrigsäurereaktion:** Diese Reaktion wird ausgeführt,
indem man zu einigen Kubikzentimetern der Probe in einer Porzellanschale einen deutlichen Überschuß einer frisch bereiteten Lösung von
Natriumnitrit und einige Tropfen (3 bis 5) einer $^1/_{10}$ n-HCl bzw.
H_2SO_4 zufügt. In manchen Fällen wird die Lösung augenblicklich
rosen- oder karmesinrot und geht dann langsam durch Purpur in Indigoblau über, während in anderen Fällen die Endfärbung grün oder bräunlich erscheint. Diese tritt entweder ohne oder erst nach dem Säurezusatz ein, worauf in der Tabelle jeweils hingewiesen ist. Die Unterscheidung von Kastanienholz und Eichenholz wird durch diese Reaktion
insofern erleichtert, als die sehr verdünnte Eichenholzextraktlösung
nach Zusatz von Säure eine Gelbfärbung annimmt, jene des Kastanien-
holzextraktes dagegen tieforange bis bläulichrot wird.

e) **Zinnchlorürreaktion:** Auflösung von $SnCl_2$ in starker
Salzsäure. 10 cm³ dieser Lösung mit 1 cm³ der Probe bzw. mit Leder
in einer Porzellanschale zusammengebracht, gibt nach 10 Minuten
Stehen bei Koniferen- und Mimosengerbstoffen usw. eine sehr deutlich rosenrote Färbung.

f) **Phloroglucinreaktion:** Ein Fichtenholzspan wird mit der
Probe befeuchtet und vor oder nach dem Trocknen mit konzentrierter
Salzsäure betupft. Bei Gegenwart von Phloroglucin wird der Fleck
meist sofort rot oder violett, während in manchen Fällen die Reaktion
erst nach einigen Stunden eintritt. Diese Färbung beruht auf der
Reaktion des Phloroglucins mit dem Vanillin des Fichtenholzes.

An Stelle von Fichtenholz verwendet man nach Grasser vorteilhafter ein mit einer 1%igen alkoholischen Vanillinlösung getränktes
Filterpapier; dieses mit der zu prüfenden Gerbstofflösung befeuchtet,
getrocknet und mit konzentrierter Salzsäure betupft, gibt tiefrote bis
violette Färbung[1]).

g) **Natriumsulfitreaktion:** Ein Kristall von Natriumsulfit
wird in einer Schale mit der Probeflüssigkeit benetzt, wobei z. B. Valonea
sofort eine prächtige purpurrote Färbung gibt, während viele andere
Gerbstoffe eine rote Färbung erzeugen, die jedoch nicht so ausgeprägt
wie bei Valonea ist. Die hier auftretende charakteristische kirschrote
bis bläulichrote Färbung zeigt sich auch am Rande der Flüssigkeit,
wenn man eine starke Sulfitlösung mit der Gerbstofflösung mischt.
Die Färbung tritt rasch oder auch später auf.

h) **Schwefelsäurereaktion:** Man gibt in ein Reagenzrohr
einige Tropfen der Probe, entleert dies rasch, so daß nur etwa 1 Tropfen

---

[1]) **Grasser:** Journ. College Agric. Hokk. Imp. Univ., Vol. XX,
Pt. 4. 1928.

der Probe zurückbleibt, und läßt nun sofort zum so befeuchteten Reagenzrohr vorsichtig 1 cm³ konzentrierte Schwefelsäure derart einfließen, daß
dieselbe sich unter die Gerbstofflösung schichtet, wobei an der Berührungsfläche ein charakteristisch gefärbter Ring entsteht. Hernach schüttelt
man durch und verdünnt mit Wasser; man erhält so in vielen Fällen
ein tiefes Karmesinrot, das beim Verdünnen mit Wasser deutlich hellrot
wird bzw. braun gefärbt erscheint. Deutlicher gelingt die Reaktion
derart, daß man einige Tropfen der verdünnten Gerbstofflösung unter
Umschwenken in einer Porzellanschale verdampfen läßt und nun zur
erkalteten Schale einige Tropfen konzentrierte Schwefelsäure hinzufügt,
wodurch das Karmesinrot prächtig auftritt. Sulfitierter Quebrachoextrakt gibt beim Verdunsten der verdünnten Lösung in einer Schale
bereits ohne Schwefelsäurezusatz die charakteristische Violettfärbung.

i) Kalkwasserreaktion: Man bringt die Probe (zirka 0,7 g
Trockensubstanz pro 100 cm³) in eine Porzellanschale mit überschüssigem
Kalkwasser zusammen und läßt die Flüssigkeit zur Beobachtung der
Farbenumschläge ruhig stehen.

Jene Fällungen, die innerhalb des Kalkwassers, also ohne Luftzutritt, entstehen, sind meist grün, dagegen bilden sich an der Oberfläche häufig bläulich gefärbte Schlieren, die nach längerem Stehen
mißfarbig werden[1]).

Diese Reaktion tritt bei Lösungen von Eichenholz- und Kastanien-
holzgerbstoff nur an jenen Partien auf, die der Luft ausgesetzt sind,
also an der Oberfläche der Reaktionsflüssigkeit. Auch Gallen und
Knoppern bilden nur an der Luft die kirschroten bzw. violettroten
Schlieren, während Katechu sofort eine kirschrote, Mimosa sofort eine
blaugraue, dann ins Himbeerrote übergehende Fällung zeigen.

k) Bleiazetatreaktion: Lösungen von basischem Bleiazetat
fällen Gerbstofflösungen vollständig aus und häufig derart vollständig,
daß das Filtrat der Bleifällung mit überschüssigem Ätznatron keine
Gelbfärbung mehr gibt. Dagegen fällt normales Bleiazetat (Bleizucker)
nicht immer vollständig, und das Filtrat gibt mit Ätznatron Dunkelfärbung; letztere dürfte von phenolartigen Nichtgerbstoffen herrühren.

l) Bleiazetat-Essigsäure-Reaktion: Man vermengt 5 cm³
Gerbstofflösung (0,4%ig) mit 10 cm³ Essigsäure (10%ig) und fügt 5 cm³
Bleiazetat (10%ig) hinzu. Entsteht kein Niederschlag, so sind nur
Pyrokatechingerbstoffe vorhanden, während eine Fällung auf die Gegen-
wart von Pyrogallolgerbstoffen hinweist.

m) Brechweinsteinreaktion: 5 cm³ Gerbstofflösung werden mit
10 cm³ Brechweinsteinlösung (40%ig) versetzt; Quebracho, Mangrove
und Ulme werden nicht gefällt, Gambir wird getrübt, Kastanie,
Mimosa, Myrobalanen, Sumach, Valonea, Dividivi und Algarobilla
werden mehr oder weniger gänzlich gefällt. Die Filtrate der Fällungen
werden mit Eisenalaun grün gefärbt.

---

[1]) Grasser: Collegium, S. 224. 1921.

n) **Ammoniumazetatreaktion:** Diese Reaktion verlangt starke Gerbstofflösungen, und es werden 5 cm³ derselben mit 10 cm³ 40%iger Ammoniumazetatlösung vermengt, wobei Quebracho, Mangrove, Ulme, Mimosa und Gambir nicht gefällt werden; nur bei Gegenwart der kleinsten Mengen von Aluminiumsalzen tritt eine reichliche Fällung ein. Kastanie und Eiche geben reichliche Niederschläge, Valonea, Myrobalanen, Algarobilla und Dividivi werden allmählich gefällt, während Sumach erst nach Stunden eine Fällung gibt.

o) **Eitner-Philip-Reaktion:** 25 cm³ Gerbstofflösung und 2 bis 3 Tropfen konzentrierte Schwefelsäure werden 1 bis 2 Minuten lang gekocht, abgekühlt, 5 g Kochsalz zugefügt und 5 bis 10 Minuten stehen gelassen, filtriert, und das Filtrat folgendermaßen behandelt: Man gibt in ein Reagenzrohr 15 cm³ Wasser, fügt 10 bis 15 Tropfen gelbes Schwefelammon und 2 bis 3 cm³ des Filtrates hinzu. Quebracho, Mangrove, Ulme und Gambir werden nicht gefällt, Mimosa, Kastanie, Eiche, Myrobalanen, Sumach, Dividivi und Algarobilla werden gefällt.

p) **Formaldehydreaktion:** 50 cm³ Gerbstofflösung und 5 cm³ konzentrierte Salzsäure und 10 cm³ Formaldehyd (40%ig) werden unter Rückflußkühlung eine halbe Stunde lang gekocht, gekühlt und filtriert. Das Filtrat wird folgendermaßen untersucht:

α) 10 cm³ des Filtrates und 1 cm³ Eisenalaunlösung (1%ig) und zirka 5 g Natriumazetat werden ohne Schütteln vermengt und gesehen, ob Blau- (Violett-) Färbung eintritt.

β) 5 cm³ des Filtrates und überschüssige Natronlauge werden vermengt und beobachtet, ob Färbung eintritt.

Stiasny[1]) untersuchte ebenfalls das Verhalten von Formaldehyd und Salzsäure zu den Gerbstoffen (vgl. Tabelle 49) und stellte auf Grund dieses Verhaltens eine Gruppentrennung der Gerbstoffe auf[2]) (Seite 208).

Das Auftreten von nur mäßigen Trübungen ist nach Grasser[3]) vorwiegend auf die Bildung von Phlobaphenen zurückzuführen; es ist daher in diesen Fällen notwendig, die Reaktionsflüssigkeit mit überschüssiger Ätznatronlösung zu behandeln und auf das eventuelle Löslichwerden der entstandenen Fällung Rücksicht zu nehmen. Genannte Phlobaphene sind nämlich in Ätznatron gut löslich, die Methylen-Gerbstoff-Verbindungen bleiben dagegen darin unlöslich. Jede klare Gerbstofflösung zeigt sofort nach Zusatz von Salzsäure Trübung, doch verschwindet diese wieder, sobald Formaldehyd zugesetzt wird[4]); erst die Einwirkung des letzteren in der Hitze gibt in den betreffenden Fällen erneute Fällung. Diese ist z. B. bei Kastanienholz ziemlich stark, durch

---

[1]) Der Gerber, S. 186. 1905 u. Collegium, S. 435. 1906; S. 52 u. 188. 1907.
[2]) Collegium, S. 79. 1914.
[3]) Grasser: Collegium, S. 224. 1921.
[4]) Grasser: Journ. College Agric. Hokk. Imp. Univ., Vol. XX, Pt. 4, S. 219. 1928.

Zusatz von Ätznatron aber wieder rückgängig, da es sich hier nur um Phlobaphene und nicht um die wasser- und alkaliunlöslichen Methylenverbindungen der Gerbstoffe handelt.

q) **Schwefelammoniumreaktion**: Man vermengt 25 cm³ Gerbstofflösung (2,5%ig) in einem Kölbchen mit 2 bis 3 Tropfen konzentrierter Schwefelsäure, kocht 1 bis 2 Minuten und kühlt ab. Nun setzt man ungefähr 5 g Kochsalz zu, schüttelt durch und läßt die Mischung vor dem Filtrieren etwa 5 bis 10 Minuten stehen. In einem Reagenzröhrchen fügt man nun zu etwa 15 cm³ Wasser 10 bis 15 Tropfen Schwefelammonium und dann 2 bis 3 cm³ des obengenannten Filtrates. Man erhält dadurch bei sämtlichen Pyrogallolgerbstoffen Niederschläge, während Pyrokatechingerbstoffe selbst bei längerem Stehen nicht gefällt werden.

r) **Gelatinereaktion**: Man löst 10 g Gelatine und 100 g Kochsalz in 1 l Wasser. Diese Gelatinelösung gibt mit sämtlichen Gerbstofflösungen Niederschläge, wenn zu 2 bis 3 cm³ derselben tropfenweise Gelatinelösung zugefügt wird; ein Überschuß an Gelatine löst aber die Fällungen wieder auf. Die Gallusgerbsäure und die Früchtengerbstoffe werden noch in äußerst verdünnten Lösungen gefällt, Rindengerbstoffe sind dagegen weniger empfindlich.

Einige dieser Reaktionen sind mehr oder weniger von der Konzentration der Lösung abhängig, und es ist daher empfehlenswert, diese Reaktionen zuerst mit den bekannten Materialien auszuführen, um die Reaktion genau kennenzulernen.

Die Eichenrinden-Gerbstoffe zeigen ebenfalls gemäß ihrer verschiedenen Abstammung verschiedene Reaktionen und enthält die Tabelle 50 die von Trimble[1]) rein dargestellten Eichenrinden-Gerbstoffe mit ihren wichtigsten Reaktionen.

Eine besondere Charakteristik erlauben die von Andreasch[2]) ausgearbeiteten Reaktionen, die sich auf alkoholische Auszüge der Gerbstoffe beziehen und daher auch für Lederuntersuchung verwertbar sind. Die Anwendung der Reagenzien erfolgt im Überschuß und werden die mit denselben versetzten Lösungen über Nacht stehen gelassen, dann treten Reaktionen auf, die in der Originalabhandlung aufgezeichnet sind.

Gschwender[3]) hat ebenfalls das Verhalten einiger Gerbstoffe studiert, deren Farbreaktionen die Tabelle 51 zeigt.

Von den zahlreichen **Einzelreaktionen** der verschiedenen Gerbstoffe seien im folgenden die wichtigsten hervorgehoben:

Nierenstein[4]) verwendet eine ½%ige Lösung von Diazobenzolchlorid, die nur die Pyrokatechingerbstoffe fällt und die Pyrogallolgerbstoffe unverändert läßt.

---

[1]) Monograph of the Tannins, II. Bd., S. 88.
[2]) Der Gerber, S. 195. 1894.
[3]) Beiträge zur Gerbstofffrage. Inaug.-Diss. Erlangen. 1906.
[4]) Collegium, S. 230. 1906.

Tabelle 48

	Br-H_2O	$CuSO_4$ (NH_4OH)	Formalin (Eisenalaun, Gelatine)	Eisen-alaun	HNO_2	Na_2SO_3	$Ca(OH)_2$	Bleiazetat (Essigs.)	H_2SO_4	Phloro-glucin
Algarobilla	keine Fällung	grasgrüne Fällung (klar lösl.)	1){ h: keine Fällung k: Spur Fällung F: gelb (tiefblau, Fällung)	blau-schwarz	purpur-violett bis schmutzig-kirschrot	orange	grasgrün	Fällung (klar lösl.)	braun	$\ominus$
Brenz-katechin	keine Fällung	keine Fällung (kein.Fllg.)	h: starke Fällung k: starke Fällung F: gelblich (grünschwarz, $\ominus$)	grün-schwarz	gelb, rotgelb, d.orange	$\ominus$	braun	weiße Fällung (wie oben)	$\ominus$	$\ominus$
Canaigre	Fällung	Fällung (unlösl.)	h: Fällung k: Fällung (Spur dunkel, $\ominus$)	blau-schwarz	gelb-braun	blaß-grünlich-fleischfbg.	blaß-grünlich-fleischfbg.	Fällung (etwas löslich)	sattgelb bis gelb-braun	tiefrot
Dividivi	keine Fällung	grasgrüne Fällung (klar lösl.)	h: keine Fällung k: Spur Fällung F: gelb (tiefblau, Fällung)	tiefblau	grün, kirschrot, d. rotbraun	orange	dunkel-grün	Fällung (klar lösl.)	grün	$\ominus$
Eichenholz	keine Fällung	wie oben (unlöslich)	h: wie oben k: keine Fällung (tiefblau, Spur Trübg.)	tiefblau	ohne Säure: himbeerrot mit Säure: gelb	bläulich-rot	fuchsin-rot	wie oben (ziemlich löslich)	braun	Nach Trocknen schmutzig violett
Eichen-rinde	leichte Trübung	keine Fällung (kein.Fllg.)	h: starke Fällung k: starke Fällung F: blaßgrün (grünschwarz, Spur Trübg.)	grün-schwarz	$\ominus$	rotgelb bis ziegelrot	grasgrün	wie oben (klar lösl.)	grün	$\ominus$
Ellagsäure	keine Fällung	Fällung	h: $\ominus$ k: $\ominus$	blau-schwarz	tinten-farbig, rasch kirschrot werdend	blaßgelb	blaßgelb	leichte Fällung (unlöslich)	grün	$\ominus$

1) h = heiß, k = kalt, F = Filtrat.

	Br-H₂O	CuSO₄ (NH₄OH)	Formalin (Eisenalaun, Gelatine)	Eisenalaun	HNO₂	Na₂SO₃	Ca(OH)₂	Bleiazetat (Essigs.)	H₂SO₄	Phloroglucin
Fichtenrinde	starke Trübung	keine Fällung	h: starke Fällung k: starke Fällung F: blaßgrün (Θ: Spur Trübung)	braun	Θ	grasgrün	grasgrün	Fällung (klar lösl.)	braun	Θ
Galläpfel	leichte Trübung	grüne Fällung (unlöslich)	h: Θ k: Spur Trübung F: rötlichgelb (tiefblau, Fällung)	tiefblau	Θ	kirschrot	rotbraun bis kirschrot	wie oben (schwer löslich)	braun	Θ
Galläpfelgerbsäure	keine Fällung	keine Fällung (Fällung)	h: leichte Fällung k: leichte Fällung F: gelblich (tiefblau, starke Fällg.)	tiefblau	Θ	Θ	weiße Fällung, rasch blaugrau werdend	gelblich-weiße Fällung (klar lösl.)	Ausscheidung	Θ
Gallussäure	keine Fällung, Adsorption von Br unt. Entfbg.	keine Fällung	h: Θ k: Θ (tiefblau, Θ)	tiefblau	ohne Säure: stahlgrün mit Säure: rötlichgelb	Θ	blaugrau bis dunkelgrau	starke weiße Fällung (wie oben)	Θ	Θ
Gambir	starke Fällung	leichte Trübung (klar lösl.)	h: starke Fällung k: starke Fällung F: grünlichgelb (Θ, Spur Trübung)	grün-schwarz	Θ	Θ	rötlich-gelb	Fällung (wie oben)	braun	sofort rot-violett
Hemlockrinde	Fällung	Fällung (unlöslich)	h: Fällung k: Fällung (Spur dunkel, Θ)	grün-schwarz	Θ	Θ	schmutzig-rotbraun	Fällung (etwas löslich)	braun	tiefrot
Hydrochinon	keine Fällung	keine Fällung	h: starke Fällung k: starke Fällung F: farblos (Θ, Θ)	Θ	ohne Säure: hellorange mit Säure: gelb	Θ	hell-orange bis braun	leichte Fällung (klar lösl.)	hell-grün	Θ
Kastanienholz	keine Fällung	leichte Trübung (stärkere Trübung)	h: Θ k: Spur Trübung F: gelb (tiefblau, starke Fällg.)	tiefblau	ohne Säure: ziegelrot mit Säure: himbeerrot bis violett	kirschrot bis violett	fuchsin-rot	Fällung (ziemlich löslich)	grün	nach Trocknen rot-violett

Tabelle 48 (Fortsetzung)

	Br-H_2O	$CuSO_4$ (NH_4OH)	Formalin (Eisenalaun, Gelatine)	Eisen-alaun	HNO_2	Na_2SO_3	$Ca(OH)_2$	Bleiazetat (Essigs.)	H_2SO_4	Phloro-glucin
Katechu	starke Fällung	grüne Fällung (klar lösl.)	h: starke Fällung k: starke Fällung F: rötlichgelb (grünschwarz, Fällg.)	grün-schwarz	ohneSäure: kirschrot mit Säure: rotgelb	leicht kirschrot	kirschrot	Fällung (klar löslich)	braun	⊖
Knoppern	keine Fällung	grüne Fällung (klar lösl.)	h: ⊖ k: ⊖ (blauviolett, Fällung)	blau-violett	himbeer-rot bis violett	rosa-farbig	hellbraun bis rotviolett	wie oben (etwas lösl.)	braun	⊖
Maletto	starke Fällung	⊖	h: starke Fällung k: starke Fällung F: grünlichgelb (grünlichschwarz, ⊖)	grün-schwarz	⊖	rotbraun	grün	wie oben (klar lösl.)	braun	nach Trocknen schmutzig rotviolett
Mangrove	starke Fällung	⊖	h: wie oben k: wie oben F: hellbraun (grünschwarz, Spur Trübung)	grün-schwarz	ohneSäure: kirschrot mit Säure: rotbraun	ziegelrot	ziegelrot	wie oben (klar lösl.)	tief-braun	⊖
Mimosa	ziemlich starke Fällung	leichte Trübung (klar lösl.)	h: wie oben k: wie oben F: fast farblos (⊖, Spur Fällung)	blau-grün	⊖	himbeer-rot	blaugrau bis him-beerrot	wie oben (klar lösl.)	fuchsin-rot	Nach Trocknen schmutzig rotviolett
Myro-balanen	keine Fällung	keine Fällung	h: ⊖ k: ⊖ (tiefblau, Fällung)	tiefblau	⊖	⊖	grasgrün	wie oben (klar lösl.)	rotgelb	⊖
Phloro-glucin	gelbliche Fällg. in übersch. Phl. lösl.	keine Fällung	h: starke Fällung k: starke Fällung F: farblos (⊖, ⊖)	⊖	rotgelb	⊖	⊖	geringe krist. Fllg. (klar lösl.)	⊖	⊖

	Br-H₂O	CuSO₄ (NH₄OH)	Formalin (Eisenalaun, Gelatine)	Eisenalaun	HNO₂	Na₂SO₃	Ca(OH)₂	Bleiazetat (Essigs.)	H₂SO₄	Phloroglucin
Pyrogallussäure	keine Fällung	keine Fällung	h: leichte Trübung k: starke Fällung F: hellbraun (⊖, ⊖)	dunkel-braun	tief-rotbraun	⊖	rotviolett	starke weiße Fällung (unlösl.)	hell-braun	⊖
Quebracho, naturell	leichte Fällung	leichte Fällung (klar lösl.)	h: starke Fällung k: starke Fällung F: fast farblos (⊖, Spur Trübung)	grün-schwarz	rötlich-gelb bis rotbraun	braun	schmutzig fleischfarbig	Fällung (klar lösl.)	purpur-violett	⊖
Quebracho, behandelt	leichte Fällung	leichte Fllg. in übersch. Quebr.lösl. (klar lösl.)	h: starke Fällung k: starke Fällung F: fast farblos (⊖, Spur Trübung)	grün-schwarz	rötlich-gelb bis rotbraun	kirschrot	schmutzig fleischfarbig	wie oben (teilweise löslich)	purpur-violett	⊖
Resorzin	weiße Fällung i. übersch. Resorzin löslich	keine Fällung	h: wie oben k: wie oben F: farblos (hellrot, ⊖)	bläu-lich-grün	orange-rotbraun	⊖	hell-braun	leichte Fällung (klar lösl.)	⊖	⊖
Sumach	keine Fällung	grüne Fällung (unlöslich)	h: ⊖ k: starke Fällung F: gelb (tiefblau, Fällung)	tiefblau	⊖	hell-orange	grün	Fällung (wie oben)	grün	⊖
Urunday	leichte Fällung	leichte Fällung (klar lösl.)	h: starke Fällung k: starke Fällung F: fast farblos (⊖, Spur Trübung)	grün-schwarz	rötlich-gelb bis rotbraun	braun	schmutzig fleischfarbig	Fällung (löslich)	purpur-violett	⊖
Valonea	keine Fällung	Fällung (klar lösl.)	h: ⊖ k: ⊖ (tiefblau, Fällung)	tiefblau	tinten-farbig	blau-violett	dunkel-braun	Fällung (klar lösl.)	braun	nach Trocknen schön rotviolett

Tabelle 49

Gerbmaterial	Menge der Fällung	Farbe der Fällung	Farbe des Filtrates	Reaktionen des Filtrates mit		
				Leimlösung	Eisenalaun	Titanlösung
Algarobilla	beträchtlich	bordeauxrot	stark gelbrot	starke Fällung	braunviolett	rotorange
Birke	vollständig	bräunlichrot	gelblich	keine Reaktion	zartgrün	gelbrot
Canaigre	vollständig	ziegelrot	farblos	keine Reaktion	schwach violett	rötlichgelb
Dividivi	anscheinend vollständig	rot	stark gelbbraun	keine Reaktion	stark violett	stark rotorange
Eichenholz	heiß: klar, abgekühlt: Trübg.	rötlich	rot	starke Fällung	blau	gelbrot
Eichenrinde ...	fast vollständig	hellbraunrot	schwach gelbbraun	geringe Fällung	blau	rotorange
Fichte	vollständig	rötlichgelbbraun	deutlich gelb	keine Reaktion	schwach violett	schwach gelb
Gallen	heiß: gering kalt: beträchtlich	rötlichhellbraun	gelbrot	starke Fällung	blauviolett	rot
Gambir	vollständig	rötlichgelbbraun	fast farblos	keine Reaktion	keine Reaktion	sehr schwach gelb
Hemlock	vollständig	rötlichbraun	farblos	keine Reaktion	keine Reaktion	sehr schwach gelb
Kastanien	heiß: klar, abgekühlt: Trübg.	dunkelgelbbraun	stark gelbbraun	starke Fällung	blauviolett	rotorange

Gerbmaterial	Menge der Fällung	Farbe der Fällung	Farbe des Filtrates	Reaktionen des Filtrates mit		
				Leimlösung	Eisenalaun	Titanlösung
Katechu ……	vollständig	blaßbraunrot	farblos	keine Reaktion	keine Reaktion	sehr schwach gelb
Knoppern ……	heiß und kalt geringe Fällung	braun, an der Luft rot	stark gelbrot	starke Fällung	blauviolett	rotorange
Maletto ……	vollständig	rötlichbraun	sehr schwach gefärbt	keine Reaktion	undeutlich	schwach gelbrot
Mangrove ……	vollständig	rot	fast farblos	keine Reaktion	keine Reaktion	keine Reaktion
Mimosa ……	vollständig	blaßziegelrot	farblos	keine Reaktion	keine Reaktion	keine Reaktion
Myrobalanen ..	heiß und kalt geringe Fällung	gelbbraun	stark gelbbraun	starke Fällung	violett	gelbrot
Quebracho ….	vollständig	gelbbraun bis braunrot	fast farblos	keine Reaktion	keine Reaktion	schwach gelb
Sumach ……	fast vollständig	blaßrot	gelb	geringe Fällung	violett	gelbrot
Valonea…….	heiß: klar, abgekühlt: Trübg.	weinrot	gelbrot	starke Fällung	blauviolett	rot
Weide ………	vollständig	blaßrot	farblos	keine Reaktion	keine Reaktion	sehr schwach gelbl.

Übersicht

50 cm³ Gerbstofflösung (0,4%ig) 30 Minuten lang mit HCl + HCHO gekocht und abgekühlt gibt:

vollständige Fällung	keine Fällung nach 15 Minuten Kochen	bedeutende Fällung nach 15 Minuten Kochen
(Filtrat + Na-azetat + Eisenalaun: keine Färbung)		
Die ursprüngliche Lösung gibt mit Bromwasser: Fällung	Die ursprüngliche Lösung gibt mit Bromwasser: keine Fällung	(Filtrat + Na-azetat + Eisenalaun: Violettfärbung)
Bleiazetat + Essigsäure: keine Fällung	Bleiazetat + Essigsäure: Fällung, das Filtrat gibt mit Eisenalaun	Die ursprüngliche Lösung gibt mit: Bromwasser
Ammoniumsulfid		

keine Fällung	Fällung	keine Färbung	Violettfärbung	Fällung	keine Fällung
(Eisenalaun: Grünfärbung)	(Eisenalaun: Violettfärbung)	Eichenholz	Kastanie	Eichenrinde	Sumach
Quebracho	Mimosa	Valonea	Myrobalanen	Pistacia	Dividivi
Mangrove	Maletto				Algarobilla
Ulme					Gallen
Gambir					Bablah
Fichtenrinde					Teri
Hemlock					

Tabelle 50

	Eisenalaun	Bromwasser	Salpetrige Säure	Kupfersulfat und Ammoniak	Zinnchlorür und Salzsäure	Fichtenspan und Salzsäure	Natrium-sulfit	Kalkwasser
Schwarzeiche oder Quer-zitron (Quercus tinctoria)	grüne Fär-bung und Niederschlag	gelber Niederschlag	bräunlich-gelber Niederschlag	Niederschlag, grüne Färb.	gelb und etwas blaßrot	violette Färbung	gelbe Färbung	Niederschlag, erst rötlich, dann rot
Sumpfeiche (Quercus lustris)	grüne Fär-bung und Niederschlag	gelber Niederschlag	blaßrötl. Färb., dann brauner Niederschlag	Niederschlag, bräunl.-grüne Färbung	blaßrote Färbung	violette Färbung	blaßrote Färbung	Niederschlag, erst rötlich, dann rot
Scharlacheiche (Quercus coccinea)	bläulichgrüne Färb., grüner Niederschlag	gelber Niederschlag	brauner Niederschlag	Niederschlag, grüne Färb.	blaßrötliche Färbung	violette Färbung	rötlichgelbe Färbung	Niederschlag, rötlich werdend
Spanische Eiche (Quercus falcata)	grüne Fär-bung und Niederschlag	gelber Niederschlag	brauner Niederschlag	Niederschlag, rotbraune Färbung	gelbe Fär-bung, etwas blaßrot	violette Färbung	gelb mit einem Stich ins Rötliche	Niederschlag, rötlich werdend
Weißeiche (Quercus alba)	grüne Fär-bung und Niederschlag	gelber Niederschlag	brauner Niederschlag	Niederschlag, braungrüne Färbung	rötliche Färbung	violette Färbung	rötliche Färbung	Niederschlag, rötlich werdend
Weidenblätterige Eiche (Quercus phellos)	grüne Fär-bung und Niederschlag	gelber Niederschlag	brauner Niederschlag	Niederschlag, rotbraune Färbung	gelbe Färbung	violette Färbung	gelb mit einem Stich ins Rötliche	Niederschlag wird grün, die Lösung rötlich
Kastanieneiche (Quercus Prinus)	grüne Fär-bung und Niederschlag	gelber Niederschlag	brauner Niederschlag	kein Nieder-schlag, grünl.-braune Färb.	gelbe Färbung	violette Färbung	gelb mit einem Stich ins Rötliche	Niederschlag wird blaßrot
Quercus bicolor	grüne Fär-bung und Niederschlag	gelber Niederschlag	brauner Niederschlag	—	gelbe Färbung	violette Färbung	gelb mit einem Stich ins Rötliche	Niederschlag wird blaßrot
Stein- oder Wintereiche (Quercus robur)	bläulichgrüne Färb., grüner Niederschlag	gelber Niederschlag	brauner Niederschlag	rotbrauner Niederschlag	rote Färbung	violette Färbung	rötliche Färbung	Niederschlag wird blaßrot
Indische Eiche (Quercus semicarpifolia)	grüne Fär-bung und Niederschlag	gelber Niederschlag	brauner Niederschlag	rotbrauner Niederschlag	blaßrote Färbung	violette Färbung	gelbe Färbung	Niederschlag wird blaßrot

Tabelle 51

	Gallussäure	a-Digallus-säure	Tannin	Sumach	Quebracho	Maletto	Tee	Maté	Kaffee
Leim u. Eiweiß	keine Fällg.	Fällung	Fällung	Fällung	Fällung	Fällung	Fällung	Fällung	Fällung
Eisenchlorid .	blau	blau	blaugrün	blaugrün	grün	grün	blaugrün	grün	grün
Bleiazetat ...	Fällung	Fällung	Fällung	Fällung	Fällung	Fällung	Fällung	Fällung	Fällung
Kalilauge	—	—	—	—	rot	rot	rot	rotgelb, dann grün	gelb, dann grün
Ammoniak ..	—	—	—	—	rot	rot	rot	gelb, dann grün	gelb, dann grün
Barytwasser .	gelbeFällung	hellblaue Fällung	dunkelgrüne Fällung	hellgrüne Fällung	violette Fällung	violette Fällung	braune Fällung	gelbeFällung	gelbeFällung
Kalkwasser ..	—	—	—	—	violette Fällung	violette Fällung	braune Fällung	gelbeFällung	gelbeFällung
Saure Kupfer-sulfatlösung	—	—	—	—	grün	grün	—	gelbgrüner Niederschlag	gelbgrüner Niederschlag
Fehlingsche Lösung	—	—	—	—	schwache Reduktion	schwache Reduktion	—	—	schwache Reduktion
Silberammo-niumnitrat .	—	—	—	—	Reduktion	Reduktion	—	erst gelblich, dann Reduktion	erst gelblich, dann Reduktion
Bromwasser .	—	—	—	—	gelbeFällung	gelbeFällung	—	roteFällung	rote Fällung
Uranylazetat .	—	—	—	—	rote Fällung	rote Fällung	—	braune Fällung	braune Fällung
Rauchende Salpetersäure	—	—	—	—	gelbrote Fällung	gelbrote Fällung	—	blutrot	blutrot
Ammon-molybdat ..	—	—	—	—	gelb bis rot	rötlich	—	blutrot	blutrot
Ferri-zyankalium	—	—	—	—	Wärme rot-braun, dann dunkelgrün	braun, dann grün	Hitze grün	Hitze grün	Hitze grün, dann blaugrau

Eitner, Meerkatz[1]) und Philip[2]) verwenden Schwefelammonium zur Charakterisierung der Gerbstoffe, welches folgende Niederschläge gibt:

Kastanienholz .... bräunlich,   später rot,
Eichenholz .... gelblich,   „   bordeauxrot,
Eichenrinde .... gelblich,   „   rehbraun,
Valonea .... gelblichgrün,   „   chamois,
Knoppern............ gelblich,   „   rotbraun,
Myrobalanen .... grünlichgelb, unverändert,
Dividivi .... hellgrünlichgelb, unverändert,
Hemlock.............. nach längerer Zeit gelbbraun,
Maletto .... gelbbraun,
Mimosa .... rötlichweiß,
Quebracho, Mangrove, Fichte, Katechu und Gambir werden nicht gefällt.

Nach Bennett[3]) geben Pyrogallol, Gallussäure und Gallusgerbsäure nach Zusatz von Zyankalium und Schütteln eine hellrote Färbung, die bald verblaßt, nach erneutem Schütteln aber wieder erscheint, wodurch eine scharfe Reaktion auf die genannten Stoffe gegeben ist.

Wird zu einer klaren Lösung eines Gerbstoffes ein Überschuß einer 10%igen Lösung von Zyankalium gegeben und das Gemisch in überschüssiges hartes Wasser (oder in eine Lösung von 5 Teilen $CaCl_2 \cdot 6\,H_2O$ in 10 000 Teilen Wasser) gegossen, so geben die Pyrogallolgerbstoffe und einige der gemischten Gerbstoffe deutliche Fällung, während die Pyrokatechingerbstoffe keine Fällung verursachen.

Sanio[4]) charakterisiert die Gerbstoffe durch Fällung mit Kaliumbichromat, das dunkel gefärbte Niederschläge gibt.

Auch Quecksilberchlorid[5]), Osmiumsäure[6]), Fehlingsche Lösung[7]) und Nesslers Reagens[8]) haben sich in einzelnen Fällen zur Untersuchung der Gerbstoffe bewährt.

L. E. Levi und E. G. Wilmer[9]) stellten Reaktionen von Tannin, Gallussäure, Quebracho, Hemlock, Eiche, Mimosa und Sumach mit einer sehr großen Anzahl von komplizierteren organischen Verbindungen an, worunter besonders Alkaloidverbindungen, Piperazine, Antipyrinverbindungen, Chinoline, Phenylene, Pyramidon, organische Silber- und Quecksilberverbindungen usw., sich befinden. Eine allgemeine Anwendbarkeit erlauben diese Reagenzien nicht, sondern dienen eventuell nur als Bestätigungsreaktionen, und deshalb muß hier auf die Originalabhandlung verwiesen werden.

Grasser[10]) ließ auf Gerbstofflösungen Jodwasser einwirken und fand nur bei Fichte eine deutliche Violettfärbung, während Algarobilla

---

[1]) Inst. bot. Jahresb., S. 287. 1886.   [2]) Collegium, S. 249. 1909.
[3]) Londoner Collegium, S. 56. 1915 und Collegium, S. 48. 1917.
[4]) Bot. Ztg., S. 17. 1803.
[5]) Döbereiner: Journ. Chem. Phys., 61, S. 378. 1831.
[6]) Dufour: Bull. Soc. Vaudoise, 22, S. 134. 1886.
[7]) Froß, L.: Bot. Zentralbl., 59, S. 281. 1894.
[8]) Moore: Journ. Royal micr. Soc., 10, S. 533. 1890.
[9]) Collegium, S. 213. 1907.   [10]) Collegium, S. 46. 1911.

grünlich, Kastanienextrakt, Maletto, Myrobalanen, Quebrachoextrakt, Sumach, Sumachextrakt und Valonea etwas dunkler, Dividivi, Eiche, Mangrove, Quebrachoholz fast unverändert blieben.

Harvey[1]) verdünnt die Gerbstofflösung mit einem Überschuß von hartem Wasser und setzt die Jodlösung zu, wodurch er bei Valonea, Kastanie und Eichenholz eine dunkelblaue Färbung, bei Gambir und Quebracho keine Färbung, bei den anderen Gerbstoffen eine rote Färbung erzielt.

Nach Schewket[2]) geben verschiedene Gerbstoffe in sehr verdünnter Lösung bei Gegenwart von Alkalispuren (z. B. hartes Wasser) mit Jod unter Auftreten einer rotvioletten Färbung Gallussäure oder Gallusgerbsäure. Bennett[3]) konnte diese Reaktion bestätigen, benutzte aber an Stelle des harten Wassers sehr verdünnte Lösungen von Natriumkarbonat, sek. Natriumorthophosphat, Natriumborat und Natriumazetat. Es wurde Übereinstimmung mit der Chromatreaktion gefunden und folgende Gruppeneinteilung festgestellt:

1. Valonea, Kastanie, Eichenholz: dunkelblaue Färbung;
2. Myrobalanen, Sumach, Algarobilla, Mimosa, Gallussäure, Gallusgerbsäure: purpurrote Färbung;
3. Quebracho, Gambir: keine Färbung.

Bennett[4]) versetzt stark verdünnte Gerbstofflösungen mit einem durch Auflösen von einem Kristall Ferrizyankalium in ein wenig 10%igem Ammoniak erhaltenen Reagens und erhält dadurch folgende Gruppierung:

1. Valonea, Kastanienholz, Eichenholz: purpurrote Färbung;
2. Myrobalanen, Algarobilla, Sumach: dunkelrote Färbung.

Wird für diese Reaktion das Ammoniak weggelassen, so tritt bei Gruppe 1 die Purpurfärbung, bei allen anderen Gerbstoffen aber keine Farbenreaktion ein.

Nach Bennett[5]) geben sehr verdünnte Gerbstofflösungen nach ein- bis zweistündigem Stehen mit Natriumarsenat eine Grünfärbung, wenn Pyrogallolgerbstoffe, dagegen eine Hellrotfärbung, wenn Pyrokatechingerbstoffe zugegen sind.

Nach Lauffmann[6]) kann das für die Bestimmung der Molybdänzahl benutzte Reagens (vgl. später) auch für die qualitative Gerbstoffprüfung benutzt werden. Es geben damit Gambir, Katechu und Quebracho keine oder nur eine geringe Fällung, Fichtenrinde eine wesentlichere, Mangrove, Mimosa und Eichenrinde eine starke, die Pyrogallolgerbstoffe eine sehr starke Fällung.

J. Schneider und A. Seiwert[7]) nahmen Ausfärbungen von Gerbstoffauszügen mit metallsalzgebeizter Baumwolle vor, und zwar erstens mit direkter Gerbstofflösung, zweitens mit reduzierter Lösung

[1]) Practical Leather Chemistry, S. 117. London. 1920.
[2]) Biochem. Ztg., 52, S. 271. 1913.
[3]) Journ. Amer. Leath. Chem. Ass., 10, S. 436. 1914; Collegium, S. 279. 1915.
[4]) Loc. cit.   [5]) Loc. cit.   [6]) Collegium, S. 129. 1920.
[7]) Collegium, S. 282. 1911.

und drittens mit oxydierter alkalischer Lösung und fanden folgende Ergebnisse:

1. Die Färbungen hängen nicht nur von der Metallart, sondern auch von der Form, in welcher das Metall auf der Faser gebunden ist, ab, insbesondere von der Oxydationsstufe, der Basizität und dem Grade der Unlöslichkeit der fixierten Beizen. Anderseits beeinflussen auch der Säuregrad und andere Umstände in den Gerbstofflösungen (z. B. Hydro- und Bisulfite) die erhaltenen Färbungen.

2. Die Beizen von einigen Metallen eignen sich zu der Ausfärbemethode nicht, da sie mit den Bestandteilen der Extrakte keine färbigen Verbindungen liefern, z. B. Be, Mg, Ca, Sr, Ba, Tl, Sb, Mo, W. Es sind dies Metalle, welche auch in den Scheurer-Brylinskischen Streifen fehlen. Die Farblacke mit Zn, Ce, Hg, Sn und Pb sind schwach und wenig charakteristisch.

3. Zu den Verbindungen von Fe, Al, Cu, Ti, Zr, Ce, Th, V, Bi, Cr, U, Ni und Co verhalten sich die Gerbstoffextrakte wie polygenetische Farbstoffe. Verfasser ziehen separat gebeizte Baumwolle mit gesonderter Ausfärbung den gedruckten Streifen vor, da bei diesen eine Übertragung der Beize möglich ist.

4. Reduziert man die Gerbextrakte mit Hydrosulfit, so zeigt sich eine Abnahme der Färbungsintensität dort, wo, wie bei Eisenbeize, diese durch das überschüssige Hydrosulfit reduziert wird und dort, wo der Farbstoff reduziert wird. Man bekommt insbesondere hellere Töne bei Katechu, Ratanhawurzel, Myrobalanen, Valonea und chinesischen Galläpfeln auf Al, bei Quebracho auf Al, Pb, Ce, Bi und bei Maletto auf Al, Ti, Zr, Bi.

5. Oxydiert man die Gerbstoffaufgüsse durch den Luftstrom, so entstehen intensivere Färbungen bei Katechu auf Ni und Co, bei Ratanhawurzel auf Cu, Ti, Zr, Bi, Cr, bei Quebracho auf Al, Bi, Zr, bei Fichtenrinde auf Ti, Zr, Bi, bei Sumach auf Al und Cu, bei Mangrove und Maletto auf Ti und Zr; die Zunahme ist also nur bei gewissen Beizen bemerkbar.

6. Die verschiedenen im Handel befindlichen gerbstoffhaltigen Rohmaterialien geben je nach Ursprung, Sorte und Alter etwas abweichende Resultate, dasselbe gilt von den auf verschiedene Art zubereiteten und verschieden alten Extrakten. Die Grundlage für die Beurteilung wird also nur eine größere Menge von Ausfärbungen mit sicheren, selbsterzeugten Extrakten bilden, welche teils direkt, teils nach einer dem Großbetrieb angepaßten Klärung, Entfärbung und anderer Behandlung vorgenommen wurden. Es ist außerdem auch der Einfluß des Mengenverhältnisses zu berücksichtigen.

7. Bei jeder Beizart geben gewisse Gerbstoffe fast gleiche Färbungen. Man kann, wenn mit einem Gerbstoffüberschuß gefärbt wird, folgende Gruppen aufstellen:

   α) bei Aluminium

      a) grünlichgelb: Myrobalanen, Dividivi, Algarobilla, Sumach, Granatbaumrinde, Knoppern, Valonea,

b) unrein und schwach gelbbraun: Kastanienholz, Eichenholz, chinesische Galläpfel, Malettrinde,

c) graubraun: Bablah, Weidenrinde, Eichenrinde,

d) rötlichbraun: Kino, Hemlockextrakt, Mimosa, Fichtenrinde, Quebracho, Mangrove,

e) lichtbraun: Gambir,

f) stark braungelb: Katechu,

g) braunorange: Ratanhawurzel;

β) bei Titan

a) lebhaft gelbbraun: Kastanienholz, Granatbaumrinde, Algarobilla, Bablah, Myrobalanen, chinesische Galläpfel,

b) lebhaft orangebraun: Eichenholz, Eichenrinde, Sumach, Dividivi, Valonea, Knoppern,

c) matt gelbbraun: Kino, Weidenrinde,

d) matt braun: Fichtenrinde, Hemlockextrakt, Mimosa, Maletto,

e) rotbraun: Würfelgambir, Ratanhawurzel, Quebracho, Mangrove,

f) dunkelrotbraun: Katechu;

γ) bei Zirkon

a) ungefärbt: Eichenholz, Kastanienholz, chinesische Galläpfel,

b) gelblichbraun: Granatbaumrinde, Algarobilla, Sumach, Dividivi, Myrobalanen, Valonea, Knoppern,

c) graubraun: Kino, Weiden-, Eichen und Malettrinde, Bablah,

d) schokoladebraun: Fichten- und Mimosarinde,

e) braun: Gambir, Quebracho, Hemlockextrakt,

f) rotbraun: Katechu, Ratanhawurzel, Mangrove;

δ) bei Wismut

a) lebhaft gelb: Granatbaumrinde, Myrobalanen, Valonea,

b) matt lichtbraun: Eichen- und Kastanienholz, Eichen- und Malettorinde, Algarobilla, chinesische Galläpfel,

c) schwach rötlichbraun: Gambir, Kino, Weidenrinde, Bablah,

d) olivbraun: Sumach, Dividivi, Knoppern,

e) rotbraun: Ratanhawurzel, Quebracho, Mangrove,

f) schokoladebraun: Katechu, Fichtenrinde, Hemlockextrakt, Mimosa.

Ähnliche Unterschiede kommen noch besonders bei Ce, Th, V und Cr vor.

8. Wenn wir als Beispiel eines praktischen Falles Quebracho, Mangrove und Myrobalanen vergleichen, so sehen wir, daß zwischen Quebracho und Mangrove nur bei Al, Zn, Pb und U Unterschiede vorkommen, indem die Mangrovefärbungen etwas dunkler ausfallen; Myrobalanen unterscheiden sich dagegen von den beiden ersteren sehr stark, und zwar geben sie bei Al, Cu, Zr, Sn, Ce, Pb, Th, Bi, Cr, U, Ni und Co leichtere Färbungen, bei V und Fe ein grünliches bzw. reineres Schwarz, Quebracho und Mangrove ein bräunliches.

Die spektralanalytische Untersuchung von äthylalkoholischen, amylalkoholischen und azetonigen Lösungen der Gerbstoffe weisen nach Schneider[1]) keine so auseinanderliegenden Streifen auf, als daß diese zur qualitativen Unterscheidung der einzelnen Produkte führen könnten. La Bruère[2]) führte ähnliche Untersuchungen der Absorptionsspektren im ultravioletten Licht aus, Pollak[3]) versuchte neuerlich, alkalische Gerbstofflösungen mit Hilfe des Spektroskops qualitativ voneinander zu unterscheiden.

A. W. Hoppenstedt[4]) ließ Gerbstofflösungen durch Gelatinegallerte, die mit 0,015% Eisenalaun versetzt war, diffundieren und fand die Diffusionsgeschwindigkeit nachgenannter Gerbstoffe in ihrer Reihenfolge abnehmen, indem Sumach die größte, Mangrove die kleinste Diffusionsgeschwindigkeit aufweist:

Sizilianischer Sumach, virginischer Sumach, Dividivi, Gambir, Kastanienextrakt, Myrobalanen, Eichenextrakt, Valonea, Algarobilla, Hemlockrinde, Hemlockextrakt, Quebrachoextrakt, gewöhnlich, Quebrachoextrakt, geklärt, Mangroverinde.

G. Grasser[5]) stellte aus Eiweiß, Tannin und Metallsalzen Doppelverbindungen her und bestimmte in diesen den Stickstoff- und Metallgehalt; ferner ließ derselbe auf Gerbstofflösungen Metallsalze und dann Eiweiß einwirken, wodurch unlösliche Doppelverbindungen verschiedener Färbung erhalten wurden, die zur qualitativen Unterscheidung der Gerbstoffe in einzelnen Fällen benutzt werden können (vgl. Tabelle 53, S. 216).

U. Thuau und P. de Korsak[6]) haben besonders das Verhalten von Silbernitratlösung in den einerseits mit Schwefelsäure, anderseits mit Bleiazetat gefällten Gerbstofflösungen studiert, indem sie nach Einwirkung der Schwefelsäure bzw. des Bleiazetats die Filtrate mit einigen Tropfen Silbernitratlösung versetzten und folgende Resultate erhielten:

Tabelle 52

Gerbstoff	Filtrat der Schwefelsäurefällung gibt mit Silbernitrat	Filtrat der Bleifällung gibt mit Silbernitrat
Quebracho.......	keine Reaktion	Fällung
Mangrove........	Fällung	,,
Eiche	keine Reaktion	keine Reaktion
Kastanie	,, ,,	,, ,,
Valonea	leichte Fällung	,, ,,
Sumach	Fällung	Fällung
Myrobalanen	,,	,,
Gallussäure	,,	,,
Pyrogallussäure ..	,,	,,
Pyrokatechin	,,	,,

---

[1]) Collegium, S. 285. 1911.
[2]) Le Cuir, 52. 1923 u. Collegium, 652, S. 302. 1924.
[3]) Der Gerber, 1278, S. 63. 1928.   [4]) Collegium, S. 358. 1911.
[5]) Collegium, S. 185. 1911.   [6]) Collegium, S. 258. 1911.

	Kastanie	Sumach	Quebracho	Mangrove	Algarobilla	Dividivi	Eiche	Fichte
$HgCl_2$ + Eiweiß ..	kaffee-brauner Niederschlag	weißer Niederschlag	hellbrauner Niederschlag	hellrot-brauner Niederschlag	bräunlich-gelber Niederschlag	kaffee-brauner Niederschlag	gelblich-weißer Niederschlag	graubrauner Niederschlag
$AgNO_3$ + Eiweiß .	kaffee-brauner Niederschlag	grauer Niederschlag	hellbrauner Niederschlag	hellrot-brauner Niederschlag	bräunlich-gelber Niederschlag	kaffee-brauner Niederschlag	hellgrauer Niederschlag	rötlich-grauer Niederschlag
$Pb(NO_3)_2$ + Ei-weiß	kaffee-brauner Niederschlag	hellgelber Niederschlag	gelblich-brauner Niederschlag	tiefbordeau Niederschlag	ockergelber Niederschlag	hellbrauner Niederschlag	graugelber Niederschlag	bräunlich-grauer Niederschlag
$FeCl_3$ + Eiweiß ...	dunkel-blauer Niederschlag	dunkel-blauer Niederschlag	schmutzig-blauer Niederschlag	dunkel-brauner Niederschlag	blau-schwarzer Niederschlag	blau-schwarzer Niederschlag	schwarz-brauner Niederschlag	dunkel-brauner Niederschlag
NH_4MoO_4 + Ei-weiß	blutrote Fällung	rotbrauner Niederschlag	rotbrauner Niederschlag	rotbrauner Niederschlag	rotbrauner Niederschlag	dunkelrot-brauner Niederschlag	rotbrauner Niederschlag	rotbrauner Niederschlag
$SnCl_2$ + Eiweiß ..	hellbrauner Niederschlag	weißer Niederschlag	hellbrauner Niederschlag	rötlich-brauner Niederschlag	ockergelber Niederschlag	gelblich-brauner Niederschlag	graugelber Niederschlag	graubrauner Niederschlag
J + Eiweiß	dunkel-brauner Niederschlag	dunkel-brauner Niederschlag	graubrauner Niederschlag	kastanien-brauner Niederschlag	brauner Niederschlag	brauner Niederschlag	rötlich-grauer Niederschlag	tiefgrauer Niederschlag
$UO_2(NO_3)_2$ + Ei-weiß	dunkel-brauner Niederschlag	dunkel-brauner Niederschlag	kaffee-brauner Niederschlag	dunkelrot-brauner Niederschlag	brauner Niederschlag	dunkel-brauner Niederschlag	rötlich-grauer Niederschlag	graubrauner Niederschlag
Eiweiß	kaffee-brauner Niederschlag	gelblich-grauer Niederschlag	hellbrauner Niederschlag	dunkelrot-brauner Niederschlag	bräunlich-gelber Niederschlag	hellbrauner Niederschlag	grauer Niederschlag	dunkel-rötlichgrauer Niederschlag

L. Pollak[1]) bemerkt zu obiger Untersuchung, daß die gebildeten Silberniederschläge Silberchlorid vorstellen und diese von dem jeweiligen Gehalte des Wassers der Extraktfabriken an Chlor abhängen dürften.

Auch L. Allen und M. Auerbach[2]) bemerken, daß obige Chlorreaktion nicht für den Nachweis von Mangrove geeignet sei, indem ein positiver Ausfall durch den Salzgehalt der natürlichen Wässer bedingt ist, bei einem negativen Ausfall aber trotzdem Mangrove zugegen sein kann, falls man durch längeres Kochen der Extraktlösung mit Schwefelsäure die gesamte Salzsäure verflüchtigt hat.

B. Kohnstein[3]) legt in einer Arbeit einige Spezialreaktionen von Gerbstoffen nieder, die für Gerbstofflösungen, Lederauszüge und Extrakte gut verwendbar sind.

Schwache Lösungen von Quebracho oder Mimosa, in einem Reagensrohre mit konzentrierter Schwefelsäure in dünner Schicht zusammenfließen gelassen, ergeben ein plötzliches Aufleuchten in Purpurfarbe, welche nur bei diesen zwei Gerbstoffen auftritt und bei Quebracho etwas intensiver und blaustichiger ausfällt.

Charakteristische Fällungen werden erhalten durch Zusammenbringen von 5 cm³ Alkutinlösung (10%ig) mit 10 cm³ Gerbstofflösung von Analysenstärke in der Kälte, und zeigt die Tabelle 54 die Resultate der Fällungen wie das Verhalten der Filtrate zu Ammoniak in der Kälte bzw. in der Wärme.

Tabelle 54

Gerbstoff	Farbe des Niederschlages	Farbe des Filtrates in der Kälte beim Versetzen mit Ammoniak	Farbe des ammoniakalischen Filtrates in der Kochhitze
Quebracho.......	blütenweiß	weingelb, schwach rötlich	weingelb
Mangrove........	rosarot-fleischfarbig	fleischfarbig bis violett	dunkel-bordeauxrot
Sumach	weiß	schwefelgelb	orange
Knoppern	grauweiß	licht fleischfarbig	weingelb
Fichtenrinde	rötlichweiß	grün	weingelb
Eichenrinde	lichtgelb	weingelb	hellweingelb
Eichenholz.......	braungelb	rotbraun	hellrotbraun
Kastanienholz ...	braungelb	rotbraun	hellrotbraun
Myrobalanen	grünweiß	zitronengelb	orange

L. Pollak[4]) bemerkt zu diesem Ergebnis, daß der Mangrovenachweis damit nur bedingungsweise zu erbringen sei und die Fällungen am besten bei sulfitierten Extrakten vonstatten gehen infolge der aussalzenden Wirkung der Salze. In jenen Fällen, in denen das Filtrat milchig ist, läßt es sich durch einen geringen Kaolinzusatz und nochmalige Filtration ganz klar machen.

[1]) Collegium, S. 313. 1911. [2]) Collegium, S. 333. 1911.
[3]) Collegium, S. 153. 1912.
[4]) Collegium, S. 234. 1912.

Beim Kochen der ammoniakalischen Lösung tritt Fällung ein und zeigt diese im filtrierten und gewaschenen Zustand folgende charakteristische Farben:

Quebracho: weiß,
Mangrove: rosa.

Dagegen geben stark sulfitierte Extrakte keine Fällung, sondern die Lösung wird rötlichgelb.

Eine empfindliche Reaktion auf Mangrove stellt nach Kerr[1]) das Verhalten von Phloroglucin im Salzsäuredestillat des betreffenden Gerbstoffgemisches vor. Während alle anderen Gerbstoffe hierbei zuerst eine gelbe, dann allmählich eine grüne und schließlich unter Bildung eines tiefschwarzen Niederschlages eine bläuliche Färbung zeigen, wird das Destillat bei Gegenwart von Mangrove zuerst tiefgelb, dann orange unter Bildung eines braunen Niederschlages. Diese Reaktion beruht auf Bildung des roten Methylfurfurolphloroglucids, das in absolutem Alkohol löslich ist, während das schwarze Furfurolphloroglucid in Alkohol vollkommen unlöslich ist. Moeller[2]), Reed und Schubert[3]) erklären diese Reaktion aber für unsicher, da schon im Laufe des Herstellungsprozesses des Extraktes eine Umwandlung der Pentosane bzw. Methylpentosane in die entsprechenden Furfurole stattfindet.

Eitner[4]) macht in einer Zusammenstellung über die qualitativen Reaktionen der Gerbstoffe noch folgende nähere Angaben:

1. Die Gerbstofflösung wird nach der Methode Stiasnys mit Formaldehyd und Salzsäure gefällt und das Filtrat durch Zusatz von einer 1%igen Titankaliumoxalatlösung geprüft, wodurch man erhält:

Galläpfel: rote Fällung,
Sumach: gelbrote Fällung,
Kastanienholz: rotorange Fällung,
Eichenholz: gelbrote Fällung,
Fichtenholz: schwachgelbe Fällung,
Quebracho: schwachgelbe Fällung,
Katechu: sehr schwachgelbe Fällung,
Gambir: sehr schwachgelbe Fällung,
Mangrove: keine Reaktion,
Myrobalanen: starke, gelbrote Fällung.

2. Die klar filtrierte Gerbstofflösung in Analysenstärke wird in einem Reagenzrohre mit der doppelten Menge Wasser verdünnt und geschüttelt und 2 bis 3 Tropfen einer verdünnten Zinnlösung (1 Teil Zinn in 6 Teilen Salzsäure und 2 Teilen Salpetersäure gelöst und im Verhältnis 1:25 mit Wasser frisch gemischt) zugesetzt, wodurch folgende Niederschläge erhalten werden:

Mangrove: rote Fällung, beim Stehen dunkler werdend.

Quebracho: rein gelbe Fällung.

sulfit. Quebrachoextrakt: rein gelbe Fällung.

---

[1]) Journ. Amer. Leath. Chem. Ass., 1, 25, 1914 u. Collegium, S. 253. 1914.
[2]) Collegium, S. 485. 1914.   [3]) Journ. Amer. Leath. Chem. Ass., 3. 1914.
[4]) Der Gerber, Nr. 899. 1912.

Myrobalanen: weiße Fällung, unveränderlich.

Mimosaextrakt: pfirsichblütenrote Fällung, unverändert.

Katechu: hellbraune Fällung.

W. Vogel und C. Schüller[1]) empfehlen Nitrosomethylurethan als ein sehr empfindliches Reagens auf Pyrokatechingerbstoffe, das weder durch synthetische Gerbstoffe noch durch Zelluloseextrakt gestört wird; von anderer Seite wurde allerdings die Verläßlichkeit dieses Reagens bestritten[2]).

L. Pollak und W. Springer[3]) verwenden die Kalischmelze der Gerbstoff-Formaldehydfällungen, um Quebracho und Mimosenrinde aus der Gruppe der Pyrokatechingerbstoffe auszuscheiden.

Gerngroß, Sándor[4]) und Hübner weisen mit Hilfe der Fluoreszenzreaktion jene Gerbstoffe nach, die im Ultraviolettlicht der Quarzlicht-Analysenlampe eine gelbe oder violette Fluoreszenz zeigen. Quebracho-, Mimosa- und Tizeraextrakte zeigen beim Eintauchen von Nitrozellulose eine starke gelbe, auf Fisetin hinweisende adsorptive Fluoreszenz. Dagegen weisen Fichte, Hemlock und Kastanie eine violette Fluoreszenz auf.

Mit Hilfe eines Verdünnungsverfahrens kann Quebracho in anderen nicht fluoreszierenden Gerbextrakten auch quantitativ festgestellt werden[5]).

Jablonski und Einbeck[6]) weisen Quebracho durch die Fluoreszenz des Fluoreszeins nach, indem sie den zu prüfenden festen Extrakt mit zwei Teilen Phthalsäureanhydrid im Reagensglase vorsichtig über der Sparflamme des Bunsenbrenners zum Schmelzen bringen und dann einige Körnchen geschmolzenen Chlorzinks hinzufügen. Das so erhaltene Gemisch wird über kleiner Flamme vorsichtig weiter erhitzt, bis eine feste Masse im Reagensglase zurückbleibt. Diese wird nach dem Erkalten zunächst mit verdünnter Salzsäure erhitzt, die Lösung abgegossen und der meist klebrige Rückstand mit Wasser ausgekocht. Versetzt man die filtrierte wässerige Lösung mit Natronlauge, bis das zunächst ausfallende Zinkhydroxyd gelöst ist, so zeigt die so erhaltene Flüssigkeit bei Anwesenheit von Quebracho die bekannte gelbgrüne Fluoreszenz des Fluoreszeins. Mangrove- und Eichenrindenextrakt in größeren Mengen zugegen, verhindern diese Reaktion des Quebracho.

Für die Auffindung von Gerbstoffen in Gemischen empfiehlt Hoppenstedt[7]) folgende von ihm überprüfte und teilweise zuerst gefundene Reaktionen:

Mangrove: Zu 25 cm³ Gerbstofflösung werden unter leichtem Schütteln 25 cm³ einer 1%igen Lösung von salzsaurem Chinin gegeben und dann filtriert. 5 cm³ des klaren Filtrates werden in ein Probier-

---

[1]) Collegium, S. 319. 1923.   [2]) Collegium, S. 323. 1924.

[3]) Collegium, S. 46. 1927 und Der Gerber, Nr. 1258. 1927.

[4]) Collegium, S. 1. 1926 u. S. 12 u. 426. 1927. — Meunier u. Bonnet: J. S. L. T. C., 9, 340. 1925.

[5]) Collegium, S. 426. 1927.   [6]) Collegium, 612, S. 188. 1921.

[7]) Journ. Am. L. Chem. Ass., Vol. VII, Nr. 2 u. 3. 1912.

röhrchen gegeben, 1 cm³ konzentrierte Essigsäure zugesetzt und dann gemischt. Dann werden 2 cm³ Azeton zugegeben, wieder gemischt und nun unter gründlichem Durchschütteln 5 cm³ Essigäther; dann läßt man die Flüssigkeit sich trennen. Bei Gegenwart von Mangrove erscheint die untere Schicht stark gelbgrün gefärbt, bei allen anderen Gerbstoffen bleibt sie farblos. Diese Prüfung eignet sich sehr gut für die Feststellung von Mangrove.

Gambir: Man gibt 5 cm³ der Gerbstofflösung in ein Probierröhrchen, fügt 5 cm³ Alkohol hinzu und mischt. Dann versetzt man mit 1 cm³ einer 10%igen Lösung von Kalilauge und mischt wieder. Sodann gibt man 10 cm³ Petroläther hinzu, mischt durch Schütteln und läßt die Flüssigkeiten sich trennen. Der die obere Schicht bildende Petroläther zeigt sodann eine stark grüne Fluoreszenz. Diese Reaktion zeigt nur Gambir.

Hemlock: Man gibt zu 50 cm³ Gerbstofflösung 20 g wasserfreies, trockenes Chlorkalzium. Man schüttelt bis zur Lösung, kühlt ab und filtriert. Man gibt 5 cm³ des klaren Filtrates in ein Probierröhrchen, fügt 1 cm³ konzentrierte Essigsäure hinzu und mischt. Dann versetzt man mit 5 cm³ Amylazetat, mischt gründlich durch Schütteln und läßt die Flüssigkeiten sich trennen. Bei Hemlock ist die obere Schicht stark gelbbraun gefärbt, während bei den anderen Gerbstoffen diese Schicht farblos ist.

Kastanieneiche: 25 cm³ des Nichtgerbstoff-Filtrates, wie es nach der offiziellen Methode erhalten wird, werden in ein 250 cm³ Becherglas gegeben, 1 cm³ starkes Ammoniak hinzugefügt und gemischt. Man stellt das Becherglas auf schwarzes Papier und betrachtet das Aussehen der Flüssigkeit von oben. Es zeigt sich eine stark blaue Fluoreszenz besonders an den Rändern, wenn Kastanieneiche zugegen ist.

Über das qualitative Verhalten verschiedener seltener Gerbmittel berichtet Lauffmann ausführlich[1]).

Über den Wert und die Verläßlichkeit der verschiedenen qualitativen Gerbstoffreaktionen gehen die Meinungen noch häufig auseinander und wurde dies auch in Kommissionsberichten zum Ausdrucke gebracht[2]).

Kennzahlen der Gerbstoffe.

Außer den rein qualitativen Proben für Gerbstoffe hat man für dieselben ähnlich wie bei den Fettstoffen auch quantitative Kennzahlen aufgestellt; zu diesen zählen insbesondere die Molybdänzahl, Gerbstoffsäurezahl, Jodzahl, Alkoholzahl, Aethylazetatzahl, Amylazetatzahl, Furfurolfällungszahl und die Formaldehydfällungszahl.

Lauffmann[3]) benützt zum Nachweis von Gerbstoffmischungen, speziell für Mangrove-Quebracho, die Bestimmung der Molybdänzahl, die er folgendermaßen ermittelt:

Es wird eine sehr annähernd 4 g gerbenden Stoffen entsprechende Menge des Gerbstoffauszuges auf 250 cm³ gelöst und durch ein hartes

---

[1]) Collegium, S. 197. 1915.   [2]) Collegium, S. 342. 1922 u. S. 184. 1927.
[3]) Collegium, S. 10. 1913.

Faltenfilter filtriert. 10 cm³ des Filtrates werden in einem trockenen Becherglase mit 10 cm³ eines Gemisches aus gleichen Volumenteilen einer 10%igen Lösung von Ammonium-Molybdat und einer 15%igen Lösung von Chlorammonium versetzt und unter öfterem Umrühren zwei Stunden stehen gelassen, da erst nach dieser Zeit die Fällungen praktisch vollständig sind. Sodann wird diese Flüssigkeit durch ein kleines glattes Filter in ein trockenes Becherglas filtriert. 10 cm³ des Filtrates werden in einer Nickel- oder Glasschale zur Trockne verdampft. Die im Glase zurückgebliebenen und die in und außerhalb der Pipette haften gebliebenen Filtratanteile werden in eine etwa 300 cm³ fassende Porzellanschale übergespült, der auf dem Filter befindliche Niederschlag wird in heißem Wasser gelöst, die Lösung zu dem Schaleninhalt filtriert und das Filter gründlich nachgewaschen. Die so erhaltene Gesamtlösung wird so weit eingedampft, daß sie in eine passende Nickel- oder Glasschale übergespült werden kann. Sodann wird diese Lösung ebenfalls zur Trockne verdampft. Die beiden Schaleninhalte werden im Trockenschrank bei 100° bis zur Gewichtskonstanz getrocknet. Der Gewichtsunterschied zwischen den beiden Schaleninhalten entspricht ohne weiteres der Gewichtsmenge des ausgeschiedenen Niederschlages. Ferner werden zur Ermittlung des Gesamtlöslichen 10 cm³ der filtrierten Gerbstofflösung zur Trockne verdampft und bis zum gleichbleibenden Gewicht getrocknet. Schließlich werden 125 cm³ der filtrierten Gerbstofflösung auf 500 cm³ verdünnt und in dieser Lösung die Nichtgerbstoffe in üblicher Weise nach der Filtermethode ermittelt. Aus diesen Bestimmungen ermittelt man die Molybdänzahl folgendermaßen:

Ist der Trockenrückstand des die Lösung des Niederschlages enthaltenden Lösungsanteiles A, der Trockenrückstand des Filtratanteiles B, so ist das Gewicht des Niederschlages $A—B$; ferner ist der Trockenrückstand aus 10 cm³ der filtrierten Gerbstofflösung C, die Menge der gefundenen Nichtgerbstoffe $\times 8 = D$, so beträgt die Menge der gerbenden Stoffe in 10 cm³: $C—D$.

Es kommen also auf $C—D$ mg gerbende Stoffe $A—B$ mg Niederschlag,
auf 100 mg   ,,   ,,   x mg   ,,

$$\text{Molybdänzahl } x = \frac{100\ (A—B)}{C—D}.$$

Es wurden folgende Molybdänzahlen gefunden:

nat. Quebrachoauszüge .... 28,7 bis 37,3
wenig sulfit. Quebrachoauszüge 36,9
stark sulfit. Quebrachoauszüge .... 5,0 bis 21,3
nat. Mangroveauszüge .... 124,2 ,, 144,5
sulfit. Mangroveauszüge 111,3
Mimosenauszüge 128,1
Kastanienholzauszüge .... 195,3 bis 202,3
Eichenholzauszüge .... 197,7 ,, 205,8
Myrobalanenauszüge .... 108,0 ,, 122,2.

Diese Bestimmung wurde später von Lauffmann[1]) auf folgende Weise vereinfacht: Man wägt die bei der Untersuchung von Gerbstoffauszügen nach dem Hauptpulververfahren angewandten Mengen auf $^1/_{10}$ g genau ein und löst zu 250 cm³ auf. 10 cm³ des Filtrates werden nun mit 10 cm³ des Molybdänreagens gefällt und 10 cm³ vom Filtrat bei 100⁰ C zur Gewichtskonstanz getrocknet. Ferner werden 10 cm³ des Filtrates der Gerbstofflösung und 10 cm³ des Gemisches der Lösungen von Ammonmolybdat und Chlorammonium zusammen in einer Schale zur Trockne verdampft und ebenfalls bis zum gleichbleibenden Gewichte getrocknet. Die Niederschlagsmenge wird nun erhalten, wenn man das Gewicht des beim Filtrat von der Fällung erhaltenen Trockenrückstandes verdoppelt und den so erhaltenen Wert von dem beim Abdampfen der Gerbstofflösung mit dem Molybdänreagensgemisch erhaltenen Trockenrückstand abzieht.

Lauffmann[1]) hat auch gefunden, daß den verschiedenen Gerbstoffen eine verschiedene Azidität zukommt und diese eventuell geeignet erscheint, zur Charakterisierung der Gerbstoffe herangezogen zu werden. Es soll hierbei die für die Absättigung von 1 g gerbender Stoffe benötigte Menge Kalihydrat, in Milligrammen ausgedrückt, als „Gerbstoffsäurezahl" bezeichnet werden.

Zur Ermittlung dieser Zahl werden Gerbstofflösungen in gleicher Stärke wie für die offizielle Gerbstoffbestimmung genommen; vorerst wird in 25 cm³ der Lösung der Gehalt an gerbenden Stoffen bestimmt und dann in je 25 cm³ der filtrierten gerbstoffhaltigen und der vom Gerbstoff befreiten Lösung mit $^1/_{10}$ n-Lauge und Phenolphthalein die Säure titriert. Die dem Unterschiede der vor und nach dem Entfernen des Gerbstoffes verbrauchten Kubikzentimeter Lauge entsprechende Menge Kalihydrat wird auf 1 g gerbender Stoffe umgerechnet und die so erhaltene, in Milligrammen ausgedrückte Zahl als „Gerbstoffsäurezahl" bezeichnet.

Es wurden so gefunden für:

Quebrachoholz	92 bis 114		Eichenholz	234
Mangroverinde	39 „ 55		Myrobalanen	257 bis 261
Malettrinde	76 „ 86		Sumach	248 „ 269
Mimosenrinde	92		Valonea	218
Eichenrinde	122 bis 143		Trillo	193 bis 229
Fichtenrinde	103 „ 117		Tannin	222
Zelluloseauszug	37		Gallussäure	415
Kastanienholz	260 bis 283			

Jodzahlen der Gerbstoffe.

Boettinger[2]), Jean[3]), Boudet[4]), Hinrichsen und Kedesky[5]) und Grasser[6]) haben die Einwirkung des Jods auf Gerbstoffe unter-

---

[1]) Collegium, S. 129. 1920.
[2]) Chem. Ztg., S. 984. 1896 u. S. 57 u. 460. 1897.
[3]) Ann. chim. anal. appl., 5, S. 134.
[4]) Bull. Soc. Chim., S. 33 u. 769. 1906.
[5]) Mittlg. a. d. Materialprüfungsamt Berlin. 1907.
[6]) Collegium, S. 408. 1910 u. S. 46. 1911.

sucht und es wurde gefunden, daß 1 Molekül Tannin sich mit 16 Atomen Jod und 1 Molekül Gallussäure mit 8 Atomen Jod verbinden; nach der Methode Hinrichsen und Kedesky wurden die Jodzahlen folgendermaßen ermittelt:

25 cm³ Gerbstofflösung (zirka 0,1 g Gerbstoff enthaltend) und 20 cm³ Jodwasser (zirka ⅓ n) und 2 g Natriumbikarbonat wurden vereinigt, über Nacht stehen gelassen und am nächsten Tage mit ⅓ n-Thiosulfat rücktitriert. Dieselbe Probe wurde mit 30 cm³ der Nichtgerbstofflösung ausgeführt, welche den 25 cm³ Gerbstofflösung entsprachen. Es wurde gefunden, daß Quebracho, Mangrove, Ulme und Gambir einen Niederschlag mit Jod und Natriumbikarbonat geben, während Eiche, Kastanie, Mimosa, Myrobalanen und Sumach klar blieben. Die Nichtgerbstoffe geben in keinem Falle Niederschläge. Die erhaltenen Zahlen ergeben jedoch nicht solche Werte, die für eine genaue qualitative Unterscheidung der einzelnen Gerbstoffe notwendig sind und daher möge hier deren Angabe unterbleiben.

Alkoholzahl[1]).

In einen Meßkolben von 100 cm³ Inhalt bringt man 10 cm³ einer Gerbstofflösung, die 2,5 bis 3 % gerbende Stoffe enthält, und füllt nun mit absolutem Alkohol bis zur Marke auf. Nach kräftigem Durchschütteln läßt man eine Stunde lang stehen, filtriert und dampft 50 cm³ des Filtrates ein, trocknet und wägt den Rückstand. Dieses Gewicht wird schließlich von einem Trockenrückstand abgerechnet, der durch Eindampfen und Trocknen von 5 cm³ der ursprünglichen Lösung erhalten wird. Diese Menge, in Prozenten ausgedrückt, ergibt die Alkoholzahl. Für die wichtigsten Gerbstoffe wurden sie folgendermaßen gefunden:

Algarobilla	0 bis 5		Mimosenrinde	0 bis 5
Dividivi	0 „ 10		Myrobalanen	0 „ 15
Eichenholz	20 „ 30		Quebracho, nat.	0 „ 5
Eichenrinde	15 „ 19		„ sulfit.	0 „ 5
Gambir	5 „ 10		Sumach	5 „ 20
Hemlock	8 „ 10		Valonea	20 „ 40
Kastanienholz	10 „ 20		Sulfitzelluloseextrakt	30 „ 70
Mangrovenrinde	0 „ 5			

Äthylazetatzahl[1]).

Man bestimmt in 20 cm³ einer filtrierten Gerbstofflösung von Analysenstärke das Gesamtlösliche; in einem anderen aliquoten Teil wird nun mittels Äthylazetats der darin lösliche Anteil entzogen, indem man ihn im Scheidetrichter etwa dreimal mit je 25 cm³ Äthylazetat kräftig ausschüttelt und nach jeder Extraktion die unter dem Äthylazetat abgeschiedene Gerbstofflösung in einen zweiten Scheidetrichter laufen läßt und hier von neuem mit Äthylazetat schüttelt. Dieses Extrahieren soll bei der letzten Ausschüttelung ein völlig farbloses Äthylazetat ergeben, zum Beweise, daß alles darin Lösliche bereits entfernt

---

[1]) Stiasny u. Wilkinson: Collegium, S. 318. 1911 u. S. 483. 1912.

ist. Einfacher läßt sich diese Extraktion der Gerbstofflösung mit Äthylazetat im Extraktionsapparat für Flüssigkeiten durchführen. Dieser besteht z. B. (vgl. Abb. 16) aus einem Kolben A, der das Äthylazetat a enthält, dem Kolben B, der die zu extrahierende Gerbstofflösung b enthält, dem weiten Verbindungsrohre C und dem aufgesetzten Kühler K. Beim Erhitzen des Kolbens A geht das verflüchtigte Äthylazetat durch das weite Rohr und den Kolben B zum Kühler K, wird dort kondensiert, sammelt sich an (a) und fließt nun in den Kolben A zurück. Beim Durchleiten des Äthylazetats durch die Gerbstofflösung nimmt ersteres den darin löslichen Anteil auf und sammelt ihn in der oberen Schicht der Flüssigkeit an, die dann in den Kolben A zurückfließt. Durch ein- bis zweistündige Extraktion ist im allgemeinen die Flüssigkeit in B erschöpft; die Gerbstofflösung in B wird durch Einstellen des Kolbens B in einem Gefäß mit durchfließendem Wasser gekühlt.

Nach erfolgter Extraktion der Gerbstofflösung wird diese durch Durchleiten von Luft vom gelösten Äthylazetat befreit, 20 cm³ dieser Lösung wie üblich eingedampft, getrocknet und gewogen. Das Gewicht dieser Masse vom oben bestimmten Gesamtlöslichen abgezogen und die Differenz in Prozenten ausgedrückt, gibt die Menge des im Äthylazetat Gelösten an und heißt Äthylazetatzahl. Sie ist für jeden Gerbstoff charakteristisch und zeigt im Mittel folgende Werte:

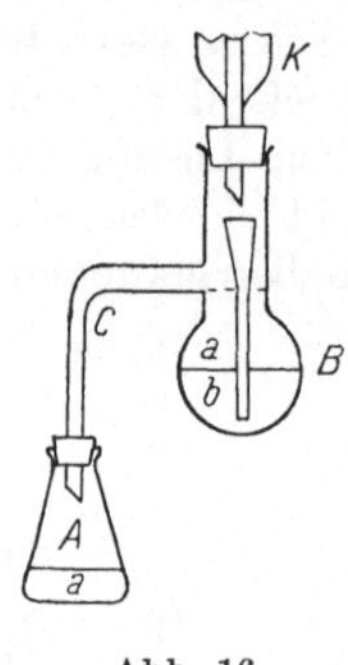

Abb. 16

Algarobilla	50	bis 60
Dividivi	30	„ 50
Eichenholz	0	„ 12
Eichenrinde	0	„ 1
Gambir	50	„ 65
Hemlock	16	„ 20
Kastanienholz	0	„ 16
Mangrovenrinde	0	„ 5
Mimosenrinde	30	„ 40
Myrobalanen	30	„ 50
Quebracho, nat.	70	„ 80
„ sulfit.	0	„ 70
Sumach	40	„ 60
Valonea	5	„ 15
Sulfitzelluloseextrakt	0	„ 5

Die vollständige Extraktion mit diesem Apparat nimmt aber mehrere Stunden in Anspruch und deshalb hat das Darmstädter Institut einen neuen Kolbenaufsatz konstruiert, der eine wesentlich raschere Extraktion zuläßt[1]).

Die Amylazetatzahl kann auf dieselbe Art bestimmt werden, indem man als Extraktionsmittel Amylazetat nimmt und den Kolben A im Ölbade erhitzt. Durch die vollständige Unlöslichkeit des Amylazetats in Wasser bietet diese Methode gegenüber der Äthylazetatzahl manche Vorteile.

---

[1]) Vertrieb durch die Jenaer Glaswerke Schott u. Gen. Vgl. Collegium, S. 275. 1928.

Furfurolfällungszahl[1]).

50 cm³ klare Gerbstofflösung von Analysenstärke wird mit je 20 cm³ einer klaren 7%igen Furfurollösung und einer 20%igen Salzsäure vermengt und eine halbe Stunde am Rückflußkühler gekocht. Der erhaltene Niederschlag wird auf einem gewogenen Filter gesammelt, mit heißem Wasser gewaschen, Filter samt Niederschlag getrocknet und gewogen. Durch Umrechnung der Niederschlagsmengen auf 100 Teile Trockenrückstand erhält man die sogenannten Furfurolfällungszahlen:

Quebracho	76 bis 112	Eichenholz	17 bis 21
Fichtenrinde	37 „ 49	Sumach	12 „ 24
Mimosenrinde	100 „ 112	Valonea	13 „ 27
Mangrovenrinde	79	Myrobalanen	11 „ 14
Gambir	101 bis 109	Dividivi	?
Kastanienholz	12 „ 14	Eichenrinde	41 bis 53

Qualitativ ist diese Fällung insofern von Belang, als die Filtrate von den Niederschlägen nach Zusatz von Natriumazetat und einigen Tropfen einer 1%igen Eisenalaunlösung eine hellgrüne Färbung bei den Pyrokatechingerbstoffen, eine violette bei den Pyrogallolgerbstoffen gibt.

Formaldehydfällungszahl.

Nach Lauffmann[2]) kann man auch die Menge des Niederschlages, der durch Formaldehyd und Salzsäure gebildet wird, heiß filtrieren, zur Gewichtskonstanz trocknen und wägen. Diese Mengen auf 100 Teile Gesamtlöslichkeit bzw. Gerbstoff des betreffenden Gerbmaterials umgerechnet, ergeben folgende Werte:

Quebracho	82 bis 102	Eichenholz	12 bis 19
Fichtenrinde	40 „ 50	Sumach	11 „ 17
Mimosenrinde	96	Valonea	3 „ 5
Mangrovenrinde	71	Myrobalanen	6 „ 11
Gambir	80 bis 84	Dividivi	3
Kastanienholz	7 „ 11	Eichenrinde	42 bis 62

Das Verhältnis der gerbenden Stoffe zu den löslichen Nichtgerbstoffen ist für die meisten regulären Gerbstoffextrakte bzw. Gerbstoffe ein ziemlich konstantes; es beträgt:

1 bis 2	zu 1 bei	Hemlock, Eichenholz,
1 „ 1,5	„ 1 „	Eichenrinde,
2 zu 1 bei	Algarobilla, Dividivi,
2 bis 3	zu 1 bei	Valonea, Mimosa,
2 „ 3,5	„ 1 „	Kastanienholz,
1,2 „ 1,5	„ 1 „	Gambir,
1,5 „ 1,8	„ 1 „	Sumach,
1,5 „ 2,5	„ 1 „	Myrobalanen,
2,5 „ 4	„ 1 „	Mangrove,
8 „ 10	„ 1 „	Quebracho, naturell.

---

[1]) Lauffmann: Ledertechn. Rundschau, S. 97. 1918. Collegium, S. 118. 1919.

[2]) Ledertechn. Rundschau, S. 161. 1917; Collegium, S. 322. 1917.

Bennett[1]) hat bei den verschiedenen Gerbmitteln einen geringen Stickstoffgehalt nachgewiesen; dieser besitzt für trockene Gerbmittel folgende Werte:

Myrobalanen	0,56%	Stickstoff
Valonea	0,29%	„
Trillo	0,34%	„
Mimosenrinde	0,87%	„
Sumach	0,87%	„
Quebracho	0,17%	„

Für die Gerbstoffextrakte konnten ebenfalls Stickstoffgehalte ermittelt werden, die relativ etwas kleiner als jene der Gerbmittel sind. Bennett berechnete die Stickstoffmengen in Milligrammen, bezogen auf ein Gramm Gerbstoff der betreffenden Gerbmittel, und nennt diese Zahlen den „Stickstoffwert" der Gerbstoffextrakte; diese betragen für:

Quebrachoextrakt	1,9 bis 2,6
Myrobalanenextrakt	7,8 „ 8,4
Kastanienextrakt	3,0
Hemlockextrakt	6,3
Würfelgambir	10,8
Blockgambir	16,4

Nach Bennett sollen diese Werte geeignet sein, Anhaltspunkte für die Feststellung von Gerbstoffgemischen in Extrakten zu geben. Nach Grasser ist dies jedoch kaum möglich, da die handelsüblichen Gerbstoffextrakte durch Behandeln mit eiweißhaltigen Klärstoffen und Anilinfarbstoffen sehr variable Stickstoffgehalte aufweisen können.

Einen biologischen Nachweis der Gerbstoffe versuchte Kobert[2]) zu finden. Werden in Reagenzröhrchen Blutkörperchenaufschwemmungen gebracht, diese mit physiologischer Kochsalzlösung und Gerbstofflösung versetzt, das ganze einmal durchschüttelt und bei Zimmertemperatur 24 Stunden lang stehen gelassen, so tritt eine echte Agglutination der Blutkörperchen ein und der Gerbstoff verschwindet aus der Zwischenflüssigkeit völlig. Es wurden so z. B. bei Tannin, noch in einer Verdünnung von 1:25000 eine Agglutination erhalten. Da Gallussäure an sich nicht agglutinierend wirkt, so läßt sich auf diese Weise der Gerbstoffgehalt eines Gerbmittels annähernd quantitativ ermitteln. Zu diesem Zwecke wurden z. B. Galläpfel mit der 1000 fachen Menge physiologischer Kochsalzlösung einmal aufgekocht, filtriert, neutralisiert und wieder genau auf das ursprüngliche Volumen gebracht. Jeder Kubikzentimeter entsprach jetzt 1 mg Galläpfelsubstanz; die Prüfung nach obiger Methode ergab als unterste Grenze der totalen Agglutination 1:11000. Da das reine Tannin noch bei 1:25000 gerade so wirkt, berechnet sich der Gehalt dieser Galläpfel an Tannin nach der Gleichung

$$11:25 = x:100; \qquad x = 44\%.$$

---

[1]) Londoner Collegium, 1. 1916.
[2]) Ber. deutsch. pharm. Gesellsch., 24, 470. 1914.

Die Fähigkeit, Gerbsäure zu Gallussäure zu hydrolysieren, kommt auch isolierten Zellen verschiedener Organe zu, namentlich denen der Darmschleimhaut.

Kobert[1]) hat später eine große Anzahl gerbstoffhaltiger Drogen nach dieser Methode untersucht und konnte folgende Werte feststellen:

Pegu-Katechu 1: 1000	(= 4,0%	Gerbstoff)
Eichenrinde 1: 2948	(= 12,0%	„)
Weidenrinde 1: 3190	(= 12,7%	„)
Algarobilla 1: 3868	(= 15,3%	„)
Malettrinde 1: 5020	(= 20,0%	„)
Fichtenrinde 1: 5555	(= 22,0%	„)
Knoppern.............. 1: 7143	(= 28,4%	„)
Gallen 1: 7174	(= 28,7%	„)
Quebrachoholz 1: 7342	(= 31,2%	„)
Myrobalanen 1:11110	(= 44,4%	„)
Valonea 1:14444	(= 57,6%	„)
Mimosenrinde 1:15151	(= 60,4%	„)
Dividivi 1:19802	(= 79,2%	„)
Sumach 1:20833	(= 83,2%	„)
Mangrovenrinde 1:30303	(= 121,2%	„)

Die in den Klammern beigefügten Werte stellen die berechneten Gerbstoffgehalte vor und daraus ist zu ersehen, daß diese Methode z. B. für Eichenrinde, Knoppern und Myrobalanen gut mit der Schüttelmethode vergleichbare Werte ergibt. Dagegen fallen ihre Werte bei allen anderen zu hoch aus und erreichen speziell bei Dividivi, Sumach und Mangrove ganz unrichtige Zahlen. Für eine quantitative Bestimmung kommt daher diese Methode nicht in Betracht und vermag sie als qualitative Probe nur in einzelnen Fällen Interesse zu bieten, ähnlich wie die anderen Zahlenwerte.

Der **allgemeine qualitative Nachweis** von Spuren Gerbstoffen wird meist mit Hilfe einer Gelatinelösung erbracht, die aus 9 g Gelatine, 100 g Kochsalz und 500 g Wasser hergestellt ist.

Grasser[2]) hat eine eingehende Prüfung der üblichen Gerbstoffreagenzien gemacht und folgende Lösungen hierzu benützt:

A: Eine 5%ige Brechweinsteinlösung,

B: eine 5%ige Brechweinsteinlösung + Ammoniumchlorid,

C: eine Lösung von je 5% Brechweinstein und Ammoniumazetat,

D: eine Lösung von je 5% Brechweinstein, Kochsalz und Natriumbitartrat und 20% Natriumazetat,

E: eine ammoniakalische Zinkazetatlösung,

F: eine $^1/_{50}$ n-Jodlösung,

G: eine Lösung von 1% Gelatine und 10% Kochsalz.

Die Lösungen A, B, C und D wurden ohne weiteres tropfenweise der Probe zugefügt, die Jodlösung erst nach Ansäuern mit 20%iger Schwefelsäurelösung so lange tropfenweise, bis ein Tropfen der Reaktionsflüssigkeit, mit einem Tropfen Stärkelösung vereinigt, eine violette Färbung

---

[1]) Collegium, S. 321. 1915.   [2]) Collegium, S. 48. 1911.

ergab. Bei der Fällung der Proben mit ammoniakalischer Zinkazetatlösung mußte die Probe erst mit 1 cm³ konzentriertem Ammoniak versetzt werden, um die sonst jedenfalls eintretende Fällung von basischem Zinkazetat zu verhindern.

Über die Empfindlichkeit der verschiedenen Reagenzien gibt die Tabelle auf Seite 229 Auskunft; sie zeigt, daß die Jodreaktion noch 0,001%, Zinkazetat 0,0005% und Gelatine 0,01% Gerbstoff nachweisen läßt und somit die Zinklösung hier am empfindlichsten ist. Bei dunkelgefärbten Brühen, z. B. bei Mangrove, zeigt Jod die größte Empfindlichkeit und bei Brühen, die bereits zur Gerbung verwendet wurden und daher neben viel Nichtgerbstoff wenig Gerbstoffe enthalten, ist dagegen Gelatine neben Jod das beste Reagens.

Die Verwendung von Jod für diesen qualitativen Nachweis wurde von Grasser empfohlen.

An Hand der in diesem Kapitel befindlichen Tabellen und Einzelreaktionen wird es im allgemeinen nicht schwer sein, mit der einen oder der anderen Trennungsmethode eine genaue qualitative Bestimmung der einzelnen Bestandteile eines Gemisches vorzunehmen oder einen einheitlich vorliegenden Gerbstoff zu identifizieren. Die Abfassung eines allgemeinen Schemas für eine solche qualitative Trennung dürfte hier wohl deshalb weniger angebracht sein, als die Schärfe der Einzelreaktionen oft verschieden ist und es ganz der persönlichen Geschicklichkeit des Chemikers anheimgestellt ist, gute Resultate zu erhalten. Dagegen können solche Aufstellungen nach eigener Praxis zu guten Hilfsmitteln werden und es empfiehlt sich unbedingt, sich eine solche Trennungsmethode nach eigenen Erfahrungen an Hand der üblichen Reaktionen zusammenzustellen.

B. Quantitative Untersuchung der Gerbstoffe

Allgemeine Übersicht der Methoden

Das eigentümliche chemische Verhalten der Gerbstoffe hat es mit sich gebracht, daß für ihre quantitative Bestimmung eine äußerst große Anzahl von Methoden vorgeschlagen wurde, die allen Arten der Analyse angehören. Obgleich man sagen kann, daß alle bis heute versuchten Methoden noch keine zufriedenstellende Lösung erbracht haben, so möge doch eine kurze Besprechung der wichtigsten dieser Methoden folgen, um einerseits die vielseitige Inangriffnahme zu zeigen, anderseits den mit den bereits versuchten Methoden weniger vertrauten Chemiker vor deren unnützer Wiederholung zu bewahren.

Alle bis heute versuchten Bestimmungsmethoden lassen sich in folgende Klassen einreihen:

1. Ausfällung mit organischen Salzen.
2. Ausfällung mit anorganischen Salzen.
3. Oxydimetrische und jodometrische Methoden.
4. Absorption durch Hautpulver.
5. Absorption durch andere organische Körper.

Tabelle 55. Galläpfeltannin-Lösung

Stärke der Lösung in Prozenten	A	B	C	D	E	F	G
3	weißer Niederschlag	dicke weiße Masse	dicke weiße Masse	dicke weiße Masse	dicker gelblich-weißer Niederschlag	Θ	dicke Gallerte
2	weißer Niederschlag	dicke weiße Masse	dicke weiße Masse	dicke weiße Masse	dicker gelblich-weißer Niederschlag	Θ	dicke Gallerte
1	weiße Trübung	weiße Trübung	weiße Trübung	weiße Trübung	dicke Gallerte	Θ	dickliche Gallerte
0,8	weiße Trübung	milchige Trübung	milchige Trübung	milchige Trübung	dicke Gallerte	Θ	dickliche Gallerte
0,6	schwache Trübung	milchige Trübung	milchige Trübung	milchige Trübung	dickliche Gallerte	Θ	dickliche Gallerte
0,4	opal.	schwache Trübung	schwache Trübung	flockige Trübung	dünne Gallerte	Θ	dickliche Gallerte
0,2	—	schwache Trübung	schwache Trübung	flockige Trübung	dünne Gallerte	Θ	dünne Gallerte
0,1	—	deutlich opal.	deutlich opal.	sehr deutl. opal.	starke Flockenbildg	Θ	dünne Gallerte
0,08	—	opal.	opal.	deutlich opal.	starke Flockenbildg.	Θ	dünne Gallerte
0,06	—	opal.	opal.	deutlich opal.	sehr deutlich flockig	Θ	sehr dünne Gallerte
0,04	—	schwach opal.	schwach opal.	opal.	sehr deutlich flockig	Θ	schwach milchig
0,02	—	schwach opal.	schwach opal.	schwach opal.	deutl. flockig	Θ	schwach opal.
0,01	—	sehr schw. opal.	—	sehr schw. opal.	deutlich opal.	Θ	Spur opal.
0,008	—	—	—	Spur opal.	deutlich opal.	Θ	—
0,004	—	—	—	—	deutlich opal.	Θ	—
0,002	—	—	—	—	deutlich opal.	Θ	—
0,001	—	—	—	—	Spur opal.	sehr schwach violett	—
0,0005	—	—	—	—	Spur opal.	schwach violett	—
0,0001	—	—	—	—	—	deutlich violett	—

6. Absorption durch anorganische Körper.
7. Polaroskopische Methoden.
8. Ausfällung mittels elektrischen Stromes.
9. Refraktometrische Bestimmungen.
10. Spezifische Gewichtsbestimmungen.

Zu den ältesten Bestimmungsmethoden gehört jene von Biggin[1]), der bereits im Jahre 1800 mittels Gelatine die Gerbstofflösungen fällte und aus dem Gewichte des Niederschlages den Gerbstoffgehalt berechnete. Bald darauf hat Davy[2]) eine auf ähnlichem Prinzip beruhende Methode ausgearbeitet. Beide genannten Forscher erzielten ziemlich dieselben Zahlen, und fanden z. B. für

Aleppogallen	26,0%	Gerbstoff,
Eichenrinde	7,0%	,,
spanisches Kastanienholz	6,5%	,,
sizilianischen Sumach	17,0%	,,
Tee	10,4%	,,

Die Unzulänglichkeit dieser Methoden beruht darauf, daß es äußerst schwierig ist, den gebildeten Niederschlag abzufiltrieren. Durch Zugabe geringer Mengen von Alaun und durch Aufgießen von heißem Wasser erhält man zwar eine festere Masse, von der durch Dekantieren die Flüssigkeit getrennt werden kann, doch gelingt es nie, die letzten Spuren von Alaun zu entfernen. Da nun ferner das Bindungsverhältnis zwischen Gerbstoff und Gelatine kein festes ist und der Niederschlag je nach den angewandten Mengen eine ganz verschiedene Menge der einzelnen Komponenten enthält, kann diese Methode keinen Anspruch auf Genauigkeit machen. Durch den Umstand, daß die Gelatinegerbstofffällung in überschüssiger Gelatine löslich ist, wird diese Methode noch schwieriger in der Ausführung.

Cadet[3]) verwandte Gelatine für kolorimetrische Bestimmungen des Gerbstoffes und diese Methode wurde später von Davies[4]) und Aglol[5]) unter Verwendung von Eiweiß abgeändert. Auch das Titrieren mittels Gelatinelösung wurde von Fehling[6]), Warrington[7]) und Müller[8]) benutzt, indem sie eine Normalleimlösung mit einem geringen Zusatz von Alaun (1:4) als Maßflüssigkeit benutzten. Das Ende der Reaktion wurde bestimmt, indem ein Teil der Lösung abfiltriert und das Filtrat durch Zusatz eines Tropfens des Reagens auf Gerbstoff geprüft wurde. Dieser Methode kamen natürlich dieselben Fehler zu, die bereits oben Erwähnung fanden.

Schulze[9]) sättigte sowohl die Gerbstofflösung als auch die Leimlösung mit Ammoniumchlorid, wodurch ein schnelleres Absetzen be-

---

[1]) Scherers Journal, 5, S. 46. 1800.
[2]) Trans. Phil. Soc., S. 233. 1803.
[3]) Ann. Chim., Phys. 4, 172. 1817.
[4]) Pharm. Journ., 9, S. 230. 1879 u. 10, S. 536. 1880.
[5]) Zeitschr. f. angew. Chem., 11, S. 193. 1898.
[6]) Dingl. Journ., 130, S. 53.   [7]) Dingl. Journ., 105, S. 200.
[8]) Dingl. Journ., 151, S. 69.   [9]) Dingl. Journ., 182, S. 155.

günstigt wurde, und berechnete aus dem Niederschlage den Gerbstoffgehalt.

Parker und Payne[1]) fällen die Gerbstoffe mit einer peptonisierten Gelatine (Kollinlösung) unter Zusatz einer gemessenen Menge $^1/_5$ n-Essigsäure, filtrieren und bestimmen nach geeigneter Behandlung durch Rücktitration die Essigsäure und finden daraus ein Maß für die Menge des vorhandenen Gerbstoffes.

Eine Zusammenstellung der Fehler, welche die vorgenannten Methoden aufweisen, gibt Stiasny[2]).

Von den Fällungsmethoden mit Alkaloiden seien genannt: Zu den ältesten Vorschlägen gehört jener, mit Chinin zu fällen (Larocque [1843]), ferner die von Wagner[3]) ausgearbeitete Methode mittels einer Normallösung von Cinchoninsulfat unter Anwendung von ‚essigsaurem Rosanilin als Indikator. Beide Methoden ergaben zu niedrige Werte und fällten auch aus Farbholzauszügen, die nur Spuren von Gerbstoffen enthalten, reichliche Niederschläge aus.

Auch Crouzel[4]) versuchte, mit Analgesin (ein Antipyrinderivat) im Überschuß die Gerbstoffe zu fällen und bringt den nach erfolgter Neutralisation mit Natriumbikarbonat erhaltenen Niederschlag zur Wägung und berechnet 50% davon als Gerbstoff.

Trotman und Hackford[5]) benutzten Strychnin, konnten aber auch hiermit keine brauchbaren Resultate erzielen.

Auch anorganische Salze fanden vielseitige Anwendung zur quantitativen Bestimmung von Gerbstoffen. So benutzte Gerland[6]) eine Lösung von Kaliumantimonyltartrat und Chlorammonium, wodurch eine Fällung der Gerbstoffe mit Ausnahme von Gallussäure erfolgt und das vorhandene Chlorammonium das Absetzen des Niederschlages beschleunigt. Richards und Palmer[7]) verbesserten vorgenannte Methode durch Verwendung von Ammoniumazetat anstatt des Chlorids und fügten die Lösung des Kaliumantimonyltartrats so lange hinzu, bis ein Tropfen der Reaktionsflüssigkeit mittels Tüpfelprobe auf Porzellanplatte unter Zuhilfenahme von Natriumthiosulfat-Lösung rotes Antimonsulfid bildete und somit einen Überschuß des Antimons zeigte. Für jeden verbrauchten Kubikzentimeter der Lösung bekannten Antimongehaltes wurde 0,01 g Tannin in Rechnung gebracht. Diese Methode ergibt bei einzelnen Gerbstoffen, z. B. Sumach, gute Resultate, ist jedoch sehr umständlich und eignet sich für eine größere Anzahl anderer Gerbstoffe wieder nicht; auch das schnelle Verderben der hergestellten Brechweinsteinlösung durch Bildung von Schimmelpilzen ist unangenehm und wird diese Zersetzung auch durch Zusatz anderer Antiseptika nicht gänzlich verhindert.

---

[1]) Journ. Soc. Chem. Ind., 23, S. 648.   [2]) Der Gerber, 33, S. 169. 1907.
[3]) Dingl. Journ., 183, S. 234.   [4]) Ann. chim. anal. appl., 373.
[5]) Journ. Soc. Chem. Ind., 24. 1905 u. Collegium, S. 67. 1906.
[6]) Chem. News VIII, S. 54, u. J. anal. Chem. 2, S. 419. 1863.
[7]) Am. Journ. Science a. Arts XVI, S. 196 u. 361.

Kupferazetat benutzte **Fleck**[1]) zur Fällung der Gerbstoffe unter Zusatz von Ammoniumkarbonat zur Entfernung der Gallussäure; es ist jedoch für jene Gerbstoffe nicht anwendbar, deren Kupfersalze in Ammoniak löslich sind.

Handtke[2]) titriert mit essigsaurem Eisen unter Zusatz von essigsaurem Natrium, während **Wildenstein**[3]) mittels Eisenazetats kolorimetrisch den Gerbstoffgehalt ermittelt.

Ruoss[4]) kocht die Gerbstofflösung erst mit Soda, dann mit essigsaurer Natriumtartrat-Lösung, filtriert, trocknet und glüht den Rückstand und multipliziert dieses Gewicht mit einem Faktor, der jedoch kaum für alle Gerbstoffe konstant sein dürfte.

Fleck[5]) gibt zur Gerbstofflösung einen kleinen Überschuß von Kupferazetat und titriert nach erfolgter Fällung den Kupferüberschuß mit Kaliumzyanid; **Sackur**[6]) und **Wolff**[7]) umgehen den schwierig zu erkennenden Endpunkt der Titration mit Kaliumzyanid dadurch, daß sie den Niederschlag abfiltrieren, glühen und aus dem Kupferoxydgewicht auf den Gerbstoffgehalt schließen, indem 1 Teil Kupferoxyd mit 1,304 Teilen Gerbstoff gebunden sein soll.

Auch **Gawalowsky**[8]) fällt mit Kupferazetat, wägt den Niederschlag, glüht ihn und wägt ihn abermals und erhält aus dieser Differenz den Gerbstoffgehalt. Obgleich diese Methode vielfach genauer zu sein scheint, nimmt sie doch keine Rücksichten auf phenolartige Nichtgerbstoffe und auf die sonstigen durch die Fällung absorbierten Stoffe.

Dreaper[9]) erhitzt die Gerbstofflösung mit einem Überschuß von kohlensaurem Kalk und titriert die abgekühlte Flüssigkeit mit Kupfersulfat, wobei er auf mit Ferrozyankalium getränktes Filterpapier tüpfelt. Die verbrauchten Gramme Kupferoxyd geben den Gerbwert des Gerbstoffes. Einen zweiten Teil der Probe versetzt er mit Ammoniumkarbonat und Natriumsulfit und titriert abermals mit Kupfersulfat, wobei das gebildete Kupfertannat frei vom Gallat ist, wenn der Endpunkt der Titration durch Tüpfeln auf essigsauer gemachtem Ferrozyankalium-Filterpapier ermittelt wird. Schließlich wird noch ein weiterer Teil der Gerbstofflösung mit Bleizucker, Eisessig und Bariumsulfat gefällt, das Filtrat entbleit, mit kohlensaurem Kalk erhitzt und nachher wie früher mit Kupfersulfat titriert, wodurch der Gallussäuregehalt erhalten wird.

Risler-Beunat[10]) titrieren mit Zinnchlorür, **Manéa**[11]) fällt mit essigsaurer Bleiazetatlösung und berechnet aus dem Niederschlag den Gerbstoffgehalt, indem 1 g reines Bleitannat 0,5563 g Tannin entsprechen

[1]) Bayrisches Kunst- u. Gewerbeblatt, S. 209. 1860.
[2]) J. anal. Chem., 1, S. 104 u. S. 126.
[3]) J. anal. Chem., 2, S. 137. 1863.   [4]) J. anal. Chem., S. 717. 1912.
[5]) Günthers Gerberztg. 1860.   [6]) Günthers Gerberztg. 1860.
[7]) Blätter f. Forst- u. Jagdwissenschaft, 1861 u. J. anal. Chem., 1, S. 103. 1862.
[8]) J. anal. Chem., S. 618. 1893.   [9]) Chem. News, S. 111. 1904.
[10]) Zeitschr. anal. Chem., 2, S. 287. 1863.
[11]) Zeitschr. f. angew. Chem., 1822. 1906.

soll, doch beeinflussen Temperatur, Konzentration und das Verhältnis der Lösungen sehr das Resultat.

Barbieri[1]), Carpene[2]), Pi und Barrillot[3]) und Kramszky[4]) fällen die Gerbstoffe mit Zinksalzlösungen.

Krug[5]) schüttelt die Gerbstofflösung mehrere Stunden mit Metalloxyden, worunter sich besonders Quecksilberoxyd am besten eignet, und berechnet den Gerbstoffgehalt aus der Differenz der Abdampfrückstände vor und nach der Behandlung mit Quecksilberoxyd.

C. Dodge[6]) schüttelt die Gerbstofflösung mit gepulvertem Bleikarbonat und berechnet aus dessen Abnahme den Gerbstoffgehalt.

Parker und Payne fällen den Gerbstoff mit einer $^1/_5$ n-Kalk-Zucker-Lösung und berechnen 4 Moleküle Kalziumhydroxyd für 1 Molekül Tannin.

Procter und Bennett[7]) führen diese Bestimmung mit Ätzbaryt unter Luftabschluß aus, wobei ebenfalls 4 Moleküle Baryt für 1 Molekül Gallussäure in Anspruch genommen werden. Die ungleichen Resultate und teilweise Löslichkeit der einzelnen Kalkfällungen machen jedoch auch diese Kalk- bzw. Barytmethode ungenau.

Commaille[8]) und Mittenzwey[9]) fällen den Gerbstoff durch Kalkwasser und titrieren diesen Niederschlag dann mittels Jod- oder Kaliumpermanganat-Lösung.

Lehmann[10]) titriert mit Gelatine-Ammoniak-Lösung, während Girard[11]) und Gawalowsky[12]) den Gerbstoff als Bleisalz ausfällen und zur Wägung bringen.

Neßler und Bart[13]) titrieren mit Eisenchlorid, Casali[14]) mit Ammoniumnickelsulfat.

Jackson[15]) und Morpurgo[16]) fällten den Gerbstoff mit Bleikarbonat und bestimmten das spezifische Gewicht vor und nach dem Ausfällen.

Specht und Lorenz[17]) haben zum Zwecke der Tanninbestimmung für die Färberei eine Methode ausgearbeitet, nach welcher die Gerbstofffällung mit Safranin und Brechweinstein vorgenommen und der Überschuß von Safranin durch Titration mit Hyposulfit ermittelt wird. Diese Methode ergibt jedoch sehr zweifelhafte Werte, die sich auch mit Hilfe einer Korrekturtabelle nicht ganz beseitigen lassen.

---

[1]) Berl. Ber., 9, 78.
[2]) Berl. Ber., 822. 1875; Zeitschr. anal. Chem., 112. 1876.
[3]) Traité gen. Emilie Viard 1892. [4]) Zeitschr. anal. Chem., S. 756. 1905.
[5]) J. Am. Chem. Soc., 17, 811. [6]) J. Am. L. Chem. Ass., 38. 1907.
[7]) Journ. Soc. Chem. Ind., 25, 251. [8]) Compt. rend., 59, S. 399. 1864.
[9]) J. prakt. Chem., 91, S. 81. 1864.
[10]) Zeitschr. anal. Chem., 19, S. 414. 1882.
[11]) Dingl. Journ., 240, S. 472. 1880.
[12]) Zeitschr. anal. Chem., 19, S. 552. 1882.
[13]) Zeitschr. anal. Chem., 20, S. 169. 1883.
[14]) Arch. Pharm., S. 947. 1884. [15]) Chem. News, 50, S. 179. 1884.
[16]) Der Gerber, S. 283. 1892.
[17]) Chem. Ztg., 24, S. 170, u. 25, S. 5.

Von den mehrfachen Vorschlägen, mit Formaldehyd eine quantitative Bestimmung durchzuführen, sei nur kurz hervorgehoben, daß diese Methode gänzlich fehlschlägt, weil nur die Pyrokatechingerbstoffe und zugleich mit ihnen auch Nichtgerbstoffe gefällt werden[1]).

Die jodometrischen Analysenmethoden verdanken ihre Einführung Jean[2]); dieser verwendete eine Normaljodlösung, welche mit der durch Soda alkalisch gemachten Gerbstofflösung titriert wird, wobei der Endpunkt durch Tüpfeln auf Stärkefilterpapier ermittelt wird. Abgesehen von der ermüdenden Arbeitsweise, erhält man auch ungenaue Resultate und wird die Gallussäure mitbestimmt. Eine Abänderung dieser Methode besteht darin, daß der Gerbstoff mit Eiweiß gefällt und mit Jodlösung titriert wird.

Musset[3]) verwendete Zinkoxyd für die jodometrische Analyse der Gerbstoffe. Boudet[4]) versetzt ebenfalls die Gerbstofflösung mit überschüssiger Jodlösung, läßt zwei Stunden stehen und titriert das überschüssige Jod zurück. Diese Methode zeigt natürlich die gleichen Fehler wie die obengenannten.

Jodsäure schlug Commaille[5]) zur Gerbstoffbestimmung vor, indem die mit einigen Tropfen Blausäure versetzte Probe mit überschüssiger Jodsäure gekocht wird, wobei Jod frei und vom Gerbstoff gebunden wird. Durch Rücktitration bestimmt man hernach den Gehalt an Jodsäure. Diese Methode gibt aber ebenfalls ganz falsche Werte, sie bewertet z. B. Sumach mit 61% gerbenden Stoffen.

Die Ermittlung der Menge irgendeines Oxydationsmittels, welches zur Zerstörung des vorhandenen Gerbstoffes erforderlich ist, führt zu einer Gruppe von Verfahren, den sogenannten Oxydationsmethoden.

Die älteste dieser Methoden ist jene von Löwenthal[6]), nach welcher der Gerbstoff derart bestimmt wird, daß man eine gemessene Menge mittels Kaliumpermanganats mit Indigo als Indikator titriert und in einer zweiten Probe den Gerbstoff mit Hautpulver oder Gelatine fällt und das Filtrat abermals mit Permangant titriert. Diese Methode hat vielfach gute Resultate erzielt, doch sind ihre Werte nicht ohne weiteres bei den verschiedenen Gerbstoffen vergleichbar. Besonders wurde diese Methode von Schroeder[7]) und Procter[8]) geprüft und als verwendbar gefunden.

---

[1]) Aweng: J. f. Pharm. f. Elsaß-Lothring., S. 277. 1896. Glücksmann: Zeitschr. österr. Apoth.-Ver., 42, S. 601; Thoms: Zeitschr. österr. Apoth.-Ver., 42, S. 645; Frabeaut: Collegium, S. 435. 1906.
[2]) Bull. Soc. Chim., 25, S. 511. 1876; Compt. rend., 82, 892 u. 94, 735; Zeitschr. anal. Chem. 14, S. 12. 1876.
[3]) Zeitschr. anal. Chem. 20, S. 584. 1884.
[4]) Bull. Soc. Chim. Paris 34, S. 760.   [5]) Dingl. Journ. 176, S. 396.
[6]) Zeitschr. anal. Chem. 5, S. 838. 1886.
[7]) Gerbereichemie.   [8]) Leather Industries Laboratory Book. 1908.

Neubauer[1]), Allen[2]), Schmidt[3]) und Feldmann[4]) verwandten Kohle statt Hautpulver in der Löwenthalschen Methode, während Carpene[5]) und Barbieri[6]) Ammonium-Zinkazetat und Simpkin[7]) ammoniakalisches Kupfersulfat als Fällungsmittel für diese Methode verwenden.

Becker[8]) fällte mit Methylviolett in der Löwenthalschen Methode, während Gantter[9]) in seinem Verfahren Oxydimetrie und Ausfällung mit Eisenammoniak-Alaun zugrunde legte.

Für die Oxydimetrie verwandten ferner Vignon[10]) Seide, Ullmann[11]) Safranin, Crouzel[12]) Antipyrin, antipyrinähnliche Körper, Levi und Wilmer[13]) und Nölting[14]) Methylenblau.

Die von Levi und Orthmann[15]) empfohlene quantitative Gerbstoffbestimmung mit einer Lösung von $[Cr_2SO_4(Cr_2H_3O_2)_2CrO_4]$ ist nach Lauffmanns[16]) Überprüfung nicht geeignet, die offizielle Gerbstoffbestimmungsmethode zu ersetzen, dürfte aber für die Betriebskontrolle dort verwendbar sein, wo immer dieselben Gerbstoffe benutzt werden.

In neuerer Zeit wurde wieder die alte Methode von Mittenzwey[17]) versucht, welche den Gerbstoffgehalt aus der Menge des durch eine alkalische Gerbstofflösung absorbierten Sauerstoffes berechnet. So schlug Thompson[18]) vor, die Menge des Sauerstoffes zu ermitteln, die einerseits aus Wasserstoffsuperoxyd allein, anderseits in Gegenwart von Tannin entwickelt wird.

Vaubel und Scheuer[19]) bestimmten die von einer alkalischen Gerbstofflösung absorbierte Sauerstoffmenge durch Messen oder Wägen. Alle diese Absorptionsmethoden lassen sich jedoch ungenau kontrollieren; die Zeit der vollständigen Absorption ist oft eine große und nie gut bestimmbare, wie überhaupt der Vorgang bei solchen Oxydationen derart verwickelt ist, daß man keine analytische Methode darauf bauen kann.

Weiß[20]) hat zuerst Hautpulver zur Absorption von Gerbstoffen benutzt und diese Methode gemeinsam mit Simand, Eitner und Meerkatz ausgearbeitet. Ursprünglich wurde nach dieser Methode das Gesamtlösliche durch Eindampfen von $100\ cm^3$ der klarfiltrierten Extraktlösung in einer Platinschale und durch Trocknen bei 100^0 und

---

[1]) Zeitschr. anal. Chem., 99, S. 294. 1866.

[2]) Zeitschr. anal. Chem., 10, S. 1. 1871.

[3]) Zeitschr. anal. Chem., 13, S. 204. 1875.

[4]) Pharm. Ztg., S. 255. 1903.

[5]) Zeitschr. anal. Chem., 14, S. 822. 1875.

[6]) Ann. Chem., 180, S. 223. 1876.   [7]) Chem. News, 32, S. 310. 1875.

[8]) Chem. News, 51, S. 229. 1885.

[9]) Zeitschr. anal. Chem., 24, S. 680. 1888.

[10]) Compt. rend., 126, S. 127. 1898.   [11]) Chem. Ztg., S. 1014. 1899.

[12]) Pharm. Weekbl., S. 773. 1902.   [13]) Collegium, S. 213. 1907.

[14]) Chem. Ztg., S. 592. 1903.   [15]) Collegium, S. 525. 1913.

[16]) Collegium, S. 457. 1915.   [17]) J. prakt. Chem., 91, S. 81.

[18]) Compt. rend., 135, S. 689.

[19]) Collegium, S. 96. 1907.   [20]) Der Gerber, S. 2. 1887.

Wägen ermittelt, während 250 cm³ derselben Lösung mit 1 g trockenem, gereinigtem Hautpulver zusammengebracht und mehrere Stunden an einem kühlen Orte stehen gelassen oder öfters durchgeschüttelt wurden. Die Lösung wurde hierauf durch Leinwand filtriert, nochmals mit 2 g Hautpulver vereinigt, 12 bis 16 Stunden stehen gelassen und geschüttelt unter abermaligem Zufügen von 1 g Hautpulver. Zum Schlusse wurde die Flüssigkeit durch ein Papierfilter filtriert und 100 cm³ des vollständig klaren Filtrats eingedampft, bei 100° getrocknet und als lösliche Nichtgerbstoffe berechnet. Durch Substraktion dieser Menge vom Gesamtrückstand erhält man die gerbenden Stoffe.

Hammer[1]) bestimmt mittels eines feinen Pyknometers oder Aerometers das spezifische Gewicht einer verdünnten Gerbstofflösung vor und nach der Behandlung mit Hautpulver und es kann aus einer Tabelle die Gerbstoffmenge aus der Differenz der ermittelten spezifischen Gewichte ersehen werden.

Müntz und Ramspacher[2]) befreiten die Gerbstofflösung durch Filtrieren durch ein Stück rohe Haut unter Druck vom Gerbstoff, dampften die erhaltene Lösung ein und brachten den Rückstand zur Wägung.

Die erste gewichtsanalytische Methode, in der Hautpulver das gerbstofffällende Agens ist, hat Bell-Stephens[3]) ausgearbeitet, welcher aus der Gewichtszunahme des Hautpulvers den Gerbstoffgehalt bestimmte.

Für die gewichtsanalytische Methode wurde von Hammer[4]) und Lipowitz[5]) Hautpulver und Fischleim benutzt.

Marquis[6]) beschrieb eine gewichtsanalytische Methode mit Hilfe von Gelatine. Procter[7]) wurde durch die Müntz-Ramspachersche Methode veranlaßt, das Hautpulver in ein zylindrisches Gefäß zu füllen und die zu entgerbende Flüssigkeit hindurchzuleiten und die Lösung der Nichtgerbstoffe wie üblich weiter zu behandeln.

An der Wiener Versuchsanstalt für Lederindustrie wurde unter Eitner diese Methode vervollkommnet und als Filtermethode bekanntgegeben[8]).

Von Yokum[9]) wurde zuerst die eigentliche Schüttelmethode eingeführt, welche die Zeit des Entgerbens der Gerbstofflösung durch kräftiges Schütteln der Lösung mit Hautpulver verkürzte. Auch diese Resultate stimmen mit jenen der Filtermethode gut überein, doch erhält man im Durchschnitt um 2 bis 4% niedrigere Werte.

---

[1]) Dingl. Journ., 49, S. 300.   [2]) Compt. rend., 79, S. 380. 1874.
[3]) Dingl. Journ., 20, S. 168. 1826.
[4]) J. prakt. Chem., 81, S. 159. 1860.
[5]) Dekker: De Looistoffen, Vol. II, 175 u. Die Gerbstoffe, S. 523. 1913.
[6]) Pharm. Ztg. f. Rußland, S. 641. 1883.
[7]) Journ. Soc. Chem. Ind., S. 94. 1887.
[8]) Der Gerber, S. 65. 1887.
[9]) Leather Manufacturer, Nr. 9. 1894; Journ. Soc. Chem. Ind., S. 494. 1894.

Besonders hat Procter die letztgenannte Methode sehr vervollkommnet und dazu beigetragen, daß diese heute als „internationale
Analysenmethode" gilt. Neben ihr spielt in Amerika die sogenannte
„amerikanische Methode[1])" eine gewisse Rolle. Eine weitere Verbesserung der offiziellen Schüttelmethode schlug Zeuthen[2]) vor, ohne
daß hierdurch das Wesen der erstgenannten Methode besondere Änderungen erfuhr.

Von den vielen anderen versuchten Absorptionsmethoden seien
nur kurz folgende erwähnt: Simand[3]) benutzt Hornschläuche, Fleury[4])
und Jean[5]) Albumin, Schmitz-Dumont[6]) Formalingelatine, Wisli-
cenus[7]) gewachsene Tonerde, Körner[8]) und Nierenstein[9]) Kasein,
Perret[10]) Eiweiß und Alaun, Collin und Benoist[11]) Gelatine und
Kalziumazetat, White[12]) Aluminiumazetat, Roos, Cusson, Giraud
und Dreaper[13]) Bleiazetat, Sisley[14]) ammoniakalisches Zinkazetat,
Vigna[15]) Alaunlösung, Prudhomme[16]) und Terreil[17]) Methylgrün,
Ssadikow[18]) Sehnenkollagen und Singh und Ghose[19]) Nickelhydroxyd.

Wood-Smith und Revis[20]) versuchten zum ersten Male polario-
skopische Methoden für die Untersuchung der Gerbstoffe, indem
sie die Differenz der Drehung vor und nach dem Ausfällen mit Gelatine
als Maß für den Gerbstoffgehalt ansehen. Auch Hoppenstedt[21]) gibt
eine ähnliche Bestimmungsmethode mittels Cinchoninsulfats an.

Metzges[22]) schlägt vor, die Entgerbung der Gerbstofflösung durch
einen einfachen langphasigen Wechselstrom zwischen Aluminium-
elektroden durchzuführen, doch konnte Corridi[23]) keine Übereinstimmung
der so erhaltenen Resultate mit jener der offiziellen Methode finden.
Mittels des Zeißschen Eintauchrefraktometers bestimmt
Zwick[24]) den Gerbstoff derart, daß er aus der Abnahme des Brechungs-

---

[1]) Collegium, S. 74. 1902.   [2]) Collegium, S. 366. 1908 u. S. 305. 1909.
[3]) Der Gerber, S. 63. 1883.   [4]) J. Pharm. et Chim., 25, S. 499.
[5]) Ann. chim., 3, 145.   [6]) Zeitschr. f. öffentl. Chem., 3, 209.
[7]) Zeitschr. f. angew. Chem., S. 801. 1904. Collegium, S. 204 u. 261. 1904;
S. 85, 213 u. 230. 1905; S. 77, 158 u. 316. 1906; S. 157. 1907.
[8]) Collegium, S. 361. 1903.   [9]) Collegium, S. 80. 1911.
[10]) Bull. Soc. Chim., 41, S. 22. 1884.
[11]) Mon. Scien. II, S. 364. 1888.   [12]) Chem. News, 59, S. 261. 1889.
[13]) J. Pharm. Chim., 21, S. 59. 1890. Journ. Soc. Chem. Ind., 12, S. 412. 1893.
[14]) Bull. Soc. Chim., S. 755. 1893.
[15]) Staz. sper. agar. ital., S. 19. 1895.   [16]) Berl. Ber., 7, S. 263. 1874.
[17]) Compt. rend., 78, S. 690. 1874.   [18]) Collegium, 682, S. 76. 1927.
[19]) J. S. C. J., S. 936. 1911.   [20]) The Analyst, 23, S. 33. 1898.
[21]) Collegium, S. 279. 1907.   [22]) Collegium, S. 259. 1908.
[23]) Collegium, S. 281. 1909.
[24]) Collegium, S. 281, 146. 1908 u. S. 21. 1910.
Collegium, S. 21. 1910.
Zwick: Collegium, S. 281. 1908.
Sager: Collegium, S. 146. 1909.
Falciola u. Corridi: Collegium, S. 21. 1910.
Kubelka: Collegium, S. 150. 1914.

vermögens der Gerbstofflösung nach deren Entgerbung durch Hautpulver einen Schluß auf den Gerbstoffgehalt zieht. Es zeigen jedoch die Zahlen bei ein und demselben wie besonders bei verschiedenen Gerbstoffen eine starke Schwankung, weshalb diese Methode wohl keinen praktischen Wert haben dürfte.

Die Gerbstoffermittlung in Brühen, die nur einen Gerbstoff enthalten, hat besonders J. v. Schroeder mittels der Spindelmethode (Aräometer) genau ausgearbeitet und in der Sammlung seiner Aufsätze über Gerbereichemie[1]) finden sich eine Anzahl diesbezüglicher Tabellen. Obgleich diese Methode bei ungebrauchten Brühen ziemlich gute Resultate ergibt, ist sie natürlich für solche Brühen, die schon zur Gerbung dienten, ungenau, indem eine Anreicherung von Nichtgerbstoffen ebenfalls vom Aräometer als Gerbstoffgrade gezeigt werden.

Übersicht der wichtigsten Gerbstoffbestimmungsmethoden
(Mit Angabe des Autors und Jahres der Bekanntgabe)

1. Gewichtsanalytische Bestimmungsmethoden:
    a) Mit Gelatine: Biggin (1800),
                Davy (1804),
                Marquis (1883),
    b) mit Haut: Müntz und Ramspacher (1874),
    c) mit Hautpulver: Bell-Stephens (1826),
                Weiß (1887),
    d) mit Fischleim: Lipowitz (1860),
    e) mit Hornschläuchen: Simand (1883),
    f) mit Sehnenkollagen: Ssadikow (1927),
    g) mit Kasein: Nierenstein (1911),
    h) mit Eiweiß + Alaun: Perret (1884),
    i) mit geronnenem Eiweiß: Fleury (1892),
    k) mit Formaldehyd: Aweng (1896),
                Glücksmann (1904),
    l) mit Analgesin: Crouzel (1902),
    m) mit Chinin: Larocque (1843),
    n) mit Kupferazetat: Wolff (1862),
                Gawalowsky (1882 und 1893),
    o) mit $SnCl_2 + NH_4Cl$: Risler-Beunat (1863),
    p) mit Aluminiumazetat: White (1889),
    q) mit gewachsener Tonerde: Wislicenus (1904),
    r) mit Bleiazetat: Manea (1905),
    s) mit Ammonium-Zinkazetat: Lepetit (1910),
    t) mit Brechweinstein: Gerland (1863),
    u) mit Sauerstoff: Vaubel und Scheuer (1907).
2. Titrimetrische Bestimmungsmethoden:
    a) Mit Kupferazetat: Fleck (1860),
    b) mit Ferriazetat: Handtke (1861),

____
[1]) Günthers Zeitungsverlag Berlin. 1898.

c) mit $FeCl_3$ + Chlorkalk: Durieu (1884),
d) mit Bleiazetat: Allen (1874),
     Roos (1890),
     Cusson und Giraud (1890),
e) mit Kohle + Bleiazetat: Schmidt (1875),
f) mit Bleiazetat + Kupfersulfat: Dreaper (1893 und 1904),
g) mit Ammonium-Nickelsulfat: Casali (1884),
h) mit Knochenleim: Fehling (1853),
i) mit Leim + NH_4Cl: Schultze (1866),
k) mit Gelatine + NH_4Cl: Lehmann (1880),
l) mit Gelatine + Kalziumazetat: Collin und Benoist (1888),
m) mit Cinchoninsulfat: Wagner (1866),
n) mit Safranin: Specht und Lorenz (1900),
o) mit Methylenblau: Nölting (1903),
p) mit Methylviolett: Becker (1885),
q) mit Baumwolle: van Dorp (1911).

3. **Oxydimetrische Bestimmungsmethoden:**
a) Mit Luftsauerstoff: Mittenzwey (1864),
     Terreil (1874),
b) mit Wasserstoffsuperoxyd: Thompson (1902),
c) mit Chlorkalk: Prudhomme (1874),
     Durieu (1884),
     Feldmann (1903),
d) mit Eisenchlorid: Dokkum (1911),
e) mit Kaliumpermanganat: Monier (1858),
     Löwenthal (1860),
     Manceau (1895),
     Casamander (1906).

4. **Jodometrische Bestimmungsmethoden:**
a) Mit Jod: Grasser (1910),
   Gardner-Hodgson (1908),
b) mit Zinkoxyd: Musset (1884),
c) mit Eiweiß: Jean (1876, 1882, 1901),
d) mit Leim: Commaille (1864),
e) mit Hautpulver: Boudet (1906).

5. **Kolorimetrische Bestimmungsmethoden:**
a) Mit Ferrizitrat: Wildenstein (1863),
b) mit $FeCl_3$ + alakalischem Ammoniumtartrat: Koebner (1908),
c) mit Safranin: Ullmann (1899),
d) mit Gelatine: Cadet (1817).

6. **Verschiedene Bestimmungsmethoden:**
a) Densimetrisch mit Hautpulver: Hammer (1860),
   „   „ Bleiazetat: Villon (1889),
   „   „ Bleikarbonat: Morpurgo (1892),
         Dodge (1907),

b) Polarimetrisch mit Gelatine: Wood-Smith (1898),
Revis (1898),
„   „ Cinchoninsulfat: Hoppenstedt (1907),
c) Alkalimetrisch mit Collin: Parker und Payne (1904),
d) Elektrolytisch: Metzges (1908),
e) Refraktometrisch: Zwick (1908).

Kritik der quantitativen Gerbstoffbestimmungsmethoden

Zusammenfassend kann über die Brauchbarkeit der einzelnen Gruppen der quantitativen Gerbstoffbestimmungsmethoden folgendes gesagt werden:

Alle Metallsalze sind für direkte oder indirekte Gerbstoffbestimmungen durch Fällung unbrauchbar, da einerseits außer den Gerbstoffen noch verschiedene andere Nichtgerbstoffe in wechselnden Mengen entweder direkt ausgefällt oder von den Gerbstoff-Metall-Verbindungen adsorbiert werden, anderseits die zahlenmäßigen Bindungsverhältnisse zwischen Gerbstoff und Metall ganz verschieden sind, je nach Konzentration und Reinheit der Lösung.

Von den organischen Fällungsmitteln eignen sich Alkaloide insofern nicht, als die ziemlich einheitlich zusammengesetzten Gerbstoff-Alkaloid-Verbindungen in verschiedenen Lösungsmitteln teilweise löslich sind und daher keine genügende Reinigung zulassen. Ohne Reinigung ergeben diese Fällungen aber unzuverlässige Werte, da von den Alkaloiden doch auch noch gewisse Mengen anderer Stoffe mitgefällt werden. Dasselbe, aber noch in stärkerem Maße, ist von den Teerfarbstoffen zu sagen, da diese außer Gerbstoffen auch Gallussäure und andere Nichtgerbstoffe ausfällen, die entstehenden Verbindungen aber außerdem noch wechselnde Mengen von Gerbstoff enthalten, je nach der Konzentration, Temperatur und Reinheit der Gerbstofflösung. Relativ bessere Resultate ergibt in einzelnen Fällen die Bestimmung des Gerbstoffes als wasserunlösliche Methylenverbindung mit Hilfe von Formaldehyd, doch erweisen sich auch diese Verbindungen nicht als einheitlich.

Von den oxydimetrischen Methoden ergeben jene mit Jod sehr unregelmäßige Werte, was auf den langsamen Oxydationsvorgang dieses Stoffes zurückzuführen ist. Auch verhält sich jeder Gerbstoff zu Jod anders als dieses zu Tannin, so daß vergleichbare Zahlen bisher nicht ermittelt werden konnten. Da auch andere Stoffe außer den Gerbstoffen, insbesondere aber Gallussäure, mit Jod reagieren, ist hiermit eine weitere Fehlerquelle geschaffen. Alle übrigen oxydimetrischen Methoden unter Anwendung von Luftsauerstoff, Wasserstoffsuperoxyd und oxydierenden Salzen erwiesen sich teilweise als sehr umständlich, aber keine von ihnen ergab vergleichbare Zahlenwerte für alle Gerbstoffe. Die einzige Ausnahme bildet nur die Verwendung von Kaliumpermanganat nach Löwenthal, aber auch diese Methode ergibt nur Werte, die, z. B. auf Gallusgerbsäure umgerechnet zum Ausdrucke gebracht werden können. Immerhin ist sie geeignet, als technische Schnellanalyse für Betriebe Vergleichszahlen zu liefern.

Alle jene zahlreichen Methoden, die eiweißähnliche Stoffe als Gerbstoff adsorbierendes Mittel verwenden, ergeben nur in jenen Fällen stets gleiche Resultate, in denen durch indirekte Ermittlung der adsorbierten Gerbstoffmengen diese bestimmt werden; für die gerberei-technische Praxis erzielt man aber für diese vergleichbare Werte auch nur dort, wo tierische Haut (Blöße) in geeigneter Form benutzt wird.

Eine eingehendere Kritik der einzelnen quantitativen Gerbstoff-bestimmungsmethoden findet sich in Dekkers Werk[1]).

Probenahme[2])

Obgleich das Probeziehen bei fast allen chemischen Stoffen die Kenntnis von deren Zusammensetzung verlangt, ist die richtige Probe-nahme bei Gerbmaterialien doch noch schwieriger und verlangt eine genauere Kenntnis über den Gerbstoffgehalt der einzelnen Gerbmaterialien-teile. Der Umstand, daß bei der Einsendung ein und desselben Materials an verschiedene Chemiker deren Untersuchungsergebnisse häufig von-einander abweichende Zahlenwerte ergeben, ist oft empfunden worden und ihre Ursache liegt weniger in der Unsicherheit der Untersuchungs-methoden, sondern meist in der unsachgemäßen Probeziehung für die Analyse.

Die Verschiedenheit in der Zusammensetzung, die einzelne Stücke der pflanzlichen Gerbmaterialien aufweisen, zeigen folgende von Schroeder stammende Analysenwerte von verschiedenen Teilen eines Rinden-bündels:

Probe 1: Ziemlich rissig und borkig	9,00%	gerbende Stoffe
„ 2: „ „ „ „	10,67%	„ „
„ 3: Weniger Borke	12,64%	„ „
„ 4: „ „	14,15%	„ „
„ 5: Glatte tadellose Spiegelrinde	15,23%	„ „
„ 6: „ „ „	15,32%	„ „

Mittel für das Bündel 12,84% gerbende Stoffe

Diese Zusammenstellung zeigt also, daß die in einem einzigen Bündel befindlichen Rindenstücke im Gerbstoffgehalte von 9,00 bis 15,23%, also um reichlich 6%, variieren können.

v. Schroeder zeigte ferner, daß z. B. Eichenrinde in verschiedener Höhe des Baumes einen ganz verschiedenen Gerbstoffgehalt aufweist. Es wurde zu diesem Versuche eine borkenfreie Eiche entästet, der Stamm in acht verschiedene, je ein Meter lange Stücke geteilt und deren Rinde geschält und untersucht; das Ergebnis war folgendes:

---

[1]) Dekker: Die Gerbstoffe, Berlin, S. 481 ff. 1913.
[2]) Vgl. Paessler, J.: „Wie hat man in richtiger Weise die Probe für die Analyse zu entnehmen?" Deutscher Gerberkalender, Berlin. 1899.

Das unterste Meter .... 16,93% gerbende Stoffe
  ,, zweite   ,, ... 15,43% ,,   ,,
  ,, dritte   ,, ... 14,76% ,,   ,,
  ,, vierte   ,, ... 14,74% ,,   ,,
  ,, fünfte   ,, ... 14,60% ,,   ,,
  ,, sechste   ,, ... 14,44% ,,   ,,
  ,, siebente   ,, ... 14,02% ,,   ,,
  ,, oberste   ,, ... 13,02% ,,   ,,

Aus diesen Angaben geht eindeutig hervor, daß einige wenige Rindenstücke nie ein zutreffendes Durchschnittsmuster für eine ganze Sendung abgeben können.

Bei anderen unzerkleinerten Rindengerbmaterialien liegen die Verhältnisse ähnlich und daher muß bei der Musterziehung für die Analyse an den gleichen Grundsätzen festgehalten werden.

Rindengerbmaterialien, die sich im gemahlenen Zustande befinden, stellen nie ein vollständig gleichmäßiges Zerkleinerungsgut vor; so enthalten z. B. Eichen-, Mimosen- und Weidenrinde ein faseriges Material neben feinem Staub, während Fichtenrinde neben einem gröberen, schuppenförmigen Material einen feinen, dunkelgefärbten Staub enthalten. Diese verschiedenen Teile weisen einen ganz verschiedenen Gerbstoffgehalt auf und der pulverige Anteil ist meist gerbstoffreicher. Nach Paessler ergeben z. B. diese Teile von gemahlener Eichenrinde folgende Werte:

Faser........... 9,59 bis 10,87% gerbende Stoffe
Staub .... 12,17 ,, 14,28% ,,   ,,

Ebensolche Schwierigkeiten bietet die Musterziehung bei den Fruchtgerbmaterialien, wie Algarobilla, Dividivi, Knoppern, Myrobalanen. Einerseits enthält jede Partie dieser Gerbmaterialien Früchte verschiedener Größe und Farbe, anderseits weisen die verschiedenen Teile ein und derselben Frucht verschiedenen Gerbstoffgehalt auf. So wurden z. B. bei Valonea folgende Werte ermittelt:

Fruchtbecher ... 23,52 bis 27,69% gerbende Stoffe
Fruchtschuppen . 44,50 ,, 45,50% ,,   ,,
Eicheln .... 15,44 ,, 16,19% ,,   ,,

Bei der Algarobilla unterscheidet man ebenfalls das netzartige Zellgewebe, den harten Samen und den feinen Staub, der die Zwischenräume des Zellgewebes ausfüllt. Selbst beim Transporte der ganzen Früchte tritt eine teilweise Trennung der einzelnen Teile ein und bei der Probenahme ist daher genau darauf zu achten. Die verschiedene Zusammensetzung der einzelnen Teile zeigt folgende Untersuchung:

Zellgewebe .... 45,47% gerbende Stoffe
Staub .... 62,78% ,,   ,,
Samen .... 5,63% ,,   ,,

Erhöht kann der Fehler einer unrichtigen Probeziehung noch dadurch werden, daß die Mengen dieser drei Elemente ganz verschieden sind und das Mengenverhältnis von Zellgewebe zu Samen zu Staub wie 21 zu 29 zu 50 sich verhält.

Dividivi zeigt ein ähnliches Verhalten wie Algarobilla und es ist daher bei seiner Probeziehung darauf zu achten.

Auch bei geschrotenen oder gequetschten Myrobalanen muß auf die beiden Teile, Schale und Steinkern, geachtet werden, indem diese ebenfalls einen ganz verschiedenen Gerbstoffgehalt aufweisen, wie folgende Angabe zeigt:

       Schalen.............. 36,00 bis 50,59% gerbende Stoffe
       Steinkern .... 2,41 ,, 5,02%   ,,   ,,

Das Mengenverhältnis zwischen Schalen und Steinkernen schwankt zwischen 65:35 und 60:40.

Bei zerkleinerten Gerbmaterialien, wie Quebracho und Sumach, ist die Sache zwar einfacher, doch verlangt auch hier die Entnahme einer Probe gewisse Vorsichtsmaßregeln.

Bemerkenswert ist das Musterziehen von festen und flüssigen Extrakten, was vielfach als eine ganz einfache Sache betrachtet wird. Zu beachten ist der Umstand, daß feste und teigförmige Extrakte an der Oberfläche sowohl durch Verdunsten des Wassers wasserärmer als auch eventuell durch Beregnen wasserreicher werden können, ferner, daß die fabrikmäßig hergestellten flüssigen Extrakte bei verschiedenen Abkochungen ungleiche Konzentrationen aufweisen und diese Extrakte nicht direkt in Fässer gefüllt, sondern erst in großen Tanks aufbewahrt werden; während des Lagerns tritt nun eine teilweise Entmischung der Extrakte ein und wird der laufende Abzug z. B. vom Faß 1 bis 200 fortschreitend an Konsistenz abnehmen. Es ist daher unbedingt erforderlich, die Probe aus einer Anzahl von Fässern zu nehmen, deren laufende Nummern entsprechend auseinander liegen. Daß selbst ein einzelnes Faß Schichten verschiedener Konzentration enthält, beweist folgende Angabe von Parker, welcher aus einem Fasse drei verschiedene Proben in verschiedener Faßtiefe entnahm und nachstehende Werte erhielt:

Probe von der Oberfläche des Fasses.......... 26% gerbende Stoffe
 ,,   aus der Mitte des Fasses .... 28%   ,,   ,,
 ,,   vom Boden des Fasses................. 33%   ,,   ,,

Um einer fehlerhaften Probeentnahme zu entgehen, hat man folgende Normen für dieselbe aufgestellt:

1. Gebündeltes Rindenmaterial. Von mindestens 3% der gesamten Bündel wird mit Hilfe einer Säge oder eines scharfen Beiles aus der Mitte derselben ein schmaler Querschnitt von 2 bis 4 cm herausgeschnitten. Die sämtlichen Rindenabschnitte werden dann vereinigt, gut durchmischt und verpackt. Wenn dadurch ein zu großes Muster entsteht, durchmischt man dieses sorgfältig und entnimmt ein Durchschnittsmuster, das keinesfalls geringer als 1 kg sein soll.

2. Zerkleinerte Rindenmaterialien und kleinwüchsige Gerbmaterialien. Der gesamte Inhalt von mindestens 5% der Säcke wird auf einem glatten, sauberen Boden in Schichten über-

einander ausgebreitet und nachher tüchtig durchmischt. Aus diesem Haufen werden senkrecht zu dessen Oberfläche und bis zum Boden reichend an mehreren Stellen Muster entnommen und diese gut durchmischt. Sollte dieses Muster zu groß ausfallen, so mahlt man dasselbe durch eine Gerbstoffmühle zu einem gleichartigen Mahlgut und entnimmt diesem mindestens 0,5 kg als Durchschnittsprobe, die in Säckchen oder Mustertüten verpackt und genau bezeichnet werden müssen.

3. **Flüssige Extrakte.** Mindestens 5% der Fässer müssen derart gewählt werden, daß deren laufende Nummern möglichst weit auseinander liegen. Von denselben werden dann die oberen zwei Reifen und der Deckel abgenommen. Hierauf wird mit einem Rührer, der aus einer kräftigen Holzstange besteht, die an ihrem unteren Ende eine kreisförmige, durchlöcherte Scheibe trägt, der Faßinhalt sorgfältig durchmischt, wobei darauf zu achten ist, daß auch sämtlicher am Boden und an den Seiten anhängender Satz gleichmäßig durchgerührt wird. Nun wird jedem der so behandelten Fässer ein oder mehrere Löffel voll entnommen, die so erhaltene Probe vermengt und zirka 200 g davon sofort in ein reines, vollständig trockenes Glas gefüllt, das luftdicht abgeschlossen und versiegelt wird.

4. **Teigförmige Extrakte.** Aus mindestens 5% der Blöcke wird an mehreren verschiedenen Stellen mit einem röhrenförmigen Instrumente, das den Block in seiner ganzen Dicke durchdringen kann, Muster gezogen. Diese so erhaltenen einzelnen Probezylinder werden gut und schnell zusammengeknetet und aus dieser Masse ein kleines Muster von 200 g entnommen und in eine luftdicht schließende Büchse gebracht und verschlossen. Um ein Schimmeln der Extraktproben zu vermeiden, empfiehlt Procter, vor der Einfüllung der Probe die Büchse mit einigen Tropfen Terpentinöl unter kräftigem Schütteln zu benetzen.

Genannter Probestecher stellt nach Angabe Franz Kathreiners ein Messingrohr von etwa 2 cm lichter Weite vor, dessen eines Ende geschärft und dessen anderes Ende mit einem Quergriffe versehen ist und mit welchem wie mittels Korkbohrers ein Zylinder aus der Masse zu entnehmen ist. Zur Entfernung des zylindrischen Ausstiches aus diesem Bohrer dient ein in denselben passender Stempel.

5. **Feste Extrakte.** Bei festen Extrakten werden aus 5% der Säcke oder Kisten Stücke aus den äußeren und inneren Teilen derselben entnommen, rasch gemischt und in eine luftdicht schließende Büchse gebracht.

Zerkleinerung der Gerbmaterialien

Die zur chemischen Untersuchung gelangenden Gerbmaterialien verlangen vorerst eine geeignete Zerkleinerung. Trockene Rinden, Myrobalanen, Algarobilla, Dividivi und Valonea lassen sich mit einer starken Gerbmaterialienmühle leicht entsprechend zerkleinern, zu welchem Zwecke die Exzelsiormühle (Abb. 17) oder die Schleudermühle (Abb. 18) besonders empfohlen werden können.

Für die Zerkleinerung von Rinden, bzw. Probenahme aus Rindenbündeln eignet sich ein Rindenschneidemesser (Abb. 19) sehr gut.

Steht keine derartige Mühle zum Vermahlen zur Verfügung, so muß man durch Stoßen oder Brechen aus den großen Stücken erst ein mittleres Mahlgut herstellen, das hierauf auf einer kleinen Mühle zu Pulver vermahlen werden kann. Während spröde Materialien mittels Hammer auf einer eisernen Platte zerschlagen werden können, gelingt dies bei zähen Rinden nicht und man muß in solchen Fällen mit einer kräftigen Holzschere oder mit einer Säge einzelne kleinere Stücke abschneiden und diese dann vermahlen. Besonders erhält man

Abb. 17. Arthur Meissner, Freiberg i. Sa.

Abb. 18. Arthur Meissner, Freiberg i. Sa.

auf diese Weise aus gebündelten Rinden durch einen Schnitt eine große Anzahl von Stücken. Valonea läßt sich nach der Angabe Grassers[1]) auch

---

[1]) Collegium, S. 157. 1911.

mittels einer Korkpresse leicht in kleine Stücke zerteilen, die selbst in kleinen Gerbstoffmühlen weiter zerkleinert werden können. Sowohl

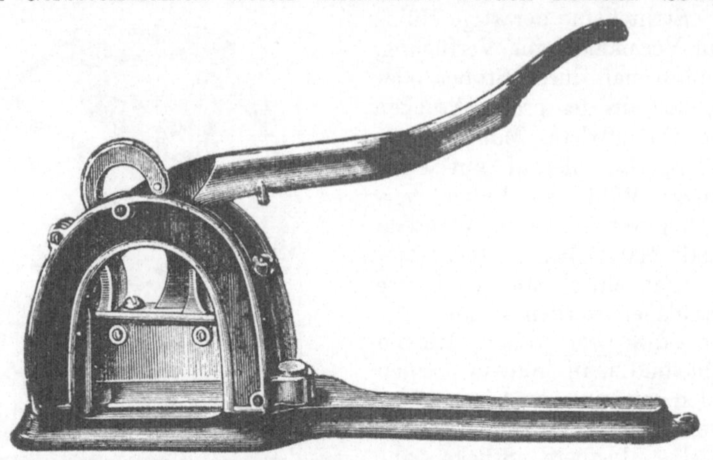

Abb. 19. Arthur Meissner, Freiberg i. Sa.

Rinden heimischer Bäume als besonders die aus dem Betriebe zur Untersuchung kommenden feuchten extrahierten Gerbmaterialien

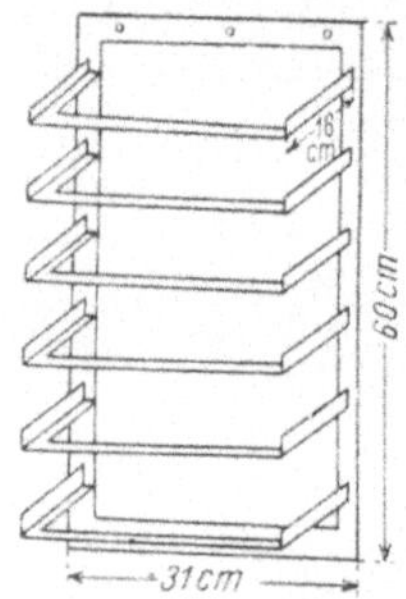

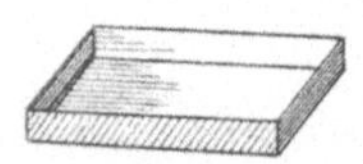

Abb. 20

benötigen vor der Vermahlung eine geeignete Trocknung. Für letztere Materialien eignet sich der von Grasser[1]) konstruierte Gerbmaterialienvortrockner (Abb. 20), der aus einem eisernen Träger mit einschiebbaren Kupfertassen besteht, welche die aus dem Betriebe kommenden Proben aufnehmen. In der Nähe des Ofens oder Trockenschrankes angebracht, trocknen die Materialien alsbald, und ihr endgültiges Trocknen kann vor dem Vermahlen noch dadurch bewirkt werden, daß diese Tassen in oder auf den Trockenschrank gebracht werden.

Das zur Analyse gelangende Gerbmaterial soll derart beschaffen sein, daß es durch ein Sieb geht, das fünf Drähte auf den Zentimeter, also 25 Löcher im Quadratzentimeter hat. Diejenigen Materialien, die sich wegen ihrer teilweisen faserigen Struktur nicht ganz so fein vermahlen lassen, siebt man durch, bestimmt beiderseits das Gewicht des feinen und faserigen Anteiles und vereinigt für die Analyse die entsprechenden Gewichtsmengen der beiden Anteile.

Wasserbestimmung in Gerbmaterialien

Während bei extrahierten Materialien die Bestimmung des ursprünglichen Wassergehaltes zwecklos ist und nur jener Gehalt zu bestimmen ist, den die zu extrahierende Probe besitzt, ist es bei ungebrauchten

---

[1]) Collegium, S. 158. 1911.

Gerbrinden aber notwendig, deren natürlichen Wassergehalt vor dieser Trocknung zu bestimmen.

Die Wasserbestimmung in ungebrauchten Gerbmaterialien erfolgt derart, daß man einen Teil der gemahlenen Masse sofort abwägt und hernach im Trockenschranke bei 100 bis 105° bis zur Gewichtskonstanz trocknet. Hat man vor dem Mahlen des Materials dieses bereits einer Vortrocknung unterworfen und auf gleiche Art von einigen Stücken der ursprünglichen Probe den Wassergehalt ermittelt, so muß dieser Anteil zu dem zweiten oben genannten addiert werden, um den Gesamtwassergehalt zu erfahren.

Nasse, aus dem Betriebe stammende extrahierte Gerbmaterialien trocknet man z. B. auf dem obenbeschriebenen Grasserschen Trockengestell vor, entwässert sie hierauf bei höherer Temperatur (zirka 90 bis 100°) und bringt sie frisch getrocknet zum Vermahlen. Einen Teil dieses Mahlgutes verwendet man zur Extraktion, während ein kleiner Teil von 2 bis 3 g im Trockenschranke zur Gewichtskonstanz getrocknet und gewogen wird, um den kleinen Wassergehalt des zur Extraktion gelangten Materials zu erfahren, der meist nur 2 bis 10% beträgt.

Außer der üblichen Wasserbestimmung im Trockenschranke hat Jedlička[1]) eine schnelle Bestimmungsart beschrieben, die auf dem Thörnerschen[2]) Verfahren beruht und in zirka 20 bis 25 Minuten beendet ist. Die Bestimmung erfolgt derart, daß eine kleine Probe (zirka 15 bis 25 g) des zu untersuchenden Materials mit 50 bis 70 cm³ Petroleum aus einem Kupferkolben destilliert und das Destillat unter Kühlung in einem Meßzylinder aufgefangen wird, wobei sich das übergehende Wasser rasch vom Petroleum absetzt und an der Teilung des Zylinders abgelesen werden kann. Will man das vollständige Absetzen des Wassers aus dem überdestillierten Petroleum nicht abwarten, so braucht man nur eine kleine Korrektur in Rechnung zu bringen, indem 15 cm³ Petroleumdestillat etwa 0,05 bis 0,10 cm³ Wasser absetzen. Diese Methode gibt für alle Gerbmaterialien gute Resultate, mit Ausnahme bei flüssigen Extrakten, die bis zu 2% Wassergehalt mehr ergeben.

Tabelle 56

	Winter	Frühling	Sommer	Herbst	Größte mittlere Differenz
Sumach	13,06	11,38	10,75	13,30	2,55
Algarobilla............	13,15	12,25	11,83	13,40	1,57
Eichenrinde	14,38	12,20	11,43	13,66	2,95
Myrobalanen	14,20	12,84	11,82	13,72	2,38
Dividivi	14,26	12,87	12,24	14,34	2,10
Fichtenrinde	16,44	13,91	12,49	15,07	3,95
Valonea	15,94	14,19	13,21	15,10	2,73
Mimosa	15,05	13,93	13,50	15,17	1,67
Quebracho............	16,12	14,56	12,89	14,13	3,23
Rove................	15,91	14,81	14,32	15,57	1,59
Knoppern	17,93	16,12	14,65	16,34	3,32

[1]) Collegium, S. 162. 1909.　　　[2]) Zeitschr. f. angew. Chem., S. 148. 1908.

Für die Beurteilung der Güte eines Gerbmaterials ist es notwendig, seinen natürlichen Wassergehalt zu kennen und möge die von J. v. Schroeder[1]) stammende Tabelle des durchschnittlichen Wassergehaltes der Gerbmaterialien darüber Aufschluß geben (Tabelle 56, S. 247).

Extraktion der Gerbmaterialien

Die Herstellung von Gerbstofflösungen richtet sich nach dem Gerbmaterial, je nachdem feste oder flüssige Extrakte oder pflanzliches Gerbmaterial vorliegt.

Flüssige Extrakte wägt man am besten in verschließbaren Wägegläschen ab, entnimmt mittels Löffels die vorgeschriebene Menge annähernd und bestimmt deren Gewicht durch Rückwägen des Wägegläschens. Die entnommene Extraktmenge verrührt man hernach mit etwa 50 cm³ heißem Wasser, läßt absetzen und gießt die klare Lösung in einen Maßkolben. Hernach setzt man dieses Lösen und Abgießen noch einigemale fort, bis der gesamte vorhandene flüssige Extrakt quantitativ in den Maßkolben übergespült ist. Diesen füllt man darauf mit heißem Wasser bis zur Marke auf, schüttelt kräftig durch, läßt unter einem fließenden Wasserstrahl rasch abkühlen und gießt hernach das fehlende Quantum bis zur Marke des Maßkolbens auf.

Feste Extrakte wägt man ebenfalls aus einem Wägeglase in ein Becherglas ein und digeriert dieses so lange mit heißem Wasser, bis der gesamte Extrakt in Lösung gegangen und quantitativ in einen Maßkolben übergespült ist; hierauf füllt man ebenfalls mit heißem Wasser zur Marke auf, schüttelt kräftig durch, um alles in Lösung zu bringen, und kühlt wie früher beschrieben ab, unter Zufügen des restlichen Wasserquantums.

Bei dem Lösen fester Extrakte ist darauf zu achten, daß keine ungelösten Teile in den Kolben übergespült werden. Sollte der Gehalt an unlöslichen Bestandteilen groß sein, wie dies z. B. bei Gambir häufig der Fall ist, so empfiehlt es sich, die abgegossene Lösung jeweils durch ein Gewebe zu filtrieren und die darauf haftenbleibenden Teile zurück in das Becherglas zu spülen und abermals mit heißem Wasser in Lösung zu bringen suchen. Sobald die Hauptmenge des löslichen Gerbstoffes entfernt ist, kann man auch durch ganz kurzes Kochen des Rückstandes dessen Löslichkeit erleichtern, ohne daß eine Zersetzung zu befürchten wäre. Jedenfalls ist das Lösen der Extrakte, auch bei den im kalten Wasser leicht löslichen, stets mit heißem Wasser vorzunehmen, um nicht einen zu hohen Gehalt an „Unlöslichem" zu erhalten. Auch das Abkühlen der Gesamtlösung im Maßkolben geschieht vorteilhafter unter fließendem Wasser, wodurch eine bessere Übereinstimmung der Resultate, ein Erniedrigen des Gehaltes an Unlöslichem und eine schnellere Abkühlung erreicht wird. Das rasche Abkühlen soll auf 15 bis 20°, bei schwer löslichen Extrakten möglichst genau auf 17,5° erfolgen, worauf sofort bis zur Marke aufgefüllt und filtriert werden soll.

---

[1]) Schroeder: Gerbereichemie, S. 542.

Wie wesentlich die Menge des in Lösung gebrachten Gerbstoffes die Analysenresultate beeinflussen kann, zeigt folgende Tabelle von Cerych[1]), der verschiedene Mengen von Eichenholzextrakt in je 1 l Wasser wie üblich löste und durch Analyse dessen Werte bestimmte:

Tabelle 57

Gelöst pro 1 l	Unlösliches	Lösliche Nichtgerbstoffe	Lösliche Gerbstoffe
5 g	0,12%	18,44%	28,56%
15 g	1,22%	18,50%	27,40%
30 g	1,65%	18,40%	27,07%

Die Zunahme des Unlöslichen mit der gleichzeitigen Abnahme der löslichen Gerbstoffe weist auf die Bildung von schwerlöslichen Gerbstoffen (Phlobaphene) hin, die besonders bei Hemlockrinde und Quebrachoholz sehr auffällig ist.

Um nun übereinstimmende Resultate bei der Untersuchung der einzelnen Gerbextrakte und Gerbmaterialien zu erhalten, hat man bestimmte Normen bezüglich der Konzentration der Gerbstofflösung aufgestellt, und zwar lautet die Vorschrift des I. V. L. I. C. vom 14. Oktober 1909 folgendermaßen:

Es soll so viel Material zur Extraktion angewendet werden, daß die Lösung möglichst 4 g gerbende Stoffe im Liter enthält, jedenfalls aber nicht weniger als 3,5 und nicht mehr als 4,5 g.

Da man nun den durchschnittlichen Gerbstoffgehalt der Gerbmaterialien kennt, kann man sich an Hand obiger Vorschrift leicht die zum Ansatz für 1 l Gerbstofflösung erforderlichen Gerbmaterialmengen festlegen. Nachstehende Tabelle auf S. 250 gibt die erforderlichen Mengen an.

Die Extraktion der festen Gerbmaterialien ist nicht so einfach wie diejenige anderer Stoffe, indem einerseits das Lösungsmaximum für die Gerbstoffe nicht bei Siedehitze des Wassers liegt, anderseits ein mehrstündiges Erhitzen der Gerbstoffe mit Wasser zu deren teilweiser Zersetzung unter Bildung schwerlöslicher Gerbstoffe (Phlobaphene) führt. Beachtet man also diese beiden Punkte, so ergibt sich daraus bereits die Arbeitsweise für die Extraktion gerbstoffhaltiger Materialien. Man kann diese also durch mehrstündiges Einweichen in Wasser von gewöhnlicher Temperatur und darauffolgendes Auslaugen mit Wasser, dessen Temperatur allmählich auf 100° erhöht wird, vollständig extrahieren. Häufig kommt es jedoch bei dieser Arbeitsweise vor, daß man über 1 l Gerbstofflösung erhält und man ist dann gezwungen, die letzterhaltenen dünnen Lösungen so weit einzudampfen, daß das Gesamtvolumen 1 l beträgt; dieses Verdampfen der gerbstoffarmen Lösung hat im allgemeinen keine Gerbstoffverluste zur Folge.

---

[1]) Der Gerber, S. 242. 1865.

Tabelle 58

Gerbmaterial	Durchschnittlicher Gehalt an gerbenden Stoffen	Einwage für 1 l Lösung
Quebrachoextrakt, fest.......	66%	6 g
,, flüssig	32%	12,5 g
Kastanienextrakt, fest	65%	6 g
,, flüssig	29%	14 g
Eichenholzextrakt, fest......	66%	6 g
,, flüssig	24%	16,5 g
Sumachextrakt, flüssig	26%	15,5 g
Gambirextrakt, teigförmig ...	35%	11,5 g
,, würfelförmig .	44%	9 g
Eichenrinde	10%	40 g
Fichtenrinde	12%	33 g
Mimosenrinde	34%	11,5 g
Mangrovenrinde	38%	10,5 g
Malettorinde	42%	9,5 g
Valonea	30%	13 g
Trillo	42%	9,5 g
Myrobalanen, ganz	38%	10,5 g
,, entkernt	48%	8 g
Dividivi	44%	9 g
Quebrachoholz	20%	20 g
Sumach	26%	15,5 g
Algarobilla	42%	9,5 g
Knoppern	32%	12,5 g

Eine weitere Unannehmlichkeit bei der Extraktion der Gerbstoffe besteht darin, daß manche Gerbstoffe die Neigung haben, das Filtermaterial, auf dem sie sich während der Extraktion befinden, zu verstopfen und man muß daher für diese Zwecke eine eigene Wahl in den Apparaten treffen. Der erste für diese Extraktion empfohlene Apparat ist der von R. Koch[1]) konstruierte Extrakteur (Abb. 21).

Dieser Apparat besteht aus einer weithalsigen Glasflasche (Abb. 22) von 250 bis 750 cm³ Inhalt, die ein Kochen im Wasserbade vertragen muß. Diese Flasche ist mit einem doppelt durchbohrten Gummistopfen verschlossen, durch welchen ein Rohr bis zum Boden der Flasche reicht und unten trichterförmig erweitert und mit einem Stück Gaze umbunden ist. Das zweite Rohr ist zweimal rechtwinklig gebogen und reicht nur etwa 1 cm tief unter den Gummistopfen ins Glas hinein. Dieses Rohr ist mit einer Wasserstandflasche in Verbindung, die etwa 1½ m höher als dieser Apparat steht; das erstgenannte Rohr schließt mittels eines Stückes Gummischlauch an ein rechtwinklig gebogenes Heberrohr an, das in einem Maßkolben mündet und mittels Quetschhahn abgeschlossen werden kann. Die beschriebene Glasflasche, die als Extrakteur dient, findet Aufnahme in einem kleinen Wasserbade mit konstanter Wasserzufuhr.

---

[1]) Dingl. Journ., S. 513. 1887.

Für den Gebrauch kommt in die Flasche zunächst eine zirka 2 cm hohe Schicht feinen, mit Salzsäure gereinigten Seesandes, darauf das abgewogene zu extrahierende Gerbmaterial, worauf die Flasche mit Wasser gefüllt und mittels des Gummistopfens verschlossen wird; durch Verbinden der Flasche mit der höherstehenden Wasservorratsflasche und Öffnen der Quetschhähne läßt man das reine Wasser tropfenweise einfließen, in dem Maße, wie es anderseits mit Gerbstoff beladen in den Maßkolben eintropft. Nach etwa einer Viertelstunde heizt man das Wasserbad mäßig an und setzt die Extraktion einige Zeit bei gelinder

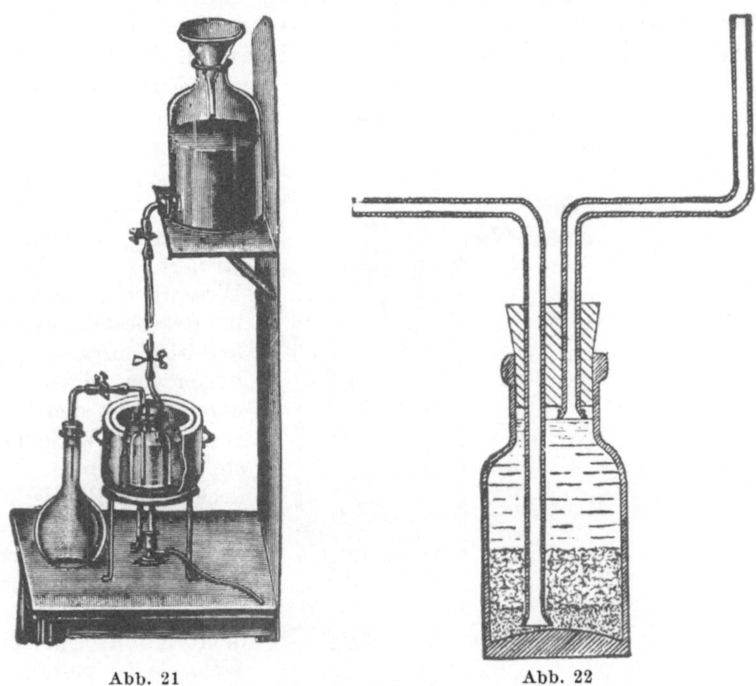

Abb. 21   Abb. 22

Arthur Meissner, Freiberg i. Sa.

Wärme fort. Nach zirka einer Stunde hat man derart die Hauptmenge der Gerbstoffe entfernt und man kann nun die Temperatur des Wasserbades allmählich erhöhen, um schließlich bei Siedetemperatur die letzten Reste der Gerbstoffe zu entziehen. Auf diese Weise gelingt es meistens, innerhalb zweier Stunden mit einem Liter Wasser den gesamten Gerbstoff des vorliegenden Materials zu extrahieren; sollte jedoch vor der vollständigen Erschöpfung der Maßkolben bereits gefüllt sein, so ist es eben notwendig, die letzten Anteile der schwachen Gerbstofflösungen entsprechend durch Verdampfen einzuengen und mit der anderen Gerbstofflösung zu vereinigen. Die Unannehmlichkeit, daß sowohl Zuleitungs- als auch Ableitungsrohr durch den Gummistopfen des Extrakteurs gehen, beseitigt M. Wagner[1]) dadurch, daß er empfiehlt, das Abflußrohr durch einen am Boden der Flasche befindlichen Tubus einzuführen und dadurch ein Verstopfen dieses Rohres nach Möglichkeit zu verhindern.

Eine Abänderung des Kochschen Extraktionsgefäßes schlägt Giusiana[2]) derart vor, daß ein U-förmiges Rohr mit einem sehr weiten und einem engen Schenkel zur Verwendung kommt. Ersterer besitzt ein seitlich angeschmolzenes Ablaufrohr und wird mit dem zu extrahierenden Material beschickt, so daß es zwischen je eine Schicht Glaswolle und Glaskugeln kommt. Der enge Schenkel steht mit einem Kugeltrichter in Verbindung, der die Zuführung des Wassers und dessen Zulauf reguliert. Der breite Schenkel ist mittels eines Korkes verschlossen, der durch eine Glasröhre durchbohrt ist, welche die extrahierte Gerbstofflösung in einen Maßkolben ableitet. Nach Grasser entspricht diese Zusammenstellung sehr gut den Anforderungen der offiziellen Gerbstoffbestimmung.

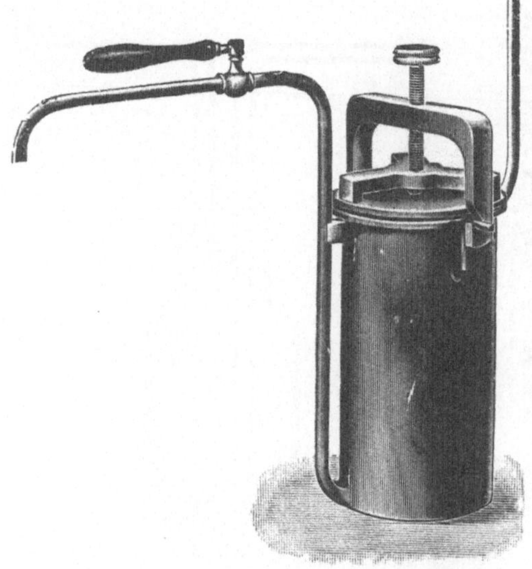

Abb. 23.　Arthur Meissner, Freiberg i. Sa.

Körner[3]) hat einen Apparat nach dem gleichen Prinzip wie Koch, jedoch aus Messing konstruiert (Abb. 23). Das Wesentlichste dieses Apparates besteht aus einem herausnehmbaren Siebboden von feinster Drahtgaze, welche den Seesand ersetzt. Der Verschluß besteht in einem Metalldeckel mit Bügelschraube und Gummidichtung. Beim Gebrauch wird dieser Apparat einzeln oder zu mehreren (Abb. 24) gleich dem Kochschen in ein Wasserbad gesetzt und im übrigen so gehandhabt wie jener.

Eine weitere Verbesserung hat Procter getroffen, der an Stelle einer geschlossenen Flasche als Extrakteur ein gewöhnliches Becherglas in das Wasserbad einsetzt; ein Trichterrohr, das heberartig zweimal rechtwinklig gebogen und mit Gaze verschlossen ist, besitzt auf seinem längeren Rohrende einen Gummischlauch mit einem dünnen Auslaufrohr aus Glas, welches mittels Quetschhahn verschlossen werden kann und das ebenfalls in den Maßkolben mündet (Abb. 25). Dieses Heberrohr ist mittels Klemme am Wasserbade festgehalten. Zum Gebrauche wird der Boden des Becherglases ebenfalls mit Sand bedeckt, darauf das

[1]) Collegium, S. 212. 1911.　　[2]) Le Cuir, S. 547. 1914.
[3]) Deutsche Gerberzeitung, S. 39. 1906.

Gerbmaterial geschichtet und mit Wasser angefüllt. Der weitere Verlauf der Extraktion geht ebenso vor sich wie im Kochschen Apparate, nur hat man hier für die erneute Wasserzufuhr selbst zu sorgen. Als Vorteil ist bei diesem Apparate hervorzuheben, daß bei etwaigem Verstopfen mit Hilfe eines Glasstabes umgerührt werden kann und somit das lästige Unterbrechen und Auseinandernehmen des Extrakteurs wegfällt.

Eine kleine Abänderung des oben beschriebenen Apparates hat Sheard[1]) empfohlen, welche darin besteht, daß die Wasserzufuhr für den Procterschen Apparat ebenfalls mittels höherstehender Standflasche geschieht und daß das Wasserleitungsrohr vorher das Wasserbad durchläuft, um das zugeführte Wasser vorzuwärmen.

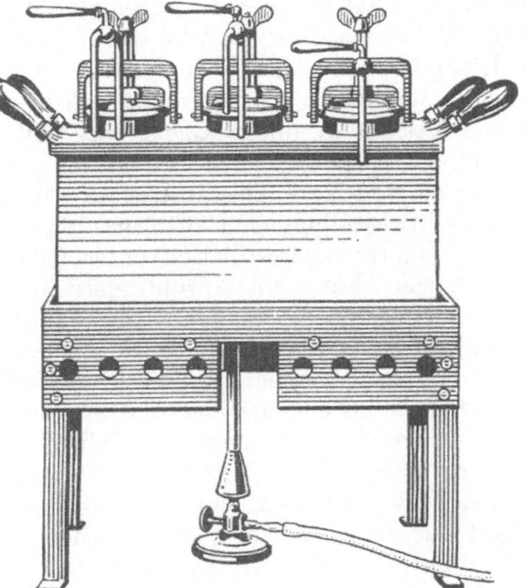

Abb. 24

Abb. 25

Arthur Meissner, Freiberg i. Sa.

v. Schroeder hat einen einfachen Extraktionsapparat konstruiert, der aus einem zylindrischen Zinngefäße von zirka 13 cm Tiefe und 7 cm Durchmesser besteht, in welches ein mit dünnem Stoff überzogener Siebeinsatz heineinpaßt, der mittels eines Griffes wie ein Kolben sich auf- und abbewegen läßt. Das zu extrahierende Material wird in dieses Gefäß gebracht und mit 200 cm³ Wasser von gewöhnlicher Temperatur angerührt. Nach einer Stunde kann man durch Hinabdrücken des Siebeinsatzes die überstehende Flüssigkeit abgießen. Wird diese Operation viermal mit heißem Wasser in Zeiträumen von je einer halben Stunde unter gleichzeitigem Einsetzen des Gefäßes in ein siedendes Wasserbad wiederholt, so gelingt eine vollständige Extraktion.

An der Wiener Versuchsanstalt für Lederindustrie ist ein kupferner Extraktionsapparat in Verwendung, der nach dem Prinzip

---

[1]) Collegium, S. 275. 1908.

des Soxhletschen Apparates arbeitet und unter beständigem Kochen das Gerbmaterial extrahiert, wodurch jedoch leicht eine teilweise Zersetzung von gelösten Gerbstoffen stattfinden kann[1]).

Grasser[2]) konstruierte ebenfalls einen Extraktionsapparat (Abb. 26) der vom Soxhletschen Apparat seinen Ausgang nimmt. Dieser Apparat besteht aus zwei ineinanderschiebbaren Kupferhülsen, wovon die innere am unteren Ende eine kleine Öffnung (ö) besitzt, die mit einer Lage Watte abgedichtet werden kann, worauf das zu extrahierende Material geschichtet

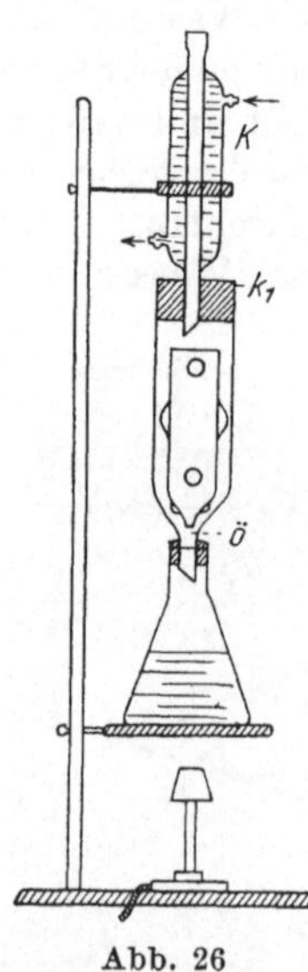

Abb. 26

wird. Der so angesetzte Apparat wird einerseits mit einem Kochkolben, anderseits mit einem Rückflußkühler (K) verbunden; hat man frische Gerbmaterialien zu extrahieren, so entzieht man vorerst durch heißes Wasser die leichtlöslichen Anteile und fängt diese getrennt in einem Maßkolben auf, worauf durch zwei- bis dreistündige Extraktion unter Kochen der ganze lösliche Gerbstoff entzogen wird. Für Betriebsanalysen von bereits ausgelaugten Materialien bedarf es jedoch keiner solchen Vorbehandlung mit heißem Wasser, sondern es kann sofort die Destillation unter Rückflußkühlung einsetzen. Für eine Anzahl gleichzeitig auszuführender Extraktionen, wie dies in Fabriklaboratorien täglich erforderlich ist, eignet sich eine ganze Batterie von sechs bis zehn Apparaten, welche derart gebaut ist, daß auf eine gemeinsame Heizplatte mit sechs bis zehn runden Öffnungen die Kolben gesetzt werden. Eine entsprechende Anzahl der die Heizplatte tragenden Füße ist zirka 1 m hoch über die Platte verlängert und trägt Klemmen, auf welchen ein für allemahl die Rückflußkühler mit den Korken (k_1) befestigt sind und welche alle durch einen Wasserlauf zwecks Kühlung verbunden sind. Bei Inbetriebsetzung ist es nur nötig, den Kochkolben mit dem aufgesetzten Extraktionsapparat auf die Heizplatte zu stellen, den verschiebbaren Kork (k_1) des Kühlers durch Herabziehen in die Hülse einzuführen und die Destillation durch Entzünden der Heizflamme in Gang zu bringen.

Eine weitere Verbesserung letzteren Apparates hat Allen vorgenommen[3]), der den ganzen Apparat aus Glas konstruierte und die äußere Hülse mit einem Glashahn versah, wodurch man durch Aufgießen von heißem Wasser dieses längere Zeit einwirken lassen kann und so fast die gesamte Menge des leichtlöslichen Gerbstoffes entfernen und die darauffolgende Extraktion bei geöffnetem Hahn unter Kochen ohne Gefahr wegen Gerbstoffverlust durchführen kann.

Die Vorteile beider vorstehender Apparate sind darin zu suchen, daß man einerseits die Analysenvorschrift des I. V. L. I. C. genau be-

---

[1]) Der Gerber, S. 3. 1887.   [2]) Collegium, S. 345. 1910.
[3]) Collegium, S. 217. 1911.

folgen kann, anderseits aber in ziemlich kurzer Zeit ohne Bewachung des Apparates eine vollständige Extraktion der Materialien erwirkt und dann nie ein Verstopfen des Extrakteurs oder eine sonstige Störung zu befürchten ist.

Über die Extraktion von Sumach mit den verschiedenen Methoden stellten Parker und Winch[1]) Versuche an.

Riess[2]) weist auf die Methode Freudenberg[3]) der Fermenttötung hin und empfiehlt zur Herstellung von Valoneaauszügen ein Erhitzen der gewogenen Analysensubstanz während einer Stunde lang im Trockenschranke bei 105° C, worauf die übliche Extraktion einsetzen kann. So hergestellte Lösungen halten sich genügend lange klar und neigen auch viel weniger zur Schimmelbildung. Diese Methode wird auch für andere Gerbmittel empfohlen.

Zum Schlusse sei noch einer einfachen Extraktionsmethode gedacht, die besonders für die Gerbstoffbestimmung nach der Löwenthalschen Methode angewandt wurde. Die für diese Methode erforderlichen schwachen Lösungen werden derart hergestellt, daß man die abgewogenen Gerbmaterialmengen mit 1 l Wasser eine halbe Stunde oder länger kocht und dann das Ganze auf 1 l auffüllt. Dieses Verfahren gibt meistens gute Resultate, die allerdings etwas zu niedrig ausfallen, jedoch für Vergleichsanalysen gut verwendet werden können.

Filtermethode

Hat man nach den Angaben der vorausgehenden Kapitel die Gerbstofflösung hergestellt, so bedarf es vorerst einer geeigneten Filtrationsmethode, um die zur Weiterverarbeitung notwendigen vollständig klaren Lösungen zu erhalten.

Die Filtration konnte früher bei absolut klar erscheinenden Lösungen unterbleiben und nur die nicht klaren Lösungen wurden durch Filterpapier Nr. 605 von Schleicher & Schüll filtriert. Da jedoch jedes Filterpapier gewisse Mengen von Gerbstoffen zurückhält, ist es erforderlich, für diese Filtrate eine Korrektur in Rechnung zu bringen, und zwar bei Verwendung von Filterpapier Nr. 605 S. & S. unter Verwerfung von 150 cm³ etwa 5 mg, dagegen bei gleichzeitiger Anwendung von 2 g Kaolin 7,5 mg für 50 cm³ Filtrat. Doch muß im letzteren Falle das Kaolin vorher mit 75 cm³ derselben Brühe sorgfältig gewaschen werden, indem man es 15 Minuten stehen läßt und dann abgießt.

Verwendet man dagegen Filterpapier Nr. 590 S. & S. oder die Berkefeld-Filterkerze zur Filtration, so ist keine Korrektur nötig, wenn 250 bis 300 cm³ des Filtrates verworfen werden.

Die zum Filtrieren von Parker und Payne in Vorschlag gebrachte Filterkerze besteht aus reiner Kieselgur und hat 13 cm Länge und 3 cm Durchmesser. Diese Kerzen müssen vor dem erstmaligen Gebrauche

---

[1]) J. S. L. T. C., 10, S. 272. 1926, u. Collegium, 679, S. 533. 1926.
[2]) Collegium, 677, S. 417. 1926.
[3]) Abderhaldens Handb. I, Teil 10, S. 453.

durch Behandlung mit einer 10 %igen Salzsäure in der Siedehitze gründlich von Eisensalzen befreit, dann mit heißem destillierten Wasser sorgfältig ausgewaschen und bei 105° vollständig getrocknet werden. Die Filterkerze wird mit einem zweimal rechtwinklig gebogenen Glasrohr verbunden und dann in einen gekröpften Zylinder eingestellt, der die zu filtrierende Flüssigkeit aufnimmt. Das andere Ende des Glasrohres

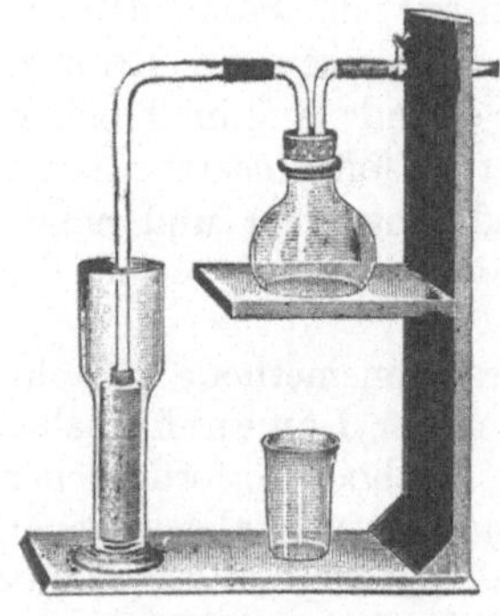

Abb. 27
Arthur Meissner, Freiberg i. Sa.

mündet in einen Rundkolben, der ein zweites von der Luftsaugpumpe kommendes Rohr eingedichtet enthält (Abb. 27). Durch Ansaugen mit Hilfe der Pumpe wird nun die Gerbstofflösung durch die Kerze filtriert und sammelt sich im Rundkolben an. Hat man auf diese Weise 200 bis 300 cm³ klares Filtrat erhalten, so verwirft man dieses, da das Kerzenmaterial aus dem ersten Teile des Filtrates einen Teil des Gerbstoffes aufgenommen hat. Nach Verwerfung der obigen Menge ist jedoch die Gerbstoffaufnahme beendet und man kann weitere 100 bis 150 cm³ in den Rundkolben übersaugen und erhält so die zur Analyse verwendbare absolut klare Lösung.

Nach Beendigung der Filtration wird die Kerze gereinigt, indem sie zunächst in heißes Wasser eingelegt wird und dann mehrere 100 cm³ heißes Wasser durch dieselbe hindurchgesaugt werden; nach dem vollständigen Trocknen kann sie zur erneuten Filtration verwendet werden. Abb. 28 zeigt eine Batterie für fünf gleichzeitig durchführbare Filtrationen.

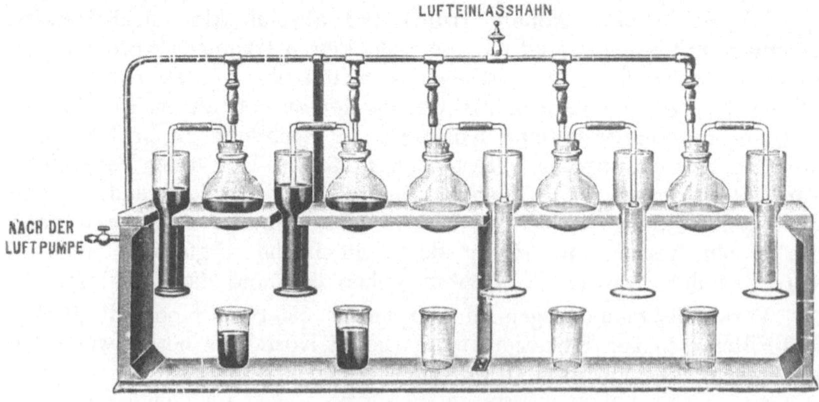

Abb. 28. Arthur Meissner, Freiberg i. Sa.

Dicke Lösungen von Quebrachoextrakt filtrieren häufig bald zu langsam, doch kann man nach Parker und Payne[1]) dadurch die Geschwindigkeit wieder erhöhen, daß man mit einer steifen Bürste, die

---

[1]) Collegium, S. 120. 1904.

man vorher mit einer besonderen Menge der Flüssigkeit gewaschen hat, die Kerze abbürstet.

Erwähnt sei noch die Filtervorrichtung von Reed[1]), die aus einem Nutschtrichter mit aufgelegter Masse aus Asbest und Kaolin besteht und ebenfalls eine glatte Filtration gestattet.

Die von der Chemischen Fabrik E. de Haën in den Handel gebrachten Membranfilter erachtet Schorlemmer[2]) für die Gerbstoff-filtration geeignet.

Für die Bestimmung des „Gesamtrückstandes" entnimmt man von der vollständig klar filtrierten Lösung 50 cm³ mittels Pipette, bringt diese in eine genau tarierte Glas- oder Porzellanabdampfschale von zirka 8 cm Durchmesser und verdampft auf dem Wasserbade zur Trockne. Der Rückstand wird hernach während zwölf Stunden oder über Nacht in einem Trockenschranke bei 105 bis 110° getrocknet und gewogen; hierauf trocknet man die Schale abermals während einer halben Stunde und wägt nochmals. Sollte hiebei die Schale um mehr als 0,002 g abgenommen haben, so muß das Trocknen bis zur Gewichtskonstanz fortgesetzt werden. Allerdings ist darauf zu achten, daß bei längerem Erhitzen der Rückstand durch Oxydation an Gewicht wieder zunimmt und man daher das Trocknen im richtigen Zeitpunkt abbrechen muß.

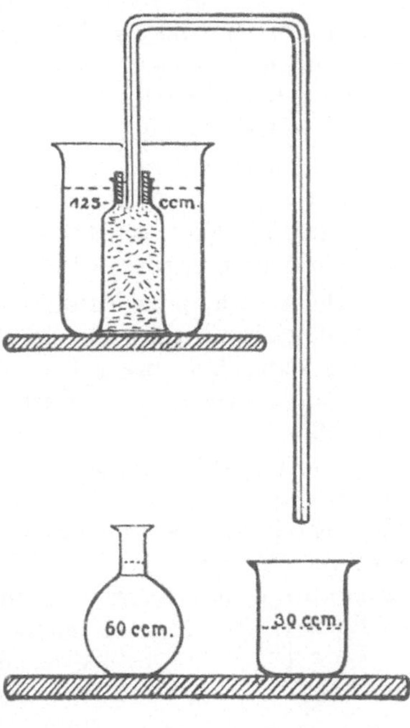

Abb. 29. (Arthur Meissner, Freiberg i. Sa.)

Für Betriebskontrollen oder Vergleichsanalysen wird man daher die Trocknungszeit in allen Fällen als gleich festsetzen, um gut übereinstimmende Resultate zu erhalten.

Zur Bestimmung der löslichen Nichtgerbstoffe benutzt man das Proctersche Glockenfilter (Abb. 29), welches eine zirka 30 cm³ fassende Flasche mit abgesprengtem Boden vorstellt. Der Hals ist mit einem durchbohrten Gummistopfen abgeschlossen, durch welchen ein zweimal rechtwinklig gebogenes Kapillarrohr geht. Dieses Glockenfilter versieht man erst mit einer Lage Baumwolle oder Glaswolle, füllt hierauf den ganzen übrigen Raum möglichst gleichmäßig aber nicht zu fest mit lockerem, wolligem Hautpulver und schließt die Glocke mit umbundener Gaze ab. Das so gestopfte Filter wird nun in ein Becherglas so hineingestellt, daß es mit dem mit Gaze verschlossenen Teil auf dem Boden aufsteht. Hierauf gießt man die Gerbstofflösung langsam

---

[1]) Collegium, S. 414. 1907.   [2]) Collegium, S. 46. 1919.

in das Becherglas ein, so daß das Hautpulver durch Kapillarwirkung in zirka einer Viertelstunde durch und durch benetzt ist. Man saugt nun mit Hilfe eines Gummischlauches am Ende des Heberrohres die Flüssigkeit an, so daß diese langsam in das unterstellte Becherglas eintropft. Die ersten 30 cm³ werden verworfen und erst die nächsten 60 cm³ gesondert aufgefangen. Durch diese Manipulation durchstreicht die Gerbstofflösung ganz langsam das Hautpulver und gibt an dieses ihren Gerbstoff ab, während die löslichen Nichtgerbstoffe unabsorbiert abfließen können. Ist das Filter zu fest gestopft, so quillt das Hautpulver stark auf und versagt dadurch entweder vollständig oder die Flüssigkeit läuft zu langsam ab. Eine zu lockere Füllung hat jedoch zur Folge, daß sich Kanäle bilden, durch welche die Flüssigkeit durchfließt und daher nicht genügend mit dem Hautpulver in Berührung kommt und der vollständigen Entgerbung Schwierigkeiten bietet. Da die Flüssigkeit besonders an den Glaswandungen entlang streicht, muß das Hautpulver an den Wandungen fester als in der Mitte der Glocke gestopft werden.

Der so erhaltene Filtrat muß in den meisten Fällen farblos, jedoch absolut gerbstofffrei sein und darf daher mit einigen Tropfen Gelatinelösung keine Trübung geben. Sollte das Filtrat diesen Anforderungen nicht entsprechen, so wiederholt man am besten die ganze Filtration nochmals.

Die für diese gesamte Filtration im Durchschnitt erforderliche Zeit beträgt etwa ein bis eineinhalb Stunden. Sollte sie jedoch mehr als zwei oder drei Stunden Zeit benötigen, so erhöht sich durch in Lösung gehende Hautsubstanz die Nichtgerbstoffmenge. Auch eine zu hohe Laboratoriumstemperatur kann eine erhöhte Löslichkeit des Hautpulvers mit sich bringen und ist daher eine eventuelle Kühlung des Apparates erforderlich.

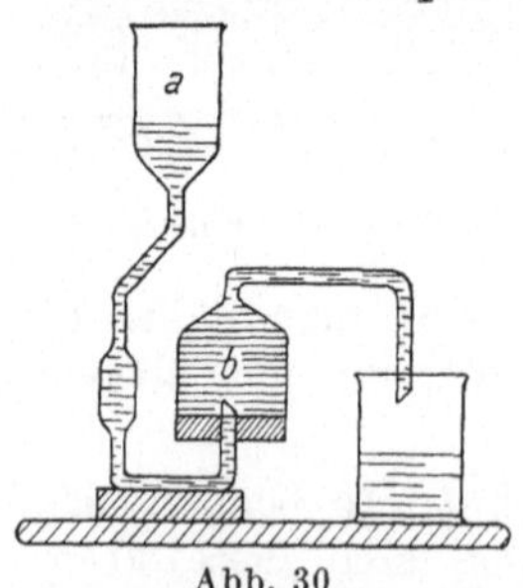

Abb. 30

Von diesem gerbstofffreien Filtrate werden nun 50 cm³ in eine Schale pipettiert, am Wasserbade eingedampft und so getrocknet und gewogen, wie es beim Gesamtlöslichen beschrieben wurde. Das erhaltene Quantum stellt die löslichen Nichtgerbstoffe vor; wird diese Menge vom Gesamtlöslichen in Abzug gebracht, so erhält man die Menge der gerbenden Stoffe.

Von den empfohlenen Abänderungen dieses Procterschen Filters sei die Form der Wiener Versuchsanstalt genannt, welche zur Aufnahme des Hautpulvers eine zylindrische Röhre von 22 bis 25 mm Durchmesser und 120 mm Länge verwendet und die sonst gleich abgeschlossen und benutzt wird wie das erstgenannte Glockenfilter.

Schreiner[1]) änderte die Entgerbung derart ab, daß er die Gerbstofflösung in das Glasrohr a (Abb. 30) einfüllt, die durch ihren eigenen Druck durch das Rohr b fließt, welches das Hautpulver enthält.

---

[1]) Der Gerber, S. 243. 1888.

Das Hinaufziehen der Flüssigkeit an den Wandungen verhindert man nach Jenks[1]) dadurch, daß man in das Filter einen kleinen Glasdreifuß einstellt, dessen Füße gleichsam eine Führung der Flüssigkeit durch das ganze Filter bewirken.

Cerych[2]) hat eine wesentliche Änderung der Filtermethode dadurch vorgenommen, daß er Hautpulver mit destilliertem Wasser so lange wäscht, bis das Waschwasser keine Reaktion mehr mit Gerbstofflösung zeigt. Zu dieser Masse fügt man zirka 35% des Gewichtes eines Filterpapierbreies zu, preßt gut ab und trocknet an einem kühlen Orte womöglich unter Luftströmung. Die getrocknete Masse wird hernach nochmals gemahlen und in einem luftdicht schließenden Gefäße aufbewahrt. Einer eventuell eintretenden Fäulnis beugt man dadurch vor, daß man das Hautpulver vor dem Trocknen wiederholt mit Alkohol behandelt, wodurch alles vorhandene Wasser verdrängt wird und das Hautpulver schneller trocknet. Nach Cerych verwendet man 9 g dieses Hautpulvers, um 100 cm³ Filtrat zu erhalten. Verwendet man die erst ablaufenden 50 cm³ Filtrat zur Nichtgerbstoffbestimmung, so erhält man niedrigere Werte als bei der Verwendung des gewöhnlichen Hautpulvers. Läßt man jedoch größere Mengen von Flüssigkeit durch dieses Hautpulver durchfließen, so verliert es viel rascher seine Wirksamkeit als gewöhnliches Hautpulver.

Als Nachteil aller dieser Methoden ist der Umstand zu nennen, daß das Hautpulver auch Katechin, Gallussäure und andere flüchtige Säuren in nennenswerten Mengen aufnimmt und daher z. B. bei der Analyse von Sumach ungenauere Zahlen gibt, als wenn dieser nach der Löwenthalschen Methode untersucht wird.

Die Adsorption genannter Nichtgerbstoffe und Säuren kommt besonders in den zuerst durchgesaugten 30 cm³ zum Ausdruck, weshalb dieselben sowohl aus diesem Grunde als auch wegen des Gehaltes an gelöster Hautsubstanz stets verworfen werden müssen. Allerdings kann man nach Weiß[3]) durch einen Zusatz von Kochsalz zur Lösung diese Adsorption etwas verhindern, doch stört sein Gehalt wieder das Trocknen des Rückstandes. Der von Meerkatz[4]) empfohlene Zusatz von Bariumkarbonat zur Neutralisation der Säuren hat sich nicht bewährt, da sich die gebildeten Bariumsalze in der Gerbstofflösung auflösen und nur anfänglich vom Hautpulver absorbiert werden, weshalb erst nach Ablauf von zirka 300 cm³ Filtrat dieses zur Bestimmung des Nichtgerbstoffes benutzt werden kann, was praktisch aber sehr schwierig zu erreichen ist. Nach den Untersuchungen Paesslers[5]) können auch neutrale Borate und Sulfite die Adsorption der Gerbstoffe durch die Haut aufheben und daher können auch solche Salze nicht zur Neutralisation der Säuren in Gerbbrühen benutzt werden.

---

[1]) Journ. Soc. Chem. Ind., S. 426. 1896.
[2]) Der Gerber, S. 241. 1895.   [3]) Der Gerber, S. 139. 1887.
[4]) Der Gerber, S. 73. 1889.
[5]) Dingl. Journ., S. 280. 1891.

Die Herstellung des Hautpulvers für die Zwecke dieser Analysenmethode erfordert folgende besondere Arbeitsweise:

Eine frische Rindshaut wird nach sorgfältiger Weiche und Reinigung etwa acht Tage geäschert und nach erfolgtem Haaren und Entfleischen in etwa 1 cm² große Stücke zerschnitten. Diese werden hierauf mit verdünnter Salzsäure (1:100) behandelt, so daß eine leichte Schwellung eintritt, worauf zur vollständigen Entsäuerung mit reichlichen Mengen kaltem Wasser gewaschen wird. Diese so entkälkten Hautstücke werden auf Leinen ausgebreitet und möglichst schnell erst in einem kalten Luftstrome, hierauf bei einer Temperatur von etwa 40° getrocknet und sofort mehrmals auf einer guten Mühle gemahlen. Das so erhaltene Hautpulver muß beim Behandeln von 6 bis 8 g im Glockenfilter mit destilliertem Wasser nach Ablauf der ersten 30 cm³ ein Filtrat von 50 cm³ geben, das nicht mehr als 0,005 g Trockenrückstand liefert.

Amerikanische Methode

Diese Methode wurde von der 18. Versammlung der Vereinigung öffentlicher Agrikulturchemiker der Vereinigten Staaten von Amerika (gehalten am 14. November 1901 in Washington) angenommen und stellt folgende Forderungen[1]):

1. **Vorbereitung der Proben.** Rinden, Hölzer, feste Extrakte und ähnliche Gerbmaterialien sollen so feingemahlen werden, daß sie vollständig extrahiert werden können. Flüssige Extrakte müssen auf 50° erhitzt und dann gut geschüttelt werden, worauf sie wieder auf Zimmertemperatur abgekühlt werden.

2. **Menge der anzuwendenden Materialien.** Man nimmt zur Extraktion solche Mengen der Materialien, daß ihr wässeriger Auszug ungefähr 0,35 bis 0,45 g gerbende Stoffe in 100 cm³ enthält. Die Extraktion erfolgt im Soxhlet oder in einem ähnlichen Apparate bei der Temperatur des kochenden Wassers, wenn Stoffe vorliegen, die keine Stärke enthalten, während bei stärkehaltigen Materialien die Extraktion bei 50 bis 55° nahezu vollständig durchgeführt und hernach bei Siedetemperatur des Wassers vollendet wird.

3. **Feuchtigkeitsbestimmung.** Man gibt bei Extrakten 2 g in eine Schale von mindestens 6 cm Durchmesser, fügt 25 cm³ Wasser hinzu, erwärmt langsam bis alles gelöst ist, dampft vollständig ein und trocknet hernach. Sämtliche Trocknungen sollen

a) während acht Stunden bei der Temperatur des kochenden Wassers in einem Dampfbade,

b) während sechs Stunden bei 100° in einem Luftbade,

c) bis zu konstantem Gewicht im Vakuum bei 70° durchgeführt werden.

4. **Gesamtrückstand.** Man schüttelt die Lösung durch und mißt, ohne zu filtrieren, sogleich 100 cm³ in eine gewogene Schale ein, dampft ab und trocknet wie unter 3.

---

[1]) Collegium, S. 74. 1902.

5. **Löslicher Gesamtrückstand.** Zu 2 g Kaolin fügt man 75 cm³ der Gerbstofflösung hinzu, rührt um, läßt 15 Minuten stehen und gießt dann die Flüssigkeit so vollständig als möglich ab. Dann fügt man weitere 75 cm³ der Lösung zu, gibt alles auf ein doppelt gefaltetes Filter Nr. 590 S. & S. von 15 cm Durchmesser, hält das Filter gefüllt, verwirft die ersten 150 cm³ des Filtrates und dampft die nachher durchfiltrierten 100 cm³ zur Trockne ein und trocknet wie unter 3.

6. **Nichtgerbstoffe.** Man präpariert 20 g Hautpulver, indem man es 24 Stunden mit 500 cm³ Wasser digeriert, dem man 0,6 g Chromalaun, in Wasser gelöst, zugesetzt hat. Diese Chromalaunlösung gibt man zu wie folgt: Die eine Hälfte anfangs, die andere Hälfte setzt man wenigstens sechs Stunden vor Beendigung der Digestion zu. Man wäscht indem man durch Leinen preßt, und behandelt das Hautpulver so lange mit Wasser weiter, bis das ablaufende Wasser mit Bariumchlorid keinen Niederschlag mehr gibt. Dann drückt man das Hautpulver mit der Hand gründlich aus und entfernt noch weiter so viel Wasser wie irgend möglich mit Hilfe einer Presse. Man wägt das gepreßte Hautpulver und nimmt annähernd ein Viertel davon zur Bestimmung der Feuchtigkeit. Dieses Viertel wägt man genau und trocknet es bis zu konstantem Gewicht. Dann wägt man die übriggebliebenen drei Viertel genau und gibt sie zu 200 cm³ der ursprünglichen Gerbstofflösung; man schüttelt zehn Minuten lang, gießt dann alles auf einen Trichter, dessen Rohr man mit einem Wattepfropf verschlossen hat, gibt die ablaufende Flüssigkeit wieder auf den Trichter, bis sie vollkommen klar abläuft, dampft von dem klaren Filtrate 100 cm³ ein und trocknet sie. Das Gewicht dieses Rückstandes muß noch umgerechnet werden wegen der Verdünnung, die durch das in dem gepreßten Hautpulver noch enthaltene Wasser verursacht wird. Das Schütteln kann in irgendeinem beliebigen Schüttelapparate geschehen.

7. **Gerbende Stoffe.** Die Menge derselben ergibt sich aus der Differenz zwischen dem löslichen Gesamtrückstande und den umgerechneten Nichtgerbstoffen.

8. **Prüfung des Hautpulvers.** Man schüttelt 10 g des Hautpulvers fünf Minuten lang mit 250 cm³ Wasser, seiht dann durch Leinen, drückt den Brei gehörig aus und wiederholt diese Operation dreimal. Das letzte Filtrat läßt man durch ein Filter Nr. 590 S. & S. laufen bis es vollkommen klar ist, dampft dann 100 cm³ davon ein und trocknet. Wenn der Trockenrückstand hievon mehr als 0,01 g beträgt, darf das Hautpulver nicht verwandt werden.

9. **Prüfung des die Nichtgerbstoffe enthaltenden Filtrates**

a) auf Gerbstoffe: Eine Probe, mit einigen Tropfen schwacher Gelatinelösung versetzt, darf nicht getrübt werden, widrigenfalls der unter 6 beschriebene Prozeß zu wiederholen ist, indem man 25 statt 20 g Hautpulver nimmt;

b) auf gelöste Hautsubstanz: Zu einer Probe des klaren Filtrates der Nichtgerbstoffe gibt man einige Tropfen der Gerbstofflösung hinzu,

die keine Trübung verursachen darf, andernfalls der unter 6 beschriebene
Prozeß zu wiederholen ist, indem man aber das Hautpulver einem gründ-
licheren Auswaschen unterwirft.

Schüttelmethode

Die ursprüngliche, im Laboratorium des Yorkshire College aus-
geführte Methode[1]) besteht im wesentlichen darin, daß die erforderliche
Hautpulvermenge von 6 bis 9 g in die Flasche eines Schüttelapparates
gebracht wird, unter mindestens einmaligem Wasserwechsel mit destilliertem Wasser gut ausgewaschen und nach jeder Behandlung zwischen
Leinwand sorgfältig ausgedrückt wird. 100 cm³ der gerbstoffhaltigen
Lösung, die nicht mehr als 1% Gesamtrückstand enthalten soll, werden
in die Flasche eingemessen und das Ganze gewogen. Man fügt nun
zirka ein Drittel des gewaschenen Hautpulvers zu und schüttelt 10 bis
15 Minuten; man gibt dann das zweite Drittel hinzu, schüttelt wiederum
und führt dies schließlich auch bei dem letzten Drittel aus. Hierauf
wägt man die Flüssigkeit mit dem Inhalt und findet aus der Differenz
der beiden Gewichte die Menge des zugegebenen Hautpulvers. Man
filtriert nun die Flüssigkeit durch Filterpapier und bringt 50 cm³ des
klaren Filtrates in eine Schale, verdampft sie und wägt sie nach erfolgtem
Trocknen wie bei der Filtermethode. Zur Berechnung des Rückstandes
auf die ursprüngliche Lösung multipliziert man denselben mit 100 plus
dem in Grammen ausgedrückten Gewichte des mit dem nassen Hautpulver hinzugebrachten Wassers und dividiert dann wieder durch 100.

Diese Methode wurde von einer sehr großen Zahl von Gerberei-
chemikern eingehend studiert und verbessert und ergab nach und nach
eine Arbeitsweise von höchster Genauigkeit, so daß der I. V. L. I. C. diese
als offizielle Methode erhob und hiefür ganz genaue Ausführungs-
vorschriften gab, deren letzte Anordnung[2]) hier wiedergegeben sein
möge, und jede beliebige Arbeitsweise zuläßt, die den folgenden Bedingungen entspricht:

1. Die Lösung für die Analyse soll zwischen 3,5 und 4,5 g gerbende
Substanz im Liter gelöst enthalten. Feste Materialien müssen so extrahiert werden, daß die Hauptmenge des Gerbstoffes bei einer 50⁰ nicht
übersteigenden Temperatur ausgezogen wird.

2. Das Gesamtlösliche soll durch Abdampfen einer gemessenen
Menge der Lösung bestimmt werden, die vorher so lange filtriert worden
ist, daß sie sowohl im auffallenden als auch im durchfallenden Lichte
optisch klar erscheint. Dies ist erreicht, wenn ein leuchtender Gegenstand,
wie der Faden einer elektrischen Glühlampe, durch eine wenigstens 5 cm
dicke Schicht deutlich sichtbar ist und eine in einem Becherglase befindliche 1 cm hohe Schicht der Lösung bei gutem Lichte gegen schwarzes

---

[1]) Leather Manufacturer, Nr. 9. 1894 u. Journ. Soc. Chem. Ind.,
S. 494. 1894.

[2]) Gefaßt auf der Konferenz in Brüssel im September 1908.

Glas oder schwarzes Glanzpapier von obenher betrachtet dunkel und nicht opalisierend erscheint.

Jedes Filtrationsverfahren ist zulässig; wenn jedoch dieses Verfahren einen merklichen Verlust an Gerbstoff verursacht, so muß eine Korrektion ermittelt und, wie unter 6 beschrieben, angewendet werden.

Die Filtration soll bei einer Temperatur zwischen 15 und 20^0 stattfinden. Das Eindampfen zur Trockne soll zwischen 98,5 und 100^0 in niedrigen Schalen mit flachem Boden stattfinden, die nachher bis zu konstantem Gewicht bei derselben Temperatur getrocknet und vor dem Wägen nicht weniger als 20 Minuten in luftdicht schließenden Exsikkatoren über trocknem Chlorkalzium abgekühlt werden müssen.

Die nach erfolgtem Eindampfen aus dem Wasserbade genommenen Schalen müssen stets sofort mittels reinen, trockenen Tuches auf der Außenseite abgetrocknet werden, da sonst die aus dem Wasserbade emporgeschleuderten Wassertropfen dort eintrocknen und Spuren von Kalk, Magnesium usw. des Wassers zurücklassen, die das Gewicht der Schale vergrößern.

3. Der Gesamttrockenrückstand soll durch Trocknen einer gewogenen Menge des Materials bestimmt werden oder eines gemessenen Anteiles der gleichmäßig trüben Lösung bei einer Temperatur zwischen 98,5 und 100^0 in niedrigen Schalen mit flachem Boden, die nachher bis zu konstantem Gewicht bei derselben Temperatur getrocknet und vor dem Wägen nicht weniger als 20 Minuten lang in luftdicht schließenden Exsikkatoren über trockenem Chlorkalzium abgekühlt werden müssen.

Feuchtigkeit ist die Differenz von 100 und dem in Prozenten ausgedrückten Anteil des Gesamttrockenrückstandes und Unlösliches die Differenz von Gesamttrockenrückstand und Löslichem.

4. Nichtgerbstoffe. Die Lösung soll durch Schütteln mit chromiertem Hautpulver entgerbt werden, bis in der klaren Lösung durch Kochsalz-Gelatine-Lösung keine Trübung oder Opaleszenz mehr erzeugt werden kann. Das chromierte Hautpulver soll in einer Menge von 6,0 bis 6,5 g trockener Haut auf 100 cm^3 der Gerbstofflösung auf einmal zugesetzt werden. Es soll in 100 Teilen nicht weniger als 0,2 und nicht mehr als 1 Teil Chrom, auf das Trockengewicht bezogen, enthalten und soll so ausgewaschen sein, daß bei einem blinden Versuche mit destilliertem Wasser nicht mehr als 0,005 g Trockenrückstand beim Verdampfen von 100 cm^3 verbleiben. Das in dem Pulver enthaltene gesamte Wasser muß bestimmt und als Verdünnungswasser in Anrechnung gebracht werden.

5. Bereitung des Auszuges. Es soll so viel Material angewendet werden, daß die Lösung möglichst 4 g Gerbstoff im Liter enthält, jedenfalls nicht weniger als 3,5 und nicht mehr als 4,5 g. Flüssige Extrakte sind in einer Schale oder einem Becherglase abzuwägen und in einen Literkolben mit siedendem, destilliertem Wasser zu spülen, mit siedendem, destilliertem Wasser zur Marke aufzufüllen, gut zu mischen und schnell zu 17,5^0 abzukühlen; worauf genau auf die Marke eingestellt, wieder

gut gemischt und sofort filtriert wird. Sumach- oder Myrobalanenextrakte sollen bei einer niederen Temperatur gelöst werden.

Feste Extrakte sollen in einem Becherglase durch Umrühren mit nach und nach zuzusetzenden kleineren Mengen Wassers gelöst werden, wobei man das Ungelöste sich absetzen läßt, die gelösten Anteile in einen Literkolben dekantiert und die ungelösten Anteile mit weiteren Mengen siedenden Wassers behandelt. Nachdem alles Lösbare ausgezogen ist, ist die Lösung wie die eines flüssigen Extraktes zu behandeln.

Feste Gerbmaterialien sind vorher so fein zu mahlen, daß sie durch ein Sieb von 16 Maschen pro Quadratzentimeter gehen, und dann in einem Kochschen oder Procterschen Extraktionsapparat mit 500 cm³ Wasser bei einer unter 50⁰ liegenden Temperatur auszuziehen. Dann wird die Extraktion mit siedendem Wasser fortgesetzt, bis das Filtrat 1 l beträgt. Es empfiehlt sich, das Material erst einige Stunden aufweichen zu lassen, ehe man die Perkolation beginnt, die nicht unter drei Stunden dauern darf, so daß der Gerbstoff möglichst vollkommen in Lösung gebracht wird. Etwa in dem Material zurückbleibende lösliche Stoffe sind zu vernachlässigen oder besonders als schwerlösliche Stoffe anzuführen.

Das Volumen der in dem Kolben befindlichen Flüssigkeit muß nach dem Abkühlen genau auf 1 l gebracht werden.

6. Filtration. Der Auszug ist so lange zu filtrieren, bis er optisch klar ist. Für Berkefeld-Filterkerzen oder für Filterpapier Nr. 590 S. & S. ist für die Adsorption keine Korrektur nötig, wenn eine genügende Menge von 250 bis 300 cm³ verworfen wird, ehe man die zum Abdampfen nötige Menge abmißt; die Lösung kann wiederholt durchgegossen werden, um ein klares Filtrat zu erhalten.

Für andere Filtrationsmethoden bestimmt man die notwendige Durchschnittskorrektur auf folgende Weise: Ungefähr 500 cm³ von derselben oder einer ähnlichen Gerbstofflösung werden vollkommen klar filtriert und nach gründlichem Mischen 50 cm³ davon abgedampft, um das Gesamtlösliche A zu bestimmen. Ein anderer Teil wird nun nach genau der gleichen Methode, für die die Korrektur ermittelt werden soll, filtriert unter genau gleicher Einhaltung der Kontaktzeit und der verworfenen Zeit. 50 cm³ des Filtrates werden eingedampft, um das Gesamtlösliche B zu bestimmen. Die Differenz zwischen A und B ist die gesuchte Korrektur, die zu dem Gewichte des nach der Analyse gefundenen Gesamtlöslichen addiert werden muß. Zur Ermittlung dieser Durchschnittskorrektur sind wenigstens fünf Bestimmungen auszuführen. Man wird finden, daß diese Korrektur für alle Materialien annähernd konstant ist, und zwar bei Verwendung von Filterpapier Nr. 605 S. & S. unter Verwerfung von 150 cm³ etwa 0,005 g und, wenn außerdem 2 g Kaolin verwendet werden, 0,0075 g für 50 cm³. Das Kaolin muß vorher mit 75 cm³ derselben Brühe sorgfältig ausgewaschen werden, indem man es 15 Minuten stehen läßt und dann abgießt.

7. Das zur Verwendung kommende Hautpulver soll von wolliger Beschaffenheit und gründlich, am besten mit Salzsäure, entkalkt sein.

Es soll nicht mehr als 5 cm³ und nicht weniger als 2,5 cm³ $^1/_{10}$ n-Natron-
lauge zur dauernden Rosafärbung mit Phenolphthalein bei Verwendung
von 6,5 g des trockenen, in Wasser suspendierten Pulvers erfordern.
Wenn der Säuregehalt nicht innerhalb dieser Grenzen liegt, so muß er
korrigiert werden durch Einweichen des Pulvers vor dem Chromieren
während 20 Minuten in zehn- bis zwölfmal seinem Gewicht an Wasser,
dem die erforderliche berechnete Menge eingestellter Lauge oder Säure
hinzugefügt worden ist. Das Hautpulver soll beim Chromieren nicht
derart schwellen, daß das nötige Ausdrücken auf einen Wassergehalt
von 70 bis 75% schwierig gemacht wird und soll genügend frei von löslichen organischen Stoffen sein, um es zu ermöglichen, daß beim gewöhnlichen Auswaschen das Gesamtlösliche bei einem blinden Versuche
mit destilliertem Wasser auf einen Gehalt unter 0,005 g für 100 cm³
beschränkt wird. Das von den Fabrikanten bezogene Hautpulver soll
nicht mehr als 12% Feuchtigkeit enthalten und soll in luftdicht
schließenden Blechbüchsen zum Versand gelangen.

Für die technische Gerbstoffanalyse verwendet man vorteilhaft
das käuflich erhältliche, bereits chromierte Hautpulver, wie es z. B.
von der Deutschen Versuchsanstalt für Lederindustrie in
Freiberg i. S. hergestellt und in den Handel gebracht wird.

Die Entgerbung ist folgendermaßen auszuführen:

Die Feuchtigkeit des lufttrockenen Pulvers wird bestimmt und
die 6,5 g vollständig trockenen Hautpulvers entsprechende Menge berechnet, die so gut wie konstant sein wird, wenn das Pulver in einem
luftdichten Gefäße aufbewahrt wird. Je nach der Anzahl der aus-
zuführenden Analysen wird ein Mehrfaches dieser Menge genommen
und mit annähernd dem Zehnfachen seines Gewichtes Wassers ange-
feuchtet. Nun werden auf 100 g trockenes Pulver 2 g kristallisiertes
Chromchlorid $CrCl_3 \cdot 6 H_2O$ in Wasser gelöst und mit 0,6 g Natriumkarbonat durch Zusatz von 11,25 cm³ n-Lösung basisch gemacht, so
daß das Salz der Formel $Cr_2Cl_3(OH)_3$ entspricht. Diese Lösung wird
zu dem Pulver gegeben und das Ganze eine Stunde lang schwach ge-
schwenkt. In Laboratorien, wo fortwährend Analysen gemacht werden,
ist es zweckmäßiger, eine 10%ige Lösung auf Vorrat zu halten, indem
man 100 g $CrCl_3 \cdot 6 H_2O$ in wenig destilliertem Wasser in einem Literkolben auflöst und ganz langsam eine Lösung · von 30 g wasserfreiem
kohlensauren Natrium unter beständigem Schwenken zusetzt, schließlich
mit destilliertem Wasser bis zur Marke auffüllt und gut mischt. Von
dieser Lösung sind 20 cm³ auf 100 g oder 1,3 cm³ auf 6,5 g trockenes
Pulver zu verwenden. Nach Verlauf einer Stunde wird das Pulver,
um es möglichst von der zurückgehaltenen Flüssigkeit zu befreien, in
einem leinenen Tuch ausgedrückt, mit destilliertem Wasser so lange
gewaschen und wieder ausgedrückt, bis durch Zusatz von 1 Tropfen
10%igem Kaliumchromat und 4 Tropfen $^1/_{10}$ n-Silbernitratlösung
zu 50 cm³ des Filtrates eine ziegelrote Färbung erscheint. Vier- bis
fünfmaliges Ausdrücken genügt gewöhnlich. Ein derartiges Filtrat
kann in 50 cm³ nicht mehr als 0,001 g Natriumchlorid enthalten.

Dann wird durch Auspressen der Wassergehalt des Pulvers auf 70 bis 75% gebracht und das Gemenge gewogen. Die so erhaltene 6,5 g trockene Haut enthaltende Menge Q wird abgewogen und sofort auf 100 cm³ des unfiltrierten Gerbstoffauszuges gebracht, ebenso (26,5 — Q) Kubikzentimeter destilliertes Wasser. Das Ganze wird verkorkt und eine Viertelstunde lang in einer rotierenden Flasche mit nicht weniger als 60 Umdrehungen in der Minute geschüttelt. (Man bedient sich z. B. des in Abb. 31 abgebildeten Schüttelapparates.) Dann drückt man es sofort in einem leinenen Tuche aus, rührt das Filtrat um und filtriert so lange durch ein Faltenfilter, welches das ganze Filtrat zu fassen vermag, bis dieses klar ist. 60 cm³ des Filtrates werden abgedampft und als 50 cm³ berechnet oder der Rückstand von 50 cm³ wird mit ⁶/₅ multipliziert. Das die Nichtgerbstoffe enthaltende Filtrat darf mit einem Tropfen einer Lösung von 1% Gelatine und 10% Kochsalz keine Trübung geben.

Ein Gramm von allen löslichen Anteilen befreites Kaolin soll in Anwendung kommen, entweder durch Zugeben zu dem Hautpulver in die Schüttelflasche oder durch Aufbringen auf das Filtrierpapier beim Filtrieren bzw. Zusetzen zur Flüssigkeit vor dem Filtrieren.

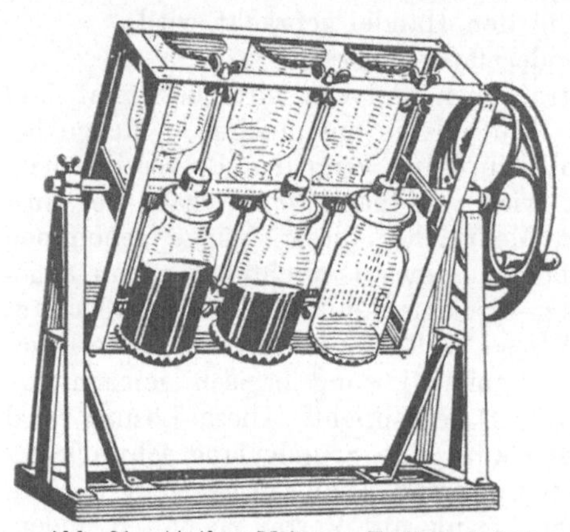

Abb. 31. (Arthur Meissner, Freiberg i. Sa.)

8. Die Analyse gebrauchter Brühen und Gerbstoffe ist nach denselben Methoden auszuführen, die für frisches Gerbmaterial beschrieben wurden; die Brühen oder Auszüge werden verdünnt oder durch Eindampfen im Vakuum oder in einem Gefäße, das so geschlossen ist, daß der Luftzutritt beschränkt ist, so lange eingedickt, bis der Gerbstoff wenn möglich zwischen 3,5 bis 4,5 g im Liter beträgt. In keinem Falle aber darf die Konzentration 10 g Gesamtlösliches pro Liter übersteigen und die verwendete Menge Hautpulver soll immer 6,5 g betragen und nicht abgeändert werden.

Die Resultate sind anzuführen, wie sie sich durch die direkte Bestimmung ergeben; es ist aber wünschenswert, daß außerdem durch Bestimmung der Säuren in der Originallösung und in den Nichtgerbstoffrückständen versucht wird, den von dem Hautpulver absorbierten und daher als „gerbende Stoffe" wiedergegebenen Betrag an Milchsäure und anderen nichtflüchtigen Säuren festzustellen.

Bei Gerbmaterialien muß deutlich im Berichte angegeben werden, ob die Berechnung sich auf das feuchte Muster wie empfangen oder etwa auf einen vertragsmäßig ausbedungenen Wassergehalt bezieht, und bei Brühen, ob der angegebene Prozentgehalt in Gewichts- oder

Volumenprozenten (Gramm in 100 cm³) ausgedrückt ist. In beiden Fällen ist das spezifische Gewicht anzugeben.

Alle die nach dieser Methode ausgeführten Analysen sollen im Analysenbericht den Vermerk tragen: Analysiert nach der offiziellen Methode des I. V. L. I. C.

Die in den Analysenberichten aufgeführten Zahlen müssen die Durchschnittszahlen aus zwei getrennten Einzelbestimmungen sein, die unter sich bei flüssigen Extrakten innerhalb 0,6%, bei festen Extrakten innerhalb 1,5% übereinstimmen müssen, bzw. wenn dies nicht der Fall ist, muß die Analyse wiederholt werden, bis eine solche Übereinstimmung erhalten wird.

**Provisorische international-offizielle Methode
der quantitativen Gerbstoffanalyse**

Die bisher in Verwendung gestandene internationale Gerbstoffanalyse hat sich als verbesserungsbedürftig erwiesen und daher trat in London vom 2. bis 5. Mai 1927 eine internationale Versammlung von Delegierten der Lederindustriechemiker zusammen, um eine neue, provisorische Methode der quantitativen Gerbstoffbestimmung zu beraten. Diese wurde in der am 3. Oktober 1927 in Berlin tagenden außerordentlichen Hauptversammlung des I. V. L. I. C. neuerlich beraten und ab 1. Januar 1928 als provisorische Methode allgemein zur Annahme empfohlen; ihre offizielle Gültigkeit wurde allerdings von einigen Vereinigungen des Gerbstoffhandels nicht anerkannt, so daß es notwendig wurde, die bestehenden Differenzen durch Vergleichsversuche auszugleichen und ist derzeit eine Analysenkommission mit dieser Überprüfung beschäftigt[1]).

Diese provisorische Methode umfaßt folgende Vorschriften[2]):

A. Allgemeine Vorschriften
I. Laboratoriumsgeräte

§ 1. Glasgeräte. Die verwendeten Glasgeräte sollen gegen die Einwirkung von destilliertem Wasser beständig sein. Meßkolben und Pipetten sollen sorgfältig geprüft und, wenn nötig, korrigiert sein. An den Liter- und Zweiliterkolben soll die Marke nahe dem unteren Halsende liegen.

§ 2. Exsikkatoren. Diese sollen mit gutschließendem Deckel versehen und mit Schwefelsäure beschickt sein, deren Konzentration nicht unter 85% (Gewichtsprozente) sinken darf. Nicht mehr als eine Schale soll sich in einem Exsikkator befinden.

§ 3. Abdampfschalen. Diese müssen niedrig sein, flachen Boden besitzen und einen Durchmesser haben, der nicht kleiner als 7 cm und nicht größer als 8,5 cm ist. Erlaubt sind Schalen aus Silber, Porzellan und Glas. Bei der Verwendung von Silberschalen am Wasserbad oder Dampfbad sind Porzellanringe zu benützen. Porzellanschalen müssen

---

[1]) Collegium, S. 127 u. 335. 1928.   [2]) Collegium, S. 333. 1927.

innen und außen glasiert sein. Glasschalen dürfen mit Dampf nicht in unmittelbare Berührung kommen.

§ 4. Vorrichtungen zum Abdampfen und Trocknen. Das Abdampfen muß bei 98,5 bis 100° C erfolgen und kann a) auf einem Wasserbad, b) auf einem kombinierten Wasserbad-Dampftrockenschrank oder c) auf einem kombinierten Abdampf- und Trockenapparat vorgenommen werden. Die nach a) oder b) erhaltenen Rückstände müssen in einem Trockenschrank bei konstant gehaltener Temperatur von 98,5 bis 100° C getrocknet werden. Es dürfen Heißwasser-, Dampf- und elektrisch geheizte Trockenschränke bei gewöhnlichem Druck oder mit Vakuum Verwendung finden. Bei elektrischen Trockenschränken ist die genaue Einhaltung konstanter Temperatur wesentlich. Nicht erlaubt sind mit Gas geheizte Lufttrockenschränke.

§ 5. Waagen. Zum Wägen der Abdampfrückstände sind analytische Waagen zu verwenden, deren Empfindlichkeit mindestens 0,2 mg bei 100 g Belastung beträgt.

§ 6. Leinwand. Zum Waschen des chromierten Hautpulvers und zur ersten (groben) Filtration der entgerbten Lösungen ist Leinwand zu verwenden, die durch mehrmaliges Auskochen mit destilliertem Wasser von Beschwerungsstoffen befreit wurde[1]).

§ 7. Filtrierpapier. Es sind Faltenfilter von 15 cm Durchmesser zu verwenden. Nur Einzelfilter sind gestattet. Die folgenden Marken sind zugelassen: Schleicher & Schüll Nr. 590, Munktell Nr. 1 F, Durieux „Super" und Watman Nr. 4.

§ 8. Der Kochauslauger[2]). Dieser Apparat besteht aus einer weithalsigen Glasflasche, die je nach der Ansatzmenge in drei verschiedenen Größen vorliegen muß. Bei einer Ansatzmenge bis zu 30 g auf 2 l soll sie einen Fassungsraum von etwa 250 cm³ (Größe I), bei einer Ansatzmenge von über 30 g bis zu 42 g auf 2 l einen Fassungsraum von etwa 500 cm³ (Größe II) und bei größeren Ansatzmengen einen Fassungsraum von etwa 750 cm³ (Größe III) haben. Diese Glasflaschen dürfen nicht zu dickwandig und müssen gut gekühlt sein, damit sie das längere Kochen im Wasserbad vertragen. Die Flasche wird mit einem Gummistopfen, durch welchen zwei Glasröhren gehen, verschlossen; die eine, durch welche das destillierte Wasser zugeführt wird, reicht etwa 1 cm unter den Stopfen, um die direkte Berührung des zufließenden kalten Wassers mit den heißen Gefäßwandungen zu vermeiden; die andere, welche als Ausfluß dient, geht fast bis auf den Boden der Flasche. Beide Enden sind trichterförmig erweitert und mit reiner grobmaschiger Leinwand oder Seidengaze (nicht Baumwolle, da diese leicht verfilzt) umbunden. Oberhalb des Stopfens sind beide Röhren rechtwinklig gebogen und mit anderen (s. w. u.) durch Gummischlauch verbunden.

---

[1]) Als geeigneter Ersatz des Leinenfilters ist jener aus Glas hergestellte Filter zu empfehlen, wie er neulich im Institut für Gerbereichemie in Darmstadt in Verwendung kam.

[2]) Abbildung vgl. S. 251.

Auf den Boden der Flasche kommt zunächst eine etwa 1 cm hohe Schicht trockenen, vollständig eisenfreien Seesandes (mit heißer Salzsäure behandelt und durch Waschen mit heißem Wasser gereinigt) und dann das abgewogene gemahlene Gerbmaterial. Zum Füllen wird das bis auf den Boden reichende Rohr mit Hilfe eines mit einem Quetschhahn versehenen Gummischlauchstückes mit einem rechtwinklig gebogenen Glasrohr verbunden, das in ein mit destilliertem Wasser gefülltes Becherglas eintaucht; dann wird an der anderen Röhre vorsichtig gesaugt. Um hiebei sämtliche Luft aus der Glasflasche zu verdrängen, läßt man nach Vollsaugen des Gerbmaterials einige Minuten stehen, wobei sich die verdrängte Luft oben ansammelt. Man füllt dann durch nochmaliges Ansaugen die Flasche vollständig an und stellt den Apparat, mit einer Stöpselklammer gut verschlossen, bis an den Hals in ein Wasserbad. Das kürzere Rohr wird mit Hilfe eines mit Quetschhahn versehenen Gummischlauches mit einem Glasrohre verbunden, das nach einem etwa 150 cm höher stehenden Wasservorratsgefäße führt. Man setzt den Inhalt der Glasflasche durch Öffnen des Quetschhahnes an dem Zuflußrohre des Auslaugewassers unter den Druck dieser Wassersäule und beläßt es unter diesem zum vollständigen Durchweichen die vorgeschriebene Zeit (s. § 18). Das Abflußrohr mündet in einen vorgelegten Zweilitermeßkolben; der Quetschhahn des Abflußrohres bleibt während des Durchweichens verschlossen.

Anmerkung. Wird z. B. auf Wunsch des Auftraggebers ausnahmsweise nicht im Apparat von Koch ausgelaugt, sondern im Apparat von Grasser-Allen, so ist dies im Protokoll zu vermerken mit den Worten: „Auf besonderen Wunsch des Auftraggebers ausgelaugt nach Grasser-Allen[1])."

II. Hilfsstoffe und Reagenzien

§ 9. Destilliertes Wasser; dieses muß folgenden Anforderungen entsprechen:

a) Der p_h-Wert muß zwischen 5,0 und 6,0 liegen, das heißt, das Wasser darf mit Methylrot keine Rotfärbung und mit Bromkresolpurpur (Bromkresolsulfophthalein) keine Dunkelrotfärbung geben;

b) der Abdampfrückstand von 100 cm³ darf 1 mg nicht übersteigen.

§ 10. Kaolin. Nach dem Schütteln von 1 g Kaolin mit 100 cm³ Wasser muß der p_h-Wert der Suspension zwischen 4,0 und 6,0 liegen, das heißt, es darf weder mit Methylorange eine Rotfärbung noch mit Bromkresolpurpur eine Dunkelrotfärbung auftreten. Wird 1 g Kaolin mit 100 cm³ $\frac{n}{100}$-Essigsäure geschüttelt, so darf der Abdampfrückstand des Filtrates 1 mg nicht erreichen. Kaolinsorten, welche diesen Anforderungen nicht entsprechen, können mitunter brauchbar gemacht werden, indem man sie mit Salzsäure behandelt und dann mit destilliertem Wasser wäscht, bis keine löslichen Anteile mehr abgegeben werden.

---

[1]) Collegium, S. 477. 1928.

Folgende Kaolinsorten haben sich bewährt: Le Moor, Chinaclay und Catalpo. Stets muß jede neue Sendung geprüft werden.

§ 11. Chromalaunlösung. Der Chromalaun muß in Kristallen vorliegen und der Formel $K_2Cr_2(SO_4)_4 \cdot 24 H_2O$ entsprechen. Die zur Chromierung des Hautpulvers bestimmte Lösung muß bei Zimmertemperatur hergestellt werden, wobei 30 g Chromalaun auf 1 l gebracht werden. Diese Lösung darf nur verwendet werden, solange sie weniger als 30 Tage alt ist.

§ 12. Hautpulver. Das zu verwendende Hautpulver soll von dem internationalen Ausschuß, bestehend aus Vertretern der A. L. C. A., der I. S. L. T. C. und des I. V. L. I. C. gutgeheißen sein. Es muß folgende Bedingungen erfüllen:

a) Der Aschegehalt muß unterhalb 0,3% liegen;

b) wenn 7 g des lufttrockenen Hautpulvers unter zeitweisem Durchschütteln 24 Stunden mit 100 cm³ $\frac{n}{10}$-KCl-Lösung behandelt und dann durch ein Papierfilter filtriert werden, so muß der p_h-Wert des Filtrates zwischen 5,0 und 5,4 liegen.

§ 13. Gelatine-Kochsalz-Lösung. 1 g Gelatine (für photographische Zwecke) und 10 g reines Kochsalz werden in 100 cm³ destilliertem Wasser gelöst und der p_h-Wert der Lösung durch Zusatz von Säure bzw. Alkali auf annähernd 4,7 gebracht; die Lösung soll demnach mit Methylrot Rotfärbung und mit Methylorange Gelbfärbung geben. Bei der Herstellung dieser Lösung, die am besten jedesmal frisch bereitet wird, aber durch Zusatz von 2 cm³ Toluol für kürzere Zeit haltbar gemacht werden kann, darf die Temperatur von 60° C nicht überschritten werden.

III. Bereitung der zur Analyse gelangenden Proben

§ 14. Feste Gerbmittel (Hölzer, Rinden, Früchte usw.). Hölzer, Rinden und Früchte müssen in einer geeigneten Mühle zerkleinert werden, bis sie durch ein Sieb von fünf Drähten pro Zentimeter hindurchgehen. Sollte dies bei einem faserigen Gerbmittel nicht völlig erreichbar sein, so müssen die feineren und die gröberen Anteile gesondert gewogen und das Verhältnis dieser Anteile in der gemahlenen Gesamtmenge bestimmt werden. Zur Auslaugung müssen die beiden Anteile im gleichen Verhältnisse gelangen, in welchem sie sich ursprünglich befanden.

Alle Gerbmittel, die beim Mahlen feinteilige (staubförmige) Anteile liefern, müssen in gleicher Weise behandelt werden, das heißt, es müssen die zur Auslaugung gelangenden Mengen ein gleiches Verhältnis von Staub und groben Anteilen aufweisen wie das gesamte Mahlgut.

Faserige Gerbmittel, wie Blätter (Sumach usw.) und Rinden (Eiche, Mimosa, Mangrove usw.), können in einem Mörser (womöglich aus Kupfer oder Bronze, mit schwerem Kupferstößel) zerstampft werden, um das faserige Gefüge zu lockern und das Eindringen des Auslaugewassers zu erleichtern.

Da manche Gerbmittel während des Mahlens Feuchtigkeit abgeben, so empfiehlt es sich, vor und nach dem Mahlen den Wassergehalt zu ermitteln und entsprechende Korrekturen vorzunehmen.

Gerbmittel, deren wässerige Auszüge Ellagsäure, Chebulinsäure u. dgl. abzuscheiden pflegen, wie Valonea, Myrobalanen usw., sollen vor der Auslaugung eine Stunde auf 100 bis 105°C erhitzt werden.

§ 15. Feste Gerbstoffauszüge (feste Gerbextrakte). Diese sollen vor der Einwaage in einer Reibschale aus Porzellan oder Achat zerrieben werden. Bei jenen Auszügen, die ungleichmäßige Feuchtigkeitsverteilung aufweisen oder sich nicht fein zerreiben lassen, sollen die Blöcke aufgebrochen, eine größere Probe in flachbodigen Schalen gewogen, im Trockenschrank bei 70° einige Stunden getrocknet und dann der Laboratoriumsfeuchtigkeit einige Stunden (womöglich über Nacht) ausgesetzt werden. Nach Feststellung der Gewichtsabnahme wird in einer Reibschale fein zerrieben und in einer Probe der weitere Gewichtsverlust beim Trocknen im Trockenschrank bei 98,5 bis 100°C ermittelt. Die beiden Wasserbestimmungen ergeben zusammen den ursprünglichen Feuchtigkeitsgehalt.

Teigförmige Auszüge, wie Blockgambir, sollen in kleine Stücke zerschnitten und dann in gleicher Weise behandelt werden.

§ 16. Flüssige Gerbstoffauszüge (flüssige Gerbextrakte) sollen gründlich durchmischt werden, um gleichmäßige Musterziehung zu ermöglichen; hiebei ist anzustreben, auch die abgesetzten Anteile in die Analysenprobe zu bekommen. Dickflüssige Auszüge sollen auf dem Wasserbade auf 45°C erwärmt, gut durchmischt, dann auf 18°C abgekühlt (siehe § 21) und sofort ausgewogen werden. Im Analysenbericht ist das Erwärmen zu erwähnen.

IV. Herstellung der Auszüge für die Analyse

§ 17. Die Menge des zur Analyse abzuwägenden Gerbmittels ist so zu bemessen, daß eine Lösung erzielt wird, die möglichst nahe einen Gehalt von 4 g/l durch Hautpulver aufnehmbare Stoffe aufweist. Keinesfalls darf dieser Wert unter 3,75 oder über 4,25 g/l betragen. Andernfalls ist die Analyse mit entsprechend geänderter Einwaage zu wiederholen.

Alle zu analysierenden Stoffe sollen auf einer analytischen Waage bis zu einer Genauigkeit von 2 mg abgewogen werden.

§ 18. Die Auslaugung fester Gerbmittel. Die nach obigen Angaben zerkleinerten festen Gerbmittel sind in einem Koch-Auslauger auszulaugen; hierzu sind solche Mengen zu verwenden, daß 2000 cm³ einer Lösung von erforderlicher Analysenstärke (siehe § 17) erhalten wird. Das Gerbmittel muß vorerst im Koch-Auslauger mit kaltem destillierten Wasser nicht weniger als zwölf Stunden, aber nicht mehr als achtzehn Stunden (z. B. über Nacht) durchfeuchtet werden; dann wird abgehebert und die Auslaugung mit gleichförmiger Geschwindigkeit fortgesetzt, so daß die erforderlichen 2 l in vier Stunden gewonnen werden. Nach Ablauf der ersten 150 cm³ ist die Temperatur des Wasserbades auf 50°C zu steigern und diese Temperatur beizubehalten, bis weitere

750 cm³ gesammelt sind. Dann wird die Temperatur des Wasserbades bis zum Siedepunkt gesteigert und die restliche Auslaugung bei dieser Temperatur bewirkt.

Bemerkung: Hölzer und solche schwer auslaugbare Rinden, wie Eiche und Hemlock, müssen in der Weise ausgelaugt werden, daß die erforderlichen 2 l bei gleichförmiger Auslaugung innerhalb sieben Stunden (und nicht vier Stunden) gewonnen werden.

§ 19. Flüssige Gerbstoffauszüge (flüssige Gerbextrakte) sollen zur Vermeidung von Änderungen im Wassergehalt möglichst rasch und in geschlossenen Wägegläschen gewogen werden. Man löst durch Bespülen mit ungefähr 400 cm³ destilliertem Wasser von 85⁰ C, läßt dabei in einen Litermeßkolben fließen und setzt noch weiteres destilliertes Wasser von 85⁰ C zu, bis das Volumen etwa 900 cm³ beträgt. Dann wird so vorgegangen, wie unter § 21 beschrieben ist.

Stoffe, die gegen Wasser von 85⁰ C empfindlich sind, sollen bei einer niedrigeren Temperatur gelöst werden; in diesem Falle ist die eingehaltene Temperatur im Analysenbericht anzugeben.

§ 20. Feste (pulverförmige) oder teigförmige Gerbstoffauszüge. Zur Vermeidung von Änderungen im Wassergehalt sollen solche Gerbstoffauszüge in einem Becherglas möglichst rasch gewogen, mit der zehnfachen Menge destillierten Wassers von 85⁰ C versetzt und auf einem Dampfbad auf 85 bis 90⁰ C unter häufigem Umrühren so lange erhitzt werden, bis Lösung oder gleichförmige Suspendierung eingetreten ist. Dann wird mit ungefähr 400 cm³ destilliertem Wasser von 85⁰ C in einen Litermeßkolben gespült und weiteres destilliertes Wasser von 85⁰ C zugesetzt, bis das Volumen etwa 900 cm³ beträgt, worauf man so, wie unter § 21 angegeben, verfährt.

Von Gerbstoffauszügen, die mehr als 45% Gerbstoff enthalten, sind die abzuwägenden Mengen so zu bemessen, daß 2 l einer Lösung der erforderlichen Analysenstärke erhalten werden.

§ 21. Kühlen der Gerbstofflösungen. Die aus den Gerbmitteln oder Gerbstoffauszügen bereiteten Lösungen sind in folgender Weise auf 18⁰ C abzukühlen: Man bringt den Kolben in einen großen, mit Wasser von 18⁰ C gefüllten Behälter und hält das Kühlwasser während der Dauer des Kühlens auf 18⁰ C. Der Kolbeninhalt wird während des ganzen Kühlvorganges in Bewegung erhalten. Diese Arbeitsweise ist zur Erzielung übereinstimmender Ergebnisse unbedingt zu befolgen. Nach erfolgter Kühlung wird mit destilliertem Wasser zur Marke aufgefüllt, gründlich durchgemischt und dann filtriert.

Bemerkung: In heißen Klimaten, wo die Einhaltung der Temperatur von 18⁰ C Schwierigkeiten bereitet, empfiehlt es sich, die Kolben nach beendigter Kühlung in Papiersäcke zu hüllen.

B. Analyse

§ 22. Allgemeines. Die Lösungen des Gesamttrockenrückstandes, des Gesamtlöslichen und der Nichtgerbstoffe müssen sich zur Zeit des Abpipettierens bei gleicher Temperatur befinden.

§ 23. Bestimmung der Feuchtigkeit und des Gesamttrockenrückstandes. Die Summe von Feuchtigkeit und Gesamttrockenrückstand beträgt 100%, so daß eine der beiden Bestimmungen ausreicht. Bei festen Gerbmitteln und bei solchen festen oder teigförmigen Gerbstoffauszügen, die keine gleichmäßig trübe Lösung liefern, muß eine direkte Wasserbestimmung ausgeführt werden.

§ 24. Feuchtigkeit. Etwa 1 g des feingemahlenen Stoffes wird in einem niedrigen, breiten Wägegläschen genau ausgewogen, in einem Heißwasser- oder Dampf-Trockenschrank bei 98,5 bis 100° C drei bis vier Stunden getrocknet, dann in einem Exsikkator zwanzig Minuten abkühlen gelassen und auf einer analytischen Waage so rasch wie möglich gewogen. Das Trocknen wird dann bis zur Gewichtskonstanz wiederholt. Wenn beim wiederholten Trocknen Gewichtszunahmen auftreten, so ist die niedrigste Gewichtsbestimmung zu wählen.

§ 25. Gesamttrockenrückstand. 50 cm³ der gut durchmischten, gleichmäßig trüben Gerbstofflösung werden in den angegebenen Abdampfschalen auf dem Wasserbad oder auf dem kombinierten Wasserbad-Dampftrockenschrank zur Trocken eingedampft. Die Rückstände werden dann sogleich bei 98,5 bis 100° C (siehe § 4) getrocknet, in Exsikkatoren erkalten gelassen und so rasch wie möglich auf 0,2 mg Genauigkeit gewogen. Dies wird bis zur Erreichung von Gewichtskonstanz wiederholt. Die Schalen dürfen nach der Entnahme aus dem Exsikkator nicht mehr abgewischt werden.

Es ist gestattet, den kombinierten Abdampf- und Trockenapparat zu verwenden und damit das Abdampfen und das Trocknen in einer Vorrichtung zu vereinigen.

§ 26. Gesamtlösliches. Man bringt so viel der Analysenlösung, als zum Anfüllen des Filters nötig ist (etwa 75 cm³), in ein Becherglas, setzt 1 g Kaolin zu, mischt gründlich und bringt sofort auf das Filter (siehe § 7). Man sammelt die ersten 25 cm³ des Filtrates in dem gleichen Becherglase, gießt sie wieder aufs Filter und wiederholt diesen Vorgang während einer Stunde, wobei man trachtet, die ganze Kaolinmenge auf das Filter zu bringen. Dann entfernt man die Flüssigkeit vom Filter, wobei man möglichst vermeidet, das Kaolin aufzurühren, was durch Abhebern leicht gelingt. Man füllt nun das Filter mit der auf 18° C gebrachten Gerbstofflösung und wartet, bis das Filtrat optisch klar ist; die bis dahin durchfiltrierten Anteile gießt man fort. Dann beginnt man das Filtrat zu sammeln, bis die zum Eindampfen abzupipettierende Menge vorhanden ist. Das Filter soll stets vollgehalten werden, die Temperatur der filtrierenden Lösung 18° C betragen und der Trichter, sowie das Filtrat-Sammelgefäß bedeckt werden. 50 cm³ des klaren Filtrates werden in die gewogene Abdampfschale pipettiert, eingedampft, getrocknet, abgekühlt und bis zur Gewichtskonstanz gebracht, wie oben angegeben.

Als optisch klar gegen auffallendes und durchfallendes Licht gilt die Lösung, wenn ein heller Körper von der Art einer Glühlampe durch eine wenigstens 5 cm dicke Schicht deutlich sichtbar ist und wenn eine

1 cm hohe Schicht in einem auf schwarzem Glas oder schwarzem Glanzpapier ruhenden Becherglas bei guter Beleuchtung schwarz und nicht opalisierend erscheint, sobald sie von oben betrachtet wird.

§ 27. **Chromierung des Hautpulvers.** Für jede Nichtgerbstoffbestimmung wird so viel Hautpulver, wie 6,25 g Trockensubstanz entspricht, benötigt. Sind n Nichtgerbstoffbestimmungen auszuführen, so wird die n-fache Menge und dazu noch 6 g für die Wasserbestimmung abgewogen und mit der zehnfachen Menge destillierten Wassers eine Stunde durchfeuchtet. Hierzu wird pro 1 g lufttrockenes Hautpulver 1 cm³ der Chromalaun-Stammlösung (siehe § 11) zugesetzt und das Ganze gut durchgerührt.

Das Durchrühren wird während mehrerer Stunden häufig wiederholt, dann über Nacht stehen gelassen. Am nächsten Morgen wird das chromierte Hautpulver auf reines Leinen- oder Baumwollfiltertuch gebracht, abtropfen gelassen und ausgepreßt. Dann wird das Tuch mit dem Hautpulver in ein geeignetes Gefäß (bei größeren Hautpulvermengen ist ein emaillierter Topf zu empfehlen) gebracht, das Tuch geöffnet und das Hautpulver mit der fünfzehnfachen Menge destilliertem Wasser (bezogen auf lufttrockenes Hautpulver) übergossen. Es wird gut durchgerührt, fünfzehn Minuten stehen gelassen, dann das Tuch mit dem Hautpulver herausgehoben, sofort abtropfen gelassen und auf annähernd 75% Feuchtigkeit — wenn nötig, unter Anwendung einer Presse — abgepreßt. Dieses Waschen, Abtropfen und Abpressen wird noch dreimal wiederholt und das letzte Abpressen so ausgeführt, daß ein Wassergehalt von annähernd 73% (nicht weniger als 72% und nicht mehr als 74%) zurückbleibt. (Es ist zweckmäßig, etwas unter die angenommenen Werte zu pressen, dann so quantitativ wie möglich in ein tariertes Gefäß zu überführen und durch sorgfältigen Wasserzusatz den richtigen Feuchtigkeitsgehalt zu bewirken.) Der Kuchen des nassen, chromierten Hautpulvers wird dann gründlich zerteilt und das Ganze gleichförmig und klumpenfrei durchmischt. In 20 g dieses nassen, chromierten Hautpulvers wird sofort eine Feuchtigkeitsbestimmung (siehe § 24) ausgeführt. Ebenso werden sofort die für die Nichtgerbstoffbestimmungen dienenden Einzelmengen abgewogen, in die Schüttelflaschen gebracht und diese dicht verschlossen.

§ 28. **Nichtgerbstoffbestimmung.** Zu einer Menge nassen chromierten Hautpulvers, die möglichst genau 6,25 g Hautpulver-Trockensubstanz entsprechen soll, und jedenfalls nicht außerhalb der Grenzen von 6,1 g bis 6,4 g fallen darf, werden 100 cm³ der Analysen-Gerbstofflösung gegeben und sofort genau zehn Minuten lang in einem Schüttelapparat mit einer Umdrehungszahl von 50 bis 65 pro Minute bewegt. Dann werden Hautpulver und Lösung auf ein reines, trockenes Leinwandstück gegossen, das auf einem Trichter ruht. Nach dem Abtropfen wird mit der Hand abgepreßt und zu diesem Filtrate 1 g Kaolin zugesetzt und gut durchgemischt. (Das Kaolin muß den in § 10 angegebenen Bedingungen entsprechen.) Dann wird durch ein Einzelfaltenfilter von 15 cm Durchmesser gegossen und das Filtrat so oft zurückgegossen, bis es klar geworden ist. Trichter und Auffanggefäß sind hierbei bedeckt zu halten. (Das Filtrat muß mit der Gelatine-Kochsalz-Lösung geprüft werden und es muß, wenn 10 cm³ des Filtrates mit 1 bis 2 Tropfen des Reagenses eine Trübung geben sollten, dies im Analysenbericht mitgeteilt werden.) 50 cm³ des Filtrates werden sodann in eine gewogene Abdampfschale pipettiert, abgedampft, getrocknet, abgekühlt und gewogen. Das erhaltene Gewicht muß entsprechend der durch den Wassergehalt des Hautpulvers verursachten Verdünnung korrigiert und dieses korrigierte Gewicht zur Berechnung der Nichtgerbstoffprozente verwendet werden.

§ 29. **Durch Hautpulver aufgenommene Gerbstoffe.** Der Gerbstoffgehalt ergibt sich aus der Differenz der Prozentzahlen für Gesamtlösliches und Nichtgerbstoff.

§ 30. **Unlösliches.** Unter Unlöslichem versteht man die Differenz zwischen den Prozentzahlen für Gesamt-Trockenrückstand und Gesamtlösliches; oder zwischen 100 und der Summe aus Feuchtigkeit und Gesamtlöslichem; letzteres bei jenen festen Gerbmitteln und festen oder teigförmigen Gerbstoffauszügen, bei denen die Feuchtigkeit direkt bestimmt wird.

§ 31. **Spezifisches Gewicht.** Das spezifische Gewicht soll mit dem Pyknometer unter möglichster Einhaltung der Temperatur von 15⁰ C bestimmt werden.

§ 32. **Genauigkeit der Methode.** Alle Analysen sind doppelt auszuführen und die Mittelwerte anzugeben. Die Gewichte der Abdampfrückstände sollen stets innerhalb 2 mg übereinstimmen, so daß der absolute Fehler im Gerbstoffgehalt nicht mehr als 2% beträgt. So z. B. sollen bei flüssigen Gerbstoffauszügen mit 30% Gerbstoff die Doppelbestimmungen von Gerbstoff innerhalb 0,6% übereinstimmen; bei festen Gerbstoffauszügen mit 60% Gerbstoff soll die Übereinstimmung innerhalb 1,2% liegen. Wenn nötig, sind die Analysen zu wiederholen, bis diese Übereinstimmung erreicht ist. Im Analysenbericht ist deutlich anzugeben, daß die mitgeteilten Zahlen Mittelwerte solcher übereinstimmender Bestimmungen sind.

Wenn die Analysen von verschiedenen Chemikern am gleichen Muster des Gerbmittels oder Gerbstoffauszuges ausgeführt wurden, so sollen die Ergebnisse voneinander nicht um mehr als 3% vom Gesamtgerbstoffgehalt abweichen.

In den Analysenberichten sind die Ergebnisse nur auf eine Dezimale auszudrücken.

§ 33. **Schlußbemerkung.** Alle Analysen sind in genauer Befolgung der obigen Vorschriften auszuführen. Der Analysenbericht muß die Erklärung enthalten: „Diese Analyse ist nach der international-offiziellen Methode der Gerbstoffbestimmung ausgeführt worden."

Ferner ist die Partienummer des verwendeten Hautpulvers im Analysenbericht anzugeben.

§ 34. Ungefähre Mengen der zur Analyse verwendeten Gerbmittel in Grammliter[1]).

Canaigre	15 bis 18
Dividivi, Algarobilla, Teri und Gonakie	10 ,, 12
Eichenrinde	35 ,, 45
Fichtenrinde	30 ,, 35
Hemlockrinde	32 ,, 36
Kastanienholz, frisch	50 ,, 55
,,　　　, trocken	38 ,, 42
Mangrovenrinde	10 ,, 12
Mimosenrinde	10 ,, 14
Myrobalanen, entkernt	8 ,, 10
,,　　, ganze Früchte	12 ,, 14
Quebrachoholz	19 ,, 21
Sumach	15 ,, 16
Tizera	19 ,, 21
Trillo	9 ,, 10
Valonea	14 ,, 15
Ausgelaugte Gerbmittel	50 ,, 80
Kastanienextrakt, fest	6 ,, 7
Mangrovenextrakt, fest	6
Quebrachoextrakt, fest	6
Mimosenextrakt, fest	6 bis 7
Sumachextrakt, fest	6 ,, 7
Cutch, fest	10
Würfelgambir, fest	12 bis 14
Blockgambir, fest	14 ,, 16
Kastanienextrakt, flüssig	13
Quebrachoextrakt, flüssig	12
Mimosenextrakt, flüssig	11 bis 13
Eichenholzextrakt, flüssig	16
Sumachextrakt, flüssig	16
Myrobalanenextrakt, flüssig	16
Hemlockextrakt, flüssig	11 bis 13
Fichtenrindenextrakt, flüssig	13
Synthetische Gerbstoffe	13
Zellstoffablauge	16 bis 18

Löwenthal-Methode[2])

Diese Methode stellte die erste quantitative Bestimmungsart der Gerbstoffe vor und bildete wegen ihrer Einfachheit eine beliebte Arbeitsweise. Sie wurde allerdings durch die Hautpulvermethode verdrängt, findet aber für technische Zwecke zur Analyse von schwachen, ge-

---

[1]) Für jene Fälle, bei denen auf 2 l ausgelaugt werden soll, sind die Einwaagen natürlich doppelt so groß wie in der Tabelle angegeben.

[2]) Löwenthal: Zeitschr. f. anal. Chem., 5, S. 8. 1866; 16, S. 33. 1877; 20, S. 91. 1881. Cech: Zeitschr. f. anal. Chem., 7, S. 130. 1867. Günther: Pharm. Ztg. f. Rußland, 9, S. 161. 1870. Neubauer: Zeitschr. f. anal. Chem., 10, S. 1. 1871. Wagner: Dingl. Journ., 205, S. 137. 1872. Escourt: Chem. News, 29, S. 109. 1874. Procter: Chem. News, 29, S. 161. 1874. Procter: Zeitschr. f. anal. Chem., 14, S. 326. 1874. Kathreiner:

brauchten Gerbbrühen, zum Vergleiche von gebrauchten Gerbmaterialien als auch zur Analyse solcher Gerbstoffe, die viel Gallussäure enthalten, z. B. von Sumach und Myrobalanen, heute noch Anwendung. Außer der schnellen Ausführung hat diese Methode noch den Vorzug, daß sie auch für sehr verdünnte Gerbstofflösungen ohne deren vorausgehender Konzentration angewandt werden kann und Gallussäure und andere nichtflüchtige Säuren kaum störend einwirken.

Der maßanalytischen Methode nach Löwenthal wurde zuerst der Gedanke zugrunde gelegt, daß nur die Gerbstoffe durch Oxydation zerstört werden. Es wurde jedoch bald bewiesen, daß auch Gallussäure und Nichtgerbstoffe einer solchen Oxydation unterliegen und daher wurden mannigfaltige Vorschläge gemacht, nach der Ermittlung der Gesamtmenge der oxydierbaren Substanzen den Gerbstoff zu entfernen und mit Hilfe einer zweiten Titration den Gerbstoff aus der Differenz der beiden Bestimmungen zu berechnen. Diese Entgerbung wurde mit Tierkohle (Neubauer), Leim und Kochsalz (Löwenthal) und Hautpulver (Hammer) vorgenommen; aber auch Gallussäure kann durch diese entgerbenden Mittel in größeren Mengen absorbiert werden und diese Tatsache hat Procter[1]) zuerst festgestellt. Dieser versuchte nun, auch die Gerbstoffausfällung durch Zugabe von Kochsalz zu begünstigen und durch Anwendung von Kaolin ein klares Filtrat zu erhalten.

Der als Indikator benutzte Indigo bringt aber auch einige Regelmäßigkeit in den ganzen Oxydationsprozeß, indem er die Oxydation von Substanzen, die beständiger sind als er selbst, verhindert. Die Oxydation mittels Kaliumpermanganat sollte sich theoretisch nur auf den Indigo und auf diejenigen Substanzen beschränken, welche noch leichter oxydierbar sind. Es sind jedoch tatsächlich auch andere Stoffe in der Gerbstofflösung zugegen, die bei Abwesenheit von Indigo Kaliumpermanganat reduzieren; würde man also das Permanganat rasch in die Gerbstofflösung einfließen lassen, so wird an den Stellen, wo überschüssiges Permanganat sich befindet, auch ein Teil der anderen vorhandenen Substanzen durch Oxydation zerstört, während an entfernteren Stellen kein Permanganat zur Wirkung kommt und daher Gerbstoff und Indigo unzersetzt läßt und erst ein erneuter Zusatz von Permanganat diese Reste zur Oxydation bringt und somit ein erhöhtes Quantum an Permanganat bedingt. Je langsamer also das Permanganat unter kräftigem Rühren zugefügt wird, desto genauer wird die verbrauchte Menge der Oxydation des Gerbstoffes und Indigos entsprechen.

Dingl. Journ., 227, S. 481. 1878. Macagno: Gazz. chim. ital. 11, S. 297. 1881. Schroeder: Gerbereichemie, S. 33 u. 44. 1885. Procter: Journ. Soc. Chem. Ind., 5, S. 79. 1886. Gantter: Zeitschr. f. angew. Chem., 28, S. 117. 1889. Schroeder-Paessler: Dingl. Journ., 277, S. 361. 1890. Dvorkowitsch: Berl. Ber., 24, S. 1945. 1891. Sisley: Bull. Soc. Chim., S. 755. 1893. Marx: Pharm. Ztg., S. 211. 1894. Procter-Hirst: Collegium, S. 187. 1909.
    [1]) Journ. Soc. Chem. Ind., S. 81. 1886 u. S. 94. 1887.

Zur Erreichung dieses Prozesses wurden ebenfalls verschiedene Vorschläge gemacht; v. Schroeder schlug vor, die Permanganatlösung in Intervallen von fünf bis zehn Sekunden kubikzentimeterweise einfließen zu lassen, doch gab auch diese Art des Zufließens Differenzen, die sogar größer als bei der Tröpfelmethode waren.

v. Schroeder machte daher später den Vorschlag, die Stellung des Permanganats mit reinem Tannin einerseits, die Titration der Gerbstofflösung mit Permanganat anderseits unter ganz gleichen Bedingungen durchzuführen, wodurch sich eventuell Zufließfehler ausgleichen. Bemerkenswert für diese Methode ist noch, daß ihre Ergebnisse nur mit Tannin in Vergleich gebracht werden können, indem man die Permanganatlösung auf dieses einstellt und der Permanganatverbrauch der anderen Gerbstoffe wesentlich verschieden ist. Man erhält daher für jeden Gerbstoff nach dieser Methode nur seine dem Tannin äquivalente Menge gerbender Stoffe und kann deshalb auch die so ermittelten Prozente Tannin des einen Gerbstoffes nicht mit jenen eines anderen Gerbstoffes vergleichen.

Da aber das zur Stellung benutzte reine Handelstannin auch nur 90 bis 95% durch Haut fällbare Substanzen enthält, entspricht nach Schroeder 1 g reinstes Handelstannin etwa 1,05 g absolut reinem Tannin; Schroeder schlägt daher vor, die zur Oxydation verbrauchte Permanganatmenge mit dem Faktor 1,05 zu multiplizieren.

Will man schließlich bei irgendeinem Gerbmaterial die nach dieser Methode ermittelten Prozente in Gewichtsprozente umrechnen, so muß man erst für das betreffende Material durch vergleichende Untersuchungen nach beiden Methoden bei einer größeren Anzahl von Mustern dieses Materials einen Umrechnungsfaktor ermitteln. Trotzdem werden die so ermittelten Zahlen vielleicht wenig genau sein und daher möge die Anwendung dieser maßanalytischen Methode vorwiegend für die Untersuchung gebrauchter Brühen und gebrauchter Materialien anempfohlen werden.

Zur Ausführung dieser Methode sind folgende Lösungen erforderlich:

1. **Kaliumpermanganatlösung.** Man löst 10 g reinstes kristallisiertes übermangansaures Kalium in 6 l destilliertem Wasser und bewahrt diese Flüssigkeit im Dunkeln am besten in einem Standkolben auf (Abb. 32), aus dem jederzeit ohne Verunreinigung das nötige Quantum genommen werden kann und worin sich diese Lösung nach zirka dreiwöchentlichem Stehen nahezu unbegrenzt hält. Die Standflasche wird bei A mit einem Gummischlauch fest in Verbindung gebracht und das andere Ende des Schlauches wird bei B am Spritzrohr angesteckt, wodurch jedes Verdunsten und Verstauben ausgeschlossen ist. Bei Gebrauch bläst man mit Hilfe des Schlauches bei A hinein, worauf bei B die Permanganatlösung herausfließt und direkt in die Gay-Lussac-Bürette aufgenommen werden kann.

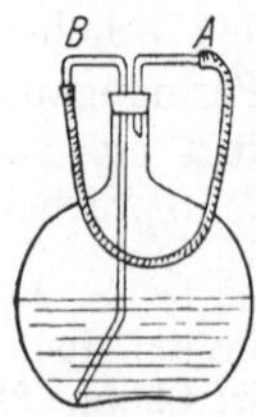

Abb. 32

2. Indigolösung. Man löst 10 g festes indigoschwefelsaures Natrium (Indigotine) in einer Kochflasche in 750 cm³ Wasser, dem man vorsichtig nach und nach 250 cm³ konzentrierte Schwefelsäure zufügt. Eventuell erwärmt man den Kolben am Sandbade zur besseren Lösung des Indigos. Nach erfolgtem Lösen verdünnt man die Lösung mit 1 l Wasser und filtriert sie durch ein doppeltes Papierfilter. Diese Lösung soll derart konzentriert sein, daß beim Titrieren von 20 cm³ derselben nach Verdünnen mit ¾ l Wasser 10 bis 11 cm³ obiger Permanganatlösung verbraucht werden, andernfalls die Lösung zu verdünnen bzw. durch weiteres Auflösen von Indigotine zu verstärken ist.

3. Reinstes Tannin wird im Trockenschranke bis zur Gewichtskonstanz getrocknet und 2,000 g davon in 1 l destilliertem Wasser zur Lösung gebracht. Mit Hilfe dieser Lösung von bekanntem Gehalte wird der Wirkungswert der Permanganatlösung bestimmt.

A. Stellung der Indigolösung zur Permanganatlösung.

25 cm³ Indigolösung werden in einer Porzellanschale mit zirka ¾ l Leitungswasser gemischt und aus einer Bürette unter kräftigem Umrühren so viel von der Permanganatlösung tropfenweise zufließen gelassen, bis die Lösung eine reingelbe Farbe angenommen hat. Das Einfallenlassen der Tropfen soll bei jeder Titration in möglichst gleichen Zeitintervallen erfolgen, doch am Ende der Titration etwas langsamer sein. Der Endpunkt der Titration wird durch einen schwach rötlichen Schimmer der Randpartien der Flüssigkeit ersehen, welcher sich wesentlich von jenem Rot unterscheidet, das durch einen Überschuß von Permanganat entsteht. Aus mindestens zwei Bestimmungen wird der Mittelwert gezogen.

B. Stellung der Permanganatlösung zur Tanninlösung.

25 cm³ Indigolösung werden in einer Porzellanschale mit zirka ¾ l Leitungswasser gemischt, 5 cm³ Tanninlösung zugefügt und wie vorher titriert. Der Mittelwert wird ebenfalls mindestens aus 2 Titrationen entnommen. Zieht man von diesem jenen Wert ab, der für das reine Indigo erhalten wurde, so erhält man die zur Oxydation der 5 cm³ Tanninlösung erforderliche Permanganatlösung.

C. Ausführung der Analyse.

Die zur Untersuchung kommende Gerbstofflösung darf höchstens einhalb so stark sein, wie sie für die offizielle Analysenmethode verlangt wird und kann daher aus dieser durch Verdünnung erhalten werden. Man bringt nun in eine Porzellanschale ¾ l Wasser, fügt 20 cm³ Indigolösung und 10 cm³ der verdünnten Gerbstofflösung hinzu und titriert in ganz gleicher Weise wie bei der Ermittlung des Wirkungswertes obiger zwei Lösungen. Sobald die Lösung hellgrün geworden ist, setzt man unter Rühren vorsichtig 2 bis 3 Tropfen der Permanganatlösung hinzu und fährt damit fort, bis die Flüssigkeit goldgelb geworden ist. Sobald dies eintritt, ist der Endpunkt der Titration eingetreten und man notiert sich den Verbrauch der Permanganatmenge, welcher der zur Oxydation der gesamten organischen Substanzen erforderlichen Menge entspricht.

Um nun die Oxydationsmenge der Nichtgerbstoffe zu ermitteln, muß man entweder 50 cm³ der Gerbstofflösung mit 3 g Hautpulver während 24 Stunden entgerben und hierauf 10 cm³ des Filtrates davon auf gleiche Weise titrieren oder man fügt nach Hunts Vorschlag zu 50 cm³ der Gerbstofflösung 25 cm³ Gelatinelösung (2:100) und 25 cm³ konzentrierte Salzlösung und ungefähr einen Teelöffel voll Kaolin oder Bariumsulfat, schüttelt das Ganze fünf Minuten lang kräftig durch und filtriert. 10 cm³ des vollständig klaren Filtrates werden hierauf wie üblich mit Permanganatlösung titriert. Die Differenz der in beiden Titrationen verbrauchten Permanganatmengen entspricht den vorhandenen Gerbstoffen, ausgedrückt in einer äquivalenten Menge Tannin. Die so gefundene Tanninmenge wird sodann in Prozenten auf das Gerbmaterial bzw. auf die Brühe umgerechnet und am besten in Prozenten Gerbstoff-Löwenthal angegeben.

Eine ähnliche Methode, welche aber Chromsäure in der kochenden Lösung als Oxydationsmittel benutzt, wurde von Martin[1]) empfohlen.

Spindelmethode nach Schroeder[2])

Die von Schroeder ausgearbeitete Spindelmethode beruht auf Messung der Dichte von Gerbstofflösungen, die aus reinen Gerbmaterialien erzeugt wurden, und ist daher für bereits benutzte Gerbbrühen gänzlich unbrauchbar, da sich in solchen Brühen der Nichtgerbstoffgehalt zum Gerbstoffgehalt anders verhält als im ursprünglichen Gerbmaterial. Mit der offiziellen Methode gut übereinstimmende Resultate ergeben vorwiegend Fichte und Eiche, während die anderen Gerbmaterialien in ihren Resultaten etwas abweichen.

Zur Ausführung der Spindelmethode werden etwa 105 g trockene Lohe vermahlen, gesiebt und 100 g genau abgewogen und in einer Flasche mit 1 l destilliertem Wasser während 24 Stunden unter häufigem Durchschütteln bei 12 bis 20° Wärme stehen gelassen. Nach Ablauf dieser Zeit filtriert man die Flüssigkeit durch ein trockenes Faltenfilter in eine Flasche. Diese Brühe wird nun genau auf 17,5° gebracht und mittels Barkometerspindel gewogen. Mit Hilfe der abgelesenen Dichte findet man die entsprechenden Gerbstoffgehalte aus einer Tabelle. Sollte das Einstellen der Brühe auf die Temperatur von 17,5° nicht durchführbar sein, so ermittelt man deren Temperatur und berechnet aus den in untenstehender Tabelle befindlichen Korrekturzahlen den Wert der Grade für 17,5°.

Tabelle zur Korrektion der abgelesenen Brühenstärken
Nullpunkt des Barkometers bei 17,5°

Von der Ablesung ist abzuziehen:

bei 10°	.... 1,05° Barkometer		bei 14°	.... 0,55° Barkometer
„ 11°	.... 0,90° „		„ 15°	.... 0,40° „
„ 12°	.... 0,80° „		„ 16°	.... 0,25° „
„ 13°	.... 0,70° „		„ 17°	.... 0,12° „

---

[1]) Chimie et Ind., 17, 536. 1927 u. Collegium, S. 369. 1928.
[2]) Vgl. Schroeder: Gerbereichemie, S. 259 ff.

Zu der Ablesung ist zuzurechnen:

bei 18°	.... 0,12° Barkometer	bei 22°	.... 0,70° Barkometer
„ 19°	.... 0,25° „	„ 23°	.... 0,80° „
„ 20°	.... 0,40° „	„ 24°	.... 0,90° „
„ 21°	.... 0,55° „	„ 25°	.... 1,05° „

Da verläßliche Resultate durch diese Methode nur bei gerbstoff-armen Materialien, wie z. B. Fichte und Eiche, erhalten werden, möge hier auch nur für diese beiden Gerbstoffe die Tabellen aufgenommen und bezüglich der anderen Gerbstoffe auf das eingangs genannte Original von Schroeder verwiesen sein.

Tabelle 59. Zur Bewertung der Eichenrinde

Brühenstärke in Barkometer bei 17,5°	Wahrscheinlicher Prozentgehalt an gerbenden Substanzen	Brühenstärke in Barkometer bei 17,5°	Wahrscheinlicher Prozentgehalt an gerbenden Substanzen
28	6,85	50	11,49
30	7,31	52	11,85
32	7,76	54	12,22
34	8,22	56	12,69
36	8,68	58	13,26
38	9,13	60	13,84
40	9,59	62	14,41
42	10,01	64	14,98
44	10,38	66	15,55
46	10,75	68	16,12
48	11,12	70	16,69

Tabelle 60. Zur Bewertung der Fichtenrinde

Brühenstärke in Barkometer bei 17,5°	Wahrscheinlicher Prozentgehalt an gerbenden Substanzen	Brühenstärke in Barkometer bei 17,5°	Wahrscheinlicher Prozentgehalt an gerbenden Substanzen
34	8,83	56	13,17
36	9,34	58	13,65
38	9,84	60	14,14
40	10,35	62	14,62
42	10,76	64	15,10
44	11,09	66	15,58
46	11,42	68	16,06
48	11,74	70	16,54
50	12,08	72	17,02
52	12,42	74	17,50
54	12,76	76	17,99

C. Spezieller Teil der Gerbstoffuntersuchung

Zuckergehalt der Gerbmaterialien

Da die zuckerartigen Stoffe bei der Gärung der Gerbbrühen organische Säuren liefern und diese wieder die Schwellung der Häute veranlassen, so spielen diese Stoffe unter den Nichtgerbstoffen die wichtigste Rolle und ihre Bestimmung ist eine wichtige Aufgabe des Chemikers. Von Schroeder[1]) stammen eingehende Untersuchungen über den Gehalt

---

[1]) Schroeder: Gerbereichemie, S. 589.

der Gerbmaterialien an Zucker und nachstehende Tabelle zeigt deren Ergebnisse:

Tabelle 61

	Zuckergehalt, bezogen auf 13% Wassergehalt	
	Grenzzahlen	Mittelwert
Eichenrinde	1,75—3,46%	2,65%
Fichtenrinde	2,65—4,47%	3,53%
Weidenrinde	1,76—2,87%	2,16%
Birkenrinde	—	2,18%
Mimosenrinde	0,33—1,57%	0,91%
Hemlockrinde	—	0,71%
Dividivi	7,98—8,83%	8,39%
Algarobilla	7,95—10,49%	8,23%
Myrobalanen	3,15—7,05%	5,35%
Valonea	1,21—3,57%	2,69%
Trillo	1,70—2,85%	2,41%
Knoppern	0,54—0,71%	0,65%
Sumach	4,44—4,62%	4,53%
Canaigre	4,27—8,45%	6,24%
Kastanienholz	0,24—0,36%	0,30%
Quebrachoholz	0,09—0,29%	0,25%
Würfelgambir	—	1,85%
Katechu	—	0,50%
Fichtenrindenextrakt	4,58—9,44%	7,84%
Hemlockextrakt	2,71—5,80%	4,42%
Flüssiger Kastanienholzextrakt	2,61—3,53%	2,87%
Flüssiger Eichenholzextrakt	2,47—3,92%	3,19%
Fester Quebrachoextrakt	—	1,05%
Flüssiger Sulfitzelluloseextrakt	3—10%	6,5%

Die Zuckerbestimmung in Gerbmaterialien erfolgt nach der Fehlingschen Methode, die von Schroeder mehrfach abgeändert wurde und auf folgende Art durchgeführt wird: Gerbmaterialien werden mit Wasser in üblicher Weise extrahiert und Lösungen von der Stärke hergestellt, wie sie für die gewichtsanalytische Gerbstoffbestimmung erforderlich sind. Von der filtrierten Lösung werden 300 cm³ auf ein Volumen von 100 cm³ eingedampft.

Bei der Untersuchung von Gerbextrakten stellt man sich stärkere Lösungen her, um das Eindampfen zu vermeiden, und nimmt von:

Fichtenextrakt .... zirka 7,5 g
Myrobalanenextrakt .... „ 10 g
Sumachextrakt .... „ 10 g
Dividiviextrakt .... „ 10 g
Hemlockextrakt .... „ 15 g
Eichenholzextrakt .... „ 20 g
flüssigem Kastanienholzextrakt .... „ 20 g
festem Quebrachoextrakt .... „ 20 g
flüssigem Quebrachoextrakt .... „ 25 g

Diese Mengen Extrakt werden in zirka 200 cm³ heißem Wasser gelöst, die Lösung erkalten gelassen und genau auf 250 cm³ aufgefüllt. Für die Zuckerbestimmung sind folgende Lösungen erforderlich:

1. Kupferlösung, enthaltend 69,2 g reinstes Kupfersulfat im Liter.

2. Seignettesalzlösung, enthaltend 346 g Seignettesalz und 250 g Ätzkali im Liter.

3. Bleiessig. 300 g essigsaures Blei werden mit 100 g reinem Bleioxyd und etwa 50 cm³ Wasser gut verrieben und auf dem Wasserbade unter Ersatz des verdampfenden Wassers digeriert, bis der Brei weiß geworden ist. Die Masse wird in einen Literkolben gespült, nach dem Erkalten zur Marke aufgefüllt und nach gutem Absetzen filtriert.

4. Glaubersalzlösung. Man stellt eine konzentrierte Lösung von schwefelsaurem Natrium her und verdünnt diese derart, daß sie der obigen Bleiessiglösung äquivalent ist, was durch Probefällung aus einer Bürette leicht ermittelt werden kann.

Ausführung der Bestimmung: 100 cm³ der Gerbstofflösung genannter Stärke werden in einem Becherglase mit 10 cm³ Bleiessig zur Fällung gebracht, unter öfterem Umschütteln etwa 15 Minuten stehen gelassen und hernach durch ein trockenes Filter filtriert. Einige Tropfen dieses Filtrates, mit Bleiessig versetzt, dürfen keine weitere Fällung geben; sollte dies trotzdem der Fall sein, so muß die Fällung wiederholt werden, indem nun zu 100 cm³ Gerbstofflösung 15 cm³ Bleiessig zugefügt werden. Man setzt nun zu 50 cm³ des gerbstofffreien Filtrates 5 cm³ Natriumsulfatlösung und filtriert nach vollständiger Abscheidung des Bleisulfats abermals durch ein trockenes Filter. Von diesem bleifreien Filtrate werden nun 25 bzw. 40 cm³ zur Zuckerbestimmung verwendet, je nach der Menge des vorhandenen Zuckers. Die Reduktion der alkalischen Kupferlösung wird folgendermaßen durchgeführt: In ein etwa 200 cm³ fassendes Becherglas bringt man 30 cm³ der Kupferlösung, 30 cm³ der Seignettesalzlösung und 60 cm³ (bei 25 cm³ Zuckerlösung) bzw. 45 cm³ Wasser (bei 40 cm³ Zuckerlösung). Diese Mischung wird nun über einer Flamme zum Sieden gebracht, hierauf in ein siedendes Wasserbad hineingesetzt und die 25 bzw. 40 cm³ der Zuckerlösung zugefügt und gut umgerührt. Nach dieser Vereinigung der Flüssigkeit bleibt das Becherglas genau 30 Minuten im Wasserbade unter beständigem Sieden. Hierauf wird das abgeschiedene Kupferoxydul durch ein gewogenes Asbestfilterröhrchen mittels Saugpumpe abfiltriert, erst mit heißem Wasser, dann mit wenig Alkohol und zum Schlusse mit wenig Äther gewaschen und durch kurzes Erhitzen des Röhrchens schnell getrocknet. Man reduziert nun im trockenen Wasserstoffstrome unter Erhitzen, läßt in diesem erkalten und bringt es schnell zur Wägung; die so ermittelte Kupfermenge gilt als Maß für den vorhandenen Traubenzucker und sein Quantum kann aus umstehender Tabelle (S. 284) ersehen werden.

Diese Zuckerbestimmung kann nach Appelius und Schmidt[1]) auch maßanalytisch durchgeführt werden, wenn man die überschüssige Fehlingsche Lösung durch Titration mit Thiosulfat nach vorausgehendem Abscheiden der dem Kupfer äquivalenten Jodmenge ermittelt.

---

[1]) Collegium, S. 308. 1913.

Tabelle 62

| Cu | Trauben-zucker | Cu | Trauben-zucker | Cu | Trauben-zucker | Cu | Trauben-zucker | Cu | Trauben-zucker | Cu | Trauben-zucker | Cu | Trauben-zucker | Cu | Trauben-zucker |
mg	mg	mg	mg	mg	mg	mg	mg	mg	mg	mg	mg	mg	mg	mg	mg
1	0,4	60	26,4	120	57,2	180	86,9	240	117,5	300	149,0	360	181,9	420	216,6
2	0,8	62	27,4	122	58,2	182	87,9	242	118,5	302	150,1	362	183,1	422	217,9
4	1,6	64	28,5	124	59,2	184	88,9	244	119,5	304	151,1	364	184,2	424	219,0
6	2,5	66	29,5	126	60,2	186	89,9	246	120,6	306	152,2	366	185,4	426	220,2
8	3,3	68	30,5	128	61,2	188	90,9	248	121,6	308	153,3	368	186,5	428	221,4
10	4,1	70	31,6	130	62,2	190	91,8	250	122,7	310	154,4	370	187,7	430	222,5
12	4,9	72	32,6	132	63,1	192	92,8	252	123,7	312	155,5	372	188,8	432	223,7
14	5,7	74	33,6	134	64,1	194	93,8	254	124,8	314	156,5	374	190,0	434	225,1
16	6,5	76	34,6	136	65,1	196	94,8	256	125,8	316	157,6	376	191,1	436	226,4
18	7,4	78	35,7	138	66,1	198	95,8	258	126,9	318	158,7	378	192,3	438	227,8
20	8,2	80	36,7	140	67,1	200	96,8	260	128,0	320	159,8	380	193,4	440	229,1
22	9,0	82	37,7	142	68,1	202	97,8	262	129,0	322	160,9	382	194,6	442	230,5
24	9,9	84	38,7	144	69,1	204	98,8	264	130,1	324	162,0	384	195,7	444	231,8
26	10,7	86	39,8	146	70,1	206	99,8	266	131,1	326	163,0	386	196,9	446	233,2
28	11,6	88	40,8	148	71,1	208	100,8	268	132,2	328	164,1	388	198,0	448	234,5
30	12,4	90	41,8	150	72,0	210	101,9	270	133,2	330	165,2	390	199,2	450	235,9
32	13,3	92	42,8	152	73,0	212	102,9	272	134,2	332	166,3	392	200,3	452	237,2
34	14,1	94	43,9	154	74,0	214	104,0	274	135,3	334	167,4	394	201,5	454	238,6
36	15,0	96	44,9	156	75,0	216	105,0	276	136,3	336	168,4	396	202,7	456	239,9
38	15,9	98	45,9	158	76,0	218	106,0	278	137,4	338	169,5	398	203,8	458	241,3
40	16,7	100	46,9	160	77,0	220	107,1	280	138,4	340	170,6	400	205,0	460	242,6
42	17,6	102	48,0	162	78,0	222	108,1	282	139,5	342	171,7	402	206,2	462	244,0
44	18,4	104	49,0	164	79,0	224	109,2	284	140,5	344	172,8	404	207,3	464	245,3
46	19,3	106	50,0	166	80,0	226	110,2	286	141,6	346	173,9	406	208,5	466	246,7
48	20,2	108	51,0	168	81,0	228	111,2	288	142,6	348	175,0	408	209,7	468	248,0
50	21,3	110	52,1	170	81,9	230	112,3	290	143,7	350	176,2	410	210,8	470	249,4
52	22,3	112	53,1	172	82,9	232	113,3	292	144,7	352	177,3	412	212,0	472	250,8
54	23,3	114	54,1	174	83,9	234	114,4	294	145,8	354	178,5	414	213,2	474	252,1
56	24,4	116	55,1	176	84,9	236	115,4	296	146,9	356	179,6	416	214,4		
58	25,4	118	56,2	178	85,9	238	116,4	298	147,9	358	180,8	418	215,5		

Außer dem natürlichen Zuckergehalt der Gerbmaterialien ist bei Extrakten eventuell noch auf deren Verfälschung mit Melasse zu rechnen und diese kann durch Erwärmen der Lösung mit verdünnter Schwefelsäure in Invertzucker übergeführt werden, worauf die überschüssige Säure zu neutralisieren ist. Die Ausführung der Zuckerbestimmung ist in solchen Fällen stets nach folgenden zwei Richtungen zu machen: Zuerst bestimmt man in einer Extraktprobe die Menge der direkt reduzierenden Körper nach der früher beschriebenen Methode, dann werden 50 cm³ des bleifreien Filtrates (vgl. oben) mit 10 cm³ verdünnter Schwefelsäure (1:5) am kochenden Wasserbade eine halbe Stunde lang erhitzt und nach dem Abkühlen die überschüssige Säure mit verdünnter Natronlauge neutralisiert und auf 100 cm³ aufgefüllt. Diese Lösung wird nun eventuell filtriert und in 50 cm³ davon wie früher der Zuckergehalt bestimmt. Von dieser Kupfermenge wird die erst erhaltene in Abzug gebracht und die Differenz zur Ermittlung der Traubenzuckermenge aus der Tabelle benutzt. Die abgelesene Zuckermenge wird mit dem Faktor 0,95 multipliziert, um auf Melasse (Rohrzucker) umzurechnen.

Der Nachweis von Eisenpartikeln in Gerbmaterialien[1])

Bei jenen pflanzlichen Gerbmitteln, die gemahlen in den Handel kommen, lassen sich Verunreinigungen nicht ohne weiteres erkennen und man ist daher auf die Bestimmung des Gerbstoffgehaltes und auf eine Ausfärbung beschränkt, welch letztere speziell die dem Sumach charakteristische helle Farbe bekundet. Sehr störend können aber gerade für den Zweck des Lederaufhellens vorhandene Eisenteilchen wirken, welche auf folgende einfache Art nachgewiesen werden können:

Zwei Glasscheiben von etwa 13 × 18 cm werden je mit einem sie vollständig deckenden Blatt Filtrierpapier belegt. Das eine wird mit einer stark verdünnten Tanninlösung oder mit einer Verdünnung des wässerigen Auszuges der zu untersuchenden Probe getränkt und mit 1 g des zu untersuchenden Sumachpulvers vollständig überdeckt. Der Sumach wird mittels eines Siebes gleichmäßig verteilt.

Die zweite mit Filtrierpapier überdeckte Platte wird nun mit einer etwa 1%igen Essigsäure getränkt, auf die mit Sumach überstreute Platte gelegt und fest angepreßt. Nach kurzer Zeit treten die vorhandenen Eisenteile als schwarze Flecken auf dem mit Gerbstoff getränkten Papier hervor. Wichtig für das Gelingen dieser Reaktion ist nur das richtige Befeuchten mit Essigsäure, indem ein Zuwenig die Löslichkeit des Eisens verhindert, ein Zuviel dagegen das gebildete Eisentannat verwischt.

Sollte sich auf diese Weise eine größere Menge an Eisen bemerkbar machen, so empfiehlt es sich, durch Veraschen einer Probe dessen Menge quantitativ festzustellen.

Trotman[2]) empfiehlt die Verwendung eines starken Elektromagneten zum Nachweis und zur Isolierung von Eisenteilchen in Sumach; er konnte derart 0,005 bis 0,17% Eisen auffinden.

---

[1]) Becker: Collegium, S. 373. 1905.   [2]) Collegium, 138. 1913.

Bestimmung von Sand in Gerbmitteln

Man verascht 5 g des gemahlenen Gerbmittels, behandelt die Asche mit Wasser und verdünnter Salzsäure, filtriert, wäscht aus, verascht das Filter, wägt und berechnet den Rückstand als Sand.

Über einen geringen Fettgehalt, der in pflanzlichen Gerbmaterialien vorhanden sein soll, macht Puran Singh[1] Mitteilung.

Allgemeiner Untersuchungsgang für Gerbstoffextrakte

Für die vollständige Untersuchung eines Extraktes kommen folgende Bestimmungen in Betracht:

a) Bestimmung der Löslichkeit[2]. Für die Bestimmung der Löslichkeit eines Gerbextraktes werden solche Extraktmengen gelöst, als nach der Analyse

$$5 \text{ g} \qquad 12{,}5 \text{ g} \qquad 25 \text{ g} \qquad 35{,}5 \text{ g Gesamtlösliches}$$
(Stärke: I   II   III   IV)

entsprechen. Diese Lösungen werden auf 250 cm³ aufgefüllt und filtriert. Die Lösung wird auf zweierlei Weise vorgenommen, und zwar:

a) Durch zweistündiges Schütteln in einer 250 cm³ Maßflasche mit so viel Wasser von gewöhnlicher Temperatur, daß diese Menge mit dem zu lösenden Extrakt etwa 250 cm³ ausmacht, und nachheriges Auffüllen auf 250 cm³;

b) durch Lösen bei 90 bis 100⁰ mit so viel Wasser, daß das Gesamtvolumen knapp 250 cm³ beträgt, langsames Erkalten und Stehenlassen und nachheriges Auffüllen auf 250 cm³.

In den durch dichtes Filtrierpapier filtrierten Brühen, die möglichst klar sein sollen, wird das spezifische Gewicht und die Menge des Gesamtlöslichen ermittelt und in Prozenten des durch die Analyse ermittelten Gesamtlöslichen angegeben. Die Dichten der vier Brühen liegen bei etwa 1,007, 1,020, 1,040 und 1,055 entsprechend etwa 1⁰, 2,5⁰, 5⁰ und 7,5⁰ Bé.

Zur Bestimmung des Gesamtlöslichen bei den einzelnen Stärken werden folgende Mengen eingedampft:

Stärke   I: 50 cm³
  ,,   II: 20 ,,
  ,,   III: 10 ,,   } entspricht ungefähr 1 g Trockenrückstand.
  ,,   IV: 6,7 ,,

Um Fehler infolge nachträglicher Ausscheidung von schwerlöslichem Gerbstoff zu vermeiden, ist es erforderlich, daß die Arbeiten vom Auflösen bis zum Eindampfen an dem gleichen Tage ausgeführt werden.

Die Berechnungsweise möge folgendes Beispiel erläutern:

Der Extrakt { 30,5% gerbende Stoffe   }   38,0%
enthält { 7,5% lösliche Nichtgerbstoffe } Gesamtlösliches,
folglich enthält 1 g dieses Extraktes 0,38 g Gesamtlösliches
     oder 2,632 g   ,,   ,,   1,00 g   ,,

---

[1] Journ. Amer. Leath. Chem. Ass., S. 421. 1915 u. Collegium, S. 73. 1915.
[2] Vgl. Paessler: Collegium, S. 295. 1908.

Demnach sind die Ansatzmengen für die vier Stärken die folgenden:
Stärke   I: 13,16 g, es enthalten also 50 cm³ : 1,00 g Gesamtlösliches
  „   II: 32,90 g, „   „   „   20 „   : 1,00 g   „
  „   III: 65,80 g, „   „   „   10 „   : 1,00 g   „
  „   IV: 98,70 g, „   „   „   6,7„   : 1,00 g   „

Da die bei Herstellung stärkerer Brühen stattfindenden Satzbildungen
sich nur auf den Gerbstoff erstrecken und hierbei die Nichtgerbstoffe
nicht beteiligt sind, ist es zweckmäßig, die Ausnutzung nicht nur auf
das Gesamtlösliche, sondern auch auf den durch Analyse ermittelten
Gerbstoffgehalt zu berechnen. Den in Lösung gegangenen Gerbstoff
findet man, indem man von dem für die einzelnen Stärken ermittelten
Gehalt an Gesamtlöslichem den durch Analyse ermittelten Gehalt an
Nichtgerbstoffen abzieht. Diese Gehalte gibt man ferner an in Prozenten
des durch Analyse ermittelten Gerbstoffgehaltes; diese Zahlen geben
ein anschauliches Bild von den Löslichkeitsverhältnissen eines Extraktes
und liefern eine geeignete Unterlage für die Beurteilung und für einen
Vergleich verschiedener Extrakte.

Für obiges Beispiel ergeben sich folgende Werte:

Tabelle 63

	Eindampf-rückstand g	Gehalt an Gesamt-löslichem in Prozenten	Prozente des Gesamt-löslichem	Gehalt an löslichem Gerbstoff in Prozenten	Von 100 Teilen des durch die Analyse ermittelten Gerb-stoffes gehen in Lösung Teile
I	0,985	37,4	98,5	29,9	98
II	0,967	36,7	96,7	29,2	95,7
III	0,943	35,8	94,3	28,3	92,8
IV	0,900	34,2	90,0	26,7	87,5

Bei der Beurteilung der Ausnutzung des Gesamtlöslichen
und des Gerbstoffes darf man in den Schlußfolgerungen nicht zu weit
gehen und aus Unterschieden von einigen Zehntelprozent, selbst aus
solchen von 1 bis 2%, nicht irgendwelche Schlüsse ziehen. Dies ist erst
berechtigt, wenn in diesen Zahlen größere Unterschiede auftreten.

Die Untersuchungsergebnisse lassen sich in folgende vier
Klassen einreihen:

1. Die Ausnutzung sinkt von der schwächsten bis zur stärksten
Lösung (z. B. naturelle, schwerlösliche Quebrachoextrakte).

2. Die Ausnutzung ist bei den verschiedenen Stärken annähernd
die gleiche, und zwar:

a) annähernd 100% (z. B. Mangroveextrakt, kaltlöslicher Quebrachoextrakt und manche Kastanienholzextrakte),

b) niedriger als 100% (z. B. Eichenholzextrakt, Malettoextrakt,
Mimosenextrakt, einige Kastanienextrakte und kaltlösliche Quebrachoextrakte).

3. Die Ausnutzung steigt von der schwächsten bis zur stärksten
Lösung (z. B. manche kaltlösliche Quebrachoextrakte und die meisten
Kastanienholzextrakte).

4. Die Ausnutzung sinkt von der schwächsten Lösung bis zur zweiten oder dritten Stärke und steigt dann wieder bis zur stärksten Lösung (z. B. manche kaltlösliche Quebrachoextrakte und der Myrobalanenextrakt).

b) Bestimmung des Aschegehaltes. Die quantitative Bestimmung des Aschegehaltes eines Extraktes ist besonders deshalb wichtig, weil ein höherer Wert an Asche stets die Annahme vom absichtlichen Zusatze mineralischer Bestandteile berechtigt und besonders die gut löslichen und kaltlöslichen Gerbextrakte charakterisiert; ergibt dagegen ein Extrakt bei guter Löslichkeit nur einen geringen, das heißt normalen Aschegehalt, so wird man in den meisten Fällen wohl einen sogenannten geklärten, von Phlobaphenen befreiten Extrakt vor sich haben, dessen Gerbwert nur ein teilweiser gegenüber dem naturellen Extrakt ist.

Für die Aschebestimmung nimmt man etwa 2 g des festen gepulverten oder 3 bis 4 g des flüssigen Extraktes und wägt diese Menge ganz genau in eine ziemlich flache, tarierte Platinschale von etwa 10 bis 15 cm³ Inhalt ein. Flüssige Extrakte setzt man vorteilhaft zum Abtreiben der Hauptwassermenge mehrere Stunden aufs Wasserbad, während feste Extrakte ohne weiteres mit direkter Flamme vorsichtig erwärmt werden können. Das Veraschen der eingetrockneten flüssigen Extrakte bzw. der festen Extrakte geschieht derart, daß man die bedeckte Platinschale auf ein Tondreieck eines Stativs bringt und nun mit ganz kleiner Bunsenflamme unter Bewegung derselben vorerst so weit auftrocknet, daß die Masse gleichmäßig zusammensintert. Hierauf kann man die Flamme in entsprechender Entfernung von der Platinschale unter dieselbe stellen und durch Erhitzen zur Bildung eines Rauchqualms führen, der entzündbar ist. Erst wenn diese Rauchbildung etwas nachgelassen hat, vergrößert man die untergestellte Flamme, läßt jedoch die Schale noch bedeckt, um ein Abspringen fester Extraktteile zu verhindern. Nach etwa einer viertelstündigen Erhitzung mit voller Bunsenflamme erhitzt man mittels kräftiger Bunsen- oder Teclubrennerflamme den Schalendeckel derart, daß ein vollständiges Abglühen des Kohlenstoffbeschlages erfolgt. Erst wenn dieser Deckel ganz rein ausgeglüht ist, entfernt man ihn und erhitzt nun die Platinschale wieder von unten mit einem Teclubrenner. Um ein schnelleres Verbrennen der gebildeten Kohlenstoffkruste herbeizuführen, zerteilt man diese sehr vorsichtig mit einer Platinnadel derart, daß sich deren Teile möglichst den glühenden Schalenwänden anlegen und so besser verglühen können. Nach etwa einhalbstündigem Glühen entfernt man die Flamme, läßt die Schale erkalten und fügt einige Tropfen einer verdünnten $NH_4 \cdot NO_3$-Lösung hinzu und erhitzt nun erst vorsichtig bis zur vollständigen Verdampfung des Wassers, hernach wieder kräftig, um durch Verbrennen des vorhandenen Kohlenstoffes den Rückstand zu reinigen. Diese Manipulation ist mehrmals zu wiederholen, bis aller Kohlenstoff verbrannt ist, worauf der reine Ascherückstand zur Zersetzung der eventuell gebildeten Nitrate noch tüchtig auszuglühen ist. Man bringt dann die noch heiße Schale in einen Exsikkator, läßt dort erkalten, wägt hernach und berechnet den gefundenen Aschegehalt in Prozenten auf den Extrakt.

Zur qualitativen Prüfung der Asche nimmt man den Rückstand mit verdünnter Salzsäure auf, erwärmt zur vollständigen Lösung und verdünnt mit genügend Wasser. Die schwachsaure Lösung wird nun, wie üblich, der qualitativen Untersuchung unterzogen, und man wird besonders auf Eisen, Aluminium, Alkalien, Erdalkalien, Magnesium, Blei und Zink zu prüfen haben. Während kleine Kalzium-, Magnesium-, Natrium- und Kaliummengen aus dem Extraktionswasser stammen werden, zeigen die Metalle, wie größere Mengen von Kalium und Natrium, stets deren absichtlichen Zusatz an und daher ist besonders bei den beiden letzten noch auf schweflige Säure in der ursprünglichen Probe zu prüfen.

Der durchschnittliche Aschegehalt beträgt bei:

Quebrachoextrakt, fest, naturell	0,6 bis	1,4%
„ fl., leicht sulfit............	1,4 „	2,0%
„ fl., stark sulfit............	5,0 „	8,0%
Eichenholzextrakt, fest	3,0 „	4,0%
Fichtenrindenextrakt, flüssig	1,0 „	2,0%
Eichenholzextrakt, flüssig	0,3 „	3,0%
Kastanienholzextrakt, flüssig	0,2 „	1,2%
Malettoextrakt, flüssig	1,5 „	2,0%
Urundayextrakt, fest, naturell	1,6 „	1,9%
„ , „ sulfit.................		7,5%

c) Prüfung auf schweflige Säure und Schwefelsäure. Um schweflige Säure qualitativ nachzuweisen, die entweder frei aus Bisulfiten oder gebunden als Sulfit zum Löslichmachen der Extrakte, besonders des Quebrachoextraktes vorhanden ist, verfährt man folgendermaßen:

Man löst den Extrakt in Wasser auf, und zwar in einer Stärke, die der offiziellen Analysenmethode entspricht und entgerbt einen Teil dieser Lösung mit Hautpulver. Zu 100 cm³ der Nichtgerbstofflösung fügt man etwa 3 g Magnesiumoxyd hinzu, erwärmt, filtriert in ein enges Becherglas und fügt granuliertes Zink und einige Kubikzentimeter Salzsäure zu, bedeckt nun das Glas mit einem feuchten Bleiazetat-Filterpapier und läßt es zirka eine Stunde darauf liegen. Bei Gegenwart von schwefliger Säure tritt Bräunung des Papiers ein, die je nach den Mengen der schwefligen Säure schneller oder langsamer, stärker oder schwächer ausfällt.

Einfacher gelingt der Nachweis von Sulfiten noch dadurch, daß man in ein Reagenzrohr einige Gramme Extrakt bringt, mit Wasser auf zirka 10 cm³ verdünnt, einige Tropfen verdünnte Schwefelsäure zufügt und erwärmt. Es zeigt sich dann genügend deutlich der Geruch nach Schwefeldioxyd, das auch durch Kaliumjodid-Jodat-Stärkepapier nachgewiesen werden kann.

Für die quantitative Bestimmung von Schwefelsäure in Extrakten haben Parker und Payne[1]) folgende Methode ausgearbeitet:

---

[1]) Collegium, S. 17ff. 1920.

10 g des flüssigen oder 5 g des feingepulverten festen Extraktes kommen in einen Stöpselzylinder von 100 cm³ Inhalt, 90 cm³ absoluter Alkohol werden zugefügt und das Ganze tüchtig geschüttelt. Das Gemenge wird nun durch ein trockenes Filter gegossen, der Rückstand mit 90%igem Alkohol gewaschen und dieser Waschalkohol zum Filtrate zugefügt. Zum klaren Filtrate fügt man nun 1 cm³ konzentrierte Salzsäure, dann 2 bis 3 cm³ einer 10%igen Bariumchloridlösung und erwärmt das Gemenge am Wasserbade. Nach erfolgter Ausfällung des Bariumsulfates filtriert man dieses ab, wäscht mit Wasser, dem einige Tropfen Salzsäure zugesetzt sind, nach, trocknet den Niederschlag und bringt ihn wie üblich zur Wägung, worauf man den Gehalt an Schwefelsäure berechnen kann.

Der Gehalt an Bisulfit kann dadurch ermittelt werden, daß man eine Extraktlösung in der Wärme mit Bromwasser oxydiert und die entstandenen Sulfate durch Bariumchlorid fällt. Bringt man von dieser Sulfatmenge diejenige in Abzug, welche ohne Oxydation des Extraktes mit Hilfe von Bariumchlorid ermittelt wurde, so entspricht dies der Bisulfitmenge im Extrakt.

Zur getrennten Bestimmung von Sulfiten und Sulfaten in Extrakten geht man folgendermaßen vor: Man löst etwa 25 g des Extraktes auf 250 cm³ in destilliertem Wasser auf. Nun nimmt man von dieser Lösung 25 cm³, verdünnt sie mit Wasser auf etwa 400 cm³, setzt einige Tropfen verdünnte Salzsäure zu, kocht einige Minuten, bis kein Geruch nach Schwefeldioxyd mehr bemerkbar ist, filtriert eventuell die warmgehaltene Flüssigkeit und fällt die siedende Flüssigkeit mit Bariumchlorid. Aus dem Gewichte des entstandenen Bariumsulfat-Niederschlages bestimmt man den Gehalt an Schwefelsäure.

Weitere 25 cm³ obiger Lösung bringt man in eine Platinschale, macht mit 10 cm³ 10%iger Natriumkarbonatlösung stark alkalisch, setzt etwa 10 cm³ 10%ige Jod-Jodkalium-Lösung zu, dampft ein, trocknet und verascht entweder im elektrischen Ofen oder mit dem Spiritusbrenner (um nicht schwefelhaltige Substanzen durch Verbrennen des Gases zu erzeugen). Die Asche wird mit Wasser und etwas Bromwasser kurz erwärmt, in ein Becherglas gespült, mit Salzsäure angesäuert, zur Vertreibung des Broms gekocht und wieder mit Bariumchlorid siedend heiß gefällt.

Der Unterschied an SO_4 aus beiden Bestimmungen gibt die Menge der vorhandenen Sulfite bzw. freien schwefligen Säure.

Ähnlich verfährt Hough[1]) bei der Bilsulfitbestimmung in Gerbextrakten.

Nach Burton und Charlton[2]) kann man das Verhältnis von freier zur gebundenen SO_2-Menge als Maß für die bleichende Wirkung von Extrakten nehmen. Um zu diesem Zwecke diese beiden Formen von SO_2 zu bestimmen, geht man folgendermaßen vor:

---

[1]) J. S. L. T. C., S. 5. 1920.
[2]) J. S. L. T. C., 10, S. 326. 1926 u. Collegium, 687, S. 360. 1927.

3,5 bis 4 g des Extraktes werden in einem Destillationskolben mit zirka 200 cm^3 Wasser verdünnt, in einer halben Stunde im CO_2-Strome zirka 30 cm^3 Wasser zur Bestimmung der freien SO_2 abdestilliert, dann 10 cm^3 konzentrierte Phosphorsäure und 50 cm^3 Wasser zugefügt und in einer weiteren halben Stunde die gebundene SO_2 abdestilliert. Der Gesamtgehalt an SO_2 wird bestimmt durch Destillation von 3 bis 4 g Extrakt und zirka 250 cm^3 Wasser mit 10 cm^3 Phosphorsäure im CO_2-Strom während einer Stunde.

Der Nachweis von Sulfit und Bisulfit in Extrakten kann auch nach Grassers elektroosmotischer Analyse[1]) erbracht werden. Ihre Gegenwart gibt sich durch das Auftreten von SO_4 in den kathodischen Dialysaten, durch die anfänglich sehr niedrige Spannung des elektroosmotischen Verlaufes und die Umwandlung des ursprünglich klarlöslichen Extraktes in eine stark kolloidal getrübte Flüssigkeit eindeutig zu erkennen. (Bezüglich Ausführung vgl. S. 312.)

Die Gegenwart von freier Schwefelsäure bzw. von Sulfaten führt entweder auf deren Verwendung zum Klären und Aufhellen der Extrakte oder auf ursprünglich angewandte Sulfite und Bisulfite zurück, welch letztere durch Oxydation in Sulfate übergegangen sind.

d) Zuckerbestimmung in Gerbstoffextrakten. Den Gerbextrakten, besonders den Quebrachoextrakten, wird zuweilen Melasse als Beschwerungsmittel zugesetzt. Zum Nachweise derartiger Zusätze muß man den in der Melasse enthaltenen Rohrzucker, der das Kupferoxyd nicht reduziert, durch Erwärmen mit verdünnter Säure in Invertzucker überführen, und zwar verfährt man folgendermaßen: Zunächst wird in dem Extrakt die Menge der direkt reduzierenden Körper nach der auf Seite 282 angegebenen Methode bestimmt, indem man von den einzelnen Extrakten, entsprechend dem natürlichen Zuckergehalte, die erforderlichen Mengen bis auf 1 mg genau abwägt. Die angegebenen Mengen Extrakt werden nun in zirka 200 cm^3 heißem Wasser gelöst, worauf die Lösung nach dem Erkalten genau auf 250 cm^3 aufgefüllt wird. Hierauf werden 50 cm^3 des durch Bleiessiglösung von Gerbstoff und durch Natriumsulfatlösung von überschüssigem Blei in der dort beschriebenen Weise befreiten Filtrates mit 10 cm^3 verdünnter Schwefelsäure (1:5) versetzt und zur Umwandlung des Rohrzuckers in Invertzucker im kochenden Wasserbade eine halbe Stunde lang erhitzt. Nach dem Abkühlen wird die Säure mit verdünnter Natronlauge von bekanntem Gehalt neutralisiert und auf 100 cm^3 aufgefüllt. Von dieser Flüssigkeit werden 50 cm^3 entsprechend 25 cm^3 der zur ersten Zuckerbestimmung benutzten Flüssigkeit zu einer zweiten Zuckerbestimmung verwendet, welche genau wie die erste mit Einhaltung der halbstündigen Kochdauer ausgeführt wird. Die weitere Manipulation geschieht, wie bei der erwähnten Melassebestimmung angegeben wurde.

Für den qualitativen Nachweis des invertierten Zuckers kann man nach Grasser[2]) die Reaktion mit o-Nitrophenylpropiolsäure (vgl. unter

---

[1]) Collegium, S. 17ff. 1920.

[2]) Collegium, S. 309. 1919.

19*

„Leder") anwenden. Quebracho- und Kastanienholzextrakt enthalten größere Mengen natürlichen Zuckers und kann aus der Intensität der Blaufärbung des Chloroforms bzw. an der Bildung blauvioletter Schlieren von unlöslichem Indigoblau an der Oberfläche der dunkelbraunen Reaktionsflüssigkeit auf die Menge des vorhandenen Zuckers geschlossen werden, das heißt, man kann bei einer Blaufärbung des Chloroforms auf natürlichen Zuckergehalt, bei starker Indigoausscheidung aber auf künstlich zugesetzten Zucker (z. B. als phlobaphenelösendes Mittel) schließen. Die quantitative Bestimmung entscheidet in zweifelhaften Fällen.

Findet man in Extrakten aus zuckerarmen Gerbmaterialien merkliche Mengen von natürlichen Zuckerstoffen, so beweist dies, daß bei der Herstellung des Extraktes höhere Drucke angewendet wurden, die eine erhöhte Ausbeutung an Extraktivstoffen gibt, gleichzeitig aber auch eine merkliche Zunahme an Zuckerstoffen zur Folge hat[1]).

In jenen Fällen, wo die Gegenwart von viel Gerbstoff die Zuckerreaktion mit o-Nitrophenylpropiolsäure undeutlich macht, vermag die elektroosmotische Analyse nach Grasser[2]) einen eindeutigen Nachweis zu erbringen. Die hierbei entstehenden anodischen und kathodischen Dialysate stellen hellbraune Flüssigkeiten dar, die, mit o-Nitrophenylpropiolsäure behandelt und mit Chloroform ausgeschüttelt, rasch große Mengen des gebildeten Indigoblaus an letzteres abgeben. (Bezüglich Ausführung vgl. unter „Leder".)

e) Prüfung auf Sulfitzelluloseablauge. Die Ablaugen aus der Sulfitzellulosefabrikation enthalten Ligninsulfosäure, die schwach gerbende Eigenschaften aufweist. Diese Ablaugen, entkalkt, enteisent und zur sirupdicken Flüssigkeit eingedampft, stellen die sogenannten Sulfitzelluloseextrakte des Handels vor; sie zeigen nach Grasser[3]) einige Gerbstoffreaktionen. Charakteristisch für sie ist das Verhalten gegen salzsaures Anilin.

Da Sulfitzelluloseablauge von Hautpulver aufgenommen wird und somit ihre Beimengung zu anderen Extrakten deren Gerbstoffgehalt nicht herabdrückt, der praktische Gerbwert aber ein wesentlich niedrigerer ist als bei anderen Extrakten[4]), so bildet ihr Nachweis eine wichtige Aufgabe für den Chemiker.

Procter und Hirst[5]) haben folgende qualitative Reaktion empfohlen:

5 cm³ der Extraktlösung von Analysenstärke werden mit ½ cm³ Anilin vermengt, das Gemenge tüchtig geschüttelt und nun 2 cm³ konzentrierte Salzsäure zugefügt. Alle gewöhnlichen Extrakte bleiben bei dieser Behandlung vollständig klar, während die geringsten Mengen von Sulfitzelluloseablauge eine deutliche Trübung ergeben, die bei größeren Mengen derselben zur starken Fällung führt.

---

[1]) Paessler, Ledertechn. Rundschau, Nr. 46/48. 1912.
[2]) Collegium, S. 17ff. 1921.
[3]) Technikum, S. 156. 1912.
[4]) Vgl. Grasser: Technikum, Nr. 20. 1012.
[5]) Collegium, S. 185. 1909.

Um die durch die Salzsäure entstehende Fällung der Gerbstoffauszüge bei der Prüfung auf Sulfitzelluloseablauge zu vermeiden, empfiehlt Knowles[1]) die Verwendung von Ameisensäure, und zwar je 5 cm³ der 0,4%igen Gerbstofflösung und 0,5 cm³ Anilin, nach kräftigem Schütteln die Zugabe von genau 1 cm³ Ameisensäure (70%ig).

Auf die Unverläßlichkeit dieser Reaktion wurde von Moeller[2]), Loveland[3]) Gansser[4]), Becker[5]), Small[6]), Baldracco[7]) Hodes[8]) und Grasser[9]) hingewiesen.

Sind bei der Extraktion der Gerbstoffhölzer Sulfite oder andere Alkalien mitverwendet worden, so kann durch diese eine Lösung ligninhaltiger Stoffe aus dem Holze erfolgen und ein solcher Extrakt gibt dann die Anilinreaktion, ohne daß ihm absichtlich Sulfitzelluloseextrakt zugesetzt worden war.

De Hesselle[10]) hat die Cinchoninmethode von Appelius und Schmidt[11]) (vgl. S. 298) zur qualitativen und quantitativen Bestimmung von Sulfitzelluloseablauge folgendermaßen verbessert:

a) Qualitativer Nachweis. 100 cm³ der zu untersuchenden Lösung von Analysenstärke werden mit 5 cm³ HCl (40%ig) zwei Minuten lang gekocht, dann abgekühlt und filtriert. 50 cm³ dieses klaren Filtrates werden mit 10 cm³ Tanninlösung (15 g reinstes Tannin pro 1 l H_2O) und mit 10 cm³ Cinchoninsulfatlösung (15 g reinstes Cinchonin werden mit zirka 100 cm³ H_2O versetzt, dann wird unter Umschwenken tropfenweise konzentrierte H_2SO_4 bis zur Lösung zugegeben und zum Liter mit H_2O aufgefüllt) versetzt und langsam bis zum Sieden erhitzt. Liegt Sulfitzelluloseablauge vor, so bildet sich ein charakteristischer, schwarzbrauner, klumpiger Niederschlag.

b) Quantitative Bestimmung. Zirka 10 g des zu untersuchenden Extraktes werden in 450 cm³ heißem H_2O gelöst, die Lösung mit 25 cm³ zirka 40%iger HCl versetzt und nun mit H_2O auf 500 cm³ aufgefüllt. 100 cm³ dieser Lösung werden zwei Minuten lang gekocht, abgekühlt und wieder auf 100 cm³ aufgefüllt; nun filtriert man und versetzt 50 cm³ dieses klaren Filtrates mit 10 cm³ obiger Tanninlösung und 10 cm³ obiger Cinchoninlösung und erhitzt schließlich langsam zum Sieden.

Nun filtriert man heiß durch ein gewogenes Filter, wäscht mit kochendem Wasser zwei- bis dreimal nach und trocknet zur Gewichtskonstanz. 1 g Niederschlag entspricht im Mittel 1,35 g trockener Sulfitzelluloseablauge.

---

1) J. S. L. T. C., S. 13. 1920.
2) Collegium, S. 152 u. 382. 1914; S. 557. 1916.
3) J. A. L. C. A., V., VIII., 3, S. 133.
4) Collegium, S. 324. 1914.   5) Collegium, S. 613. 1912.
6) Collegium, S. 167. 1913.
7) Collegium, S. 251. 1913.
8) Collegium, S. 384. 1914 u. S. 393. 1916.
9) Zeitschr. f. Leder- u. Gerbereichem., 1, S. 377. 1922.
10) Collegium, 618, S. 425. 1921.
11) Collegium, S. 707. 1914.

Auf elektroosmotischem Wege ist Sulfitzelluloseextrakt nach Grasser[1]) in einem Gemisch mit anderen Gerbstoffen dadurch leicht zu erkennen, daß die anodischen Dialysate mit Bariumchlorid eine starke Schwefelsäurereaktion aufweisen und daß diese vom salzsauren Anilin deutlich gefällt werden. (Bezüglich Ausführung vgl. S. 312.)

Vanillinprobe. Die Sulfitzelluloseablaugen enthalten Vanillin im gebundenen Zustande[2]); durch Umkehr der Phloroglucinreaktion auf Gerbstoffe (vgl. S. 198) konnte Grasser[3]) folgenden qualitativen Nachweis von Sulfitzelluloseablaugen erbringen:

Etwa 10 cm³ der zu untersuchenden Extraktprobe verdünnt man mit der drei- bis vierfachen Wassermenge, macht mit Natronlauge (1:5) stark alkalisch und erhitzt in einer Porzellanschale etwa zehn Minuten lang zum leichten Kochen. Man säuert nun mit verdünnter Salzsäure (1:5) kräftig an, kocht die saure Flüssigkeit kurz, kühlt ab und filtriert den unlöslich abgeschiedenen Gerbstoff ab. Das Filtrat schüttelt man hierauf mit etwa 5 bis 10 cm³ Äther kräftig aus und zieht letzteren dann mittels Pipette ab. Liegen reine Gerbstoffextrakte vor, so ist die ätherische Lösung nur schwach gelblich gefärbt, ist aber Sulfitzelluloseablauge zugegen, so zeigt diese ätherische Lösung eine mehr oder weniger hellbraune Färbung. Setzt man nun zur ätherischen Lösung 2 bis 3 cm³ konzentrierte Salzsäure und 1 cm³ einer zirka 1%igen alkoholischen Phlorogluzinlösung hinzu und schüttelt alles kräftig durch, so zeigt die saure, wässerige Lösung eine sattgelbe bis gelbbraune Farbe, wenn keine Zelluloseablauge vorhanden ist. Sind von letzterer aber fünf oder mehr Prozente der Extraktprobe beigemengt gewesen, so nimmt diese Lösung eine deutlich rote bis rotbraune Farbe an; bei längerem Stehen dunkelt die Lösung stark gegen Braun.

Liegen reine Zelluloseextrakte, das heißt solche ohne Beimengung von Gerbstoffextrakten, vor oder enthalten letztere große Mengen des ersteren beigemengt, so erscheint die saure Flüssigkeit intensiv rot bis rotviolett gefärbt.

Diese Farbenreaktion auf Sulfitzelluloseablauge gestattet den Nachweis der geringsten, praktisch in Frage kommenden Zusätze dieser Ablauge zu pflanzlichen Gerbstoffextrakten.

f) Bestimmung des Ligningehaltes von Extrakten. Pollak[4]) hat die Methode der Ligninbestimmung in Holz von Cross, Bevans und Briggs[5]) auf die Gerbstoffextrakte übertragen und empfiehlt folgende Arbeitsweise:

1,5 bis 3,0 g Extrakt, je nach der Konzentration, werden auf Sand dreimal bis zur Trockne eingedampft und dann noch zwei Stunden bei 100° C getrocknet. Nach dem Erkalten überschichtet man die Sandmasse mit 40 cm³ Phlorogluzinlösung (2 g Phlorogluzin in 500 cm³ ver-

---

[1]) Collegium, S. 17 ff. 1920.
[2]) Kürschner: Journ. prakt. Chem., S. 238. 1928.
[3]) Noch nicht veröffentlicht.
[4]) Collegium, S. 435. 1915.   [5]) Chem. Ztg., S. 725. 1907.

dünnter Salzsäure von 1,06 Dichte gelöst), rührt oft durch und läßt bedeckt über Nacht stehen. Hierauf gießt man die Flüssigkeit in ein Spitzglas und läßt absitzen und gießt schließlich das Klare durch einen kleinen Trichter mit Baumwollpfropfen. Von dieser klaren Flüssigkeit werden je 10 cm³ folgendermaßen titriert: Man erwärmt auf zirka 70⁰ C und fügt aus einer Bürette 1 cm³ einer Furfurol- oder Formaldehydlösung mit einem Male hinzu. Nach jedesmaligem Zugeben läßt man die Flüssigkeit zwei Minuten stehen, hält aber die Temperatur möglichst auf 70⁰ C. Eine Probe dieser Flüssigkeit, auf halbgeleimtes Zeitungspapier als Indikator gebracht, zirka 10 Sekunden belassen, gibt die bekannte Rotfärbung. Man fügt nun wieder 1 cm³ der genannten Flüssigkeit hinzu usw., bis schließlich die Färbung heller erscheint. Gegen das Ende der Titration wird die Flüssigkeit nur in Mengen von je 0,25 cm³ hinzugegeben, indem man nach jeder Zugabe eine Pause von zwei Minuten vor der Prüfung eintreten läßt. Nahe dem Endpunkte der Reaktion erscheint der rote Fleck immer langsamer auf dem Indikator, schließlich muß man die feuchte Stelle erst trocknen (vorsichtig über einem Bunsenbrenner), um den Fleck beobachten zu können. Die Titration ist beendet, wenn kein roter Fleck mehr hervorgerufen wird. Nach dieser Titration werden 10 cm³ der ursprünglichen Phlorogluzinlösung in genau derselben Weise zur Kontrolle titriert und die Menge des durch Lignozellulose absorbierten Phlorogluzins wird aus der Differenz der beiden Titrationsergebnisse berechnet. Dieser Phlorogluzinabsorptionswert wird dann auf 100 g Trockenrückstand des Extraktes berechnet.

Die in Verwendung kommenden Lösungen werden erhalten durch Lösen von:

a) 2 g Furfurol oder

b) 2 cm³ 40%igem Formaldehyd in je 500 cm³ Salzsäure vom spezifischen Gewicht 1,06.

Derart wurden gefunden für:

Kastanienholzextrakt	4,17 bis 5,66
Eichenholzextrakt	4,29 ,, 4,86
Quebrachoextrakt, fest	1,32
,, sulfit.....	0,00 bis 0,18
Sulfitzelluloseextrakt	4,07 ,, 7,88.

Dieser Absorptionswert kann also z. B. bei Quebrachoextrakt guten Aufschluß geben, ob er mit Zelluloseextrakt verfälscht ist; bei Kastanienholz- und Eichenholzextrakt ist ihr Ergebnis zweifelhaft.

g) Prüfung auf synthetische Gerbstoffe. Unter synthetischen Gerbstoffen versteht man die Kondensationsprodukte aromatischer Sulfosäuren[1]; die von Stiasny gemeinsam mit der Badischen Anilin- und Soda-Fabrik[2] in Ludwigshafen a. Rhein hergestellte Diphenylmethandisulfosäure wird von genannter Fabrik unter dem Namen Neradol D in den Handel gebracht. Die später geschaffenen und von

---

[1] Grasser: Synthetische Gerbstoffe. Berlin. 1920.
[2] D. R. P. 262558.

der I. G. Farbenindustrie A. G. (Werk: Badische Anilin- und Soda-Fabrik) vertriebenen synthetischen Gerbstoffe kommen heute unter den Namen Neradol ND, Ordoval G und 2 G, Gerbstoff F, Ewol und Tamol in den Handel; ihre Zusammensetzung zeigt folgende Tabelle:

Tabelle 64

Handelsname	Form	Dichte in Graden Bé	Gerbende Stoffe %	Lösl. Nicht-gerbstoffe %
Neradol D	teigf.	32	30—33	zirka 33
„ ND............	flüssig	18	30	„ 13
„ FB	pulverf.	—	58—60	„ 40
Tamol NNO	„	—	(neutralisierter Gerbstoff)	
Ewol	flüssig	15	18	4
Ordoval G	„	} 22	(13)	(zirka 16)
„ 2 G	„			
„ G trocken	pulverf.	—	} (52)	„ 48
„ 2 G trocken...	„	—		
Gerbstoff F	flüssig	15	(13)	„ 16
„ FC	pulverf.	—	(52)	„ 48

Ähnliche Produkte bilden die unter den Namen Corinal (Wormatol), Eskoextrakt, Deka, Carbatan, Tannoid usw. von verschiedenen chemischen Fabriken in den Handel gebrachten Kunstgerbstoffe.

Neradol D gibt mit Eisensalzen Blaufärbung, mit Gelatine, Bariumchlorid und salzsaurem Anilin Fällung und wird von Formaldehyd nicht gefällt. Ähnlich verhalten sich Neradol ND und die Ordovale, doch geben diese synthetischen Gerbstoffe mit Eisensalzen keine Färbung.

Berkmann und Kiprianoff[1]) machen nähere Angaben über eine genauere chemische Analyse der synthetischen Gerbstoffe; insbesondere handelt es sich hierbei um die quantitative Feststellung von freier und gebundener Sulfosäure, von freien und gebundenen Mineralsäuren und der Aschebestandteile; für die wichtigsten Kunstgerbstoffe des Handels geben sie folgende Werte an:

Tabelle 65

	Sulfo-		Asche		Azidität in Kubikzentimetern $\frac{n}{10}$ NaOH pro 1 g
	Salz	Säure	Na_2SO_4	NaCl	
Neradol D	21,86	26,45	9,84	—	19,05
„ FB trock.	6,68	61,86	23,52	—	26,27
„ ND	4,83	29,60	0,34	3,01 $CaSO_4$	28,17
Gerbstoff F	0,15	13,89	11,52	6,34	17,92
„ FC tr. .	—	55,71	37,10	0,56 H_2SO_4	24,11
Ordoval G	3,93	10,77	9,48	2,64	16,62
„ GG.....	5,51	8,91	8,82	2,62	14,94
„ G trock.	32,56	23,94	32,34	6,12	12,50
„ GG trock.	6,05	40,95	40,22	7,88	15,58

[1]) Collegium, S. 177. 1928.

Bemerkenswert ist die Procter-Hirstsche Reaktion mit salzsaurem Anilin, welches die Neradole, Ordovale und andere Kunstgerbstoffe fällt, ohne daß sie ligninartige Stoffe enthalten.

Zur Unterscheidung von Neradol D und Sulfitzelluloseablauge und zum Nachweis der letzteren in Gemischen mit Neradol D empfiehlt Stiasny folgende Reaktion:

10 cm³ in einer zirka 5%igen Lösung des fraglichen Extraktes werden mit 1 bis 2 Tropfen 1%iger Alaunlösung und etwa 5 g festem Ammoniumazetat kräftig durchgeschüttelt. Bei reinem Neradol D bleibt die Lösung auch nach 24 stündigem Stehen klar, während Sulfitzellulose eine starke, flockige Fällung gibt, die in Mischungen um so rascher auftritt, je reichlicher der Gehalt an Sulfitzelluloseablauge ist. Bei einem Gehalt von 5 bis 10% an letzterer wurde nach zwei- bis dreistündigem Stehen stets deutliche Fällung erzielt. Wenn nach dem Stehen über Nacht die Lösung klar ist, kann man bestimmt auf vollständige Abwesenheit von Sulfitzelluloseablauge schließen (vgl. auch S. 293).

Lauffmann[1]) hat die von Seel und Sander vorgeschlagenen Methoden zum Nachweis von Neradol D und ND nachgeprüft und hat festgestellt, daß die Gegenwart natürlicher Gerbstoffe und von Zellstoffauszügen sowie die Mengen der zugesetzten Reagenzien diese Reaktion sehr ungünstig beeinträchtigen und empfiehlt deshalb folgende verbesserte Methode:

Die zu untersuchende Flüssigkeit wird soweit verdünnt, daß sie nicht mehr als etwa 3% organische Stoffe enthält. 30 cm³ dieser Flüssigkeit werden dann mit 30 cm³ einer 10%igen Lösung von Aluminiumsulfat und dann mit 30 cm³ 10%igem Ammoniak gut vermischt und filtriert. Nun dampft man das Filtrat zur völligen Trockne ein. Man verteilt nun auf drei Uhrgläser verschiedene Mengen Trockenrückstand (etwa der Maße von 1, 2 und 4 Erbsenkörnern entsprechend), setzt je 5 cm³ Wasser zu, bringt durch Rühren mit einem Glasstäbchen in Lösung und setzt dann nacheinander unter jedesmaligem guten Mischen einige Tropfen konzentriertes Ammoniak, 2 Tropfen einer 0,6%igen Lösung von Dimethyl-p-phenylendiamin und 2 Tropfen einer 5%igen Lösung von Ferrizyankalium zu. Bei Gegenwart von Neradol D tritt sogleich eine meist intensive Blaufärbung ein, die unter Umständen mehr oder weniger schnell mißfarbig wird.

Um Neradol ND nachzuweisen, verreibt man die wie oben auf drei Uhrgläser verteilten Trockenrückstände bis zur möglichst vollständigen Lösung gründlich mit 2 bis 5 Tropfen käuflichen Wasserstoffsuperoxyds, gibt dann 3 bis 4 cm³ konzentrierte Schwefelsäure zu und vermischt möglichst schnell unter kräftigem Reiben des Bodens des Uhrglases mit einem Glasstäbchen. Bei Gegenwart von Neradol ND tritt eine meist intensive violette Färbung auf, die je nach der Menge der neben Neradol ND vorhandenen organischen Stoffe mehr oder weniger schnell in andere Färbungen übergeht.

---

[1]) Collegium, S. 233. 1917.

Reaktion auf Neradol D.

Die von Bader[1]) empfohlene Reaktion, Phenole quantitativ als Oxyazoverbindungen niederzuschlagen, haben Appelius und Schmidt[2]) für die qualitative Prüfung auf Neradol D folgendermaßen umgeändert: Versetzt man 50 cm³ Gerbstofflösung von Analysenstärke mit 15 cm³ Diazolösung, filtriert bei eventuell sich bildendem Niederschlag und gibt zum Filtrat Natronlauge bis zur alkalischen Reaktion hinzu, so tritt bei Gegenwart von genügend Neradol D eine starke blutrote Färbung auf. Bei Gegenwart von sehr wenig Neradol D verfährt man derart, daß man die mit Diazolösung versetzte Gerbstofflösung nach der Filtration auf Filtrierpapier gießt und dieses nach dem Trocknen mit Natronlauge betupft. Bei Anwesenheit von sehr wenig Neradol D entsteht ein nur rot geränderter Fleck.

Die obengenannte Diazolösung stellt man nach Tschirch und Edner[3]) folgendermaßen her: 5 g Paranitroanilin werden in einer $^1/_2$ l fassenden Stöpselflasche mit 25 cm³ Wasser und 6 cm³ konzentrierter Schwefelsäure versetzt, nach dem Schütteln noch 100 cm³ Wasser und eine Lösung von 3 g Natriumnitrit in 25 cm³ Wasser zugesetzt und auf 500 cm³ aufgefüllt. Die Lösung ist vor Licht geschützt aufzubewahren.

Prüfung auf Sulfitzelluloseextrakt und Neradol D

Appelius und Schmidt[4]) geben zum Nachweis von Sulfitzelluloseextrakt und Neradol D und zu deren Unterscheidung folgendes Verfahren an: 100 cm³ Gerbstofflösung von Analysenstärke werden mit 5 cm³ einer 25%igen Salzsäure versetzt, kurze Zeit gekocht und hierauf abgekühlt. Ein während des Erkaltens der Lösung entstandener Niederschlag wird eventuell unter Kaolinzusatz abfiltriert. 50 cm³ des klaren Filtrates werden nun mit 20 cm³ einer Cinchoninsulfatlösung versetzt, wodurch ein Niederschlag entsteht, wenn Sulfitzelluloseextrakt, Neradol D oder ein Pyrokatechingerbstoff vorhanden ist. Erhitzt man diese Flüssigkeit nun gerade bis zum heftigen Sieden, ohne dabei die Lösung umzuschwenken, so löst sich der Niederschlag auf, wenn kein Sulfitzelluloseextrakt und Neradol D zugegeben ist. Ist dagegen ersterer vorhanden, so ballt sich der grauweiße Niederschlag beim Erhitzen zu einer ganz charakteristischen, schwarzbraunen, klumpigen und unförmigen Masse zusammen. Bei Gegenwart von Neradol D ballt sich der gebildete Niederschlag aber nicht zusammen, sondern stellt eine bräunliche, grobsandige Masse dar.

Die für diese Prüfung erforderliche Cinchoninlösung erhält man, wenn man in einem Literkolben 5 g Cinchonin ($C_{19}H_{21}OH \cdot N_2$) mit 100 cm³ Wasser und dann tropfenweise mit starker Schwefelsäure bis zur Lösung versetzt und schließlich das Ganze mit Wasser auf 1000 cm³ auffüllt.

---

[1]) Bull. soc. Scient. Bucareci, 8, S. 51. 1899.
[2]) Collegium, S. 597. 1914.   [3]) Arch. d. Pharm., S. 150. 1907.
[4]) Collegium, S. 597. 1914.

Nach Gerngroß, Bán und Sándor[1]) zeigen zahlreiche synthetische Gerbstoffe und Sulfitzelluloseablaugen noch in stark verdünnten Lösungen eine prachtvolle Fluoreszenz, wenn sie den unsichtbaren Ultraviolettstrahlen (Analysenquarzlampe der Quarzlampen G. m. b. H. Hanau am Main) ausgesetzt werden. Während die von der Phenolsulfosäure abstammenden synthetischen Gerbstoffe (Neradol D und seine ausländischen Nachahmungen Clarex, Maxyntan und Prytan) neben jenen aus Holzkohle und Humus gewonnenen Gerbstoffen keine Fluoreszenz zeigen, weisen Neradol ND, Gerbstoff F, Ordoval G und 2 G, Ewol und Carbatan eine deutliche blaue bis violette Fluoreszenz auf. Ähnliche Fluoreszenzerscheinungen konnten allerdings im verminderten Maße bei den pflanzlichen Gerbstoffen Fichte, Hemlock, Maletto und Kastanienholz festgestellt werden[2]). Eine gelbe, adsorbtive Fluoreszenz auf Nitrozellulose zeigen dagegen Quebracho, Mimosa und Tizera[3]).

h) Prüfung auf Mangrove. Während alle vorstehend beschriebenen qualitativen Reaktionen zum Nachweise von Mangrove in anderen Extrakten bisher keine eindeutigen Resultate ergaben, gelingt dies durch die elektroosmotische Analyse nach Grasser[4]).

Bei Gegenwart von 10% Mangrovegerbstoff färbt sich das erste kathodische Dialysat bereits innerhalb fünfzehn Minuten blutrot, eine Färbung, die kein anderer Gerbstoff oder Zusatz zu bewirken vermag. Besonders rasch tritt diese kathodische Wanderung dann ein, wenn die Extraktmischung Salze enthält, z. B. sulfitiert ist. Es ist daher für den Nachweis von Vorteil, dem zu untersuchenden Extrakt etwas Natronlauge hinzuzusetzen. Dadurch wird z. B. bei reinem Quebrachoextrakt das kathodische Dialysat selbst noch nach einstündiger Elektroosmose farblos bleiben, bei Gegenwart von Mangrove aber bereits nach fünfzehn Minuten eine intensive blutrote Farbe annehmen. (Bezüglich Ausführung vgl. S. 312.)

i) Prüfung auf Anilinfarbstoffe. Grasser[5]) hat nachgewiesen, daß Gerbextrakte häufig mit Anilinfarbstoffen gelb gefärbt werden, um ihnen eine schöne Farbe zu geben und eventuell das zugrunde liegende Rot zu verdecken. Für diese Zwecke wird besonders das basische Auramin verwendet, das mit den Gerbstoffen einen unlöslichen gelben Lack gibt, und so zur Aufhellung des Extraktes wesentlich beiträgt. Die Ermittlung dieses Farbstoffes führt Grasser folgendermaßen durch:

5 cm³ des Extraktes werden mit etwa 2 cm³ Natronlauge (1:10) versetzt, tüchtig durchgeschüttelt, 5 cm³ Benzol zugefügt und abermals eine halbe Minute lang geschüttelt. Man läßt hierauf eine Trennung der beiden Schichten eintreten und gießt das Benzol durch ein trockenes Filter. Nach erfolgtem Ablaufen des Benzols hinterbleibt auf dem Filter eine intensiv gelb gefärbte Randzone, welche abgeschiedenes Auramin anzeigt. Das Filtrat, das kaum gelblich gefärbt ist, wird nun mit etwa

---

1) Collegium, S. 565. 1925 u. S. 1. 1926.

2) Collegium, S. 12. 1927.   3) Collegium, S. 426. 1927.

4) Collegium, S. 17ff. 1920.   5) Collegium, S. 379. 1910.

1 cm³ verdünnter Schwefelsäure (1:20) versetzt, kräftig geschüttelt, wobei in Gegenwart von Auramin nach der Trennung der Säure vom Benzol erstere deutlich gelb gefärbt erscheint. Durch weiteres Zufügen eines Kubikzentimeters konzentrierter Essigsäure zum Benzol und kräftiges Durchschütteln erhält man abermals nach Trennung der beiden Schichten die Essigsäure deutlich gelb gefärbt, die beim Verdampfen eine intensiv gelb gefärbte Zone hinterläßt.

k) Qualitative und mikroskopische Untersuchung. Für die qualitative Untersuchung eines uns bekannten Extraktes kommen vor allem dessen Spezialreaktionen in Betracht und können diese bei geeigneter Auswahl so ziemlich die Einheitlichkeit bzw. Vermischung mit anderen Extrakten anzeigen. Umständlicher wird die Untersuchung in jenen Fällen, in denen es sich nur um ganz geringe Verfälschungen bzw. um Extrakte mit Phantasiebenennung handelt, deren Abstammung durch den Namen nicht verraten wird und deren Einheitlichkeit bzw. deren Bestandteile zu ermitteln sind. In diesen Fällen gibt häufig die mikroskopische Untersuchung schnelle und gute Auskunft, und möge im nachstehenden die von Grasser[1]) ausgearbeitete Prüfungsmethode nebst den wichtigsten mikroskopischen Bildern angeführt sein.

Feste Extrakte werden möglichst feingepulvert und mit heißem Wasser am Wasserbade derart zur Lösung gebracht, daß ein dünnflüssiger Extrakt resultiert, der selbst beim Erkalten wenig an Konsistenz zunimmt. Diese so hergestellte Lösung oder der ursprüngliche flüssige Extrakt wird nun in hohe, möglichst enge Standzylinder gefüllt und einige Tage ruhig sich selbst überlassen, bis sich eine genügende Menge des erforderlichen Bodensatzes gebildet hat. Manche stark verkochte Extrakte, besonders aber die geklärten, enthalten nur geringere Mengen solcher Anteile und es bedarf bei diesen längere Zeit zu ihrer Abscheidung. Wesentlich beschleunigt kann das Absetzen dadurch werden, daß man dem Extrakt so viel Wasser zusetzt, daß er eine deutliche Trübung anzunehmen beginnt. Hat man auf eine dieser Arten eine genügende Menge von Bodensatz beisammen, so gießt man die überstehende dünne Flüssigkeit ab und bringt den unlöslichen Satz mit einer genügenden Menge einer 1%igen Natronlauge zusammen, wodurch alle Phlobaphene und Harzstoffe in Lösung gehen, während die unlöslichen pflanzlichen Organe zurückbleiben. Diese Lösung wird nun entweder zuerst in ein größeres Becherglas gebracht und mit Wasser genügend verdünnt, um die Abscheidung der unlöslichen Anteile zu erleichtern, und dann zentrifugiert oder direkt ohne Verdünnung dem Zentrifugieren unterworfen. Zu diesem Zwecke genügt eine beliebige Zentrifuge, da bereits mäßige Rotation in zirka zwei bis vier Minuten eine solche Menge Bodensatz ergibt, daß dessen mikroskopische Untersuchung ermöglicht wird.

Bei dieser Lösung der Phlobaphene ist besonders darauf zu achten, daß die angewandte Lauge nicht zu stark ist und nur so lange im kalten

---

[1]) Collegium, S. 349. 1911.

Zustande einwirkt, bis tatsächlich alle genannten Stoffe gelöst sind, um eine quellende oder gar zerstörende Wirkung auf die pflanzlichen Organismen zu verhindern.

Der abgesonderte Bodensatz wird zwecks Aufhellung mit 1 bis 2 Tropfen einer ¼%igen Oxalsäurelösung vermengt und ein Tropfen dieser Mischung auf den Objektträger gebracht und mit einem Deckglase versehen. Zuerst sucht man bei geringer Vergrößerung die ganze Fläche nach größeren Pflanzenteilen ab und prüft diese hernach bei stärkerer Vergrößerung auf ihre genaue anatomische Beschaffenheit.

Aus den unten angeführten mikroskopischen Bildern, Tafel I bis V, Seite 303 bis 307, kann man die charakteristischen Formen der einzelnen Gerbstoffelemente ersehen, und es werden durch einige Übung mit dieser Untersuchungsmethode gute Resultate erzielt.

Atkin und Marriott[1]) empfehlen für die mikroskopische Untersuchung des Sumachs die Verwendung des polarisierten Lichtes und führen Mikrophotographien an, aus denen die charakteristischen Merkmale des Sumachs und seiner Beimengungen ersehen werden.

1) Ausfärbeversuche. Für die Beurteilung eines Extraktes kommt unter anderem auch dessen Ausfärbevermögen auf Blößen sehr in Betracht, indem hellere Extrakte stets heller gefärbtes Leder liefern, was besonders für die Vorgerbung von Wichtigkeit ist. Auch das Rotstichige gewisser Extrakte kann besonders durch Ausfärbeversuche ermittelt werden, und diese geben viel bessere Resultate als ein Vergleichen des naturellen oder verdünnten Extraktes. Für die Ausführung der Ausfärbeversuche kann man gespaltene Blöße, animalisierte Baumwolle oder Chromleder verwenden, und im nachstehenden sollen die diesbezüglichen Methoden besprochen werden.

Zum Ausfärben mittels Blöße muß diese vorher unbedingt gut entkalkt werden, da wechselnde Mengen von Kalk stets verschiedenfarbige Nuancen ergeben und auch ein Nachdunkeln der Blöße beim Auftrocknen mit sich bringen. Um verschiedene Extrakte auf diese Art vergleichen zu können, muß man stets unter denselben Bedingungen arbeiten, und zwar nimmt man vorteilhaft 15 g des Extraktes, löst ihn in 1 l heißem Wasser, läßt auf etwa 40 bis 45⁰ erkalten und bringt ein rechteckig zugeschnittenes Blößenstück von etwa 6 × 8 cm und einem Gewichte von etwa 20 g in diese Lösung und läßt in einer Schüttelmaschine oder Versuchswalkflasche während einer halben Stunde rotieren. Nach beendeter Angerbung preßt man das Blößenstück gut ab, wäscht mit Wasser nach, preßt abermals, spannt es mit Hilfe von Nägeln auf ein Brett und trocknet im Dunkeln auf. Die so erhaltene Probeausfärbung kann nun unverändert aufbewahrt werden und hält sich unbegrenzt als Vergleichsstück für andere Extrakte.

Da nun Blößen und Spaltstücke selbst vom Schaf oder vom Kalb je nach Alter, Geschlecht, Provenienz und Vorbehandlung der Haut

---

[1]) J. S. L. T. C., 5, S. 275. 1921 u. Collegium, 667, S. 594. 1925.

verschiedenen Einfluß auf die Lederfarbe haben können, hat Gansser[1]) durch Gelatinieren von Baumwolle ein gerbstoffempfängliches, sehr gleichartiges Versuchsmaterial hergestellt, das für Anfärbeversuche sehr gut geeignet ist. Zur Herstellung dieser animalisierten Baumwolle verfährt man folgendermaßen: Baumwollstoff (Barchent-) Streifen von 11 cm Breite und 20 m Länge werden auf eine Spule gerollt und durch siedendes Wasser gezogen, um den Stoff vollständig und gleichmäßig

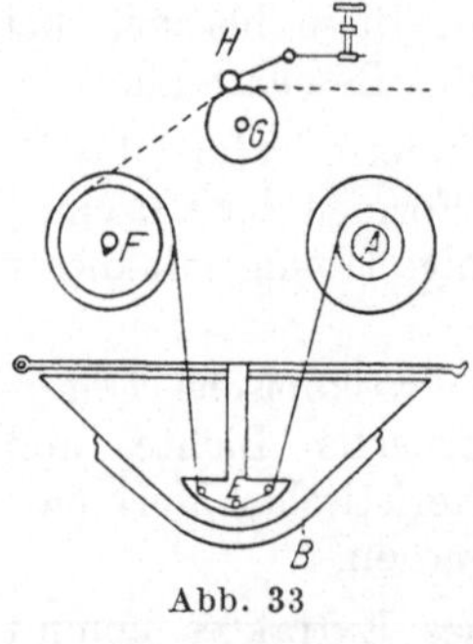

Abb. 33

einzuweichen; hierauf wird er zwischen Walzen abgepreßt und auf die Spule A (Abb. 33) gerollt. Diese Spule ist in einem Gestell eingesetzt, welches unten ein doppelwandiges, verzinntes Gefäß B trägt, das wieder drei Glasstäbe E enthält. Der Stoff wird nun unter den drei Glasstäben hindurchgezogen und an der Spule F aufgerollt. Man gießt in das Gefäß B eine $\frac{1}{4}\%$ige Formaldehydlösung und zieht den Stoff durch, indem man ihn von A über E auf F wickelt. Hierauf wird die Formaldehydlösung durch eine 6%ige Gelatinelösung ersetzt.

Die Stoffrolle wird nun viermal hintereinander durch die Gelatinelösung gehaspelt, während das Gefäß B auf 60 bis 65° gehalten wird. Der schließlich auf die Spule F aufgerollte Stoff wird durch zwei Kautschukwalzen G und H hindurchgepreßt, welche mittels zweier 1 mm starker Kupferbleche auseinandergehalten werden und den Überschuß der Gelatinelösung abstreichen.

Der so imprägnierte Stoff wird nun mehrere Meter weit langsam horizontal gezogen, wobei er sich genügend abkühlt und aufgerollt werden kann, um in einem staubfreien Raum horizontal aufgehängt und getrocknet zu werden.

Für die Ausfärbung schneidet man $2\frac{1}{2}$ g schwere Stücke von diesem Band ab und weicht sie durch Einlegen in Wasser von Zimmertemperatur ein. Die Gerbstofflösung stellt man sich aus 30 cm³ Wasser und 10 cm³ Extrakt (25° Bé) her, bringt sie in eine Schüttelflasche und fügt zwei vorher leicht gerollte Stoffabschnitte hinzu. Nach einigen Minuten ruhigen Stehens haben diese Röllchen so viel Stand, daß sie sich nicht mehr vollständig aufrollen und dadurch nicht mehr an den Glaswänden ankleben. Das Walkglas wird hierauf in den rotierenden Rahmen des Schüttelapparates eingespannt und mit 25 Umdrehungen pro Minute während zwölf Stunden behandelt, nach welcher Zeit die Stoffe vollständig gegerbt sind und nach Behandeln mit laufendem Wasser während zehn Minuten abgepreßt und bei Zimmertemperatur getrocknet werden.

Die so erhaltenen gegerbten Stoffstücke können aber auch zur Ermittlung der gewichtgebenden und der festigkeitgebenden Eigenschaften eines Extraktes benutzt werden, wie Gansser in einer späteren Arbeit nachgewiesen hat[2]) (vgl. S. 309).

---

[1]) Collegium, S. 37. 1909.　　　　　　[2]) Collegium, S. 101. 1911.

1. Valonea

Haare

Teil aus Schuppe (Querschnitt)

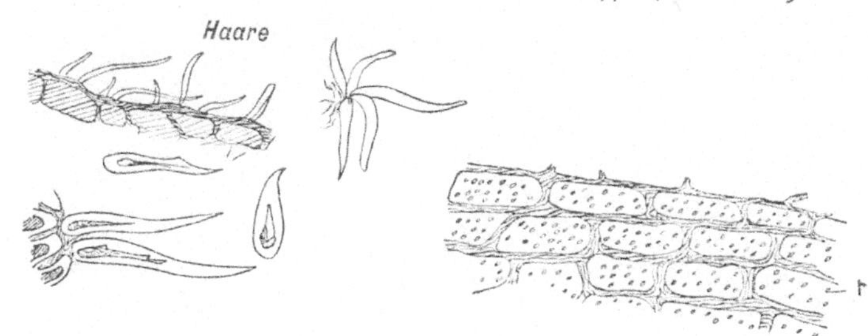

2. Dividivi

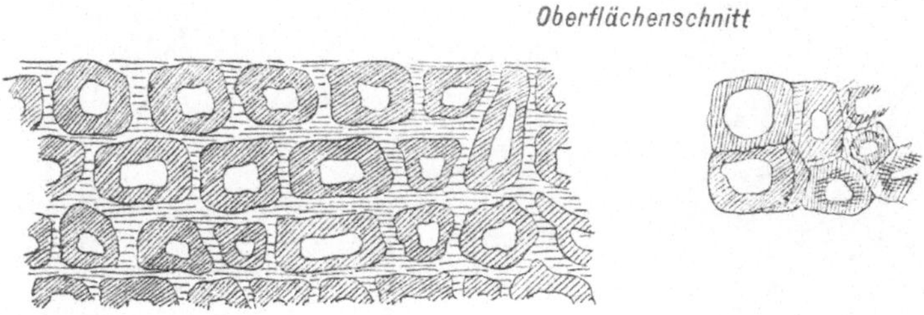

Oberflächenschnitt

3. Katechu

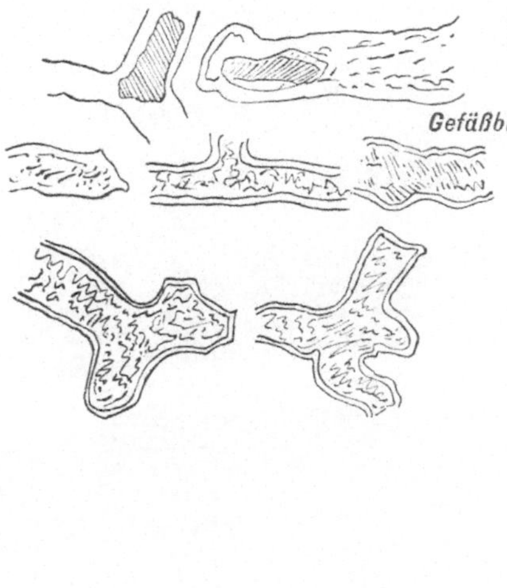

Gefäßbündel

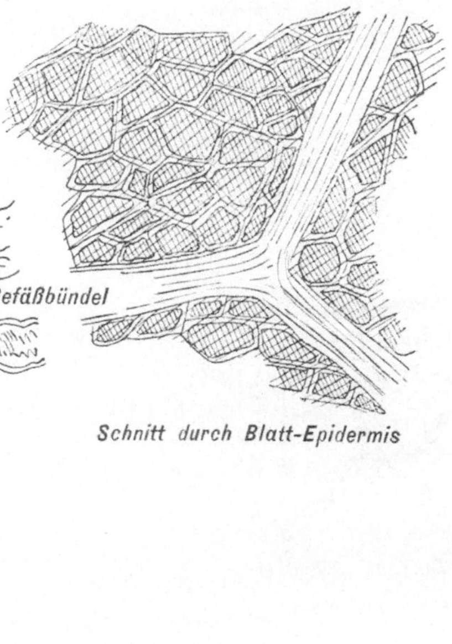

Schnitt durch Blatt-Epidermis

4. Sumach

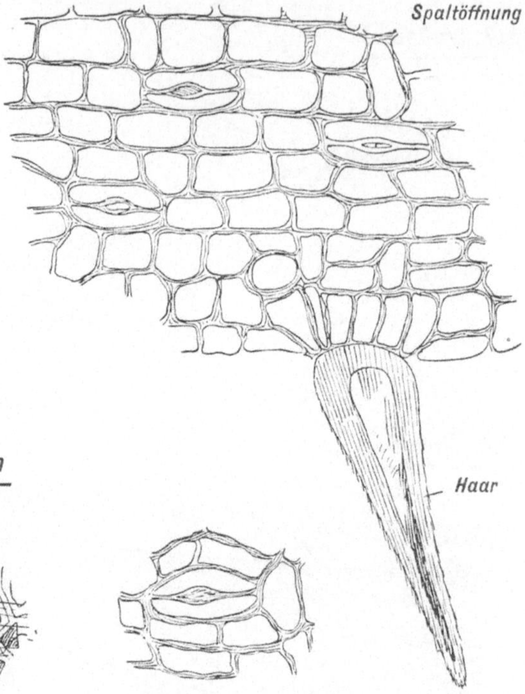

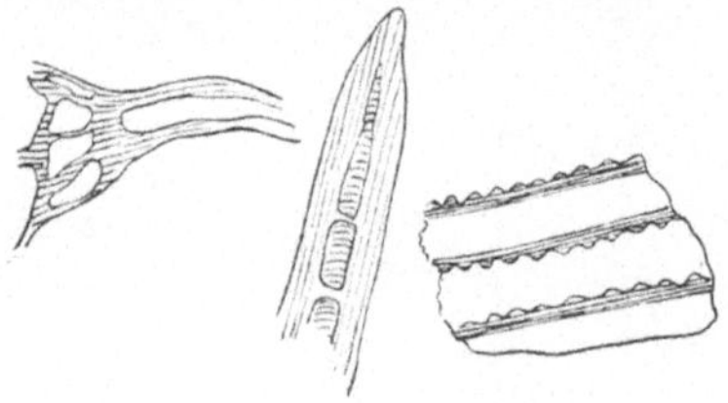

5. Myrobalanen

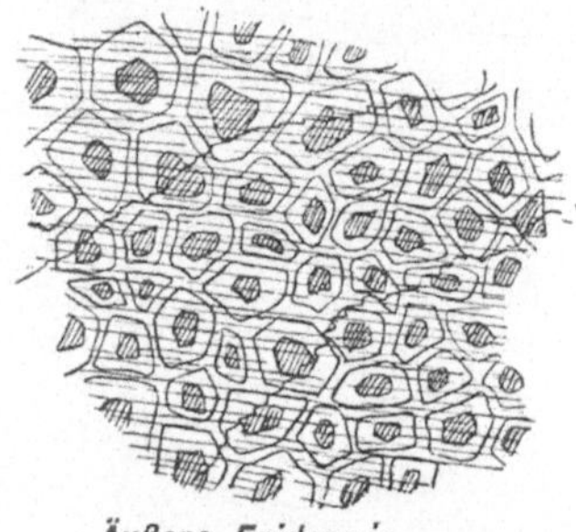

Äußere Epidermis

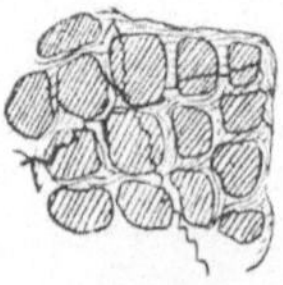

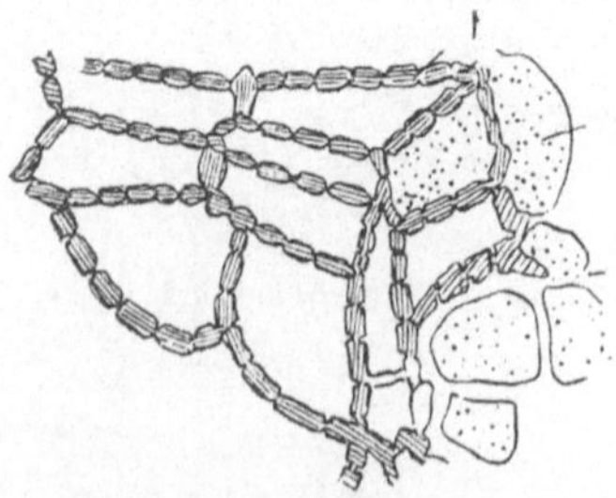

Teil aus Fruchtkern

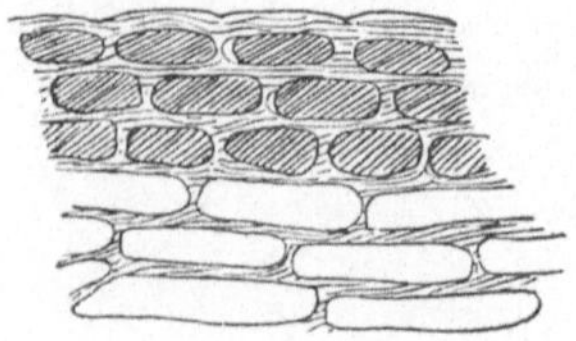

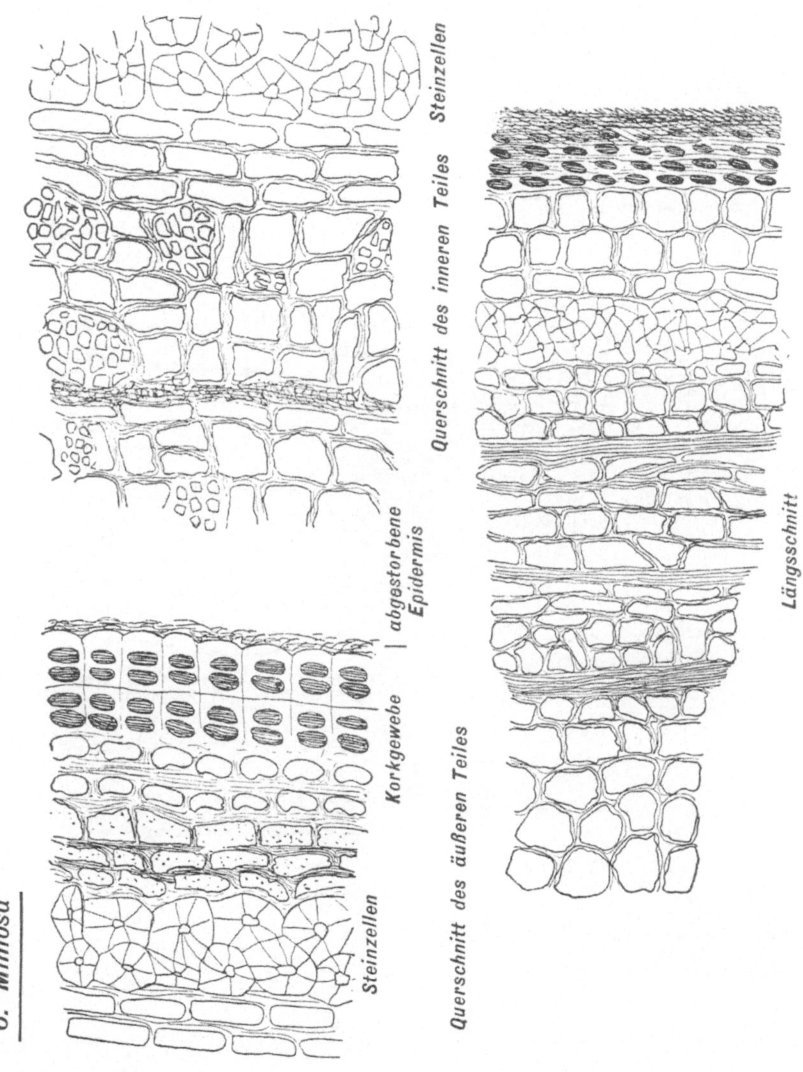
6. Mimosa
Steinzellen
Querschnitt des inneren Teiles
Längsschnitt
abgestorbene Epidermis
Korkgewebe
Steinzellen
Querschnitt des äußeren Teiles

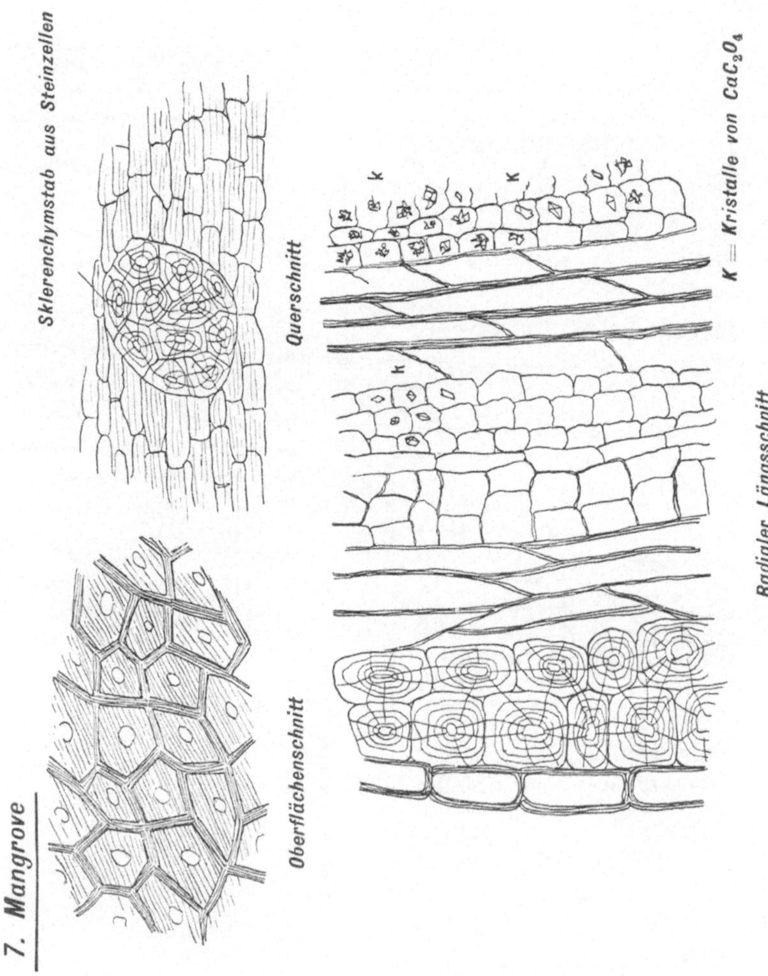
Sklerenchymstab aus Steinzellen
Querschnitt
K = Kristalle von CaC₂O₄
Radialer Längsschnitt
Oberflächenschnitt
7. Mangrove

8. Quebracho

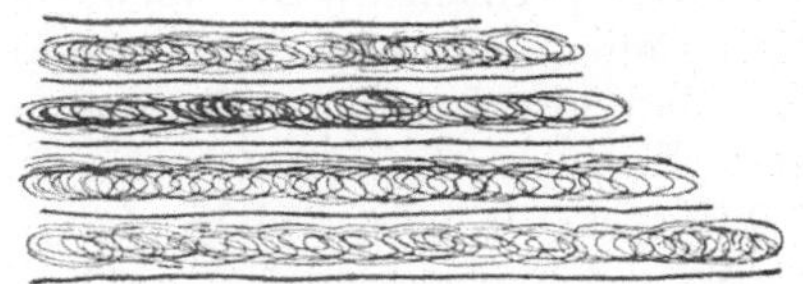
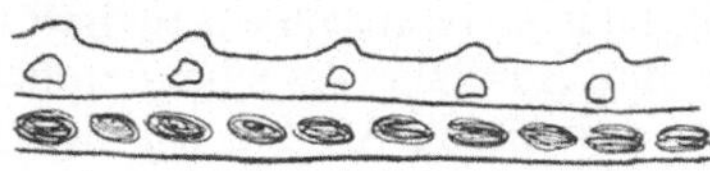

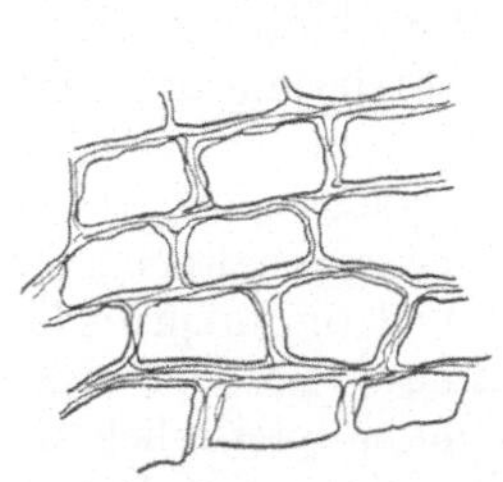
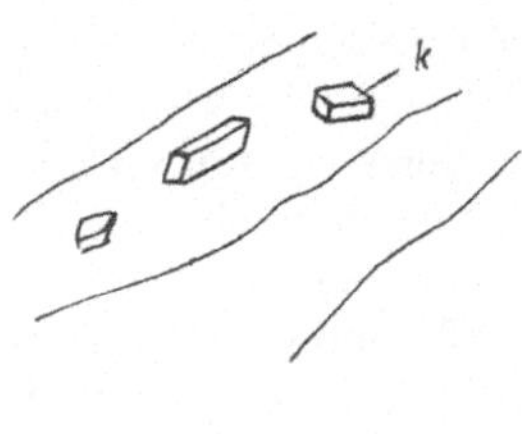

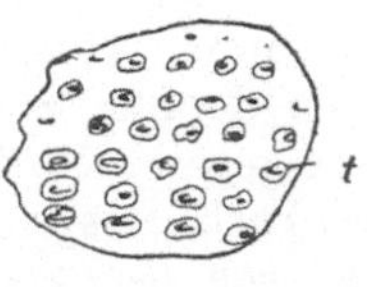

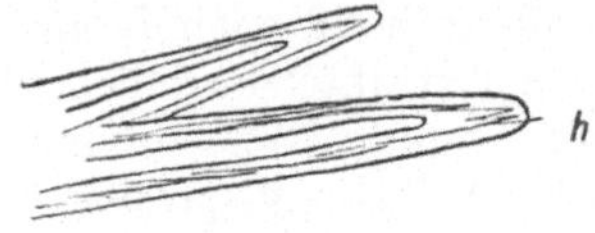

9. Galläpfel, japanes.

$k = $ *Kristalle von* CaC_2O_4
$t = $ *Tüpfel*
$h = $ *Haare*

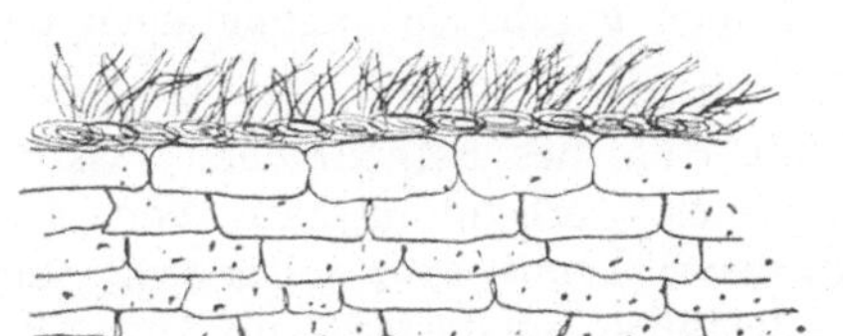
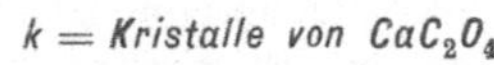

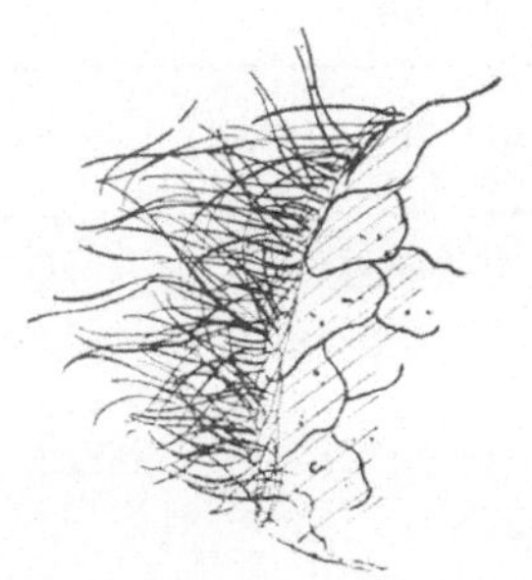
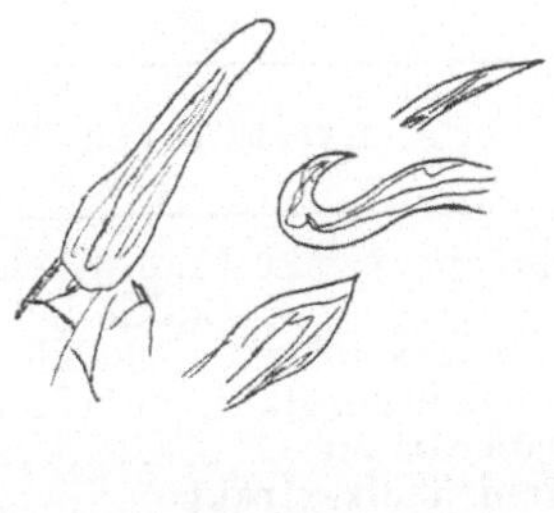

In jenen Fällen, wo oben beschriebener Apparat nicht zur Verfügung steht und man Blöße wegen deren schlecht durchführbarer Entkälkung bzw. Spalt wegen deren rauher Oberfläche nicht verwenden will, bedient man sich vorteilhaft des chromierten Leders, das Grasser[1]) für die Ausfärbeversuche empfiehlt. Man löst für diese Bestimmung 25 g des flüssigen oder 8 g des festen Extraktes in 100 cm³ bei etwa 70⁰ auf, kühlt die Lösung ab und bringt sie in eine 150 bis 180 cm³ fassende Flasche eines Schüttelapparates und fügt ein chromgares Kalblederstück von etwa 8 × 10 cm Größe und ungefähr 10 g Gewicht hinzu und behandelt es im Schüttelapparate bei mäßiger Rotation etwa eine Stunde. Die so angegerbten Stücke werden unter Ausschluß des Lichtes etwa drei Stunden liegen gelassen, um eine bessere Fixierung des Gerbstoffes zu erreichen, worauf man sie gut auswäscht, in einem reinen Tuche durch Abpressen von der Hauptmenge des Wassers befreit und nun an dunkler Stelle vollständig lufttrocknet. Das so erhaltene kombiniert gegerbte Stück zeigt schöne lohgare Farbe und die ursprünglich grüne Farbe des chromgaren Leders beeinflußt keineswegs die Nuance. Da es sich bei dieser Prüfung des Extraktes doch hauptsächlich nur um Vergleichsausfärbungen handelt, so kann das Grün des Chromleders keinen ungünstigen Einfluß bei der Beurteilung hervorrufen.

Grasser hebt noch besonders hervor, daß für den Vergleich verschiedener Extrakte derselben Abstammung, z. B. Kastanienholzextrakt, diese vorher quantitativ untersucht werden sollen und die Ansatzmengen für obige Anfärbung proportional dem Gerbstoffgehalt der einzelnen Extrakte genommen werden müssen, um tatsächlich einwandfreie Vergleichsausfärbungen zu erhalten, da gerbstoffreichere Extrakte dunklere Färbungen als gerbstoffärmere unter den gegebenen Bedingungen der kurzen Angerbezeit liefern.

m) Viskosität. Pollak[2]) hat mit Hilfe des Englerschen Viskosimeters die Zähflüssigkeit verschiedener Gerbstoffextrakte von verschiedener Dichte und bei verschiedener Temperatur untersucht und konnte gut übereinstimmende Regelmäßigkeiten feststellen. Inwiefern die Viskosität für die verschiedenen Gerbstoffextrakte charakteristische Werte gibt, zeigt z. B. folgende Tabelle:

Tabelle 66

Extrakte von 23,5⁰ Bé und 20⁰ C	Grade nach Engler
Quebrachoextrakt (kaltlöslich, nicht sulfitiert)	140
,, (kaltlöslich, sulfitiert)	53
Mangroveextrakt, unbehandelt	56
Myrobalanenextrakt, unbehandelt	3
Sumachextrakt	3—5
Kastanienholzextrakt	6

[1]) Collegium, S. 390. 1911.
[2]) Collegium, 659, S. 122. 1925.

Der Einfluß der Temperatur auf die Viskosität ist aus folgender Tabelle ersichtlich:

Tabelle 67

Extrakt	Grade Bé	Viskosität in Engler-Graden bei				
		20° C	25° C	30° C	40° C	50° C
Naturell. Quebracho	25	830	243	96	32	17
„ „	20	36	19	10	4	2,4
Sulfit. Quebracho	25	110	65	41	16	8
„ „	20	7,3	5	3,7	2,4	1,8
Fichtenrinde	25	116	85	61	33	16
„	20	18,9	14,8	11,5	6,5	4,4
Eichenholz	25	12	8,4	6	3,5	2,6
„	20	3,3	2,5	2,1	1,6	1,5

n) Bestimmung der gewicht- und festigkeitgebenden Eigenschaften. Bereits bei der vorausgehenden Besprechung der Ausfärbeversuche wurde erwähnt, daß die Methode Gansser auch für obengenannte Bestimmungen unter besonderen Anordnungen möglich ist, und zu diesem Zwecke verfährt man folgendermaßen:

Man nimmt animalisierte Baumwollstücke von je 2,5 g, die nach der früher gemachten Angabe hergestellt sind, und bringt sie in Glaszylinder von 30 cm Höhe und 9 cm Weite mit der Gerbstofflösung zusammen, die ebenfalls so stark gestellt ist wie für den Ausfärbeversuch, und zwar nimmt man die vierfache Brühenmenge vom Stoffgewicht. Die Stoffabschnitte werden gerollt in die Gerbflüssigkeit gegeben und während zwölf Stunden darin wie üblich gegerbt. Die so gegerbten Stoffe werden, ohne zu waschen, zwischen Filterpapier abgetrocknet, zwei Stunden bei 40° getrocknet, dann im Vakuumtrockenschrank während eineinhalb Stunden auf 80 bis 90° erhitzt, im Exsikkator abkühlen gelassen und gewogen. Die Gewichtszunahme berechnet man als gewichtgebende Eigenschaft des Extraktes.

Für die Bestimmung der festigkeitgebenden Eigenschaft eines Extraktes wird die animalisierte Baumwolle in Streifen von 50 cm Länge und 16 cm Breite geschnitten und in dieser Form gegerbt, ganz so wie früher beschrieben. Für jede Prüfung werden 5 g gleichgegerbte Barchentstreifen verwendet, die durch Abzählen der Fäden auf eine Breite von 5 cm und eine nutzbare Streifenlänge von 30 cm reduziert werden. Die Festigkeitsprüfung wird hernach auf einem Dynamometer zahlenmäßig festgestellt und in Kilogrammen pro Zentimeter Streifenbreite (in der Kette gemessen) angegeben.

o) Quantitative Gerbstoffbestimmung. Für die quantitative Bestimmung der gerbenden Stoffe, löslichen Nichtgerbstoffe, des Unlöslichen und des Wassergehaltes gelten die früher angegebenen offiziellen Methoden und hier möge nur auf diese verwiesen werden. Über einige spezielle Fälle ist im nachstehenden berichtet und dient die am Schlusse dieses Kapitels angeführte Tabelle zum Vergleiche der gefundenen Analysenwerte.

Für das Einwägen flüssiger Extrakte zwecks quantitativer Gerbstoffbestimmung ist es vorteilhaft, den gut durchmischten Extrakt in ein Wägegläschen zu bringen und dieses offen mit einem darin befindlichen kurzen, mäßig weiten Glasröhrchen abzuwägen. Die Entnahme der zu untersuchenden Extraktanteile geschieht dann derart, daß man das eingetauchte Röhrchen mit dem Zeigefinger oben verschließt, die im Röhrchen befindliche Extraktmasse heraushebt und in den bereitstehenden Maßkolben mit heißem Wasser tropfen läßt. Durch mehrfaches Wiederholen dieses Herausnehmens gelingt es rasch, die gewünschte Menge Extrakt in den Maßkolben zu bringen und dessen Menge durch ein nochmaliges Wägen des Wägegläschens und des Glasröhrchens zu bestimmen.

p) Gerbgeschwindigkeit. Unter Gerbgeschwindigkeit wird nach Grasser[1]) jene Adsorptionsgeschwindigkeit eines Gerbstoffes verstanden, die er innerhalb der ersten sechzehn Stunden seiner Einwirkung auf die Blöße erreicht hat. Seine Größe wird an der relativen Abnahme des Quellungsvermögens der Blöße durch verdünnte Säuren gemessen, welche die Blöße durch Einwirkung eines Gerbstoffes erleidet. Zur Ermittlung dieser Gerbgeschwindigkeit C geht man folgendermaßen vor:

Frisch geäscherte und gut entfleischte, gesunde Stücke aus den Fuß- und Schweifteilen dünner Rinder- und Kalbsblößen werden, ohne zu beizen, vorerst mit Wasser gründlich gewaschen. Hernach werden sie mit etwa 3% Borsäure vollständig entkälkt und schließlich durch mehrfaches Waschen und Auspressen mit destilliertem Wasser möglichst salzfrei gemacht. Diese so gereinigten Stücke werden nun in destilliertes Wasser eingelegt, dem 1% Phenol zugefügt worden war und bleiben nun darin zwei bis drei Tage. Hernach werden sie aus dieser Flüssigkeit genommen, nochmals mehrfach mit destilliertem Wasser gewaschen und schließlich in eine Lösung von $1^0/_{00}$ Phenol und $^1/_2{}^0/_{00}$ Sublimat in destilliertem Wasser im kühlen Raume in verschlossener Flasche aufbewahrt. Für die Versuchsanstellung nimmt man einige kleine Abschnitte dieser Blößen, wäscht sie gut mit destilliertem Wasser und preßt sie zwischen Tüchern stark trocken. Schließlich schneidet man sie in kleine Streifchen von der Größe $1 \times 0{,}5$ cm. Je 2 g dieser Blößenschnitzel werden nun zur Ermittlung der Gerbgeschwindigkeit in einem Becherglase sechzehn Stunden einer 10%igen Lösung des zu untersuchenden Gerbstoffes ausgesetzt. Nach dieser sechzehnstündigen Einwirkung trennt man die Blößenschnitzel von der Gerbstofflösung, spült sie leicht mit Wasser ab und fügt eine Lösung von 2 cm³ n-HCl in 20 cm³ Wasser hinzu und läßt die nun einsetzende Quellung sechs Stunden lang wirken. Gleichzeitig unterzieht man weitere 2 g Blößenschnitzel ohne einer Vorbehandlung mit Gerbstoff nur der Säurequellung mit der gleichen Säuremenge (2 cm³ n-HCl in 20 cm³ Wasser) während der Zeit von sechs Stunden und trocknet und wiegt sie wie vorher. Das hier ermittelte Gewicht sei $m + q$, wenn $m = 2$ g.

---

[1]) Collegium, S. 1 ff. 1921.

Nach beendeter Quellung trocknet man die Blößenschnitzel mittels eines Tuches wie oben beschrieben und bringt sie zur Wägung. Das hier ermittelte Gewicht sei $m+a$, wenn $m=2$ g. Die Gerbgeschwindigkeit C berechnet man nun aus der Proportion $C=\dfrac{f}{q}$, wobei q die durch reine Säurequellung entstandene Quellung, ausgedrückt in Grammen, vorstellt, f einem Wert entspricht, der gleich $\dfrac{m+q}{m+a}$ ist.

Als Mittelwerte konnten für die Gerbgeschwindigkeit C folgende Zahlen ermittelt werden:

Eichenrinde	0,42	Galläpfelgerbsäure	0,49
Fichtenrinde	0,40	Neradol D	0,76
Sumach	0,49	„ ND	0,95
Kastanienholz	0,48	Ordoval G	0,88
Quebrachoholz	0,46	Sulfitzelluloseextrakt	0,50
Valonea	0,43	Formaldehyd	0,93
Mangrove	0,42	bas. Chromsulfat	0,78

q) Gerbintensität. Während die Gerbgeschwindigkeit C jene Größe zum Ausdruck bringt, welche ein Gerbstoff bereits nach wenigen Stunden gegenüber der Blöße aufweist, versteht man nach Grasser[1]) unter Gerbintensität jenes Verhalten eines Gerbstoffes gegenüber Blöße, in verschieden langen Zeiträumen das Höchstmaß seiner Gerbkraft zu erreichen; je nach der Größe dieser Gerbintensität wird auch die Säurequellung verschieden groß sein. Für die praktische Ermittlung dieser Gerbintensität ist es vorteilhaft, z. B. fünf Parallelversuche derart anzustellen, daß man je 2 g Blößenschnitzel mit je 50 cm³ einer 1° Bé starken Lösung der zu prüfenden Substanz in Bechergläsern zusammenbringt und diese fünf Versuche der Reihe nach 24, 48, 72, 96 und 120 Stunden andauern läßt. Durch tägliches Erneuern der Lösungen bringt man den Blößenschnitzeln so viel von der zu untersuchenden Substanz hinzu, daß keine Erschöpfung der Lösungen eintritt. Die nach den genannten Zeitabschnitten unterbrochenen Versuche beendet man schließlich derart, daß man die so vorbehandelten Blößenschnitzel mit Wasser spült und jeweils mit einer Lösung von 2 cm³ n-HCl in 20 cm³ Wasser sechs Stunden lang der Quellung aussetzt. Nach beendeter Quellung trocknet man die Blößenschnitzel wie üblich und bringt sie zur Wägung. Jene aus diesen fünf Versuchen errechnete Gerbgeschwindigkeit C, welche den größten Wert aufweist, wird als Gerbintensität I angenommen.

Folgende Werte für I wurden ermittelt:

Eichenrinde	0,50	Gallusgerbsäure	0,73
Fichtenrinde	0,45	Neradol D	0,89
Sumach	0,54	„ ND	0,96
Kastanienholz	0,48	Ordoval G	0,87
Quebrachoholz	0,58	Sulfitzelluloseextrakt	0,40
Valonea	0,49	Formaldehyd	0,97
Mangrove	0,41	bas. Chromsulfat	0,78

---

[1]) Collegium, S. 1 ff. 1921.

r) Elektroosmotische Untersuchung von Gerbstofflösungen. In den einzelnen Abschnitten über die Untersuchung von gerbstoffhaltigen Auszügen wurde bereits darauf hingewiesen, daß mit Hilfe der Elektroosmose nach Grasser Trennungen durchführbar sind, die sonst Schwierigkeiten bereiten bzw. nicht ausführbar sind. Für solche elektroosmotische Analysen hat Grasser[1]) folgende Apparatur geschaffen, die in der später beschriebenen Weise benutzt wird:

In einem Becherglase von zirka 150 cm³ Inhalt wird innen seitwärts und am Boden ein feinmaschiges Netz aus Platin derart eingefügt, daß es zirka eine Höhe von 4 cm von den Seitenwänden bedeckt; ein angeschmolzener Platindraht ragt aus dem Becherglase heraus, und dieses Netz dient gleichsam als Elektrode. Etwa 2 cm vom Boden entfernt hängt ein Glasrohr mit einem Durchmesser von 25 mm und einer inneren Höhe von zirka 12 cm. Dieses Rohr ist auf der unteren Seite durch ein sogenanntes Dialysierpergament derart nach außen abgeschlossen, daß durch feste Umwickelung des Pergaments mit Bindfaden und vollständigem Überziehen desselben mit einer Zelluloidlösung eine absolute Dichtung hergestellt ist. Innerhalb dieses Glasrohres befindet sich ein Platindraht, der am Boden des Rohres in einer Spirale seinen Abschluß findet und als zweite Elektrode dient. Dieses Rohr ist derart in das Becherglas eingehängt, daß es etwa 1 cm vom Boden absteht. Die Aufhängevorrichtung besteht aus einem Messingdraht, der mehrfach im letzten oberen Drittel der Röhre diese umschließt und zwei einander gegenüberstehende Gabeln von zirka 3 cm Länge enthält. Letztere dienen als Stützen, die auf dem Rande des Becherglases aufliegen und so das Rohr in seiner richtigen Höhe festhalten.

Zur Durchführung der elektroosmotischen Analyse füllt man das Becherglas zirka 5 cm hoch mit destilliertem Wasser, das Glasrohr zirka 6 cm hoch mit der zu untersuchenden Flüssigkeit. Durch Einschaltung eines elektrischen Gleichstromes von zirka 50 bis 100 Volt wandern die entsprechend elektrisch geladenen Teilchen in den äußeren Anoden- bzw. Kathodenraum, der, je nach der Versuchsrichtung, als Anode oder Kathode eingerichtet wird. Hiebei tritt auch häufig eine Gesamtosmose, das heißt ein Steigen oder Fallen des Flüssigkeitsspiegels innerhalb des Rohres, ein. Die anfänglich hohe Spannung des elektrischen Gleichstromes fällt mit der Dauer des elektroosmotischen Prozesses rasch, indem das zuerst nahezu nicht leitende destillierte Wasser des äußeren Raumes durch die Aufnahme saurer bzw. basischer Bestandteile stromleitend wird. Durch die jedesmalige Entleerung des Becherglases und seine Frischauffüllung mit destilliertem Wasser werden diese leitenden Bestandteile zum Schlusse des elektroosmotischen Prozesses fast gänzlich entfernt und es tritt danach ein rasches Steigen der Spannung ein, womit die elektroosmotische Analyse ihren Abschluß gefunden hat.

Über das elekroosmotische Verhalten der einzelnen Gerbstoffe und deren Zusätze finden sich in den betreffenden Abschnitten genauere Angaben.

---

[1]) Collegium, S. 17 ff. 1920.

s) Prüfung einiger handelsüblicher Gerbstoffextrakte auf Reinheit.
Eichenholzextrakt. Bleiazetat fällt reinen Eichenholzextrakt vollständig, so daß das Filtrat, mit Natronlauge versetzt, farblos bleibt. Das Filtrat des Bleiazetat-Essigsäure-Niederschlages bleibt nach Zusatz von Eisenalaun und Natriumazetat vollständig farblos. (Unterschied von Kastanienholzextrakt.) Bromwasser erzeugt keine Fällung. Die Formaldehydreaktion ergibt keine Fällung und daher färbt sich das Filtrat mit Eisenalaun und Natriumazetat dunkelviolett. Im übrigen verhält sich der Eichenholzextrakt dem Kastanienholzextrakt sehr ähnlich.

Nach de la Bruyère[1]) kann eine geringe Menge Kastanienholzextrakt in Eichenholzextrakt dadurch nachgewiesen werden, daß das Unlösliche des ersteren das polarisierte Licht dreht. Ähnlich verhält sich das Unlösliche des Myrobalanenextraktes, das aber durch seine schiffchenförmigen Partikel charakteristisch ist.

Kastanienholzextrakt. Dieser verhält sich qualitativ dem Eichenholzextrakt sehr ähnlich und gibt als wichtigstes Unterscheidungsmerkmal die Reaktion mit Bleiazetat-Essigsäure, bei der das Filtrat mit Eisenalaun nur ganz schwach blauviolett gefärbt wird. Es ist daher auch nicht möglich, mit den bisher bekannten Methoden einen Zusatz von Eichenholzextrakt nachzuweisen; ein Zusatz von Fichtenrindenextrakt kann durch die hierdurch entstehende Bromfällung und die Formaldehydfällung nachgewiesen werden; die im letzteren Falle stets eintretende Trübung muß aber auf ihre Löslichkeit in Natronlauge geprüft werden, welche nur dann wieder völlig verschwindet, wenn keine Fichte zugegen ist. Zur Unterscheidung von Eichenholz- und Kastanienholzextrakt ist auch die Eitner-Meerkatz-Reaktion gut verwendbar; der Kastanienextrakt gibt bei Zusatz von Schwefelammon eine tiefrotorangegefärbte Lösung und scheidet einen bordeauxroten Niederschlag ab. Der Eichenholzextrakt gibt dagegen eine hellgelbe Lösung und einen gelbbraunen Niederschlag.

Natureller Quebrachoextrakt. Die üblichen qualitativen Reaktionen geben ein ziemlich eindeutiges Bild für den Quebrachoextrakt; charakteristisch ist das Verhalten dieses Extraktes gegenüber konzentrierter Schwefelsäure, bei dem die intensiv gefärbten, blauvioletten Schlieren entstehen. Von den üblichen Verfälschungsmitteln ist besonders Mangrove zu erwähnen; der Nachweis dieses Zusatzes ist ziemlich schwierig und kommen hiefür die Reaktionen nach Kohnstein und Schell, eventuell jene von Thuau und de Korsak in Betracht. Ein nach den bisherigen Untersuchungen eindeutiges Resultat ergibt dagegen der elektroosmotische Nachweis nach Grasser. Die Ermittlung der Äthylazetatzahl kann insofern einen Mangrovezusatz zu erkennen geben, als ein größerer Zusatz desselben diese Zahl entsprechend erniedrigt; auch das Verhältnis der gerbenden Stoffe zu den löslichen Nichtgerbstoffen vermag bei größeren Mangrovezusätzen diese anzuzeigen, da

---

[1]) Le Cuir Technique, 15, S. 310. 1926 u. Collegium, 687, S. 361. 1927.

das Verhältnis bei reinem Quebrachoextrakt 9:1, bei Mangrove zirka 3:1 beträgt.

Die Gegenwart von Myrobalanen zeigt sich im naturellen Quebrachoextrakt durch die Formaldehydreaktion, indem das Filtrat, mit Eisenalaun + Natriumazetat versetzt, bei seinem Vorhandensein eine deutliche blauviolette Färbung ergibt; diese Reaktion läßt noch einen Zusatz von 5% Myrobalanen deutlich erkennen.

Ein Zusatz von Sulfitzelluloseextrakt wird durch die Prüfung mit salzsaurem Anilin erkannt. Zu dieser Reaktion sei aber bemerkt, daß Quebrachoextrakte, die unter Druck oder unter Mitverwendung von Sulfit bzw. Alkalien hergestellt wurden, auch einen positiven Ausfall der Anilinreaktion geben können, ohne daß Sulfitzelluloseextrakt zugegen ist; dies ist auf das Lösevermögen genannter alkalischer Stoffe gegenüber der Ligninsubstanzen des Holzes zurückzuführen. In solchen Fällen ist es notwendig, die Formaldehydprobe quantitativ durchzuführen; für reine Quebrachoextrakte ergibt sie zirka 95% vom Gewicht des Gesamtlöslichen, bei Gegenwart von nicht weniger als 10% Sulfitzelluloseextrakt erniedrigt sich die Zahl bereits auf zirka 90%. Auch die anderen Konstanten vermögen den Zusatz von Sulfitzellulose anzuzeigen; so erscheint die Äthylazetatzahl bedeutend erniedrigt, die Alkoholzahl bedeutend erhöht.

Eine Beimengung von Urundayextrakt ist weder beim naturellen noch beim sulfitierten Extrakt nachweisbar.

Sulfitierter Quebrachoextrakt. Die qualitativen Gerbstoffreaktionen werden im allgemeinen von der Sulfitierung wenig beeinflußt, am häufigsten kommt es aber vor, daß solche Extrakte bei der Behandlung mit Formaldehyd-Salzsäure einen Niederschlag von stark kolloidaler Natur ergeben, der durch das Filter teilweise durchgeht und das Filtrat gelblich färbt. Die Eisenalaunreaktion des Filtrates fällt hierbei häufig undeutlich positiv aus, indem schmutzig hell- bis dunkelviolette Färbungen entstehen. Eine quantitative Bestimmung des Formaldehydniederschlages ist bei sulfitierten Extrakten ebenfalls nicht durchführbar, da der Niederschlag trotz des Auswaschens im Goochtiegel soviel Sulfite zurückhält, daß beim Trocknen bei 100° Schwefelsäureabspaltung eintritt, die den Niederschlag verkohlt.

Die Bleiazetat-Essigsäure-Reaktion gibt natürlich eine weißliche Trübung von Bleisulfat; dagegen kann die Bromfällung hier undeutlich werden oder negativ ausfallen. Die Äthylazetatzahl wird bei schwach sulfitiertem Quebrachoextrakt häufig auf Null herabgedrückt, kann aber bei stark sulfitierten Extrakten im Maximum auf 70% steigen; als höchste Zahl für schwach sulfitierte Extrakte wurde bisher 40% festgestellt.

Der Nachweis von Mangrove mit den obengenannten Reaktionen gelingt bei sulfitierten Extrakten sehr selten und nur die elektroosmotische Methode nach Grasser vermag den Nachweis zu erbringen.

Myrobalanen können in sulfitierten Extrakten gleich wie in naturellen Extrakten nachgewiesen werden. Sulfitzelluloseextrakt kann insbesondere durch die Anilinprobe und durch die Erhöhung der Alkoholzahl nachgewiesen werden.

Gambir und Katechu. Diese beiden Extrakte werden von verschiedenen Pflanzen und verschiedenen Teilen derselben gewonnen, doch sind deren Hauptbestandteile sehr ähnlich und unterscheiden sich prinzipiell von allen anderen Gerbstoffextrakten.

Die darin enthaltene wirksame Katechugerbsäure ist leicht in Wasser von 25⁰ C löslich, während das ebenfalls vorhandene Katechin in kaltem Wasser unlöslich, aber bei 55⁰ C löslich ist. Letzteres erscheint in Gambir hauptsächlich kristallinisch, während es im Katechu größtenteils amorph ist. Während Katechu nur natürliche Verunreinigungen, aus der primitiven Bereitung herstammend, enthält, findet man im Gambir manchmal Stärke untergemischt, die zum Zwecke des leichteren Erstarrens der weichen Masse absichtlich zugesetzt wird.

Die Analysenresultate der verschiedenen Gambirsorten gibt Paessler[1]) folgendermaßen an:

Tabelle 68

	Indragiri-gambir %		Blockgambir %		Stark verunreinigter Blockgambir %	
Gerbende Stoffe	42,4	30,2	39,0	27,0	39,8	27,7
Lösliche Nichtgerbstoffe ..	17,4	29,6	13,0	25,0	9,2	21,3
Unlösliches	3,4	3,4	8,0	8,0	14,7	14,7
Wasser	36,8	36,8	40,0	40,0	36,3	36,3
	F.M.	Sch.M.	F.M.	Sch.M.	F.M.	Sch.M.

H. Brumwell[2]) gibt für Würfel- und Blockgambir folgende Zahlen an:

Tabelle 69

	Würfelgambir %	Blockgambir %
Gerbende Stoffe	42,3—44,8	34,6—39,2
Lösliche Nichtgerbstoffe	31,8—32,8	24,7—31,9
Unlösliches	9,3—11,24	10,1—15,1
Wasser	13,6—14,7	13,8—29,7

Der unlösliche Anteil des Gambirs besteht hauptsächlich aus kleinen Laubteilchen und Blatthaaren. Sago, welcher häufig zur Verfälschung des Gambirs verwendet wird, kann durch ein bis zwei Tropfen Jodlösung, welche einer geringen Menge Gambir unter dem Mikroskop zugefügt werden, nachgewiesen werden; die Stärke färbt sich hierbei tiefblau, die Zellulose tiefbraun. Durch Zufügen eines Tropfens Schwefelsäure

---

[1]) Collegium, S. 16. 1909.
[2]) Journ. Soc. Chem. Ind., S. 475. 1911 u. Collegium, S. 382. 1911.

schwellen die Stärkekörner an und platzen schließlich; die Zellulose färbt sich dann tiefblau. (Vgl. Abb. 2: Stärke.)

t) Zusammenstellung der Gerbstoffe und Extrakte mit Angabe der Gehalte an Bestandteilen in Prozenten. In jenen Fällen, in denen nur eine Zahl vermerkt ist, stellt diese den Durchschnittswert dar, hingegen bedeuten in allen anderen Fällen die doppelten Zahlen die Grenzen.

Tabelle 70

		Gerbende Stoffe	Lösliche Nichtgerbstoffe	Unlösliches	Wasser
Algarobilla	Sch. M.	38,5—47,2	18,3—21,8	23,9—26,9	10,3—11,6
Birkenrinde	Sch. M.	4—15	4—12	—	15
Canaigre	Sch. M.	28—35	10—18	34	15
Dividivi	Sch. M.	39,5—48,4	20,9	} 25,5	9,8
	F. M.	45,5—52,0	17,2—18,5		
Eichenrinde	Sch. M.	7,0—15,1	6,1	} 72,5	11,0
	F. M.	7,4—16,5	5,3—6,6		
Fichtenrinde	Sch. M.	8,6—17,2	9,8	} 66,9—67,8	11,9—12,2
	F. M.	9,3—15.9	8,4—9,6		
Galläpfel	Sch. M.	7,0—30,0	} 4,0—26,0	30,0—60,0	59,0—12,0
	F. M.	8,0—33,0			
Hemlockrinde	Sch. M.	7—12	8—10	68	12
Kastanienholz	Sch. M.	5,5—9,5	1,9	} 59,4	30,7
	F. M.	6.1—10,3	1,4		
Knoppern	Sch. M.	31,7—35,1	8,7	} 45,9	11,6
	F. M.	34,0—37.9	6,0		
Malettorinde	Sch. M.	31,5—45,3	11,5	} 37,0	11,5
	F. M.	33,8—50,2	7,8—8,0		
Mangrovenrinde	Sch. M.	14,8—50,6	11,2	} 37,5	12,7
	F. M.	16,0—53,8	8,8—11,4		
Mimosenrinde	Sch. M.	24,1—38,5	12,3	} 46,0	9,6
	F. M.	25,4—40,4	9,9—10,6		
Ganze Myrobalanen	Sch. M.	24,2—37.8	15,7	} 43,0	9,4
	F. M.	28,6—41,4	12,2—14,6		
Entkernte Myrobalanen	Sch. M.	38,5—51,8	21,7	} 22,0	9,3
	F. M.	41,4—57,0	17,3—18,2		
Quebrachoholz	Sch. M.	15,4—25,6	2,4	} 65,9	12,3
	F. M.	17,6—27,0	1,5		
Sumach	Sch. M.	13,0—36,3	16,7	} 50,0	8,4
	F. M.	12,7—34,8	14,7—16,2		
Tizera	Sch. M.	27—30	2—3	—	10—20
Trillo	Sch. M.	29,0—48,7	15,3	} 33,9	11,8
	F. M.	33,3—50,0	12,4—14,0		
Urunday	F. M.	14,4	1,5	65,1	19,0
Valonea	Sch. M.	18,1—36,8	12,3	} 46,4	12,6
	F. M.	29,8—36,0	10,8—11,7		
Weidenrinde	Sch. M.	8—10	8—10	—	11—30
Fichtenrindenextrakt	Sch. M.	14,7—28,0	17,4—23,1	} 1,2—2,5	59,2—65,9
	F. M.	17,3—26,5	13,3—20,5		
Eichenrindenextrakt	Sch. M.	23,0—26,0	12,0—15,0	} 0—1	58,0—62,0
	F. M.	25,0—28,0	11,0—13,0		
Fester Eichenholzextrakt	Sch. M.	60,0—75,0	12,0—17,0	} 0,2—3,8	8,0—26,0
	F. M.	63,0—78,0	10,0—25,0		
Gambir { Würfel	Sch. M.	35,9—46,4	} 31,8—32,8	6,5—18,5	10,8—23,7
	F. M.	51,4—63,2			
Block	Sch. M.	28,4—41,3	25,0	} 1,8—15,7	26,7—44,7
	F. M.	40,8—53,4	13,0—15,0		
Flüssiger Kastanienholzextrakt	Sch. M.	27,6—33,5	11,2—13,0	} 0,5—2,0	52,6—60,0
	F. M.	28,4—36,3	9,5—11,0		
Fester Kastanienholzextrakt	Sch. M.	56,0—60,0	12,0—21,4	} 0,5—2,6	12,0—25,6
	F. M.	58—63	10,0—18,0		
Malettoextrakt	Sch. M.	30,6—32,8	7,3—11,1	} 0,8	55,3
	F. M.	34,4—36,6	—		
Mangroveextrakt	Sch. M.	20,0—34,0	11,3	} 1,4	56,7
	F. M.	22,0—36,0	7,9		
Mimosenextrakt	Sch. M.	28,0—40,0	9,9	} 0,4	71,3
	F. M.	31,0—46,0	6,0—13,0		
Myrobalanenextrakt	Sch. M.	22,0—27,0	16,7	} 3,6	61,5
	F. M.	25,0—35,0	10,9		

		Gerbende Stoffe	Lösliche Nichtgerbstoffe	Unlösliches	Wasser
Quebrachoextrakt	flüssig, naturell oder sulfitiert......... Sch. M.	28,9—33,5	6,8—15,6	} 0,9—2,4	50,0—61,8
	F. M.	31,9—36,6	3,8—12,5		
	fest, naturell ...... Sch. M.	54,0—62,1	11,7	} 9,0	4—17,2
	F. M.	56,7—64,8	3—15		
	fest, sulfitiert ..... Sch. M.	54—75	4—12	0—4	14—32
	F. M.	57—78	5—14	0—4	14—32
Flüssiger Sumachextrakt	Sch. M.	16,5—27,9	18,4	} 0—3,7	45,4—67,3
	F. M.	17,9—31,0	7—22		
Fester Urundayextrakt naturell	F. M.	64,5	6,5	7,0	22,0
sulfitiert	F. M.	67,2	10,5	0,3	22,0
Valoneaextrakt..........	Sch. M.	68,0—70,0	23,7—24,3	0,2	7,5—12,0
Neradol D..............	Sch. M.	30,0—33,0	31,0—33,0	0	28,0—34,5
,, ND	Sch. M.	32,0	4,6	0	63,4
,, FB	Sch. M.	58—60	40	0	0
Ordoval G, trocken	Sch. M.	52	48	0	0
,, G	Sch. M.	11,0	16,6	0	72,4
Gerbstoff F	Sch. M.	13	16	0	71
,, FC	Sch. M.	52	48	0	0
Ewol..................	Sch. M.	18	4	0	78
Flüssiger Sulfitzelluloseextrakt...............	Sch. M.	20,0—24,8	20,0—30,3	0,1—0,5	44,0—53,0

8. Untersuchung der pflanzlichen Gerbbrühen

Durch Auslaugung der Gerbmaterialien mit Wasser werden die sogenannten süßen Gerbbrühen erhalten, die reich an gerbenden Stoffen und an unveränderten Zuckerstoffen sind. Durch das Verweilen dieser süßen Brühen an der Luft bilden sich Hefe- und Spaltpilze, die Fäulnis- und Gärungserscheinungen hervorrufen. Die Fäulnisbakterien gelangen meist aus der Schwitze bzw. der Kotbeize in die Brühen und lösen geringe Mengen von Hautsubstanz aus der Blöße und schaffen damit das nötige Nährsubstrat für die übrigen Mikroorganismen. Die Hefepilze zerlegen dagegen die Zuckerstoffe in Alkohol, der wieder durch Einwirkung von Essigbakterien in Essigsäure und Kohlendioxyd gespalten wird. Durch Bakterien und Hefen kann aber auch Milchsäure aus den Zuckerstoffen gebildet werden, und tritt diese Gärung besonders bei stickstoffreicherem Gerbmaterial und bei Sauerlohe der Gruben häufig auf. Schließlich kann in sehr alten Gerbbrühen durch Anhäufung von peptonisierter Hautsubstanz sowohl eine Milchsäure- als auch Buttersäuregärung eintreten. Der Gesamtgehalt an diesen Säuren bedingt die Bildung von Sauerbrühen.

Bei dieser Säuregärung werden die löslichen Gerbstoffe nicht angegriffen und diese können nur durch Schimmelpilze zersetzt werden; wohl aber werden die Phlobaphene durch die Säuregärung teilweise ausgefällt. Für die Bildung der Säuren kommen vor allem die Zuckerarten in Betracht, die durch Hefen zersetzt werden, doch können auch die Spaltpilze andere Kohlehydrate zerlegen und somit letztere ebenfalls der Säurebildung dienen. Es wird somit ein höherer Gehalt an Kohlehydraten die Säurebildung begünstigen, während ein höherer Gerbstoffgehalt die Tätigkeit der Mikroorganismen verzögern aber nicht aufheben kann.

Für die Untersuchung der Gerbbrühen kommt somit die Ermittlung der löslichen Gerbstoffe, die Farbe der Brühen und der Gehalt an Säuren, Zucker, Eiweiß und Asche in Betracht und sollen im nachstehenden die diesbezüglichen Untersuchungsmethoden angeführt werden.

A. Bestimmung des Gehaltes an Gerbstoff

Nachdem die Gerbbrühen je nach ihrer Bestimmung und ihrem Alter ganz verschiedene Stärken aufweisen, ist es vor der Gerbstoffbestimmung nach der offiziellen Methode notwendig, die Brühen auf die verlangte Konzentration zu bringen. Es muß bekanntlich die Menge der gerbenden Substanz in 100 cm³ Brühe möglichst innerhalb 0,35 und 0,45 g liegen und dieses wird erreicht, wenn man die Brühen gemäß nachstehender Tabelle ansetzt:

Tabelle 71

Grade		Spezifisches Gewicht	Man verdünne 100 cm³ Brühe auf cm³	Für 250 cm³ Lösung nehme man Brühe cm³
Barkometer	Baumé			
0—4	0—0,6	1,000—1,004	—	250
4—8	0,6—1,2	1,004—1,008	200	125
8—12	1,2—1,8	1,008—1,012	300	80
12—16	1,8—2,4	1,012—1,016	400	60
16—20	2,4—3,0	1,016—1,020	500	50
20—25	3,0—3,6	1,020—1,025	600	40

Für gebrauchte Brühen können obige Konzentrationen so lange eingehalten werden, als das Gesamtlösliche 10 g im Liter nicht übersteigt. Für diejenigen Kanal- oder Stinkbrühen, die etwa 5 bis 7° Bark. messen und hierbei zirka 1% Gesamtlösliches aufweisen, ist es daher notwendig, etwa 200 cm³ Brühe zu 250 cm³ Lösung zu verdünnen.

Zur Ermittlung des Gesamtrückstandes nimmt man 30 bis 50 cm³ der unverdünnten, nicht filtrierten Brühe, die vorher tüchtig aufgeschüttelt wurde, dampft ein, trocknet bei 105 bis 110° zur Gewichtskonstanz und berechnet auf 100 cm³ der Brühe.

Das Gesamtlösliche wird dagegen in 25 bis 50 cm³ der filtrierten verdünnten Brühenlösung durch Eindampfen und Trocknen bei 105 bis 110° bis zur Gewichtskonstanz ermittelt. Bringt man diese Menge von der berechneten Menge des Gesamtrückstandes in Abzug, so erhält man die Menge der suspendierten Substanz.

Durch Veraschen des Gesamtrückstandes erhält man die Menge der gesamten Mineralstoffe, deren Menge, von dem Gesamtrückstand in Abzug gebracht, die organische Trockensubstanz ergibt. Verascht man den Rückstand des Gesamtlöslichen, so erhält man die Menge der löslichen Mineralstoffe als Gesamtasche. Zur genauen Bestimmung der letzteren empfiehlt es sich, diese Asche mit Ammoniumkarbonatlösung zu befeuchten, zur Trockne einzudampfen und vorsichtig bis zur beginnenden Rotglut zu erhitzen, um die Ammonsalze zu verjagen, ohne aber die Karbonate zu zersetzen. Die Asche stellt der Hauptsache nach Kalziumkarbonat dar und kann auf qualitativem Wege genauer untersucht werden.

Die gerbenden Stoffe können nach der Schüttel- oder Filtermethode ermittelt werden, bei höherem Säuregehalt jedoch besonders nach der ersten Methode. Die Löwenthalsche Methode ist zur laufenden Betriebskontrolle ganzer Brühengänge sehr geeignet und gibt hier gut übereinstimmende Werte, die jedoch immer niedriger ausfallen als jene nach der gewichtsanalytischen Methode, nachdem der Titer der Permanganatlösung auf Tannin als niedermolekularen Gerbstoff eingestellt ist.

Durch Behandeln der verdünnten Brühe mit Hautpulver gemäß der offiziellen Methode erhält man als Filtrat die löslichen Nichtgerbstoffe, die durch Veraschen die löslichen Mineralstoffe ergeben; bringt man letztere von den löslichen Nichtgerbstoffen in Abzug, so erfährt man die Menge der löslichen organischen Nichtgerbstoffe.

B. Die Bestimmung der Farbe in Gerbbrühen

Sowohl die Bestimmung der Eigenfarbe der Brühe als auch ganz besonders ihr Färbevermögen gegenüber Blößen ist von großer Wichtigkeit für die Beurteilung der Güte.

Gerbmaterialien und Gerbstoffextrakte können sich in dieser Hinsicht ganz verschieden verhalten und es ist auch hier von Nutzen, deren Farbe bzw. Färbevermögen zu bestimmen.

Die Farbenmessung in Lösungen nimmt man am besten mit Hilfe des Lovibondschen Tintometers vor, dessen Einrichtung und Gebrauch bereits kurz bei der Untersuchung der Anilinfarbstoffe (vgl. S. 60) beschrieben wurden.

Die für die Untersuchung von Gerbstofflösungen geeignetste Konzentration ist die einer ½%igen Lösung und daher kann die für die offizielle Gerbstoffbestimmungsmethode vorgeschriebene Brühenlösung bzw. der Gerbmaterialienauszug hierfür Verwendung finden.

Für die Untersuchung von Gerbstoffextrakten löst man diese in üblicher Weise und Stärke gemäß den Vorschriften der offiziellen Gerbstoffbestimmungsmethode in heißem Wasser, kühlt ab, füllt auf 500 cm³ im Maßkolben auf, filtriert durch ein Filter Nr. 605 extrahart S. & S. und untersucht das vollständig klare Filtrat mit obigem Apparate.

Außer dieser zahlenmäßigen Ermittlung der Farbe von Gerbstofflösungen kommt es für die Praxis aber besonders darauf an, deren Färbevermögen zu konstatieren, welches sie gegenüber Blößen aufweisen. Zu diesem Zwecke bedient man sich der Ausfärbemethoden, wie sie bei der Untersuchung der Gerbstoffe und Gerbextrakte (vgl. S. 301) besprochen wurden. Solche Ermittlungen dienen auch anderen Zwecken, z. B. der Beurteilung der Einwirkung von Zusätzen zu den Gerbbrühen auf die Farbe des Leders.

Schließlich seien noch jene Methoden der Farbenmessung in Flüssigkeiten erwähnt, die von Hough[1]) und Procter[2]) beschrieben wurden und sich des Spektrophotometers bzw. des Tintometers und Kolorimeters bedienen.

C. Bestimmung des Zuckergehaltes in Gerbbrühen

Diese Bestimmung hat besonders für süße Brühen, die soeben der Extraktion entzogen wurden, Bedeutung; die Ermittlung des Zuckergehaltes läßt auf die Menge der im Gerbverlaufe sich bildenden Säuren schließen und wird gemäß der auf S. 282 beschriebenen Methode der Zuckerbestimmung in Gerbmaterialien ermittelt.

D. Bestimmung der gelösten Eiweißstoffe

Die schwächsten Gerbbrühen eines Farbenganges, die stets als erste Farben dienen und folglich mit der Blöße zuerst zusammenkommen, nehmen stets etwas lösliche Eiweißstoffe aus der Haut, indem die geringe Gerbstoffkonzentration kein derart schnelles Angerben bewirkt, daß keine Hautsubstanz mehr in Lösung gehen könnte. Die so ausgelaugten Eiweißstoffe sind entweder schon weitgehend peptonisiert und werden dadurch nur wenig von den Gerbstoffen der Brühen ausgefällt oder sie bilden unlösliche Produkte, die als Trübung oder Bodensatz die Brühen verunreinigen. Es ist daher von Wichtigkeit, bei der Bestimmung der Gesamtmenge der ausgelaugten Eiweißstoffe die Brühen vor der Probenahme tüchtig aufzurühren. Die so entnommene Probe wird hierauf einer doppelten Untersuchung unterworfen, indem einerseits ein nicht filtrierter, anderseits ein filtrierter Teil derselben auf Eiweißstoffe untersucht wird. Da es sich hier um die verschiedensten abgebauten Eiweißstoffe handelt, gibt nur die Ermittlung des Gesamteiweißgehaltes verläßliche Resultate. Zu diesem Zwecke bringt man 25 bis 50 cm³ der nicht filtrierten, vorher gut durchmischten Brühe in einen Aufschließungskolben aus Hartglas, fügt einige Tropfen konzentrierte Schwefelsäure zu und verdampft vorsichtig fast bis zur Trockne. Hierauf fügt man 20 cm³ konzentrierte Schwefelsäure und etwas Kupferoxyd hinzu und schließt in üblicher Weise auf, bis eine klare Flüssigkeit erhalten wird. Diese wird hierauf nach Kjeldahl weiter behandelt und die gefundene Ammoniakmenge auf Hautsubstanz umgerechnet. (Vgl. S. 174 ff.)

Um die in Lösung gebliebenen Eiweißstoffe zu ermitteln, verfährt man in ganz gleicher Weise, nur nimmt man einen klar filtrierten Teil der Gerbbrühe. Ist dieser Wert nahezu gleich groß dem ersterhaltenen, so deutet dies auf eine weitergehende Zersetzung, indem die sonst unlöslichen Bodenteile der Brühe bereits durch Fäulnis in lösliche Produkte verwandelt wurden.

---

[1]) Collegium, S. 417. 1909.
[2]) Collegium, S. 292. 1910.

E. Bestimmung des Aschegehaltes

Eintreibfarben, das sind schwache Gerbbrühen, enthalten stets mehr oder weniger Kalk, der aus den nicht vollständig entkälkten Blößen stammt. Die Ermittlung des Kalkgehaltes bzw. Aschegehaltes in Gerbbrühen stellt somit eine indirekte Kontrolle der Entkälkung vor. Der Kalk sättigt vor allem die Säuren der Gerbbrühe ab und kann diese sogar alkalisch machen; des weiteren verbindet er sich mit den löslichen Gerbstoffen der Brühe und fällt diese teilweise als unlösliche Kalktannate aus. Es ist daher auch bei dieser Ermittlung notwendig, sowohl die klare als auch aufgerührte, trübe Brühe einer Aschebestimmung zu unterziehen. Zu diesem Zweck entnimmt man der tüchtig aufgerührten Brühe eine Probe und teilt sie in zwei Teile; von dem einen Teil nimmt man als trübe Flüssigkeit 50 cm³, dampft vorsichtig ein, glüht den Rückstand unter mehrmaligem Befeuchten mit Ammoniumnitrat, glüht zum Schlusse heftiger und wägt den nahezu weißen Rückstand und berechnet in Prozenten auf 100 cm³ der Brühe. Der erhaltene Wert stellt die Gesamtasche der Brühe dar. Durch Lösen derselben in Essigsäure, Filtrieren der Lösung, Fällen mit Ammoniumoxalat, Abfiltrieren des gebildeten Niederschlages und Glühen desselben erhält man den Gesamtkalk, berechnet als CaO.

Dieselbe Manipulation der Asche- und Kalkbestimmung, mit dem klar filtrierten zweiten Teil der Probe durchgeführt, ergibt die löslichen Anteile bzw. den als organische Salze vorhandenen gelösten Kalk der Brühe.

F. Bestimmung der Säuren

Die in den Gerbbrühen vorkommenden Säuren kann man vor allem in zwei Gruppen einteilen, und zwar 1. in die flüchtigen Säuren, wozu besonders Ameisensäure, Essigsäure, Propionsäure und Buttersäure gehören und unter denen die Essigsäure bei weitem vorwiegt; 2. in die nichtflüchtigen Säuren, zu welchen Milchsäure, Bernsteinsäure, Apfelsäure und Gallussäure zu rechnen sind; die Summe beider nennt man Gesamtsäure.

Den qualitativen Nachweis von Milchsäure in Gerbbrühen und Ledern gibt Lauffmann[1]) an.

Zur Bestimmung dieser Säuren wurden eine größere Anzahl von Verfahren vorgeschlagen, und im nachstehenden sollen die wichtigsten derselben wiedergegeben sein:

a) Methode Koch[2]). 25 cm³ der klar filtrierten Brühe werden in einem Erlenmeyer-Kölbchen mit 25 cm³ Gelatinelösung (5 bis 6 g pro 1 l) versetzt; es muß sich der bildende Niederschlag rasch absetzen, widrigenfalls die Gelatinelösung zu konzentriert ist und mit einer verdünnten Lösung (2 g pro 1 l) der Versuch wiederholt werden muß. Der Niederschlag wird nun abfiltriert und vom Filtrate 25 cm³ mit einer Barytlösung von bekanntem Gehalte titriert, bis ein intensives Dunkel-

---

[1]) Collegium, S. 264. 1915.   [2]) Dingl. Journ., 284, S. 265. 1887.

Grasser, Handbuch 3. Aufl.   21

werden der Lösung eintritt bzw. bei reinen Fichtenbrühen eine Grünfärbung auftritt. Die so ermittelte Gesamtsäure wird als Essigsäure
berechnet; die verwendete Gelatinelösung muß jedoch vorher neutralisiert bzw. deren Säuregehalt in bezug auf die Barytlösung ermittelt
werden.

Zur Trennung der flüchtigen und nichtflüchtigen Säuren bringt
man 100 cm³ der Brühe in ein Kölbchen, das mit einem Liebigschen
Abflußkühler verbunden ist, und erhitzt die Brühe zum Sieden. Nach
erfolgter Einengung der Brühe auf zirka ein Drittel ihres ursprünglichen
Volumens wird der Rückstand wieder auf 100 cm³ mit destilliertem
Wasser aufgefüllt und abermals destilliert und dies nun so lange fortgesetzt, bis man 300 cm³ Destillat abgeschieden hat. 100 cm³ desselben
(entsprechend 33,3 cm³ Brühe) werden nun mit Barytlösung unter Verwendung von Phenolphthalein als Indikator titriert und die so berechneten flüchtigen Säuren auf Essigsäure bezogen. Durch Abzug
dieser Menge von jener der Gesamtsäure erhält man die Menge der
vorhandenen nichtflüchtigen Säuren, die man auf Milchsäure
umrechnet.

Eine vereinfachte Form dieser Kochschen Bestimmung führt
die Deutsche Versuchsanstalt für Lederindustrie in Freiberg nach Paessler
aus[1]), indem der Gelatinegerbstoff-Niederschlag nicht abfiltriert und die
Titration als Tüpfelanalyse mittels eines empfindlichen Lackmuspapiers
bzw. Azolithminpapiers durchgeführt wird.

Da der Niederschlag beträchtliche Mengen freier Säure zurückhält, die sich dann der Bestimmung entziehen, ist diese Methode von
größerer Genauigkeit als jene von Koch.

Die Bestimmung der flüchtigen Säuren wird dadurch erleichtert,
daß man 100 cm³ der Brühe im Wasserdampfstrome so lange destilliert,
bis die Brühe auf 20 cm³ eingeengt ist und im Zeitraume von einer Stunde
300 cm³ Destillat erhalten werden, welches mit Phenolphthalein und
Barytlösung titriert wird.

b) Nach Procter[2]) bestimmt man die freien Säuren inklusive
Kohlensäure folgendermaßen: 10 cm³ der vollständig klaren Brühe
titriert man mit Kalkwasser, das auf $^1/_{10}$ n-Salzsäure mittels Methylorange eingestellt ist, bis sich eine Spur einer bleibenden Trübung zeigt,
die am besten gesehen wird, wenn man die Flüssigkeit durch ein be-
drucktes Papier ansieht. Sollte Oxalsäure oder freie Schwefelsäure
vorhanden sein, die sofort eine Trübung mit Kalkwasser hervorrufen,
so setzt man zuerst einen Überschuß von neutralem Kalziumazetat
oder Kalziumchlorid zu, füllt auf das Doppelte des ursprünglichen Volumens auf, filtriert und titriert 20 cm³ dieser Lösung.

Bei Gegenwart von Fichtenrindengerbstoff entsteht ebenfalls gleich
anfangs eine solche Trübung und daher fällt in diesen Fällen die Säurebestimmung ungenau aus.

---

[1]) Zeitschr. f. angew. Chem., S. 636. 1899 u. Collegium, S. 10. 1903.
[2]) Sitzungsbericht der Chemischen Gesellschaft in Newcastle on Tyne
vom 27. März 1879.

c) **Methode Simand**[1]). 50 cm³ der Brühe von zirka 4 bis 5⁰ Bark. werden am Rückflußkühler fünf Minuten lang mit 5 g reiner, frisch geglühter Tierkohle (durch Säurebehandlung und Waschen vollständig von Mineralbestandteilen befreit) zum Kochen erhitzt. Nach dem Abkühlen und Ausspülen des Kühlers wird filtriert und mit kochendem Wasser auf 500 cm³ nachgewaschen, auf 100⁰ am Wasserbade zur Austreibung der Kohlensäure erhitzt und 200 cm³ dieser Lösung mit einer Natron- oder Barytlösung unter Anwendung von Phenolphthalein als Indikator titriert.

Zur Bestimmung der Kohlensäure nimmt man 100 cm³ frisch geschöpfte Brühe und bringt sie, ohne zu filtrieren, in einen Kolben, den man mit einem vorgelegten Péligot-Rohr verbindet, und beschickt letzteres mit einer ammoniakalischen Chlorbariumlösung. Durch Kochen treibt man nun aus der Brühe die Kohlensäure aus, die Bariumkarbonat ausscheidet, welches unter möglichstem Luftabschluß auf ein gewogenes Filter gebracht, gewaschen und bei 105⁰ getrocknet wird.

d) **Methode Kohnstein-Simand**[2]).

α) Bestimmung der flüchtigen organischen Säuren: 100 cm³ Gerbbrühe werden unter öfterem Nachfüllen von destilliertem Wasser auf 300 cm³ destilliert und 100 cm³ davon mit Natron- oder Barytlösung titriert. Die Stärke der letzteren wählt man am geeignetsten so, daß 1 cm³ annähernd 0,02 g Essigsäure entspricht.

β) Bestimmung der nichtflüchtigen Säuren: 80 bis 100 cm³ Brühe werden mit 3 bis 4 g reinem, frisch geglühtem Magnesiumoxyd zur vollständigen Entfernung des Gerbstoffes und zur Absättigung der freien Säuren einige Stunden unter häufigem, tüchtigem Schütteln behandelt oder besser bis zum beginnenden Kochen erhitzt. In der kalten, filtrierten Lösung, die beinahe farblos ist und gerbstofffrei sein muß, bestimmt man nach Entfernung des Kalkes mit Ammoniumoxalat gewichtsanalytisch die gelöste Magnesia.

γ) Die Gesamtsäure, berechnet auf Essigsäure, wird gefunden, indem man die in β) ermittelte Magnesiamenge mit 3 multipliziert ($MgO = 40$, $2 CH_3 \cdot COOH = 120$). Die Differenz aus Gesamtsäure und den flüchtigen Anteilen derselben (nach α ermittelt) rechnet man auf Milchsäure um und dieser Wert stellt die nichtflüchtigen Säuren dar.

δ) Bestimmung der Schwefelsäure: Ein aliquoter Teil der nach β) erhaltenen filtrierten Magnesialösung wird zur Trockne verdampft, der Rückstand geglüht, mit kohlensäurehaltigem Wasser befeuchtet, getrocknet und in Wasser gelöst, worauf das Unlösliche auf einem Filter gesammelt wird. Das Magnesiumsulfat befindet sich nun in der Lösung, während die Magnesia bzw. das Karbonat, das den organischen Säuren entspricht, sich auf dem Filter befindet. In der Lösung kann man die Menge der Schwefelsäure oder die derselben entsprechende Magnesiamenge gewichtsanalytisch bestimmen.

---

[1]) **Böckmann-Lunge**: Chemisch-technische Untersuchungsmethoden, 3. Aufl., III. Bd., S. 733. [2]) Dingl. Journ., 256 Bd., S. 38. 1885.

Obgleich diese Methode sehr verläßliche Resultate gibt, ist sie für die Betriebskontrolle zu umständlich und zeitraubend und daher werden ihr titrimetrische Methoden vorgezogen.

e) **Chininmethode von Hoppenstedt**[1]). 50 cm³ der Brühe werden auf 500 cm³ mit Wasser verdünnt, 200 cm³ dieser Lösung mit 20 cm³ Chininlösung tüchtig vermengt und filtriert. 100 cm³ dieses Filtrates werden mit $^1/_{10}$ n-Kalilauge unter Anwendung von Phenolphthalein als Indikator titriert, und die Anzahl der verbrauchten Kubikzentimeter Lauge, mit 0,066 multipliziert, ergibt die Prozente freier Säure, berechnet auf Essigsäure in der Brühe.

Die Chininlösung wird durch Auflösen von 15 g reinen Chinins in 110 cm³ vollständig neutralem 95%igen Alkohol und Auffüllen auf 200 cm³ mit destilliertem Wasser erzielt. Das Chinin fällt die Gerbsäuren als unlösliche Verbindungen aus, während die anderen organischen Säuren mit Chinin auf Phenolphthalein sauer reagierende Salze bilden, die wie freie Säuren durch Titration ermittelt werden können.

f) **Methode Bennett und Wilkinson**[2]). 100 cm³ der Brühe werden mit 3 g Bleioxyd tüchtig geschüttelt, um allen Gerbstoff auszufällen und die vorhandenen organischen Säuren in lösliche Bleisalze überzuführen. Die etwa vorhandenen Schwefel-, Oxal-, Bor- oder Kohlensäure werden ebenfalls als unlösliche Bleisalze gefällt. Nach erfolgter Filtration werden 20 cm³ des Filtrates zur Bestimmung des gelösten Bleis mit $^1/_{10}$ n-Ferrozyankaliumlösung unter Zusatz eines kleinen Überschusses an Essigsäure titriert, indem man den Endpunkt der Titration durch Tüpfeln mit Uranylazetat ermittelt (Auftreten der Braunfärbung). Aus den verbrauchten Kubikzentimetern Ferrozyankalium berechnet sich das den vorhandenen Säuren äquivalente Blei.

Eine zweite Probe von 20 cm³ des Filtrates wird mit der gleichen Anzahl Kubikzentimeter $^1/_{10}$ n-Schwefelsäure versetzt wie Kubikzentimeter $^1/_{10}$ n-Ferrozyankalium gebraucht wurden, hierauf Natriumsulfat zugesetzt, die Flüssigkeit kurze Zeit erwärmt, wodurch die organischen Säuren freigemacht werden unter Abscheidung des unlöslichen Bleisulfats. In der klaren Flüssigkeit bestimmt man nun mit $^1/_{10}$ n-Kalilauge und Phenolphthalein durch Titration die freien organischen Säuren.

g) **Methode Yocum, Faust und Riker**[3]). 15 cm³ der Brühe werden mit 50 cm³ Gelatinelösung (vgl. Methode Koch) und 15 cm³ einer 2%igen Lösung von Gummi arabikum versetzt, auf 200 cm³ aufgefüllt, 5 g Kaolin zugefügt, tüchtig durchgeschüttelt und filtriert. 40 cm³ des Filtrates mit $^1/_{10}$ n-Natronlauge unter Anwendung von Hämatin titriert, ergibt nach Umrechnung die Menge der freien vorhandenen Säuren. Die verwendete Gelatine- und Gummilösung muß vorher genau neutralisiert werden.

---

[1]) J. Am L. Chem. Ass., Vol. I, Nr. 4, S. 192 u. Collegium, S. 77. 1907.
[2]) Journ. Soc. Chem. Ind., 26, 1186. 1907 u. Collegium, S. 441. 1907.
[3]) J. Am. L. Chem. Ass. June 1910 u. Collegium, S. 410. 1910.

Diese Methode stellt eine verbesserte Kochsche Säurebestimmung dar, indem durch Anwendung von Gummi arabikum auch Gallussäure ausgefällt wird, die durch alleinige Anwendung von Gelatinelösung in Lösung bleibt und daher mitbestimmt wird.

h) Methode Seymour-Jones und Procter[1]). Zwei gleich hohe Neßler-Gläser werden bis zu 1 cm vom Boden entfernt mit schwarzem Glanzpapier bedeckt; der eine Zylinder wird nun mit 10 cm³ der filtrierten Brühe und 5 Tropfen alkoholischer Fluoreszeinlösung (2%ig) beschickt und ein Überschuß von $^1/_{10}$ n-Natronlauge zugefügt, um das Maximum der Fluoreszenz bei Gegenwart von Alkali festzulegen. Der zweite Zylinder erhält ebenfalls 10 cm³ filtrierte Brühe und 5 Tropfen Fluoreszein und man titriert nun mit $^1/_{10}$ n-Natronlauge vorsichtig so lange, bis gerade Fluoreszenz auftritt, womit der Endpunkt der Titration erreicht ist. Diese Methode erlaubt selbst den geringsten Alkaliüberschuß in gefärbten Brühen durch das deutliche Auftreten der Fluoreszenz zu erkennen.

i) Methode Grasser der Gesamtsäurebestimmung[2]). 10 cm³ der 30 bis 50⁰ Bark. oder 30 cm³ der weniger gefärbten, gerbstoffarmen Brühe läßt man unter Rühren in ein Becherglas einfließen, das vorher mit einer Mischung aus 25 cm³ Gelatinelösung (4 g Gelatine + 25 g Kochsalz in 100 g Wasser) und 100 cm³ destilliertem Wasser beschickt wurde. Um ein schnelles Abscheiden der gegerbten Gelatineflocken zu bewirken, stellt man das Becherglas in ein kochendes Wasserbad unter gutem Rühren so lange, bis die Flocken sich zu ballen beginnen und an die Oberfläche steigen, was bei einer Temperatur der Flüssigkeit von zirka 40 bis 50⁰ der Fall ist. Man gießt nun die so vorbereitete Flüssigkeit auf einmal in einen Trichter, dessen Mündung mit nasser Watte leicht verlegt ist, fängt das Filtrat in einer Porzellanschale auf, fügt 1 bis 2 Tropfen alkoholische Rosolsäurelösung (10%ig) zu und titriert mit einer $^1/_{10}$ n-Natronlauge so lange, bis deutliche Rotfärbung bzw. Dunkelfärbung auftritt.

Bei Verwendung von 10 cm³ Brühe entspricht 0,1 cm³ verbrauchte $^1/_{10}$ n-Natronlauge = 0,006% Essigsäure.

Hat man säurearme, schwache Brühen von 8 bis 12⁰ Bark. auf ihren Säuregehalt zu untersuchen, so kann auch von der Gerbstoffausfällung mit Gelatine abgesehen und die entsprechend verdünnte Brühe ohne weiteres titriert werden.

k) Phelan und Fiske[3]) bestimmen als Maß für die vorhandenen Säuren die Menge Kohlensäure, die aus reinem Kalziumkarbonat ausgetrieben wird; doch beeinflussen die vorhandenen Gerbsäuren das Resultat, indem auch diese Kohlensäure freimachen.

l) Sand und Law[4]) bedienen sich der elektrometrischen Methode für die Bestimmung des Säuregehaltes in Gerbbrühen; über die hierfür

---

[1]) Collegium, S. 298. 1910.
[2]) Collegium, S. 57. 1912.   [3]) J. Am. L. Chem. Ass., S. 99. 1908.
[4]) Journ. Soc. Chem. Ind., Nr. 1. 1911 u. Collegium, S. 150. 1911.

notwendige Apparatur und die Ausführung dieser Bestimmung vergleiche unter „Aziditätsbestimmung", S. 158.

m) Bennett[1]) verfährt zur Säurebestimmung in Gerbbrühen folgendermaßen: Die Gerbbrühe wird auf eine Konzentration von etwa 0,2% Gerbstoffgehalt verdünnt, worauf folgende Titrationen vorgenommen werden: 1. 10 cm³ der Lösung werden mit $^1/_{10}$ n-NaOH unter Verwendung von 5 Tropfen Phenolphthaleinlösung als Indikator titriert. 2. 10 cm³ der Lösung werden nach Zusatz von 5 cm³ einer 0,5%igen Weinsäurelösung zur Trockne verdampft, der Rückstand wird etwa eine Stunde im Dampftrockenschrank erhitzt, dann in etwas destilliertem Wasser gelöst und wie früher mit $^1/_{10}$ n-NaOH titriert. 3. 11 cm³ der nach dem Schüttelverfahren erhaltenen Nichtgerbstofflösung werden nach Zusatz von 5 cm³ einer 0,5%igen Weinsäurelösung zur Trockne verdampft. Der Rückstand wird ebenfalls eine Stunde getrocknet, in Wasser gelöst und mit $^1/_{10}$ n-NaOH titriert.

Man bringt nun die der Weinsäure entsprechende Menge Alkali bei den unter 2. und 3. genannten Titrationen in Abzug. Alle Ergebnisse werden dann unter Berücksichtigung der Verdünnung in der Weise umgerechnet, daß die für je 10 cm³ der ursprünglichen Brühe verbrauchte Menge $^1/_{10}$ n-NaOH angegeben wird. Die erste Titration ergibt die „Gesamtsäure" der Brühe, die zweite Titration die „löslichen nichtflüchtigen Säuren" und die dritte Titration die „nichtflüchtigen Nichtgerbstoffsäuren". Zieht man letzteren Wert von den löslichen, nichtflüchtigen Säuren ab, so erhält man den dem Gerbstoff entsprechenden Säurewert und bei Abzug der nichtflüchtigen Säuren von der Gesamtsäure ergeben sich die flüchtigen Säuren.

n) Kubelka und Wagner[2]) entgerben die Brühe mit Hilfe von Karboraffin (eine chemisch gereinigte Holzkohle) unter Zusatz von Kaliumchlorat und titrieren dann mit $\frac{n}{10}$-KOH unter Anwendung von Phenolphthalein.

o) Eine kolorimetrische Säurebestimmung führen Atkin und Thompson[3]) an.

p) Steven und Anacker[4]) bringen 10 cm³ der unverdünnten Brühe am Abend in eine Diffusionshülse Nr. 579 (Durchmesser 16 mm, Höhe 100 mm) S. & S. und hängen letztere über Nacht in ein Becherglas, das mit 150 cm³ destilliertem Wasser gefüllt ist. Am nächsten Morgen wird dann das Dialysat mit $\frac{n}{10}$-NaOH und Phenolphthalein titriert und die Hülse nochmals zirka fünf Stunden lang in 150 cm³ destilliertes Wasser eingehängt, worauf der Rest der Säure im zweiten Dialysat titriert werden kann. Eine länger dauernde Diffusion ist zu

---

[1]) Journ. Am. Leath. Chem. Ass., 500. 1916 u. Collegium, S. 42. 1917.
[2]) Collegium, S. 41. 1924.
[3]) J. S. L. T. C., S. 143. 1920 u. Collegium, 616, S. 390. 1921.
[4]) Collegium, S. 300. 1927.

vermeiden, da sonst stärker dunkel gefärbte Dialysate erhalten werden, welche den Farbenumschlag des Indikators schwieriger erkennen lassen.

q) Eine Bestimmung der Säuren auf elektrometrischem Wege (Wasserstoffionen-Konzentration) in kolloidalen Lösungen, insbesondere in Gerbbrühen, haben auch Kubelka und Wagner[1]) beschrieben.

r) Grasser[2]) beschreibt zur Trennung und quantitativen Bestimmung der verschiedenen Säuren in Gerbbrühen eine Methode, die sich nachfolgend beschriebenen Apparates bedient(Abb. 34).

Der Apparat besteht aus einem Destillationskolben D von 500 cm³ Fassungsraum, in dem ein Rohr bis auf den Boden reicht, welches Wasserdampf aus dem Dampferzeuger W einzuleiten gestattet. Dasselbe Rohr zweigt in einem T-Stück ab zu einem Kohlensäure-Absorptionsrohr C_1, dem eine Schwefelsäure-Trockenflasche S_1 vorgeschaltet ist. Im Kolben D münden weiter noch ein mit Hahn verschließbarer Tropftrichter T und ein T-Stück, das einerseits zum absteigenden

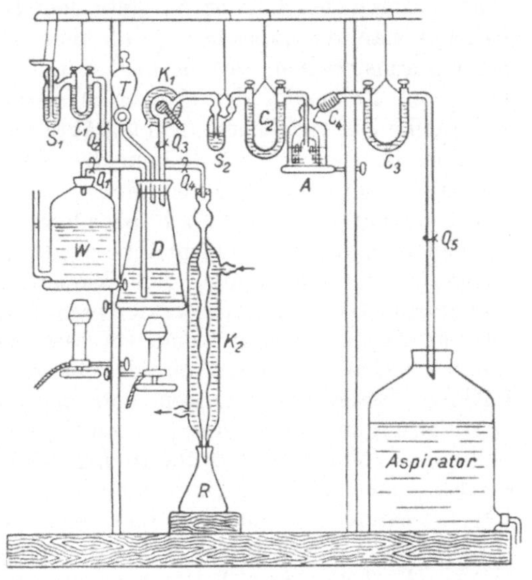

Abb. 34

Kühler K_2, anderseits durch den Rückflußkühler K_1 zur Waschflasche S_2, dem Absorptionsrohr C_2, dem Kaliapparat A und nochmals zu einem U-Rohr C_3 führt, welch letzteres zu einem Wasseraspirator führt.

C_2 ist mit reinem Chlorkalzium, A mit konzentrierter Lauge, dessen Rohr C_4 halb mit Natronkalk, halb mit Chlorkalzium, C_3 abermals in dem gegen A zugewendeten Schenkel mit Chlorkalzium, im anderen mit Natronkalk gefüllt. S_2 ist ein mit Schwefelsäure beschickter Blasenzähler. Q_1 bis Q_5 sind Schraubenquetschhähne. Sämtliche Verbindungen sind aus starkem Druckgummischlauch hergestellt. Die Arbeitsweise mit diesem Apparat ist folgende:

Der Apparat wird so zusammengestellt, wie die Abbildung zeigt, nur wird der Kaliapparat A vorerst ausgeschaltet und somit C_2 direkt mit C_3 verbunden; nun werden die Quetschhähne Q_1 und Q_4 geschlossen, Q_2, Q_3 und Q_5 derart geöffnet, daß durch langsames Auslaufen des Wassers aus dem Aspirator ein ganz langsamer Strom trockener und kohlensäurefreier Luft durch S_1 und C_1 einströmt. Sobald man annehmen

1) Collegium, 674, S. 266. 1926.
2) Collegium, S. 406. 1910.

kann, daß alle in dem Apparat vorhanden gewesene kohlensäurehaltige Luft abgesaugt und durch kohlensäurefreie Luft ersetzt ist, schaltet man den Kaliapparat A ein, läßt aus dem Tropftrichter T 150 bis 200 cm³ Brühe in D einlaufen und verschließt den Hahn von T. Nun erhitzt man den Destillationskolben D zum Sieden, so daß alle Kohlensäure ausgetrieben wird und durch die Gefäße S_2 und C_2 getrocknet zur Absorption in A gelangen kann, während das mitdestillierende Wasser durch den Kühler K_1 stets dem Kolben D zurückgeführt wird. Erkennt man am Kaliapparat, daß keine absorptionsfähigen Gase diesen mehr durchstreichen, so läßt man durch stärkeres Öffnen von Q_5 einen heftigeren Luftstrom den ganzen Apparat durchziehen, um alle noch eventuell darin verbliebene Kohlensäure mitzureißen und zur Absorption in A zu bringen. Durch Wägen des Kaliapparates ermittelt man aus dessen Gewichtszunahme die Menge der Kohlensäure, welche in . der Brühe vorhanden war. Nach beendetem Austreiben der Kohlensäure verschließt man die Quetschhähne Q_2, Q_3 und Q_5, öffnet Q_1 und Q_4 und bringt durch Unterzünden den Wasserdampferzeuger W in Tätigkeit und wärmt D nur mit einer kleineren Flamme so viel, daß sich nicht allzu große Mengen von Kondenswasser darin ansammeln. Durch diese somit eingeleitete Wasserdampfdestillation wird der Brühe die gesamte flüchtige Essigsäure entzogen und kann diese nach Beendigung der Destillation, im Kolben R angesammelt, mit $^1/_{10}$ n-Lauge titriert werden. Sollte das Volumen der Brühe in D 250 cm³ überschreiten, so empfiehlt es sich, einen Teil der Flüssigkeit durch Abdestillieren zu entfernen. Der Rückstand, welcher meistens noch die nichtflüchtige Milchsäure enthält, kann abermals nach Entfernen der Gerbstoffe mit Gelatinelösung (Methode Koch) titrimetrisch mit Barytlösung und Phenolphthalein bestimmt werden.

Hat man dagegen Gerbbrühen, die unter anderem aus Dividivi, Myrobalanen oder Sumach hergestellt sind, so ist die nichtflüchtige Säure größtenteils Gallussäure und diese muß als solche in Rechnung gezogen werden. Sollte es dagegen notwendig sein, eventuell vorhandene Milchsäure gesondert von der Gallussäure zu bestimmen, so empfiehlt es sich, in einem aliquoten Teil diese gemäß nachfolgender Methode zu ermitteln.

Die getrennte Bestimmung der Gallussäure neben anderen organischen Säuren beruht nach Grasser[1]) auf der Tatsache, daß Jod in schwefelsaurer Lösung keine Bindung von Gallussäure erleidet, hingegen die Schwefelsäure die Bindung des Jods an Gerbsäuren nicht hindert. Sättigt man also das eine Mal die nichtangesäuerte Gerbstoff-Gallussäure-Lösung, das andere Mal die angesäuerte Lösung mit Jod, so läßt sich aus der Differenz der verbrauchten Jodmengen die an die Gallussäure gebundene Menge berechnen.

Als Maßflüssigkeit stellt man sich eine zirka $^1/_{50}$ normale wässerige Jodlösung her, die man auf eine wässerige Lösung von Gallussäure

---

[1]) Collegium, S. 408. 1910.

von bestimmtem Gehalt einstellt. Da die im Handel befindliche kristallinische Gallussäure für obige Zwecke genügend rein ist, so erfordert es nur, dieselbe bei 100° C zur Gewichtskonstanz zu trocknen und davon eine bestimmte Menge in Lösung zu bringen, z. B. 7 g pro Liter.

Soll nun Gallussäure in einer gerbstoffhaltigen Flüssigkeit bestimmt werden, die auch z. B. Milchsäure enthält, so verfährt man folgendermaßen:

Man teilt die gesamte zu untersuchende Probe in drei aliquote Teile und bestimmt in einem dieser die Summe aus Milchsäure und Gallussäure nach früher erwähnter Methode. Den zweiten Teil versetzt man nun aus einer Hahnbürette tropfenweise mit der zirka $^1/_{50}$ normalen Jodlösung so lange, bis 1 Tropfen der Flüssigkeit, mit einem Tropfen Stärkelösung in einer Porzellanschale vereinigt, eine schwache Violettfärbung ergibt, die zirka eine halbe Minute anhält. Ein Verbleiben der Färbung ist als Endpunkt der Titration nicht verwertbar, da eingehende Versuche zeigten, daß die Bindung des Jods an Gerbstoffe wie an Gallussäure eine ganz allmähliche ist, die anfangs schneller, dann immer langsamer vor sich geht, und schließlich selbst nach einhalbstündigem Anhalten der Violettfärbung diese nochmals verschwinden kann und erst neue Jodmengen die gesättigten Verbindungen liefern. Um also dennoch einen relativen Endpunkt für die Titration festlegen zu können, muß man sowohl bei der Einstellung der Jodlösung auf die Gallussäure, wie auch bei der eigentlichen Titration die erwähnte Zeitdauer von zirka einer halben Minute bis zum Verschwinden der Färbung einhalten. Um den geringsten Überschuß an Jod in der dunklen Reaktionsflüssigkeit, die bei Fichtenbrühen sogar eine deutliche blaue Färbung zeigt, zu ersehen, ist es zweckmäßig, die Tüpfelprobe mit Stärkelösung so auszuführen, daß man 2 bis 3 Tropfen der Flüssigkeit in eine flache Porzellanschale gibt und nun vorsichtig vom Rande her einen Tropfen Stärkelösung zufließen läßt. Bei Spuren überschüssigen Jods bildet sich an der Berührungsfläche eine deutlich violette Zone, die sich allmählich etwas ausbreitet, um dann wieder langsam zu verschwinden. Dagegen führt das Vermischen genannter Flüssigkeit mit Stärkelösung nur zu einem mißfarbigen Gemisch, das oft heller gefärbt sein kann als die ursprüngliche Probe.

Hat man nun auf diese Weise die Gesamtmenge des vom Gerbstoff und der Gallussäure gebundenen Jods ermittelt, so nimmt man den dritten Teil der Probe, versetzt ihn mit einigen Kubikzentimetern verdünnter Schwefelsäure (1:20) und titriert abermals mit Jod wie vorher. Durch die Zugabe der Schwefelsäure tritt die Gallussäure außer Reaktion und man erfährt somit bei dieser Titration die von den Gerbstoffen gebundene Jodmenge. Dieselbe von obiger Jodmenge subtrahiert, ergibt die Menge des an Gallussäure gebundenen Jods, woraus der Gehalt der Probe an Gallussäure berechnet werden kann.

Zieht man schließlich den hier gefundenen Gallussäuregehalt von der früher bestimmten Summe von Gallussäure und Milchsäure ab, so erhält man die Menge der in der Probe vorhandenen Milchsäure.

Bezüglich des Zusatzes der verdünnten Schwefelsäure zur Probe sei noch bemerkt, daß eine größere Menge von Säure zwar der Jodreaktion als solcher nicht hinderlich ist, dagegen eine teilweise Ausfällung der gelösten Gerbstoffe bewirkt und somit zu niedrige Jodwerte ergeben würde.

G. Bestimmung von Gerbölen in Brühen

Als Zusatz zu den Faßgerbbrühen finden häufig Gerböle (vgl. S. 132) Verwendung; um ihren Gehalt in benutzten Brühen festzustellen, verfährt man nach Jamet und Castet[1]) folgendermaßen: Man kocht 50 g Gerbbrühe mit 30 cm³ konzentrierter Salzsäure, setzt das gleiche Volumen Wasser und zur Verhütung des Stoßens einige Siedesteinchen zu und kocht 50 Minuten lang am Rückflußkühler. Hernach filtriert man die ausgeschiedenen Sulfofettsäuren mit dem ausgefällten Gerbstoff ab, trocknet dieses Gemisch, mengt Sand unter und extrahiert im Extraktionsapparat mit Schwefeläther. Schließlich destilliert man den Überschuß an Äther ab, trocknet und wägt den aus Fettsäuren bestehenden Rückstand.

H. Analysenresultate über Brühen aus der Praxis

a) Brühen aus Farbengang, Versenk und Versatz

Tabelle 72

Grade Barkometer	Gerbende Stoffe %	Lösl. Nichtgerbstoffe %	Gesamtsäure %	Grade Barkometer	Gerbende Stoffe %	Lösl. Nichtgerbstoffe %	Gesamtsäure %
5	0,80	0,70	0,40	14	0,65	1,40	0,32
6	0,60	0,85	0,75	16	2,50	1,40	—
7	1,20	0,90	1,20	18	2,90	2,00	0,33
8	0,90	1,00	0,16	19	3,15	2,00	0,40
9	1,40	0,90	1,05	24	3,75	2,30	0,30
9	1,50	1,00	0,22	40	4,70	2,70	0,25
10	1,75	1,00	0,24	45	6,90	2,80	0,36
12	2,15	1,20	0,36				

b) Alte Angerbfarben (Kanalbrühen)

Tabelle 73

Grade Barkometer	Gerbende Stoffe %	Lösl. Nichtgerbstoffe %	Säure %	Eiweiß g
7	0,22	1,25	Spur	0,126
7½	0,31	1,30	0,06	0,104
7½	0,33	1,28	0,06	0,106
6	0,19	1,25	Spur	0,052
6	0,15	1,31	—	0,086
7	0,25	1,42	0,02	0,106
7½	0,32	1,40	0,05	0,126
6	0,18	1,35	Spur	0,124

---

[1]) Le Cuir, S. 90. 1921 u. Collegium, 630, S. 332. 1922.

9. Untersuchung der Chromgerbbrühen

Für die Betriebskontrolle einer Chromgerbung kommt es vor allem darauf an, die dort verwendeten Brühen zu untersuchen, zu denen der Pickel und die eigentlichen Chrombäder bzw. Reduktionsbäder gehören.

A. Untersuchung des Pickels[1])

Der Pickel wird fast durchschnittlich aus verdünnter Kochsalzlösung und Schwefelsäure hergestellt und seine Dichte soll nicht wesentlich unter 8° Bé sinken.

Aus dem Mengenverhältnis der angewandten Stoffe läßt sich die Gleichung

$$8\ NaCl + H_2SO_4 = Na_2SO_4 + 2\ HCl + 6\ NaCl$$

aufstellen und daraus ergeben sich die Bestandteile, die zur Kontrolle des Pickels bestimmt werden müssen, nämlich $NaCl$, Na_2SO_4 und HCl.

In der zu untersuchenden Pickelflüssigkeit wird vorerst die vorhandene Menge des Gesamtchlor *(b)* ermittelt, indem man die Pickelflüssigkeit mit Natriumazetat versetzt und sie mittels $^1/_{10}$ n-$AgNO_3$ und K_2CrO_4-Lösung als Indikator titriert. Für die Bestimmung von Natriumsulfat bedient man sich der Fällung mit Bariumchlorid, woraus sich das SO_4 *(d)* berechnen läßt. In einer weiteren Probe ermittelt man schließlich durch Titration mit Lauge und Methylorange die Menge der freien Salzsäure *(c)* und man kann aus diesen drei gefundenen Werten die Pickelbestandteile berechnen gemäß:

$$NaCl : Cl = 58 : 36,$$
$$NaCl : (b-c_1) = 58 : 36\ (c_1 = Cl\text{-}Gehalt\ von\ c),$$
$$NaCl = 1,6111\,b - 1,5663\,c,$$
$$Na_2SO_4 : SO_4 = 142 : 96,$$
$$D : d = 142 : 96,$$
$$Na_2SO_4 = D = \frac{142}{96}\,d = 1,4791\,d.$$

B. Untersuchung der Einbadbrühen

Für die Untersuchung der Chromgerbbrühen kommt es vor allem darauf an, ob es sich um Ein- oder Zweibadbrühen handelt; im ersteren Fall erstreckt sich die Untersuchung auf die quantitative Ermittlung des Chromoxydgehaltes und der von ihm gebundenen Säuremenge. In der Zweibadbrühe bestimmt man nur den Gehalt an Chromsäure.

a) Bei der Untersuchung der Einbadbrühe verwertet man die ermittelten Gehalte an Chromoxyd und gebundener Säure vor allem dazu, daraus die sogenannte Basizität der Brühe zu berechnen. Unter Basizität versteht man den Grad der Anreicherung von Hydroxylgruppen im Chromsalz. Man kann dieselbe verschiedenartig ausdrücken:

---

[1]) Grasser: Technikum, Nr. 53, S. 105. 1913 u. Collegium 412. 1913.

Stiasny[1]) legt ihr das Verhältnis von Chrom zum Säurerest zugrunde, ähnlich verfahren Procter und Paessler[2]); nach Freiberg gibt man dieses Verhältnis in Zwölfteln an. Die klarste Ausdrucksform stellt jene nach Schorlemmer[3]) vor, wobei einerseits das an Säure gebundene Chrom in Prozenten des Gesamtchroms, anderseits das an Hydroxylgruppen gebundene Chrom in Prozenten des Gesamtchroms angegeben wird. Weitere Ausdrucksformen für die Basizität sind jene nach Körner, Appelius und Schmidt[4]). Folgende Tabelle zeigt eine Übersicht über einige Arten des Basizitätsausdruckes:

Tabelle 74

Salz	Nach Schorlemmer (B) Prozent $\{$OH Cr an $\{$Säure	Nach Freiberg (Z) OH:Cr $= x$:24	Nach Stiasny (X) $x\,SO_4$:52,2 Cr	Nach Paessler (S) $x\,SO_3$:100 C_2O_3,
$Cr_2(CSO_4)_3$	$\{\begin{matrix}0\\100\end{matrix}$	$\frac{0}{24}=\frac{0}{12}$	144,5	158
$CrOHSO_4$	$\{\begin{matrix}33^1/_3\\66^2/_3\end{matrix}$	$\frac{8}{24}=\frac{4}{12}$	96	105
$Cr_2(OH)_4SO_4$ ..	$\{\begin{matrix}66^2/_3\\33^1/_3\end{matrix}$	$\frac{16}{24}=\frac{8}{12}$	48	52
$Cr_2(OH)_6$	$\{\begin{matrix}100\\0\end{matrix}$	$\frac{24}{24}=\frac{12}{12}$	0	0

Zur gegenseitigen Umrechnung der Basizitätszahlen können folgende Formeln dienen[5]):

$$B=Z \times 8{,}33 \ \text{oder} \ \frac{100\,(144-X)}{144} \ \text{oder} \ 100-\frac{6333}{S},$$

$$Z=\frac{B\times 12}{100} \ \text{oder} \ \frac{144-X}{12} \ \text{oder} \ 12-\frac{760}{S},$$

$$X=144\,\frac{100-B}{100} \ \text{oder} \ 144\,\frac{12-Z}{12} \ \text{oder} \ \frac{9120}{S},$$

$$S=\frac{6333}{100-B} \ \text{oder} \ \frac{760}{12-Z} \ \text{oder} \ \frac{9120}{X},$$

worin

$B =$ die Basizitätszahl in Prozenten,
$Z = $,,   ,,   ,, Zwölfteln,
$X = $,,   ,,   nach dem Verhältnis Cr:$SO_4 = 52$:X,
$S = $,,   ,,   ,,   ,,   ,, SO_3:$Cr_2O_3 = 100$:S.

b) Die zur Berechnung der Basizität erforderliche Chrommenge bestimmt man in den Chrombrühen verschiedenartig. Am einfachsten z. B. dadurch, daß man die Brühe mit Salzsäure schwach ansäuert, mit Wasser etwas verdünnt und etwa fünfzehn Minuten lang zum Kochen erhitzt. Hierauf fällt man mit 20%igem Ammoniak vollständig aus und kocht noch einige Minuten lang. Beim Absetzenlassen muß die überstehende Flüssigkeit vollständig farblos erscheinen. Der Nieder-

---

[1]) Der Gerber, S. 92. 1907.
[2]) J. Soc. Leath. Trad. Chem., S. 259. 1918 u. Collegium, S. 201. 1919.
[3]) Collegium, S. 536. 1920.
[4]) Collegium, S. 161. 1916.   [5]) Ackermann: Collegium, S. 109. 1924.

schlag wird nun abfiltriert, gut ausgewaschen, getrocknet, mit dem Filter am Gebläse geglüht und als Cr_2O_3 gewogen und berechnet.

Nach Körner[1] fällt man die Chrombrühe mit überschüssiger $1/_{10}$ n-NaOH und titriert den Überschuß der Lauge zurück; das gefällte Chromhydroxyd hält aber etwas Alkali zurück, wodurch die Resultate zu hoch ausfallen. Ähnlich verfährt Alden[2], der aber $1/_2$ n-Na_2CO_3-Lösung verwendet.

Eine gravimetrische Chrombestimmung mit Hilfe von $HgClNH_2$ beschreibt Pumm[3].

Auf refraktometrischem Wege ermitteln Thomas und Kelly[4] den Chromgehalt der Brühen.

Durch Überführung des Chromsalzes in die Chromsäure kann letztere jodometrisch wie folgt ermittelt werden:

Nach Alden[5] bringt man 10 cm³ der Chrombrühe, deren Gehalt man durch Verdünnen auf 4 bis 6 g Chromoxyd per Liter gebracht hat, in einen Erlenmeyer-Kolben von 200 cm³ Inhalt, verdünnt mit 15 cm³ Wasser und fügt unter Umschwenken 2 g Natriumsuperoxyd zu; es tritt sofort Oxydation zu Chromat ein; vorsichtshalber wird der Zusatz von je 2 g Natriumsuperoxyd noch zweimal wiederholt, dann werden die inneren Wandungen des Kolbens abgespült und die Flüssigkeit zur Zerstörung des überschüssigen Superoxyds einige Minuten gekocht, wobei ein eingesetzter Trichter Verluste durch Spritzen vermeiden soll. Nun wird abgekühlt, mit starker Salzsäure neutralisiert und ein kleiner Überschuß von zirka 4 cm³ Salzsäure zugegeben; schließlich wird nach abermaligem Kühlen mit Kaliumjodid versetzt und das abgeschiedene Jod mit Thiosulfat titriert.

Eine ähnliche jodometrische Bestimmung beschreiben Appelius und Schmidt[6]. Schorlemmer empfiehlt Wasserstoffsuperoxyd als Oxydationsmittel für Chrombrühen in alkalischer Lösung.

Den Einfluß, den die Gegenwart kleinerer Mengen Eisensalze auf die Chrombestimmung ausübt, hat Schorlemmer[7] eingehend untersucht und eine diesbezügliche Arbeitsmethode ausgearbeitet. Eine Nachprüfung dieser Methode durch Lauffmann[8] bestätigte ihre Brauchbarkeit.

c) Die Säurebestimmung kann ebenfalls auf verschiedene Art durchgeführt werden. Die gebräuchlichste Methode ist jene von Procter-Candlish, wonach man eine abgemessene Brühenmenge auf etwa 200 cm³ verdünnt und nun in einer Porzellanschale zum Kochen bringt. Man fügt dann 3 bis 4 cm³ einer 1%igen alkoholischen Phenolphthalein-lösung hinzu und titriert die kochende Lösung unter beständigem Rühren mit $1/_2$ n-NaOH. Der Endpunkt wird an der grauen Farbe der Flüssigkeit

---

[1] Collegium, S. 32. 1906.

[2] J. Am. L. Chem. Ass., S. 174. 1906.

[3] Collegium, S. 202. 1927.

[4] J. Am. L. Chem. Ass., S. 665. 1920 u. Collegium, S. 447. 1921.

[5] J. Am. L. Chem. Ass., S. 174. 1906.   [6] Collegium, S. 161. 1916.

[7] Collegium, S. 145. 1918.   [8] Collegium, S. 223. 1918.

oder an der nach dem Absetzen des Niederschlages am Rande der Schale sichtbaren blaßroten Farbe erkannt.

$$1 \text{ cm}^3 \ ^1/_2 \ n\text{-NaOH} = 0{,}024 \text{ g } SO_4.$$

Auf ähnliche Art verfahren Smith und Enna[1]).

Burton und Hey[2]) wenden gegen diese Methoden allerdings ein, daß durch das Erhitzen der Brühe deren Kohlendioxyd ausgetrieben und dadurch das Resultat ungünstig beeinflußt werde.

Kopečky[3]) benützt die Arbeitsweise Simand-Kohnstein zur Säurebestimmung in pflanzlichen Gerbbrühen und behandelt ebenfalls die Chrombrühe mit Magnesiumkarbonat und ermittelt die in Lösung gegangene Magnesiummenge, woraus er den Säuregehalt berechnet. Diese Methode ist nicht genauer als die obige, erfordert aber viel Zeit.

Stiasny[4]) benützt zur Säurebestimmung jene Reaktion, wonach die Säure aus einem Jodid-Jodat-Gemisch Jod freimacht; letzteres, durch überschüssiges Thiosulfat gebunden und der Überschuß an Thiosulfat jodometrisch ermittelt, läßt den Säuregehalt berechnen nach den Gleichungen:

$$3 \ H_2SO_4 + 5 \ KJ + KJO_3 = 3 \ K_2SO_4 + 3 \ H_2O + 3 \ J_2,$$
$$3 \ J_2 + 6 \ Na_2S_2O_3 = 6 \ NaJ + 3 \ Na_2S_4O_6.$$

Appelius und Schmidt[5]) lassen auf die Chrombrühe feingepulvertes Kupferoxyd einwirken, wodurch die der Säure äquivalente Kupfermenge in Lösung gebracht wird. Letztere, jodometrisch bestimmt, ergibt die sogenannte Kupferzahl, aus welcher wieder die Basizität ohne weiteres berechnet werden kann.

Liegen salzfreie (sulfatfreie) basische Chromsulfatbrühen vor, so kann deren Schwefelsäuregehalt auch durch Fällen mit Bariumchlorid ermittelt und aus dem zur Wägung gebrachten Bariumsulfat berechnet werden.

Ein besonderes Verfahren zur Bestimmung der Basizität in Chromgerbbrühen und Chromextrakten beschreiben Appelius und Schall[6]) wie folgt:

Das Prinzip der Methode beruht darauf, daß in einem Gemisch von Alkalisulfaten und Chloriden, z. B. mit Chromsulfat, nur die an Chrom gebundene Säure aus Kalziumkarbonat eine dieser Säure entsprechende Kohlensäuremenge freimacht nach der Gleichung:

$$Cr_2(SO_4)_3 + 3 \ CaCO_3 + 3 \ H_2O = Cr_2(OH)_6 + 3 \ CaSO_4 + 3 \ CO_2.$$

Die entwickelte Kohlensäure wird aufgefangen und gewogen und man bedient sich hiefür folgenden Apparates (Abb. 35).

Ein Rundkolben dient als Zersetzungsgefäß und ist mit einem dreifach durchbohrten Gummistopfen versehen. Durch die eine Bohrung führt die Röhre eines Hahntrichters, durch die zweite eine Glasröhre

[1]) Journ. Soc. Leath. Trad. Chem., August 1918 u. Collegium, S. 82. 1919.
[2]) Journ. Soc. Leath. Trad. Chem., S. 205. 1920 u. Collegium, S. 405. 1921.
[3]) J. Am. L. Chem. Ass., S. 261. 1906 u. Collegium, S. 78. 1907.
[4]) Der Gerber, Nr. 782. 1907.   [5]) Collegium, S. 161. 1916.
[6]) Deutsche Gerberztg., Nr. 152/53. 1907 u. Collegium, S. 266. 1907.

bis nahe an den Boden des Kolbens und durch die dritte die Röhre des Rückflußkühlers. Letzterer ist oben luftdicht mit zwei Kalziumchloridröhren verbunden, auf welche ein Kohlensäure-Adsorptionsapparat folgt, für den man zweckmäßig eine Natronkalkröhre verwendet. Ein Aspirator saugt einen gleichmäßigen Luftstrom durch den Apparat und die Luft wird durch ein weiteres Natronkalkrohr vor Eintritt in den Kolben von der Kohlensäure befreit; ein gleiches Rohr ist zur Sicherheit zwischen Aspirator und Adsorptionsapparat eingeschaltet.

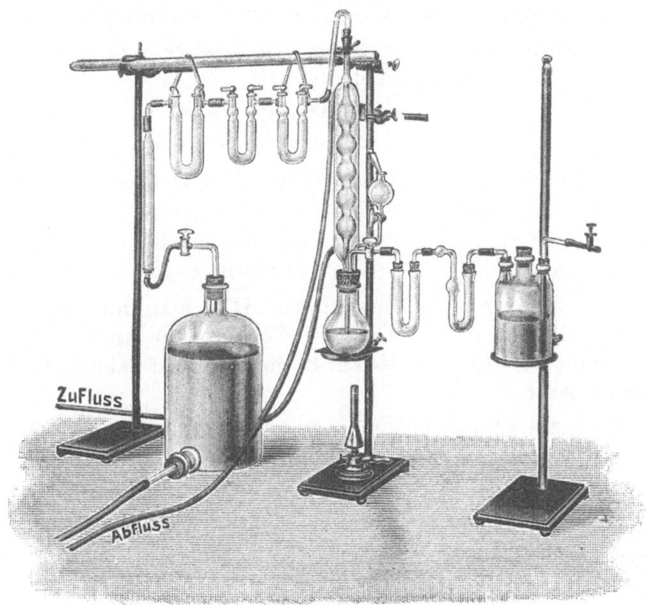

Abb. 35. Arthur Meissner, Freiberg i. Sa.

Zur Ausführung der Bestimmung bringt man nun 1 bis 1,5 g chemisch reines Kalziumkarbonat mit zirka 40 cm³ Wasser in das Zersetzungsgefäß, erhitzt zum Sieden und saugt zehn Minuten lang einen kohlensäurefreien Luftstrom durch das Zersetzungsgefäß und die beiden Chlorkalziumröhren. Die Ansatzmenge des Chromextraktes ist bei der angegebenen Kalziumkarbonatmenge so zu wählen, daß in 50 cm³ etwa 0,35 bis 0,50 g Cr_2O_3 enthalten sind. Es ist dies leicht durch eine Überschlagsrechnung zu erreichen, da die Chrombestimmung zweckmäßig vor der Säurebestimmung ausgeführt wird.

Ist die angegebene Konzentration entweder durch Verdünnen oder Eindampfen erreicht, so werden 50 cm³ der Lösung fünf bis zehn Minuten in einem Erlenmeyer-Kolben gekocht, um etwa vorhandene gelöste Kohlensäure zu entfernen. Man gibt nun die Lösung in den Hahntrichter des Zersetzungsgefäßes, stellt den Luftstrom ab, schaltet die gewogene Natronkalkröhre hinter die Chlorkalziumapparate und läßt die Chromlösung langsam zu dem Kalziumkarbonat fließen. Nachdem die Lösung quantitativ in den Kolben A gespült ist, saugt man wieder langsam Luft durch den Apparat, ohne natürlich das Sieden zu unterbrechen. Die Geschwindigkeit des Luftstromes wird so reguliert, daß in der Sekunde ein bis zwei Blasen zu zählen sind. Nach drei Viertelstunden ist man sicher, daß alle Kohlensäure in die Natronkalkröhre übergeführt ist; diese wird abgenommen und gewogen.

Die Füllung der Röhre ist nach vier bis fünf Bestimmungen halbseitig zu erneuern, die Röhre wird dann so eingeschaltet, daß der ältere Natronkalk zuerst mit der Kohlensäure in Berührung kommt.

Die an Chrom gebundene Säure wird als SO_3 berechnet und dies geschieht nach folgender Formel:

$$\text{Prozent } SO_3 = \frac{80{,}06 \times \text{gefundene } CO_2}{44 \times \text{angewandte Substanz}}.$$

Das Verhältnis von Chromoxyd zu SO_3 bezogen auf $Cr_2O_3 = 100$ wird erhalten nach der Gleichung:

$$Cr_2O_3 : SO_3 = 100 : \frac{100 \times \text{Prozent } SO_3}{\text{Prozent } Cr_2O_3}.$$

d) **Berechnung der Basizität.** Hat man mit Hilfe der vorgenannten Methoden den Gehalt der Chrombrühe an Chromoxyd und Säure bestimmt, so berechnet sich z. B. die Basizität nach Schorlemmer auf folgende Art:

a) Menge des Gesamtchroms $= a\%$ Cr_2O_3,

b) Gesamtsäuremenge, durch Titration ermittelt, aber $1\ cm^3\ \frac{n}{10}$-

$$NaOH = \frac{Cr_2O_3}{60\,000} = 0{,}00253\ g\ Cr_2O_3$$ berechnet, wodurch die der Säure entsprechende Chrommenge $(b\%)$ ermittelt wird;

$$a : b = 100 : x,$$

$x = \dfrac{100 \cdot b}{a} = s\%$ (das ist der an 100 Teilen Cr_2O_3 gebundene Säureanteil),

$\mathbf{100{-}s} = \boldsymbol{B}\%$ (das ist der an 100 Teilen Cr_2O_3 gebundene OH-Anteil, also die „Basizität“).

Chromgerbextrakte, sowohl durch Reduktion selbst bereitete als auch käuflich erworbene[1]), können auf Chrom- und Säuregehalt und Basizität nach den obengenannten Methoden untersucht werden. Der Salzgehalt kann qualitativ und quantitativ nach den bekannten

---

[1]) Die von der deutschen chemischen Großindustrie, besonders der I. G. Farbenindustrie A. G., in den Handel gebrachten gebrauchsfertigen Chromgerbextrakte zeigen folgende Zusammensetzung:

Chromosal B:	28 % Cr_2O_3,	26% Na_2SO_4,	Basiz. $=36\%$	nach Sch.
„ BB:	26 % Cr_2O_3,	35% Na_2SO_4,	„ $=50\%$	„ „
„ SF:	35,5% Cr_2O_3,	3% Na_2SO_4,	„ $=36\%$	„ „
Chromazyl B:	30 % Cr_2O_3,	41% Na_2SO_4,	„ $=57\%$	„ „
Chromgerbesalz (Bayer):	35,5% Cr_2O_3,	3% Na_2SO_4,	„ $=50\%$	„ „
Chromlauge, basisch:	20 % Cr_2O_3,	18% Na_2SO_4,	„ $=36\%$	„ „
„ A:	20 % Cr_2O_3,	10% Na_2SO_4,	„ $=36\%$	„ „

chemischen Methoden festgestellt werden; für den Gerbverlauf ist er bekanntlich von wesentlichem Einfluß.

e) **Bestimmung der Ausflockungszahl.** Unter Ausflockungszahl einer Gerbbrühe versteht man jene Anzahl Kubikzentimeter $\frac{n}{10}$-Alkali, die erforderlich ist, um in 25 cm³ jener Chrombrühe eine bleibende Trübung hervorzurufen, die 1 g Chrom im Liter enthält.

Da durch einfaches Zutropfen von Natronlauge zur Chrombrühe kein scharfer Endpunkt erzielt werden kann, empfiehlt Stiasny[1]) folgende Anordnung: Ein rechteckiges Blechgehäuse, das innen geschwärzt ist, hat in der Mitte des Bodens eine kleine Öffnung, auf welche ein Becherglas von 60 cm³ Fassungsraum mit der zu titrierenden Brühe gestellt wird. Seitwärts unter dem Blechgehäuse befindet sich eine nach außen abgeblendete kleine Glühbirne (25 K) als Lichtquelle, die ihre Strahlen über einen Hohlspiegel als Lichtkegel in die Brühe wirft. Die mit der $\frac{n}{10}$-NaOH beschickte Bürette ragt in das Blechgehäuse, so daß durch tropfenweisen Zusatz der Lauge unter Rühren das Auftreten eines deut-

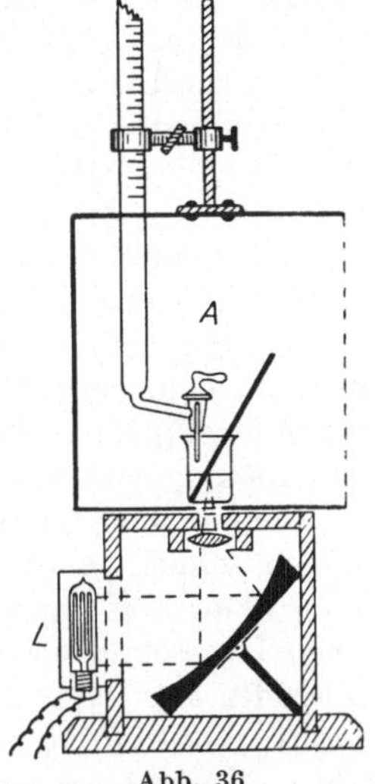

Abb. 36

lichen Tyndall-Kegels im verdunkelten Innenraum des Gehäuses festgestellt werden kann (vgl. Abb. 36).

Zur Ermittlung von Vergleichswerten ist auf Einzelheiten weniger zu achten. Handelt es sich aber darum, Vergleichszahlen für andere Laboratorien zu erhalten, so muß darauf geachtet werden, daß die Säule der Brühe z. B. genau 2,5 cm Höhe beträgt, die Lichtquelle stets eine bestimmte Stärke aufweist, die einfallende Tropfgeschwindigkeit stets dieselbe ist, z. B. 1 Tropfen pro Sekunde, und die Tropfengröße übereinstimmt, z. B. 1 cm³ = 30 Tropfen. Auch der Chromgehalt der zu prüfenden Brühe muß möglichst konstant gehalten werden.

Grasser[2]) benützt zur Ermittlung der Ausflockungszahl einen schwarzlackierten, hölzernen Kasten (25 × 10 × 10 cm), in dem eine 50 kerzige elektrische Birne horizontal eingebaut ist und in deren unmittelbarer Nähe ein schwarzverkleidetes Becherglas eingehängt sich befindet. Letzteres hat, der Lampe zugekehrt, einen kreisrunden Lichteinfall von 2 mm Durchmesser. Außerdem ist zwischen Lampe und Becherglas noch eine Asbestplatte eingefügt, die zur Abhaltung der Wärme dient und welche nur eine mit dem Becherglas übereinstimmende kleine Lichtöffnung aufweist. Die Bestimmung selbst führt man am besten im abgedunkelten Zimmer durch.

---

[1]) Collegium, S. 271. 1925.

[2]) Journ. College of Agric. Hokkaido Imp. University, Vol. 20, Pt. 2, S. 73. 1927.

Grasser, Handbuch 3. Aufl.   22

f) Analyse gebrauchter Einbadbrühen. Gebrauchte Chromgerbbrühen enthalten stets organische Stoffe aus der Haut, welche die Chrombestimmung sowohl nach dem Oxydationsverfahren als auch nach der jodometrischen Methode ungenau machen. Es ist daher in diesen Fällen notwendig, die Chrombrühe einzudampfen, den Rückstand zu veraschen, um die organischen Stoffe zu zerstören, den Rückstand mit einem Gemisch von drei Teilen Magnesiumoxyd und zwei Teilen wasserfreiem Natriumkarbonat zu schmelzen und in der Lösung der Schmelze das Chrom jodometrisch zu bestimmen; Grasser[1] empfiehlt eine Mischung aus Natriumkarbonat und Kaliumnitrat als Oxydationsmischung:

$$Cr_2(SO_4)_3 + 5\,Na_2CO_3 + 3\,O = 2\,Na_2CrO_4 + 3\,Na_2SO_4 + 5\,CO_2.$$

Die Störungen bei den volumetrischen Chrombestimmungen solcher gebrauchter Chrombrühen durch vorhandene organische Substanzen haben auch Smith und Enna[2] veranlaßt, folgende Untersuchungsmethode auszuarbeiten, welche diesen Fehler beseitigt: Man verdünnt die zu untersuchende Brühe derart, daß sie 0,8 bis 1,1 g Chrom im Liter enthält, gibt von dieser Lösung 25 cm³ in ein 400 cm³-Becherglas, verdünnt auf etwa 150 bis 200 cm³, bringt zum Kochen, fügt langsam etwas Ammoniak bis zum Überschuß hinzu, kocht einige Minuten, läßt den Niederschlag absetzen und gießt die überstehende Flüssigkeit durch ein Filter ab. Man fügt dann kochendes Wasser zum Niederschlag zu und spült das ganze auf das Filter. Sobald die Flüssigkeit durchgelaufen ist, füllt man das Filter mit kochendem Wasser, indem man darauf achtet, daß der Niederschlag in die Spitze des Filters herabgespült wird. Dann durchsticht man das Filter, sammelt in einem 300 cm³-Erlenmeyer-Kolben, spült mit 1,5 cm³ konzentrierter Salzsäure nach und oxydiert mit 2 bis 3 g Natriumsuperoxyd. Die Lösung soll nunmehr ein Volumen von 150 cm³ besitzen. Es findet ein lebhaftes Aufbrausen statt und bei gelindem Schütteln nimmt die Flüssigkeit eine blaue Färbung an, die jedoch schnell in ein bräunliches Gelb übergeht. Man kocht nun, bis kein Sauerstoff mehr entweicht (Abwesenheit kleiner Blasen), fügt einen Überschuß von Schwefelsäure oder Salzsäure hinzu, kocht wieder eine oder zwei Minuten und bestimmt nun die Chromsäure jodometrisch derart, daß man 10 cm³ einer 5%igen Lösung von Kaliumjodid zufügt, einige Minuten stehen läßt und mit Thiosulfat von bekanntem Titer das abgeschiedene Jod ermittelt. Es sollen 10 bis 12 cm³ $^1/_{10}$ n-Lösung verbraucht werden.

Unterläßt man das Veraschen gebrauchter (eiweißhaltiger) Chrombrühen und oxydiert man das Chrom zu Chromsäure, so tritt nach Moeller[3] stets ein Rückschlag im Oxydationsprozeß ein, weil das Superoxyd die Aminosäuren zu Aldehyden oxydiert, welche nun als reduzierende Stoffe der Oxydation entgegenwirken.

<hr>

[1] Zeitschr. f. Leder- u. Gerbereichemie, 5, S. 185. 1923.
[2] Journ. Soc. Leath. Trad. Chem., August 1918 u. Collegium 82. 1919.
[3] Collegium, S. 165. 1921.

Eine direkte jodometrische Chrombestimmung in gebrauchten Chrombrühen führen Kubelka und Wagner[1]) folgendermaßen durch: Die filtrierte Brühe wird so verdünnt, daß sie zirka 1% Cr enthält. Von dieser verdünnten Lösung werden 50 cm³ in einen 500 cm³ Meßkolben abpipettiert, durch Zusatz von KOH das zuerst ausfallende $Cr(OH)_3$ wieder in Lösung gebracht und dann noch 1 cm³ 25%ige KOH-Lösung zugesetzt. Die so erhaltene klare Chromitlösung wird mit 10 cm³ 3%igem H_2O_2 oxydiert, am besten, indem man am Wasserbad oder auch auf freier Flamme zirka zehn Minuten erhitzt. Sobald die Lösung rein gelb ist, wird n-KMnO₄-Lösung tropfenweise so lange zugesetzt, bis ein brauner flockiger Niederschlag von MnO_2 entsteht. Jeder Überschuß an KMnO₄ ist zu vermeiden, da dieser die nachfolgende jodometrische Methode durch Ausscheiden von Jod stark beeinflussen würde. Man schüttelt nun durch, bis jede Gasentwicklung aufhört, füllt nach fünf Minuten zur Marke auf und bestimmt in 100 cm³ dieser Lösung das Chrom jodometrisch.

C. Untersuchung der Zweibadbrühen

Die für die Chromgerbung nach dem Zweibadsystem benutzten Brühen bestehen einerseits aus Chromsäure, anderseits aus Reduktionslösungen und man verwendet dazu Mischungen aus Kaliumbichromat und Schwefelsäure bzw. aus Antichlor und Schwefelsäure.

Freie Chromsäure kann man nach Dreher[2]) dadurch nachweisen, daß man die mit Schwefelsäure angesäuerte Probe mit H_2O_2 versetzt, mehrere Kubikzentimeter Äther zufügt und durchschüttelt; bei Gegenwart von Chromsäure wird diese zur kornblauen Hyperchromsäure oxydiert, die in Äther löslich ist.

Für die genaue quantitative Bestimmung kommt besonders die maßanalytische Methode in Betracht unter Anwendung von $^1/_{10}$ n-Eisenammonsulfat-Lösung und $^1/_{10}$ n-Kaliumbichromat-Lösung. Versetzt man nämlich eine salz- oder schwefelsaure Ferrosalz-Lösung mit einer Alkalichromat-Lösung, so findet in der Kälte Reduktion des Chromats und Oxydation des Ferrosalzes statt:

$$K_2Cr_2O_7 + 6\,FeSO_4 + 8\,H_2SO_4 = 2\,KHSO_4 + Cr_2(SO_4)_3 + 3\,Fe_2(SO_4)_3 + 7\,H_2O.$$

Es entspricht also:
$$1\ cm^3\ ^1/_{10}\ n\text{-Eisenalaunlösung} = 1\ cm^3\ ^1/_{10}\ n\text{-}K_2Cr_2O_7,$$
$$= 0{,}0049\ g\ K_2Cr_2O_7,$$
$$= 0{,}0033\ g\ CrO_3.$$

Dabei färbt sich infolge der Bildung des Chromisalzes die Lösung smaragdgrün. Den Endpunkt der Reaktion erkennt man durch Prüfen, ob ein herausgenommener Tropfen der Flüssigkeit mit frisch bereiteter Ferrizyankalium-Lösung noch die Turnbullsblau-Reaktion liefert; sobald diese nicht mehr auftritt, ist kein Ferrosalz mehr vorhanden, die Reaktion also beendet.

---

[1]) Collegium, S. 257. 1926.   [2]) Collegium, S. 111. 1903.

22*

Für diese Titration verwendet man eine $^1/_{10}$ n-Kaliumbichromat-Lösung $\left(\dfrac{K_2Cr_2O_7}{60} = 4{,}9030 \text{ g pro Liter}\right)$. Die Titration wird derart ausgeführt, daß man 5 cm³ der Brühe mit 40 cm³ der $^1/_{10}$ n-Eisensalz-Lösung und mit genügend Schwefelsäure versetzt und aus einer Bürette so lange Bichromatlösung zufließen läßt, bis ein Tropfen der Reaktionsflüssigkeit auf einer weißen Porzellanplatte, mit einer 1- bis 1½%igen Ferrizyankalium-Lösung zusammengebracht, keine Blaufärbung mehr ergibt.

Die für diese Zwecke benutzte Ferrizyankalium-Lösung muß absolut frei von Ferrozyankalium sein und deshalb spült man das Salz mehreremale mit destilliertem Wasser ab, bevor man es zur Lösung bringt, um die oberflächlich oxydierten Mengen zu entfernen.

Liegen gemischte Chrombrühen vor, die Bichromat und Chromalaun enthalten, so bestimmt man diese beiden Bestandteile derart, daß man in einer Probe den Chromalaun mit Natriumsuperoxyd oxydiert und das Gesamtchrom titrimetrisch als $K_2Cr_2O_7$ ermittelt. In einer zweiten Probe bestimmt man volumetrisch, z. B. mit Eisenalaun und Bichromat, das vorhandene Kaliumbichromat. Bringt man vom Resultate der ersten Bestimmung die in der zweiten Probe ermittelte Bichromatmenge in Abzug, so erhält man die dem Chromalaun entsprechende Bichromatmenge; diese mit der Verhältniszahl der beiden Mol.-Gew. $\dfrac{999{,}1}{294{,}5} = 3{,}392$ multipliziert, ergibt die ursprünglich vorhanden gewesene Chromalaunmenge[1]).

D. Untersuchung des Reduktionsbades

Das Reduktionsbad des Zweibadsystems muß schweflige Säure enthalten, welche die vorhandene Chromsäure in das unlösliche Chromsalz verwandelt. Dieses Bad wird entweder aus Antichlor und Schwefelsäure oder aus Bisulfit hergestellt. In beiden Fällen enthält die Lösung freie schweflige Säure, während eine Schwefelabscheidung nur bei der Zersetzung des Antichlors eintritt.

Die Untersuchung des Reduktionsbades erstreckt sich auf die Bestimmung der wirksamen Bestandteile im gebrauchten Bade, welches im normalen Zustande nur geringe Mengen von freier schwefliger Säure aber kein unverändertes Antichlor bzw. keine unverbrauchte Schwefelsäure enthalten soll.

Für die Praxis kommen also nur sauer reagierende Reduktionsbäder in Betracht und demgemäß zur Untersuchung. Ein solches saures Bad kann nun: 1. Antichlor und freies Schwefeldioxyd, 2. nur Schwefeldioxyd und 3. Schwefeldioxyd neben Schwefelsäure enthalten; zu ihrer Bestimmung geht man folgendermaßen vor[1]):

Man bestimmt zuerst in einem Teile der Brühe auf jodometrischem Wege den Gesamtgehalt an Schwefeldioxyd, in einem andern

---

[1]) Grasser: Collegium, S. 226. 1921.

Teile der Brühe dagegen azidimetrisch die Gesamtsäure und berechnet sie auf Schwefeldioxyd. Ist nun letzterer Wert gleich demjenigen der jodometrischen Schwefeldioxydbestimmung, so ist kein unverändertes Antichlor und auch keine freie Schwefelsäure zugegen und es entspricht dieser Wert dem anwesenden freien Schwefeldioxyd. Ergibt aber die azidimetrische Schwefeldioxydbestimmung einen größeren Wert als die jodometrische Schwefeldioxydbestimmung, so ist die Differenz dieser beiden Bestimmungen auf freie Schwefelsäure, der jodometrische Wert auf freies Schwefeldioxyd zu berechnen. Ist schließlich der Wert der azidimetrischen Bestimmung kleiner als jener der jodometrischen, so ist diese Differenz auf unverändertes Antichlor, der Rest auf freies Schwefeldioxyd zu berechnen.

Besteht das Reduktionsbad aus Bisulfit allein, so hat man in der gebrauchten Brühe nur den eventuellen Rückstand an Bisulfit jodometrisch zu ermitteln.

10. Untersuchung der Eisengerbbrühen und -extrakte[1])

Je nach Art der Gerbung ist es notwendig, die Mengen des Eisens in Oxyd- bzw. Oxydulform zu ermitteln; die vorhandene Menge der einen oder der anderen Form bedingt wesentlich den Wert der Gerbkraft. Nach Grasser[2]) bestimmt man den Eisengehalt in solchen Stoffen auf folgende Art:

1. Feste und flüssige Gerbpräparate werden eventuell unter Zusatz von wenig Salzsäure am Wasserbade so lange behandelt, bis diese eine in Wasser vollständig klar lösliche Masse geben. Je nach der Konzentration dieser Eisenpräparate nimmt man 3 bis 10 g als Ansatzmenge und bringt sie nach der Behandlung mit Salzsäure mit Wasser auf 250 cm³. Ein aliquoter Teil dieser Lösung wird nun in eine Porzellanschale gebracht, mit etwas Chlorammonium versetzt und auf etwa 70° C erhitzt. Man fügt nun Ammoniak in geringem Überschuß zu, filtriert möglichst rasch vom Niederschlag und wäscht durch Aufspritzen mit heißem Wasser aus. Den Niederschlag trocknet und verbrennt man im Porzellantiegel, schließlich erhitzt man ihn im bedeckten Tiegel und erst gegen Ende des Glühens im halbbedeckten Tiegel über halbaufgedrehtem Teclubrenner. Ein zu starkes Erhitzen vor dem Gebläse bewirkt eine teil-

---

[1]) Solche Eisengerbextrakte, auch mit Chrom kombiniert, bringen z. B. die **Chem. Fabriken Weiler-ter Meer, Ürdingen a. Rh.**, unter folgenden Namen in den Handel:

$$\text{Cortannolextrakt E} \quad 15\% \ \text{Fe}_2\text{O}_3$$
$$\text{,,} \qquad \text{V} \left\{ \begin{array}{l} 12\% \ \text{Fe}_2\text{O}_3 \\ 3\% \ \text{Cr}_2\text{O}_3 \end{array} \right.$$
$$\text{,,} \qquad \text{VC} \left\{ \begin{array}{l} 9\% \ \text{Fe}_2\text{O}_3 \\ 6\% \ \text{Cr}_2\text{O}_3 \end{array} \right.$$

Auch das Röhmsche Eisensalz $\text{FeSO}_4 \cdot \text{Cl} \cdot 6\,\text{H}_2\text{O}$ ist hierher zu zählen.

[2]) Collegium, 600, S. 166. 1920.

weise Überführung des Fe_2O_3 in Fe_3O_4, wodurch zu niedrige Resultate erhalten werden.

2. Zur Bestimmung des Eisens in Oxydulform eignet sich besonders die maßanalytische Methode mit Permanganat. Nach der Gleichung:

$$2\,KMnO_4 + 10\,FeSO_4 + 8\,H_2SO_4 = K_2SO_4 + 2\,MnSO_4 + 8\,H_2O + 5\,Fe_2(SO_4)_3$$

setzt Kaliumpermanganat in saurer Lösung das Ferrosalz in das Ferrisalz um. Läßt man also zu einer sauren Ferrosalzlösung so lange Kaliumpermanganat zufließen, bis eben eine bleibende leichte Rötung eintritt, so ist der Endpunkt der Reaktion erreicht.

Als Kaliumpermanganatlösung verwendet man eine zirka $^1/_{10}$ normale Lösung, die man durch Auflösen von $\dfrac{158{,}03}{50} = 3{,}1606$ g Kaliumpermanganat zu einem Liter erhält. Eine derart einigermaßen genau hergestellte Lösung läßt man hierauf verschlossen acht bis vierzehn Tage lang stehen, um alle oxydierbaren Substanzen des Wassers gegenüber dem Permanganat zur Wirkung zu bringen und somit eine Konstanz der Lösung zu erreichen. Diese Lösung wird nun nach Sörensen[1] am bequemsten mit Natriumoxalat gestellt. Dieses Präparat ist z. B. durch Kahlbaum in reiner Form beziehbar: es kristallisiert ohne Wasser und ist nicht hygroskopisch. Man löst davon 0,25 bis 0,30 g in zirka 200 cm³ Wasser von 70⁰ C, fügt zirka 2 cm³ konzentrierte Schwefelsäure hinzu und titriert mit Kaliumpermanganat auf Rot:

$$0{,}0067\ \text{g}\ Na_2C_2O_4 = 1\ \text{cm}^3\ {}^1/_{10}\ n\text{-}KMnO_4.$$

11. Untersuchung des Leders

A. Probenahme für die Lederuntersuchung

Da die verschiedenen Teile eines Felles eine mehr oder weniger abweichende Zusammensetzung aufweisen, ist besonders darauf zu achten, daß ein wirkliches Durchschnittsmuster erhalten wird. Wenn es möglich ist, schneidet man zu diesem Zwecke aus mehreren Fellen Stücke an verschiedenen Stellen heraus; sollte dies jedoch nicht durchführbar sein, so nehme man die Probe vom Hals, da dieser Teil der Haut in seiner Zusammensetzung dem Durchschnitt sehr nahe kommt. Für die ganze Lederanalyse sind mindestens 100 g des Musters erforderlich.

Hat man Lackleder zu untersuchen, so ist es unbedingt notwendig, die Lackschicht mechanisch zu entfernen und diese für sich zu untersuchen.

Auf die Notwendigkeit, Lederproben für die Analyse richtig und gleichmäßig zu zerkleinern, weist Lauffmann[2] hin. Einen geeigneten Apparat zum Herausschneiden und Zerkleinern von Lederstücken für die Analyse beschreiben Levi und Orthmann[3].

---

[1] Zeitschr. f. anal. Chem., S. 352 u. 512. 1903.
[2] Collegium, S. 632. 1914.
[3] Collegium, S. 366. 1915.

B. Physikalische Untersuchung des Leders

a) Bestimmung des spezifischen Gewichtes. Die Bestimmung des spezifischen Gewichtes ist besonders für die Beurteilung der Sohl- und Riemenleder von großer Wichtigkeit und dieses kann durch mehrere Methoden gefunden werden.

Nach Simand schneidet man mittels scharfen Messers aus dem gleichstarken Kerne genau rechteckige Stücke von beiläufig 10 cm Seitenlänge und bestimmt an mehreren Stellen mittels Mikrometers (Abb. 37 und 38) die mittlere Dicke und mittels Schublehre (Abb. 39) die Länge der Seiten. Durch Multiplikation von Länge, Breite und Dicke erhält man das Volumen des Lederstückes. Wird nun dasselbe abgewogen und das Gewicht in Grammen durch das Volumen in Kubikzentimetern dividiert, so erhält man als Quotient das spezifische Gewicht.

Abb. 37. Arthur Meissner, Freiberg i. Sa.

Genauere Resultate erzielt man nach der Angabe Paesslers[1]), indem man aus dem Leder einen Streifen von zirka 25 cm Länge und 1 bis 1,5 cm Breite schneidet und diesen in einem mit ½ cm³-Teilung versehenen und teilweise mit Quecksilber gefüllten Glasrohr mit Hilfe einer Nadel, an der das Leder steckt, vollständig unter das Quecksilber taucht und so das Volumen der vom Leder verdrängten Quecksilbermenge bis auf ¼ cm³ genau ablesen kann. Durch Division des Gewichtes und Volumens erhält man das spezifische Gewicht.

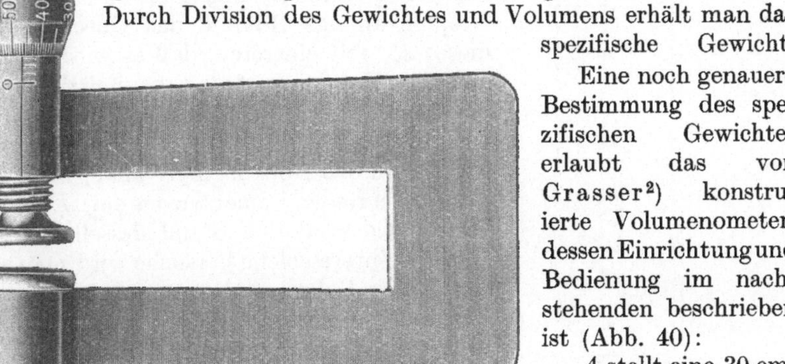

Abb. 38. Arthur Meissner, Freiberg i. Sa.

Eine noch genauere Bestimmung des spezifischen Gewichtes erlaubt das von Grasser[2]) konstruierte Volumenometer, dessen Einrichtung und Bedienung im nachstehenden beschrieben ist (Abb. 40):

A stellt eine 30 cm³ fassende Bürette vor,

---

[1]) Untersuchungsmethoden des Leders, S. 35.
[2]) Collegium, S. 69. 1911.

die in $^1/_{10}$ cm³ geteilt ist und oben mit dem eingeriebenen Glasstöpsel S_1 derart verschließbar ist, daß durch Drehen von S_1 mittels der zwei kleinen Öffnungen $Ö$ eine Verbindung der Bürette mit außen hergestellt bzw. jene unterbrochen werden kann.

B ist ein weites, zirka 60 cm³ fassendes Rohr mit aufgeschliffenem Stöpsel S_2, der ein zirka 4 cm langes dünnes Rohr R trägt, welches mit einer Marke M versehen ist. Die Rohre A und B sind durch einen Gummi-

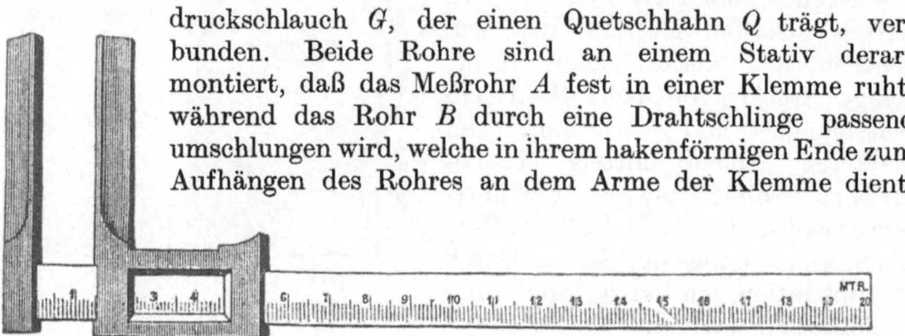

druckschlauch G, der einen Quetschhahn Q trägt, verbunden. Beide Rohre sind an einem Stativ derart montiert, daß das Meßrohr A fest in einer Klemme ruht, während das Rohr B durch eine Drahtschlinge passend umschlungen wird, welche in ihrem hakenförmigen Ende zum Aufhängen des Rohres an dem Arme der Klemme dient.

Abb. 39. Arthur Meissner, Freiberg i. Sa.

Man gießt nun in A so viel Quecksilber ein, daß B bis zur Marke M gefüllt ist und der Stand des Quecksilbers in A zirka zwischen die Teilstriche 28 und 30 fällt. Dann notiert man auf $^1/_{10}$ cm³ genau den Stand

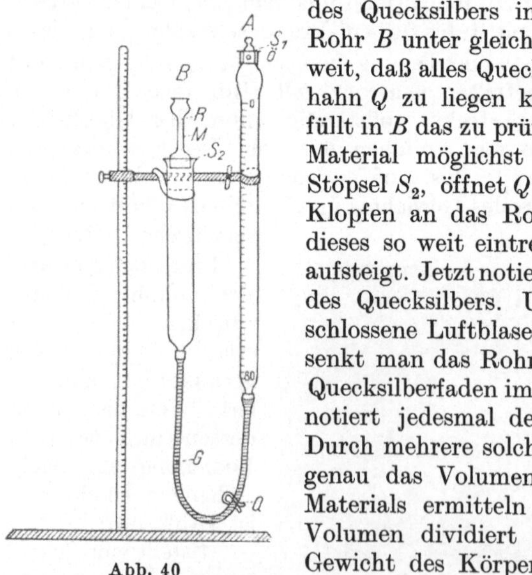

des Quecksilbers in A und hebt darauf das Rohr B unter gleichzeitigem Öffnen von S_1 so weit, daß alles Quecksilber unter den Quetschhahn Q zu liegen kommt, verschließt diesen, füllt in B das zu prüfende und genau gewogene Material möglichst lose ein, verschließt den Stöpsel S_2, öffnet Q und läßt unter leichtem Klopfen an das Rohr B das Quecksilber in dieses so weit eintreten, daß es wieder bis M aufsteigt. Jetzt notiert man abermals den Stand des Quecksilbers. Um eventuell in B eingeschlossene Luftblasen zu entfernen, hebt und senkt man das Rohr mehrere Male, stellt den Quecksilberfaden immer wieder auf M ein und notiert jedesmal den Stand desselben in A. Durch mehrere solche Versuche wird man sehr genau das Volumen des zu untersuchenden Materials ermitteln können. Gewicht durch Volumen dividiert gibt nun das spezifische Gewicht des Körpers.

Abb. 40

Der Vorteil des Apparates liegt besonders darin, daß man nicht ein einzelnes Stück Leder zur Untersuchung bringt, sondern tatsächlich eine Anzahl kleinere Stücke benutzen kann, die an verschiedenen Stellen der Gesamtfläche des Leders entnommen werden und somit einen besseren Durchschnittswert ergeben.

Für feinzerteilte Gerbstoffe u. dgl. ist es vorteilhaft, in den Stöpsel S_2 einen dünnen Wattestreifen oder ein feines Gewebe zu bringen, um das eventuelle Eindringen kleiner Partikelchen ins Rohr R zu verhindern. Natürlich muß bei der ersten Ablesung ohne prüfendes Material sich bereits diese Einlage in S_2 befinden.

Eine weitere Verbesserung oben beschriebenen Apparates hat Verbeck[1]) vorgenommen, die eine genaue Bestimmung des spezifischen Gewichtes bis auf die dritte Dezimale erlaubt. Doch ist die Arbeitsweise eine kompliziertere und besonders der Anschaffungspreis des Apparates ein ganz bedeutend höherer.

Auch Sluyter konstruierte ein einfaches Volumenometer, das auf folgende Art bedient wird (Abb. 41):

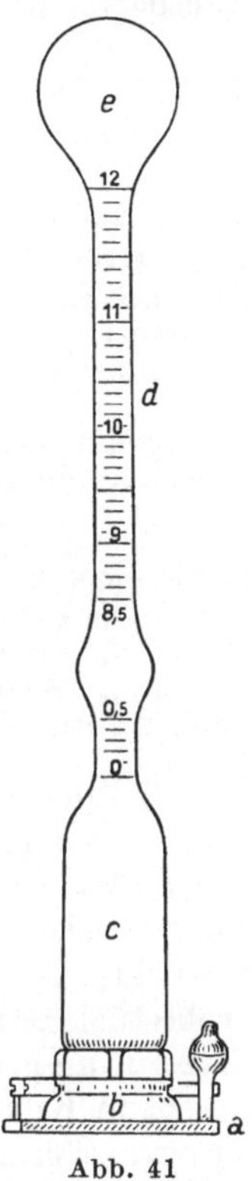

Abb. 41

Nach Entfernen des Messingverschlusses a und des eingeschliffenen Glasstopfens b wird der Apparat, die Kugel e nach unten, mit Quecksilber bis zum roten Eichstrich d gefüllt. Hierauf gibt man die Ledermenge, deren Gewicht man vorher genau, möglichst bis auf 0,01 g, festgestellt hat und die etwa ein Volumen von 8,5 bis 12 cm³ haben muß, in den walzenförmigen Teil c. Sodann verschließt man mit dem Glasstöpsel und dem Metallverschluß den Apparat und dreht ihn um, so daß derselbe auf dem Messingverschluß a steht, und läßt alles Quecksilber nach unten fließen. Nun liest man an der Skala einfach das Volumen ab. Die Skala ist weit, in 0,1 cm³, geteilt, so daß man das Volumen bequem auf 0,05 cm³ ablesen kann. Um das spezifische Gewicht zu erhalten, dividiert man das zuerst auf der Waage festgestellte absolute Gewicht durch das festgestellte Volumen.

Als mittleres spezifisches Gewicht des Leders bei einem Normalwassergehalt von 18% kann man 1,012 ansehen und die Grenzen von 0,700 bis 1,207 festlegen. Gefettete Leder weisen im allgemeinen ein niedrigeres spezifisches Gewicht auf, infolge des geringeren Wasser- und höheren Fettgehaltes. Eine Änderung von 1% Wassergehalt im Leder bedingt eine Differenz von zirka 0,01 im spezifischen Gewichte.

Welche Werte das spezifische Gewicht an den einzelnen Lederstellen aufweist, hat Jablonski[2]) durch eine eingehende Untersuchung festgestellt.

b) **Bestimmung der Reißfestigkeit[3]).** Die Prüfung auf Zugfestigkeit wird am einfachsten mit Hilfe einer Zerreißmaschine vorgenommen,

---

[1]) Chem. Ztg., S. 1029. 1912.
[2]) Collegium, S. 53. 1922.
[3]) Vgl. auch: Börtechnika, Nr. 11, S. 3. 1917 u. Collegium, S. 56. 1918.

deren Prinzip darauf beruht, daß das an einem Ende festgeklemmte Lederstück so lange gezogen wird, bis das Reißen desselben eintritt. Dieser Punkt wird mit Hilfe eines Dynamometers abgelesen, der anzeigt, bei wie viel Kilogramm Spannung das Zerreißen erfolgte.

Tabelle 75, über spezifische Gewichte verschiedener Ledersorten (nach Eitner)

Ledersorte	Spezifisch. Gewicht		Auswaschverlust im Mittel
	mittel	maximal	
Dreisatzterze, gestoßen	0,978	1,068	13,67
Zweisatzterze,　　„	0,934	1,012	12,15
Fichtenterze, gewalzt	0,800	0,845	7,13
Gehämmertes rheinisches Zahmsohlleder	0,964	1,013	6,31
„　　　　„　　　　Wildsohlleder	0,971	1,025	6,01
Nichtgehämmertes „　　　　　„	0,900	0,942	5,87
Gewalztes deutsches Brandsohlleder	0,813	0,875	6,23
„　　　„　　　Vacheleder	0,834	0,895	6,23
„　　norddeutsches Sohlleder	0,960		6,30
Leder nach System Durio:			
a) aus Colmar,　　　gewalzt	1,130		3,77
b) „ Österreich,　　　„	1,119		3,21
c) „ Schweden,　　　„	1,145		3,52
Faßgegerbtes Leder ohne Appretur	0,971		5,12

Von den verschiedenen Konstruktionen des Dynamometers hat sich unter anderem jene nach Studt bewährt (Abb. 42). Das zu prüfende Lederstück wird zwischen zwei Muttern (K und K_1) eingeklemmt und durch Drehen der Spindel der im Zylinder bewegliche Kolben niedergedrückt, wobei der Bügel aufwärts gezogen und das eingespannte Probestück zerrissen wird. Der hierdurch auf das im Zylinder befindliche Glyzerin ausgeübte Druck wird auf das Manometer übertragen und von diesem in Kilogramm-Quadratmillimeter angezeigt. Das Manometer ist für einen Normalquerschnitt von 50 mm² des Zerreißstückes eingerichtet, so daß bei 1 kg/mm² ein Zug von 50 kg stattfindet. Das dem Apparat beiliegende Formeisen zur Herstellung des Zerreißstückes hat eine Breite von 10 mm, so daß die Zerreißfestigkeit $Z = \dfrac{50 \cdot a}{10 \cdot d} = \dfrac{5 \cdot a}{d}$ ($d =$ Dicke des Zerreißstückes).

An der Spindel des Apparates ist noch eine Skala angebracht, welche die Dehnung des zu zerreißenden Probestückes bis zum Zerreißen in Millimetern angibt.

Für diese Prüfung muß die Lederprobe stets von der gleichen Hautstelle entnommen werden, um vergleichbare Resultate zu erlangen.

Auch die Dauer des Zerreißversuches muß immer die gleiche sein und soll im Durchschnitt drei Minuten betragen. Dabei ist vorerst das Knistern zu beobachten, ferner ob die Narbe springt und ob das Leder kurz- oder langfaserig zerreißt. Die Resultate der Festigkeitsprobe werden in Kilogrammen pro 1 cm² Querschnitt berechnet.

Nach den Untersuchungen Bachs[1]) ist die Reißfestigkeit für die zwischen Rücken und Bauch gelegenen Streifen durchschnittlich kleiner als für die außen entnommenen, also für die nach dem Rücken und Bauch gelegenen; dies trifft um so mehr zu, je näher das Stück dem Hinterteil des Tieres liegt. Die Festigkeit nimmt durchschnittlich nach dem Kopfe des Tieres zu.

Die Erfahrung hat gelehrt, daß mitunter zwei Leder, die bei der Prüfung auf Reißfestigkeit ein günstiges Ergebnis lieferten, sich ungleich verhalten, wenn man sie anschneidet oder anreißt und dann erst versucht, sie weiter einzureißen. Um diesem Verhalten einen zahlenmäßigen Ausdruck zu geben, wurde vorgeschlagen, die **Ausreißfestigkeit** zu ermitteln.

Für die Ausführung dieser Bestimmung wird von dem zu untersuchenden Leder ein Streifen von folgender Gestalt verwendet (vgl. Abb. 43).

Der linke Teil wird in üblicher Weise im Lederprüfungsapparat befestigt; in dem anderen Klemmbacken des Apparates wird eine eiserne Platte mit einem Dorn eingespannt, der vollständig rund sein muß und der genau den gleichen Durchmesser wie das im Lederstreifen befindliche Loch hat. Der Reißversuch wird des weitern wie üblich ausgeführt und die Ausreißfestigkeit für 1 mm² Querschnitt berechnet.

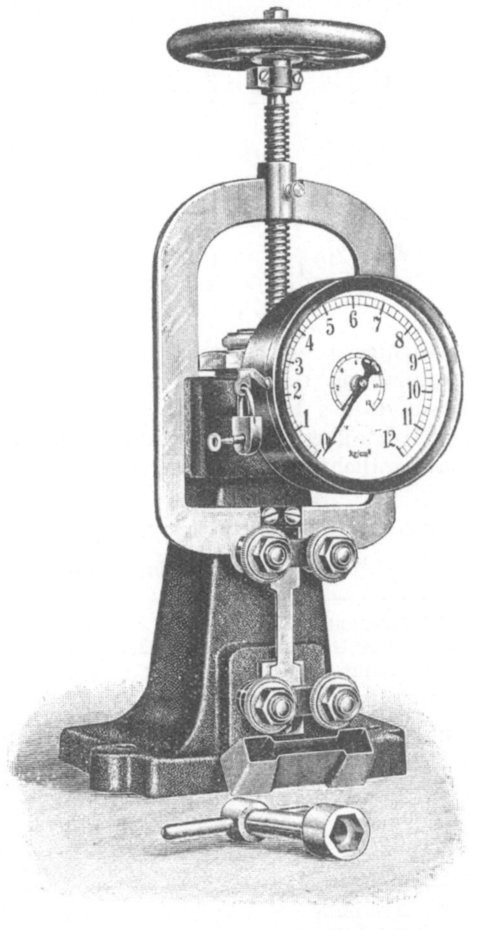

Abb. 42. Arthur Meissner, Freiberg i. Sa.

Abb. 43

Die Ausreißfestigkeit des Leders ist identisch mit der von Allen Rogers[2]) benannten Prüfung auf „Reißen der Naht", bei welcher in einiger Entfernung vom Lederrand mittels einer Ahle Löcher gemacht werden, durch welche

[1]) Mitteilungen d. Kgl. Materialprüfungsamtes Groß-Lichterfelde, Heft 1 u. 2. 1904.   [2]) J. A. L. C. A., 20, 495. 1925 u. Collegium, S. 291. 1926.

gewachster Leinenzwirn gezogen und mit Hilfe des Dynamometers durch einen plötzlichen Ruck zum Ausreißen gebracht werden. Die Kilogrammzahl des Dynamometers im Augenblicke des Zerreißens, dividiert durch die in Millimetern ausgedrückte Dicke des Leders, ergibt den sogenannten Koeffizienten der Nahtfestigkeit.

Powarnin[1]) bestimmt den Widerstand gegen das Ausreißen einer Nadel mit einem Apparat (Abb. 44), bei welchem die Nadel am Ende des Trägers c mit Hilfe des Hebels K und des

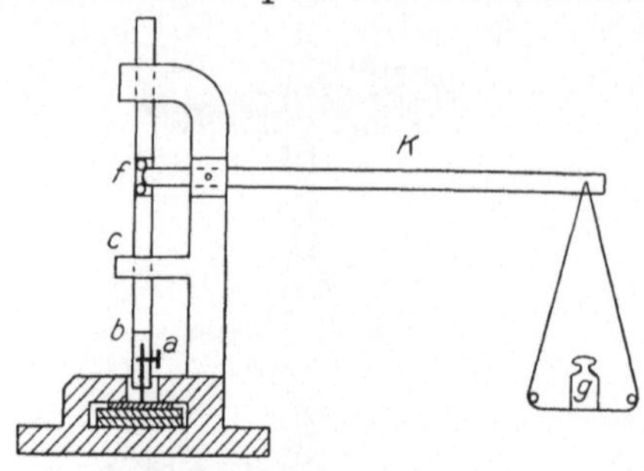

Abb. 44

Gewichtes g aus dem 5 mm dicken Lederstück gezogen wird; die Bestimmung soll sowohl bei 15% Feuchtigkeit wie auch im nassen Zustande des Leders durchgeführt werden.

Werte über Zerreiß- und Ausreißfestigkeit hat unter anderem Paessler[2]) veröffentlicht, woraus die nachfolgend genannten Zahlen entnommen sind:

Tabelle 76

Gerbung	Für 1 mm² Querschnitt:		Dehnung für 1 kg Belastung %
	Zerreißfestigkeit kg	Ausreißfestigkeit kg	
Grubengerbung	2,6—3,4	1,36—1,80	11—21
Gemischte Gerbung	2,4—3,3	1,27—1,72	10—15
Faßgerbung	2,8—3,4	1,17—1,53	10—15

Folgende Tabelle erlaubt den Schluß, daß das Gerbsystem im Durchschnitt keinen Einfluß auf die Zerreißfestigkeit des Leders ausübt.

Tabelle 77

Art der Gerbung	Für 1 mm² Querschnitt		Dehnung bei 1 kg Belastung
	Zerreißfestigkeit in kg	Ausreißfestigkeit in kg	
Grubengerbung			
1. eingebrannt, nicht gestreckt	2,7	1,41	21
2. „ naß „	2,8	1,60	15
3. kalt geschmiert, nicht „	2,7	1,58	16
4. „ „ naß „	3,5	1,65	11
Gemischte Gerbung:			
1. eingebrannt, nicht gestreckt	3,0	1,72	15
2. „ naß „	2,8	1,67	14
3. kalt geschmiert, nicht „	2,5	1,34	14
4. „ „ naß „	2,5	1,37	12
Faßgerbung:			
1. eingebrannt, nicht gestreckt	2,9	1,53	14
2. „ naß „	3,0	1,34	12
3. kalt geschmiert, nicht „	2,8	1,17	12
4. „ „ naß „	3,4	1,41	10

¹) Collegium, S. 173. 1925.   ²) Collegium, S. 45. 1909.

Kohnstein[1]) gibt für Chromleder folgende Zahlen an:

Tabelle 78

Gerbungsart	Zerreißfestigkeit kg	Fettgehalt %	Dehnung %
Zweibad	2,1—3,0	0	44—57,2
„	3,4	41	70
Einbad..............	3,1	6	54
„	2,8	0,3	44
„	2,4	0	27,8
„	3,8	18	32

Eine schematische Zeichnung über die den einzelnen Lederstellen eigenen Werte an Reißfestigkeit und Dehnung hat Wilson[2]) gegeben (vgl. Abb. 45).

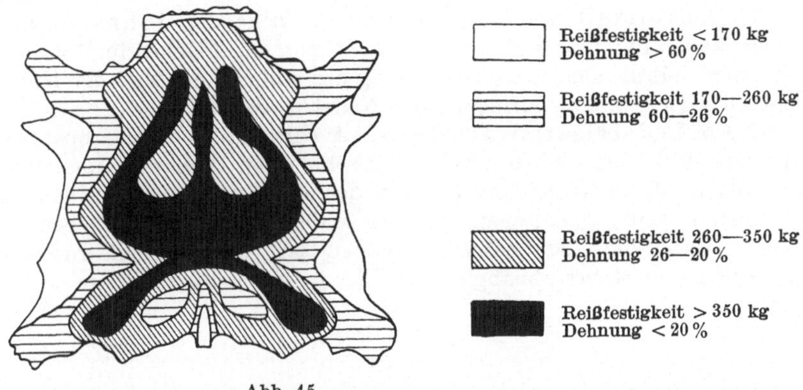

Abb. 45

Über den Einfluß des trockenen Erwärmens des Leders und seines Wassergehaltes auf dessen Zerreißfestigkeit hat Powarnin[3]) eingehende Studien mitgeteilt.

Außer der Zerreißfestigkeit wird auch häufig die Bruchfestigkeit[4]) eines Leders geprüft, indem man runde Lederscheiben dem Druck einer hydraulischen Presse aussetzt; diese Zahlen besitzen besonders dort Interesse, wo es sich um die Durchlässigkeit von Wasser handelt. Eine diesbezügliche Untersuchung über die Wasserdurchlässigkeit des Leders haben Thuau und Korsak[5]) veröffentlicht.

c) Zur Prüfung der Abnutzbarkeit[6]) des Leders wurde ein Apparat vorgeschlagen, in dem das zu prüfende Lederstück der Reibung durch Quarzkörner ausgesetzt wird. Vor und nach der Prüfung wird der Feuchtigkeitsgehalt bestimmt. Die Abnutzungszahl Ku ergibt sich

[1]) Collegium, S. 287. 1910.
[2]) Ind. Eng. Chem., 17, S. 829. 1925 u. Collegium, S. 592. 1925.
[3]) Collegium, S. 125. 1927.   [4]) Collegium, S. 229. 1910.
[5]) Vgl. auch: Börtechnika, Nr. 11, S. 3. 1917 u. Collegium, S. 56. 1918.
[6]) Pawlowitsch: Collegium, S. 455. 1925.

nach der Formel: $Ku = \dfrac{P_1 - P_2}{S} \cdot K$, wobei P_1 und P_2 die Gewichte des absolut trockenen Leders vor und nach der Probe, S die Fläche des Probestückes und K der Korrekturkoeffizient der Feuchtigkeit bis zum normalen Gehalt von 15 bzw. 18% bedeutet.

Derart werden z. B. folgende Zahlen erhalten:

Tabelle 79

	Abgerieben	Koeffizient
Trockenes Leder......................	0,84 g	—
Feuchtes Leder (24—29% H$_2$O).......	1,97 g	—
Sohlleder (Kernstück)................	43—60%	80—140
Gefettetes Leder.....................	34—50%	270—330
Sohlleder (Bauchstück)...............	40—51%	150—240

d) Die Härte[1]) des Leders wurde mit Hilfe der Johnsonschen Presse bestimmt; die Nadel besaß einen unteren Flächendurchmesser von 2 mm und die Belastung zirka 10 kg pro 1 mm². Als Maß der Härte diente die Tiefe des Eindringens der Nadel in das Leder.

e) Die Lederelastizität[1]) kann mit Hilfe des Schopperapparates oder mit dem von Jablonski[2]) vorgeschlagenen Apparat annähernd ermittelt werden. Nach den Gesetzen der Elastizitätslehre ergibt sich für einen einseitig gehaltenen, auf der anderen Seite freischwebenden Träger (Stab), daß die Senkung abhängig ist vom Gewicht und der Länge und umgekehrt abhängig vom Elastizitätsmodul und dem Querschnitt:

$$s = \frac{4\,P.\,l^3}{\varepsilon \cdot bh^3},$$

worin l, b und h Länge, Breite und Dicke des zu untersuchenden Stückes, s die durch das Gewicht P verursachte Abbiegung vorstellt. Für Leder konnte derart ein Wert von 10 ermittelt werden.

f) Die Porosität[3]) des Leders ist durch dessen leere Interzellularräume bedingt; die Porositätsbestimmung gründet sich somit auf die Bestimmung jenes Flüssigkeitsvolumens, um das sich eine Flüssigkeitssäule dadurch vermindert, daß ein Teil der Flüssigkeit in die lufterfüllten Poren des Leders eindringt. Dieses Porenvolumen, in Prozenten des Ledervolumens ausgedrückt, wird Porosität genannt.

Während Wasser gefettetes Leder nicht benetzt und Quecksilber überhaupt nicht ins Leder eindringt, vermögen Azeton, Petroleum, Mineralöle oder Trane gut in das Leder einzudringen.

Mit dieser Methode wurden z. B. folgende Werte ermittelt:

Sohlleder..........................39—54%

,,   extraktbeschwert 20%

Chromleder, ungefettet 51%

Blöße, getrocknet 15%

---

[1]) Powarnin: Collegium, S. 169. 1925.   [2]) Collegium, S. 616. 1925.
[3]) Reisnek: Westnik, Nr. 6/8, S. 32. 1923 u. Collegium, S. 165. 1925.

Von anderer Seite wurde die Porosität durch Ansaugen von Luft bei konstantem Vakuum (63,5 cm Hg) gemessen[1]).

g) Zusammenhängend mit der Porosität des Leders ist dessen **ventilierende Eigenschaft**[2]). Jedes Leder muß eine gewisse Luft- und Wasserdampfdurchlässigkeit besitzen, um den durch die Respiration der Haut entstehenden Wasserdampf durchzulassen. Diese Eigenschaft des Leders wurde folgendermaßen geprüft: Auf ein weithalsiges, 70 cm^3 fassendes Glas, das etwas konzentrierte Schwefelsäure enthielt, wurde zwischen zwei Messingringen ein rundes Stück des zu untersuchenden Leders von 3 cm Durchmesser luftdicht aufgeschraubt und die Gewichtszunahme der Schwefelsäure nach längerem Stehen in einer Atmosphäre von 100% relativer Feuchtigkeit bei konstanter Temperatur gemessen.

Es wurde gefunden, daß mit steigender Temperatur das Diffusionsvermögen des Wasserdampfes sehr stark wächst, ferner, daß die Beziehung zwischen dem Diffusionsvermögen und der relativen Feuchtigkeit der inneren Atmosphäre eine durchaus lineare ist. Vergleicht man die erhaltenen Zahlen mit denjenigen, die man erhält, wenn man das Leder wegläßt, also die Gewichtszunahme der Schwefelsäure bei offenem Glas bestimmt, so findet man, daß dieses Verhältnis sehr konstant und unabhängig von Temperatur und relativer Feuchtigkeit ist.

Derart wurde für Kalbleder pflanzlicher Gerbung 66% derjenigen Wasserdampfdurchlässigkeit ermittelt, die ohne Leder eintritt.

h) **Bei dem Verhalten des Leders gegenüber Feuchtigkeit** kann man unterscheiden:

1. Die Aufnahmefähigkeit gegenüber Luftfeuchtigkeit,
2. die Aufnahmefähigkeit gegenüber Wasser,
3. die Durchlässigkeit gegenüber Wasser.

Die Aufnahmefähigkeit gegenüber Luftfeuchtigkeit kann nach **Jablonski**[3]) folgendermaßen ermittelt werden: Auf einen beiderseitig offenen Glaszylinder, dessen einer Rand plangeschliffen ist, wird ein Stück des zu untersuchenden Leders mit Kollodium fest aufgekittet, welches mit einer Stanze von entsprechendem Maße ausgestanzt wurde. Bei dem Aufkitten wird nur der Rand des Leders mit Kollodium überzogen und darauf geachtet, daß die obere und untere Seite nicht benetzt wird. Der nun einseitig mit dem Leder geschlossene Zylinder wird entweder auf einen Metallstreifen gesetzt oder mit einer Kappe von Stanniol überzogen und in den Zylinder ein Metalldraht gehängt. Die äußere Metallauflage und der Draht im Innern werden mit einer Glühlampe als Widerstand mit dem elektrischen Lichtanschluß in Verbindung gebracht und nun wird der Zylinder mit Wasser gefüllt und die Zeit notiert, wann Elektrolyse eintritt; eine Verbesserung der Apparatur schlägt **Gerssen**[4]) vor.

---

[1]) **Wilson** u. **Lines**: Ind. Eng. Chem., 17, S. 570. 1925 u. Collegium S. 148. 1926.

[2]) **Wilson** u. **Lines**: Ind. Eng. Chem., 17, S. 570. 1925 u. Collegium S. 148. 1926.

[3]) Collegium, S. 616. 1925.   [4]) Collegium, S. 337. 1928.

Derart wurden z. B. für Sohlleder Zeiträume von Minuten, Stunden, Tagen und sogar von Wochen festgestellt.

Zur Bestimmung der **Wasseraufnahme** legt man ein 20 g schweres Stück Leder in eine flache Schale und bedeckt es vollständig mit Wasser. Von Stunde zu Stunde konstatiert man durch Wägen die Zunahme des Gewichtes und notiert sich das Maximum. Die dabei auftretende Auslaugung ist im Verhältnis der Wasserzunahme gering und kann deshalb vernachlässigt werden. Bei Angabe der Resultate bezieht man sie am besten auf den normalen Wassergehalt des Leders mit 18% und führt daher gleichzeitig mit dieser Untersuchung eine Wasserbestimmung des Leders aus.

Die **Wasserdurchlässigkeit** von Leder kann nach Thuau und Korsak[1]) folgendermaßen bestimmt werden: Die Lederprobe wird an die Öffnung einer Procterschen Filterglocke oder eines gewöhnlichen Trichters angelegt und mit Hilfe von Lack oder Kollodium befestigt. Der Trichter wird nun mit einer Luftpumpe verbunden und bei gleichzeitigem Eintauchen des Leders in Wasser ein Vakuum von 45 cm aufrechterhalten. Es wird die bis zum Durchdringen von 10 cm³ Wasser verflossene Zeit festgestellt.

Einfacher kommt man durch das sogenannte Eintauchverfahren zum Resultat. Ein Lederstück von 5 cm² wird in lufttrockenem Zustande gewogen, eine Stunde in 30 bis 40 cm³ Wasser von 15° C eingetaucht, zehn Minuten zum Abtropfen aufgehängt und dann gewogen. Nun wird es nochmals 24 Stunden ins Wasser gelegt, wieder zum Abtropfen aufgehängt und gewogen. Es sollen folgende Werte nicht überschritten werden:

$$\left.\begin{array}{l} \text{Kernteil} \ldots\ldots 35\% \\ \text{Abfallteile} \ldots 40\% \end{array}\right\} \text{nach 30 Minuten.}$$

$$\left.\begin{array}{l} \text{Kernteil} \ldots\ldots 50\% \\ \text{Abfallteile} \ldots 55\% \end{array}\right\} \text{nach 24 Stunden.}$$

Powarnin[2]) führt die Bestimmung der Wasserdurchlässigkeit derart durch, daß er das Leder zwischen zwei Flanschen, die in der Mitte je eine Öffnung L aufweisen, einklemmt und aus einer einen Meter höherstehenden Flasche mit Bodentubus mittels Kapillarrohr a Wasser zur genannten Flanschenöffnung zuleitet. Die in einer Stunde durch das Leder gedrungene Wassermenge stellt das Maß für die Durchlässigkeit vor (vgl. Abb. 46).

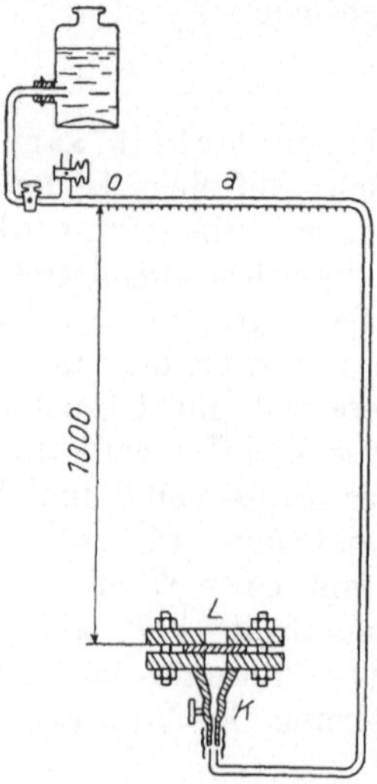

Abb. 46

i) Um auf die **Durchgerbung** eines Leders zu prüfen, besitzen wir einige Methoden.

---

[1]) Collegium, S. 229. 1910.
[2]) Collegium, S. 169. 1925.

α) **Fahrion**[1]) hat Versuche angestellt, die volle Gare eines Leders durch physikalische und chemische Prüfungen zu ermitteln und fand, daß der Grad der Widerstandsfähigkeit gegen kochendes Wasser ein Maß für den Grad der Gerbung vorstellt; die auf dieses Verhalten begründete **Heißwasserprobe** wird folgendermaßen durchgeführt:

In ein 100 cm³-Kölbchen aus Jenaer Glas bringt man genau 1 g der zu untersuchenden, nötigenfalls durch Raspeln gut zerkleinerten Substanz und 70 bis 80 cm³ destilliertes Wasser. Hierauf stellt man das Kölbchen zehn Stunden lang in ein kochendes Wasserbad, wobei man es zeitweilig schüttelt und das verdunstende Wasser wieder ersetzt. Nach dem Herausnehmen läßt man die Lösung auf 75 bis 80° erkalten, füllt mit Wasser von Zimmertemperatur zur Marke auf, schüttelt tüchtig durch und filtriert durch ein nicht zu engmaschiges Leinwandfilter in ein trockenes Becherglas. Vom Filtrat werden rasch 50 cm³ ab-pipettiert und in einer Platinschale auf dem Wasserbade eingedampft. Der Rückstand wird im Trockenschrank bei 105 bis 110° zum konstanten Gewicht gebracht. Nach dem Erkalten im Exsikkator wird, wie bei der Gerbstoffanalyse, rasch gewogen, weil der Rückstand hygroskopisch ist. Nach dem Wägen wird verascht und wieder gewogen; die Differenz ergibt, mit 200 multipliziert, den Prozentgehalt an Wasserlöslichem. In einer zweiten Probe des Untersuchungsmaterials werden Feuchtigkeit und Asche bestimmt. Den Gehalt an organischen, durch das Wasser nicht gelösten Bestandteilen, ausgedrückt in Prozenten der ursprünglich vorhandenen wasser- und aschefreien Trockensubstanz, nennt **Fahrion** die **Wasserbeständigkeit** (W. B.).

Mit dieser Methode wurden z. B. folgende Werte erhalten·

Tabelle 80

Material	Wasser	Asche	Wasserlösliches	W. B.
	in Prozenten			
Hautpulver	13,0—17,0	0,2—0,4	78,1—82,8	0,0—5,7
„ schwach chromiert	13,3	1,3	59,0	30,9
Sämischleder	19,7	5,6	14,6	80,5
Lohgares Sohlleder	13,1	1,3	39,8	54,5
„ Oberleder............	16,2	0,5	25,0	70,0
Einbadchromleder	15,9	5,8	8,5	90,4
Zweibadchromleder	18,3	6,6	10,2	86,4

Bei **Fahrions** Methode besteht die aus dem Leder extrahierte Substanz nur dann aus Hautsubstanz, wenn, wie beim chrom- oder formaldehydgaren Leder, der auswaschbare Gerbstoff nur einen geringen Bruchteil ausmacht. Dies trifft aber bei lohgarem Leder nicht zu und aus diesem Grunde haben **Moeller**[2]) und **Powarnin**[3]) eine Modifikation dieser Methode in dem Sinne vorgeschlagen, daß die durch die **Kjeldahl-**

---

[1]) Chem. Ztg., Nr. 75. 1908 u. Collegium, 338, S. 495. 1908.
[2]) Zeitschr. f. Leder- u. Gerbereichemie, S. 47. 1921.
[3]) Collegium, S. 199. 1924.

Methode zu ermittelnde gelöste Hautsubstanz die Grundlage für die Bestimmung der Wasserbeständigkeit bildet.

Gerngroß und Gorges[1]) verbessern die Bestimmung der Wasserbeständigkeit dadurch, daß sie die 1 g Hauttrockensubstanz entsprechende Ledermenge mit 80 cm³ Wasser sieben Stunden lang unter mechanischem Rühren am Wasserbade bei 100° C behandeln. Für die Berechnung der Hautsubstanz wird ein Gehalt von 17,8% N zugrunde gelegt. Die Wasserbeständigkeit $W.B.$ ergibt sich dann aus der Formel:

$$W.B. = \frac{100\,(a-a')}{a},$$

worin a die Hautsubstanz der Lederprobe, a' die durch die Heißwasserbehandlung gelöste Hautsubstanz vorstellt.

β) Die wahre Wasserbeständigkeit prüft Powarnin[2]) durch Auswaschen des Leders mit Methylalkohol innerhalb zwölf Stunden und darauffolgendes Behandeln über Nacht mit Wasser.

Die Kochprobe zur Prüfung eines Chromleders auf den Grad seiner Durchgerbung führt man derart aus, daß man ein nasses Lederstück auf ein Blatt Papier legt, die Umrisse des Leders zeichnet und danach die Lederprobe zirka fünf Minuten im Wasser kocht. Bringt man das Lederstück dann auf die Konturenzeichnung, so besitzt man aus dem Grade des Zusammenschrumpfens des Leders nach dem Kochen ein Maß für die Gare des Leders, indem ein minder durchgegerbtes Leder bedeutend mehr eingeht als ein gut durchgegerbtes Leder. Verwendet man für diese Kochprobe dünne Lederspäne, so ringeln sich diese ebenfalls in dem Maße mehr ein, als das Leder weniger gar ist. Diese Probe besitzt besonders praktisches Interesse und dient wegen ihrer so einfachen Ausführung besonders zur raschen Betriebskontrolle. Dasselbe ist von den zwei nachgenannten Indikatormethoden zu sagen.

γ) Bringt man eine Lösung von Indigotine auf einen frischen Querschnitt der zu prüfenden Blöße und wäscht sofort tüchtig mit warmem Wasser nach, so fixiert nur die unveränderte Blöße das Indigotine und erscheint deutlich blau gefärbt, während alle vom Gerbstoff veränderte Hautsubstanz (die sogenannte Ledersubstanz) nicht oder kaum gefärbt erscheint.

Für den synthetischen Gerbstoff Neradol D, welcher die Blöße farblos angerbt, ist die Benutzung eines geeigneten Indikators unerläßlich, da man nur auf diese Art das Vordringen des Gerbstoffes konstatieren kann. Neradol D gibt nun mit Eisenammoniakalaun Blaufärbung, und eine 10%ige Lösung dieses Eisensalzes kann derart als Indikator benutzt werden, daß ein Querschnitt der zu untersuchenden Blöße nach gutem Abspülen mit Wasser mit obiger Lösung betupft wird; der Schnitt erscheint dann soweit intensiv blau gefärbt, als das Neradol D als Gerbstoff von der Blöße fixiert worden ist. Nicht anwendbar ist diese Färbemethode dort, wo Neradol ND als Gerbstoff

---

[1]) Collegium, S. 391. 1926. [2]) Collegium, S. 169. 1925.

vorliegt, da dieser Naphthalinabkömmling mit Eisensalz keine Blaufärbung zeigt.

k) Mit der Wasserbeständigkeit in naher Beziehung stehen die
Schrumpfungs-[1]) und die Gelatinierungstemperatur[2]).

Die Bestimmung der Schrumpfungstemperatur erfolgt derart,
daß ein schmaler Streifen (3 × 30 mm) des zu prüfenden Leders an der
Kugel eines Thermometers so befestigt wird, daß die Narbenseite der
Thermometerskala zugewendet ist. Das Thermometer mit dem be-
festigten Lederstück wird in einen langhalsigen Kolben mit destilliertem
Wasser versenkt, so daß der Lederstreifen davon bedeckt ist. Das heraus-
hängende Streifenende soll unterhalb des Quecksilbers hinausragen.
Der Kolben wird an einem Stativ befestigt, vorsichtig erwärmt und
zeitweise sanft durchgeschüttelt, um eine örtliche Überhitzung des
Wassers zu vermeiden. Die Schrumpfung äußert sich zuerst durch ein
Einbiegen des Leders gegen die Fleischseite. Je höher die Temperatur
des Wassers, desto deutlicher macht sich das Zusammenrollen des Leders
zu einer Spirale bemerkbar. Diejenige Temperatur, welche den Beginn
dieser Bewegung (sichtbares Abrücken des Leders vom Thermometer)
anzeigt, ist die Schrumpfungstemperatur Ts.

Genauer kann die Schrumpfungstemperatur mit Hilfe eines vom
Darmstädter Institut für Gerbereichemie empfohlenen Apparates be-
stimmt werden. Dieser besteht aus einem weiten Reagenzglas mit seitlich
angeschmolzenem Rohr, das zum Erhitzen des Wassers dient. Das
Reagenzrohr ist mittels Korkstopfens verschlossen, durch welchen das
Thermometer, ein unten hakenförmig gebogener Draht und ein zweiter
beweglicher, mit Haken versehener Draht führt. Zwischen den beiden
Drähten wird der zu prüfende Lederstreifen befestigt. Der bewegliche
Draht ist mit Hilfe eines Fadens, welcher über eine Rolle mit Zeiger
läuft, an einer schwachen Feder befestigt. Sobald Schrumpfung eintritt,
wird durch Anziehen des Fadens der Zeiger in Bewegung gesetzt.

In vielen Fällen ist die Kraft des Schrumpfens aber eine so geringe,
daß selbst der schwächste Gegenzug das beginnende Schrumpfen hindert.
Um letzteres trotzdem genau bestimmen zu können, empfiehlt Grasser[3])
folgende einfache Arbeitsweise. In ein breites Reagenzrohr wird das
Thermometer eingeführt und an dasselbe ein unten verschlossenes,
etwa 5 mm weites und 5 cm langes Glasrohr mittels Fadens oder Gummi-
bandes befestigt. In dieses Glasrohr bringt man den zu untersuchenden
4 mm breiten Streifen und schneidet ihn am Rande des Glasrohres
ab. Erhitzt man nun das mit Wasser gefüllte Reagenzrohr allmählich,
so kann man das Schrumpfen des Streifens sehr deutlich durch die Ver-
kürzung desselben erkennen, die sich durch ein Abrücken des Streifen-
randes vom Glasrohrrand zeigt.

———————
    [1]) Powarnin und Aggeew: Collegium, S. 198. 1924.
    [2]) Powarnin: Collegium, S. 658. 1914. — Schiaparelli und
Careggio: Le Cuir, 70, 134. 1914 u. Collegium S. 381. 1924.
    [3]) Journ. College Agric. Hokk. Imp. Univ. 1929.

Auf diese Weise wurden z. B. ermittelt:

Haut des Ziegenbockes	}	62 bis 68⁰
Haut des Hammels		
Haut des jungen Ochsen	}	67 ,. 72⁰
Haut des alten Ochsen		
Valoneagare Kalbshaut	....	71 ,, 73⁰
Fichtengare ,,	....	68 ,, 69⁰
Eichengare ,,	....	73 ,. 76⁰
Mangrovegare ,,	....	74 ,, 80⁰
Quebrachogare ,,	....	84 ,, 85⁰
Chromgare ,,	....	$>100^0$

Als Gelatinierungstemperatur Tg wird diejenige Temperatur bezeichnet, bei welcher das in Wasser eingetauchte Lederstückchen eine eben beginnende Kontraktion erleidet. Derart konnten gefunden werden für:

Blöße	zirka 45⁰
,, gepickelt	46⁰
Gerbung mit $K_2Al_2(SO_4)_4$	60⁰
,, ,, $K_2Cr_2(SO_4)_4$	91 bis 92⁰
,, ,, Eisenalaun	zirka 64⁰
,, ,, $CrOHSO_4$	115 bis 120⁰ (in Glyzerin)
,, ,, HCHO	90⁰
,, ,,. Chinon	80⁰
,, ,, synthetischen Gerbstoffen.......	70 bis 80⁰
,, ,, pflanzlichen Gerbstoffen	80⁰

l) Zur Prüfung auf Gleichmäßigkeit der Gerbung[1]) spaltet man die zu untersuchenden Lederstücke von oben nach unten in drei gleichdicke Schichten und bestimmt in jeder den N-Gehalt. Aus dem Verhältnis der N-Gehalte dieser Schichten ergibt sich dann die Gleichmäßigkeit der Gerbung (höhere N-Werte bedingen schwächere Durchgerbung).

Gut durchgegerbtes Leder zeigt meist eine gleichmäßige Gerbstoffablagerung; bei Benutzung ganz verschiedener Gerbstoffe zu verschiedenen Gerbstadien erkennt man bereits mit freiem Auge die dunkler und heller gefärbten Schichten. Zur genaueren Untersuchung bedarf es jedoch einer feineren Methode und empfiehlt sich hiefür besonders die sogenannte Essigsäureprobe.

α) Für diese Untersuchung schneidet man aus Kern, Rücken oder Kratze ein 2 bis 3 cm langes und etwa $^1/_2$ mm dickes Stückchen Leder aus und legt es in 20%ige Essigsäure. Zum bequemen Schneiden so dünner Lederstückchen eignet sich besonders der von Schroeder-Paessler konstruierte Lederschneideapparat (Abb. 47). Dieser erlaubt die Ablesung der Stärke von 0,1 mm und dies geschieht auf der drehbaren runden Skala des Apparates; eine Umdrehung entspricht einer Verschiebung von 1,5 mm. Zur Erlangung eines Schnittes von bestimmter Stärke klemmt man das Leder in die bewegliche Klammer,

---

[1]) Powarnin: Collegium, S. 174. 1925.

stellt dann mittels Skala die gewünschte Stärke ein und trennt nun mittels des Hebelmessers den Schnitt ab.

Abb. 47
Arthur Meissner, Freiberg i. Sa.

Ist das Leder vollständig gar, so quillt es in der Essigsäure in der Richtung der Dicke etwas auf, aber der Schnitt behält sein gleichmäßiges Aussehen bei. Ist das Leder dagegen nicht völlig durchgegerbt, so quellen die nicht sattgegerbten Teile des Leders (meist die inneren) auf und werden nach fünfzehn Minuten durchscheinend; das trockene Leder zeigt dann einen ungleichen Schnitt und von den Seiten dunklere, im Inneren einen lichteren Streifen. Zur besseren Prüfung des in Essigsäure behandelten Lederstückchens dient das sogenannte Spaltrohr (Abb. 48), in dem man den Schnitt unter die beiden auf der Vorderseite befindlichen Federklammern klemmt und eine beliebige Stelle dem Licht aussetzt. Schlecht durchgegerbtes Leder erscheint dann stets durchscheinend und mittels dieses Rohres können daher leicht die helleren und dunkleren Streifen bemerkt werden.

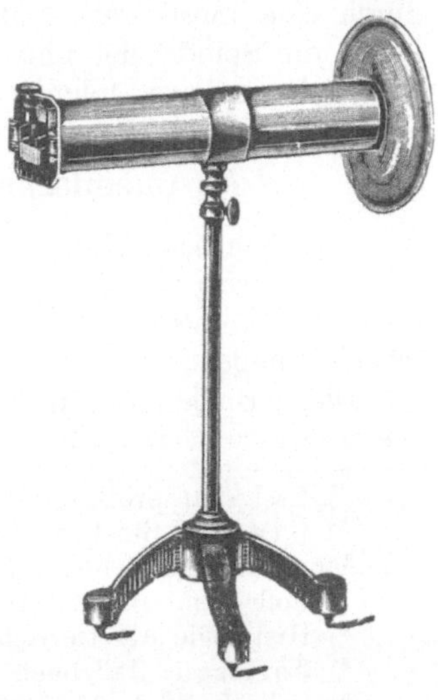

Abb. 48
Arthur Meissner, Freiberg i. Sa.

Eisengares Leder, das in der Praxis meist mit Sulfitzelluloseextrakt „nachgegerbt" wird, stellt nach Grasser[1]) eine Art zweibadgegerbtes Leder vor, in dem die Nachbehandlung mit Sulfitzelluloseextrakt die unechte Eisengerbung in eine echte verwandelt. Ein solches Leder zeigt bei der Essigsäurebehandlung auch keinerlei Veränderung.

β) Tinktoriell[2]) kann ein solches Eisenleder als echt gegerbt festgestellt werden.

Auch Jablonski[3]) versuchte, ähnlich wie Küntzel[4]) bei der Haut, beim Leder auf tinktoriellem Wege eine Unterscheidung zwischen kollagenen und elastischen Fasern festzustellen. Hierfür muß der Gerbstoff durch Behandeln des Leders mit Hydrosulfit oder alkoholischem Wasserstoffsuperoxyd zerstört werden. Die Färbung wird dann mit Weigertschem Safranilin oder Fuchsanilin durchgeführt.

γ) Die mikroskopische Untersuchung der Lederoberfläche gestattet eine Unterscheidung der einzelnen Teile eines Leders und der Ledersorten. Jablonski[5]) hat zuerst solche Mikrophotographien von Riemenledern ausgeführt; in späteren Untersuchungen wurde das Versuchsmaterial erweitert und die Ergebnisse vervollständigt[6]).

m) Die Farbe des Leders, welche besonders für lohgare Oberleder häufig ausschlaggebend ist, kann zahlenmäßig mit Hilfe des Lovibondschen Tintometers (vgl. S. 60) festgestellt werden. Eine exaktere Farbmessung an Lederproben gestattet das Stufenphotometer von Pulfrich[7]), das der Ostwaldschen Farbtonleiter zugrunde liegt.

Handelt es sich darum, die Lichtechtheit eines gefärbten Leders zu ermitteln, so kann diese Untersuchung durch Anwendung von Kallabs[8]) Belichtungsapparat wesentlich abgekürzt werden. Das Prinzip dieses Apparates beruht darauf, daß die Strahlen der Sonne durch eine Linse stets senkrecht das zu prüfende Lederstück treffen, indem die Spindel der Linse durch ein Uhrwerk dem Stande der Sonne während des Tages folgt.

C. Chemische Untersuchung des Leders

Die chemische Untersuchung des Leders gestattet uns den qualitativen Nachweis und die quantitative Bestimmung der einzelnen Lederbestandteile, unter denen wir die normalen und die abnormalen zu unterscheiden haben.

Die normalen Bestandteile eines Leders sind Wasser, Fett, Asche, auswaschbare Gerbstoffe und Nichtgerbstoffe und die Ledersubstanz,

---

[1]) Essigsäureprobe und Durchgerbung: Collegium, S. 383. 1922.

[2]) Grasser: Biochem. Verhalten der Haut- und Ledersubstanz. Zeitschr. f. Leder- u. Gerbereichem., I, 9, S. 259.

[3]) Collegium, S. 620. 1925.

[4]) Histologie der tierischen Haut, Dresden, 1925.

[5]) Jörissen: Jahrbuch der deutschen Lederindustrie, 1911.

[6]) Collegium, S. 96. 1922. [7]) Collegium, S. 197. 1928.

[8]) Collegium, S. 287. 1912.

die sich aus gebundenem Gerbstoff und der Hautsubstanz zusammensetzt. Zu den abnormalen Bestandteilen rechnet man Zucker, Mineralstoffe und Schwefelsäure, die teils absichtlich zwecks Fälschung dem Leder einverleibt wurden, teils aus schlechter Arbeitsweise herstammen. Schließlich können zu große Gehalte an Wasser, Fett und auswaschbaren Stoffen ebenfalls als Fälschungsmittel betrachtet werden. Aus der Ermittlung der das Leder zusammensetzenden Bestandteile läßt sich noch ein Einblick in die Natur des Leders gewinnen, ferner die Art der Gerbung und die Durchgerbung und das Rendement erfahren. Die Bestimmung der einzelnen Lederbestandteile soll im nachstehenden wiedergegeben sein. Da die chemische Untersuchung bei dem Leder je nach Gerbungsart etwas abweichend verläuft, soll im folgenden auch die Untersuchung des lohgaren, chromgaren, alaungaren, eisengaren und sämischgaren Leders getrennt behandelt werden. Für die chemische Untersuchung des Lackleders kommt schließlich noch die Untersuchung des Lackes in Betracht.

a) Lohgares Leder

Bestimmung des Wassergehaltes

10 g des in Stücke geschnittenen oder gemahlenen Leders werden im Trockenschrank bei 100 bis 105⁰ bis zur Gewichtskonstanz getrocknet.

Nach Harvey[1]) überdeckt man 20 g des zerkleinerten Leders in einem 400 cm³-Kolben mit etwa 250 cm³ trockenem Petroläther (Siedepunkt 250 bis 300⁰ C) und unterwirft es der Destillation derart, daß 150 bis 200 cm³ Destillat innerhalb einer Stunde übergehen. Wasser und Petroläther scheiden sich rasch in dem als Vorlage dienenden Meßzylinder, welcher die Ablesung des Wasservolumens gestattet; letzteres entspricht der im Leder enthalten gewesenen Wassermenge. Die Resultate sind etwa 0,1% genau.

Bidwell und Sterling[2]) empfehlen dasselbe Verfahren unter Mitverwendung von Toluol, benötigen aber nur 75 cm³ Toluol für 15 bis 20 g Leder und beginnen die Destillation mit einer Geschwindigkeit von 2, dann 4 Tropfen pro Sekunde.

Die anderen Analysenergebnisse werden nicht auf diesen wirklichen Gehalt an Wasser bezogen, sondern auf einen durchschnittlichen Wassergehalt umgerechnet, der für die betreffende Lederart dem Jahresmittel entspricht. Nach Schroeder[3]) beträgt derselbe für ungefettete Leder 18%; für gefettete Leder berechnet sich dieser Wert aus dem bei 100⁰ getrockneten Leder ermittelten Fettgehalt F nach der Formel:

$$W = \frac{1800\,(100-F)}{82\,000+18\,(100-F)}.$$

Zur Beurteilung des Wassergehaltes von lufttrockenem Leder, das eine normale Lagerung gehabt, gilt folgendes: Wenn der durchschnittliche Wassergehalt des ungefetteten lohgaren Leders mit 18%

[1]) J. S. L. T. C., S. 128. 1919 u. Collegium 55. 1921.
[2]) Ind. Eng. Ch., 17, 147. 1925.   [3]) Dingl. Journ., S. 293. 1894.

angenommen werden muß, so wird er in der trockenen und warmen Jahreszeit bis auf etwa 15,5% heruntergehen, in der feuchten, kalten Jahreszeit dagegen etwa bis auf 20,5% steigen, so daß die Schwankung im Laufe des Jahres rund ± 2,5% beträgt. Für das gefettete Leder ergeben sich die durchschnittlichen Wassergehalte aus dem Fettgehalte der Ledertrockensubstanz; die Schwankungen sind im allgemeinen im Laufe des Jahres etwas geringer und betragen etwa ± 2%.

Nachstehende Tabelle zeigt die Mittelwerte von verschiedenen lufttrockenen Ledern in den verschiedenen Monaten sowie deren Durchschnittswert in Prozenten:

Tabelle 81

Monat	Sohl- und Vacheleder	Riemenleder, wenig gefettet	Oberleder	
			nicht gefettet	gefettet
Januar	19,88	19,49	19,01	15,31
Februar	20,30	19,94	19,35	15,72
März	18,95	19,10	18,09	15,14
April	15,92	17,06	15,29	13,26
Mai.............	16,04	15,75	15,77	12,74
Juni	15,64	15,36	15,65	12,45
Juli	16,12	15,74	15,88	12,90
August	16,69	16,38	15,38	13,50
September	17,21	17,06	16,67	13,85
Oktober	17,70	17,36	17,11	14,29
November	18,37	18,01	17,62	14,82
Dezember	19,29	18,84	18,35	15,55
Im Durchschnitt.	17,77	17,51	17,17	14,29

Folgende Zusammenstellung zeigt, wie weit die Berechnung des Wassergehaltes von gefettetem Leder nach obiger Formel mit den wirklich gefundenen Zahlen übereinstimmt:

Tabelle 82

Leder	Fettgehalt des Leders bei 100°	Mittlerer Wassergehalt		Differenz
		direkt gefunden	berechnet	
Geschirrleder	3,56	14,96	14,47	— 0,49
Riemenleder	7,46	16,95	16,88	— 0,07
Lohgares Schafleder	7,52	16,72	16,87	+ 0,15
Fahlleder	13,97	16,60	15,88	— 0,72
Braunes Kipsoberleder	20,81	15,92	14,81	— 1,11
Kalbleder...................	21,72	15,61	14,66	— 0,95
Schwarzes Kipsoberleder	21,98	14,59	14,62	+ 0,03
Satiniertes Kalbleder	22,31	14,22	14,57	+ 0,35
Extraktgegerbtes Kalbleder ..	23,92	12,04	14,31	+ 2,27
„ Roßschuhleder	29,81	13,53	13,35	— 0,18

Als Durchschnittswerte für den Wassergehalt lassen sich noch folgende Zahlen bei den einzelnen Ledern angeben:

Sohlleder .... 21,77% Wasser
Gekalktes Sohlleder .... 19,00%   „
Norddeutsches Sohlleder .... 19,39%   „
Vacheleder .... 21,50%   „
Riemenleder .... 18,16%   „
Geschirrleder .... 17,92%   „
Fahlleder .... 17,82%   „
Kalbleder .... 16,29%   ..

Bestimmung des Fettgehaltes

Der natürliche Fettgehalt des nichtgeschmierten Leders rührt von den Blößen her und beträgt zirka 0,2 bis 1,5%; dagegen können Leder aus Schaffellen, Wildschwein- und Walroßhäuten bis zu 6% natürliches Fett enthalten. Auch weisen jene amerikanischen und englischen Leder bis zu 3% Fett auf, die bei uns nahezu fettfrei sind, indem jene Leder bei der Zurichtung eine leichte Abölung erhalten.

Zur Bestimmung des Fettgehaltes werden 20 g feinzerteilten Leders in eine Extraktionshülse und diese in den Soxhlet-Extraktionsapparat gebracht und mit Schwefelkohlenstoff bis zur vollständigen Entfettung des Leders extrahiert, was bis zu vier Stunden Zeit in Anspruch nehmen kann. Nach beendeter Extraktion wird aus dem Kölbchen, in dem der Schwefelkohlenstoff und das aus dem Leder extrahierte Fett sich befinden, auf dem Wasserbade das Fettlösungsmittel abdestilliert, hierauf das Kölbchen bei 100 bis 105° während zwei bis drei Stunden getrocknet und wie üblich gewogen.

Bemerkt sei noch, daß durch diese Extraktion nicht alles Fett gewonnen wird, indem z. B. oxydierte Fette in diesem Lösungsmittel nicht löslich sind.

Wilson und Kern[1]) empfehlen für die Fettbestimmung im Leder ein Gemisch gleicher Teile Schwefeläther und Tetrachlorkohlenstoff, welches nicht so leicht entflammbar als ersterer allein ist und das pflanzlich gegerbte Leder weniger angreift als letzterer. Nach Levi und Orthmann[2]) ist diese Mischung aber nur für Chromleder geeignet, da auch gewisse Gerbstoffe und Blutalbumin in Lösung gehen.

Nach Levi und Orthmann[3]) kann der Fettgehalt auf folgende einfache Weise bestimmt werden: Man bringt 10 g feinzerkleinertes Leder in eine Flasche von 250 cm³ Inhalt, gibt 200 cm³ Petroläther dazu, verschließt die Flasche gut und läßt sie unter häufigem Schütteln 24 bis 72 Stunden stehen. Dann pipettiert man 100 cm³ der Petroläther-Fettlösung in eine gewogene Schale, verdunstet den Petroläther, trocknet, wägt und erhält durch Multiplikation mit 20 den Prozentgehalt des Leders an Fett.

---

[1]) Journ. Soc. Leath. Tr. Chem., S, 175. 1918.
[2]) Journ. Amer. Leath. Chem. Ass., S. 313. 1918.
[3]) Journ. Amer. Leath. Chem. Ass., S. 445, 1915 und Collegium, S. 433. 1915.

Einen sehr kompendiösen Extraktionsapparat für die Fettbestimmung hat Besson[1]) beschrieben; für diese Fettextraktion erweist sich auch der Grasser-Allensche Extrakteur sehr gut.

Für die Untersuchung des extrahierten Fettes kommen die Untersuchungsmethoden für Öle und Fette in Betracht und dienen zur Aufklärung über das zur Lederfettung benutzte Fett.

Colin-Ruß[2]) empfehlen eine kalte Extraktion, die gute Resultate ergeben soll, aber zweimal 24 Stunden Zeit erfordert.

Veitch und Clarke[3]) weisen darauf hin, daß Seife in Chloroform und Petroläther praktisch unlöslich ist, wenn sie absolut trocken ist. Die Gegenwart von pflanzlichen Gerbstoffen erhöht die Löslichkeit der Seifen in diesen Lösungsmitteln. Jenes extrahierte Fett, das aus ungebundenen Gerbstoff enthaltendem Leder erhalten wurde, gibt beim Trocknen kein gleichbleibendes Gewicht. Enthält das Leder Magnesiumsalze, so lösen sich die gebildeten Magnesiumseifen durch Chloroform oder Petroläther leicht heraus. Auch Kalziumseife wird in kolloidalem Zustande durch Chloroform ausgezogen, ist jedoch in Petroläther praktisch unlöslich. Dem Chloroform wird überhaupt als Extraktionsmittel bei Leder der Vorzug gegeben.

Als Mittelwerte des Fettgehaltes gelten folgende Zahlen:

Tabelle 83

Leder	Grad der Fettung in Prozenten			
	schwach	mittel	stark	sehr stark bis übermäßig
Riemenleder............	2— 8	5—15	15—20	20—30 ⎫ und
Oberleder	5—15	15—25	25—30	30—35 ⎭ darüber

Bestimmung des Auswaschverlustes

Paessler[4]) bestimmt den Auswaschverlust folgendermaßen: Das vom Fett befreite Lederpulver (welches 20 g des ursprünglichen Leders entspricht) wird zwölf Stunden in Wasser eingeweicht und dann bei gewöhnlicher Temperatur innerhalb eineinhalb bis zwei Stunden in irgendeinem Extraktionsapparate mit Wasser genau auf 1 l extrahiert. Das im Extraktionsapparate befindliche Lederpulver wird nun herausgenommen, zuerst mit Filtrierpapier, dann im Exsikkator getrocknet.

400 cm³ der extrahierten Flüssigkeit werden auf knapp 200 cm³ eingedampft, dann genau auf 200 cm³ aufgefüllt; die Hälfte davon (entsprechend 4 g lufttrockenen Leders) wird zur Bestimmung des Gerbstoffes und der Nichtgerbstoffe verwendet, während in 50 cm³ der Gesamtrückstand und der Aschegehalt bestimmt wird.

---

[1]) Chem. Ztg., S. 860. 1915 u. Collegium, S. 44. 1918.
[2]) J. S. L. T. C., 9, S. 455. 1925 u. Collegium, S. 268. 1927.
[3]) J. Am. L. C. A., S. 458. 1921 u. Collegium, S. 331. 1922.
[4]) Paessler: Untersuchungsmethoden des lohgaren Leders, S. 11.

Mit löslichen Mineralstoffen ($BaCl_2$, $MgSO_4$, NaCl) beschwerte Leder liefern beim Veraschen des Auswaschverlustes eine große Menge Asche und können also auf diesem Wege leicht ermittelt werden.

Nach Gödel[1]) läßt sich die Lösung der auswaschbaren Stoffe folgendermaßen schnell gewinnen: Das Leder wird mittels großer Holzraspel zu Lederpulver verarbeitet und 12 bis 15 g davon in einen 150 bis 200 cm³ fassenden, zylindrischen, oben offenen Scheidetrichter gebracht. Das aufgegossene Wasser kann von Zeit zu Zeit in einen darunterstehenden Litermaßkolben abgelassen und das Lederpulver mittels Glasstabes bequem umgerührt werden. Die ganze Extraktion ist auf diese Art nach zwölfstündigem Stehen in vier bis fünf Stunden beendet.

Einen für die Extraktion des Leders geeigneten Apparat beschreibt Godfrin[2]).

Powarnin[3]) empfiehlt, das Leder in einem Extraktionsapparat mit Methyl- und Äthylalkohol zirka vier Stunden lang zu behandeln, wodurch die alkohollöslichen Anteile des Auswaschbaren extrahiert und durch Abdestillieren am Wasserbade und Trocknen des Rückstandes bei 105 bis 110⁰ im CO_2-Strome bestimmt werden. Hierauf wird die Extraktionshülse über Nacht in ein Becherglas mit 400 cm³ Wasser gelegt, der wässerige Auszug eingedampft, bei 100⁰ getrocknet und gewogen, wodurch der wasserlösliche Anteil ermittelt wird. Bringt man das mit Alkohol und Wasser Auswaschbare ins Verhältnis zur Hautsubstanz, so gibt dies die sogenannte Beschwerungszahl. Diese konnte z. B. mit 40 bis 50 bei Halbsohlleder, mit über 80 bei Sohlleder festgestellt werden.

Die von Colin-Ruß[4]) empfohlene kalte Fettextraktion haben dieselben auch auf die Bestimmung des Wasserlöslichen übertragen und gute Resultate erhalten.

Mosser[5]) empfiehlt dagegen, die Bestimmung des Auswaschbaren bei 4⁰ C vorzunehmen, was vom Standpunkt des Gerbers aus richtiger sei, und er erhält ebenfalls gut übereinstimmende Resultate.

Chiaparelli[6]) macht den Vorschlag, den Auswaschverlust in mehreren Fraktionen vorzunehmen, und zwar a) bei gewöhnlicher Temperatur („wahres Auswaschbares"), b) bei 50⁰ (nach Procter), c) bei höherer Temperatur (gibt keine Gerbstoffreaktion mehr), d) bei noch höherer Temperatur (dieser Anteil entspricht der Hydrolyse der Hautsubstanz). Derart wurden für a), b) und c) die Werte 10,6, 5,6 und 5,1% ermittelt.

Die Trennung der auswaschbaren organischen Stoffe in Gerbstoff und Nichtgerbstoff führt auch zur Erkennung und zum Nachweise

---

[1]) Collegium, S. 113. 1911.   [2]) Collegium, S. 415. 1906.
[3]) Collegium, S. 222. 1923.
[4]) J. L. L. T. C., 9, S. 455. 1925 u. Collegium, S. 268. 1927.
[5]) J. A. L. C. A., 20, S. 378. 1925 u. Collegium, S. 269. 1927.
[6]) J. S. L. T. C., 9, S. 418. 1925 u. Collegium, S. 148. 1926.

verschiedener Beschwerungsmittel, wie Zucker und Melasse, und gibt eventuelle Veranlassung zu einer quantitativen Zuckerbestimmung.

Der Gehalt an auswaschbaren organischen Stoffen ist bei den verschiedenen Ledersorten sehr ungleich und beträgt bei normalen, unbeschwerten Ledern:

Tabelle 84

Leder	In lufttrockenem Leder %	In der Ledertrockensubstanz %
Bei Sohlleder und Vacheleder .. zirka	3—20	3,5—24
„ Riemenleder............... „	3—10,5	3,5—12
„ Oberleder................. „	3— 9	3,5— 9

Bestimmung des Zuckergehaltes

Für den qualitativen Nachweis von Traubenzucker in Leder und anderen gerbstoffhaltigen Stoffen hat Kohnstein[1]) folgende bequeme Methode ausgearbeitet: Das zu untersuchende Leder wird durch Kochen mit Wasser extrahiert, die filtrierte Lösung mit Lauge stark alkalisch gemacht und nun zirka eine kleine Messerspitze voll von o-Nitrophenylpropiolsäure zugesetzt und abermals einige Minuten gekocht. Bei Gegenwart der geringsten Traubenzuckermengen tritt Bildung von Indigoblau ein, welches die Flüssigkeit deutlich blau färbt. Bei größeren Mengen vorhandenen Gerbstoffes ist die Reaktionsflüssigkeit jedoch durch die Lauge dunkel gefärbt und daher das Indigoblau schwer erkennbar. Fügt man aber zur erkalteten Lösung Chloroform zu und schüttelt kräftig durch, so nimmt dieses den Farbstoff auf und erscheint, je nach der Menge des vorhandenen Traubenzuckers, hell- bis dunkelpurpurrot; bei stark fetthaltigem Leder kann man den Lederauszug auch mit Salzsäure zur Abscheidung der unlöslichen Fettsäuren versetzen, worauf diese das Indigoblau lösen und als blau gefärbte Fettschicht an der Oberfläche der Flüssigkeit schwimmen.

Nach Grasser ist bei dieser Probe darauf zu achten, daß für die Extraktion des Indigoblaus chlorfreies Chloroform Verwendung findet. Die alkalische Reaktionsflüssigkeit läßt das beim Durchschütteln innigst vermischte Chloroform nur ganz allmählich zu Boden sinken, und diese längere Zeitdauer veranlaßt ein teilweises oder gänzliches Ausbleichen der Indigolösung, wenn chlorhaltiges Chloroform vorliegt.

Zur quantitativen Bestimmung des Zuckers im Leder bedient man sich des Fehlingschen Prinzips, das von Schroeder für die gerbereichemische Praxis eingehend bearbeitet und den Verhältnissen angepaßt wurde. Aus dem Verhältnis des auswaschbaren Gerbstoffes zum Nichtgerbstoff läßt sich bereits annähernd die vorhandene Zuckermenge ersehen.

Für die Bestimmung des Traubenzuckers arbeitet man folgendermaßen: 400 cm³ des bei der Extraktion von 20 g Lederpulver erhaltenen

---

[1]) Collegium, S. 301. 1910.

Auszuges (entsprechend 8 g Leder) werden auf etwas weniger wie 100 cm³ auf dem Wasserbade eingedampft und nach dem Erkalten genau auf 100 cm³ eingestellt. Zu dieser konzentrierten Brühe gibt man in einem trockenen Gefäße 100 cm³ Bleiessig, läßt nach Umschütteln stehen und filtriert nach etwa 15 Minuten durch ein trockenes Filter. Man überzeuge sich, ob aller Gerbstoff ausgefällt worden ist, durch Zusatz eines Tropfens Bleiessig zu einer kleinen Probe des Filtrates.

Sollte sich hierbei wieder ein Niederschlag bilden, so wiederholt man die Fällung bei 100 cm³ der gerbstoffhaltigen Lösung unter Anwendung von 15 cm³ Bleiessig und filtriert dann ebenfalls. Zu 50 cm³ des gerbstofffreien Filtrates setzt man 5 cm³ der Natriumsulfatlösung und filtriert, nachdem das Bleisulfat sich vollständig ausgeschieden hat, durch ein trockenes Filter. Von dem erhaltenen bleifreien Filtrate verwendet man bei Leder mit mäßigem Zuckergehalt 40 cm³ (entsprechend 2,945 g Leder), während bei größerem Gehalte 25 cm³, bei sehr geringem Gehalte 50 bis 75 cm³ Filtrat verwendet werden müssen; in derartigen Fällen muß allerdings von Anfang an mit entsprechend größeren Flüssigkeitsmengen gearbeitet werden. Nun bringt man in ein etwa 200 cm³ fassendes Becherglas 30 cm³ der Kupferlösung, 30 cm³ der alkalischen Seignettesalzlösung und 60 cm³ (bei Verwendung von 25 cm³ zuckerhaltiger Lösung) bzw. 45 cm³ Wasser (bei Verwendung von 40 cm³ zuckerhaltiger Lösung). Diese Mischung wird über der Flamme zum Sieden gebracht und dann in ein bereitstehendes siedendes Wasserbad hineingesetzt; es werden nun 25 cm³ bzw. 40 cm³ der zu untersuchenden Flüssigkeit zugegeben und der Glasinhalt gut umgerührt. Das Becherglas wird, von dem Zusatze der zuckerhaltigen Flüssigkeit ab gerechnet, genau 30 Minuten im Wasserbade, das beständig im Sieden erhalten wird, belassen. Hierauf wird das ausgeschiedene Kupferoxydul durch ein gewogenes Asbestfilterröhrchen mit Hilfe der Saugpumpe abfiltriert, zuerst mit heißem Wasser und dann, zur schnelleren Trocknung, mit Alkohol und schließlich mit Äther ausgewaschen. Zur Verbrennung eventuell im Kupferniederschlag enthaltener geringer Mengen organischer Substanz wird das Röhrchen kurz erhitzt, dann im trockenen Wasserstoffstrome unter vorsichtigem Glühen reduziert und nach dem Erkalten schnell zur Wägung gebracht. Die dem gefundenen Kupfer entsprechende Traubenzuckermenge entnimmt man aus der dafür ausgearbeiteten Tabelle (vgl. S. 284) und gibt sie hernach in Prozenten der angewandten Substanz an.

Ist das Leder jedoch mit Melasse (Rohrzucker) beschwert, so muß neben dem Traubenzucker auch noch der Rohrzucker bestimmt werden. Zu diesem Zwecke wird zu 40 cm³ des Filtrates des Bleisulfatniederschlages 10 cm³ verdünnte Schwefelsäure (1:5) zugesetzt und zur Invertierung eine halbe Stunde im Wasserbade erhitzt; nach dem Abkühlen wird die Säure mit verdünnter Natronlauge neutralisiert und auf 100 cm³ aufgefüllt. Von dieser Flüssigkeit werden 50 cm³ zu einer zweiten Zuckerbestimmung verwendet, die genau nach obiger Vorschrift ausgeführt wird. Von dem erhaltenen Kupfer wird nun vorerst diejenige Menge abgezogen, welche nach der ersten Bestimmung auf den direkt reduzierenden Zucker entfiel. Hierauf entnimmt man aus der Tabelle den Wert der Invertzuckermenge und rechnet diesen durch Multiplikation mit dem Faktor 0,95 in Rohrzucker um und berechnet auf die angewandte Substanzmenge.

Bemerkt sei noch, daß diese Zuckerbestimmung keinesfalls einwandfreie Resultate liefert, besonders dann nicht, wenn es sich nur um Spuren von Zucker handelt, indem auch andere Stoffe unter den gegebenen Bedingungen auf die Fehlingsche Lösung reduzierend wirken. Trotzdem liefert die Zuckerbestimmung doch brauchbare Resultate, die einen Nachweis von Traubenzucker und Melasse und deren quantitative Bestimmung erlaubt.

Nach Lauffmann[1]) wirken alle synthetischen Gerbstoffe reduzierend bei der Zuckerbestimmung; da aber nur geringe Mengen dieser Gerbstoffe in Verwendung kommen, wird ihre Gegenwart die Resultate der Zuckerbestimmung nicht wesentlich beeinflussen können.

Rogers[2]) empfiehlt Na_2HPO_4-Lösung als Fällungsmittel für das überschüssige Bleiazetat bei der quantitativen Zuckerbestimmung.

Obige quantitative Zuckerbestimmung bedient sich folgender Lösungen:

Bleiessig. 30 g Bleiazetat mit 100 g Bleioxyd und 50 cm³ Wasser verrieben, auf dem Wasserbad erwärmt, bis die Masse rein weiß geworden, unter Zusatz des verdampfenden Wassers. Die Masse wird hierauf in einen Literkolben gespült, nach dem Erkalten aufgefüllt und nach einiger Zeit filtriert.

Kupferlösung. 60,2 g Kupfersulfat im Liter gelöst.

Alkalische Seignettesalzlösung. 346 g Seignettesalz und 250 g Kaliumhydroxyd im Liter gelöst.

Natriumsulfatlösung. Es ist zweckmäßig, diese äquivalent dem Bleigehalte der Bleiessiglösung zu machen. Man stellt sich hierzu eine konzentrierte Lösung von reinem neutralen Natriumsalz dar, setzt von dieser zu einem abgemessenen Volumen Bleiessig so lange aus einer Bürette zu, bis alles Blei ausgefällt ist, und verdünnt nach Maßgabe der hierzu verbrauchten Kubikzentimeter die ursprüngliche Lösung so, daß ein Volumen derselben ein Volumen des Bleiessigs ausfällt.

Nach v. Schroeder kann man für die unbeschwerten Leder als Durchschnitt einen Zuckergehalt von 0,25% annehmen, wobei Schwankungen von Spuren an Zucker bis zu etwa 1,4% vorkommen können. Bei nachweislich beschwerten Ledern betragen die Zuckergehalte 2 bis 20%. Da jedoch ein Zusatz von weniger als 4% Traubenzucker kaum lohnend wäre, so wird man Leder mit ungefähr 3% Zucker (auf lufttrockenes Leder berechnet) kaum als beschwert bezeichnen können.

---

[1]) Collegium, S. 22. 1924.
[2]) J. A. L. C. A., 192, S. 480 u. Collegium, S. 331. 1922.

Bestimmung der Gesamtasche

Etwa 5 g in Späne geschnittenes Leder werden in einem gewogenen Platin- oder Porzellantiegel vollständig verascht; sollte der Rückstand mit viel Kohleteilchen durchsetzt sein, so bedarf es nur des Zusatzes von etwas Ammoniumnitrat und abermaligem Glühen, um die Asche frei von organischen Stoffen zu erhalten. Der im Exsikkator erkaltete Tiegel wird hierauf gewogen und die Gewichtszunahme als Gesamtasche in Prozenten des Leders angegeben.

Der Aschegehalt normaler Leder schwankt zwischen 0,3 und 3% bei 18% Wassergehalt, und ein Gehalt von 1,5 bis 2% deutet meist auf schlechte Entkalkung der Blöße.

Durch künstliche Beschwerung mit anorganischen Salzen kann der Aschegehalt bis zu 20% steigen, und es ist in solchen Fällen unbedingt notwendig, die Asche einer vollständigen Analyse zwecks Erkennung der Lederbeschwerungsmittel zu unterziehen.

Während geringe Mengen von Ton, Schwerspat und Bleisulfat meist aus der Appretur bzw. Bleiche stammen, sind größere Gehalte an Chlorbarium, Kochsalz, Bittersalz, Bleizucker und Glaubersalz als Beschwerungsmittel anzusprechen.

Nach Gonnermann[1]) besteht die Aschensubstanz aller nichtbeschwerten Leder bis zu 40% aus Kieselsäure, das ist 0,2 bis 0,8% SiO_2.

Riethof und Gayley[2]) schlagen vor, die unlösliche Asche durch Veraschen des getrockneten, ausgelaugten Leders und die lösliche Asche durch Veraschen des Abdampfrückstandes des wässerigen Lederauszuges zu bestimmen; die Summe beider Werte gibt die Gesamtasche.

In manchen Fällen ist es von Interesse, nur den Kalkgehalt des Leders zu bestimmen und dann verfährt man wie folgt:

20 g Lederpulver werden in einem Literkolben mit 750 cm³ zirka 1%iger Salzsäure (30 cm³ Salzsäure 1,12 + 720 cm³ Wasser) 24 Stunden lang bei 30 bis 40⁰ stehen gelassen. Nach dem Erkalten wird bis zur Marke aufgefüllt und filtriert. 500 cm³ des Filtrates verdampft man nun in einer Platinschale zur Trockne, verascht den Rückstand und löst ihn in verdünnter Salzsäure auf. Nun fügt man so viel Ammoniak hinzu, daß die Flüssigkeit gerade schwach darnach riecht, filtriert und fällt im siedend heißen Filtrate mit einer heißen Lösung von Ammoniumoxalat. Man läßt hierauf zur vollständigen Abscheidung des Kalziumoxalats acht bis zehn Stunden stehen, filtriert durch ein aschefreies Filter, wäscht den Niederschlag mit heißem Wasser aus und bringt den Niederschlag samt Filter in einer Platinschale zur Veraschung. Schließlich glüht man mittels Gebläses zehn bis fünfzehn Minuten aus und wägt dann den Rückstand als Kalziumoxyd.

In geschwitzten Ledern beträgt der Kalkgehalt nur etwa 0,13% Kalziumoxyd, in geäscherten Ledern steigt derselbe dagegen bis zu 0,5%, besonders wenn die Leder mit Schwefelsäure geschwellt wurden

---

¹) Collegium, S. 78. 1918.
²) Journ. Soc. Leath. Tr. Chem., S. 149. 1918.

und dadurch der vorhandene Kalk in unlöslichen Gips verwandelt wurde. Dagegen weisen jene geäscherten Leder nur einen den geschwitzten Ledern ähnlichen Kalkgehalt auf, die in Sauerbrühen ohne Schwefelsäureschwellung gegerbt wurden.

Die aus der Asche berechneten $MgSO_4$-Mengen fallen stets zu hoch aus, da das sonst glühbeständige Bittersalz bei Gegenwart von Gerbstoff zu $MgCO_3$ reduziert und dieses in MgO und CO_2 zerfällt; die Lederasche enthält also größere Mengen von MgO. Veraschen im Sauerstoffstrome oder Abrauchen der Lederasche mit Schwefelsäure lassen diese Sulfatreduktion vermeiden[1]).

Frey[2]) beschreibt eine maßanalytische Bestimmung des Magnesiums, indem er das gefällte Magnesiumphosphat in einem genau abgemessenen Überschuß von $^1/_{10}$ n-H_2SO_4 auflöst und den ungebundenen Teil der Schwefelsäure rücktitriert.

Die vollständige Analyse der Lederasche wird folgenderweise durchgeführt:

1. Qualitative Untersuchung. Die Asche wird vorerst mit heißem Wasser behandelt und dadurch ein löslicher und unlöslicher Teil erhalten, die durch Filtration voneinander getrennt werden. Das klare Filtrat prüft man hierauf mit:

a) Silbernitrat und Salpetersäure auf Salzsäure bzw. Chloride,

b) Chlorbarium und Salzsäure auf Schwefelsäure bzw. Sulfate,

c) Ammoniumchlorid + Ammoniak + Natriumphosphat auf Magnesium.

d) Flammenfärbung:

α) Gelb: Natriumsalze ($NaCl$ oder Na_2SO_4).

β) Violett: Kalisalze (KCl).

γ) Grün: Bariumsalze ($BaCl_2$).

Den unlöslichen Rückstand behandelt man mit heißer, verdünnter Salpetersäure und filtriert die erhaltene Lösung. Bleibt hierbei ein wesentlicher Anteil ungelöst, so deutet dies auf Bariumsulfat. Wird das Filtrat mit Schwefelwasserstoffwasser versetzt und gibt es einen schwarzen Niederschlag, so deutet dies auf Bleisalze; wird das so gebildete Bleisulfid abfiltriert und das Filtrat nach Neutralisation mit Ammoniak mit Schwefelammon versetzt und entsteht hierbei ein weißlicher Niederschlag, so deutet dies auf Tonerde.

2. Eine genauere Untersuchung der Asche läßt sich mit der quantitativen Untersuchung der Asche vereinigen. Zu diesem Zwecke behandelt man 1 g Asche mit 4 cm³ konzentrierter Schwefelsäure und 1 cm³ Wasser am Wasserbade während mehrerer Stunden, verdünnt hierauf mit 25 cm³ Wasser und filtriert vom unlöslichen Rückstand (A), der mit schwefelsäurehaltigem Wasser gewaschen wird. Dieses Waschwasser wird mit dem Filtrate B vereinigt.

---

[1]) Versammlungsbericht deutscher Gerbereichemiker in Darmstadt; Collegium, S. 418. 1926.

[2]) J. Am. L. C. A., S. 612. 1921 u. Collegium, S. 330. 1922.

Der Rückstand A enthält Bleisulfat und Bariumsulfat und wird nun durch wiederholtes Auskochen desselben mit ammoniakalischer Ammoniumazetat-Lösung das Bleisulfat in Lösung gebracht. Die so erhaltenen Lösungen werden vereinigt, mit Essigsäure angesäuert und mit Kaliumbichromat gefällt. Das entstandene Bleichromat wird auf einem gewogenen trockenen Filter gesammelt und nach dem Trocknen bei 100° als Bleichromat $PbCrO_4$ gewogen und aus dem Verhältnisse $PbCrO_4 : Pb = 323 : 207$ das Blei berechnet.

Der Rückstand aus der Behandlung mit Ammoniumazetat wird gewaschen, getrocknet, gewogen und ergibt das vorhandene Bariumsulfat, das ursprünglich als solches im Leder vorhanden war.

Das vom unlöslichen Bleisulfat und Bariumsulfat erhaltene Filtrat kann Kupfer, Zinn, Eisen, Zink, Aluminium, Kalzium, Magnesium, Kalium und Natrium enthalten. Man leitet vorerst in dasselbe Schwefelwasserstoffgas ein, wodurch Kupfer und Zinn als Sulfide gefällt und nach den bekannten Methoden getrennt werden können. Die Lösung kocht man nach Entfernung der Sulfide zur Vertreibung des Schwefelwasserstoffes, setzt dann einige Tropfen Salpetersäure zu und kocht kurze Zeit, um die vorhandenen Oxyde vollständig zu oxydieren. Man fügt nun dieser Lösung etwas Ammoniumchlorid und Ammoniak in geringem Überschuß zu, wodurch Eisen und Aluminium gefällt werden. Zur Trennung dieser beiden Metalle löst man den Niederschlag in wenig Salzsäure auf, fügt reine Natronlauge im Überschuß zu und filtriert das ausgefällte Eisenoxyd ab, wäscht es aus und bestimmt es durch Veraschen und Glühen als Fe_2O_3. Das Filtrat vom Eisenoxyd wird mit Ammoniumkarbonat alkalisch gemacht und die dadurch ausgefällte Tonerde wie üblich bestimmt.

$$Asche + H_2SO_4 + H_2O$$

unlöslicher Rückstand ($BaSO_4 + PbSO_4$)	Lösung (Cu, Sn, Fe, Al, Zn, Ca, Mg, K, Na) mit H_2S gesättigt

Niederschlag (CuS, SnS)	Lösung (Fe, Al, Zn, Ca, Mg, K, Na) mit $NH_4OH + NH_4Cl$ versetzt

Niederschlag ($Fe(OH)_3$, $Al(OH)_3$)	(Zn, Ca, Mg, K, Na) Lösung mit $(NH_4)_2S$ versetzt

Niederschlag (ZnS)	Lösung (Ca, Mg, K, Na) mit $(NH_4)_2C_2O_4$ versetzt

Niederschlag (CaC_2O_4)	Lösung (Mg, K, Na)

Das Filtrat vom gemeinsamen Eisen-Aluminium-Niederschlage wird mit Schwefelammon versetzt, wodurch etwa vorhandenes Zink ausgefällt wird, welches durch Abfiltrieren, Lösen in Salzsäure, Fällen der Lösung mit Soda und Glühen des erhaltenen Niederschlages als ZnO zur Wägung gebracht werden kann. Die so von den Schwermetallen befreite Lösung wird nun mit Ammoniumkarbonat und Ammoniumoxalat behandelt und damit das Kalzium als Oxalat ausgefällt, das für sich nach Überführung in CaO zur Wägung gelangen kann.

Das schließlich vom Kalzium erhaltene Filtrat enthält Magnesium, Natrium und Kalium und deren Trennung kann auf bekannte Weise vorgenommen werden.

Zum besseren Verständnis der beschriebenen Trennung möge das Schema auf Seite 369 dienen.

Bestimmung der freien Schwefelsäure

Die Gesamtschwefelsäure kann in 250 cm³ des bei der Kalkbestimmung erhaltenen Filtrates derart bestimmt werden, daß man den Trockenrückstand mit Sodalösung befeuchtet, wiederum zur Trockne verdampft, dann in wenig Salzsäure löst und mit Bariumchlorid-Lösung fällt. Die aus dem erhaltenen Bariumsulfat berechnete Schwefelsäure entspricht der Gesamtschwefelsäure.

Wichtiger ist die Bestimmung der freien Schwefelsäure, die nach der von Balland und Maljean[1]) angegebenen Methode in der Ausführung von Paessler-Sluyter[2]) folgendermaßen gefunden wird:

10 g des Leders werden mit 10 cm³ einer 10%igen schwefelsäurefreien Sodalösung und etwas Salpeter durchfeuchtet und nach dem Trocknen bei mäßiger Hitze über einer Spiritusflamme (Barthelscher Brenner) möglichst vollständig verascht, da Leuchtgas schwefelhaltig ist. Die Asche wird unter Zusatz von etwas Bromwasser gelöst und die Lösung mit Salzsäure schwach angesäuert. In der filtrierten Lösung wird nun die Schwefelsäure auf bekannte Weise gewichtsanalytisch als Gesamtschwefelsäure bestimmt.

Ferner werden 10 g Leder ohne Sodazusatz wie früher verascht und in dem in gleicher Weise behandelten Rückstand wird die Schwefelsäure als gebundene Schwefelsäure ermittelt. Die Differenz der beiden Schwefelsäuremengen (Gesamtschwefelsäure — gebundene Schwefelsäure) stellt die freie Schwefelsäure vor, von deren Menge jedoch noch die dem Schwefelgehalt der Haut entsprechende Säure in Abzug gebracht werden muß, die mit 0,14% SO_3 bei Leder mit dem mittleren Wassergehalt von 18%, mit 0,17% SO_3 bei der Ledertrockensubstanz berechnet wird.

Hat die Aschenanalyse im Leder Eisen, Aluminium oder Chrom ergeben, so muß bedacht werden, daß die Sulfate dieser Metalle beim Erhitzen Schwefelsäure abspalten, die man aber nicht als freie Schwefelsäure bezeichnen darf. In diesem Falle wird man noch die den gefundenen Metallen entsprechende gebundene Schwefelsäure als „flüchtige Schwefelsäure" von dem oben erhaltenen Resultat in Abzug zu bringen haben; man muß aber bei der Ermittlung der gebundenen Schwefelsäure so lange glühen, bis diese Salze tatsächlich ihre gebundene Säure verflüchtigt haben, um nicht ein zu hohes Resultat zu erhalten.

---

[1]) Compt. rend., 119, S. 913.   [2]) Collegium, S. 132. 1901.

Die in obiger Methode beschriebene Veraschung ist jedoch nicht einwandfrei, indem einerseits die vorhandene Soda die Schwerverbrennlichkeit des Leders steigert, anderseits das stärkere Glühen nicht nur eine Reduktion der Schwefelsäure, sondern auch vollständige Abspaltung von Schwefelverbindungen bewirkt. Meunier[1]) hat zur Vermeidung dieser Fehlerquellen vorgeschlagen, bei der Bestimmung der Gesamtschwefelsäure das Leder nicht mit Sodalösung, sondern mit einer 10%igen Lösung von Ätzkali und Kaliumnitrat zu befeuchten. Man findet dadurch zwar höhere Zahlen, doch verläuft die Verbrennung infolge Gegenwart von Kohle und Salpeter häufig explosionsartig und dadurch gehen viele Bestimmungen verloren.

Um nun die Verbrennungstemperatur möglichst tief halten zu können und dennoch eine vollständige Verbrennung zu erreichen, haben Paessler und Arnoldi[2]) folgende Methode der Veraschung ausgearbeitet: Zur Erreichung einer möglichst niederen Verbrennungstemperatur wurde der Schoppersche Veraschungsapparat verwendet. Dieser besteht aus einem an beiden Enden offenen Platinhohlzylinder, der in einem weiteren Zylinder befestigt ist; der letztere, durch den der elektrische Strom geleitet wird, dient als Heizquelle für den Platinzylinder, der bei Einschaltung des Stromes in Rotglut gerät. Der Veraschungsapparat wird in der Klemme eines Stativs so befestigt, daß der Zylinder schräg liegt, damit bei Ausführung der Verbrennung ein natürlicher Zug geschaffen wird. Der zu verbrennende Stoff wird in ein Platinschiffchen gebracht, das sich in seiner Form und Größe dem Zylinder des Apparates ziemlich vollständig anpaßt, damit zwischen beiden eine möglichst innige Berührung und dadurch eine gute Wärmeübertragung von der Heizquelle nach dem Schiffchen stattfindet. Infolge der Vermeidung hoher Temperaturen tritt kein Schmelzen der Mineralstoffe ein und geht dadurch die Veraschung schnell vor sich. Die Verbrennung kann weiter durch einen mäßigen Sauerstoffstrom und durch Anwendung von Kobaltoxyd als Sauerstoffüberträger beschleunigt werden.

Als Arbeitsweise mit diesem Apparate wird folgende empfohlen;

5 g des feingeschnittenen Leders werden in dem Platinschiffchen mit 5 cm³ einer 10%igen Sodalösung durchfeuchtet (bei der Bestimmung der gebundenen Schwefelsäure fällt diese Behandlung weg) und mit 1,5 bis 1,8 g Kobaltoxyd mit Hilfe eines Platindrahtes gemischt; man verfährt hierbei am besten so, daß der größere Teil des Oxyds mit dem feuchten Leder gemischt und das übrigbleibende Oxyd auf die Oberfläche der Mischung aufgestreut wird. Das Gemisch wird im Trockenschrank etwa zwei Stunden getrocknet und dann wird das Schiffchen in den Veraschungsapparat gebracht, bei dem nunmehr der elektrische Strom eingeschaltet wird. Vorerst beginnt die trockene Destillation und bald tritt die Verbrennung mit kleiner Flamme ein. Zur Beschleunigung der Verbrennung wird ein mäßiger Sauerstoffstrom in den unteren Teil des schrägliegenden Hohlzylinders eingeleitet, so daß dieser über

---

[1]) Collegium, S. 15 u. 296. 1906.	[2]) Collegium, S. 358. 1908.

den Inhalt des Schiffchens streichen kann. Die Verbrennung geht glatt vor sich und beansprucht im ganzen etwa fünfzehn bis zwanzig Minuten. Es empfiehlt sich gegen Ende der Verbrennung, falls noch unverbrannte Kohlenmassen vorhanden sind, diese mit einem Platinspatel zu zerdrücken und dann die Verbrennung unter den gleichen Verhältnissen zu Ende zu führen.

Nach beendeter Verbrennung wird der Inhalt des Schiffchens ohne Verlust in ein Becherglas gebracht und mit heißem Wasser ausgekocht. Feste Massen lassen sich mit einem Glasstabe oder mit einem Gummiwischer leicht aus dem Schiffchen entfernen. Man filtriert die Lösung unter mehrmaligem Dekantieren von dem Kobaltoxyd durch ein quantitatives Filter ab, wäscht mehrmals mit heißem Wasser aus, das etwas Soda enthält, oxydiert das Filtrat, um ganz sicher zu gehen, mit etwas Bromwasser, säuert mit Salzsäure an und bestimmt die Schwefelsäure in üblicher Weise als Bariumsulfat.

Zur Sicherheit löst man das zurückgebliebene Kobaltoxyd in etwas Salzsäure auf und prüft mit einigen Tropfen Bariumchlorid-Lösung auf Schwefelsäure, die von dem Kobaltoxyd zurückgehalten worden ist. Beim Stehen über Nacht scheidet sich mitunter noch etwas Bariumsulfat ab, dessen Menge dann ebenfalls bestimmt wird.

In Ermanglung eines elektrischen Veraschungsapparates kann man die Verbrennung bei Gegenwart von Kobaltoxyd und im Sauerstoffstrom auch in einem kurzen, möglichst weiten Verbrennungsrohr, das von außen erhitzt wird, ausführen; die Verbrennung wird hierbei durch das Erhitzen von außen nur eingeleitet, später geht sie im Sauerstoffstrom selbst weiter und dauert in diesem Falle auch nur fünfzehn bis zwanzig Minuten. Zu beachten ist nur, daß das Leder mit ganz schwacher Flamme brennt.

Da das im Handel befindliche Kobaltoxyd stets schwefelhaltig ist, stellt man es sich durch Lösen des Kobaltbleches in Salpetersäure, Eindampfen dieser Lösung am Sandbade zur Trockne und Erhitzen des gepulverten Rückstandes in einem geräumigen Porzellantiegel unter häufigem Umrühren, bis alles Stickstoffdioxyd entwichen ist, her. Je niedriger die Temperatur bei seiner Herstellung gehalten wird, desto wirksamer erweist es sich. Ein Erhitzen bis zur Rotglut ist daher zu vermeiden, während ein geringer Gehalt an nicht zerstörtem Nitrat unschädlich ist.

Rehbein[1]) modifizierte die Paesslersche Schwefelsäurebestimmung im Leder folgendermaßen: 2 bis 3 g des feingeschnittenen Leders werden in einem Porzellan- oder Platinschiffchen genau abgewogen und in ein Verbrennungsrohr von etwa 60 cm Länge und 1,8 cm Weite gebracht. An dem einen Ende des Rohres wird aus einem Gasometer Sauerstoff eingeleitet, der durch Kalziumchlorid und lose Watte getrocknet ist. Am anderen Ende des Verbrennungsrohres befindet sich, etwa 12 cm

---

[1]) Ledertechnische Rundschau, Nr. 13, S. 97. 1913 u. Collegium, 518, S. 300. 1913.

von dem Austritt entfernt, eine Platinspirale von etwa 10 cm Länge, deren Inneres mit einem Gemisch von Platinquarz und Quarz angefüllt ist. Das Schiffchen mit dem Leder liegt etwa 8 cm vor der Spirale. Kurz vor der Austrittsstelle der Verbrennungsgase befindet sich ein kleiner Pfropfen aus Glaswolle in dem Rohre, um ein Mitreißen von Aschenbestandteilen auszuschließen. Die Verbrennungsgase werden in ein durch Wasser gekühltes Absorptionsgefäß geleitet, das destilliertes Wasser enthält, dem etwa 1 g schwefelsäurefreies Natriumsuperoxyd hinzugegeben wird. Die Verbrennung selbst wird am besten im Dennstedtschen Ofen wie üblich durchgeführt. Nach Beendigung der Verbrennung wird die Absorptionsflüssigkeit gekocht, mit Salzsäure angesäuert und die Schwefelsäure in üblicher Weise mit Bariumchlorid bestimmt. Bei Gegenwart von Aluminium-, Eisen-, Chrom- und Bleisulfat wird deren Schwefelsäure vollkommen ausgetrieben und somit als freie Schwefelsäure bestimmt; man muß daher genannte Metalle im Leder quantitativ ermitteln und die diesen Metallen entsprechende Menge SO_3 von der gefundenen Gesamtmenge in Abzug bringen. Aus eventuell vorhandenem Magnesiumsulfat werden nur zirka 64 von 100 Teilen Schwefelsäure ausgetrieben, welche also ebenfalls in Abzug zu bringen sind; dagegen zersetzen sich Kalzium- und Alkalisulfate nicht.

Eine Aufschließung mit rauchender Salpetersäure beschreibt Wünsch[1]), nach welcher 5 g feinzerteilten Leders in 50 cm³ rauchender Salpetersäure (1,52) nach und nach eingetragen werden. Nach beendeter Aufschließung wird der Flüssigkeit Bariumchlorid und Salzsäure zugefügt und das ausgeschiedene Bariumsulfat gewogen. Im Filtrate vom Bariumsulfat wird das überschüssige Bariumchlorid mit Schwefelsäure gefällt, die Flüssigkeit filtriert, eingedampft, mit Ammoniumkarbonat zur Überführung des Bisulfates in das Sulfat behandelt, mit Salzsäure angesäuert und mit Bariumchlorid gefällt, wobei das gebildete Bariumsulfat der Gesamtschwefelsäure entspricht. Den ersten Wert von diesen letzteren in Abzug gebracht, gibt die Menge der vorhanden gewesenen freien Schwefelsäure.

Soll neben Schwefelsäure auch Salzsäure bestimmt werden, so fügt man der Lösung Bariumnitrat und Silbernitrat zu, filtriert den Niederschlag ab, wäscht ihn mit heißem Wasser aus und extrahiert das Silberchlorid mit Ammoniak. Der Rückstand wird als Bariumsulfat gewogen. Aus der ammoniakalischen Lösung wird das Silberchlorid durch Wegkochen des überschüssigen Ammoniaks und Neutralisieren der Lösung mit Essigsäure wieder ausgefällt und als solches gewogen. Die Gesamtbasen werden nach Ausfällen des überschüssigen Silbernitrats und Bariumnitrats mit Salzsäure und Schwefelsäure als Sulfate durch Abdampfen des schwefelsauren Filtrates bestimmt und ihr äquivalenter Wert an gebundenen Säuren daraus berechnet. Die Differenz beider Werte ergibt die Menge der vorhanden gewesenen freien Säuren.

---

[1]) Procter: Leather Chemists Pocket-Book, S. 191. 1912.

Eine direkte Bestimmung der freien Schwefelsäure im Leder beschreibt Jean[1]) folgendermaßen: Die genau abgewogene Menge Leder wird in einem Soxhletschen Extraktionsapparat gebracht und mit absolutem Alkohol längere Zeit extrahiert. Dem Alkohol ist etwas reinste Soda zuzusetzen, wodurch die vom Alkohol extrahierte Schwefelsäure gebunden wird. Beim Abdestillieren des Alkohols bleibt das Natriumsulfat zurück und kann etwa in Lösung gegangene organische Substanz durch Veraschen entfernt und das Sulfat mittels Bariumchlorids bestimmt werden.

Kohnstein[2]) beschreibt folgende Methode der Schwefelsäurebestimmung, bei der nur die freie Schwefelsäure, nicht aber das im Leder vorhandene Kalziumsulfat ermittelt wird: Das zu prüfende Leder wird in sehr feine, etwa 3 mm lange und 1 mm breite Stäbchen geschnitten. Etwa 30 g dieses Materials werden in ein möglichst großes Trichterrohr mit gut eingeschliffenem Glashahn gebracht und mit einer Lösung von kohlensaurer Magnesia in kohlensäurehaltigem Wasser überschüttet. Um durch freigewordene Kohlensäure ein Abscheiden von Magnesiumkarbonat und sein Festlegen an den Lederflächen zu verhüten, läßt man ab und zu einen Strom reingewaschener Kohlensäure in die Auslauge- und gleichzeitig Neutralisationsflüssigkeit einstreichen. Man läßt nun die Auslaugeflüssigkeit in einen unter dem Trichter stehenden 250 cm³-Maßkolben einfließen, wiederholt dann obige Operation drei- bis viermal und läßt bis zur Marke auffüllen. Man kann nun den größten Teil der organischen Körper, die aus dem Leder ausgewaschen wurden, entfernen und ebenso die gelöste kohlensaure Magnesia abscheiden. Man erwärmt die Flüssigkeit bis zur Verjagung der Kohlensäure, wobei das in Lösung gehaltene kohlensaure Magnesium ausfällt, während Magnesiumsulfat in Lösung bleibt. Das ausfallende Karbonat reißt den etwa in Lösung gehaltenen Gerbstoff zum Teil mit. Liegen sehr gerbstoffreiche Flüssigkeiten vor, so kann man nach dem Kochen und Vertreiben der Kohlensäure etwa 3 g frischgeglühtes Magnesiumoxyd zusetzen und dann erst die Filtration des in Lösung gehaltenen Magnesiumsulfats vornehmen.

Ein aliquoter Teil des Filtrates wird abgedampft und geglüht. Etwa in Lösung gehaltenes Magnesiumkarbonat oder organische Verbindungen des Magnesiums werden in unlösliche Modifikationen übergeführt, während Magnesiumsulfat unverändert bleibt. Der Abdampfrückstand wird mit kohlensäurehaltigem Wasser befeuchtet und das vorsichtige, nicht starke Glühen nochmals durchgeführt. Wird nun dieser Rückstand mit destilliertem Wasser aufgenommen und filtriert, so kann im Filtrate das Magnesium in üblicher Weise bestimmt werden.

Gegen diese Methode hat Stiasny[3]) eingewandt, daß sowohl Bariumchlorid als auch Natriumchlorid, die häufig im Leder vorkommen, das Resultat derart beeinflussen, daß es nicht verwertbar ist.

---

[1]) Chem. Ztg., S. 317. 1893 u. S. 26. 1895.
[2]) Collegium, S. 314. 1911.　　　　[3]) Collegium, S. 294. 1912.

Eine Bestimmungsmethode für freie Schwefelsäure und für die Gesamtschwefelsäure im Leder beschreibt Nicolardot[1]).

Solche Leder, die mit Hilfe von synthetischen Gerbstoffen oder von Sulfitzelluloseextrakt hergestellt wurden, können auf ihren Gehalt an freier Schwefelsäure mit keiner der vorgenannten Methoden geprüft werden, da genannte Gerbstoffe selbst Sulfosäuren vorstellen bzw. freie Schwefelsäure enthalten. Zur Prüfung solcher Leder auf ihren Gehalt an freier Schwefelsäure hat bereits Paessler[2]) ein Verfahren angegeben, das sich aber nicht in allen Fällen bewähren konnte. Immerheiser[3]) hat nun auf das Verhalten der freien Schwefelsäure, mit Äther Verbindungen einzugehen, folgende neue Methode der Schwefelsäurebestimmung in Ledern ausgearbeitet:

10 g in kleine Stücke geschnittenes Leder werden dreimal je zwölf Stunden mit 200 cm³ destilliertem Wasser bei Zimmertemperatur stehen gelassen und die vereinigten wässerigen Auszüge unter Zusatz von 5 g reinem Quarzsand in einer Schale auf dem Wasserbade zur Trockne verdampft. Der Trockenrückstand wird gepulvert und in einem mit Glasstöpsel versehenen Erlenmeyer-Kolben mit etwa 100 cm³ wasserfreiem Äther[4]) übergossen. Nach etwa zweistündiger Einwirkung bei zeitweisem Umschütteln wird der Äther durch ein Filter abgegossen, der Rückstand mit etwas Äther nachgewaschen und die Operation noch zweimal mit je 40 cm³ wasserfreiem Äther unter Benutzung des gleichen Filters wiederholt. Die vereinigten, etwa 200 cm³ Ätherauszüge werden mit etwas Salzsäure und Bariumchlorid versetzt, der Äther abdestilliert und der Destillationsrückstand behufs Spaltung der Äthylschwefelsäure auf dem Wasserbade zur Trockne verdampft. Hierauf wird mit etwa 50 cm³ heißem, mit Salzsäure angesäuertem Wasser versetzt, absitzen lassen, filtriert, ausgewaschen, getrocknet und gewogen. Die auf diesem Wege gefundene Schwefelsäuremenge ist als freie Schwefelsäure im Leder vorhanden. Die in Form wasserlöslicher Sulfate gebundene Schwefelsäure wird in dem ausgeätherten Pulverrückstand festgestellt: Man nimmt mit heißem Wasser auf, trennt durch Filtration vom Quarzsand, säuert mit Salzsäure an, kocht eine Viertelstunde und filtriert von dem etwa entstandenen Rückstand ab. Das klare, wenn auch noch gefärbte Filtrat wird kochend mit Bariumchlorid gefällt. Das gefundene schwefelsaure Barium, das mit etwas Schwefelsäure nochmals abgeraucht wird, gibt die Menge Schwefelsäure an, welche in Form wasserlöslicher Sulfate vorhanden war.

Ob Sulfate oder Bisulfate oder beide vorliegen, kann durch die Reaktion der wässerigen Lösung des ausgeätherten Pulverrückstandes insofern entschieden werden, als eine neutrale Reaktion die Anwesenheit von Bisulfaten ausschließt, eine saure Reaktion Bisulfate neben eventuell

---

[1]) Le Cuir, 10, S. 365. 1914 u. Collegium, S. 384. 1915.
[2]) Collegium, S. 567. 1914.
[3]) Collegium, S. 293. 1918.
[4]) Zu prüfen durch Schütteln mit wasserfreiem Kupfersulfat.

vorhandenen Sulfaten bedingt; eine quantitative Bestimmung der Basen gibt in letzterem Falle Aufschluß.

Van der Hoeven[1]) glaubt, durch ein Verdrängungsverfahren, das sich auf Befunde von Rona und Michaelis[2]) stützt und welche bereits von Thomas[3]) herangezogen wurden, verläßlichere Resultate zu erhalten. Hiernach werden 5 oder 10 g feingeschabtes Leder in einem Extraktions-apparat bei ungefähr 55° C während zwei Stunden kontinuierlich mit einer 8%igen Lösung von NaH_2PO_4 behandelt, bis ein Volum von 500 cm³ erreicht worden ist. In dieser Lösung wird die totale Menge SO_4 mit etwas Salzsäure und Bariumchlorid als $BaSO_4$ bestimmt. Falls unlösliche Sulfate im Leder vorhanden sind, können diese nach dem Nachwaschen des Leders mit reinem Wasser von 55° (das man auf die Phosphat-SO_4-Lösung folgen läßt) in der Asche desselben ermittelt werden. Die hierin gefundene Menge SO_4 wird mit dem löslichen Teil zusammengezählt. Die Differenz zwischen dem Gesamt-SO_4 und dem anorganisch gebundenen (in der Asche des ursprünglichen Leders ermittelt) ist als freie Schwefel-säure im Leder vorhanden.

Der normale Schwefelsäuregehalt des Leders beträgt etwa 0,12% und steigt selten auf 0,30%. Findet jedoch Schwefelsäure zum Schwellen oder Bleichen Verwendung, so können gut entkalkte Leder bis zu 1,25% Schwefelsäure enthalten.

Mengen bis zu 3% Schwefelsäure, auf wasserfreies Leder berechnet, gelten als ungefährlich[4]). Salzsäure ist nur durch ihre Flüchtigkeit harmloser als Schwefelsäure.

Nachweis synthetischer Gerbstoffe im Leder

1. Der von Seel und Sander[5]) gefundene Nachweis von Neradol D und ND ist von Lauffmann verbessert und auch für den Nachweis genannter Stoffe im Leder abgeändert worden. Darnach übergießt man 10 g des feinzerkleinerten Leders, das eventuell vorher durch Ausziehen mit Petroläther von Fett befreit und an der Luft vom anhaftenden Lösungsmittel befreit wurde, mit 100 cm³ 2%iger Natronlauge, läßt etwa sechs Stunden unter häufigem Umrühren stehen und filtriert. Zur Untersuchung verwendet man nun das alkalische Filtrat, indem man 30 cm³ davon nacheinander mit den gleichen Volumenteilen 10%iger Lösungen von Aluminiumsulfat und Ammoniak vermischt, filtriert, das Filtrat zur Trockne verdampft und nun die Indophenolreaktion mit Wasserstoffsuperoxyd und Schwefelsäure (vgl. S. 297), wie dort beschrieben, durchführt.

Fällt der Nachweis auf Neradol D bzw. ND beim ersten alkalischen Auszug negativ aus, so übergießt man den nach dem ersten Auslaugen erhaltenen Rückstand nochmals mit 100 cm³ der 2%igen Natronlauge, läßt eine Stunde unter Umrühren stehen, gießt ab, wiederholt dieses

<hr>

[1]) Collegium, S. 458. 1921; S. 282. 1922; S. 159. 1923 u. S. 132. 1925.
[2]) Biochem. Ztg., 15, S. 196. 1909.   [3]) J. A. L. C. A., 9, S. 504. 1920.
[4]) Wilson: Ind. Eng. Chem., 18, S. 47. 1926 u. Collegium, S. 425. 1926.
[5]) Zeitschr. f. angew. Chem., S. 333. 1916.

Verfahren noch zweimal und prüft jeden der erhaltenen alkalischen Auszüge für sich wie den ersten Auszug. Fallen sämtliche Proben negativ aus, so ist Neradol D bzw. ND im Leder nicht zugegen. Bei deren Gegenwart fällt wenigstens eine der Reaktionen meist intensiv blau bzw. violett aus.

2. Oxyazoreaktion. Der zu untersuchende Auszug (etwa 5 cm³) wird mit überschüssigem Alkali versetzt und, nach guter Abkühlung mit Eisstückchen, etwa die Hälfte des Volumens an Alkohol zugefügt. Nun gibt man drei bis vier Tropfen Diazolösung hinzu, wobei häufig schon eine deutliche Blaufärbung eintritt. Andernfalls säuert man mit Salzsäure an und überschichtet mit Äther. Nach kräftigem Durchschütteln wird die Ätherschicht abgehoben und mit Wasser unterschichtet. Fügt man nun zur Ätherprobe etwas Natronlauge hinzu, so löst sich das gebildete Farbstoffsalz bei Anwesenheit von Neradol D mit schön grüner bis blaugrüner Farbe in Wasser. An der Berührungsstelle beider Flüssigkeiten entsteht dabei ein dunkelblaugrüner Ring. Die natürlichen Farbstoffe geben hierbei gelbe bis gelbgrüne Farbstofflösungen.

Für den Nachweis von Neradol ND muß man die Probe erst mit einigen Tropfen Chlorlauge aufkochen, rasch abkühlen und mit überschüssigem Ammoniak versetzen. Die Oxyazoreaktion wird dann in der oben beschriebenen Weise ausgeführt.

Die Diazolösung für obige Probe wird hergestellt durch Auflösen von p-Amidophenol bzw. dessen salzsauren Salzes in etwas verdünnter Salzsäure, Versetzen mit Eis und vorsichtiges Diazotieren in der Kälte, bis ein geringer Überschuß von salpetriger Säure nachweisbar ist. Diese Diazolösung muß stets in der Kälte unter Kühlung mit Eis aufbewahrt werden; vor Ausführung der Reaktion muß diese Lösung auf ihre Brauchbarkeit geprüft werden, indem man sie mit alkalischer Phenollösung kuppelt, wodurch ein dunkelblauer Oxyazofarbstoff entstehen muß.

3. Indophenolreaktion. Man versetzt 5 cm³ der wässerigen Lösung mit einem Tropfen Dimethyl-p-Phenylendiamin-Lösung, macht die Lösung mit Natronlauge alkalisch und fügt ein bis zwei Tropfen einer 5%igen Ferricyankaliumlösung hinzu. Bei Anwesenheit von Neradol D tritt sogleich oder nach einiger Zeit Blaufärbung auf. Noch schärfer wird die Reaktion, wenn man nach dem Alkalischmachen mit Alkohol überschichtet und dann mit Ferrizyankalium versetzt. Es bildet sich nach längerem Stehen eine blaue Zone, die bei weiterem Stehenlassen in den Alkohol übergeht.

Liegt Neradol ND vor, so muß die Lösung erst mit drei bis vier Tropfen Chlorlauge versetzt und kurz erwärmt werden oder man läßt die Lösung mit fünf bis sechs Tropfen Chlorlauge einige Zeit ohne Erwärmen stehen. Dann macht man die Lösung deutlich ammoniakalisch, versetzt mit 1 bis 2 Tropfen Dimethyllösung und überschichtet mit Alkohol. Meist tritt dann von selbst Blaufärbung ein, sicher aber nach Zusatz von 1 bis 2 Tropfen Ferrizyankaliumlösung.

4. Nachweis von Ordoval G. 10 g Leder werden mit 150 cm³ Essigsäure gekocht, allmählich eine Lösung von 25 g Chromtrioxyd

in 25 cm³ 50%iger Essigsäure zugefügt und zirka drei Stunden lang gekocht, bis alle Ledersubstanz zerstört ist und das Filtrat nicht mehr hellgelb, sondern bräunlich aussieht. Man verdampft nun bis zur Trockne, löst den Rückstand in 600 cm³ heißem Wasser und fällt das Chrom mit einer Ätznatronlösung von 40° Bé. In 20 cm³ des alkalisch gemachten kalten Filtrates gibt man nun etwas Hydrosulfit (B. A. S. F.), wobei eine rote Färbung von Oxanthranolsulfosäure entsteht, falls Ordoval G zugegen war.

Nachweis von Zelluloseextrakt im Leder

Die Reaktion mit Cinchonin (vgl. S. 298) tritt bei der Untersuchung von Leder nur dann deutlich ein, wenn letzteres entsprechend zerkleinert und extrahiert wird. Es zeigte sich nämlich, daß das Leder im fein-gemahlenen Zustande, kalt oder heiß ausgelaugt, nur eine geringe Re-aktion ergab. Appelius und Schmidt[1]) geben daher für diesen Nachweis folgende Vorschrift: 5 bis 10 g Leder werden in kleine Würfel geschnitten und mit 100 cm³ Wasser durch einmaliges Aufkochen heiß ausgelaugt. Nach der Filtration werden zum Filtrate 5 cm³ 25%ige Salzsäure zu-gesetzt. Die nochmals zum Sieden erhitzte Lösung wird nun abermals ganz klar filtriert und 50 cm³ davon mit 20 cm³ Cinchoninlösung ($\frac{1}{2}$%ig) und mit ganz wenig einer Tanninlösung zum Sieden erhitzt, ohne den Kolben zu bewegen. Bei Gegenwart von Sulfitzellulose entsteht der charakteristische schwarzbraune, klumpige Niederschlag.

Formaldehydnachweis im Leder

Qualitativ wird der Nachweis von Formaldehyd derart erbracht, daß man auf das Leder bzw. auf einen frischen Schnitt desselben einige Tropfen einer farblosen Fuchsin-Schwefligsäure-Lösung bringt. Bei Gegenwart von Formaldehyd verbindet sich dieser mit der schwefligen Säure und macht das Fuchsin unter Rotfärbung frei.

Quantitativ kann man Formaldehyd im Leder folgendermaßen bestimmen: Feinzerteiltes Leder (etwa 5 g) wird mit 20 cm³ Wasser und 1 cm³ $\frac{1}{10}$ n-Schwefelsäure auf dem Wasserbade zwei bis drei Stunden lang unter Rückflußkühlung behandelt, um das Eiweiß zu zersetzen. Die Masse wird hierauf filtriert, das Filtrat gut nachgewaschen und die gesamte Flüssigkeit auf 50 cm³ in einem Kolben aufgefüllt. 10 cm³ dieser Lösung werden mit zirka 10 cm³ einer etwa n-Natronlauge ver-setzt, rasch etwa 20 cm³ einer $\frac{1}{10}$ n-Jodlösung unter Schütteln zugefügt, bis die Flüssigkeit dunkelgelb gefärbt erscheint. Man schüttelt nun die verstöpselte Flasche noch eine halbe Minute lang gut durch, säuert mit zirka 15 cm³ einer n-Schwefelsäure an, läßt einige Minuten stehen und titriert den Überschuß an Jod mit $\frac{1}{10}$ n-Thiosulfatlösung zurück. Nach der Gleichung:

$$\text{HCHO} + 2\,\text{J} + \text{H}_2\text{O} = \text{HCOOH} + 2\,\text{HJ}$$

entspricht jedem Kubikzentimeter $\frac{1}{10}$ n-Jod $= 0{,}0015$ g HCHO.

---

[1]) Collegium, S. 80. 1915.

Bestimmung der Ledersubstanz

Werden aus dem Leder sämtliche lösliche Stoffe und das Fett durch Extraktion entfernt und Wasser und Mineralstoffe abgerechnet, so verbleibt als unlöslicher Rückstand die sogenannte Ledersubstanz, die sich aus der Hautsubstanz und deren gebundenem Gerbstoff zusammensetzt. Die Ledersubstanz kann indirekt dadurch bestimmt werden, daß man die Summe der Gehalte an Wasser, Mineralstoffen, Fett und auswaschbaren organischen Stoffen von 100 in Abzug bringt. Genauere Resultate erhält man jedoch durch direkte Ermittlung der Hautsubstanz, deren Menge, von der Ledersubstanz in Abzug gebracht, die Menge des gebundenen Gerbstoffes ergibt.

Für die Ermittlung der Hautsubstanz kommt deren ziemlich konstanter Stickstoffgehalt von 17,1 bis 17,8%, auf asche- und fettfreie Trockensubstanz der Blöße berechnet, in Betracht, womit man also durch die Stickstoffbestimmung im Leder dessen Hautsubstanz berechnen kann.

Zu diesem Zwecke nimmt man die vom Fett und den löslichen Bestandteilen befreite Trockensubstanz, wägt 0,6 g davon ab und bestimmt nach der Kjeldahlschen Methode den vorhandenen Stickstoff. Aus diesem berechnet man die Hautsubstanz unter Zugrundelegung der Tatsache, daß die wasser-, asche- und fettfreien

a) Blößen von Rind, Kalb, Kips, Roß und Schwein . 17,8%
b)   ,,   ,,   Ziege, Hirsch und Reh 17,4%
c)   ,,   ,,   Schaf 17,1%

Stickstoff enthalten. In diesen Fällen entspricht also einem Prozent Stickstoff

bei: a) .... 5,62% Hautsubstanz
     b) .... 5,75%   ,,
     c) .... 5,85%   ,,

Bringt man die so ermittelte Hautsubstanz und die früher bestimmte Asche von der angewandten Ledertrockensubstanz in Abzug, so resultiert der gebundene Gerbstoff.

Die erhaltenen Mengen der Hautsubstanz und des gebundenen Gerbstoffes beziehen sich auf wasserfreies Leder und müssen erst auf lufttrockenes Leder mit 18% Wassergehalt umgerechnet werden.

In manchen Fällen ist es von Interesse, die im Leder noch vorhandene nichtgebundene Hautsubstanz zu ermitteln, die also durch Wasser auslaugbar ist. Zu diesem Zwecke nimmt man eine Lederprobe, die noch nicht getrocknet worden ist, um durch diesen Prozeß nicht den ungebundenen Anteil der Hautsubstanz unlöslich zu machen und extrahiert ihn mit heißem Wasser. Durch Abdampfen der so erhaltenen Lösung und Bestimmung der darin enthaltenen Menge Stickstoff läßt sich die ausgelaugte Hautsubstanz berechnen. Für die qualitative Prüfung auf ungebundene Hautsubstanz genügt das Zusetzen von Tanninlösung zur wässerigen Extraktionsflüssigkeit des Leders, welche bei Gegenwart von leimartigen Substanzen diese ausfällt.

Besondere Vorsichtsmaßregeln für die Stickstoffbestimmung im Leder nach Kjeldahl empfiehlt Kahn[1]).

Thuau und Korsak[2]) haben einen Nitrometer beschrieben, der aus dem Ammoniumsulfat des aufgeschlossenen Leders mit Hypobromit den Stickstoff elementar freimacht, letzteren messen und sich daraus die Hautsubstanz berechnen läßt.

Zur Beschleunigung der Stickstoffbestimmung im Leder macht Nihoul[3]) verschiedene Vorschläge.

Nach Bennett[4]) enthalten aber auch die pflanzlichen Gerbmittel stickstoffhaltige Substanzen, so daß also die aus dem gefundenen Stickstoffgehalt der Leder berechneten Mengen der Hautsubstanz etwas zu hoch ausfallen; der verhältnismäßig geringe Prozentsatz an Stickstoff vermag jedoch praktisch die Resultate der Lederanalyse nicht zu beeinflussen.

Bestimmung der Rendementszahl und der Durchgerbungszahl

Die Rendementszahl R eines Leders gibt an, wie viele Teile lufttrockenes Leder aus 100 Teilen Hautsubstanz hervorgegangen sind.

Die Durchgerbungszahl D eines Leders gibt an, wie viele Teile Gerbstoff 100 Teile Hautsubstanz gebunden haben.

Beide Begriffe rühren von v. Schroeder her und lassen sich aus der ermittelten Hautsubstanz und dem gebundenen Gerbstoff berechnen.

Die Rendementszahl erhält man, wenn man 100 durch den Gehalt des lufttrockenen Leders an Hautsubstanz dividiert und den erhaltenen Wert mit 100 multipliziert bzw. wenn 10000 durch den prozentualen Gehalt des lufttrockenen Leders an Hautsubstanz dividiert wird.

Die Durchgerbungszahl wird ermittelt, indem man den Gehalt des Leders an gebundenem Gerbstoff mit 100 multipliziert und dieses Produkt durch den Gehalt an Hautsubstanz dividiert.

Die Durchgerbungszahl liegt meist beträchtlich unter 100, und ist zu bemerken, daß es nicht ohne weiteres richtig ist, aus der hohen Durchgerbungszahl auf eine gute Durchgerbung eines Leders zu schließen. Auch ein schlechtes Leder kann eine hohe Durchgerbungszahl aufweisen, indem die Gerbung ungleichmäßig, z. B. infolge Anwendung zu starker Brühen ist. In solchen Fällen kann erst die Beschaffenheit des Schnittes und die Essigsäureprobe Auskunft geben.

Art der Gerbung

Mit Hilfe chemischer Reaktionen ist es selten möglich, die Gerbmaterialien zu unterscheiden, die zur Gerbung des Leders dienten.

Insofern ein Gerbstoff im Leder besonders vorherrscht, gelingt es, diesen durch Wasser oder Alkohol zu extrahieren und kann mit dieser Lösung eine Prüfung auf bekannte Art vorgenommen werden.

---

[1]) Collegium, S. 367. 1920.   [2]) Collegium, S. 364. 1910.
[3]) Londoner Collegium, S. 6. 1915; Collegium, S. 334. 1917.
[4]) Londoner Collegium, S. 1. 1916.

Zusammenstellung der Analysenresultate

Hat man nach vorstehenden Angaben die einzelnen Bestandteile des Leders ermittelt, so stellt man ein Schema auf, das eine gute Übersicht über die Analysenresultate ergibt und bedient sich dafür z. B. des nachstehend angegebenen:

Wasser		Prozent
Mineralstoffe		,,
Fett..		,,
Auswaschbare organische Stoffe	Gerbstoff	,,
	Nichtgerbstoff..................	,,
Ledersubstanz	Hautsubstanz	,,
	Gerbstoff	,,
		100 Prozent
Auswaschbare organische Stoffe		Prozent
Gesamtgerbstoff		,,
Stickstoffgehalt des Leders		,,
Stickstoffgehalt der Ledersubstanz		,,
Rendementszahl (R)		,,
Durchgerbungszahl (D)		,,
Zucker		,,
Schwefelsäure		,,
Kalk		,,
100 Teile Ledersubstanz bestehen aus	Gerbstoff	,,
	Hautsubstanz..............	,,

b) Chromgares Leder

Wasserbestimmung

5 g der feinzerteilten Probe werden bei 100 bis 105° bis zur Gewichtskonstanz getrocknet und der Gewichtsverlust in Prozenten auf das Leder angegeben.

Bestimmung des Aschegehaltes

2 g Leder werden im Platintiegel auf gleiche Art wie beim lohgaren Leder verascht und die Asche zur Wägung gebracht.

Bestimmung des Chromoxydgehaltes[1])

Der durch die Veraschung erhaltene Rückstand wird mit zirka 3 g eines Gemisches von 60 Teilen Soda, 20 Teilen Pottasche und 4 Teilen Kaliumchlorat gut gemengt und im bedeckten Platintiegel erst schwach, später während 15 bis 20 Minuten vor dem Gebläse erhitzt. Während des Erhitzens vor dem Gebläse gibt man zweckmäßig noch zweimal eine Messerspitze obigen Oxydationsgemisches zu, um dadurch ein genügendes Schmelzen zu erreichen. Nach dem Erkalten löst man die Schmelze in heißem Wasser auf, filtriert und verdünnt das chromathaltige Filtrat auf zirka 150 cm³, fügt dann 5 bis 10 cm³ konzentrierte Salzsäure und 10 cm³ einer 10%igen Kaliumjodidlösung hinzu, wodurch

---

[1]) Appelius: Collegium, S. 124. 1904.

eine der Chromsäure äquivalente Menge Jod freigemacht wird, die durch Titration mit einer zirka $^1/_{10}$ n-Thiosulfatlösung bestimmt wird, indem 1 g Thiosulfat 0,1603 g Cr_2O_3 entsprechen.

Diese Methode gehört zu den genauesten der Chrombestimmungen und läßt sich in verhältnismäßig kurzer Zeit durchführen.

Die von Stiasny[1]) angegebene Chrombestimmungsmethode bedient sich der Aufschließung des Leders mit rauchender Salpetersäure und Titration des aufgelösten Trockenrückstandes dieser Lösung mittels Jod und Thiosulfat, doch erhält man stets höhere Chromoxydmengen als Asche, was auf Verunreinigungen des Chromoxyds mit den Bestandteilen der benutzten Gläser zurückzuführen ist.

Nach Procter[2]) bestimmt man das Chrom durch Digerieren der Lederasche mit konzentrierter Schwefelsäure und erhält im Rückstand das Chromoxyd. Diese Methode gibt zwar gute Resultate, ist aber ziemlich umständlich.

Bestimmung des Aluminiumoxydgehaltes[3])

3 g Leder werden wie üblich verascht und hierauf die Asche wie oben aufgeschlossen. Die erkaltete Schmelze wird in heißem Wasser gelöst, filtriert und das Filtrat auf 250 cm³ aufgefüllt. In 100 cm³ derselben reduziert man die Chromsäure durch Zusatz von Salzsäure und Alkohol und anhaltendes Kochen, worauf man mit Ammoniak das Chrom- und Aluminiumoxyd ausfällt und beide in bekannter Weise zur Wägung bringt. Durch Abzug der früher gefundenen Menge des Chromoxyds von dieser Zahl erhält man das im Leder enthaltene Aluminiumoxyd.

Bestimmung der Schwefelsäure und der Alkalien

5 g Leder werden vorerst mit Schwefelkohlenstoff extrahiert, um alles Fett und den gesamten Schwefel zu entfernen. Das so extrahierte Leder wird in zirka 50 cm³ rauchender Salpetersäure zur Lösung gebracht und diese 12 bis 24 Stunden bei gewöhnlicher Temperatur stehen gelassen; diese Aufschließung kann aber durch schwaches Erwärmen bedeutend abgekürzt werden. Die so erhaltene grüne Flüssigkeit wird durch Eindampfen vom größten Teil der Salpetersäure befreit, der Rückstand in Wasser gelöst, filtriert, auf 500 cm³ aufgefüllt und in 200 cm³ dieser klaren Lösung mittels Bariumchlorids die Schwefelsäure, wie üblich, bestimmt. Von dem so gefundenen Gehalt an SO_3 ist aber noch für jedes Prozent der im Leder enthaltenen Hautsubstanz 0,005% SO_3 in Abzug zu bringen, entsprechend des in derselben enthaltenen Schwefels.

In der zweiten Menge von 200 cm³ obiger Lösung bestimmt man die Alkalien dadurch, daß man die Lösung zur Trockne eindampft, zur Zerstörung der organischen Substanz schwach glüht und den Rückstand mit salzsäurehaltigem Wasser extrahiert. Durch Zusatz von

[1]) Der Gerber, Nr. 649. 1901.
[2]) Procter-Paessler: Gerbereichemische Untersuchungen.
[3]) Appelius: Collegium, S. 126. 1904.

Ammoniak fällt man aus dieser sauren Lösung vorerst die Metalle und, nach erfolgter Filtration mittels Ammoniumkarbonats den Kalk. Nach abermaliger Filtration wird das Filtrat unter Zusatz einiger Tropfen verdünnter Schwefelsäure zur Trockne verdampft, der Rückstand schwach geglüht, um alle Ammoniumsalze zu entfernen, und wird dann als Sulfat gewogen.

Die Gesamtschwefelsäure im Chromleder bestimmen Levi und Orthmann[1]) folgendermaßen: Man übergießt 1 g fettfreies Leder in einem 250 cm^3-Becherglas mit 20 cm^3 Salpetersäure, erhitzt bis zum schwachen Sieden, fügt noch 8 bis 10 cm^3 Salzsäure hinzu und erwärmt, bis alle organischen Stoffe zerstört sind. Nun kocht man zwei bis drei Minuten stark, setzt 50 cm^3 Wasser und 5 cm^3 Alkohol zu und kocht so lange, bis alles Chrom reduziert und der Alkohol und die Aldehyde vertrieben sind. Dann fügt man noch 50 cm^3 Wasser hinzu, kocht, fällt mit Bariumchlorid, läßt zwei bis drei Stunden lang stehen und bringt das abgeschiedene Bariumsulfat wie üblich zur Wägung. Vor dem Zusatz des Bariumchlorids ist darauf zu achten, daß keine unlöslichen Mineralsalze (Talk, Bariumsulfat usw.) zugegen sind bzw. ist von diesen abzufiltrieren.

Levi[2]) bestimmt die Gesamtschwefelsäure im Chromleder folgendermaßen: 1 g fettfreies Leder wird mit 20 cm^3 Chromsäurelösung (hergestellt durch Auflösen von 50 g $K_2Cr_2O_7$ in 150 cm^3 H_2O und Zufügen von 50 cm^3 konzentriertem HCl) zunächst gelinde erhitzt und dann nach Zusatz von weiteren 8 bis 10 cm^3 Salzsäure stark gekocht, bis alle organischen Stoffe zerstört sind. Dann wird noch zwei bis drei Stunden weitergekocht, bis alles Chrom oxydiert und Alkohol und Aldehyd ausgetrieben sind. Nun werden 50 cm^3 Wasser zugefügt und die Schwefelsäure durch Chlorbarium gefällt.

Atkin[3]) schlägt für die Bestimmung von Mineralsäuren im Chromleder folgende Arbeitsweise vor: 2 bis 3 g Chromleder werden in einer Platinschale mit 25 cm^3 $\frac{n}{10}$-Na_2CO_3-Lösung durchfeuchtet. Die Masse wird auf dem Wasserbad zur Trockne eingedampft, im Luftbad eine halbe Stunde bei 160° weitergetrocknet, hierauf geglüht. Ist die organische Substanz vollständig verbrannt, so wird der Glührückstand in heißem Wasser gelöst. Die Lösung wird in einen Kolben übergefüllt, mit 25 cm^3 $\frac{n}{10}$-H_2SO_4 versetzt und zur Vertreibung der Kohlensäure zehn Minuten lang gekocht. Nach dem Erkalten wird die überschüssige Schwefelsäure mit $\frac{n}{10}$-NaOH zurücktitriert (Phenolphthalein). Darauf wird die Lösung mit Salzsäure versetzt und das Chromat jodometrisch bestimmt. Da 1 Molekül Cr_2O_3 ($=2\,CrO_3$) 6 Molekülen $Na_2S_2O_3$ entspricht und 2 Na_2CrO_4($=Cr_2O_3$) 2 Molekülen Na_2CO_3 bzw. 4 Molekülen NaOH

---

[1]) Journ. Amer. Leath. Chem. Ass., S. 496. 1916.
[2]) J. A. L. C. A., S. 269. 1920.
[3]) J. S. L. T. C., S. 89. 1922 u. Collegium, S. 329. 1922.

entspricht, kann man aus den erhaltenen Werten die Säuremenge nach folgender Gleichung berechnen:

$$\text{Säure} = \left(\text{cm}^3 \frac{n}{10}\text{-Na}_2\text{CO}_3 + \text{cm}^3 \frac{n}{10}\text{-NaOH}\right) - \left(\text{cm}^3 \frac{n}{10}\text{-H}_2\text{SO}_4 + \frac{2}{3}\text{cm}^3\text{Na}_2\text{S}_2\text{O}_3\right).$$

Die durch diese Methode ermittelten etwas zu hohen Werte dürften sich daraus erklären, daß sich beim Glühen anstatt des Chromhydroxydes basische Salze bilden, die beim Glühen SO_3 abgeben.

Die Azidität des Chromleders bestimmt Meunier[1]) auf einfache Weise folgender Art: Man übergießt 5 g zerschnittenes Leder in einer verschließbaren Flasche mit 50 cm³ $^1/_5$ n-NaHCO$_3$ + 50 cm³ Wasser, schüttelt drei Stunden, gießt die Flüssigkeit in einen 250 cm³-Maßkolben, gibt 75 cm³ destilliertes Wasser zu dem Leder, schüttelt wieder eine Stunde, gibt dieses ebenfalls in den Kolben, bringt die Flüssigkeit auf 250 cm³ und titriert den Überschuß des NaHCO$_3$ zurück.

Nach Wilson und Lines[2]) kann man auch bei Chromleder durch das Verdrängungsverfahren mit Wasser die ganze gebundene Schwefelsäure des Leders hydrolysieren und als freie Schwefelsäure erhalten. Das Chromkollagenat bleibt hierbei unverändert.

Chromleder vermag viel mehr Schwefelsäure zu binden als pflanzlich gegerbtes Leder, wodurch ersteres auch säureempfindlicher ist[3]).

Nach vorläufigen Vorschlägen der A. L. C. A.[4]) bestimmt man im Chromleder:

a) Das Gesamtsulfat: 1 g Leder wird in einem 250 cm³-Maßkolben mit 200 cm³ $^1/_{10}$ mol. KH$_2$PO$_4$ (bzw. NaH$_2$PO$_4$) im kochenden Wasserbad zwei Stunden erhitzt. Nach dem Erkalten wird zur Marke aufgefüllt und filtriert; nach Verwerfen von 20 bis 25 cm³ werden 200 cm³ mit 5 cm³ konzentrierter Salzsäure versetzt und die Schwefelsäure mit Bariumchlorid gefällt.

b) Das Neutralsulfat: Man wiederholt obige Bestimmung unter Verwendung von destilliertem Wasser an Stelle der Phosphatlösung.

c) Die hydrolysierte Schwefelsäure: Man titriert einen Teil der Lösung von der Neutralsulfatbestimmung mit $\frac{n}{10}$-NaOH gegen Methylorange; Berechnung: (SO$_3$ nach b)—(SO$_3$ nach c) = x; Gesamt-SO$_3$—x = = als säuregebundenes SO$_3$.

Bestimmung des Chlors

Zirka 4 g Leder werden mit 25 cm³ einer 10%igen chlorfreien Sodalösung getränkt, getrocknet und dann vorsichtig, am besten in der Muffel, verascht. Die Asche wird mit heißem Wasser vollständig extrahiert, die Lösung filtriert, genau mit Salpetersäure neutralisiert und das Chlor mit $^1/_{10}$ n-Silbernitratlösung unter Verwendung einer neutralen Lösung von Kaliumchromat als Indikator titriert.

---

[1]) Le Cuir, S. 4. 1923.
[2]) J. A. L. C. A., 21, S. 299. 1926 u. Collegium, S. 424. 1926.
[3]) Wilson: Ind. Eng. Chem., 18, S. 47. 1926 u. Collegium, S. 425. 1926.
[4]) Reed: J. A. L. C. A., 20, S. 357. 1925 u. Collegium, S. 269. 1927.

Bestimmung des Fettes und freien Schwefels

20 g Leder werden mit schwefelfreiem Schwefelkohlenstoff wie beim lohgaren Leder vollständig extrahiert, nach erfolgter Extraktion das Lösungsmittel abdestilliert und das Fett-Schwefelgemisch nach dem Trocknen zur Wägung gebracht. Dieses Gemisch wird hierauf mit rauchender Salpetersäure vollständig oxydiert, am Wasserbade zur Entfernung der Säure eingedampft, mit Sodalösung versetzt und zur Trockne verdampft. Man glüht nun den Rückstand zur Beseitigung der vorhandenen organischen Substanz vorsichtig und extrahiert die erkaltete Masse mit salzsäure- und bromhaltigem Wasser. In dieser Lösung kann man mittels Bariumchlorids die gebildete Schwefelsäure fällen, das Bariumsulfat zur Wägung bringen und durch Multiplikation mit dem Faktor 0,135 in Schwefel umrechnen. Durch Abzug der gefundenen Schwefelmenge von der obigen Fett-Schwefelmenge erhält man die vorhandene Fettmenge.

Jene Chromleder, die mit sulfuriertem Klauenöl gefettet worden waren, geben an verschiedene Fettlösemittel wechselnde Mengen an Fett ab; Trichloräthylen extrahiert am meisten Fett und Schwefel. Die ausgezogenen Fettmengen nehmen in der Reihenfolge: Petroläther, Alkohol, Azeton und Trichloräthylen ab; die ausgezogenen Schwefelmengen dagegen in der Reihenfolge: Azeton, Petroläther, Alkohol und Trichloräthylen[1]).

Bestimmung der Hautsubstanz

Diese erfolgt in der gleichen Weise wie beim lohgaren Leder, doch verwendet man zur Aufschließung nur 0,5 g, weil das Chromleder einen höheren Gehalt an Hautsubstanz aufweist.

Untersuchung des Ausschlages[2])

Der weiße Ausschlag auf chromgarem Leder kann von verschiedener Ursache herrühren; insbesondere besteht er aus:

Schwefel bei Einbadbrühengerbung, wenn letztere mit Thiosulfat reduziert wurden; bei Zweibadbrühengerbung vom Reduktionsbad (Thiosulfat) stammend;

Fettsäuren, gewöhnliche und oxydierte, durch Spaltung der Glyzeride durch Säuren oder Schimmelpilze bzw. bei Gegenwart von Eisen als Sauerstoffüberträger (beim Glanzstoßen und Bügeln durch Schmelzen herausgetreten);

Kalziumseifen, bei mangelhafter Entkalkung;

anorganischen Salzen, meist NaCl, $K_2Al_2(SO_4)_4$, Na_2SO_4, $BaCl_2$ durch ungenügendes Auswaschen des Leders;

Schimmelpilze, meist aus organischen Substanzen, die beim Reduzieren der Chrombrühe Verwendung fanden.

---

[1]) Versammlungsbericht deutscher Gerbereichemiker: Collegium, S. 408. 1926.

[2]) Grasser: J. College Agric. Hokk. Imp. Univ. XXIV, 3, S. 93. 1929.

Lederprobe mehrmals mit verdünnter Essigsäure auskochen, die Lösung etwas eindampfen und filtrieren:

Filtrat
($ZnSO_4$, $MgSO_4$, $Pb(C_2H_3O_2)_2$, $Pb(NO_3)_2$, $BaCl_2$, $NaCl$, ungebundene Chromsalze, Zucker); kochend mit verdünnter Schwefelsäure fällen:

Lederrückstand; vorsichtig, ohne Glühen, veraschen, Asche wägen, mit Salzsäure behandeln und Lösung filtrieren:

Filtrat + $AgNO_3$

Filtrat enthält:

a) **Zink:** Mit H_2S in essigsaurer Lösung fällen.

b) **Magnesium:** Als Phosphat bestimmen.

c) **Chromsalze:** Mit $(NH_4)_2S$ fällen, Niederschlag in Essigsäure lösen, Lösung mit Ammoniak fällen, glühen und wägen.

d) **Zucker:** Lösung eindampfen und wägen, dann glühen und wägen. Differenz: Zucker

Niederschlag von AgCl, aus NaCl und $BaCl_2$ stammend.

Niederschlag ($PbSO_4$, $BaSO_4$) mit heißer Lauge behandeln

Filtrat mit H_2S oder Schwefelsäure fällen: **$PbSO_4$**

Rückstand **$BaSO_4$**

Filtrat mit Ammoniak versetzen und filtrieren

Niederschlag von $Cr(OH)_3$ glühen und als **Cr_2O_3** wägen.

Filtrat mit $(NH_4)_2C_2O_4$ fällen, glühen und als **CaO** wägen

Niederschlag trocknen, Filter veraschen, zirka 2 Stunden auf 120° erhitzen; Asche mit 4 Teilen Soda und 1 Teil Salpeter zur dünnflüssigen Masse schmelzen, erkalten, mit heißem Wasser behandeln

Niederschlag ($BaCO_3$, SiO_2) mit verdünnter Salzsäure lösen, Lösung filtrieren

Filtrat (Na_2SO_4) aus H_2SO_4 des **$BaSO_4$** stammend.

Filtrat mit verdünnter Schwefelsäure fällen gibt: **$BaSO_4$**

Rückstand als **SiO_2** wägen.

Der Nachweis, um welchen Stoff es sich bei einem Ausschlag handelt, kann also mit Hilfe des Mikroskops bzw. nach erfolgtem Abschaben durch einfache qualitative chemische Reaktionen erbracht werden.

Gesamtanalyse des Chromleders

In jenen Fällen, bei denen es sich neben der Ermittlung des Chromgehaltes im Leder noch um dessen andere Bestandteile handelt, die eventuell zur künstlichen Beschwerung absichtlich dem Leder zugesetzt wurden, ist eine Gesamtanalyse am Platze und bietet nebenstehendes Schema einen geeigneten Arbeitsplan, nach dem alle im Chromleder enthaltenen löslichen und unlöslichen Metallsalze und außerdem der etwa vorhandene Zucker annähernd bestimmt werden können. Die Angaben in diesem Schema wurden nur kurz gemacht und nur Wert auf die Darstellung der Trennungen gelegt.

c) Alaungares Leder

Das alaungare Leder enthält als Hauptbestandteile Wasser, Hautsubstanz, Asche und Fett, und diese Bestandteile können in gleicher Weise ermittelt werden, wie dies beim chromgaren Leder beschrieben wurde. Ein besonderes Augenmerk verlangt die Bestimmung der Asche, welche Alaun und Kochsalz enthält, die als eigentliche Gerbmittel anzusehen sind.

Durch die Eigentümlichkeit des Gerbvorganges wird der Alaun teilweise gespalten und lagert sich hauptsächlich ein basisches Aluminiumsalz ab.

Es kommt daher für die chemische Untersuchung des Leders vor allem auf eine genauere Untersuchung der Asche und auf eine Bestimmung der vorhandenen freien Säuren an. Die im Leder vorhandene Tonerde beträgt zirka 6 bis 8% und kann durch tüchtiges Auswaschen bis auf $1^1/_2$% entfernt werden, welcher Rest ziemlich fest an die Hautsubstanz gebunden zu sein scheint.

Für die Bestimmung des Aluminiums in der Asche löst man zirka 2 g durch Zusatz von 5 bis 10 cm³ verdünnter Schwefelsäure unter Erwärmen am Wasserbad, verdünnt nach erfolgter Auflösung mit zirka 50 cm³ Wasser, erwärmt zum Sieden, filtriert heiß und füllt auf 250 cm³ auf. 100 cm³ dieser Lösung fällt man mit Ammoniak und bringt das ausgeschiedene Aluminiumoxyd in bekannter Weise zur Wägung. Nach Entfernung des Aluminiumoxyds verwendet man das Filtrat zur Bestimmung der Alkalien, indem man die Lösung eindampft, mit verdünnter Schwefelsäure behandelt, schwach glüht und als Sulfate zur Wägung bringt.

In weiteren 100 cm³ der ursprünglichen Aschelösung bestimmt man durch Zugabe von Silbernitrat das vorhandene Chlor als Gesamtchlor.

Berechnet man nun einerseits das dem gefundenen Aluminiumoxyd äquivalente Kalium in bezug auf Alaun und bringt diese Menge von jener der Alkalien in Abzug, so resultiert annähernd das vorhandene

Natrium. Die dem Natrium als Kochsalz äquivalente Menge Chlor berechnet und vom Gesamtchlor in Abzug gebracht, ergibt die der freien Salzsäure entsprechende Chlormenge.

Die Bestimmung der Gesamtsäure kann nach den Methoden auf Seite 370ff. ermittelt werden und dann ebenso die Menge der freien Säuren. Durch Abzug der früher berechneten Menge freier Salzsäure erhält man endlich die Menge der freien Schwefelsäure.

Die mittlere Zusammensetzung eines lufttrockenen alaungaren Leders zeigt folgende Aufstellung:

Wasser	25,0%	Asche	15,8%
Hautsubstanz	59,0%	Fett	0,2%

d) Eisengares Leder[1])

Der qualitative Nachweis, ob Eisengerbung vorliegt, wird bei naturfarbigem Leder (rötlichbraun) durch Befeuchten mit einer Essig-säure-Tannin-Lösung erbracht, wobei eine Blauschwarzfärbung eintritt. Gefärbte bzw. mit Tannin bereits oberflächlich geschwärzte Leder prüft man derart, daß man die gefärbte Außenseite abschneidet und den braunen Innenteil dieses so gespaltenen Leders entweder, wie vorher beschrieben, mit Tanninlösung befeuchtet oder das zerteilte Leder mit wenig Wasser, dem 1 bis 2 Tropfen Salzsäure zugesetzt wurden, kurz kocht, die Lösung nun mit Natriumazetat neutralisiert und mit Essigsäure-Tannin-Lösung versetzt, wodurch eine Blauschwarzfärbung oder Ausflockung eintritt.

Wasserbestimmung. Diese erfolgt in der gleichen Weise, wie sie beim chromgaren Leder durchgeführt wird.

Bestimmung des Fe_2O_3-Gehaltes. Zirka 2 g Lederspäne werden verascht und die Asche unter Befeuchten mit einigen Tropfen Salpeter-säure mäßig erhitzt. Der Rückstand wird nun am Wasserbade mit wenig konzentrierter Salzsäure mehrmals behandelt, indem die klare Lösung jedesmal vorsichtig vom unlöslichen Rückstand abgegossen wird. Die vereinigten Lösungen werden nun mit Wasser verdünnt, auf zirka 70° C erwärmt und mit Ammoniak im kleinen Überschuß versetzt. Der Niederschlag wird rasch auf ein Filter gebracht, mit heißem Wasser mehrmals ausgewaschen, bis er chlorfrei ist, und schließlich im bedeckten Tiegel erst mäßig, dann im halbgeöffneten Tiegel mit halb-aufgedrehtem Teclubrenner erhitzt. Nach erfolgtem Auskühlen wird der Rückstand als Fe_2O_3 zur Wägung gebracht.

Bestimmung des Aschegehaltes. Zirka 2 g Lederspäne werden wie bei der Fe_2O_3-Bestimmung verascht und der Rückstand zur Wägung gebracht; letzterer kann nun zur weiteren Bestimmung des Fe_2O_3-Ge-haltes benutzt werden.

Bestimmung des CaO-Gehaltes. Das Filtrat aus der oben beschriebenen Eisenbestimmung nach Abscheidung des $Fe(OH)_3$ mit Ammoniak wird mit den Waschwässern des Eisenniederschlages ver-einigt, mit Essigsäure schwach angesäuert und mit Ammoniumoxalat

---

[1]) Grasser: Collegium, 600, S. 166. 1920.

gefällt. Der gebildete Niederschlag wird auf ein aschefreies Filter gebracht, dieses verascht, der Rückstand mit Salpetersäure leicht befeuchtet, getrocknet, geglüht und als CaO zur Wägung gebracht.

Bestimmung der Gesamtsäure. Die Herstellungsmethoden der eisengaren Leder bringen die Möglichkeit mit sich, daß durch mangelhafte Entsäuerung bzw. nachträgliche Abspaltung von Säuren aus den zur Gerbung benutzten Eisensalzen freie Säuren im Leder vorhanden sein können. Als solche kommen vorwiegend Salzsäure, Salpetersäure und Schwefelsäure in Betracht; erstere sowie eventuell vorhandene organische Säuren können als ungefährlich für das Leder angesehen werden.

Qualitativ kann ein Gehalt an freien Säuren nachgewiesen werden, indem man zirka 1 g feingeraspeltes Leder mit Wasser auskocht, die Lösung filtriert und mit Methylorange versetzt; eine deutliche Rotfärbung zeigt die Gegenwart anorganischer Säuren.

Quantitativ kann der Säuregehalt annähernd dadurch bestimmt werden, daß man zirka 2 bis 3 g feingeraspeltes Leder mit zirka 50 cm^3 Wasser unter Rückflußkühlung etwa fünf Minuten lang kocht, die Lösung abgießt und das Kochen nochmals ein- bis zweimal mit frischen Wassermengen wiederholt. · Die vereinigten Auszüge werden schließlich mit $^1/_{10}$ n-KOH und Methylorange als Indikator titriert und entweder die verbrauchten Kubikzentimeter $^1/_{10}$ n-Lauge mit 0,005 (dem mittleren Äquivalentgewicht der drei genannten anorganischen Säuren) multipliziert oder der Säuregehalt direkt durch die Anzahl der verbrauchten Kubikzentimeter Lauge zum Ausdruck gebracht.

Ein Gehalt an freier Schwefelsäure kann am besten nach dem Verfahren von Immerheiser[1]) ermittelt werden.

Bestimmung des Fettgehaltes. Diese erfolgt durch Behandeln des zerteilten Leders mit Petroläther, Äther oder Chloroform im Soxhletapparat, wie es beim loh- oder chromgaren Leder üblich ist. Die Wahl des Extraktionsmittels hängt von der Löslichkeit eventuell vorhandener Appreturstoffe ab; sind solche aber abwesend, so erlaubt das eisengare Leder wie das chromgare Leder jedes der genannten Fettlösemittel.

Bestimmung der Hautsubstanz. Diese wird auf die gleiche Weise mittels Kjeldahl-Methode wie beim loh- oder chromgaren Leder vorgenommen, doch genügt eine Einwage von 0,5 g Leder, da der Gehalt an Hautsubstanz ein verhältnismäßig hoher ist.

Eisengare Leder ergaben folgende Analysenwerte:

Hautsubstanz	62,00	70,40	47,60	46,66	68,30	56,16	57,05
Wasser	17,32	16,85	16,54	16,70	23,34	16,22	15,22
Asche	6,97	11,00	20,28	31,71	6,69	19,62	16,93
Fe$_2$O$_3$	6,00	7,90	17,06	17,28	6,17	8,31	8,55
Fett..................	18,02	—	—	—	0,89	—	—

[1]) Collegium, 582, S. 293. 1918.

e) Sämischgares Leder[1])

Wasserbestimmung. 5 g des Lederpulvers werden bei 105⁰ bis zur Gewichtskonstanz getrocknet und aus dem Gewichtsverlust der Wassergehalt berechnet.

Aschebestimmung. 5 g Lederpulver werden in einer gewogenen Platinschale vorsichtig verascht und der Rückstand gewogen.

Bestimmung des in Schwefelkohlenstoff löslichen Fettes. 10 g Lederpulver werden vorerst etwas getrocknet und hierauf im Soxhletschen Extraktionsapparat zirka vier Stunden lang mit Schwefelkohlenstoff extrahiert. Die so erhaltene Fettlösung wird quantitativ in ein kleines gewogenes Kölbchen übergespült, das Lösungsmittel durch Destillation entfernt und der Rückstand mehrere Stunden bei 105⁰ getrocknet und gewogen.

Bestimmung des gebundenen Fettes. Durch Subtraktion der ermittelten Mengen Hautsubstanz, löslichen Fettes und Asche von 100 kann man indirekt die Menge des gebundenen Fettes, bezogen auf Ledertrockensubstanz, berechnen.

Bestimmung der Hautsubstanz. Für diese Ermittlung verwendet man 5 g des fettfreien Leders, wie es durch Schwefelkohlenstoffbehandlung erhalten wurde (vgl. oben), das vorher noch vollständig getrocknet wurde. Die Bestimmung erfolgt dann auf bekannte Weise nach der Kjeldahlschen Methode.

Tabelle 85

	Büffel-leder	Kalb-leder	Reh-leder	Schaf-leder
A. Im absolut trockenen Leder:				
in CS_2 lösliches Fett	2,07	3,43	3,67	5,71
Stickstoffgehalt des Leders	15,79	14,43	14,56	14,77
„ der Hautsubstanz	17,80	17,80	17,40	17,10
Mineralstoffe	6,26	7,17	6,12	4,52
in CS_2 unlösliches Fett	2,96	8,33	6,50	3,20
Hautsubstanz	88,71	81,07	83,50	86,36
B. Im lufttrockenen Leder:				
Wasser	22,00	22,00	22,00	22,00
Mineralstoffe	4,88	5,59	4,70	3,66
in CS_2 lösliches Fett	1,62	2,68	2,86	4,46
in CS_2 unlösliches Fett	2,31	6,50	5,07	2,49
Hautsubstanz	69,19	63,23	65,29	67,37

Vorstehende Tabelle zeigt die mittlere Zusammensetzung von absolut trockenem und lufttrockenem sämischgaren Leder nach Angaben Schroeders[2]).

Weitere Analysenwerte sämischgarer Leder zeigt nachfolgende Zusammenstellung:

---

[1]) Vgl. Schroeder: Gerbereichemie, S. 628.
[2]) Schroeder: Gerbereichemie, S. 630.

Tabelle 86

	Wasser	Asche	Unverseifbares	Fettsäuren	Flüssige	Feste	Hautsubstanz
					Oxyfettsäuren		
Schafleder ...	18,20	4,30	0,30	2,80	0,22	0,70	69,00
Rehleder	15,15	6,03	0,49	4,16	0,45	1,37	72,35
Ziegenleder...	15,18	3,83	3,03	0,28	0,61	0,56	76,51
Büffelleder ...	20,54	3,21	0,10	0,46	0,11	0,56	75,02

f) Leder kombinierter und anderer Gerbung

Außer den im vorstehenden genannten, hauptsächlich handelsüblichen Ledersorten kommen heute immer mehr kombiniert und mit verschiedenen Mineralsalzen gegerbte Leder in den Handel. Zu den ersteren zählen die Kombinationen von Aluminium, Chrom, Eisen, Fett, pflanzlichen Gerbstoffen, synthetischen Gerbstoffen und Formaldehyd. Zu den letzteren rechnet man die Gerbung mit Schwefel, Magnesiumsalzen und Kieselsäure.

Für die chemische Untersuchung dieser Ledersorten kommen im allgemeinen jene Methoden in Betracht, die bei den anderen Gerbungen bereits beschrieben worden sind. Zum Nachweis bzw. zur quantitativen Bestimmung der gerbenden Stoffe wird man daher bei anorganischen Stoffen durch Veraschen des Leders, durch eine Stickstoff-, Fett- und Wasserbestimmung ziemlich eindeutig die Gerbungsart feststellen können. Liegen auch pflanzliche Gerbstoffe als kombinierte Gerbmittel vor, so kann aus der Farbe des Leders ohne weiteres deren Gegenwart erkannt werden. Durch die quantitative Bestimmung der obengenannten Bestandteile und Berechnung des fehlenden Restes auf 100% kann schließlich auf die Menge der pflanzlichen Gerbstoffe geschlossen werden.

Liegen synthetische Gerbstoffe vor, so kann deren Gegenwart vereinzelt durch qualitative Reaktionen (vgl. S. 295) festgestellt werden; ihre Menge muß ebenfalls indirekt, wie bei den pflanzlichen Gerbstoffen, ermittelt werden. Besonders schwierig gestaltet sich die Frage bei Gegenwart von Formaldehyd oder Methylendinaphtholen, die nicht ohne weiteres mit Sicherheit festgestellt werden können, zudem ihre Menge meist sehr gering ist und kaum 2% überschreitet.

Schwefel kann meist nur durch trockene oder feuchte Verbrennung der Ledersubstanz und Überführen der gebildeten Schwefelsäure in Bariumsulfat qualitativ und quantitativ ermittelt werden; hierbei muß allerdings noch auf den Hautschwefel und auf eventuell vorhandene Schwefelsäure geachtet bzw. diese in Rechnung gestellt werden.

Halogene, welche eventuell als Vorgerbmittel in Betracht kämen, können ebenfalls, ähnlich wie Schwefel, nach geeignetem Verbrennen der Ledersubstanz ermittelt werden. Ihr Nachweis gelingt aber nur dann, wenn außer ihnen nur organische, halogenfreie Gerbstoffe vorliegen.

Auch die Feststellung der Fette bietet insofern Schwierigkeiten, als einerseits, z. B. bei kombinierter Sämischgerbung, ein gewisser Anteil des Fettes ziemlich fest gebunden vorliegt, so daß er durch Fettlösemittel nicht extrahierbar ist. Anderseits muß aber unterschieden werden, ob das Fett zur Gänze als Schmiermittel oder als Gerbmittel bzw. als beides vorhanden ist. Hier kann im allgemeinen nur der Charakter des vorliegenden Leders Aufschluß geben bzw. die Weichheit des Leders einen Hinweis bilden, die es nach völliger Fettextraktion noch bewahrt hat. Eine weitere chemische Untersuchung der aus dem Leder extrahierten Fettstoffe gibt schließlich näheren Aufschluß über die Art der Fettgerbung bzw. ob es sich nicht nur um ein Schmiermittel gehandelt hat.

Tabelle 87. Analysenwerte

Gerbung mit	Gebundener Gerbstoff
Chlor	$0,2—0,4\%$ Cl
Brom	$0,9\%$ Br
Schwefel	$1,5—4,0\%$ S
Wismutsalz	$6—17\%$ Bi_2O_3
Zersalz	9% Ce_2O_3
Formaldehyd	5% HCHO
Chinon	$0,4—7,0\%$ Chinon
synthetischen Gerbstoffen	$10—18,5\%$ synthetischer Gerbstoff

g) Lackleder

Bei der Untersuchung des Lackleders kommt es darauf an, einerseits die Art der Lackierung, anderseits die Art der Gerbung zu bestimmen. Während die zweite Frage meist ohne weiteres mit Hilfe eines Schnittes beantwortet werden kann, ist die Art der Lackierung etwas umständlicher herauszufinden.

Wir unterscheiden heute drei Arten von Lackierungen, und zwar:
1. Reine Leinöllackierungen,
2. reine Nitrozelluloselackierung,
3. gemischte Lackierung aus beiden erstgenannten.

Die reine Leinöllackierung erkennt man an der Unlöslichkeit oder Schwerlöslichkeit des vom Leder abgeschabten Lacküberzuges in Amylazetat und ähnlichen Lösungsmitteln für Nitrozellulose (z. B. Hexalinazetat). Bei der Veraschung dieses Überzuges kann man meist größere Mengen von Erdfarben ermitteln, die vorwiegend im „Grund" und „Strich" des Lacklederüberzuges anzutreffen sind, während der oberste Anstrich, der „Lack", meist ziemlich aschefrei ist. Die qualitative Untersuchung dieser Asche führt häufig zur Erkenntnis, daß Blei-, Mangan-, Eisen-, Zink- und Kupfersalze zur Bereitung dieses Anstriches mit verwendet worden sind. Die Anwesenheit der ersteren weist insbesondere darauf hin, daß es sich hierbei um „Trockenmittel" handelt, die also zur Oxydierung von Leinöl benutzt worden sind. Liegen schwarze Lackleder vor, deren Grund und Strich auch schwarz sind, so können die genannten Metallsalze nur als Trockenmittel angewandt worden sein. Anders ist dies bei jenen buntgefärbten Lackledern, deren Grund bereits eine ähnliche Farbe wie die Oberfläche aufweist, bei denen es also nicht ohne weiteres festzustellen ist, ob genannte Metallsalze als „Trockenmittel" dienten oder nur als färbende Stoffe. In diesem Falle besteht aber der Lack stets aus einer farblosen, also nicht gefärbten Schicht und kann so seine Herkunft vom Leinöl bzw. von der Nitrozellulose ohne weiteres ermittelt werden. Die Unlöslichkeit des gefärbten Grundes und Striches in Amylazetat beweist aber auch in diesen zweifelhaften Fällen ihre Herstellung aus Leinölfirnis.

Bei jenen schwarzen Lackledern, die nur dünne Lacküberzüge aufweisen (z. B. Lackchevreau), kann man im allgemeinen nur wenig Aschesubstanz feststellen und diese besteht fast ausschließlich aus Trockenmitteln. Die Schwarzfärbung der einzelnen Anstriche beruht hier auf Vorhandensein von Ruß.

Die Untersuchung einer reinen Nitrozelluloselackierung wird derart ausgeführt, daß man den isolierten Lacklederüberzug in Amylazetat zur Lösung bringt. Gleichzeitig gehen hier die mitbenutzten Öle (Rizinusöl, Leinöl usw.) und die Farbstoffbasen in Lösung. Aus der Färbung dieser Lösung kann also auf die Gegenwart und Art des benutzten Teerfarbstoffes geschlossen werden. Der in Amylazetat unlösliche Rückstand besteht vorwiegend aus Mineralfarbstoffen bzw. Ruß, welche beide die übliche Beimischung zu den Nitrozelluloselacken vorstellen. Aus der Farbe des Anstriches bzw. des Grundes oder Striches kann leicht ersehen werden, ob genannte Mineralfarbstoffe nur als Färbemittel oder auch als Decksubstanz angewandt worden sind. Letzteres ist meist der Fall, wenn Ruß, tonerdehaltige Stoffe oder Umbra feststellbar sind, da diese Stoffe zufolge ihrer großen Deckkraft und Weichheit für genannte Zwecke besonders geeignet sind.

Die gemischte Lackierung ist meist derart zusammengesetzt, daß Grund und Strich aus einer Nitrozelluloselösung, gemengt mit Ölen, Ruß oder Mineralfarbstoffen, und der Lacküberzug aus einem reinen Leinöllack bestehen. Vereinzelt besteht dieser Lack aus einem Gemisch von Nitrozellulose und Leinölfirnis, der meist mit ganz wenig Teerfarbstoffbase gefärbt ist. Für die Untersuchung dieser Anstriche ist es daher erforderlich, die einzelnen voneinander verschiedenen Schichten für sich abzutrennen und diese mit Hilfe von Amylazetat auf ihre Löslichkeit zu untersuchen bzw. die darin unlöslichen Bestandteile abzuscheiden und für sich zu untersuchen.

Bei der Qualitätsprüfung von Lackledern kommt es insbesondere darauf an, deren Biegfestigkeit zu untersuchen. Gute Lackleder müssen die doppelte Biegung unter Druck vertragen, ohne daß ein Springen der Lackschichten oder Einreißen der Lederschicht eintreten darf. Hierzu ist zu bemerken, daß reine Leinöllackleder bereits bei kühlen Temperaturen leicht springen, während Nitrozelluloselackleder hierfür weniger empfindlich sind. Besonders wichtig ist auch die Feststellung, wie stark der Lacküberzug bzw. die ganze Schicht auf dem Leder haftet. Gute Lackleder dürfen weder einzelne Schichten noch die ganze Anstrichmasse abblättern bzw. diese mit Hilfe eines Messers ohne weiteres abziehen lassen. Dort, wo eine solche Abtrennung der oberen Schicht (der eigentliche Lack oder Glanz) leicht durchführbar ist, muß angenommen werden, daß die verschiedenen Schichten in ihrer Zusammensetzung sehr voneinander abweichen und daher ihre gegenseitige Bindung eine nur mäßige ist; sie tritt besonders bei gemischter Lackierung auf.

Die Dehnbarkeit und Zügigkeit des Lederüberzuges muß bei guten Lackledern ebenfalls eine derart große sein, daß ein kräftiges Ziehen der Lederprobe mit Hilfe eines scharfkantigen Gegenstandes kein Reißen der Lackschichten verursacht (Schlüsselprobe). Auch darf die so erzeugte Dehnung keine bleibende sein, das heißt, die Schichten müssen derart elastisch sein, daß sie nach Beendigung der Dehnung ohne Hinterlassung eines Merkmales in ihren ursprünglichen Zustand zurückgehen müssen; es darf also keine Runzelung oder Faltenbildung bestehen bleiben.

Von anderen Lacklederfehlern seien besonders die blasigen Erhebungen und die Mattigkeit des Glanzes genannt. Die Ursache der ersteren kann am besten mit Hilfe eines feinen Schnittes und seine Untersuchung unter dem Mikroskop festgestellt werden. Meistenteils wird man die Blasen als Hohlräume erkennen, deren Entstehung damit zu erklären ist, daß die einzelnen Auftragungen der Masse noch nicht genügend trocken waren, bevor die nächste Schicht aufgetragen worden war. Auch die Verschiedenheit der Siedepunkte in den einzelnen Fraktionen der in Verwendung gekommenen Lösungsmittel (Terpentin, Benzin, Tetralin, Amylazetat usw.) kann sehr zur genannten Blasenbildung beitragen. In einzelnen Fällen wird man bei der mikroskopischen Untersuchung der Lacklederschnitte auch Fremdkörper feststellen können, die sich als Holzspäne (von dem Rahmen stammend), Staub, als schlecht verkochtes oder überhitztes Pariserblau oder als schlecht vermahlene Erdfarben oder Trockenstoffe zu erkennen geben werden.

Die Mattigkeit des Glanzes, die bis zur Abscheidung weißer Belege führen kann, wird sich fast immer als Fettsäureabscheidung zu erkennen geben. Dieselbe rührt von der Benützung unsachgemäßer Öle und Fette bei der Lederfettung her, vor allem auch von wollfetthaltigen Emulsionen bzw. von mit viel Wollfett verschnittenen Moellonsorten. Das Herablösen dieser Ausschläge mittels Alkohol und die Isolierung dieser Stoffe kann zur qualitativen und quantitativen Untersuchung derselben dienen.

Eine Bewertung von Nitrozelluloselösungen und -lacken und deren Lösungs- und Verdünnungsmittel hat Lorenz[1]) beschrieben.

Die Beurteilung eines Lacklederfabrikates auf Herkunft ist vielfach dadurch möglich, daß man mikroskopische Schnitte von den zu untersuchenden Ledern anfertigt. Durch Vergleich mit Schnitten bekannter Fabrikate ist es meistens möglich, deren Identität nachzuweisen. Die einzelnen Schichten (Grund, Strich, Lack) heben sich im Schnitte deutlich hervor und lassen auch ohne weiteres erkennen, wie viele Auftragungen der betreffenden Schicht jedesmal angewandt wurden. Durch Feststellung der Dicke dieser Schichten erhält man ebenfalls wertvolle Behelfe für die Beurteilung eines Lackleders.

---

[1]) Journ. Amer. Leath. Chem. Ass., S. 548. 1919 u. Collegium, S. 398. 1920.

h) Tabellen über Analysenwerte von Ledersorten

Tabelle 88. a) Zusammensetzung des Leders im wasserfreien Zustand[1]

Leder	Mineral-stoffe	Fett	Durch Wasser extrahierbare		Leder-substanz	Zucker	Stickstoff-gehalt
			Gerbstoffe	Nicht-gerbstoffe			
Sohlleder	0,71—0,95	0,20—0,80	1,53—8,23	3,12—6,24	84,09—94,40	0,11—0,41	7,74—10,15
Vacheleder	0,77—1,33	0,42—2,13	2,71—7,01	1,43—9,75	82,45—93,98	0,04—0,53	9,01—10,54
Riemenleder...........	0,36—1,10	7,46—11,12	4,31—4,49	1,61—2,44	82,60—84,51	0,20—0,21	8,60— 9,02
Geschirrleder	0,84	3,56	3,28	1,77	90,55	0,23	9,66
Roßleder.............	0,35	1,22	3,83	1,31	93,29	0	9,80
Roßschuhleder.........	0,86	29,81	2,59	1,50	65,24	0	6,43
Fahlleder	0,23	13,97	1,98	1,61	82,21	0,17	9,57
Kalbleder	0,31—1,14	21,72—23,92	3,70—4,96	1,22—2,40	69,39—72,86	0,12—0,24	7,04—8,09
Kipsleder	0,33—0,45	20,81—23,45	1,67—4,31	1,36—2,99	68,84—74,54	0—0,24	7,69—8,97
Schafleder	2,28	7,52	3,94	4,84	81,42	0,20	10,58
Hornleder	1,26—1,50	0,31—0,32	—	1,88	—	—	17,18—17,52

[1] Aus Schröder: Gerbereichemie, S. 554.

Tabelle 89. b) Zusammensetzung des Leders bei 18 Prozent Wassergehalt[1]) in Prozenten ausgedrückt

| | Sohlleder | | | | | | | | Lohterzen, österreichisch | |
| | geschwitzt, reine Eichengerbung | | geschwitzt und gekälkt, Eichen- und Fichten- gerbung | | geschwitzt und gekälkt, mit Hilfe gerbstoffreicher Materialien her- gestellt | | norddeutsche | | | |
	mittlere Zusammen- setzung	Grenzen	mittlere Zusammen- setzung	Grenzen	mittlere Zusammen- setzung	Grenzen	mittlere Zusammen- setzung	Grenzen	mittlere Zusammen- setzung	Grenzen
Wasser	18,0	—	18,0	—	18,0	—	18,0	—	18,0	—
Mineralstoffe	0,5	0,3—0,7	0,6	0,4—1,3	0,8	0,5—1,4	0,6	0,4—0,7	0,7	0,3—0,8
Fett	0,3	0,1—1,3	0,4	0,1—0,5	0,6	0,2—1,8	0,4	0,1—0,8	0,7	0,3—1,2
Auswaschbare organ. Stoffe { Gerbstoff	3,5	1,9—5,0	3,4	1,2—5,7	5,6	2,5—8,0	5,3	4,5—6,7	4,9	4,1—5,5
Auswaschbare organ. Stoffe { Nichtgerbstoff	2,3	1,1—4,2	2,5	1,4—4,0	2,9	2,1—3,8	4,0	2,4—5,1	3,3	2,9—3,7
Ledersubstanz { Gerbstoff	30,5	27,8—32,3	29,8	26,3—33,7	31,2	27,0—34,6	32,6	30,8—34,2	27,4	26,0—28,9
Ledersubstanz { Hautsubstanz	44,9	41,7—49,0	45,3	40,5—49,9	40,9	36,7—45,3	39,1	35,6—41,3	45,0	41,0—45,7
	100,0		100,0		100,0		100,0		100,0	
Auswaschbare organ. Stoffe	5,8	3,5—8,7	5,9	3,8—9,1	8,5	5,2—11,1	9,3	7,1—11,8	8,2	7,8—8,4
Gesamtgerbstoff	34,0	31,0—37,3	33,2	29,5—37,4	36,8	32,1—41,1	37,9	35,4—40,0	32,3	31,5—33,7
Stickstoff im Leder	8,0	7,4—8,7	8,1	7,4—8,9	7,3	6,5—8,1	7,0	6,4—7,4	8,0	7,8—8,1
„ in der Ledersubstanz	10,6	10,0—11,3	10,8	10,0—11,6	10,1	9,2—11,2	9,7	9,2—10,2	11,1	10,8—11,4
Rendementszahl	223	204—240	221	200—247	245	220—272	256	242—280	222	219—227
Durchgerbungszahl	68	58—77	66	53—79	76	59—94	83	75—93	61	57—66
Zucker	0,10	Spuren—0,4	0,10	Spuren—0,3	0,10	Spuren—0,3	0,20	0,2—0,4	0,36	0,3—0,5
Schwefelsäure (SO_3)	0,10	0,04—0,20	0,12	0,04—0,19	0,12	0,06—0,19	0,48	0,25—0,70	0,10	0,14—0,17
Kalk (CaO)	0,09	0,01—0,15	0,12	0,07—0,17	0,13	0,05—0,21	0,11	0,07—0,22	0,07	0,06—0,08
100 Teile Ledersubstanz { Gerbstoff	40,5	—	39,6	—	43,2	—	45,5	—	37,9	—
100 Teile Ledersubstanz { Hautsubstanz	59,5	—	60,4	—	56,8	—	54,5	—	62,1	—

[1]) Nach Schröder aus: Paessler, Untersuchung des Leders, S. 43.

Tabelle 90

| | Österreichische Terzen (Knoppern-, Valoneen- und Myrobalanenterzen) | | Vacheleder | | | | | |
| | | | Gerbung mit Fichte und Eiche | | mit Hilfe gerbstoffreicher Gerbmaterialien hergestellt | | englisches System | |
	mittlere Zusammensetzung	Grenzen	mittlere Zusammensetzung	Grenzen	mittlere Zusammensetzung	Grenzen	mittlere Zusammensetzung	Grenzen
Wasser	18,0	—	18,0	—	18,0	—	18,0	—
Mineralstoffe	1,1	0,8—1,4	0,7	0,5—1,1	1,2	0,3—3,8	0,9	0,6—1,4
Fett	1,0	0,4—3,0	0,7	0,2—2,9	1,0	0,2—2,0	1,8	0,2—3,2
Auswaschbare { Gerbstoff	7,4	—	3,4	2,2—5,8	5,3	3,8—7,3	8,6	5,2—10,0
organ. Stoffe { Nichtgerbstoff	6,6	—	2,6	1,2—4,7	3,3	1,2—8,0	5,5	3,3—9,0
Ledersubstanz { Gerbstoff	29,4	26,8—34,7	30,2	26,0—35,6	30,9	25,4—34,5	27,4	23,2—30,8
Ledersubstanz { Hautsubstanz	36,5	34,8—40,6	44,4	40,9—48,6	40,3	35,2—45,1	37,8	33,7—42,1
	100,0		100,0		100,0		100,0	
Auswaschbare organische Stoffe	14,0	11,0—17,3	6,0	3,4—10,4	8,6	4,8—12,0	14,1	9,9—19,8
Gesamtgerbstoff	36,8	32,4—40,5	33,5	29,9—38,0	36,2	29,4—40,4	36,1	35,5—39,0
Stickstoff im Leder	6,5	6,2—7,2	7,9	7,3—8,7	7,2	6,3—8,0	6,7	6,2—7,5
„ in der Ledersubstanz	9,9	9,0—10,7	10,6	9,5—11,4	10,1	9,2—11,1	10,3	9,7—10,8
Rendementszahl	274	246—287	225	205—245	248	221—284	265	237—297
Durchgerbungszahl	80	66—100	68	56—87	77	60—94	73	65—86
Zucker	0,90	0,3—1,4	0,20	Spuren—0,7	0,30	Spuren—1,1	0,30	0,1—0,8
Schwefelsäure (SO_3)	0,10	0,08—0,13	—	—	—	0,04—0,75	0,16	0,08—0,29
Kalk (CaO)	0,09	0,06—0,15	—	—	—	0,14—0,42	0,17	0,08—0,27
100 Teile { Gerbstoff	44,6	—	40,5	—	43,4	—	42,1	—
Ledersubstanz { Hautsubstanz	55,4	—	59,6	—	56,6	—	57,9	—

Tabelle 91

	Riemenleder							
	deutsche, älteres System				englische, belgische und russische			
	ungefettet		gefettet		ungefettet		gefettet	
	mittlere Zusammensetzung	Grenzen	mittlere Zusammensetzung	Grenzen	mittlere Zusammensetzung	Grenzen	mittlere Zusammensetzung	Grenzen
Wasser	18,0	—	15,7	—	18,0	—	15,8	—
Mineralstoffe	0,4	0,2—1,0	0,4	—	0,8	0,3—1,5	0,7	—
Fett..........................	0,8	—	12,8	4,5—27,3	0,8	—	11,9	2,5—29,3
Auswaschbare { Gerbstoff	3,9	2,1—5,2	3,4	—	5,4	3,2—7,9	4,7	—
organ. Stoffe { Nichtgerbstoff	1,8	0,6—5,1	1,6	—	2,4	1,0—3,3	2,2	—
Ledersubstanz { Gerbstoff	30,0	26,3—35,1	26,4	—	28,7	25,0—33,2	25,6	—
Ledersubstanz { Hautsubstanz	45,1	41,9—48,5	39,7	—	43,9	38,3—48,6	39,1	—
	100,0		100,0		100,0		100,0	
Auswaschbare organische Stoffe ...	5,7	3,2—10,3	5,0	—	7,8	4,2—10,5	6,9	—
Gesamtgerbstoff	33,9	30,9—37,2	29,8	—	34,1	28,8—38,6	30,3	—
Stickstoff im Leder	8,0	7,5—8,6	7,1	6,3—7,7	7,8	6,8—8,7	7,0	5,8—8,4
„　　in der Ledersubstanz ...	10,7	9,8—11,3	10,7	—	10,8	9,5—11,7	10,8	—
Rendementszahl	222	206—239	252	232—281	228	206—261	256	211—308
Durchgerbungszahl................	67	57—82	67	—	65	52—87	65	—
Zucker	0,1	Spuren—0,7	0,1	—	0,2	Spuren—0,5	0,2	—
Schwefelsäure (SO₃)	—	—	—	—	—	—	—	—
Kalk (CaO)	—	—	—	—	—	—	—	—
100 Teile { Gerbstoff	39,9	—	—	—	39,5	—	—	—
Ledersubstanz { Hautsubstanz	60,1	—	—	—	60,5	—	—	—

Tabelle 92

	Rindsoberleder (Fahlleder, Rindschuhleder usw.)				Kipse			
	ungefettet		gefettet		ungefettet		gefettet	
	mittlere Zusammensetzung	Grenzen	mittlere Zusammensetzung	Grenzen	mittlere Zusammensetzung	Grenzen	mittlere Zusammensetzung	Grenzen
Wasser	18,0	—	14,6	—	18,0	—	14,6	—
Mineralstoffe	0,6	0,2—1,6	0,5	—	0,5	—	0,4	—
Fett	0,8	—	18,9	11,1—33,0	0,8	—	18,6	14,2—22,2
Auswaschbare { Gerbstoff	3,5	1,1—6,1	2,9	—	3,1	1,7—4,4	2,6	—
organ. Stoffe { Nichtgerbstoff	1,8	1,0—3,1	1,4	—	2,2	1,4—3,2	1,8	—
Ledersubstanz { Gerbstoff	29,0	26,8—32,1	24,2	—	28,0	25,1—32,6	23,0	—
Ledersubstanz { Hautsubstanz	46,3	42,7—50,7	37,5	—	47,4	44,6—52,5	39,0	—
	100,0		100,0		100,0		100,0	
Auswaschbare organische Stoffe	5,3	2,9—9,3	4,3	—	5,3	3,2—7,3	4,3	—
Gesamtgerbstoff	32,5	28,7—35,9	27,1	—	31,1	26,8—34,3	25,6	6,2—7,7
Stickstoff im Leder	8,1	7,6—8,7	6,7	5,2—8,1	8,4	7,9—9,3	6,9	6,2—7,7
„ in der Ledersubstanz	10,8	10,3—11,6	10,8	—	11,2	10,3—12,0	11,2	—
Rendementszahl	216	204—234	267	221—344	211	191—224	257	232—285
Durchgerbungszahl	65	53—72	65	—	59	47—74	59	—
Zucker	0,2	Spuren—0,3	0,1	—	0,4	Spuren—1,2	0,3	—
Schwefelsäure (SO_3)	—	—	—	—	—	—	—	—
Kalk (CaO)	—	—	—	—	—	—	—	—
100 Teile { Gerbstoff	39,2	—	—	—	37,1	—	—	—
Ledersubstanz { Hautsubstanz	60,8	—	—	—	62,9	—	—	—

Tabelle 93

| | Roßleder | | | | Kalbleder | | | |
| | ungefettet | | gefettet | | ungefettet | | gefettet | |
	mittlere Zusammensetzung	Grenzen	mittlere Zusammensetzung	Grenzen	mittlere Zusammensetzung	Grenzen	mittlere Zusammensetzung	Grenzen
Wasser	18,0	—	13,2	—	18,0	—	14,7	—
Mineralstoffe	1,0	0,3—1,3	0,8	—	0,7	0,2—1,4	0,6	—
Fett	0,8	—	26,6	18,6—35,0	0,8	—	18,5	12,2—28,3
Auswaschbare organ. Stoffe { Gerbstoff	3,1	1,8—5,0	2,3	—	4,0	1,2—6,2	3,3	—
Auswaschbare organ. Stoffe { Nichtgerbstoff	1,8	1,0—3,1	1,3	—	1,6	0,7—2,5	1,3	—
Ledersubstanz { Gerbstoff	31,0	25,1—35,9	23,0	—	29,0	22,6—37,1	23,8	—
Ledersubstanz { Hautsubstanz	44,3	38,9—50,2	32,8	—	45,9	39,7—52,0	37,8	—
	100,0		100,0		100,0		100,0	
Auswaschbare organische Stoffe	4,9	3,5—6,1	3,6	—	5,6	2,6—7,6	4,6	—
Gesamtgerbstoff	34,1	28,4—38,4	25,3	—	33,0	25,9—38,6	27,1	—
Stickstoff im Leder	7,9	6,9—8,9	5,8	4,5—7,4	8,2	7,1—9,1	6,7	5,7—7,9
„ in der Ledersubstanz	10,5	9,3—11,9	10,5	—	10,9	9,2—12,4	10,9	—
Rendementszahl	226	199—257	305	242—393	218	196—252	265	225—315
Durchgerbungszahl	70	50—92	70	—	63	43—94	63	—
Zucker	0,1	Spuren—0,2	0,1	—	0,2	Spuren—0,5	0,1	—
Schwefelsäure (SO_3)	—	—	—	—	—	—	—	—
Kalk (CaO)	—	—	—	—	—	—	—	—
100 Teile { Gerbstoff	41,2	—	—	—	38,7	—	—	—
Ledersubstanz { Hautsubstanz	58,8	—	—	—	61,3	—	—	—

Tabelle 94. Chromleder[1])

	Riemenleder						Oberleder				
	Einbadgerbung		Zweibadgerbung				Kombinierte Gerbungen				
Wasser	14,35	15,26	20,12	12,10	12,80	13,90	11,52	13,95	16,75	14,23	19,71
Fett	3,97	9,82	16,50	5,40	18,01	4,25	24,78	16,82	12,98	24,22	11,15
Asche	3,65	9,71	3,72	33,73	12,10	3,70	2,01	6,17	8,17	8,05	7,97
Hautsubstanz	78,03	65,21	59,66	48,77	57,09	76,98	32,92	55,81	48,08	52,80	56,55
Chromoxyd	2,92	2,10	2,70	1,50	1,69	3,42	1,29	1,85	1,48	1,72	2,12
Schwefel	—	—	1,10	—	—	—	—	—	—	—	—
Aluminiumoxyd	—	1,14	—	—	—	—	0,10	—	2,07	2,85	1,87
Natriumchlorid	—	4,65	—	—	—	—	—	—	—	—	—
Eisenoxyd	—	0,52	—	—	—	—	0,07	—	—	0,89	—
Chlor	—	—	—	6,41	—	—	—	—	—	—	—
Bariumsulfat	—	—	—	23,25	7,18	—	—	—	—	—	—
Vegetabilischer Gerbstoff	—	—	—	—	—	—	28,77	—	—	—	—
Alkalien	—	—	—	—	—	—	—	—	4,17	2,25	3,05

[1]) Aus J. Jettmars Handb. d. Chromgerbung, 3. Aufl., S. 137.

Tabelle 95. **Reine Gerbung mit synthetischen Gerbstoffen**

	Gegerbt nur mit		
	Neradol ND	Ordoval G	Gerbstoff F
	Prozent		
Wassergehalt	15,3	15,8	15,4
Aschegehalt	2,8	1,8	3,0
Hautsubstanz	58,3	68,3	61,6
Gebundener Gerbstoff	18,5	10,2	15,7
Ungebundener Gerbstoff	5,2	3,3	4,4
Ungebundener Nichtgerbstoff	2,2	2,0	2,6
Zuckerartige Stoffe[1])	0,3	0,3	0,1
Auswaschverlust	7,4	5,3	7,0
Rendementszahl	172	146	162
Durchgerbungszahl	31,7	14,9	25,5

[1]) Tatsächlich kann es sich nur um reduzierende Stoffe handeln.

12. Betriebskontrolle

Dem in der Lederindustrie tätigen Chemiker kommt außer der chemischen Überprüfung aller einlaufenden Gerbmittel, Fette, Farbstoffe und Chemikalien, und der chemischen Kontrolle der auslaufenden Endprodukte vor allem die Betriebskontrolle zu.

Diese gliedert sich je nach dem Umfange und der Art des Betriebes wieder in eine Anzahl von ganz verschiedenen Arbeiten, die für die einzelnen Betriebe im nachstehenden kurz erwähnt werden sollen.

Vor allem ist die Art des Betriebes, das heißt die Art der Gerbung des Leders, für eine solche Aufstellung grundlegend, indem die Herstellung von lohgarem, chromgarem, alaun- und fettgarem Leder ganz verschiedene Fabrikationszweige vorstellt. Während die Alaun- und Fettgerberei meist in kleineren Betrieben ausgeführt wird, stellen die Loh- und Chromgerbung mächtige Faktoren der chemischen Industrie vor, die unbedingt eines fachkundigen Chemikers zur Überwachung bedürfen.

Das wichtigste und allen Gerbarten zugrunde liegende erste Stadium der Lederfabrikation ist jenes der Äscherung, und diese bedarf in allen ihren Teilarbeiten einer sehr genauen und emsigen chemischen Kontrolle. Die Weiche, das Kälken, Wässern, Entkälken und Beizen sind Prozesse, die in mehrfacher Richtung überwacht werden müssen.

Aus der Äscherei gehen die Blößen ihre verschiedenen Wege, je nach der Art des einzuverleibenden Gerbstoffes.

Für die Lohgerbung kommt vor allem die Überwachung und Analyse der Gerbmaterialmischungen für den Betriebschemiker in Betracht. Die Extraktion nach den verschiedensten Systemen bedarf ebenfalls genauer Kontrolle, um nicht schlecht ausgelaugte Materialien als wertlos anzusehen und der Feuerung zuzuführen.

Sowohl die aus den Gerbmaterialien gewonnenen Brühen als auch die aus den Gerbextrakten hergestellten Gerbstofflösungen müssen in bezug auf Gerbstoffgehalt und Säure genauest kontrolliert werden.

Aber nicht nur die Brühe als solche bedarf einer Untersuchung, sondern auch die Farbengänge und Flotten als zusammengehörige Teile eines großen Systems bedürfen der peinlichsten Kontrolle.

Auch unter den Zurichtarbeiten gibt es verschiedene Stadien, die der Chemiker zu überwachen hat. So sind die Stellung und Zubesserung der Bleichbäder, die verschiedenen Auftrocknungsgrade der Leder, die Fettung, die Zusammensetzung der Appreturen und Farbflotten bzw. Aufbürstflotten Dinge, die der Chemiker nicht aus dem Auge lassen darf.

Die Chromgerbung verlangt die Überwachung des Pickels, der Chromierungs- und Reduktionsbäder, der Farbflotten und Fettemulsionen, die Kontrolle der Auftrocknung wie die Zusammenstellung der Appreturen.

Um nun dem Chemiker zu zeigen, wie es ihm möglich ist, allen diesen Anforderungen zur Genüge nachzukommen, möge im folgenden ein Schema niedergelegt sein, das einen Arbeitsplan für die gleichzeitige Überwachung einer Loh- und Chromgerbung enthält.

Geradeso wie das kaufmännische Bureau einer Fabrik buchmäßig genau über den Stand der Lederlager und Preise orientiert ist, so muß auch der Betriebschemiker in seinem Laboratorium den genauen Stand des Betriebes verzeichnet haben und über jede Detailfrage desselben an Hand von Aufschreibungen Auskunft geben können. Es wird daher von Interesse sein, die Art solcher Buchführung kennen zu lernen und daraus dem Betriebschemiker seine zu leistende wissenschaftliche Arbeit vorzuschreiben.

Für die Kontrolle der einlaufenden vegetabilischen Gerbmaterialien legt man sich ein sogenanntes „Gerbstoffeingang"-Buch an, dessen Einrichtung hier kurz skizziert sein möge:

Tabelle 96. Gerbstoffeingang

Eingangs-datum	Materialien	Bezugsfirma	Gekauft mit garantiertem Gerbstoff-gehalt	Gekauft nach Muster mit Gehalt an Proz.			Preis	Warenbefund			
				Wasser	Gerb-stoffe	Nicht-gerb-stoffe		Wasser	Gerb-stoffe	Nicht-gerb-stoffe	Äußere Merk-male
2.I.	Valonea	B. S.	38% Sch. M.	—	—	—	M.	15,0	37,8	6,1	{ 20% Trillo
3.I.	Mangrove...	M.B.	—	15,4	39,8	9,2	M.	15,5	40,0	9,5	—
5.I.	{ Quebracho-extrakt, fest}	G.F.	65% F. M.	—	—	—	M.	20,4	64,2	10,5	—

In die vierte bzw. fünfte Kolonne kommen jene Zahlen, die entweder beim Kauf garantiert oder die nach vorher eingesandtem Muster laut Analyse ermittelt wurden.

Da zwischen Muster- und Warensendung stets einige Zeit dazwischenliegt, ist es angezeigt, die Analysenresultate der untersuchten Muster sofort in das sogenannte „Gerbstoffmuster"-Buch einzutragen und erst nach erfolgtem Eingang der Ware diese in erstgenanntes Buch zu vermerken und die gefundenen Werte des Musters dort einzufügen.

Ein solches Gerbstoffmuster-Buch weist vorteilhaft folgende Einteilung auf:

Tabelle 97. Gerbstoffmuster

Ein-gangs-datum	Material	Firma	Preis	Analysenergebnis Gehalt in Prozenten			Ausfärbung	
				Wasser	Gerbende Stoffe	Lösliche Nicht-gerbstoffe	Nr.	Befund

Bezüglich der letzten Kolonne sei bemerkt, daß sich diese auf Gerbstoffextrakte bezieht, für welche außer der Analyse stets eine Ausfärbung vorzunehmen ist, um die Farbe des mit diesem Extrakt gegerbten Leders zu ermitteln und die eventuell späteren Sendungen auch dahin zu kontrollieren. Die Nummer dieser Kolonne bezieht sich auf das aufzubewahrende Muster, um jederzeit in der Lage zu sein, den eventuell nicht zahlenmäßig ausgedrückten Befund zu demonstrieren.

Für alle anderen einlaufenden Muster in Chemikalien, Fetten usw., die in einer Mustersammlung aufzubewahren sind, führt man zur schnellen Orientierung über gehabte Produkte, gestellte Offerte und gezogene Typmuster aus dem Betrieb ein Buch, das die Muster nach dem Eingangsdatum geordnet enthält, ferner ein Buch, das die Analysenresultate dieser Muster aufgezeichnet enthält und ein besonderes Register über die bemusterten Farbstoffe. Alle diese drei Bücher stehen im engen Zusammenhang und sollen folgende Kolonnen enthalten:

Tabelle 98. Mustereingang

Eingangs-datum	Muster-Nr.	Material	Firma	Preis	Analysen-Nr.

Tabelle 99. Materialienanalysen

Muster-Nr.	Bemusterte	Gekaufte	Material	Preis	Analysen-	
	Ware				Nr.	Ergebnis

Tabelle 100. Farbstoffeingang

Eingangs-datum	Muster Nr.	Material	Farbwerk	Preis	Ausfärbung	
					Nr.	quant. Befund

Während die „Materialienanalysen" sämtliche durch die Analyse gefundenen Werte nebst einer Bemerkung über die Reinheit der Ware eingeschrieben enthalten, merkt man im „Farbstoffeingang" nur die Nummer des aufzubewahrenden Musters nebst dem Befund in bezug auf die quantitative Ausfärbung an, da bei Teerfarbstoffen nur die Nuance der Ausfärbung und der Farbwert, ausgedrückt als quantitative Aus-färbung, in Betracht kommen. Aus diesem Grunde werden auch die Farbstoffe, von den Materialien gesondert, in Büchern vermerkt.

Nach dieser Besprechung jener Bücher, die mit der Betriebskontrolle nur einen indirekten Zusammenhang haben, gelangen wir nun zu dem eigentlichen Kontrollwesen des Betriebes.

Die Äscherei überprüft man durch Kontrolle der Weichwässer, der Äscher, Entkälkungswässer und gereinigten Blößen und führt für diese Teilbetriebe folgende Bücher bzw. folgende Kolonnen, die man am besten in einem breiten Buch nebeneinander anordnet, um so zu einer guten Übersicht über den ganzen Äschereibetrieb zu gelangen.

Tabelle 101. Äscherei

Datum	Weichwässer		Äscher			Entkälkungswässer			Blößen	
	Gehalt an		Gehalt an			Gehalt an			Art der Blöße	Gehalt an $Ca(OH)_2$
	gelöst. Eiweiß	NaOH	gelöst. Eiweiß	$Ca(OH)_2$	gelöst. Sulfid	gelöst. Eiweiß	Ca-Salz	freier Säure		

Die in obiger Aufstellung vorkommenden Rubriken sind ohne weiteres verständlich und sei nur bezüglich der zweiten Kolonne, die mit NaOH bezeichnet ist, bemerkt, daß sich diese auf das Ausschärfungs-mittel bezieht, wofür natürlich ebensogut Schwefelnatrium oder eine Säure verwendet werden kann, und in diesen Fällen ist dann anstatt des NaOH eben jener andere Stoff anzuführen.

Für die vegetabilische Gerbung kommt vor allem die Kontrolle der frischen Gerbstoffmischung, der extrahierten Mischung und der Gerbbrühen in Betracht; da für jeden Betrieb je nach dessen Bestimmung verschiedene Brühen benutzt werden und diese manchesmal im gleichen Raume ihrer Benutzung hergestellt werden, so ist durchwegs zu emp-fehlen, für je ein Werk die zusammengehörigen Analysen in je ein

Kontrollbuch einzutragen, und möge im nachstehenden die Skizze für ein solches Buch niedergelegt sein.

Tabelle 102. Oberledergerbung

Datum	Gerbbrühen								Brühengang						Gerbmaterialmisch.			
	gestellt von: auf °Bark.	ent- leert mit °Bark.	Gehalt an Prozent						Nr.						frische		extrah.	
			gerbender Stoffe	Nicht- gerbstoffe	Eiweiß	Säure[1]	Asche	1	2	3	4	5	6		gerbende Stoffe	lösl. Nicht- gerbstoffe	gerbende Stoffe	lösl. Nicht- gerbstoffe
1.	—	10⁰	0,30	1,20	0,15	0	0,86	10	15	18	24	29	35	18,4	7,3	3,0	2,5
2.	30:40⁰	—	2,30	1,65	0	0,35	0,12	15	18	24	29	35	40	18,3	7,1	3,4	2,8
3.	—	—	2,16	1,60	0	0,36	0,14	14	17	23	27	33	38	18,5	7,0	2,7	2,4

[1]) Diese Rubrik enthält im Bedarfsfalle die p_h-Werte.

Zu dieser Aufstellung ist zu bemerken: Die ersten zwei Kolonnen unter „Gerbbrühen" beziehen sich auf die Neustellung von Brühen, und zwar derart, daß z. B. eine Brühe von 30⁰ aus der Extraktion gewonnen wird und diese mittels Extraktes z. B. auf 40⁰ gestellt wurde. Diese starke Brühe kam im Brühengang auf Geschirr Nr. 6, wodurch die dort befindliche 35gradige Brühe auf 40⁰ verstärkt wurde. Gleichzeitig wurde die schwächste Brühe im Geschirr 1 mit 10⁰ entleert und daher zeigte die Brühe in diesem Geschirr tags darauf 15⁰; sowohl die 10gradige als auch die 40gradige Brühe wurde analysiert und die betreffenden Werte eingetragen. Dasselbe gilt vom Gerbmaterial, das bei jeder Entleerung auf seinen restlichen Gehalt und vor der darauffolgenden Beschickung mit frischem Material ebenfalls untersucht und die Analysenresultate aufgeschrieben wurden.

Die Messung der Brühengänge in bezug auf Grade muß täglich vorgenommen werden, um dem kontrollierenden Chemiker zu zeigen, welche Brühe derart an Stärke abgenommen hat, daß sie verstärkt bzw. entfernt werden muß. Für die Sohlledergerbung ist besonders auch auf einen entsprechenden Säuregehalt der Brühe zu achten und diese schnell auszuführende Untersuchung täglich vorzunehmen und einzutragen. In jenen Fällen, wo eine künstliche Säuerung der Brühen angewandt wird, muß nach erfolgter Säurezubesserung abermals eine Säurebestimmung vorgenommen und das Resultat eingetragen werden.

Während für diese Zubesserung der starken Brühen besonders deren Stärke an Barkometergraden Aufschluß zu geben vermag und bei Zeitmangel eine tägliche Analyse nicht notwendig ist, hat man bei den schwächsten Brühen besonders auf deren Reaktion bzw. Säuregehalt zu achten, und man kann daraus wieder einige Schlüsse auf den Eiweißgehalt der Brühen ziehen, das heißt verhindern, daß eine nur Spuren von Säure enthaltene Brühe noch weiter verwendet wird und dadurch Gefahr bringt, große Eiweißmengen aus der Blöße zu lösen. Diese Gefahr wird noch bei schlecht entkälkten Blößen um so größer, indem die Kalkmengen zuerst ausgelaugt werden und so der Brühe ihre Azidität fast völlig nehmen, wodurch wieder die Brühen, als fast neutrale Flüssigkeiten, große Eiweißmengen aufzunehmen imstande sind.

Hat man sich durch Grademessung und Säurebestimmung endlich veranlaßt gesehen, die schwächste Brühe zu entfernen, so muß diese unbedingt einer vollständigen Analyse unterzogen werden, was dazu führt, ein eindeutiges Bild über die Zusammensetzung der Brühe zu erlangen und so im Laufe der Zeit aus obengenannten Daten bereits erfahrungsgemäß auf die Gesamtzusammensetzung der Brühe schließen zu können.

Berechnet man schließlich einerseits das annähernde Gewicht sämtlicher durch diese Brühen gegangener Blößen und bestimmt anderseits den Gesamtgehalt an Eiweiß in der Brühe, so läßt sich ein ziemlich genauer Gesamtverlust an Eiweiß pro Blöße berechnen. Eine solche Berechnung, regelmäßig durchgeführt und zusammengestellt, ergibt wieder einen wertvollen Einblick in den ganzen Gang der eigentlichen Gerbung und läßt auf dessen Rentabilität bzw. Zweckmäßigkeit schließen.

Für die Betriebskontrolle der Chromgerbung hat man eine Untersuchung des Pickels, der Einbad- bzw. Zweibadbrühe und des Reduktionsbades vorzunehmen und die diesbezüglichen Resultate in übersichtliche Tabellen einzutragen, wofür sich folgende Anordnungen empfehlen:

Tabelle 103. Pickel

Datum	Dichte in Graden Bé	Gehalt an	
		Na_2SO_4	HCl

Tabelle 104. Chromierungsbrühe (Einbad)

Datum	Dichte in Bark.-Graden	Gehalt an		Prozent Basizität	Ausflockungszahl
		SO_3	Cr_2O_3		

Tabelle 105

	Chromsäurebad			Reduktionsbad			
Datum	Dichte in Bark.-Graden	Gehalt an CrO_3	Dichte in Bark.	Gehalt an			
				SO_2	H_2SO_4	$Na_2S_2O_3$

Die in den Kolonnen angegebenen Bezeichnungen sind ohne weiteres aus den Angaben der Untersuchungsmethoden für Chromgerbbrühen verständlich und sollen z. B. im Reduktionsbade bei rationeller Arbeit nur die Kolonne SO_2 kleine Werte aufweisen, während sie unter H_2SO_4 bzw. $Na_2S_2O_3$ fast Null sein sollten.

Zum Schlusse möge noch die Anlage des „Analysenjournals“ kurz besprochen sein. In einem gerbereichemischen Laboratorium ist die Führung eines Buches, in dem alle vorkommenden Analysen vermerkt werden, ebenso notwendig, wie dies in allen anderen chemischen Betrieben der Fall ist. In dieses Analysenjournal, wohl auch Wägebuch genannt, weil ja fast alle chemischen Untersuchungen auf quantitative Bestimmungen hinausführen, werden alle täglich einlaufenden Untersuchungen mit einer fortlaufenden Zahl versehen eingetragen. Für die gerbereichemische Praxis hat es sich mir als besonders vorteilhaft erwiesen, dieses Journal in einem entsprechend großen Format anzulegen, um derart auch für die zahlreichen qualitativen Untersuchungen und deren Befunde genügend Platz zur Aufzeichnung zu besitzen. Man benutzt hierfür z. B. steif gebundene Hefte im Format 21×25 cm mit 150 bis 200 Blatt unliniiertem Papier. Ein solches Buch reicht, je nach dem Umfange der chemischen Betriebskontrolle, für zwei bis drei Monate aus und enthält auf der Außenseite ein Schild mit einer römischen Zahl, welche fortlaufend diese Journale ordnet; bei der Vermerkung der Analysenresultate in den entsprechenden, bereits geschilderten Hilfsbüchern führt man dann in der Rubrik „Analysen-Nr.“ stets Journalnummer und Analysenzahl an, um dadurch noch nach Jahren sofort jede Einzelheit aus dem Journal ersehen zu können.

Das Aufzeichnen der Analysenresultate im Journal geschieht mittels entsprechend abgekürzt geschriebenen Schemen, und mögen einige derselben, wie sie sich mir für die Untersuchung von Gerbstoffen usw. als vorteilhaft erwiesen haben, hier angeführt sein:

1. Schema für die Analyse einer Brühe aus dem Farbengange,
2.   ,,   ,,   ,,   ,,   von extrahierter Lohe,
3.   ,,   ,,   ,,   ,,   eines Gerbstoffextraktes.

(Vgl. Schemen S. 410 und 411.)

Zur Erklärung dieser Schemen möge folgendes gesagt sein:
Schema I. Die Angabe 50/250 verweist auf die Ansatzmenge zur Analyse, die hier z. B. bedeutet, daß 50 cm³ erste Farbe mit destilliertem Wasser auf 250 cm³ aufgefüllt wurden; sie ist bei jeder Brühe verschieden und richtet sich nach deren Stärke. Für solche Brühen, die z. B. aus der Extraktion stammen und welche zwecks Verstärken noch mit Gerbstoffextrakten, synthetischen Gerbstoffen usw. vermengt wurden, dient die in diesem Beispiel angeführte Angabe „Zusatz: Neradol D“.

Die in diesem Beispiele durch Verdünnen von 50 cm³ Brühe zu 250 cm³ bereitete Analysenbrühe wird nun einerseits der Filtration unterworfen und ein abgemessener Teil (z. B. 50 cm³) des Filtrates am Wasserbade in der Glasschale (G_1) vom Gewichte g eingedampft, getrocknet und gewogen und ergibt b Gramm. Das Gesamtlösliche (GL) entspricht also $b — g$ Gramm, die wieder $f\%$ ausmachen. Der andere Teil Analysenbrühe ist mittels Hautpulvers entgerbt, filtriert, eingedampft (in Schale 2), getrocknet und gewogen worden und ergab $c — g$ Gramm, das ist $n\%$ lösliche Nichtgerbstoffe (NG). Die Brühe enthält $f — n = G\%$ gerbende Stoffe. Hierzu sei bemerkt, daß jene Konstante h, die als löslicher Anteil des benutzten Hautpulvers in das Gewicht c der Nichtgerbstoffe (NG) bei der Wägung miteinbezogen wurde, vom Werte $(c — g)$ in Abzug zu bringen ist, um den Wert n richtig zu erhalten.

Die Azidität dieser Brühe wurde hier z. B. mit Grassers Rosolsäuremethode in 10 cm³ Brühe ermittelt und in Essigsäure umgerechnet als $E\%$ angeführt. Ebenso wurde der p_h-Wert hier vermerkt.

Schema II. Hier wurden a Gramm (z. B. 25 g) des getrockneten Extraktionsmaterials in die Glasschale 3, ein Anteil (e) Gramm in den Extraktionsapparat gebracht und seine Menge durch eine zweite Wägung mit b festgestellt, so daß also $a — b = e$ (z. B. 20 g) entnommen wurden. Die in der Schale 3 verbliebenen b Gramm halbgetrocknetes Material wurden nun im Trockenschranke wie üblich vollständig aufgetrocknet und ergaben $c — g$ Gramm absolut trockenes Material; durch Subtraktion der beiden Gewichte $(b — g)$ und $(c — g)$ wird der relative Wassergehalt von $b — c$ Gramm festgestellt, der, mit 100 multipliziert und durch die Menge des halbgetrockneten Materials $(b — g)$ dividiert, den relativen Wassergehalt von $d\%$ des zur Untersuchung benutzten Materials ergibt. Die Extraktion der e Gramm Material wird nun in üblicher Weise vollzogen und die Extraktionsbrühe z. B. zu 500 cm³ aufgefüllt, worauf sich die diesbezügliche Bewertung im Analysen-Journal bezieht. Es folgt nun eine ähnliche Aufschreibung der Daten bezüglich des Gesamtlöslichen und der Nichtgerbstoffe, wie es bereits bei Schema I geschildert wurde. Die erhaltenen Zahlenwerte n und $G\%$ beziehen sich nun aber auf das vorgetrocknete Material mit dem relativen Wassergehalte von $d\%$ und diese Werte müssen auf einen mittleren Wassergehalt der Materialien umgerechnet werden, der zweckmäßig mit 15% angenommen wird. Derart erhält man laut angeführten Proportionen Zahlen, welche stets auf ein Material mit gleichem Wassergehalte Bezug nehmen, also untereinander ohne weiteres vergleichbar sind.

Schema III. Bei der Einwaage des Extraktes für die Bestimmung des Gesamtlöslichen und der Nichtgerbstoffe erspart man auch hier eine Wägung, wenn man mit derselben jene Einwaage verbindet, die zur Bestimmung des Wasserverlustes dient. Aus der Bestimmung des letzteren kann durch Subtraktion von 100 die Trockensubstanz ermittelt werden, die später wieder zur Berechnung des Unlöslichen dient. Für die Aschebestimmung kann dieselbe Einwaage benutzt werden, die zur Wasserbestimmung diente, wenn die ursprüngliche

Einwaage bereits in einer Platinschale oder in einer glühfesten Porzellanschale erfolgte. Im übrigen gleicht dieses Schema jenen des zweiten Schemas. Die „Anmerkung" dient dazu, das qualitative Verhalten des untersuchten Extraktes anzuführen, worin also die Löslichkeit, ob sulfitiert oder nicht, die Reinheit in bezug auf Verfälschung mit minderwertigen Gerbstoffen usw. vermerkt wird.

Frische Gerbmaterialien (Hölzer, Rinden usw.), die zur Analyse gelangen, können mit Hilfe eines ganz gleichen Schemas wie jenes von II ins Analysenjournal eingetragen werden, nur bleibt in diesem Falle die Umrechnung auf 15% Wassergehalt weg, da hier der natürliche Wassergehalt maßgebend und anzuführen ist.

Schema I

1. Erste Farbe $\qquad\qquad\qquad\qquad\qquad\qquad$ Datum ......

50/250 $\qquad\qquad$ Dichte: m^0 Bk. $\qquad\qquad$ Zusatz: Neradol D

$$\frac{\begin{array}{l} G_1 + GL : b \\ G_1 \underline{\qquad} : g \end{array}}{GL : b\!-\!g} \dots\dots\dots \dots\dots\dots\dots\dots\dots\dots \underline{f\%}$$

$$\frac{\begin{array}{l} G_2 + NG : c \\ G_2 \underline{\qquad} : g \end{array}}{NG : c\!-\!g} \dots\dots\dots\dots\dots\dots\dots\dots\dots\dots \underline{n\%}$$

Gerbende Stoffe $\dots\dots\dots\dots\dots\dots\dots f\!-\!n = \overline{\underline{G\%}}$

Azidität für 10 $cm^3 = cm^3$ nNaOH $= \overline{\underline{E\%}}$ Essigsäure

$$p_h =$$

Schema II

2. Extrahierte Lohe aus Betrieb X vom (Datum) $\qquad\qquad$ Datum ......

$$\frac{\begin{array}{l} G_3 + f.\,Mat. : b \\ G_3 \underline{\qquad} : g \end{array}}{\begin{array}{l} f.\,Mat. : b\!-\!g \\ tr. \quad ,, \quad : c\!-\!g \end{array}} \qquad\qquad \frac{\begin{array}{l} G_3 + tr.\,Mat. : c \\ G_3 \underline{\qquad} : g \end{array}}{tr.\,Mat. : c\!-\!g}$$

$$H_2O\text{-Verlust} : b\!-\!c \dots\dots\dots\dots\dots\dots \frac{100 \times (b\!-\!c)}{(b\!-\!g)} = \underline{d\%}$$

$$\frac{\begin{array}{l} G_3 + f.\,Mat. : a \\ G_3 + f. \quad ,, \quad : b \end{array}}{f.\,Mat. : a\!-\!b = e} \;(20\ g)\ \text{zu}\ 500\ cm^3\ \text{extrahiert}$$

$$\frac{\begin{array}{l} G_4 + GL : b \\ G_4 \underline{\qquad} : g \end{array}}{GL : b\!-\!g} \dots\dots\dots\dots\dots\dots\dots\dots\dots \underline{f\%}$$

$$\frac{\begin{array}{l} G_5 + GN : c \\ G_5 \underline{\qquad} : g \end{array}}{NG : c\!-\!g} \dots\dots\dots\dots\dots\dots\dots\dots\dots \underline{n\%}$$

Gerbende Stoffe $\dots\dots\dots\dots\dots\dots\dots f\!-\!n = \overline{\underline{G\%}}$

$$15\%\ H_2O \begin{cases} GS \dots\dots\dots\dots\dots\dots\dots\dots\dots\dots\dots \dfrac{G \times 85}{(100\!-\!d)}\% \\[2ex] NG \dots\dots\dots\dots\dots\dots\dots\dots\dots\dots\dots \dfrac{n \times 85}{(100\!-\!d)}\% \end{cases}$$

Schema III

3. Kastanienholzextrakt, flüssig   Datum ......

Lieferung: 50 Faß durch X am: (Datum)
Dichte: m⁰ Bé

$G_6 +$ Extrakt: k $G_6 +$ tr. Extrakt: t

G_6 ___________ : g G_6 ___________ : g

fl. Extrakt: $k—g$ tr. Extrakt: $t—g$ verascht

tr. „   : $t—g$

H_2O-Verlust: $k—t$ .... $w\%$

Trockensubstanz .... $100—w = \overline{T\%}$

$G_6 +$ Extrakt: i

G_6 ___________ : k

Extrakt: $i—k$ zu 250 cm³

$G_7 +$ GL: b

G_7 ___________ : g

GL: $b—g$ .... $f\%$

Unlösliches .... $T—f = \overline{U\%}$

$G_8 +$ NG: c

G_8 ___________ : g

NG: $c—g$ .... $n\%$

Gerbende Stoffe .... $f—n = \overline{G\%}$

$G_6 +$ Asche: r

G_6 ___________ : g

Asche: $r—g$ .... $A\%$

Anmerkung: Die qualitative Untersuchung ergab: ......

Anhang

Die Einrichtung des gerbereichemischen Laboratoriums

Die Lederfabrikation benutzt als Hilfsstoffe so vielerlei Materialien, daß der Gerbereichemiker gezwungen ist, zahlreiche ganz verschiedene Analysenmethoden auszuführen. Hiefür ist es notwendig, daß das Betriebslaboratorium nicht nur für alle qualitativen und quantitativen Gerbstoffuntersuchungen, sondern auch für die Prüfung von Metallsalzen, Fettstoffen, Farbstoffen, Harzen und von Halb- und Fertigprodukten der Lederfabrikation eingerichtet ist. Ein einer solchen umfangreichen Waren- und Betriebskontrolle entsprechendes Laboratorium möge im nachstehenden kurz beschrieben sein.

Für die Wahl des geeignetsten Ortes des Laboratoriums sind vor allem die Zugangs- und Verkehrsverhältnisse innerhalb der Fabrikgebäude maßgebend; eine den verschiedenen Betrieben gegenüber zentrale Lage ist vorzuziehen, aber auch das technische Bureau soll nicht davon entlegen sein.

Die Räumlichkeiten des Laboratoriums gliedern sich vorteilhaft in ein Schreibzimmer (I) des Chefchemikers, in dessen Laboratorium (II), in das Wägezimmer (III), das Hauptlaboratorium (IV) und in den Versuchsraum (V) zur Vornahme von Gerb- und Färbversuchen im kleinen.

Die Einrichtung des Schreibzimmers bedarf keiner näheren Erörterung und dürfte mehr dem persönlichen Geschmack des Benutzers angepaßt werden.

Das Laboratorium des Chefchemikers ist mit einem Kasten für Chemikalien und Glasgeräte (K_1), mit einem allgemeinen chemischen Arbeitstisch (T), mit zwei Konsolen und einem Abzug (A) versehen; letzterer enthält ständig ein Wasser- und ein Sandbad aufgestellt. Ob dieser Raum nun zur Vornahme spezieller Analysen, zur Ausarbeitung neuer Methoden oder für andere wissenschaftliche Untersuchungen vorgesehen ist, muß wieder im Einzelfalle entschieden und demgemäß die Anordnung von verschiedenen Apparaten und Vorrichtungen getroffen werden.

Das Wägezimmer ist mit zwei analytischen Waagen, einem Mikroskopiertisch, einem Kleider- und einem Bücherschranke versehen; dieser Raum dient nur zur Vornahme analytischer Wägungen und zum Mikroskopieren und muß daher frei von Dämpfen gehalten und gegenüber den beiden anschließenden Laboratorien gut abgeschlossen gehalten werden.

Das Hauptlaboratorium für die allgemeinen Untersuchungen ist derart eingerichtet, daß die täglich vorkommenden Arbeiten auf bestimmten Plätzen mit den dort dauernd aufgestellten Apparaten vorgenommen werden können. Es ist demnach an Vorrichtungen für die Gerbstoffanalyse folgendes vorgesehen: Eine Gerbstoffextraktionsanlage für mehrere gleichzeitig durchführbare Bestimmungen, eine Gerbstoffiltrationsanlage, eine Anzahl von Exsikkatoren, welche die Eindampfschalen vor der Wägung aufnehmen können; die unmittelbare Nähe der Eindampfstelle, des Wasserbades im Abzuge, dem gewöhnlichen Trockenschrank oder des Vakuumtrockenschrankes und des Wägezimmers ist recht vorteilhaft.

Eine Trockenhorde zum Trocknen feuchter, aus dem Betriebe stammender Gerbmaterialien ist der Heizvorrichtung benachbart angebracht, die Gerbstoffmühle für die Vermahlung dieser und anderer Gerbmaterialien ist ebenfalls hier untergebracht. Die Schüttelmaschine zum Entgerben ist dagegen auf jenem Tisch aufgestellt, welcher noch die Zentrifuge und das Rührwerk enthält; alle diese Apparate und der bereits genannte Vakuumtrockenschrank bedürfen gemeinsam des hier montierten Elektromotors. Die ebenfalls hier untergebrachte elektrolytische Gleichstromanlage mit Schalttafel und Meßinstrumenten dient für elektroosmotische und elektrochemische Untersuchungen; ein Potentiometer findet ebenfalls hier Platz.

Für andere Spezialanalysen besitzt dieser Raum die Arbeitstische T_2, T_3, T_4 und T_6; während T_2 mit allen jenen Apparaten versehen ist, welche der Fettanalyse dienen, weist T_3 auf einem mittelständigen Regal die wichtigsten analytischen Reagenzien auf. Dieser Tisch besitzt auch seitwärts Waschbecken bzw. Ausgußbecken (W), um für qualitative chemische Untersuchungen bequem zur Hand zu sein.

T_4 dient zur Vornahme verschiedener, häufig wechselnder analytischer Operationen, T_6 ist dagegen wieder für volumetrische Analysen mit Büretten, Pipetten u. dgl. ausgerüstet.

Der Abzug (A) dient zur Vornahme solcher Arbeiten, die Dämpfe und Gase entwickeln, und enthält demnach auch ständig die Wasser-, Sand-, Öl- und Dampfbäder und den Kjeldahl-Aufschließ- und Destillierapparat.

Zum Ausglühen von Tiegeln und anderen chemischen Utensilien dient das Gebläse, das auch als Saugpumpe für Nutscharbeiten u. dgl. herangezogen werden kann. Der jeweilige Bedarf an destilliertem Wasser wird aus der hierfür eigens aufgestellten Vorratsflasche gedeckt. Die Kasten K_4, K_5, K_6 dienen schließlich zur Aufbewahrung von Chemikalien, chemischen Apparaten und von Warenproben.

Der Versuchsraum enthält zweckmäßig zwei kleine Versuchsgerb-
fässer, eine Versuchshaspel, eine Wasserwanne zum Einlegen und Waschen
von Blößen, Ledern u. dgl. in Wasser; dieser Raum dient auch als Waschraum
für die in den Laboratorien in Benutzung gewesenen Gläser und Utensilien
und enthält daher ein breites Waschbecken (W) und daneben einen Spül-
tisch (T_6) mit Abtropfgestell.

Zur Vornahme größerer Wägungen dient die technische Waage, für die
Prüfung auf Zerreißfestigkeit die Zerreißmaschine, welche ebenfalls in diesem
Raume untergebracht sind.

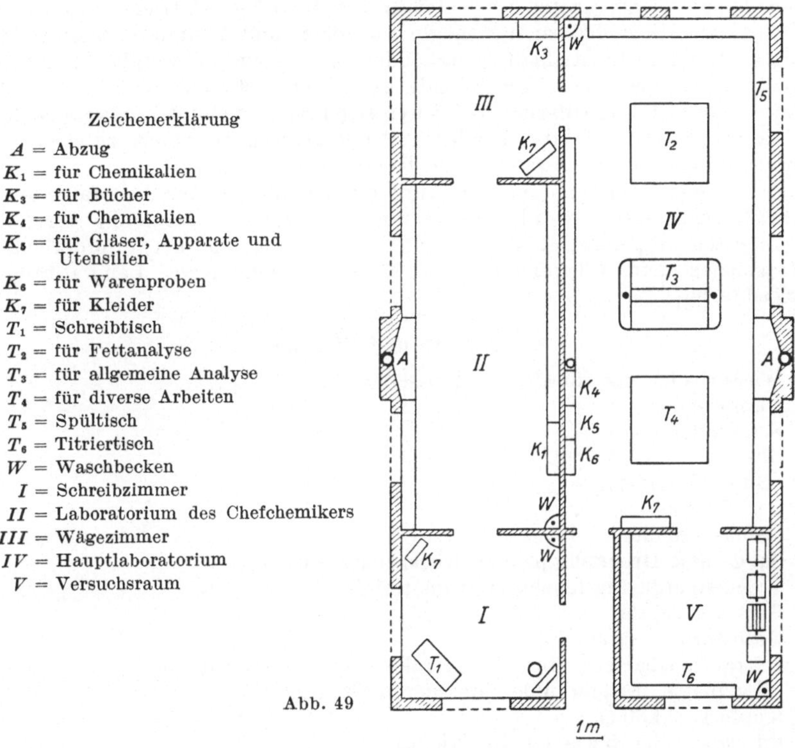

Abb. 49

An allgemeinen Einrichtungen seien noch die entsprechend verteilten
elektrischen Beleuchtungskörper, die Beheizung (Dampf oder elektrisch)
der einzelnen Räume, die Gasleitungen mit möglichst zahlreichen Anschlüssen
für jeden Tisch, die ebenso verzweigte Wasserleitung mit mehreren Anschlüssen und Ausgüssen und eine Dampfleitung zur Vornahme feuersicherer
Destillationen bzw. zum Abdampfen an Stelle auf dem mit Gas beheiztem
Wasserbade erwähnt. Ventilatoren in jedem Raume sorgen für den steten
Abzug von Dämpfen.

Bezüglich der Arbeitstische sei noch erwähnt, daß diese in Laboratorien
alle für stehende Arbeit eingerichtet sind, also eine Höhe von 89 bis 93 cm
besitzen sollen; sie stellen entweder Konsole mit Laden oder solche mit
unterstellten Kasten vor, womit Gelegenheit geboten ist, die zahlreichen
kleineren Utensilien wohlgeordnet und staubsicher unterzubringen. Nur

durch genaue Einteilung und Ordnung dieser Gebrauchsgegenstände, wie
Glasstäbe, Probierröhrchen, der verschiedenen Filter, Schalen, Schmelztiegel, Werkzeuge, Korke usw., ist ein rasches und sicheres Arbeiten möglich.

Die Reinlichkeit in den einzelnen Räumlichkeiten wird besonders
dadurch wesentlich gewahrt, daß der Holzboden mit aufwaschbarer Ölfarbe
gestrichen ist; Zementböden sind nicht nur sehr ermüdend, sondern auch
stets zur Staubbildung geneigt. Die Tischplatten bestehen entweder aus mit
Firnis getränkten harten Holzplatten oder man überzieht letztere nur mit
Asbestpappe. Starke Glasplatten eignen sich überall dort besonders, wo
ohne höhere Temperaturen gearbeitet wird, z. B. auf dem Titrier- und Filtrier-
tische. Die Glasscheiben der möglichst hohen und breiten Fenster sollen
gegen direkten Lichteinlaß geätzt oder mit einem Wasserglas-Zinkweiß-
Anstrich versehen sein. Die Wände der Räume streicht man vorteilhaft
mit weißer bleifreier Ölfarbe, doch ist es angebracht, den unteren, vom Boden
etwa zwei Meter hoch abstehenden Teil mit blaugrauer Ölfarbe zu streichen
bzw. mit glasierten, abwaschbaren Tonkacheln zu versehen.

Nachdem im vorstehenden kurz die Anordnung der Laboratoriums-
einrichtung skizziert wurde, dürfte die nachfolgende Aufzählung der not-
wendigsten Apparate, Utensilien und Glaswaren wie der erforderlichen
Reagenzien und Chemikalien die Neueinrichtung eines Laboratoriums
erleichtern.

1. Apparate und Utensilien

5 Wasserbäder mit konstanter Wasserzufuhr,
2 Dampfbäder,
2 Sandbäder,
1 Ölbad,
20 Bunsenbrenner,
4 Teclubrenner,
1 Gebläsebrenner,
1 Saug- und Druckpumpe mit Rückschlagventilen,
1 Trockenhorde für feuchte Gerbmaterialien,
1 Gerbstoffmühle,
6 Gerbstoffextrakteure,
1 Extraktionsbatterie für 6 Extraktionen, bestehend aus gemeinsamer
   Heizplatte, Kupferkühler und deren Träger,
4 Kupferkochkolben,
1 Filtrierständer für 8 bis 10 Trichter,
1 Schüttelapparat,
1 Motor von zirka $^1/_8$ H.P.,
1 Vakuumtrockenschrank,
1 großer und 2 kleine Trockenschränke mit Thermoregulatoren,
Je 4 große, mittlere und kleine Exsikkatoren,
1 technische Analysenwaage (E 0,001 g),
1 feine   ,,   (E 0,0001 g),
1 Tarierwaage (E 1 g, T 2 kg),
1 Stickstoffbestimmungsapparat nach Kjeldahl, bestehend aus Aufschließungsapparat und Destillationsapparat,
1 Quarzlichtanalysenlampe,
1 Autoklav,
1 Thermostat,
1 Potentiometer,

1 Zentrifuge,
1 elektrisches Rührwerk,
1 Tintometer,
1 Kippscher Gasentwickler,
4 Titrierapparate und diverse Büretten,
10 Eprouvettenständer,
1 Apparat für Schmelzpunktbestimmung,
1 Volumenometer (z. B. System Grasser),
1 Standballon für destilliertes Wasser, versehen mit Abschlußstopfen,
  eingefügtem Heber und Quetschhahn,
1 Mikroskop,
Filterstutzen und Absaugporzellantrichter,
1 Gläserabtropfer, Gläserbürsten und Porzellanschrot,
Je 24 Bechergläser zu 750, 500 und 250 cm³,
Je 24 Bechergläser zu 150 und 80 cm³,
Je 24 Kochkolben zu 50, 100, 200, 300 und 500 cm³,
Je 12 Erlenmeyer-Kolben zu 50, 150, 250 und 500 cm³,
24 Trichter mit 7 cm oberem Durchmesser,
24   „   „ 10 „   „   „
6 Meßzylinder, graduiert zu 250 cm³,
6 Standzylinder mit zirka 500 cm³ Fassungsraum,
Je 12 Meßkolben zu 100, 250, 500 und 1000 cm³,
Reagenziengläser für Flüssigkeit zu 250 cm³ mit flachem Glasstöpsel,
      „   „ Säuren mit Kappen,
      „   „ Pulver zu 100 g,
1 Satz Baumé-Spindeln,
Je 6 Barkometerspindeln zu 60⁰ und 120⁰,
Je 12 Pipetten zu 5, 10, 15, 20, 25, 50 und 100 cm³,
12 Wägegläser,
Je 12 Schmelztiegel und Abdampfschalen aus Porzellan und Quarzglas,
Je 24 Abdampfschalen aus Glas zu 25, 35 und 85 cm³,
Je 6 Aluminiumabdampfschalen und Quarzglasschalen,
6 graduierte Stößelzylinder zu 200 cm³ Inhalt,
1 Warmwassertrichter,
2 Glaswannen für Glasstäbe,
Nickel-, Horn- und Porzellanlöffel und Spatel,
2 vernickelte Tiegelzangen,
1 Lötrohr,
6 Stative mit Klemmen und Ringen,
Drahtnetze und Tondreiecke,
4 Spritzflaschen für destilliertes Wasser,
12 chemische Thermometer von — 20 bis + 300⁰,
Dreifüße,
Filterröhrchen,
6 Tropftrichter,
Gaswaschflaschen,
Dreiwegstücke,
Glashähne,
Je 2 Schütteltrichter zu 250, 500 und 1000 cm,
1 Platinschale, 1 Platintiegel, 1 Platindraht in Fassung,
Je 4 Destillations- und Rückflußkühler,
4 Reibschalen,

Eprouvettenhalter,
Eprouvetten,
Je 12 Uhrgläser zu 5, 6, 8, 10 und 14 cm Durchmesser,
Filtertücher,
Watte,
Baum- und Schafwolle für Ausfärbeversuche,
Gummistöpsel und Korkstöpsel,
Korkpresse, Korkbohrer und Bohrerschleifer,
Gummischläuche,
Quetsch- und Schraubhähne,
Kobaltglas,
Schmelzröhrchen,
Glasrohre,
Glasschreibediamant in Fassung,
Lackmuspapier in Streifen,
Filterpapier in Bogen, Scheiben und gefaltet,
1000 Stück Faltenfilter S. & S. Nr. 605, extrahart, 18½ cm Durchmesser,
200   „   „   S. & S. Nr. 560, 18½ cm Durchmesser,
Eisen- und Messingdraht,
Werkzeuge (Hammer, Feilen, Zangen, Stemmeisen, Schraubenzieher, Kork-
     zieher, Messer, Schere).

2. Chemikalien

a) Feste Stoffe:

$Al_2(SO_4)_3$	$NH_4 \cdot NO_3$
$CaCl_2$	$(NH_4)_2SO_4$
$Ca(OH)_2$	NH_4Cl
$FeSO_4$	MgO
$Fe(NH_4)_2(SO_4)_2$	Zn pulv. und granuliert
H_3BO_3	$Zn(C_2H_3O_2)_2$
$Hg(NO_3)_2$	Gelatine
Jod	Lösliche Stärke
$KMnO_4$	Tannin
$K_2Cr_2(SO_4)_4$	Hautpulver
KOH	Weinsäure
K_2CO_3	Diphenylamin
KNO_3	Nitroprussidnatrium
$KClO_3$	o-Nitrophenylpropiolsäure
K_2SO_4	
$K_3Fe(CN)_6$	**b) Flüssige Stoffe**
$NaOH$	Methylalkohol
Na_2S	Äthylalkohol
Na_2SO_3	Benzol
$Na_2S_2O_3$	Petroläther
$Na_2S_2O_5$	Azeton
Na_2O_2	Essigäther
$NaCl$	Toluol
Na_2CO_3	Chloroform
$Na_2B_4O_7$	Tetrachlorkohlenstoff
$Na \cdot C_2H_3O_2$	Formaldehyd
Natronkalk	Glyzerin
Natrium indigosulfat	Schwefelkohlenstoff
	Schwefeläther

Amylalkohol
Essigsäureanhydrid
Anilin
Phenol
Brom
Chlorwasser
Wasserstoffsuperoxyd
Schwefelammon
Nesslers Reagens

c) Lösungen (Reagenzien)[1]:

HCl	chemisch rein,	konzentriert
HCl	„	„	verdünnt
HNO_3	„	„	konzentriert
HNO_3	„	„	verdünnt
H_2SO_4	„	„	konzentriert
H_2SO_4	„	„	verdünnt

NH_4Cl
$(NH_4)_2CO_3$
$(NH_4)_2MoO_4$
$(NH_4)_2C_2O_4$
$NH_4 \cdot OH$
$NaOH$
$NaClO$
Na_2CO_3
Na_2HPO_4
Na_2SO_4
K_2CrO_4
$K_2Cr_2O_7$
$KCNS$
$K_4Fe(CN)_6$
KJ
KNO_2
$BaCl_2$

$Ba(OH)_2$
$CaCl_2$
$Ca(OH)_2$
$CaSO_4$
$MgSO_4$
$AgNO_3$
$CuSO_4$
$Co(NO_3)_2$
$FeSO_4$
$FeCl_3$
$PtCl_4$
$Pb(C_2H_3O_2)_2$
$SnCl_2$
$HgCl_2$
Weinsäure
Essigsäure, verdünnt
Oxalsäure

d) Indikatoren und Maßflüssigkeiten:

$n\text{-}HCl$
$n\text{-}KOH$
$n\text{-}K_2Cr_2O_7$
n-Eisenalaun
n-Uranazetat
$^1/_{10}\ n\text{-}J$
$^1/_{10}\ n\text{-}AgNO_3$
gestellte $KMnO_4$-Lösung
„ $CuSO_4$- „
„ $Na_2S_2O_3$- „
Indikatoren (Lackmus, Phenolphthalein, Rosolsäure, Methylorange).

Neuere Literatur über das Gerben

Andreasch: Gärungserscheinungen in Gerbbrühen. 1926.
Dekker: Die Gerbstoffe. 1913.
Ebert: Die Entwicklung der Weißgerberei. 1913.
Fahrion: Neue Gerbmethoden und Gerbetheorien. 1915.
Fischer, E.: Untersuchungen über Depside und Gerbstoffe. 1919.
Freudenberg: Nachweis, Isolierung, Abbau usw. der Gerbstoffe. 1921.
Gansser-Jettmar: Taschenbuch des Gerbers. 2. Aufl. 1920.
Gnamm: Die Gerbstoffe und Gerbmittel. 1925.
— Die Fettstoffe in der Lederindustrie. 1926.
Grasser: Handbuch für gerbereichemische Laboratorien. 3. Aufl. 1929.
— Die Rohmaterialien des Gerbers. 1923.

---

[1] Die hier genannten Stoffe sind nach der auf S. 155 angegebenen Konzentrationsstärke in Lösung zu bringen.

Grasser: Synthetische Gerbstoffe. 1920.
— Einführung in die Gerbereiwissenschaft. 1928.
— Häute, Felle und Leder in Grafes Handbuch der organischen Warenkunde. V/2. Bd. 1928.
— Die künstlichen Gerbmittel. In Grafes Handbuch der organischen Warenkunde. V/2. Bd. 1929.
— Die synthetischen Gerbstoffe. In Ullmanns Enzyklopädie der technischen Chemie. 2. Aufl.
Jettmar: Die Eisengerbung. 1921.
— Pflanzliche Gerbmittel und deren Extrakte. 1922.
— Das Färben des lohgaren Leders. 2. Aufl. 1922.
— Handbuch der Chromgerbung. 3. Aufl. 1924.
Kobert: Beiträge zur Geschichte des Gerbens. 1917.
Kostin: Die physikalisch-chemischen Grundlagen der Lederfabrikation. 1928.
Krönlein: Die Lederfabrikation. 3. Aufl. 1922.
Lamb-Jablonski: Die Lederfärberei und Lederzurichtung. 2. Aufl. 1927.
Lamb-Mezey: Die Chromlederfabrikation. 1925.
Lauffmann: Haut- und Lederfehler. 2. Aufl. 1927.
Lehmann: Die Gerbung der Pelzfelle. 2. Aufl. 1925.
Paessler: Die Färberei des loh- und chromgaren Leders. 1922.
— Fünf Anleitungen zur chemischen Analyse von gerbereitechnischen Produkten.
— Gerbereitechnische Einzelschriften (vergl.: Andreasch, Schindler, Schröder).
Procter: Taschenbuch für Gerbereichemiker. 3. Aufl. 1924.
Reubig: Die praktische Chromgerberei und Färberei. 1926.
Schindler: Die Grundlagen des Fettlickerns. 1928.
Schröder-Paessler: Gerbereichemische Untersuchungen. 1928.
Vagda: Gerbereichemisches Taschenbuch. 1928.
Wagner: Gerbereitechnisches Taschenbuch. 1925.
Wagner-Paessler: Handbuch für die gesamte Gerberei- und Lederindustrie. 1925.
Wilson: Die moderne Chemie in ihrer Anwendung in der Lederfabrikation. 1926.
Wiener: Die Lohgerberei. 3. Aufl. 1920.
Wood-Jettmar: Das Entkälken und Beizen der Felle und Häute. 1914.
Zeidler-Mathesius: Die moderne Lederfabrikation. 2. Aufl. 1922.

Collegium; Zeitschr. d. Internat. Vereines d. Lederindustrie-Chemiker.
Der Gerber.
Le Cuir (Le Cuir Technique).
The Leather Trades Review.
Journal of the International Society of Leather Trades Chemists.
Journal of the American Leather Chemists Association.

Sachverzeichnis

Berichtigungen

Seite   2, Zeile 16 von unten: lies farblose statt farblöse
,,   23, Zeile 15 von oben: lies Paessler statt Paeßler
,,   27, Zeile 3 von oben: lies Eine statt Ein
       Zeile 11 von unten: lies 125 g-Kolben statt 125-g-Kolben
,,   54, Fußnote: vgl. Tabellen S. 68 u. 69
,, 146, Zeile 10 von unten: lies 10 cm^3-Teilung statt 10-cm^3-Teilung
       Zeile 3 von unten: lies hierdurch statt hiedurch
,, 158, Zeile 11 von oben: lies H_3PO_4 statt N_3PO_4
,, 163, Zeile 4 von oben: lies erfordert statt bezweckt
,, 179, Zeile 1, 5, 17 von oben und 7 von unten, Literaturverweise lies:
       1) 2) 3) 4) statt 3) 4) 5) 6)
,, 181, Zeile 16 von oben: lies werden statt worden .
       Zeile 3 von unten: lies kjeldahlisiert statt kjedahlisiert
,, 185, Zeile 6 von unten: lies $ZnSO_4$ statt n-ZnSO/
,, 187, Zeile 9 und 13 von oben, Literaturverweise lies: 1) 2) statt 2) 1)
,, 189, Zeile 4 von oben: lies Kalziumoxalat statt Kalziumoxolat
,, 206, Zeile 6 von oben: gelbbraun statt gelbraun
       Zeile 1 von unten: lies gelbbraun statt gelbraun
,, 213, Zeile 24 von unten: lies Ratanhawurzel statt Ratahanwurzel
,, 215, Zeile 12 von oben: lies Gambir, statt Gambir'
,, 221, Zeile 1 von oben: lies Filtrates statt Fltrates
,, 222, Zeile 3 von oben: lies Hautpulver statt Hauptpulver
,, 235, Zeile 13 von oben: lies $[Cr_2SO_4(C_2H_3O_2)_2CrO_4]$ statt
       $[Cr_2SO_4(Cr_2H_3O_2)_2CrO_4]$
,, 236, Zeile 5 von unten: lies Yocum statt Yokum
       Zeile 12 von oben: lies Aräometers statt Aerometers
,, 249, Fußnote: lies 1895 statt 1865
,, 265, Zeile 8 von oben: lies Hautpulver statt Hauptpulver
,, 271, Zeile 2 von unten: lies Nach statt N ach
       Zeile 1 von unten: lies auf statt au f
,, 295, Zeile 4 von unten und 3 von unten, Literaturverweise: lies 1) 2)
       statt 3) 4)
,, 299, Zeile 11 von unten: lies verdecken statt verdekcen
,, 311, Zeile 11 von unten: lies Wägung. statt Wägung,
       Zeile 10 von unten: lies C, statt C.
,, 312, Zeile 13 von unten: lies Hierbei statt Hiebei
,, 315, Zeile 12 von oben: lies hauptsächlich statt hautpsächlich

Erstklassige *Fixier-Färberei-hilfsmittel*

Lederöle

für

jedes

Dresden-N.

Leder

Neue Apparate

zur Bestimmung der Wasserstoffionen-Konzentration

(im Darmstädter Institut für Gerbereichemie in Gebrauch)

Folien-Kolorimeter
mit Indikatorfolien nach Wulff

für alle, auch stark gefärbte und trübe Lösungen. — Einfachste Handhabung. — Schnellste Bestimmung f. Betriebskontrolle, Dauer 3 Minuten. — Taschenformat, billiger Preis. Genauigkeit 0.2 ph. D. R. P.

Doppelkeil-Kolorimeter
nach Bjerrum-Arrheniuss

mit 0.5 ph Genauigkeit. D. R. G. M.

Elektro-Ionometer
nach Lürs

sofort gebrauchsfertig, da alle Teile auf gemeinsamer Grundplatte montiert. — Genauigkeit 0.01 ph. D. R. G. M.

Preislisten und Beschreibungen senden kostenlos:

F. & M. Lautenschläger G. m. b. H.

München SW 6, Lindwurmstr. 29-31

Wissenschaftliche Apparate

Einführung in die Gerbereiwissenschaft. Leitfaden für Studierende und Praktiker. Von Professor Dr. **Georg Grasser,** Leiter des Institutes für Gerbereiwissenschaft an der Kaiserlichen Hokkaido Universität Sapporo (Japan). Mit 22 Abbildungen und 52 Tabellen. 180 Seiten. 1928.   RM 12,—

Die Rohmaterialien des Gerbers, ihre Eigenschaften und Verwendung. Von Professor Dr. **Georg Grasser.** 220 Seiten. 1923.   Gebunden RM 10,—

Die moderne Chemie in ihrer Anwendung in der Lederfabrikation. Von **John Arthur Wilson,** Chefchemiker der Firma A. F. Gallun & Sons Co., Milwaukee, Vorsitzender der „Leather Division" der American Chemical Society. Vom Verfasser genehmigte und bis zur Neuzeit ergänzte deutsche Ausgabe. Übersetzt von Dr. Hermann Loewe. 404 Seiten mit 178 Abbildungen und 48 Tabellen. 1926.   Gebunden RM 30,—

Handbuch der Chromgerbung samt den Herstellungsverfahren der verschiedenen Ledersorten. Von Ing. Chem. **Josef Jettmar.** Dritte, verbesserte Auflage, durchgesehen von Prof. Dr. phil. Ing. **Georg Grasser.** 590 Seiten. Mit zahlreichen Abbildungen und 40 Ledermustern. 1924. Gebunden RM 40,—

Die Rolle der Chromgerbung in der deutschen Lederindustrie. Von Dr. **Mathias Sommer.** Mit 10 Abbildungen. 69 Seiten. 1927.   RM 3,—

Die Eisengerbung, ihre Entwicklung und jetziger Zustand. Von Ing. Chem. **Josef Jettmar.** 200 Seiten. 1921.   RM 6,—

Die physikalisch-chemischen Grundlagen der Lederfabrikation in elementarer Darstellung. Von Dipl.-Ing. **N. P. Kostin.** Vom Verfasser bis zur Neuzeit ergänzte deutsche Ausgabe. Übersetzt von Ing. L. Keigueloukis und Dipl. Ing. R. Schunck. 128 Seiten. Mit 18 Tabellen und 29 Abbildungen. 1928.   RM 10,—

Zweifach dekolorierte
KASTANIEN- U. EICHENHOLZEXTRAKTE
Marke „REY SPECIAL'

JUGO-TANIN A. G.
SEVNICA (SLOVENIEN) S.H.S.

Konzessionäre für
das Verfahren und die Marke:
TANINS REY, PARIS

Verlag von Julius Springer in Berlin und Wien

Die Chromlederfabrikation. Von **M. C. Lamb**, Mitglied der „Chemical So-
ciety", Chemiker und Sachverständiger für das Ledergewerbe, Direktor des
„Light Leather Department" und des „Leathersellers' Company's Technical
College" (London). Übersetzt und den deutschen Verhältnissen angepaßt von
Dipl. Ing. **Ernst Mezey**, Gerbereichemiker. Mit 105 Abbildungen, X, 268 Seiten.
1925.   Gebunden RM 20,—

Lederfärberei und Lederzurichtung. Von **M. C. Lamb**. Zweite deutsche
Auflage (autorisierte Übersetzung der dritten englischen Auflage). Von Dr. **Lud-
wig Jablonski** (Berlin). Mit 218 Textabbildungen und 10 Tafeln mit Lederproben. VIII, 368 Seiten. 1927.   Gebunden RM 33,—

Die praktische Chromgerberei und Färberei. Ratgeber für die Lederindustrie, insbesondere für Fabrikanten, Leiter, Gerber, Färber und Zurichter.
Von **C. R. Reubig**, Fabrikdirektor und Gerber. IV, 76 Seiten. 1926.   RM 3,60